科学出版社"十四五"普通高等教育研究生规划教材
西安交通大学研究生"十四五"规划精品系列教材

智能传感器系统

（第三版）

汤晓君　刘君华　李　晨　李晓杉　编著

科学出版社

北　京

内 容 简 介

本书在第二版的基础上，对智能传感器系统及相应智能化技术进行了更新、更全面的阐述：重新论述了泛在物联网建设大环境下智能传感器系统的定位及其具备的功能；概述了智能传感器系统中硬件的两种集成形式及其基本智能化功能软件模块的实现技术；介绍了多种经典和新兴的信息处理技术作为智能化技术工具的原理与方法，以及泛在物联网建设大环境下智能传感器系统的通信方式；增加了深度学习与强化学习等人工智能方法在智能传感系统中的应用。

本书内容丰富、新颖，反映了该领域前沿的最新技术，可作为普通高等院校测控技术与仪器专业高年级本科生及研究生教材，也可作为相关领域科研工作者、工程技术工作者的参考书。

图书在版编目(CIP)数据

智能传感器系统/汤晓君等编著. —3 版. —北京：科学出版社，2023.11
科学出版社"十四五"普通高等教育研究生规划教材·西安交通大学研究生"十四五"规划精品系列教材
ISBN 978-7-03-077034-9

Ⅰ.①智…　Ⅱ.①汤…　Ⅲ.①智能传感器–高等学校–教材
Ⅳ.①TP212.6

中国国家版本馆 CIP 数据核字(2023)第 220641 号

责任编辑：余　江　陈　琪/责任校对：王　瑞
责任印制：师艳茹/封面设计：马晓敏

科学出版社出版
北京东黄城根北街 16 号
邮政编码：100717
http://www.sciencep.com

北京凌奇印刷有限责任公司 印刷
科学出版社发行　各地新华书店经销
*

1999 年 9 月第 一 版　开本：787×1092　1/16
2023 年 11 月第 三 版　印张：28 3/4
2023 年 11 月第一次印刷　字数：682 000
定价：158.00 元
(如有印装质量问题，我社负责调换)

前　言

自本书第一版 1999 年问世以来,智能传感器系统以及与之伴随的传感器技术均以前所未有的速度蓬勃发展,特别是智能化技术。2010 年,作者对本书进行了再版。近年来,随着微纳技术、人工智能技术的进一步成熟与推广应用,以及通信领域 5G 技术的投入使用,泛在物联网的建设也已开展得如火如荼,为适应新时代的需求,作者对第二版的内容做进一步修订。

集成化技术是实现智能传感器系统的重要基石,近 20 年来发展迅猛,不但已有与不同种类传感器适配的、不同集成度的调理电路芯片商品,更有含微处理器的单片全系统集成的器件芯片商品大量流行于市。有关这部分内容,其他著作阐述得更详细,故本书不再介绍与集成调理电路、典型集成电路元件制造工艺有关的集成技术,以及现代传感器技术中与制作典型微结构和微机械工艺主要技术有关的内容,重点介绍不同集成度、适配不同类型传感器的集成调理电路以及单片全系统集成器件芯片的技术性能、指标与其使用方法,为读者构建自己的智能传感器系统提供一种新的思路与新的途径。

智能传感器/变送器仍然是现场控制总线系统(FCS)中的重要角色,其发展势头与发展规模随着自动化技术的发展更加迅猛。现场总线控制系统是智能传感器最大的工业实用舞台,在智能传感器实用化进程中首屈一指。本书将相应的智能化功能,如刻度转换与非线性自校正、自校零与自校准、温度补偿、PID 控制等,均放在有关章节中统一介绍;智能化通信功能,由于与现场总线流行的各种通信协议密切相关,本书对此只做简要介绍,增加了在网络化与通信功能发展中重要性日益凸显的无线网络智能传感器系统。

赋予传感器系统"智能"的智能传感器技术,随着信息处理技术的飞速发展而快速演进。智能传感器工作者辛勤而有成效地工作,把那些经典的和新兴的信息处理技术相继不断地挖掘、移植与引入智能传感器系统这一新的领域中,使之成为实现智能化功能新的有效技术手段,本书力求反映这种形势。针对书中涉及的每一种信息处理技术,本书着重介绍其实现智能化功能的基本原理与方法,将它们作为智能化技术的工具。

本书增加了以提高传感器稳定性、消除交叉敏感的影响、提升测量准确度为目标的示例,且针对压阻式压力传感器介绍不同信息处理手段。本书旨在介绍其作为智能化技术入门工具的基本思路,为读者提供更广阔的应用空间。传感器的种类繁多,新的信息处理技术层出不穷,期望广大读者举一反三、捕捉与挖掘。

全书共 17 章。第 1 章介绍智能传感器概况,第 2 章介绍传感器系统性能指标与误差分析,第 3 章介绍常见传感器原理,第 4 章介绍传感信号的调理与变换,第 5 章介绍传感信号的分析与处理,第 6 章介绍基本智能化功能与其软件实现,第 7 章介绍线性相位滤波器与自适应滤波器,第 8~14 章介绍小波分析、多元回归分析法、神经网络技术、支持向量机技术、粒子群优化算法、主成分分析与独立成分分析技术、模糊智能传感器系统,第 15、16 章介绍深度学习与强化学习及其在智能传感器系统中的应用,第 17

介绍无线网络智能传感器系统。顺应发展形势，本书重点介绍传感器经调理芯片与CPU相结合的虚拟仪器形式，以及与MPU相结合的微计算机/微处理器形式，更加突出智能传感器智能化功能的实现技术；第7～14章列举了多种基于信号分析与处理技术的智能化功能软件模块设计方法，介绍将软件模块移植到内存容量小的微计算机/微处理器式智能传感器系统中复现的思路与方法。这些软件模块可以在LabVIEW、MATLAB软件平台上实现，也是作者团队在不同时期的科研成果，读者可以打开网址https://www.ecsponline.com，在页面最上方注册或通过QQ、微信等方式快速登录，在页面搜索框输入书名，找到图书后进入图书详情页，在"资源下载"栏目中下载本书配套的资源。

本书力求内容的基础性与先进性相结合、基础理论与智能化功能相结合，尤其是智能化功能的原理学习与工程可实现性相结合。在文字方面力求简明易懂、深入浅出：既避免深邃的理论阐述与生涩的数学推导，又不失清晰的说理性。

本书的编写要感谢我的学生们：张峰、王斌、郭琨、潘攀、韩国璇、陈嘉琪、徐仲达、吴彤、孙盛泽、陈厚清、王泽等。他们多次仔细阅读底稿，制作并反复修改书中的示例。

由于作者水平有限，若有不当之处，恳请读者批评指正。

汤晓君

2023 年 3 月

目　录

第1章 概　　述

本章将全面概述智能传感器的概念、功能、特点与实现的途径，并以温度、压力一体集成化传感器和温度、湿度一体集成化传感器为例，介绍网络化、集成化智能传感器的经典实例。同时，通过对传感器技术发展历史背景的回顾和发展趋势的展望，我们可以看到智能传感器是历史的必然。

1.1　智能传感器的基本概念与传感器系统

传感器是能感受被测量并按照一定的规律转换成可用输出信号的器件或装置，通常由敏感元件和转换元件组成。其中，敏感元件(Sensing Element)指传感器中能直接感受或响应被测量的部分；转换元件(Transducing Element)指传感器中能将敏感元件感受或响应的被测量转换成适于传输或测量的电信号部分。若传感器的输出为规定的标准信号，则称为变送器(Transmitter)。从传感器的定义来看，它本身是一个系统，随着科学技术的发展，这个系统的组成与研究内容也在不断更新。人们提出"传感器系统"，是因为当前世界传感技术发展的重要趋势就是传感器系统的发展。所谓传感器系统，简单地讲就是传感器、计算机和通信技术的结合，而智能传感器系统与微传感器系统是其中的两个主要研究方向。前者的着重点在如何赋予传感器系统"智能"；后者则以实现微小结构为主要目标。

随着以传感器系统演进为特征的传感技术的发展，人们逐渐发现，将传感器与微处理器集成在一块芯片上构成智能传感器在实际中并不总是必需的，而且也不经济，重要的是传感器(通过信号调理电路)与微处理器 / 微型计算机赋以智能的结合。若没有赋予足够的"智能"，这样的系统只能说是"传感器微机化"，还不能说是智能传感器。于是人们认为"智能传感器就是一种带有微处理器兼有检测信息和信息处理功能的传感器""通过信号调理电路与微处理器赋以智能的结合，兼有信息检测与信息处理功能的传感器就是智能传感器"。这些提法突破了传感器与微处理器结合必须在工艺上集成在一块芯片上的限制，而着重于两者赋以智能的结合，可以使传感器系统的功能由以往的只起"信息检测"作用扩展到兼而具有"信息处理"功能。传统观念认为，仪器系统是执行信息处理任务的，即将有用信息从含有噪声的输入信号中提取出来，并给以显示的装置。也就是说，"信息处理"功能仅属于"仪器"所有。目前，把一个大的仪器系统与敏感元件采用微机械加工与集成电路微电子工艺压缩后，共同制作在一块芯片上，封装在一个小外壳里构成的智能传感器系统的全集成化工艺已经实现，并有商品化器件出售。

工业现场总线控制系统中的传感/变送器，都是带微处理器的智能传感/变送器。它们是形体较大的装置，既不是仅有获取信息功能的传统传感器，也不是只有信息处理功能的传统仪器。因此，传统的传感器与仪器"森严壁垒"的、"不可逾越"的界线正在消失。智能传感器系统是既有信息获取功能，又有信息处理功能的传感器系统。

H. Schodel、E. Beniot 等更进一步强调了智能化功能，认为"一个真正意义上的智能传感器，必须具备学习、推理、感知、通信以及管理等功能"，这种功能相当于一个具备知识与经验丰富的专家的能力。然而，知识的最大特点是它所具有的模糊性。20 世纪 80 年代末，L. Foulloy 等在论文 *An Ultrasornic Fuzzy Sensor* 中提出了模糊传感器概念，他们认为"模糊传感器是一种能够在线实现符号处理的智能传感器"；D. Stipanicer 也认为"模糊传感器是一种智能测量设备"。当然，这种智能传感器也不一定是全集成化的。

关于智能传感器的定义及其中英文称谓，目前均尚未统一。John Brignell 和 Nell White 认为："Intelligent Sensor"是英国人对智能传感器的称谓，而"Smart Sensor"是美国人对智能传感器的俗称。然而 Johan H. Huijsing 在 *Integrated Smart Sensor* 一文中按集成化程度的不同，分别称智能传感器为"Smart Sensor"、"Integrated Smart Sensor"。对"Smart Sensor"有译为"灵巧传感器"的，也有译为"智能传感器"的。根据我国《GB/T 7665—2005 传感器通用术语》的定义，智能传感器名称修改为智能化传感器（Smart Transducer/Sensor），是指对自身状态具有一定的自诊断、自补偿、自适应以及双向通信功能的传感器。根据《GB/T 33905.3—2017 智能传感器 第 3 部分：术语》的定义，智能传感器（Intelligent Sensor）是指具有外部系统双向通信手段，用于发送测量、状态信息，接收和处理外部命令的传感器。智能传感器是包含信息处理装置的传感器，传感器是智能传感器必不可少的组成部分。本书采用智能传感器系统（Intelligent Sensor System）的称谓，简称智能传感器，并且认为"传感器与微处理器赋以智能的结合，兼有信息获取、信息处理与信息传输功能的传感器就是智能传感器（系统）"；模糊传感器也是一种智能传感器（系统），将传感器与微处理器集成在一块芯片上是构成智能传感器（系统）方式的一种。

1.2　智能传感器发展的历史背景

作为获取信息工具的传感器，它位于信息系统的最前端，其特性的好坏、输出信息的可靠性对整个系统质量至关重要。因此，传感器的性能必须适应系统使用的要求。

熟悉自动化系统对传感器的要求，对了解智能传感器提出的背景是很有益处的。自动化系统对传感器最基本、最急切的要求是：降低现行传感器的价格性能比。每种现代自动化过程都包括如图 1-1 所示的三种主要功能块：传感器、计算机（或微处理器）及执行器。传感器获取"对象"的状态及其相应的物理参量，并及时发送给计算机；计算

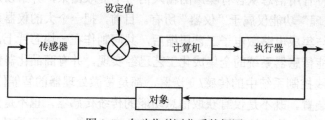

图 1-1　自动化(控制)系统框图

机相当于人的大脑，经过运算、分析、判断，根据"对象"状态偏离设定值的方向与程度，对执行器下达修正动作的命令；执行器相当于人的手脚，按大脑的命令对"对象"进行操作。如此反复，以使"对象"在允许的误差范围内维持在所设定的状态。

回顾人类自动化的历史进程，分为如下几步。

起初，人们发明了执行器：通过制造人造工具——执行器，如水磨，以扩大机械动力；蒸汽机的出现，导致了"工业革命"；后来，计算机出现了，人们扩展计算机程序的"智能"，产生了"信息革命"；现在，人们正在通过应用传感器来扩展"感觉"，去获得信息数据，以校正自动化过程中的偏差，并能根据各种情况的变化做出实时正确的处理。

在控制环路中，只有当三个功能块都经济耐用时，才可能实现工业现场的许多工作不是由人去做，而是由自动化机械或机器人来做，甚至家务工作也可如此。这种标志人类生活主要变化的时代称为"自动化时代"，人类正面临着"自动化时代"的发展。但是传感器技术发展方面的落后不利于自动化的进程，这从图 1-2 可见一斑。若 1970 年的价格性能比为 1，则 1990 年的价格性能比分别是：传感器为 1/3，计算机为 1/1000，执行器(以电动机为例)为 1/10。其中，计算机的价格性能比下降幅度最为惊人，这是半导体集成电路工艺的迅速发展，使大规模集成电路芯片制作成本大幅度降低的结果。而近 30 年来，计算机性价比的提高更是遥遥领先，目前的普通智能手机的功能比 20 年前的台式计算机都强得多，其价格还不及后者的一半，而传感器的价格性能比仍居高不下，与其他两个功能块的发展形势不相适应。

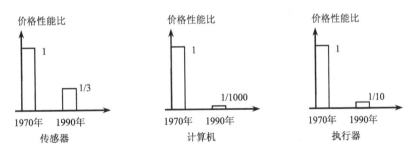

图 1-2　传感器、计算机及执行器的价格性能比

然而，传统的传感器技术已达到其技术极限，它的价格性能比不可能再有大的下降。其在以下几方面存在严重不足：

(1)因结构尺寸大，而时间(频率)响应特性差；

(2)输入-输出特性存在非线性，且随时间而漂移；

(3)参数易受环境条件变化的影响而漂移；

(4)信噪比低，易受噪声干扰；

(5)存在交叉灵敏度，选择性、分辨力不高。

以上不足是传统传感器性能不稳定、可靠性差、准确度等级低的主要原因。它的"手工艺品"式的制作过程，制作材料的多品种、性能高的要求，是成本高的原因。

自动化系统对传感器的进一步的，而且又是急切的要求是：增加品种、减小体积和重量、降低价格。此外，对传感器的数字化、智能化、标准化也有紧迫的需求。

随着自动化领域不断扩展，需要测量的参量日益增加，而且一些特殊领域需要传感器小型化和轻量化。如汽车领域，除了温度、压力、流量等热工参量外，还需要机械振动等物理参量，甚至化学成分的在线监测，传感器需求量非常大，但安装空间有限。

生产过程自动化在 20 世纪经历了 50 年代和 60 年代的集中控制、70 年代的分散型控制系统(Distributed Control System，DCS)之后，为适应多点多参数日益复杂的大型控制系统的需要，80 年代以来出现了基于现场总线控制系统(Fieldbus Control System，FCS)，它是对分散型控制系统(DCS)的继承、完善和进一步发展，是继 DCS 之后自动化领域的又一次重大变革。

现场总线是连接测控系统中各智能装置(包括智能传感器)的双向数字通信网络。其主要特点有如下三个。

1) 传输数字信号

用数字信号取代原来的 4~20mA 标准模拟信号，进而提高可靠性和抗干扰能力。这就要求传感器由可输出 4~20mA 标准信号改变为带数字总线接口并输出数字信号。所有现场传感器，通过数字总线接口都方便地挂接在一条环形现场总线上。这样可以大大削减现场与控制室(高/上位计算机)之间一对一的连接导线，节约初期安装费用，大大简化整个系统的布线和设计，这种节约对一个大型、多点测量系统是很有意义的。

2) 标准化

总线采用统一标准，使系统具有开放性。不同厂家的产品，在硬件、软件、通信规程、连接方式等方面互相兼容、互换联用，既方便用户使用，又易于安装维修。不少大公司都推出了自己的现场总线标准。国际化的统一标准的工作正在加紧进行中。

3) 智能化

采用智能与控制职能分散下放到现场装置的原则，现场总线网络的每一节点处安装的现场仪表应是"智能"型的，即安装的传感器应是"智能传感器"。在这种控制系统中，智能型现场装置是整个控制管理系统的主体。这种基于现场总线的控制系统，要求必须使用智能传感器，而不是一般传统的传感器。

现场总线中的智能传感器，通常称为智能变送器。这种智能传感器带有标准数字总线接口，能够自己管理自己，它将所检测到的信号经过变换处理后，以数字量的形式通过现场总线与高/上位计算机进行信息通信与传递，有的也同时兼有 4~20mA 标准模拟信号输出。近年来，随着无线通信技术的发展，许多传感器实现了无线网络组网。计算机的无线鼠标和键盘是其中最为常见的案例。

所以，智能传感器是应现代自动化系统发展的需要而提出来的，同时也是传感技术克服自身落后向前发展的必然趋势。

1.3 智能传感器的功能与特点

1.3.1 智能传感器的功能

目前还没有关于智能化功能的明确定义。一般来说可以分为以下几方面。

1) 自我完善能力方面

(1) 改善静态性能,提高静态测量准确度与稳定性的自校正、自校零、自校准功能;

(2) 提高系统响应速度,改善动态特性的智能化带宽自补偿功能;

(3) 抑制交叉敏感,提高系统选择性的多信息融合功能。

2) 自我管理与自适应能力方面

(1) 具有自检验、自诊断、自寻故障、自恢复功能;

(2) 具有判断、决策、自动量程切换与控制功能。

3) 自我辨识与运算处理能力方面

(1) 具有从噪声中辨识微弱信号与消噪功能;

(2) 具有多维空间的图像辨识与模式识别功能;

(3) 具有数据自动采集、存储、记忆与信息处理功能;

4) 交互信息能力方面

具有双向通信、标准化数字输出以及拟人类语言符号等多种输出功能。

1.3.2 智能传感器的特点

与传统传感器相比,智能传感器有如下特点。

1) 测量准确度高

智能传感器有多项功能来保证它的高测量准确度,如:通过自动校零去除零点漂移;与标准参考基准实时对比,以自动进行整体系统校准;自动进行整体系统的非线性等系统误差的校正;通过对采集的大量数据进行统计处理以消除偶然误差的影响等,从而保证了智能传感器的高测量准确度。

2) 高可靠性与高稳定性

智能传感器能自动补偿因工作条件与环境参数发生变化后引起系统特性的漂移,如温度变化而产生的零点和灵敏度的漂移;在被测参数变化后能自动改换量程;能实时自动进行系统的自我检验,分析、判断所采集到的数据的合理性,并给出异常情况的应急处理(报警或故障提示)。因此,有多项功能保证了智能传感器的高可靠性与高稳定性。

3) 高信噪比与高分辨力

智能传感器由于具有数据存储、记忆与信息处理功能,通过软件进行数字滤波、相关分析等处理,可以去除输入数据中的噪声,将有用信号提取出来;通过神经网络等信息融合技术,可以消除多参数状态下交叉灵敏度的影响,从而保证在多参数状态下对特定参数测量的分辨能力,故智能传感器具有高信噪比与高分辨力。

4) 自适应性强

由于智能传感器具有判断、分析与处理功能，它能根据系统工作情况决策各部分的供电情况、高/上位计算机的数据传送速率，选择合适的信号放大比，使系统工作在合适的量程、最优低功耗状态以及优化传送效率。

5) 价格性能比低

智能传感器所具有的上述高性能，不是像传统传感器技术追求传感器本身的完善、对传感器的各个环节进行精心设计与调试、进行"手工艺品"式的精雕细琢来获得的，而是通过与微处理器/微计算机相结合，采用廉价的集成电路工艺和芯片以及强大的软件来实现的，所以具有低的价格性能比。

由此可见，智能化设计是传感器系统设计中的一次革命，是世界传感器的发展趋势。作为商品，20 世纪 80 年代初期有美国霍尼韦尔公司的压阻式 ST3000 型压力(差)智能变送器，后有 SMAR 公司生产的 LD302 系列电容式智能压力(差)变送器；罗斯蒙特公司生产的电容式智能压力(差)变送器系列；日本横河电气株式会社生产的谐振式 EJA 型智能压力(差)变送器。此外，世界各国正在利用计算机和智能技术研究、开发各种其他类型的智能传感/变送器。

1.4　智能传感器技术的发展历程

智能传感器技术的发展可以分为三个阶段：数字化阶段、智能化补偿与校准阶段、智能化应用与网络化阶段。

1) 数字化阶段

数字化阶段的智能传感器采用"模拟传感器+数字变送"的结构。该阶段的智能传感器将仪表放大器和 A/D 转换器集成至传感器内部或接线盒中，输出数字信号。相比于模拟信号，数字信号的传输距离长、抗干扰能力强。但数字化阶段的智能传感器不具备校准、补偿、信号处理等功能。

2) 智能化补偿与校准阶段

智能化补偿与校准阶段的智能传感器采用"模拟传感器+数字变送+智能化补偿校准软件"的结构。该阶段的智能传感器通常将放大器、滤波器、A/D 转换器、微处理器、温度传感器等集成在传感器内部，通过智能化补偿校准软件对传感器的零点漂移、温度漂移、非线性、噪声等进行补偿与校准，极大地提高了智能传感器的准确性与稳定性。

3) 智能化应用与网络化阶段

智能化应用与网络化阶段的智能传感器采用"模拟传感器+数字变送+网络模块+智能化传感器控制软件"的结构。该阶段的智能传感器具备信号检测、数据处理、数据存储、逻辑判断、双向通信、自校准、自补偿、网络通信及人机对话等功能。这一阶段的智能传感器功能丰富，是"智能"的较高实现形式，也是物联网技术发展的关键。

1.5 智能传感器实现的途径

目前传感技术的发展是沿着非集成化、集成化和混合三条途径实现智能传感器的。

1.5.1 非集成化实现

非集成化智能传感器是将传统的经典传感器（采用非集成化工艺制作的传感器，仅具有获取信号的功能）、信号调理电路、带数字总线接口的微处理器组合为整体而构成的一个智能传感器系统。其框图如图1-3所示。

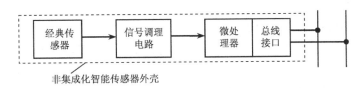

图 1-3 非集成化智能传感器框图

图 1-3 中的信号调理电路用来调理传感器输出的信号，即将传感器输出信号进行放大并转换为数字信号后送入微处理器，再由微处理器通过数字总线接口挂接在现场数字总线上。这是一种实现智能传感器系统的最快途径与方式。例如，美国罗斯蒙特公司、SMAR 公司生产的电容式智能压力（差）变送器系列产品，就是在原有的传统式非集成化电容式变送器基础上附加一块带数字总线接口的微处理器插板后组装而成的，并开发配备可进行通信、控制、自校正、自补偿、自诊断等智能化软件，从而实现智能传感器。

这种非集成化智能传感器是在现场总线控制系统发展形势的推动下迅速发展起来的。因为这种控制系统要求挂接的传感/变送器必须是智能型的，对于自动化仪表生产厂家来说，原有的一整套生产工艺设备基本不变。因此，对于这些厂家而言，非集成化实现是一种建立智能传感器系统最经济、最快捷的途径与方式。

广大的科研工作者、工程技术人员为了提高测量精度和系统的性能，也都针对各自的传统传感器采用各种智能化技术，构建了自己的智能传感器系统。因此智能传感器系统的非集成化实现不仅在自动化仪表，而且在更广阔的领域声势浩大蓬勃地发展着。

1.5.2 集成化实现

集成化实现智能传感器系统，是建立在大规模集成电路工艺及现代传感器技术两大基础技术之上的。

1. 大规模集成电路工艺技术

利用大规模集成电路工艺技术将由硅材料制作的敏感元件、信号调理电路、微处理单元集成在一块芯片上构成智能传感器系统。

然而，要在一块芯片上实现智能传感器系统存在着许多棘手的问题。例如：

①哪一种敏感元件比较容易采用标准的集成电路工艺来制作？

②选用何种信号调理电路，使需要的外接元件如精密电阻、电容、晶振等最少？

③由于制作了敏感元件后留下的芯片面积有限，需要寻求占用面积最小的模/数转换器型式。如：Sigma-Delta ADC（$\sum$-Δ ADC）。

④由于芯片面积有限制，以及制作敏感元件与数字电路优化工艺的不兼容性，微处理器系统及可编程只读存储器的规模、复杂性与完善性受到很大限制。

⑤对功耗与自然、电磁耦合带来的相互影响，在一块芯片内如何消除？

除上述外，还有其他问题，这里不再列举。

2. 现代传感器技术

1）现代传感器技术的技术特征

与传统经典传感器制作工艺完全不同的现代传感器技术是 20 世纪 70 年代开始发展起来的。它是以既有优良电性能，又有极好的力学性能的硅材料为基础，采用微米（1μm～1mm）级，甚至纳米级的微机械加工技术（包括硅的各向异性刻蚀技术，干湿法刻蚀技术，控制腐蚀深度的自停止技术，形成空腔、梁等可动三维结构的牺牲层技术，将分离件整合的键合技术等）代替制作经典传感器的车、铣、刨、磨、焊等宏观加工工艺。国外也称它为专用集成微型传感技术（ASIM），由现代传感器技术制作出的敏感元件也是微机电系统（Micro-Electronic-Mechanical System，MEMS）技术的开端。由现代传感器技术制作的传感器通常称为集成传感器或固态传感器。已作为工业产品的集成传感器有：20 世纪 70 年代，美国霍尼尔公司生产的硅压阻式传感器；90 年代初，日本横河株式会社生产的硅谐振式传感器；90 年代末，美国罗斯蒙特及日本 FUJI 公司生产的硅电容式压力（差）传感器，美国摩托罗拉公司生产的硅加速度传感器；21 世纪初，我国歌尔微电子股份有限公司的 MEMS 麦克风等。

2）集成/固态传感器的特点

（1）微型化。

微型压力传感器已经可以小到放在注射针头内送进血管测量血液流动情况，装在飞机或发动机叶片表面用以测量气体的流速和压力。美国最近研究成功的微型加速度计可以使火箭或飞船的制导系统质量从几千克下降至几克。

（2）结构一体化。

压阻式压力（差）传感器是最早实现一体化结构的。传统的做法是先分别由宏观机械加工金属圆膜片与圆柱状环，然后把二者粘贴形成周边固支结构的金属杯，再在圆膜片上粘贴电阻变换器（应变片）而构成压力（差）传感器，这就不可避免地存在蠕变、迟滞、非线性特性。采用微机械加工和集成化工艺，不仅硅杯一次整体成型，而且电阻变换器与硅杯是完全一体化的。进而可在硅杯非受力区制作调理电路、微处理器单元，甚至微执行器，从而实现不同程度的，乃至整个系统的一体化。

（3）测量准确度高。

比起分体结构，传感器结构本身一体化后，迟滞、重复性指标将明显改善，时间漂移大幅减小，测量准确度大幅提高。后续的信号调理电路与敏感元件一体化后可以明显减小由引线长度带来的寄生参量的影响，这可以扩大传感器带宽，对电容式传感器更有特别重要的意义。

(4) 多功能。

微米级敏感元件结构的实现特别有利于在同一硅片上制作不同功能的多个传感器，例如，压阻式压差传感器是采用微机械加工技术最先实用化的集成传感器，但是它受温度与静压影响，准确度只能达到 0.1%，致力于改善它的温度性能花费了 20 余年时间却无重大进展。美国霍尼韦尔公司发展了多功能敏感元件，率先于 20 世纪 80 年代初研制成功的 ST3000 型智能变送器，就是在一块硅片上制作了感受压力、压差及温度三个参量的，具有三种功能(可测静压、压差、温度)的敏感元件结构的传感器，不仅增加了传感器的功能，而且又通过采用数据融合技术消除了温度与静压的影响，提高了传感器稳定性与测量准确度，详见第 6 章。

(5) 阵列式。

微米技术已经可以在 $1cm^2$ 大小的硅芯片上制作含有几千个压力传感器的阵列，譬如，丰田中央研究所半导体研究室用微机械加工技术制作的集成化应变计式面阵触觉传感器，在 8mm×8mm 的硅片上制作了 1024(32×32) 个敏感触点(桥)，基片四周还制作了信号处理电路，其元件总数约 16000 个。

敏感元件组成阵列后，通过计算机/微处理器解耦运算、模式识别、神经网络技术的应用，有利于消除传感器的时变误差和交叉灵敏度的不利影响，可提高传感器的可靠性、稳定性与分辨能力。若配合相应图像处理软件，甚至可以实现图形成像且构成多维图像传感器。这时的智能传感器就达到了它的最高级形式。

所以，传感器的集成化实现既是传感器的发展方向，又是传感器向微型化、阵列化、多功能化、智能化方向发展的基础。随着微电子技术的飞速发展，大规模集成电路工艺技术日臻完善；MEMS 技术、微纳米技术、现代传感器技术协同发展，现已有不同集成度的电路芯片及传感器系统芯片商品面市。

由于在一块芯片上实现智能传感器全系统，并不总是希望的，也并不总是必需的，所以，一种更为可行的混合实现智能化方式迅速得到发展。

1.5.3　混合实现

混合实现是根据需要与可实现方式，将系统各个环节，如敏感单元、信号调理电路、微处理器单元、数字总线接口，以不同的组合方式集成在两块或三块芯片上，并装在一个外壳里。可分为如图 1-4 中所示的几种方式。

集成化敏感单元包括(对结构型传感器)弹性敏感元件及变换器。

信号调理电路包括多路开关、仪用放大器、基准、模/数转换器(ADC)等。

微处理器单元包括数字存储器(EPROM、ROM、RAM)、I/O 接口、微处理器、数/模转换器(DAC)等。

图 1-4(a) 是三块集成化芯片封装在一个外壳里，图 1-4(b)、(c)、(d) 是两块集成化芯片封装在一个外壳里。

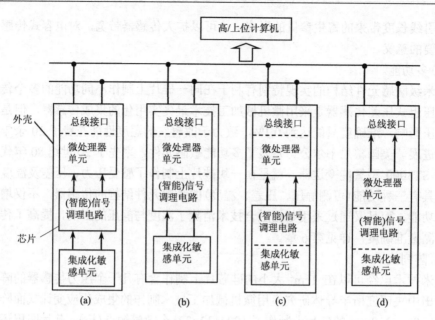

图 1-4　在一个封装中可能的混合集成实现方式

图 1-4(a)、(c)、(d)中的(智能)信号调理电路，具有部分智能化功能，如自校零、自动进行温度补偿，这是因为这种电路带有零点校正电路和温度补偿电路才获得了这种简单的智能化功能。它们也通常不与微处理单元封装在一起而单独出售。图 1-4(a)、(b)中的集成化敏感单元也可以以片外外接传感器代之。

1.5.4　智能传感器的几种形式

若按具有的智能化程度来分类，智能传感器有初级、中级和高级三种存在形式。

1. 初级形式

初级形式就是组成环节中没有微处理器单元，只有敏感单元与(智能)信号调理电路，二者被封装在一个外壳里。这是智能传感器系统最早出现的商品化形式，也是最广泛使用的形式，也被称为"初级智能传感器"。从功能来讲，它只具有比较简单的自动校零、非线性的自校正、温度自动补偿功能。这些简单的智能化功能是由硬件电路来实现的，故通常称该种硬件电路为智能调理电路。

2. 中级形式/自立形式

中级形式是在组成环节中除敏感单元与信号调理电路外，必须含有微处理器单元，即一个完整的传感器系统全部封装在一个外壳里的形式，如现场总线中使用的各种型号的智能传感/变送器。其中的传感器可以是集成化的也可以是经典的，它具有 1.3.1 节所列完善的智能化功能，这些智能化功能主要是由强大的软件来实现的。

3. 高级形式

高级形式是集成度进一步提高,敏感单元实现多维阵列化,同时配备了更强大的信息处理软件,从而具有更高级的智能化功能的形式。这时的传感器系统不仅具有 1.3.1 节所述的完善的智能化功能,而且还具有更高级的传感器阵列信息融合或成像与图像处理等功能。

显然,对于集成化智能传感器系统而言,集成化程度越高,其智能化程度也就越可能达到更高的水平。

1.5.5 改善传感器系统性能的多传感器智能化技术

当前,多传感器智能化技术迅速发展,已成为改善传感器系统性能最有效的手段。多传感器智能化技术包括两大方面。

(1) 将多个传感器与计算机(或微处理器)组建智能化传感器系统,其深刻内涵是提高某点位置处(单点)某一个参量(单参量)x_1 的测量准确度,而不是一般意义的多点或多参量测量系统。

(2) 将多个传感器获得的多个信息的数据进行融合处理,实现某种改善传感器性能的智能化功能。在抑制交叉敏感、改善传感器稳定性的同时,线性度等也得到改善。详细介绍见第 6 章(6.1 节和 6.3 节)以及第 9~12 章。

综上所述,智能传感器系统是一门涉及多学科的综合技术,是当前世界正在发展中的高新技术。因此,作为一个设计智能传感器系统的工程师,除具有经典、现代的传感器技术外,还必须具有信号分析与处理、计算机软件设计、通信与接口、电路与系统等多学科方面的基础知识。当然,智能传感器系统的发展也需要有多学科的工程师并肩合作、共同努力。

1.6　网络化、集成化智能传感器经典实例简介

1.6.1　温度、压力一体集成化传感器简介

3051 型智能压力变送器是美国罗斯蒙特公司(现为费希尔-罗斯蒙特,FISHER-ROSEMOUNT)在保持 20 世纪 80 年代 1151 型差动电容式变送器优良传统的基础上,坚持连续改进,获得新发展,于 90 年代初推出的现场总线智能仪表系列之一,并于 1998 年开始向我国市场供货。艾默生电气集团通过新的特性、性能改进和功能增强了罗斯蒙特 3051 系列智能压力变送器。

1) 3051 型智能压力变送器特点

3051 型智能压力变送器能够满足高质量的安全、控制、监测应用需求,具有如下特点。

(1) 测量性能优越,可用于所有压力、液位与流量测量场合。具有 0.04%的范围参考精确度,安装总性能为量程的 0.14%,稳定性可在 10 年内保持量程上限(Upper Range Limit, URL)的 0.2%。优异的总体性能为压力变送器树立了一个新的标准,即将温度影

响和静压影响考虑在内的综合指标为依据作为精度的指标。

(2)安装方便，应用灵活性强。

(3)具有多种输出协议：标准为 4～20mA，带有基于 HART 协议数字信号。

(4)具有回路完整性诊断功能，能够进行电气回路的故障自诊断。

(5)提供本地操作界面(Local Operation Interface，LOI)，调试操作方便。

(6)其性能和功能不断改进但具有向前、向后的兼容性。

2)3051 型智能压力变送器结构

3051 型智能压力变送器主要由传感器模块和电子装置板两部分组成，其结构如图 1-5 所示，外形图如图 1-6 所示，图中各部分的组成和功能如下。

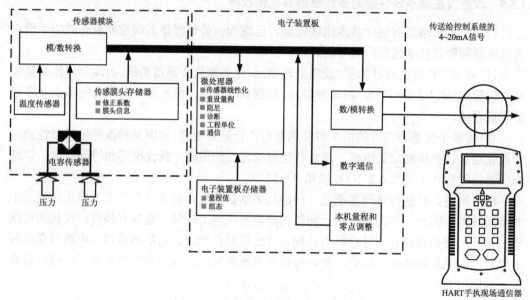

图 1-5　3051 型智能压力变送器结构框图

图 1-6　3051 型智能压力变送器外形图

(1)传感器模块。

传感器模块由测量压力的差动电容式传感器、用于对压力传感器进行温度补偿的温度传感器、模/数转换器以及保存传感器修正系数、传感器膜片参数的传感膜头存储器组成。有关差动电容式传感器工作原理详见 3.2.4 节；温度补偿原理详见 2.3.3 节。

（2）电子装置板。

数据处理部分由微处理器、片外存储器、数/模转换器、数字通信以及本机量程和零点调整几部分组成。

微处理器要完成如下功能。

①修正传感器特性。

②设置量程。

③设置阻尼系数。

④对传感器进行故障自诊断。

⑤设定工程单位。

⑥确定智能传感器与上位机的通信接口与通信格式。

片外存储器用来存放传感器量程以及智能变送器组态参数等。变送器的组态有两部分内容。

首先设定变送器的工作参数，其中包括以下四点：

①零点与量程设定值。

②线性或平方根输出。

③阻尼。

④工程单位选择。

其次将有关信息数据输入变送器，以便对变送器进行识别与物理描述。

数字通信模块遵循 HART 协议，被调制的频移键控信号叠加在 4～20mA 模拟信号上，通过现场总线实现智能变送器与执行器之间以及智能变送器与上位机之间的通信。

1.6.2　温度、湿度一体集成化传感器简介

瑞士 Sensirion 公司的温度、湿度一体集成化传感器具有优良的精度、稳定性和可靠性，且具有体积小、功耗低、抗干扰能力强等优点。该公司推出的 SHTxx 系列数字温度、湿度传感器包括 SHT30、SHT31、SHT35、SHTW2、SHTC1、SHT85 等型号，以一流的性能广泛应用于环境参数测量等领域中，这里以 SHT35 为例进行介绍，其结构示意图如图 1-7 所示。

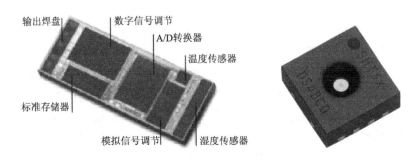

图 1-7　SHT35 结构示意图

SHT35 采用先进的 CMOSens® 传感技术，该技术为电容式湿度测量技术。传感器元件构建在一个电容外部。电介质采用一种可吸收或释放水分子的聚合物，与环境的相对湿度成正比。通过测量电路测量电容的变化量，即可实现空气相对湿度的测量。

SHT35 是 SHTxx 系列中的高端型号，具有丰富的数字接口，工作电压范围宽，温度、湿度测量精度高，可靠性高。湿度典型测量精度为 1.5%RH，温度典型测量精度为 0.1℃，工作电压范围为 2.15～5.5V，具有两个用户可选 I^2C 地址与高达 1MHz 的通信速度。同时，该传感器采用 DFN 封装，占位面积仅为 $(2.5×2.5)\text{mm}^2$，高度为 0.9mm。相比于传统传感器，SHT35 具有增强信号处理、可编程温湿度报警等新功能。

SHT35 的内部结构如图 1-8 所示，其内部集成了传感芯片、模数转换器、校准寄存器、数据处理电路、数字接口、复位电路、报警模块等，能够同时实现湿度和温度的测量。测量原理为传感模块将湿度及温度信号转换为模拟电信号，内部模数转换器将传感器输出的模拟信号转换为数字信号，数据处理电路对数字信号进行调节，再通过数字接口与处理器或计算机进行通信。复位电路完成上电复位与手动复位的功能。

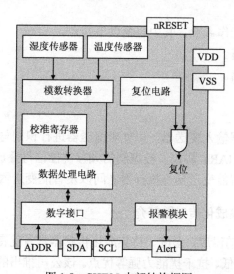

图 1-8　SHT35 内部结构框图

1.7　智能传感器的发展趋势

21 世纪是智能化的时代，随着半导体工艺、信息技术的发展，受物联网、智能制造、智慧电网、智慧城市、智慧医疗等领域的驱动，人们越来越重视在生产生活中融入智慧概念，而智能传感器已经成为智慧方案的关键角色。根据智能传感器市场规模统计，2018～2020 年，全球传感器的智能化渗透率不断上升，2020 年达到 22.39%，全球智能传感器的市场规模分别为 283.3 亿、320.1 亿、358.1 亿美元，预计 2026 年将达到 800 亿美元。智能传感器的应用是十分有意义的，也将继续发展。新技术与新领域对智能传感器提出了许多新需求，现有的智能传感器技术也呈现出新的发展趋势。

1) 集成化与微型化

大规模集成电路的发展使传感器与调理电路集成于同一芯片上,具有这种集成化特征的智能传感器称为集成化智能传感器。这种形式的传感器具有许多优点:信噪比高,放大电路与传感器集成于同一芯片,传感信号放大后才进行传输,有效减小了噪声影响;输出归一化,传感器输出的模拟信号经程控放大器归一化输出后,通过模数转换变为归一化的数字输出;性能更好,传感器的温漂、零漂、零位误差能够定期得到自校准;稳定性强,时间漂移、温漂小,受外界环境变化的影响小;结构简单,体积小,使用方便,功耗低。

随着微电子技术的不断发展和加工工艺的日益成熟,MEMS 技术已然成为实现智能传感器集成化、微型化的核心技术。微智能传感器系统中包含了微传感器、CPU、存储器等,并具备自校准、自补偿等智能化功能,其特征尺寸已经达到 mm 甚至 μm 级。

智能微尘(Smart Dust)是一种典型的集成微型化智能传感器系统。智能微尘的体积仅有沙砾大小,是一种集传感、运算、通信、供电模块于一体的新型智能传感器系统。智能微尘中的微传感器获取外界信息并调理,进而转换为数字信号;通过双向无线电接收装置将这些信息与其他微尘器件进行传送;微处理器负责组织协调各部分工作;采用微型薄膜电池,同时含有一个微型太阳能电池进行充电。智能微尘的应用范围十分广泛,如军事应用、环境监控、健康监测、行星探测等。随着网络技术的发展和半导体工艺的进步,未来几年智能微尘技术将具有更小的体积、更灵活的组网技术和更低的成本。

2) 低功耗

随着微型便携式传感器、无线传感器网络的发展,低功耗已经成为智能传感器发展的主要趋势之一。无法在附近提供交流电源的便携式传感器、无线传感器网络节点,通常采用电池供电,因此传感器的寿命主要取决于电池的寿命。电源能量是制约传感器应用的主要因素。对于某些地理位置比较分散或工作区域比较偏远的传感器,更换电池的代价很大,这就对传感器的低功耗提出了更高要求。智能传感器系统的低功耗技术主要包括器件的低功耗和电源管理。

低功耗的微处理器与敏感元件不断出现,降低了智能传感器系统的器件功耗。低功耗微控制器的市场规模在 2019 年为 44 亿美元,预计到 2024 年将增长到 129 亿美元。意法半导体、TI、Silicon Labs 等厂商已经形成了完整的低功耗微处理器产品布局,如意法半导体的 STM32L1、STM32L0、STM32L4、STM32L4+、STM32L5 等。意法半导体于 2021 年推出了其超低功耗旗舰微处理器 STM32U5 系列,该芯片采用 40nm 工艺制程,集成了一个先进的 DC/DC 电压动态转换器,将动态功耗降低到了 $19\mu A/MHz$ 以下。Allegro MicroSystems 的微功率超灵敏霍尔效应开关 A1171 功耗低于 $15\mu W$。Silicon Labs 推出的 Si705x 系列智能数字温度传感器在采样率为 1Hz 时所需平均电流仅为 195nA。这些低功耗的微处理器与敏感元件,为智能传感器在物联网传感节点、便携设备、工业监控等领域的应用提供了重要保障。

为了降低整个系统的功耗,智能传感器系统的电源管理技术也迅速发展。电源管理主要是通过软件控制实现的:①采用待机运行模式。当传感器闲置一段时间后,进入待机模式。在需要工作时,传感器被唤醒。微处理器、外围电路与器件同样可以采用这种运行模式，在待机时掉电，进一步降低整机功耗。②缩短通信时间。通信，尤其是无线通信消耗了传感器的大部分能量。采用有效的编码格式能提高通信效率，采用串口通信时适当提高波特率。对于无线通信，采用节能的 MAC 层协议等。③软件优化。优化软件程序，采用运算速度快的算法，用软件滤波代替硬件滤波等。④静态显示。液晶显示器(LCD)采用静态显示模式，显示内容不变时不刷新 LCD。⑤适当降低时钟频率。在满足系统工作性能要求的前提下，尽量降低系统的时钟频率。

此外，还可以通过能量采集技术为电池充电。电池的能量有限，能量采集技术在系统运行或运行周期后为电池充电，提高电池寿命。目前所采用的能量采集技术主要包括光生原电池、佩尔捷元件、生物燃料电池、机电转换元件等。A. Kansal 等采集太阳能并作为传感器系统的能量，提出了能量中性模式，即传感器系统消耗的能量与采集到的能量相等，保证接近永久的寿命。

3) 具有丰富的智能信息处理功能

与传统传感器相比，智能传感器具有丰富的智能信息处理功能。人工智能、智能计算、嵌入式计算机、网络通信等技术的迅速发展为智能传感器信息处理提供了有力保障。通过神经网络、支持向量机、粒子群优化、小波分析、模糊逻辑等智能方法，智能传感器内部能够实现信息的存储与处理，具备自校准、自补偿、自诊断、数据融合等功能，能够实现多样、复杂的测量功能。这些内容将在第 6~16 章进行详细介绍。近年来，还出现了具有控制功能的智能传感器。这些不断发展的智能信息处理功能决定了智能传感器在智能制造、智慧城市、物联网等领域的核心地位。

4) 网络化

网络化智能传感器具备网络通信的功能。自现场总线概念出现以来，单个传感器独立应用的场合越来越少，多数情况下应用的是多传感器系统，系统内部的测量和控制信息是通过现场总线完成的，数据通过 Intranet 进行交换。传感器网络是多个具有网络通信功能的传感器节点构成的系统，在环境监测、工业测控等领域得到了广泛应用。

2008 年 2 月，国际电信联盟电信标准分局(International Telecommunication Union-Telecommunication Standardization Sector，ITU-T) 提出了泛在传感器网络 (Ubiquitous Sensor Networks，USN) 的概念。泛在传感器网络是指无处不在的传感器网络，是继传感网、物联网之后更高层次的发展阶段。传感网是物联网的重要组成部分，物联网是泛在网发展的一个阶段。无线传感器网络、通信网络、互联网相互融合是泛在传感器网络的发展目标。在泛在传感器网络中，人与人、人与物、物与物之间进行信息交换与互动。传感器网络是泛在网络的神经末梢，人们可以随时获取多维环境信息，并精确地进行处理与控制，从而步入更高层次的信息社会。无线网络智能传感器系统的相关内容将在第 17 章进行详细介绍。

5) 采用新材料、新工艺、新机理

新材料在智能传感器中的应用极大地提高了传感器的性能。新型陶瓷材料制成的压力传感器，具有更稳定的性能和更强的抗过载能力。采用高分子聚合物薄膜材料制成的湿度传感器，在测量范围、响应速度等方面具有更好的表现。2016 年 10 月，爱尔兰都柏林三一学院材料科学研究中心(AMBER)研究人员将石墨烯和聚硅氧烷(俗称橡皮泥)

混合，得到了一种导电性非常好的高灵敏传感器，含有石墨烯的橡皮泥长度拉伸 1%，电流会变化 5 倍，相比于传统应变传感器和压力传感器，这种新材料传感器的灵敏度提升了数百倍。

MEMS 技术等新工艺在智能传感器中得到了广泛应用。采用薄膜工艺加工的气敏传感器，具有更高的稳定性和更快的响应速度。采用 MEMS 技术制成的硅微压力传感器，具有独特的三维结构，能够消除环境变化所引起的误差。美国麻省理工学院的研究人员采用新型光纤制造工艺，将高速光电半导体器件植入织物纤维中，可用于制造具备通信、照明、生理监测等功能的纺织品。

新机理的出现使智能传感器的发展得到了新的突破。清华大学和西安交通大学的研究人员基于化学反应和离子电流传导新机理制备出了一种具有超高灵敏度、超低检测限和超长使用寿命的柔性触觉传感器。

思　考　题

1-1　什么是智能传感器？智能传感器与传统传感器系统有什么区别？

1-2　智能传感器的功能包括哪几个方面？与传统传感器相比，智能传感器有哪些特点？

1-3　智能传感器有哪几种实现形式？按照智能化程度的不同，智能传感器有哪几种存在形式？

1-4　什么是多传感器智能化技术？

1-5　请列举几种典型的智能传感器。

第 2 章　传感器系统性能指标与误差分析

智能化技术的重要任务之一是要改善传感器的性能，在智能传感器应用过程中，不仅需要提供测量数值与单位，还需要对产生的误差进行分析与处理，并提供不确定度。本章将首先介绍评价传感器性能的静态、动态技术指标与基本参量，然后介绍误差理论与误差处理技术。本章介绍的四种提高传感器性能的技术途径在智能传感器系统中依然适用。

2.1　传感器系统的基本特性与技术指标

图 2-1　传感器系统

传感器系统的基本特性是指系统输入（被测量）信号 $x(t)$ 与其输出信号 $y(t)$ 之间的关系，如图 2-1 所示。对传感器系统的基本特性研究，主要用于两个方面。

第一，用于未知被测量的测量过程。作为一个测量系统，必须已知传感器系统的基本特性，并测得输出信号 $y(t)$，通过基本特性来推断导致该输出的系统输入。

第二，用于传感器系统本身的研究、设计与集成。这时必须观测系统的输入 $x(t)$ 及与其相应的输出 $y(t)$，才能建立系统的基本特性。如果系统基本特性不满足要求，则应修改相应的内部参数，到合格为止。

根据输入信号 $x(t)$ 是时变的还是非时变的，基本特性分为静态特性和动态特性，它们是系统对外呈现出的外部特性，这类特性由其自身的内部参数决定。传感器的基本特性用传感器的数学模型来表征，静态、动态模型分别表征其静态、动态特性。通过基本物理定律建立的输入 $x(t)$ 与输出 $y(t)$ 之间的关系称为理论建模，而由标定实验建立的关系则称为实验建模。

2.1.1　静态特性与静态技术指标

描述静态特性的静态模型表示当输入系统的被测量 $x(t)$ 为不随时间变化的恒定信号，即 $x(t)$=常量时，或者在输入信号变化足够慢的情况下系统的输入与输出之间呈现的关系。考虑到静态模型的连续性及连续函数的泰勒级数，静态特性常用多项式来表征：

$$y = s_0 + s_1 x + s_2 x^2 + \cdots + s_n x^n \tag{2-1}$$

式中，$s_0, s_1, s_2, \cdots, s_n$ 为常量；y 为输出量；x 为输入量。

静态特性还可以用对应的 x 与 y 的若干有限数值的"列表"和在 x-y 坐标平面上的"曲线"形式来表示。

1. 静态特性的基本参数

1) 零位 (零点)

零位是指当输入量为零, 即 $x=0$ 时, 传感器系统 (以下简称系统) 输出量 y 不为零的数值, 由式 (2-1) 可得零位值为

$$y_0 = s_0 \tag{2-2}$$

如图 2-2 所示。零位值应从测量结果中设法消除。

2) 量程 $Y(F.S)$

量程又称 "满度值", 它表征系统能够承受最大输入变化量 $x_{F.S}$ 的能力, 其数值是系统示值范围上、下限之差的模。当输入量在量程范围以内时, 系统正常工作并保证预定的性能。

注意, 对于输出标准化的传感器系统, 我们把它称为 "变送器", 它有严格的规范值。例如, 对于输出为 4～20mA 电流的变送器, 有如下规范值:

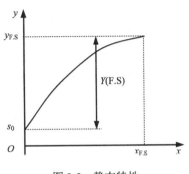

图 2-2　静态特性

$x=0$ 时, $y_0=s_0=4\text{mA}$; $x=x_{F.S}$ 时, $y_{F.S}=20\text{mA}$; 量程 $Y(F.S)=16\text{mA}$。

3) 灵敏度

灵敏度表征系统对输入量变化反应的能力, 其数值由系统输出变化量 Δy 与引起该变化的输入变化量 Δx 的比值 S 来表示:

$$S = \frac{\Delta y (\text{输出变化量})}{\Delta x (\text{输入变化量})} \tag{2-3}$$

输入量与输出量也可以采用相对变化量形式, 如 $\Delta x / x$、$\Delta y / y$, 与之相对应的灵敏度也可有多种表达形式, 如

$$S = \frac{\Delta y}{\Delta x / x} \quad \text{或} \quad S = \frac{\Delta y / y}{\Delta x} \tag{2-4}$$

当静态特性为一理想直线时, 直线的斜率即为灵敏度, 且为一常数。对于式 (2-1), $S=s_1$。灵敏度 S 的数值越大, 表示相同的输入变化量引起的输出变化量越大, 则系统的灵敏度越高。当静态特性是一非线性曲线时, 灵敏度不为常数, 但 s_1 仍表示输出 y 随输入 x 变化的速度; s_2 表示 y 随 x 变化的加速度。

实际传感器系统的输入往往不是单一的, 而是有多个, 如图 2-3 所示。例如, 采用压力传感器系统测量气缸内气体的压力, 气体压力变化 Δx_P 的过程往往伴随着温度的变化 Δx_T, 传感器系统的供电电压在测量期间也可能变化 Δx_V, 这时的传感器系统至少是一个三输入 (Δx_P、Δx_V、Δx_T) 单输出 (Δy) 系统。如果每个输入量的变化都能引起输出量的变化, 则该系统存在 "交叉灵敏度" 为

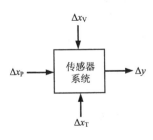

图 2-3　实际的多输入系统

$$S_P = \frac{\Delta y}{\Delta x_P}, \quad S_T = \frac{\Delta y}{\Delta x_T}, \quad S_V = \frac{\Delta y}{\Delta x_V} \tag{2-5}$$

一个存在交叉灵敏度的传感器系统, 大概率是一个测量准

确度低、性能不稳定的系统。经典的传感器系统鲜有能力从输出改变量 Δy 来精确推断某一个输入量的变化值。例如，输出改变量 Δy 来自于温度变化 Δx_T 或电压变化 Δx_V，而气体压力变化 $\Delta x_P = 0$。

经典传感器系统大多存在着对工作环境温度、供电电压的交叉灵敏度。为了降低交叉灵敏度，常采用稳压源、恒流源供电，以及温度补偿等措施。智能传感器系统则依靠其软件功能来降低交叉灵敏度。因此，智能传感器系统稳定性性能的改善应能由式(2-5)或其相对变化量形式反映出来。

4)分辨力

分辨力又称"灵敏度阈"，它表征系统有效辨别输入量最小变化量的能力。具有模数转换(A/D)的传感器系统，其分辨力为一个量化单位 q 对应的输入变化量。这就要求传感器系统设置合理的放大倍数，选用合理分辨率的 A/D，并采取有效消除干扰、抑制噪声的措施，把噪声电平压制在半个量化单位($q/2$)以下，信号电平大于 $q/2$，即具有足够的信噪比。

2. 静态特性的性能指标

通常，传感器给出的技术指标有迟滞、重复性与线性度，以表征传感器的静态性能。

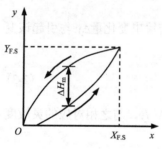

图 2-4　滞环

1)迟滞

迟滞也称为"滞后量"或"滞环"，表征系统在全量程范围内输入量由小到大(正行程)或由大到小(反行程)，两个静态特性一致的程度，如图 2-4 所示。其数值用引用误差 δ_H 形式表示：

$$\delta_H = \frac{|\Delta H_m|}{Y(F.S)} \times 100\% \qquad (2\text{-}6)$$

式中，ΔH_m 表示同一输入量对应正、反行程输出量的最大差值。

2)重复性

重复性表示系统输入量按同一方向(正行程或反行程)做全量程、连续多次变动时，静态特性之间一致的程度，如图 2-5 所示。其数值用引用误差 δ_R 形式表示：

$$\delta_R = \frac{|\Delta R|}{Y(F.S)} \times 100\% \qquad (2\text{-}7)$$

式中，ΔR 表示同一输入量对应多次循环的同向行程输出量的分散程度。这种输出量之值相互偏离反映传感器的随机误差，故可按随机误差处理法则来确定 ΔR。

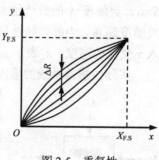

图 2-5　重复性

3)线性度

线性度又称"直线性"，它表示系统静态特性和某一规定直线($y = b + kx$)一致的程度。在数值上用非线性引用误差 δ_L 形式来表示：

$$\delta_L = \frac{|\Delta L_m|}{Y(F.S)} \times 100\% \tag{2-8}$$

式中，ΔL_m 表示静态特性与规定拟合直线的最大拟合偏差。

由于拟合直线确定的方法不同，相应的拟合偏差值与线性度的数值也就不同。目前常用的方法有：理论线性度、平均选点线性度、端基线性度、最小二乘法线性度等。其中尤以理论线性度与最小二乘法线性度应用最为普遍。

(1)最小二乘法线性度拟合直线的确定。

设拟合直线方程通式为

$$y = b + kx \tag{2-9}$$

则第 j 个标定点(图 2-6)的标定值 y_j 与拟合直线上相应值的偏差为

$$\Delta L_j = (b + kx_j) - y_j \tag{2-10}$$

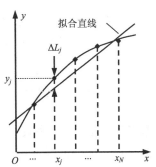

图 2-6　线性度

最小二乘法拟合直线的确定原则是均方差：

$$\frac{1}{N}\sum_{j=1}^{N}(\Delta L_j)^2 = f(b,k)$$

为最小值。令其一阶偏导为零：

$$\frac{\partial f(b,k)}{\partial b} = 0, \quad \frac{\partial f(b,k)}{\partial k} = 0$$

可得两个方程，并解得两个未知量 b、k 的表达式如下：

$$\begin{cases} b = \dfrac{\left(\displaystyle\sum_{j=1}^{N}x_j^2\right)\left(\displaystyle\sum_{j=1}^{N}y_j\right) - \left(\displaystyle\sum_{j=1}^{N}x_j\right)\left(\displaystyle\sum_{j=1}^{N}x_jy_j\right)}{N\displaystyle\sum_{j=1}^{N}x_j^2 - \left(\displaystyle\sum_{j=1}^{N}x_j\right)^2} \\[4mm] k = \dfrac{N\displaystyle\sum_{j=1}^{N}x_jy_j - \left(\displaystyle\sum_{j=1}^{N}x_j\right)\left(\displaystyle\sum_{j=1}^{N}y_j\right)}{N\displaystyle\sum_{j=1}^{N}x_j^2 - \left(\displaystyle\sum_{j=1}^{N}x_j\right)^2} \end{cases} \tag{2-11}$$

(2)理论线性度拟合直线方程的确定。

拟合直线的起始点为坐标原点($x=0$, $y=0$)；终止点为输入与输出的上限值($x_{F.S}$, $y_{F.S}$)。最小二乘法线性度如图 2-7 所示。

4)准确度

准确度常用不确定度来表示，不确定度要经过对多个分项不确定度的严密分析、评定，最后进行综合得出。国家标准未规定准确度等级指数的一些产品，常用"精度"(在计量规范术语中没有精度一词，但它在许多产品介绍中依然使用着)作为一项技术指标

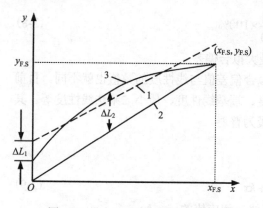

图 2-7　最小二乘法、理论线性度
的拟合直线与拟合偏差

1-最小二乘法线性度拟合直线；2-理论线性度
拟合直线；3-系统的静态特性；ΔL_1-最小二乘法线性度
的最大拟合偏差；ΔL_2-理论线性度的最大拟合偏差

来表征该产品的准确程度。通常精度 A 由线性度 δ_L、迟滞 δ_H 与重复性 δ_R 的绝对值求和或方和根得出：

$$A = |\delta_L| + |\delta_H| + |\delta_R| \ \text{或} \ A = \sqrt{\delta_L^2 + \delta_H^2 + \delta_R^2}$$

(2-12)

用式(2-12)来表征准确度是不完备的，只是一种粗略的工程简化表示，常用于传感器或含有传感器的测量系统。

要注意，当前传感器市场对传感器技术指标的称谓与标示还不规范。如将"重复性"称为"不重复性"；"线性度"称为"非线性"等。尤其是对国外产品术语的翻译很不一致。

本书着重点是介绍改善传感器性能的智能化方法。改善程度用具体的指标，如线性度、温度(影响)系数的变化来说明。传感器总体性能的提高采用提高测量准确度的说法。

传感器技术始终致力于改善静态特性的非线性(减小线性度 δ_L 的数值)、减小迟滞 δ_H、提高重复性(减小重复性 δ_R 的数值)，以期获得较高的测量准确度。

静态特性是在标准实验条件下获得的(如规定的温度范围、大气压力和温度等)，如果实际测试时的现场工作条件偏离了标准实验条件，那么除了基本误差之外还将产生附加误差。温度附加误差是最主要的附加误差。

5)温度系数及温度附加误差

(1)零位温度系数 α_0 及温度附加误差。

零位温度系数 α_0 表示零位值 y_0 随温度漂移的速度，在数值上等于温度改变 1℃，零位值的最大改变量 Δy_{0m} 与量程 $Y(\text{F.S})$ 之比的百分数：

$$\alpha_0 = \frac{\Delta y_{0m}}{\Delta T \cdot Y(\text{F.S})} \times 100\%$$

(2-13)

式中，Δy_{0m} 表示在温度变化 ΔT℃ 范围内，零位值的最大改变量；ΔT 表示传感器系统工作温度的变化范围。

例如，未经补偿的压阻式压力传感器的 α_0 一般为 $10^{-3}(℃)^{-1}$，如果量程 $Y(\text{F.S})=100\text{mV}$，当工作温度变化 $\Delta T=60℃$ 时，则零位值改变 $\Delta y_{0m} = \alpha_0 \cdot \Delta T \cdot Y(\text{F.S}) = 6\text{mV}$，这便是温度附加误差的绝对值。如果在满量程下使用时，温度附加误差的相对值为 $\Delta y_{0m}/Y(\text{F.S}) = \alpha_0 \cdot \Delta T = 6\%$；在 1/3 量程下使用时，温度附加误差的相对值将达 18%。因此，提高零位值随温度变化的稳定性，减小 α_0 的数值是非常有必要的。

(2)灵敏度温度系数 α_S 及温度附加误差。

灵敏度温度系数 α_S 表示灵敏度随温度漂移的速度，在数值上等于温度改变 1℃ 时，灵敏度的相对改变量的百分数，即

$$\alpha_S = \frac{S(T_2) - S(T_1)}{S(T_1) \cdot \Delta T} \approx \frac{y(T_2) - y(T_1)}{y(T_1) \cdot \Delta T} \qquad (2\text{-}14)$$

式中，$S(T_2)$、$S(T_1)$、$y(T_2)$、$y(T_1)$分别表示在相同输入量作用下系统在温度 T_2、T_1 时的灵敏度及其相应的输出值。

例如，未经补偿的压阻式压力传感器的 α_S 一般为 $5 \times 10^{-4} \sim 10^{-3}(℃)^{-1}$。因此，温度变化 $\Delta T = T_2 - T_1 = 60℃$时，引起的温度附加误差的相对值有 $3\% \sim 6\%$。由此可见，提高灵敏度相对温度的稳定性，即减小 α_S 的数值也是非常需要的。

在实际应用中，一个传感器的灵敏度温度系数通常也采用式(2-15)来计算：

$$\alpha_S = \frac{\Delta y_m}{\Delta T \cdot Y(\text{F.S})} \times 100\% \qquad (2\text{-}15)$$

式中，$\Delta T = T_2 - T_1$ 表示温度变化范围；$Y(\text{F.S})$表示被测量的量程；Δy_m 表示当温度变化 ΔT 时，在全量程范围内某一输入量对应输出值随温度漂移的最大值，这个最大温度漂移值可能发生在满量程时，也可能发生在其他输入时的工作点。

为改善传感器的温度稳定性，传统的传感器技术研究进行了大量的工作，采用了许多种补偿措施，经过补偿后 α_0、α_S 均可减小一个数量级，但比较费时费力。智能传感器系统利用软件补偿技术及数据融合技术对提高温度稳定性效果显著。

2.1.2 动态特性与动态技术指标

大量被测物理量是随时间变化的动态信号，即 $x(t)$ 是时间 t 的函数，不是常量。系统的动态特性反映测量动态信号的能力。对于理想的传感器系统，其输出量 $y(t)$ 与输入量 $x(t)$ 的时间函数表达式应该相同。但实际应用中，二者只能在一定频率范围内、允许的动态误差条件下保持所谓的一致。本节将讨论系统动态特性、信号频率范围与动态误差的相互关系。

动态特性用动态模型来描述，对于连续时间系统主要有三种形式：时域中的微分方程、复频域中的传递函数 $H(s)$、频率域中的频率特性 $H(j\omega)$。系统的动态特性由其系统本身的固有属性决定。传感器产品给出的动态技术指标通常有时间常数 τ（一阶系统）、无阻尼固有角频率 ω_n（二阶系统）以表征传感器的动态性能。

1. 微分方程

常规传感器系统是一阶或二阶系统，任何高阶系统也都可以看作一、二阶系统的合成。

1）一阶系统

以热电偶（简称热偶）测温元件为例，如图 2-8 所示，当热电偶接点温度 T_o 低于被测介质温度 T_i 时，$T_i > T_o$，则有热流 q 流入热偶结点，它与 T_i 和 T_o 的关系可表示如下：

$$q = \frac{T_i - T_o}{R} = C\frac{\mathrm{d}T_o}{\mathrm{d}t} \qquad (2\text{-}16a)$$

式中，R 为介质的热阻；C 为热电偶的比热。

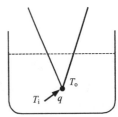

图 2-8 热电偶测温元件

若令 $\tau=RC$，式(2-16a)可写为

$$\tau\frac{\mathrm{d}T_{\mathrm{o}}}{\mathrm{d}t}+T_{\mathrm{o}}=KT_{\mathrm{i}} \tag{2-16b}$$

式中，$\tau=RC$ 表示时间常数，具有时间量纲；　K 为放大倍数，$K=1$。

式(2-16)为一阶微分方程，T_{i}、T_{o} 分别是系统的输入、输出量。不仅是热电偶，其他类型的传感器系统也可能具有一阶微分方程形式所表征的动态特性。广义一阶微分方程为

$$\tau\frac{\mathrm{d}y}{\mathrm{d}t}+y=Kx \tag{2-17}$$

式中，y 为系统的输出量；x 为系统的输入量；K 为放大倍数；τ 为时间常数。

时间常数 τ 是一阶系统动态特性的特征参数，由系统的固有属性决定。

2)二阶系统

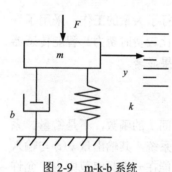

图 2-9　m-k-b 系统

以质量-弹簧-阻尼力学系统为例，如图 2-9 所示，这种系统可以是压力传感器的弹性敏感元件的等效结构。等效质量块 m 在受到作用力 F 后产生位移 y 和运动速度 $\mathrm{d}y/\mathrm{d}t$，在运动过程中，质量块 m 所受的力有

作用力　　　　　　　　　F

弹性反作用力　　$F(弹)=-ky$

阻尼力　　　　　$F(阻)=-b\dfrac{\mathrm{d}y}{\mathrm{d}t}$

当位移量 y 足够大，大到使弹性反作用力与作用力相等，即 $F(弹)=F$ 时，系统运动达到平衡，质量块不再运动，$F(阻)=0$。在未达到平衡状态的运动过程中，运动规律服从牛顿运动定律，其运动加速度 $\dfrac{\mathrm{d}^{2}y}{\mathrm{d}t^{2}}$ 由所受的合力决定：

$$\sum_{i=1}^{3}F_{i}=m\frac{\mathrm{d}^{2}y}{\mathrm{d}t^{2}}$$

即

$$F+F(弹)+F(阻)=m\frac{\mathrm{d}^{2}y}{\mathrm{d}t^{2}}$$

整理后得

$$m\frac{\mathrm{d}^{2}y}{\mathrm{d}t^{2}}+b\frac{\mathrm{d}y}{\mathrm{d}t}+ky=F \tag{2-18}$$

式中，m 为运动部分的等效质量；k 为弹簧刚度系数；b 为阻尼系数。

式(2-18)为二阶微分方程。可见，质量-弹簧-阻尼(m-k-b)力学结构的动态特性由二阶微分方程描述。二阶微分方程可写成如下的标准形式：

$$\frac{1}{\omega_n^2}\frac{\mathrm{d}^2 y}{\mathrm{d}t^2} + \frac{2\zeta}{\omega_n}\frac{\mathrm{d}y}{\mathrm{d}t} + y = Kx \tag{2-19}$$

式中，ω_n 为系统无阻尼固有角频率(rad/s)；ζ 为阻尼比；K 为直流放大倍数。

ω_n、ζ、K 均是由系统本身固有属性决定的常数，分别表示如下：

$$\omega_n = \sqrt{\frac{k}{m}}, \quad \zeta = \frac{b}{2\sqrt{mk}}, \quad K = \frac{1}{k}$$

ω_n、ζ 是二阶系统动态特性的特征参数。

2. 传递函数

系统的输入与输出的动态特性关系，可以用微分方程表示，也可以用该微分函数的拉普拉斯变换(又称拉氏变换)或者其频率特性表示，如图 2-10 所示。零初始条件下线性系统输出信号 $y(t)$ 的拉氏变换 $Y(s)$ 与输入信号 $x(t)$ 的拉氏变换 $X(s)$ 之比称为系统的传递函数，记为 $H(s)$：

$$H(s) = \frac{Y(s)}{X(s)} \tag{2-20}$$

式中，$s=\mathrm{j}\omega+\sigma$ 是复数。

图 2-10　系统的输入与输出

1)一阶系统的传递函数

仍以热电偶为例。对式(2-17)两边求拉氏变换，根据 $x(t)$、$y(t)$ 以及它们各阶时间导数在 $t=0$ 时的初始值均为零，可得

$$\tau s Y(s) + Y(s) = KX(s)$$

于是一阶系统的传递函数为

$$H(s) = \frac{Y(s)}{X(s)} = \frac{K}{\tau s + 1} \tag{2-21}$$

2)二阶系统的传递函数

对式(2-19)两边取拉氏变换，在零初始条件下可得

$$\frac{1}{\omega_n^2}s^2 Y(s) + \frac{2\zeta}{\omega_n}s Y(s) + Y(s) = KX(s)$$

于是二阶系统的传递函数为(当 $K=1$ 时)

$$H(s) = \frac{Y(s)}{X(s)} = \frac{1}{\dfrac{1}{\omega_n^2}s^2 + \dfrac{2\zeta}{\omega_n}s + 1} \tag{2-22}$$

3. 频率特性

在初始条件为零的条件下，输出信号 $y(t)$ 的傅里叶变换 $Y(j\omega)$ 与输入信号 $x(t)$ 的傅里叶变换 $X(j\omega)$ 之比为系统的频率特性，记为 $H(j\omega)$ 或 $H(\omega)$：

$$H(j\omega) = \frac{Y(j\omega)}{X(j\omega)} \tag{2-23}$$

下面对拉普拉斯变换与傅里叶变换的形式做一比较。

拉普拉斯变换：

$$\begin{aligned} Y(s) &= \int_0^\infty y(t)e^{-st}dt \\ X(s) &= \int_0^\infty x(t)e^{-st}dt \end{aligned}, \quad s = \sigma + j\omega$$

傅里叶变换：

$$Y(j\omega) = \int_0^\infty y(t)e^{-j\omega t}dt$$

$$X(j\omega) = \int_0^\infty x(t)e^{-j\omega t}dt$$

可见，频率特性是实部 $\sigma=0$ 时的传递函数。令 $s=j\omega$，直接由传递函数写出频率特性。

一阶系统的频率特性：

$$H(j\omega) = \frac{K}{1 + j\omega\tau} \tag{2-24}$$

二阶系统的频率特性：

$$H(j\omega) = \frac{K}{\left[1 - \left(\dfrac{\omega}{\omega_n}\right)^2\right] + j2\zeta\dfrac{\omega}{\omega_n}} \tag{2-25}$$

输出和输入的傅里叶变换 $Y(\omega)$、$X(\omega)$ 以及频率特性 $H(\omega)$ 都是频率 ω 的函数，一般都是复数，故可用指数来表示：

$$H(\omega) = A(\omega)e^{j\varphi(\omega)} \tag{2-26}$$

$$A(\omega) = \frac{|Y(\omega)|}{|X(\omega)|} = |H(\omega)| \tag{2-27}$$

$$\varphi(\omega) = \arctan H(\omega) \tag{2-28}$$

式中，$A(\omega)$ 表示频率特性 $H(\omega)$ 的模 $|H(\omega)|$；$\varphi(\omega)$ 表示频率特性 $H(\omega)$ 的相角。

以 ω 为横轴、$A(\omega)$ 为纵轴的 $A(\omega)$-ω 曲线，称为幅频特性曲线；以模的分贝数 $L=20\lg A(\omega)$ 为纵轴的 L-ω 曲线，称为对数幅频特性曲线(或称为伯德图)。以 ω 为横轴，$\varphi(\omega)$ 为纵轴的 $\varphi(\omega)$-ω 曲线，称为相频特性曲线。

1)一阶系统的幅频与相频特性表达式

一阶系统幅频特性：

$$A(\omega) = |H(\omega)| = \frac{1}{\sqrt{1 + (\omega\tau)^2}} \tag{2-29}$$

一阶系统对数幅频特性：

$$L(\omega) = 20\lg \frac{1}{\sqrt{1 + (\omega\tau)^2}} \tag{2-30}$$

一阶系统相频特性：

$$\varphi(\omega) = -\arctan(\omega\tau) \tag{2-31}$$

2) 二阶系统的幅频与相频特性表达式

二阶系统幅频特性：

$$A(\omega) = |H(\omega)| = \frac{1}{\sqrt{\left[1 - \left(\dfrac{\omega}{\omega_n}\right)^2\right]^2 + \left(2\zeta\dfrac{\omega}{\omega_n}\right)^2}} \tag{2-32}$$

二阶系统对数幅频特性：

$$L(\omega) = 20\lg \frac{1}{\sqrt{\left[1 - \left(\dfrac{\omega}{\omega_n}\right)^2\right]^2 + \left(2\zeta\dfrac{\omega}{\omega_n}\right)^2}} \tag{2-33}$$

二阶系统相频特性：

$$\varphi(\omega) = -\arctan\left[\frac{2\zeta\dfrac{\omega}{\omega_n}}{1 - \left(\dfrac{\omega}{\omega_n}\right)^2}\right] \tag{2-34}$$

图 2-11(a)、(b)分别给出了一阶系统的幅频特性和相频特性，图 2-12(a)、(b)分别给出了二阶系统的对数幅频特性和相频特性。从图 2-11 和图 2-12 中可以清楚地看到一阶系统的特征参数是时间常数 τ，二阶系统的特征参数是固有角频率 ω_n 与阻尼比 ζ。直流放大倍数 K 不影响频率特性的形状。

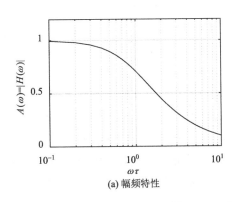
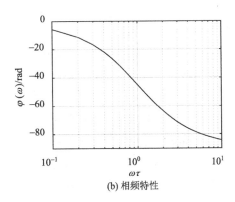

图 2-11　一阶系统频率特性

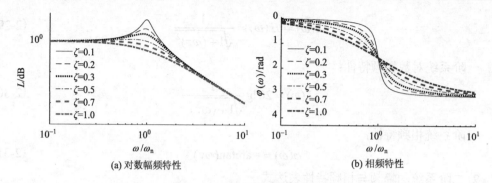

(a) 对数幅频特性　　　　　　　　　　(b) 相频特性

图 2-12　二阶系统的频率特性

4. 动态误差

在直流放大倍数 $K=1$ 的情况下，系统进行信号的测量和传递时，其输出正弦信号 $y(t)=y_0\sin(\omega t+\varphi)$ 的幅值 y_0 与输入正弦信号 $x(t)=x_0\sin(\omega t)$ 的幅值 x_0 之比 y_0/x_0，应该不随频率变化保持恒定，否则就存在动态幅值误差 γ。其定义为

$$\gamma = \frac{|H(\omega)|-|H(0)|}{|H(0)|}\times100\% \tag{2-35}$$

式中，$|H(0)|$ 表示 $\omega=0$ 时幅频特性的模，即直流放大倍数。

将式(2-29)、式(2-32)分别代入式(2-35)，可得一阶、二阶系统动态幅值误差表达式如下。

一阶系统：

$$\gamma = \frac{1}{\sqrt{1+(\omega\tau)^2}} - 1 \tag{2-36}$$

二阶系统：

$$\gamma = \frac{1}{\sqrt{\left[1-\left(\dfrac{\omega}{\omega_n}\right)^2\right]^2+\left(2\zeta\dfrac{\omega}{\omega_n}\right)^2}} - 1 \tag{2-37}$$

式(2-36)和式(2-37)建立了特征参数 τ 或 ω_n、ζ 表征的系统动态特性与信号频率 ω 以及动态幅值误差 γ 的关系。由式(2-36)可知，信号频率 ω 越高，其动态幅值误差越大，当 $\omega=\omega_\tau=1/\tau$(转折频率)时，$\gamma=-29.3\%$。为了保证一定幅值误差 γ 及相位差 φ 的要求，一阶系统的转折频率 $\omega_\tau=1/\tau$ 要足够大，时间常数 τ 要足够小。由热偶时间常数 $\tau=RC$ 可知热偶接点体积减小，则比热容 c 的数值可以减小，从而可使时间常数 τ 的值减小。同理，二阶系统的固有角频率 ω_n 要足够大。由 $\omega_n=\sqrt{k/m}$ 可知，当等效质量块的质量 m 减小时，该 m-k-b 结构力学系统的固有角频率 ω_n 将会提高。采用微机械加工技术实现微米级尺寸后将大幅度改善系统的动态性能，使 ω_n 大大增加。例如，传统的应变计式压力传感器的固有频率 $f_n(\omega_n/2\pi)$ 只有几十千赫，而集成化的压阻式压力传感器可达 1MHz 以上。

2.2　误差理论与误差处理技术

测量是为了获得被测量的真实值,但在实际测量中,受传感器自身性能、测量方法、外界环境等条件的约束,通常无法准确得到被测量的真实值,而采用重复测量数据对被测量进行估算。测量误差用来表示测量值与真实值之间的不一致程度。

2.2.1　误差分析基础

1) 误差的基本概念

(1) 真值。被测量在一定条件下客观存在的实际值。真值实际上是无法准确测量的,测得的只能是具有不确定度的特定值。在实际测量中,常采用约定真值和相对真值两种真值。约定真值是国际公认的量值基准,如砝码的质量。相对真值是通过更高准确度等级计量器测量所得到的测量值。

(2) 标称值。测量器具所标注的量值,如标准砝码所标注的质量。

(3) 示值。测量仪器所读出的量值,也称为测量值或测量结果。

(4) 测量误差。测量结果与被测量真值之间的差值,反映了测量结果的质量。在实际测量中,由于真值无法准确获得,常引入残余误差,也称为残差。残差指测量结果与被测量最佳估计值之间的差值,被测量的最佳估计值常取多次重复测量数据的平均值。

2) 误差的表示

测量误差有绝对误差、相对误差、引用误差等多种表示方法。

(1) 绝对误差。

测量示值与真值之差称为绝对误差。定义为

$$\delta = x - x_0 \tag{2-38}$$

式中,δ 为绝对误差;x 为测量示值;x_0 为被测量的真值。

在实际测量中,真值 x_0 无法准确获取,常用测量平均值代替,测量示值与测量平均值的差称为残余误差,简称残差。定义为

$$v = x - \bar{x} \tag{2-39}$$

式中,v 为残余误差;x 为测量示值;$\bar{x}$ 为测量平均值。

与绝对误差大小相等、符号相反的值称为修正值,在测量时对误差进行修正需要用到修正值。真值等于测量值加修正值。

(2) 相对误差。

绝对误差与真值之比称为相对误差。定义为

$$\gamma_0 = \frac{\delta}{x_0} \times 100\% \tag{2-40}$$

式中,γ_0 为相对误差;δ 为绝对误差;x_0 为被测量的真值。

实际测量时,真值 x_0 无法准确获取,因此用测量示值 x 代替,绝对误差与测量示值之比称为示值相对误差或标称相对误差 γ_x。定义为

$$\gamma_x = \frac{\delta}{x} \times 100\% \qquad (2-41)$$

(3) 引用误差。

对于测量仪表，引用误差指绝对误差与引用值之比，引用值通常为仪表的量程或最大示值。定义为

$$\gamma_n = \frac{\delta}{x_m} \times 100\% \qquad (2-42)$$

式中，γ_n 为引用误差；δ 为绝对误差；x_m 为测量仪表的量程。

由于仪表在各示值处的引用误差不同，因此引入最大引用误差的概念，最大引用误差指仪表在各示值处绝对误差绝对值的最大值与量程之比，定义为

$$\gamma_{nm} = \frac{|\delta|_m}{x_m} \times 100\% \qquad (2-43)$$

式中，γ_{nm} 为最大引用误差；$|\delta|_m$ 为最大绝对误差绝对值。

测量准确度是测量结果误差的综合，反映了测量结果和真值的一致程度。对于测量仪表，通常通过最大引用误差 γ_{nm} 描述其准确度等级。测量仪表常用的准确度等级分为 7 级，分别为：0.1、0.2、0.5、1.0、1.5、2.5、5.0。将引用误差的正、负号及百分号去掉后即为仪表的准确度等级。例如，0.1 级的仪表最大引用误差不超过 ±0.1%，1.5 级的仪表最大引用误差不超过 ±1.5%。

3) 误差的分类

根据误差的性质，误差可分为系统误差、随机误差、粗大误差三类。不同种类的误差具有不同的特性，可以通过不同方法减小各类误差对测量结果的影响。在实际测量中，系统误差和随机误差通常不存在明显的界限而难以区分，一般系统误差反映测量结果与被测量真值的偏离程度，随机误差反映了测量结果的分散性。

(1) 系统误差：对同一被测量进行多次重复测量时，测量结果的平均值与真值的差。系统误差的大小、方向恒定或按照一定规律变化。例如，测量系统本身不完善、测量方法不完善、环境条件变化等所产生的误差。

(2) 随机误差：测量示值与多次重复测量平均值的差。随机误差的大小、方向不可预知地随机变化，但总体具有一定的统计特性。随机误差产生的原因通常是一些微小因素，如外界微小的干扰等，一般无法控制。随机误差无法通过修正值进行修正，但可以通过其统计规律减小随机误差对测量结果的影响。

(3) 粗大误差：明显偏离测量结果的误差，是测量的异常值。这类误差产生的原因主要是读数错误、测量系统具有缺陷、测量环境或条件突变等。在数据处理时，应剔除含有粗大误差的数据。

2.2.2 测量误差处理

在测量应用中，测量误差的产生是不可避免的，进行测量误差处理，进而减小甚至消除测量误差对测量结果的影响是十分必要的。对于不同性质的测量误差所采用的处理方法也不同。在对测量数据进行处理时，首先应判断是否含有粗大误差，对含有粗大误

差的测量数据进行剔除；然后判断是否存在系统误差，一般采用修正的方法处理系统误差；最后利用随机误差的统计特性对随机误差进行处理。

1）系统误差的处理

系统误差可以通过对测量仪表、测量条件及测量方法进行分析识别。对于恒定的系统误差，改变产生系统误差的条件并进行测量，能够识别系统误差。对于规律变化的系统误差，可以采用残余误差观察法进行识别，根据残余误差的变化规律对系统误差进行估计。

残余误差校核法能够判断特殊的系统误差，马利科夫判据用来判断累进式变值系统误差，按测量的先后顺序，前一半测量数据的残余误差之和减去后一半测量数据的残余误差之和，若其差值显著不为零，则认为测量数据存在线性变化的系统误差。即

$$M = \sum_{i=1}^{k} v_i - \sum_{j=k+1}^{n} v_j \tag{2-44}$$

式中，M 为马利科夫判据的计算结果；i、j 为测量序号；v_i、v_j 为测量数据的残余误差；n 为测量次数，当 n 为偶数时，$k=n/2$，当 n 为奇数时，$k=(n+1)/2$。

阿贝-赫梅特判据用来判断周期性变化的系统误差。将测量数据按顺序排列并计算各残余误差，将残余误差依次两两相乘，再求和取绝对值，将该结果与测量数据的标准差估计值相比较，若满足式(2-45)，则认为测量数据中存在周期性变化的系统误差：

$$A = \left| \sum_{i=1}^{n-1} v_i v_{i+1} \right| > \sqrt{n-1} \sigma^2 \tag{2-45}$$

式中，A 为阿贝-赫梅特判据的计算结果；σ^2 为测量数据的方差。

对于多组测量，可通过式(2-46)判断是否存在系统误差：

$$\left| \bar{x}_i - \bar{x}_j \right| < 2\sqrt{\sigma_i^2 + \sigma_j^2} \tag{2-46}$$

若满足式(2-46)，则认为两组结果之间不存在系统误差。系统误差无法完全被剔除，只能通过相应措施进行减弱。系统误差的处理方法通常包括如下几种。

(1)从系统误差产生的源头处理。仔细检查测量仪器、测量环境、测量方法等，保证良好、稳定的测量环境和正确的测量方法，防止外界条件的干扰。

(2)利用修正的方法进行处理。通过理论推导或实验的方法获取系统误差的修正值，最终测量值=测量值+修正值，对系统误差进行补偿。对于变值系统误差，确定系统误差的函数关系，依照函数关系进行自动补偿。对于未知的系统误差，按照随机误差的方法进行处理。

(3)对于某些具体测量，可以采用特殊测量方法减小系统误差，如交换法、抵消法、补偿法、差动测量法等。

2）随机误差的处理

重复性测量条件简称重复性条件(Repeatability Condition)，是指在相同测量程序、相同操作者、相同测量系统、相同操作条件和相同地点的情况下，并在短时间内对同一或相类似被测对象重复测量的一组测量条件。对于重复性条件下的 n 次测量(通常称为等精度重复测量)，测量值序列服从正态分布，随机误差主要根据其统计特性进行处理。若

对一被测量进行 n 次等精度测量，测量值依次为 $x_1, x_2, \cdots, x_n$，残差分别为 $v_1, v_2, \cdots, v_n$，测量值的概率密度服从正态分布 $p(x)$：

$$p(x) = \frac{1}{\sigma\sqrt{2\pi}} \mathrm{e}^{-\frac{(x-\bar{x})^2}{2\sigma^2}} = \frac{1}{\sigma\sqrt{2\pi}} \mathrm{e}^{-\frac{\delta^2}{2\sigma^2}} \tag{2-47}$$

式中，x 为测量值；$\bar{x}$ 为 x 的算术平均值；σ 为 x 的标准差。正态分布具有如下特性。

①对称性。绝对值相等的正、负误差出现的概率相等。

②有界性。在一定条件下，误差的绝对值具有某一最大界限。

③单峰性。绝对值小的误差出现概率大于绝对值大的误差。

④抵偿性。随着测量次数增加，随机误差的算术平均值趋于零。

根据正态分布特征，测量值的统计特征参数为如下三种。

(1) 数学期望的估计。

当测量次数为无穷大时，测量值的算术平均值等于被测量的真值(不考虑系统误差情况下)。实际上，测量次数总是有限的，因此被测量的真值无法准确获取。但随着测量次数的增加，测量值的算术平均值越来越接近真值。因此，常以测量值的算术平均值作为被测量的真值。测量值的算术平均值是被测量数学期望的最佳估计：

$$\bar{x} = \frac{1}{n} \sum_{i=1}^{n} x_i \tag{2-48}$$

(2) 标准偏差的估计。

随机误差与真值有关，而真值是未知的，因此在实际测量中，通过残余误差代替随机误差，从而对其标准差进行估计。通过残余误差计算标准差的贝塞尔公式为

$$\hat{\sigma} = \sqrt{\frac{1}{n-1} \sum_{i=1}^{n} v_i^2} \tag{2-49}$$

式中，$\hat{\sigma}$ 为单次测量的标准差估计值；v_i 为各测量值的随机绝对误差；n 为测量次数。随着测量次数的增加，单次测量的标准差趋于稳定。

(3) 算术平均值的标准差。

测量列的算术平均值标准差估计值定义为

$$\hat{\sigma}(\bar{x}) = \frac{\hat{\sigma}(x)}{\sqrt{n}} = \sqrt{\frac{1}{n(n-1)} \sum_{i=1}^{n} v_i^2} \tag{2-50}$$

由式(2-50)可知，算术平均值标准差小于单次测量值标准差，因此算术平均值的离散程度比单次测量值小。测量次数 n 越大，算术平均值标准差越小，即算术平均值越接近真值，测量准确度越高。

置信度是反映测量数据可信程度的参数，用置信区间和置信概率表示。对于确定的测量系统，随机误差 δ 服从正态分布，标准差 σ 已知。置信区间 $[-a, +a]$ 与概率密度曲线 $p(\delta)$ 所包围的面积就是测量误差在置信区间 $[-a, +a]$ 上所出现的置信概率。置信概率通过式(2-51)得到：

$$P(-a \leqslant \delta \leqslant +a) = \int_{-a}^{+a} p(\delta)\mathrm{d}\delta = 2\int_{0}^{+a} p(\delta)\mathrm{d}\delta = 2\int_{0}^{+a} \frac{1}{\sigma\sqrt{2\pi}} \mathrm{e}^{-\frac{\delta^2}{2\sigma^2}}\mathrm{d}\delta$$

$$= \frac{2}{\sigma\sqrt{2\pi}}\int_{0}^{+a} \mathrm{e}^{-\frac{\delta^2}{2\sigma^2}}\mathrm{d}\delta \tag{2-51}$$

令 $t = \delta/\sigma$，$a = K\sigma$，其中 K 称为置信因子，可得

$$P(-a \leqslant \delta \leqslant +a) = \frac{2}{\sqrt{2\pi}}\int_{0}^{K} \mathrm{e}^{-\frac{t^2}{2}}\mathrm{d}t = 2\Phi(K) \tag{2-52}$$

式中，$\Phi(K)$ 为标准正态分布的分布函数，可以通过查表进行计算。因此，随机误差在置信区间 $[-K\sigma, +K\sigma]$ 上出现的置信概率为 $2\Phi(K)$，超出该置信区间的概率为 $1-2\Phi(K)$。当置信概率一定时，置信区间越小，测量系统的测量准确度越高；当置信区间一定时，置信概率越大，测量系统的测量准确度越高。

当取置信因子 $K=3$ 时，所对应的置信区间为 $[-3\sigma, +3\sigma]$，此时置信概率为 99.73%，通常认为这是误差的极限，将其称为极限误差 δ_{lim}。在实际测量中，常通过极限误差来评定测量结果的精密度，可以忽略误差超过极限误差的测量数据。

对于非等精度测量，由于各测量值的可靠程度不同，不能通过求算术平均值的方法描述测量结果。根据测量值的可靠程度，引入"权"的概念，权值记为 p，"权"理解为测量值可靠性的量化表示，可靠性越大，权值越大。测量结果通过加权算术平均值 M 进行表示：

$$M = \frac{\sum\limits_{i=1}^{n} p_i \overline{m}_i}{\sum\limits_{i=1}^{n} p_i} \tag{2-53}$$

式中，n 为测量次数；p_i 为第 i 次测量的权值；m_i 为第 i 次测量的测量值。

3) 粗大误差的处理

粗大误差是测量数据中的异常值，必须在数据处理时进行剔除。粗大误差的识别主要分为人为直接判别法与统计判别法。人为直接判别法指在测量过程中发现读错数据、操作失误、实验条件突变、测量环境突变等异常情况，并随时进行剔除而重新测量。统计判别法则是在测量完毕后，针对测量数据所进行的统计学处理方法，在一定的置信概率下确定置信区间，将超过相应误差限的测量数据判定为异常数据，并进行剔除。统计判别法确定置信区间的准则主要有 3σ 准则和格拉布斯准则两种。

(1) 3σ 准则。

3σ 准则也称拉依达准则，指对残余误差大于三倍标准差的测量数据进行剔除。随机误差超出区间 $[-3\sigma, +3\sigma]$ 的概率仅为 0.27%，3σ 准则认为测量数据含有粗大误差的条件表示为

$$|v_i| > 3\hat{\sigma} \tag{2-54}$$

3σ 准则过于宽松，只适用于重复测量次数较多且测量数据数量大于 10 的情况，若

测量数据数量 $n \leqslant 10$，则该准则失效。

(2)格拉布斯准则。

格拉布斯准则根据测量值残余误差的绝对值进行判断，对于残余误差满足式(2-55)的测量数据，认为其含有粗大误差，并进行剔除：

$$|v_i| > G\hat{\sigma} \tag{2-55}$$

式中，G 为测量次数 n 与置信概率 P 唯一确定的数值，可以通过查表得到。该准则对于测量次数较少的数据的粗大误差剔除的准确性较高，且每次只能剔除一个异常值。

2.2.3 测量不确定度评定

测量不确定度指一定置信概率下误差限的绝对值，是对测量质量的评定，也是测量误差大小的定量分析指标，可以理解为测量值不确定的程度，它表征了测量值的分散度和真值所在范围的可靠度。不确定度越小，测量结果的可靠性越高。完整的测量结果应包括估计值与不确定度两部分，即测量结果=被测量的估计值±测量不确定度。

不确定度分为标准不确定度、合成标准不确定度和扩展不确定度。采用标准差估计值给出的不确定度称为标准不确定度。在间接测量时，测量结果是由各分量间接计算求得的，由各分量不确定度合成的标准不确定度称为合成标准不确定度，用 u_c 表示。扩展不确定度也称为范围不确定度，是确定测量结果区间的量，是以包含因子 k 乘以合成标准不确定度 u_c 所得到的，通常表示为 u。

测量不确定度与测量误差都是测量结果准确性的评定参数，且误差是不确定度的基础，不确定度是由随机误差和系统误差共同引起的，影响测量结果的分散性。但测量不确定度与误差有一定区别：①误差以真值或约定真值为中心，而不确定度以被测量的估计值为中心；②误差一般难以定量分析，而不确定度可以定量评定；③不同种类的误差界限模糊且难以区分，而两类标准不确定度可以根据实际测量情况选用。

标准不确定度评定分为 A 类评定与 B 类评定两种。

1)标准不确定度的 A 类评定

通过对测量数据进行统计分析而得到的标准不确定度称为标准不确定度的 A 类评定。这种评定方法通过对测量数据进行概率统计分析，得到测量结果的标准差，进而对不确定度进行评定。通过对重复性测量所得到的一组测量数据进行分析，以平均值的标准差作为测量结果的标准不确定度，主要有贝塞尔公式法和极差法两种。

(1)贝塞尔公式法。

对被测量 x 进行 n 次独立重复测量，得到测量结果 $x_1, x_2, \cdots, x_n$。那么，被测量 x 的最佳估计值是测量数据的算术平均值：

$$\bar{x} = \frac{1}{n}\sum_{i=1}^{n} x_i \tag{2-56}$$

当测量结果取任意一个测量数据时，对应的 A 类不确定度为

$$u_A(x_i) = s(x_i) = \sqrt{\frac{1}{n-1}\sum_{i=1}^{n}(x_i - \bar{x})^2} \tag{2-57}$$

当测量结果取测量数据的算术平均值时，对应的 A 类不确定度为

$$u_A(\overline{x}) = s(\overline{x}) = \frac{s(x_i)}{\sqrt{n}} = \sqrt{\frac{1}{n(n-1)}\sum_{i=1}^{n}(x_i - \overline{x})^2} \tag{2-58}$$

在进行标准差计算时，和的项数与对和的约束项数之差称为自由度，记为 v。自由度反映了标准差的可靠程度。在进行 n 次独立重复测量时，被测量只有一个，即对和的约束项数为 1，因此自由度 $v = n-1$。

测量次数 n 越大，u_A 的评定越可靠，一般要求 $n>5$。

(2)极差法。

极差定义为在一个测量列中，测量数据的最大值与最小值之差，记为 R。当测量数据近似服从正态分布时，以极差 R 除以系数 C 可得到单个测量值的实验标准偏差 $s(x_i)$。即

$$u_A(x_i) = s(x_i) = \frac{R}{C} = \frac{x_{max} - x_{min}}{C} \tag{2-59}$$

系数 C 根据测量次数 n 确定，极差系数 C 与自由度 v 的取值如表 2-1 所示。

表 2-1　极差系数与自由度取值表

测量次数 n	2	3	4	5	6	7	8	9
极差系数 C	1.13	1.64	2.06	2.33	2.53	2.70	2.85	2.97
自由度 v	0.9	1.8	2.7	3.6	4.5	5.3	6.0	6.8

可见，与贝塞尔公式法相比，极差法所对应的自由度小，因此，不确定度评定的可靠性更差，一般在测量次数 n 较小时使用，通常 n 取 4~9。

2)标准不确定度的 B 类评定

标准不确定度的 B 类评定通过非统计学方法，采用经验或其他信息所确定的概率分布对标准不确定度进行评定，如仪器的说明书、检定证书、报告、手册或以前的测量数据和经验及参考数据等。根据概率分布和要求概率确定包含因子(对应于统计学中的置信因子)k，计算 B 类标准不确定度：

$$u_B(x_i) = \frac{a}{k} \tag{2-60}$$

式中，a 为被测量可能值区间的半宽。

2.3　提高传感器性能的技术途径

在传感器技术发展的进程中，传感器技术工作者始终不渝地为提高传感器性能(更高的稳定性、可靠性、测量准确度、更宽的频带等)而努力。本节介绍其主要技术途径。

2.3.1　合理选择结构、参数与工艺

在合理选择结构、参数与工艺方面，传感器工作者倾注了大量心血。以压阻式压力传感器(其原理详见第 3 章)为例，选择合适的掺杂浓度由扩散工艺到离子注入技术以同

时获得高灵敏度和低温度系数；硅敏感膜片由 C 形杯发展到 E 形杯、EI 形杯、单岛方杯及双岛方杯等多种结构形式(图 2-13)。

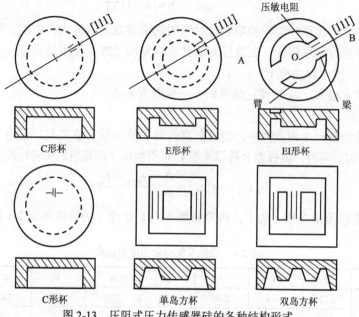

图 2-13　压阻式压力传感器硅的各种结构形式

2.3.2　基于差动对称结构的差动技术

通常，由单一敏感元件与单一变换器组成的传感器，其输入-输出特性均有较严重的非线性、零位漂移等缺点，如果采用差动对称结构和差动电路相结合的差动技术往往可以达到消除零位值、减小非线性、提高灵敏度、抵消共模干扰的效果。

1. 差值输出形式

1)非差动结构振弦谐振式压力传感器

基于固有频率变化效应的谐振式变换器，通常称为谐振子或谐振器。它将被测物理量(物理性、无弹性元件)或 m-k-b 机械系统(结构型，有弹性敏感元件)输出的中间变量转换为谐振子的固有振动频率 f_n 的变化，作为输出变量来反映被测量的变化。

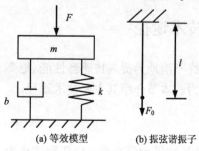

图 2-14　单自由度运动谐振子

(1)谐振子的机械振动固有频率 f_n。

最简单的谐振子的动态模型可用图 2-14(a)所示的单自由度 m-k-b 机械力学系统来描述。具有一定几何尺寸和质量 m 的谐振子，在受到作用力 F 后产生形变或位移 y 和运动速度 dy/dt，同时又受弹性力 $F(弹)=-ky$ 与阻尼力 $F(阻)=-bdy/dt$ 的作用，其运动规律服从牛顿运动定律。2.1.2 小节已分析过，它是一个二阶系统，运动规律由二阶微分方程描述，

无阻尼固有振动频率 $f_n = \omega_n/2\pi$ 为

$$f_n = \frac{1}{2\pi}\sqrt{\frac{k}{m}} \tag{2-61}$$

式中，k 为谐振子的刚度系数；m 为谐振子的等效质量。

若谐振子为一根张紧的弦（丝），如图 2-14(b) 所示，其横向刚度系数 k 与有效质量 m 可进一步表示为

$$k = \pi^2\frac{F_0}{l}, \qquad m = l\rho_L \tag{2-62}$$

式中，F_0 为预紧力；l 为弦的有效长度；ρ_L 为单位长度弦的质量，又称线密度。

将式 (2-62) 代入式 (2-61) 中，可得

$$f_n = \frac{1}{2l}\sqrt{\frac{F_0}{\rho_L}} \tag{2-63}$$

当振弦材料与结构、尺寸确定后，l 与 ρ_L 均为确定的常数，振弦的固有振动频率 f_n 则由张力 F_0 决定。

(2) 谐振子变换器。

谐振子变换器有振弦、振膜、振梁及振筒等多种形式。谐振式传感器是通过适当设计的弹性敏感元件（m-k-b 机械系统）与谐振子结合而成。当有被测量作用时，以振弦谐振子为例，首先引起弹性敏感元件的应力、应变发生变化，进而使得振弦谐振子所受张力 F_0 变化 ΔF，从而使振弦谐振子固有振动频率相应变化 Δf。由此谐振子变换器可实现将 m-k-b 机械系统输出的中间变量（结构型）转换为自身固有频率作为输出变量。

振弦谐振子变换器的输入–输出特性可由式 (2-63) 导出，当振弦受到预紧力 F_0 与被测力 ΔF 作用时，其输出信号——固有振动频率 f_n' 为

$$f_n' = \frac{1}{2l}\sqrt{\frac{F_0 + \Delta F}{\rho_L}} = f_n\sqrt{1 + \frac{\Delta F}{F_0}} \tag{2-64}$$

将式 (2-64) 展开成幂级数：

$$f_n' = f_n\left[1 + \frac{1}{2}\frac{\Delta F}{F_0} - \frac{1}{8}\left(\frac{\Delta F}{F_0}\right)^2 + \frac{1}{16}\left(\frac{\Delta F}{F_0}\right)^3 - \cdots\right] = f_n + \Delta f$$

由幂级数可知，当输入 $\Delta F = 0$ 时，$f = f_n$，即以预紧力 F_0 对应固有频率输出，当 $\Delta F \neq 0$ 时，则输入 ΔF 与固有振动频率的改变量 Δf 的关系式为

$$\Delta f = f - f_n = f_n\left[\frac{1}{2}\frac{\Delta F}{F_0} - \frac{1}{8}\left(\frac{\Delta F}{F_0}\right)^2 + \frac{1}{16}\left(\frac{\Delta F}{F_0}\right)^3 - \cdots\right] \tag{2-65}$$

由式 (2-65) 可知，振弦谐振子变换器有较大的非线性，它的理论线性度 δ_L 为

$$\delta_L = \frac{\dfrac{1}{8}\left(\dfrac{\Delta F}{F_0}\right)^2}{\dfrac{1}{2}\dfrac{\Delta F}{F_0}} = \frac{1}{4}\frac{\Delta F}{F_0} \tag{2-66}$$

其灵敏度 S 为

$$S \approx \frac{\Delta f}{f_n} / \frac{\Delta F}{F_0} \approx \frac{1}{2} \tag{2-67}$$

2) 差动结构振弦谐振式压力传感器

(1) 输入-输出特性。

以图 2-15 所示的振弦谐振式压力传感器的差动结构为例, 在被测压力 P 为零时, 两个相同振弦的初始预紧力相等, 均为 F_0。当有被测压力作用时, 一根振弦张力增大 ΔF, 另一根张力减小 ΔF, 于是根据式(2-64)可得两振弦的固有频率, 即输出频率 f_1、f_2 分别为

$$f_1 = \frac{1}{2l} \sqrt{\frac{F_0 + \Delta F}{\rho_L}} = f_n \sqrt{1 + \frac{\Delta F}{F_0}}, \quad f_2 = \frac{1}{2l} \sqrt{\frac{F_0 - \Delta F}{\rho_L}} = f_n \sqrt{1 - \frac{\Delta F}{F_0}}$$

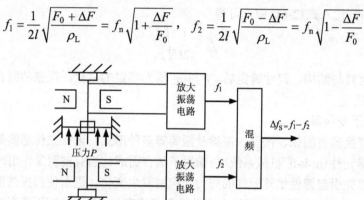

图 2-15　差动结构振弦谐振式压力传感器示意图

分别将 f_1、f_2 展开为幂级数:

$$f_1 = f_n \left[1 + \frac{1}{2}\left(\frac{\Delta F}{F_0}\right) - \frac{1}{8}\left(\frac{\Delta F}{F_0}\right)^2 + \frac{1}{16}\left(\frac{\Delta F}{F_0}\right)^3 - \cdots \right]$$

$$f_2 = f_n \left[1 + \frac{1}{2}\left(\frac{-\Delta F}{F_0}\right) - \frac{1}{8}\left(\frac{-\Delta F}{F_0}\right)^2 + \frac{1}{16}\left(\frac{-\Delta F}{F_0}\right)^3 - \cdots \right]$$

通过混频器输出差值 Δf_S, 即上两式相减得

$$\Delta f_S = f_1 - f_2 = f_n \left[\frac{\Delta F}{F_0} + \frac{1}{8}\left(\frac{\Delta F}{F_0}\right)^3 + \cdots \right] \tag{2-68}$$

式(2-68)即为以差值为输出形式的输入 (ΔF)-输出 (Δf_S) 特性。由式(2-68)可见, 输入 $\Delta F = 0$ 时, 输出 $\Delta f_S = 0$, 自动消除了零位值。

(2) 理论线性度。

根据式(2-68), 可求理论线性度。其理论拟合直线为

$$\Delta f_S = f_n \frac{\Delta F}{F_0}$$

拟合偏差为

$$\Delta = f_{\mathrm{n}} \left[\frac{1}{8} \left(\frac{\Delta F}{F_0} \right)^3 + \cdots \right]$$

故理论线性度为

$$\delta_{\mathrm{L}} = \frac{\dfrac{f_{\mathrm{n}}}{8} \left(\dfrac{\Delta F}{F_0} \right)^3}{f_{\mathrm{n}} \dfrac{\Delta F}{F_0}} = \frac{1}{8} \left(\frac{\Delta F}{F_0} \right)^2 \tag{2-69}$$

与式 (2-66) 非差动结构形成的线性度比较，采用差动结构后非线性误差减小一半。

（3）灵敏度 S。

输入、输出均采用相对改变量形式：

$$S = \frac{\Delta f_{\mathrm{S}}}{f_{\mathrm{n}}} \Big/ \frac{\Delta F}{F_0} \approx 1 \tag{2-70}$$

与式 (2-67) 相比较，差动输出形式灵敏度提高了一倍。

2）以差与和的比值为输出形式

由电容的计算式可知，变间隙式电容变换器测间距有严重的非线性，若采用如图 2-16 所示的差动对称结构，当被测量（如压力或加速度）发生变化时，使可动极板位移 $\Delta\delta$，C_2 的间隙减小为 $\delta_0-\Delta\delta$；使 C_1 的间隙增大为 $\delta_0+\Delta\delta$，它们的电容分别为

图 2-16　差动电容结构示意图

$$C_1 = C_0 - \Delta C = \frac{\varepsilon S}{\delta_0 + \Delta\delta} = \frac{C_0}{1 + \Delta\delta/\delta_0} \tag{2-71}$$

$$C_2 = C_0 + \Delta C = \frac{\varepsilon S}{\delta_0 - \Delta\delta} = \frac{C_0}{1 - \Delta\delta/\delta_0} \tag{2-72}$$

式中，δ_0、C_0 分别为电容变换器 C_1 和 C_2 的初始间隙、初始电容；ΔC 为由间隙变化 $\Delta\delta$ 引起的每个电容变换器的电容改变量。

将式 (2-71) 和式 (2-72) 展开为泰勒级数，当 $\Delta\delta/\delta_0 \ll 1$ 时，有

$$C_1 = C_0 \left[1 - \frac{\Delta\delta}{\delta_0} + \left(\frac{\Delta\delta}{\delta_0} \right)^2 - \left(\frac{\Delta\delta}{\delta_0} \right)^3 + \cdots \right] \tag{2-73}$$

$$C_2 = C_0 \left[1 + \frac{\Delta\delta}{\delta_0} + \left(\frac{\Delta\delta}{\delta_0} \right)^2 + \left(\frac{\Delta\delta}{\delta_0} \right)^3 + \cdots \right] \tag{2-74}$$

如果仍采用差值为输出形式，可得 $\Delta C = C_2 - C_1$ 为输出、$\Delta\delta$ 为输入的输入-输出特性如下：

$$\Delta C = C_2 - C_1 = C_0 \left[2\frac{\Delta\delta}{\delta_0} + 2\left(\frac{\Delta\delta}{\delta_0} \right)^3 + 2\left(\frac{\Delta\delta}{\delta_0} \right)^5 + \cdots \right] \tag{2-75}$$

理论线性度为

$$\delta_L = \left(\frac{\Delta\delta}{\delta_0}\right)^2 \tag{2-76}$$

灵敏度为

$$K_C = \frac{\Delta C}{\Delta\delta} = 2\frac{C_0}{\delta_0} \tag{2-77}$$

采用差值为输出后，其理论线性度由 $\Delta\delta/\delta_0$ 提高一个量级到 $\left(\dfrac{\Delta\delta}{\delta_0}\right)^2$，灵敏度 K_C 由 $\dfrac{C_0}{\delta_0}$ 提高至 $2\dfrac{C_0}{\delta_0}$，同样也消除了零点值 C_0 项，但是它仍然存在非线性误差。若采用差与和的比值为输出形式，输入-输出特性将进一步得到改善。

1）输入-输出特性

将式（2-73）、式（2-74）求差与求和的比值为

$$\frac{C_2 - C_1}{C_2 + C_1} = \frac{\left[2\left(\dfrac{\Delta\delta}{\delta_0}\right) + 2\left(\dfrac{\Delta\delta}{\delta_0}\right)^3 + 2\left(\dfrac{\Delta\delta}{\delta_0}\right)^5 + \cdots\right]C_0}{\left[2 + 2\left(\dfrac{\Delta\delta}{\delta_0}\right)^2 + 2\left(\dfrac{\Delta\delta}{\delta_0}\right)^4 + \cdots\right]C_0} = \frac{\Delta\delta}{\delta_0} \tag{2-78}$$

式（2-78）即为输入-输出特性，是一条理想直线。

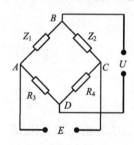

图 2-17　差动电桥

2）理论线性度 δ_L

因为式（2-78）表征的是一条理想直线，故非线性误差为零，即理论线性度 $\delta_L = 0$。

3）电路实现

实现差与和的比值为输出的电路形式有多种，其中不平衡差动电桥电路是常用的经典电路，如图 2-17 所示。当电桥 A、C 两桥顶由电压源 E 供电时，根据电桥理论，另两桥顶 B、D 之间的电位差 U_{BD} 与桥臂阻抗的关系为

$$U_{BD} = E\frac{Z_1 Z_4 - Z_2 Z_3}{(Z_1 + Z_2)(Z_3 + Z_4)} \tag{2-79}$$

设 Z_1、Z_2 为差动电容变换器 C_1、C_2 的阻抗，即

$$Z_1 = \frac{1}{j\omega C_1}, \qquad Z_2 = \frac{1}{j\omega C_2}$$

式中，ω 为供电电源 E 的角频率。

另两臂为纯电阻 R：

$$Z_3 = Z_4 = R_3 = R_4 = R$$

将上述 Z_1、Z_2、Z_3、Z_4 的值代入式（2-79）中，有

$$U_{BD} = E\frac{R\left(\dfrac{1}{j\omega C_1} - \dfrac{1}{j\omega C_2}\right)}{2R\left(\dfrac{1}{j\omega C_1} + \dfrac{1}{j\omega C_2}\right)} = \frac{E}{2}\frac{C_2 - C_1}{C_2 + C_1} \tag{2-80}$$

由式(2-80)可见，电桥输出 U_{BD} 与两电容变换器电容的差与和之比值成正比。将式(2-78)代入式(2-80)，则有

$$U_{BD} = \frac{E}{2}\frac{\Delta\delta}{\delta_0}\qquad\qquad(2\text{-}81)$$

因此，通过差动电桥后输出 U_{BD} 与输入 $\Delta\delta$ 之间有完全的线性关系。

3. $\left(\varPhi - \dfrac{1}{\varPhi}\right)$ 输出形式

仍以变间隙式差动电容变换器为例，将式(2-71)与式(2-72)重写如下。

变换器 1：　　　　　　　　　　　　　变换器 2：

$$C_1 = \frac{C_0}{1+\Delta\delta/\delta_0}\qquad\qquad C_2 = \frac{C_0}{1-\Delta\delta/\delta_0}$$

令

$$\varPhi = \frac{C_1}{C_2} = \frac{1-\Delta\delta/\delta_0}{1+\Delta\delta/\delta_0},\qquad \frac{1}{\varPhi} = \frac{C_2}{C_1} = \frac{1+\Delta\delta/\delta_0}{1-\Delta\delta/\delta_0}$$

则

$$\begin{aligned}\varPhi - \frac{1}{\varPhi} &= \frac{1-\Delta\delta/\delta_0}{1+\Delta\delta/\delta_0} - \frac{1+\Delta\delta/\delta_0}{1-\Delta\delta/\delta_0}\\ &= \frac{\left(1-\Delta\delta/\delta_0\right)^2 - \left(1+\Delta\delta/\delta_0\right)^2}{1-\left(\Delta\delta/\delta_0\right)^2} = \frac{-4\Delta\delta/\delta_0}{1-\left(\Delta\delta/\delta_0\right)^2}\end{aligned}$$

于是有近似值：

$$\varPhi - \frac{1}{\varPhi} \approx -4\frac{\Delta\delta}{\delta_0}\left[1+\left(\frac{\Delta\delta}{\delta_0}\right)^2\right]\qquad\qquad(2\text{-}82)$$

式(2-82)即为以 $\left(\varPhi - \dfrac{1}{\varPhi}\right)$ 为输出，$\Delta\delta/\delta_0$ 为输入时的输入-输出特性。而当 $\dfrac{\Delta\delta}{\delta_0}\ll 1$ 时，单一变换器输入-输出特性的幂级数展开为

$$\frac{\Delta C}{C_0} = \frac{\Delta\delta}{\delta_0}\left[1+\frac{\Delta\delta}{\delta_0}+\left(\frac{\Delta\delta}{\delta_0}\right)^2+\left(\frac{\Delta\delta}{\delta_0}\right)^3+\cdots\right]\qquad\qquad(2\text{-}83)$$

再将两个差动变换器的输入-输出特性，即式(2-75)，重写如下：

$$\frac{\Delta C}{C_0} = 2\frac{\Delta\delta}{\delta_0}\left[1+\left(\frac{\Delta\delta}{\delta_0}\right)^2+\left(\frac{\Delta\delta}{\delta_0}\right)^4+\cdots\right]\qquad\qquad(2\text{-}84)$$

比较式(2-82)～式(2-84)的灵敏度，按输入、输出相对量的比有

单个变换器的灵敏度：

$$|K_C'| = \frac{\Delta C}{C_0}\bigg/\frac{\Delta\delta}{\delta_0} \approx 1$$

以差值为输出形式的两个差动变换器的灵敏度：

$$|K'_C| = \frac{\Delta C}{C_0} \Big/ \frac{\Delta \delta}{\delta_0} \approx 2$$

以 $\left(\Phi - \dfrac{1}{\Phi}\right)$ 为输出形式的两个差动变换器的灵敏度：

$$|K'_C| = \left(\Phi - \frac{1}{\Phi}\right) \Big/ \frac{\Delta \delta}{\delta_0} \approx 4$$

可见，$\left(\Phi - \dfrac{1}{\Phi}\right)$ 输出形式的灵敏度比差值输出形式的灵敏度提高了一倍，比单个变换器输出形式提高了三倍，且非线性误差相当。

4. 电桥电路

本节前面已经提到差动电桥电路是可以实现差与和的比值为输出形式的电路。由于它有四个桥臂，不仅用于两个差动变换器，还可用于两对差动变换器，即四个变换器构成四个桥臂，形成全桥差动工作方式。这种电桥电路由于其优良的输入-输出特性一直是传感器的基本电路形式，尤其是压阻式电阻变换器的基本配接电路。

图 2-18 是电桥的基本形式，R_1、R_2、R_3、R_4 为四个桥臂电阻。它既可由电压源 E 供电(图 2-18(a))，也可由恒流源 I 供电(图 2-18(b))；桥顶 A、C 若为供电端，另两桥顶 B、D 两端则为输出端。输出的不平衡电压 U 均需高输入阻抗放大器进行放大，故 B、D 输出端可视为开路。下面分别介绍电压源供电、恒流源供电时，输出电压 U 与桥臂电阻阻值的关系。

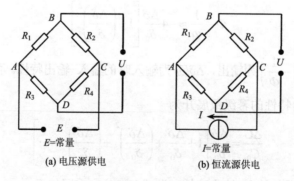

(a) 电压源供电　　　　(b) 恒流源供电

图 2-18　电桥电路

电压源供电：

$$U = U_{AB} - U_{AD} = \frac{R_1 R_4 - R_2 R_3}{(R_1 + R_2)(R_3 + R_4)} E \tag{2-85}$$

恒流源供电：

$$U = U_{AB} - U_{AD} = \frac{R_1 R_4 - R_2 R_3}{R_1 + R_2 + R_3 + R_4} I \tag{2-86}$$

1) 电桥基本特性

(1)输入-输出特性。

图 2-19(a)为单臂电桥。对应于接入传感器的一个变换器作为一个桥臂,由被测物理量产生阻值变化：$R_1 \pm \Delta R$,其余三个臂均是固定电阻,阻值恒定；图 2-19(b)为差动半桥。对应于两个桥臂接入差动式传感器的两个差动变换器,在被测物理量作用时两个桥臂的阻值发生差动变化：$R_1 \pm \Delta R_1$ 与 $R_2 \mp \Delta R$,其余两臂为固定电阻；图 2-19(c)为差动全桥。它对应四个桥臂接入一个传感器的两对差动变换器,故在被测物理量作用下四个桥臂阻值发生差动变化：$R_1 \pm \Delta R_1$、$R_2 \mp \Delta R_2$、$R_3 \mp \Delta R_3$、$R_4 \pm \Delta R_4$。基于压阻效应的电阻变换器都设计在等臂电桥工作状态,即无被测量作用的初始状态各臂电阻值相同,$R_1=R_2=R_3=R_4=R_0$；在完全对称的理想条件和在被测物理量作用下,各桥臂变换器阻值改变量的绝对值相同,$|\Delta R_1|=|\Delta R_2|=|\Delta R_3|=|\Delta R_4|=\Delta R$。下面分别讨论它们在电压源 E 供电和恒流源 I 供电时的输入(ΔR)-输出(U)特性。已知：

单臂电桥满足 $R_1=R_0+\Delta R$, $R_2=R_3=R_4=R_0=$常数。

差动半桥满足 $R_1=R_0+\Delta R$, $R_2=R_0-\Delta R$, $R_3=R_4=R_0=$常数。

差动全桥满足 $R_1=R_4=R_0+\Delta R$, $R_2=R_3=R_0-\Delta R$。

将上述条件代入式(2-85)、式(2-86)中,分别得到 ΔR-U 关系式。

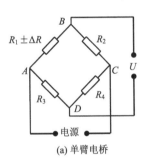 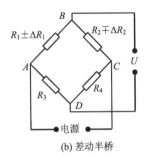 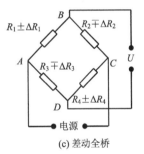

(a) 单臂电桥 (b) 差动半桥 (c) 差动全桥

图 2-19 变换器接入电桥的形式

①电压源 E 供电时。

单臂电桥：

$$U = \frac{E}{4} \frac{\Delta R}{R_0} \frac{1}{1+\dfrac{\Delta R}{2R_0}} \approx e \tag{2-87}$$

差动半桥：

$$U = \frac{E}{2} \frac{\Delta R}{R_0} = 2e \tag{2-88}$$

差动全桥：

$$U = E \frac{\Delta R}{R_0} = 4e \tag{2-89}$$

②恒流源供电时。

单臂电桥：

$$U = \frac{I}{4}\Delta R \frac{1}{1 + \frac{\Delta R}{4R_0}} \approx e' \tag{2-90}$$

差动半桥：

$$U = \frac{I}{2}\Delta R = 2e' \tag{2-91}$$

差动全桥：

$$U = I\Delta R = 4e' \tag{2-92}$$

由式(2-87)~式(2-92)可见，在相同输入量ΔR的情况下，差动半桥的输出U近似为单臂电桥的两倍；差动全桥的输出是差动半桥的两倍，近似为单臂电桥的四倍。

(2) 灵敏度。

按照下述灵敏度定义式：

$$S = \frac{U}{\frac{\Delta R}{R_0}} \tag{2-93}$$

由输入-输出特性可求出、图2-19中各种电桥形式的灵敏度如下。

① 电压源供电时。

单臂电桥：

$$S_E = \frac{E}{4} \frac{1}{1 + \frac{\Delta R}{2R_0}} \tag{2-94}$$

差动半桥：

$$S_E = \frac{E}{2} \tag{2-95}$$

差动全桥：

$$S_E = E \tag{2-96}$$

② 恒流源供电时。

单臂电桥：

$$S_I = \frac{I}{4}R_0 \frac{1}{1 + \frac{\Delta R}{4R_0}} \tag{2-97}$$

差动半桥：

$$S_I = \frac{I}{2}R_0 \tag{2-98}$$

差动全桥：

$$S_I = IR_0 \tag{2-99}$$

由式(2-94)~式(2-99)可见，差动全桥的灵敏度是差动半桥的两倍，近似为单臂电桥的四倍。单臂电桥灵敏度最低，且不为常量，这是指其输入(ΔR)-输出(U)特性不是一条直线，具有非线性；差动半桥与差动全桥的灵敏度是与输入ΔR 无关的常量，故其输入-输出特性为一理想直线。

(3) 理论线性度。

由式 (2-88)、式 (2-89) 与式 (2-91)、式 (2-92) 可见，不论是电压源供电还是恒流源供电，差动半桥与差动全桥的输入-输出特性都是理想直线，故它们的线性度为零。仅单臂电桥具有非线性特性。将式 (2-87) 与式 (2-90) 展开为级数，当$\Delta R /R_0 \ll 0$ 时，有

电压源供电：

$$U = \frac{E}{4}\frac{\Delta R}{R_0}\left[1-\left(\frac{\Delta R}{2R_0}\right)+\left(\frac{\Delta R}{2R_0}\right)^2-\left(\frac{\Delta R}{2R_0}\right)^3+\cdots\right] \tag{2-100}$$

恒流源供电：

$$U = \frac{I}{4}\Delta R\left[1-\left(\frac{\Delta R}{4R_0}\right)+\left(\frac{\Delta R}{4R_0}\right)^2-\left(\frac{\Delta R}{4R_0}\right)^3+\cdots\right] \tag{2-101}$$

根据线性度定义，可求得单臂电桥的理论线性度为

电压源供电：

$$\delta_E \approx \frac{\Delta R}{2R_0} \tag{2-102}$$

恒流源供电：

$$\delta_I \approx \frac{\Delta R}{4R_0} \tag{2-103}$$

由式 (2-102) 和式 (2-103) 可见，恒流源供电时单臂电桥的非线性误差是电压源供电时的 1/2。

2) 电桥对共模干扰量的补偿特性

最常见的共模干扰是工作温度变化，其变化量ΔT 引起的各桥臂变换器阻值改变的符号相同。假设各差动变换器阻值改变量均相同，即$\Delta R_{1T}=\Delta R_{2T}=\Delta R_{3T}=\Delta R_{4T}=\Delta R_T$，那么桥臂阻值的总改变量是有用信号与温度干扰信号共同作用的结果，即：

单臂电桥满足 $R_1= R_0+\Delta R +\Delta R_T$，$R_2= R_3= R_4= R_0=$ 常数。

差动半桥满足 $R_1=R_0+\Delta R+\Delta R_T$，$R_2= R_0-\Delta R+\Delta R_T$，$R_3= R_4=R_0=$ 常数。

差动全桥满足 $R_1= R_4=R_0+\Delta R+\Delta R_T$，$R_2= R_3= R_0-\Delta R+\Delta R_T$。

将上述桥臂阻值代入式 (2-85) 及式 (2-86) 中，可得有温度共模干扰量ΔR_T 时的输入-输出特性如下。

① 电压源供电时。

单臂电桥：

$$U = \frac{E}{4}\frac{\Delta R + \Delta R_T}{R_0}\frac{1}{1+\frac{\Delta R + \Delta R_T}{2R_0}} \tag{2-104}$$

差动半桥：

$$U = \frac{E}{2} \frac{\Delta R}{R_0} \frac{1}{1 + \dfrac{\Delta R_T}{R_0}} \tag{2-105}$$

差动全桥：

$$U = E \frac{\Delta R}{R_0} \frac{1}{1 + \dfrac{\Delta R_T}{R_0}} \tag{2-106}$$

②恒流源供电时。

单臂电桥：

$$U = \frac{I}{4}(\Delta R + \Delta R_T) \frac{1}{1 + \dfrac{\Delta R + \Delta R_T}{4R_0}} \tag{2-107}$$

差动半桥：

$$U = \frac{I}{2} \Delta R \frac{1}{1 + \dfrac{\Delta R_T}{2R_0}} \tag{2-108}$$

差动全桥：

$$U = I\Delta R \tag{2-109}$$

将式(2-104)与式(2-105)、式(2-106)相比较，再将式(2-107)与式(2-108)、式(2-109)相比较，可得如下两点。

a. 差动电桥(半桥及全桥)对同符号的共模干扰量 ΔR_T 具有补偿作用。这表现为以下两个方面：第一，分子中没有干扰量 ΔR_T，消除了干扰量 ΔR_T 对被测作用量 ΔR 的直接影响；第二，在分母中有干扰量 ΔR_T，但它以比值 $\Delta R_T/R_0$ 形式出现，对输出的影响小，因此温度误差大大减小。

b. 恒流源供电的差动全桥，在输入-输出特性中没有干扰量 ΔR_T，故在理论上无温度误差。

上述基本特性清楚地表明，与一个电阻变换器接入一个桥臂的单臂电桥相比，将两个对称差动结构电阻变换器接入电桥两个臂的差动半桥，或将两对(四个)差动输出的变换器构成电桥四臂的差动全桥，其输入-输出特性获得很大改善：灵敏度提高，非线性误差减小，对同符号共模干扰量有抵消作用。尤其是恒流源供电全桥差动电路，在理想条件下有完全抵消作用。硅压阻式变换器受温度影响大，故常选用差动全桥恒流源供电。但是实际制作工艺不可能达到完全对称或完全一致性，所以四个桥臂电阻初始值、同一被测量作用下四个桥臂阻值的绝对改变量、温度引起阻值的改变量均不可能完全相等。因此，即使采用恒流源供电的全桥差动电路，也仍然存在零位输出、零位漂移以及灵敏度随温度改变，只有采用进一步的补偿措施才能满足高精度使用要求。

2.3.3 补偿

有时传感器系统的系统误差变化规律过于复杂，采取了一定的技术措施后仍难以满足要求；或虽可满足要求，但因价格昂贵或技术过分复杂而无现实意义，此时，设法采用补偿方法可能是一种更为有效的手段。压阻式传感器是最先发展集成化、一体化的传感器，它受温度影响大，因而围绕它进行的工作也特别多。本节以压阻式传感器为例说明补偿的作用。

1) 改善非线性的内补偿法

以式 (2-85) 给出的电压源供电时的输出电压 U 与桥臂阻值的关系式为例，写出当有被测量作用时引起桥臂阻值改变量不同，$|\Delta R_1| \neq |\Delta R_2| \neq |\Delta R_3| \neq |\Delta R_4|$，各桥臂电阻改变对总输出电压 U 的贡献应为

$$U = E\frac{\Delta R_1 + \Delta R_2 + \Delta R_3 + \Delta R_4}{(2R_0 + \Delta R_1 - \Delta R_2)(2R_0 + \Delta R_4 - \Delta R_3)} = U_1 + U_2 + U_3 + U_4$$

其中有

$$U_1 = E\frac{\Delta R_1}{W}, \qquad U_2 = E\frac{\Delta R_2}{W}, \qquad U_3 = E\frac{\Delta R_3}{W}, \qquad U_4 = E\frac{\Delta R_4}{W}$$

分别为各桥臂阻值改变 ΔR_1、ΔR_2、ΔR_3、ΔR_4 对总输出电压 U 的贡献，分母 W 为

$$W = (R_1 + R_2)(R_3 + R_4) = (2R_0 + \Delta R_1 - \Delta R_2)(2R_0 + \Delta R_4 - \Delta R_3)$$

设 ΔR_1、ΔR_2、ΔR_3、ΔR_4 由被测量 P 产生。总的输入 (P)-输出 (U) 特性是各桥臂的输入-输出特性 P-U_1、P-U_2、P-U_3、P-U_4 的代数和。由于电阻变换器本身具有非线性，故各桥臂的输入-输出特性也具有非线性，合成后总的 P-U 特性也具有非线性。设想两桥臂特性的非线性误差数值相等、符号相反，那么合成后就可以互补，从而得到较好的线性度。图 2-20 给出的曲线 1 为 P-U_1 特性，曲线 2 为 P-U_2 特性，曲线 3 为 P-U_3 特性，曲线 4 为 P-U_4 特性。如果曲线 1、2 与曲线 3、4 分别对称位于拟合直线两侧，很显然，相对直线的偏差数值两两相等但符号相反，合成相加偏差相互抵消。以曲线在 1/2 满量程处 $Y(\mathrm{F.S})/2 = P_m/2$ 的偏差量为例，有

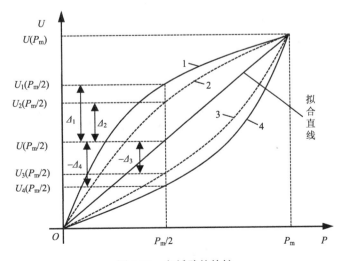

图 2-20　各桥臂的特性

1-P-U_1 特性；2-P-U_2 特性；3-P-U_3 特性；4-P-U_4 特性

$$\Delta_1 = U_1\left(\frac{P_\mathrm{m}}{2}\right) - U\left(\frac{P_\mathrm{m}}{2}\right) > 0$$

$$\Delta_2 = U_2\left(\frac{P_\mathrm{m}}{2}\right) - U\left(\frac{P_\mathrm{m}}{2}\right) > 0$$

$$\Delta_3 = U_3\left(\frac{P_\mathrm{m}}{2}\right) - U\left(\frac{P_\mathrm{m}}{2}\right) < 0$$

$$\Delta_4 = U_4\left(\frac{P_\mathrm{m}}{2}\right) - U\left(\frac{P_\mathrm{m}}{2}\right) < 0$$

它们的代数和为零，即

$$\Delta_1 + \Delta_2 + \Delta_3 + \Delta_4 = 0$$

尽管各曲线自身非线性误差大，但是合成后总的特性非线性误差大大减小。根据线性度定义，各曲线的线性度如下。

曲线 1：

$$\delta_1 = \frac{\Delta_\mathrm{m}}{Y(\mathrm{F.S})} = \frac{\Delta_1}{U_1(P_\mathrm{m})}, \qquad 最大偏差 \ \Delta_1 = \delta_1 U_1(P_\mathrm{m})$$

曲线 2：

$$\delta_2 = \frac{\Delta_\mathrm{m}}{Y(\mathrm{F.S})} = \frac{\Delta_2}{U_2(P_\mathrm{m})}, \qquad 最大偏差 \ \Delta_2 = \delta_2 U_2(P_\mathrm{m})$$

曲线 3：

$$\delta_3 = \frac{\Delta_\mathrm{m}}{Y(\mathrm{F.S})} = \frac{\Delta_3}{U_3(P_\mathrm{m})}, \qquad 最大偏差 \ \Delta_3 = \delta_3 U_3(P_\mathrm{m})$$

曲线 4：

$$\delta_4 = \frac{\Delta_\mathrm{m}}{Y(\mathrm{F.S})} = \frac{\Delta_4}{U_4(P_\mathrm{m})}, \qquad 最大偏差 \ \Delta_4 = \delta_4 U_4(P_\mathrm{m})$$

总特性 U-P 的线性度应为

$$\begin{aligned}
\delta &= \frac{\Delta_\mathrm{m}}{Y(\mathrm{F.S})} = \frac{\Delta_1 + \Delta_2 + \Delta_3 + \Delta_4}{U_1(P_\mathrm{m}) + U_2(P_\mathrm{m}) + U_3(P_\mathrm{m}) + U_4(P_\mathrm{m})} \\
&= \frac{\delta_1 U_1(P_\mathrm{m}) + \delta_2 U_2(P_\mathrm{m}) + \delta_3 U_3(P_\mathrm{m}) + \delta_4 U_4(P_\mathrm{m})}{U_1(P_\mathrm{m}) + U_2(P_\mathrm{m}) + U_3(P_\mathrm{m}) + U_4(P_\mathrm{m})} \\
&= \frac{\displaystyle\sum_{i=1}^{4} \delta_i U_i(P_\mathrm{m})}{\displaystyle\sum_{i=1}^{4} U_i(P_\mathrm{m})}
\end{aligned} \qquad (2\text{-}110)$$

例如：

$$U_1(P_\mathrm{m}) = 41.60\mathrm{mV}, \quad \delta_1 = 9.9 \times 10^{-3}$$
$$U_2(P_\mathrm{m}) = 47.21\mathrm{mV}, \quad \delta_2 = 11.1 \times 10^{-3}$$
$$U_3(P_\mathrm{m}) = 53.60\mathrm{mV}, \quad \delta_3 = -9.3 \times 10^{-3}$$

$$U_4(P_{\mathrm{m}})=53.64\text{mV}, \quad \delta_4=9.0\times10^{-3}$$

则满量程时总输出为

$$U_1(P_{\mathrm{m}}) + U_2(P_{\mathrm{m}}) + U_3(P_{\mathrm{m}}) + U_4(P_{\mathrm{m}})=196.05\text{mV}$$

将上述数据代入式(2-110)中，可得总特性 P-U 的线性度 δ_{L} 为

$$\delta_{\mathrm{L}} = \frac{\sum\limits_{i=1}^{4}\delta_i U_i(P_{\mathrm{m}})}{\sum\limits_{i=1}^{4}U_i(P_{\mathrm{m}})} = 2.2\times10^{-4}$$

相比于 δ_1、δ_2 等，δ_{L} 非线性误差减小近两个数量级。由此可见，电桥使得非线性大大改善。

实现上述非线性补偿的典型结构为一具有双岛结构的方形硅膜片，如图 2-21 所示。两对压敏电阻 R_{A1}、R_{A2} 与 R_{B1}、R_{B2} 分置于边槽和中央沟槽表面。当硅膜片受压后应力高度集中于压敏电阻所在的沟槽表面，同一沟槽内应力 σ_{AX}、σ_{BX} 变化平缓，如图 2-21(c) 所示。边槽和中央沟槽内应力符号相反，两对压敏电阻 R_A、R_B 分别受横向拉伸应力和横向压缩应力。若两对压敏电阻接成电桥则具有如图 2-20 所示的非线性特性，其中曲线 1、2 是压敏电阻 R_{A1}、R_{A2} 的特性，曲线 3、4 则是压敏电阻 R_{B1}、R_{B2} 的特性。因为桥臂电阻 R_{A1}、R_{A2}、R_{B1}、R_{B2} 对桥路输出的贡献 $U_{A1}(P)$、$U_{A2}(P)$、$U_{B1}(P)$、$U_{B2}(P)$ 与应力 $\sigma_{A1}=\sigma_{A2}=\sigma_{AX}$、$\sigma_{B1}=\sigma_{B2}=\sigma_{BX}$ 成正比，即

$$\frac{U_A(P)}{U_B(P)} = -\frac{\sigma_{AX}}{\sigma_{BX}}$$

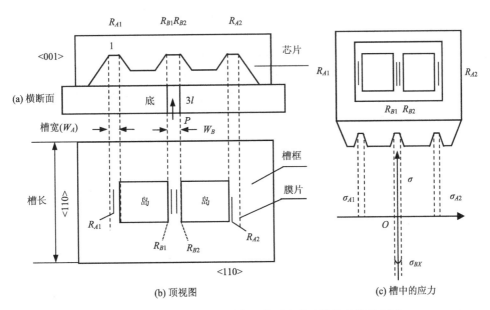

图 2-21　具有非线性内补偿作用的压力传感器的结构示意图

而沟槽应力 σ_{AX}、σ_{BX} 之比，可以通过调整沟槽宽度 W_A、W_B 之比 n 来调节，从而实现

式(2-110)中的分子项为零，即

$$\sum_{i=1}^{4} \delta_i U_i(P_m) = 2\delta_A U_A(P) + 2\delta_B U_B(P) = 0$$

则有

$$\frac{U_A(P)}{U_B(P)} = -\frac{\delta_B}{\delta_A}$$

达到上述总的非线性误差 $\delta=0$ 的最佳补偿条件是 $n=W_A/W_B=2.48$。我国产品中的 PT14 系列集成压力传感器中就是采用这种双岛结构硅膜片，其非线性、迟滞均达到 10^{-4} 数量级。

这种补偿法也算作一种结构补偿法。人们在这方面已做了很多工作，如前面提到的机械结构对称、电结构对称(惠斯通电桥)、使被测物理量——目标参数产生差动信号，以及其他干扰参量产生共模信号等都属于结构补偿范围。

2)拼凑补偿法

(1)温度自补偿。

几乎所有的未经补偿的初级经典传感器都受工作温度的影响。如果这种传感器不是测量温度的，那么它对温度的敏感程度就是交叉灵敏度。温度的变化除了会引起零位漂移外，还会使增益产生变化，从而使该传感器对其基本目标测量参量的灵敏度产生温度漂移。所以对传感器进行温度的补偿，一直是传感器工作者关注的重点。压阻式传感器具有许多优点，但它的主要缺点是温漂严重，因此人们对它进行温度补偿做了大量工作。其中一些补偿网络、补偿电路已与敏感元件一起集成实现了一体化，构成了具有温度自动补偿功能的集成化的初级智能传感器系统。拼凑补偿方式不胜枚举，只需寻找某个同样对温度敏感的电路元件，其作用与传感器的温度漂移量方向相反，而数值拼凑得相等，就能起抵消补偿作用。本小节仅就利用电源进行补偿为例说明"拼凑"补偿的基本思想。当然"拼凑"补偿法也在很多其他类型传感器中广泛应用。

式(2-85)、式(2-86)已给出电压源供电、恒流源供电时，电桥输出电压 U 与桥臂阻值的关系，而桥臂阻值是由被测物理量 P ——目标量决定的，所以电桥输出电压 U 是目标参量 P 的函数。将式(2-85)、式(2-86)重写如下。

电压源供电：

$$U = \frac{R_1 R_4 - R_2 R_3}{(R_1 + R_2)(R_3 + R_4)} E = E f(P)$$

恒流源供电：

$$U = \frac{R_1 R_4 - R_2 R_3}{R_1 + R_2 + R_3 + R_4} I = I \Phi(P)$$

如果输出 U 还受非目标参量——温度变化ΔT的影响，这两式则分别写为

电压源供电：

$$U = E f(P)(1 + \alpha\Delta T + \beta\Delta T^2 + \cdots) \tag{2-111}$$

恒流源供电：

$$U = I\Phi(P)(1 + \alpha'\Delta T + \beta'\Delta T^2 + \cdots) \tag{2-112}$$

由式 (2-111) 和式 (2-112) 可见，当目标参量恒定不变时，P=常量，电桥输出电压 U 随温度变化量 ΔT 而变，其温度交叉灵敏度为 α (电压源供电)、α' (恒流源供电)。设想两式中的电源 E、I 也将随温度的变化而变化，但其温度灵敏度 α_E、α_I 与 α、α' 分别数值相等、符号相反，那么电桥输出电压 U 的表达式如下。

电压源供电：

$$\begin{aligned} U &= f(P)E(1 + \alpha_E\Delta T + \beta_E\Delta T^2 + \cdots)(1 + \alpha\Delta T + \beta\Delta T^2 + \cdots) \\ &\approx f(P)E(1 + \alpha_E\Delta T)(1 + \alpha\Delta T) \\ &\approx f(P)E[1 + (\alpha_E + \alpha)\Delta T] \end{aligned}$$

当 $\alpha_E = -\alpha$ 时，有

$$U \approx f(P)E \tag{2-113}$$

式 (2-113) 表明，在 $\alpha_E = -\alpha$ 条件下，电桥输出 U 不是温度的函数。

恒流源供电：

$$\begin{aligned} U &= \Phi(P)I(1 + \alpha_I\Delta T + \beta_I\Delta T^2 + \cdots)(1 + \alpha'\Delta T + \beta'\Delta T^2 + \cdots) \\ &\approx \Phi(P)I(1 + \alpha_I\Delta T)(1 + \alpha'\Delta T) \\ &\approx \Phi(P)I[1 + (\alpha_I + \alpha')\Delta T] \end{aligned}$$

当 $\alpha_I = -\alpha'$ 时，有

$$U \approx \Phi(P)I \tag{2-114}$$

此时，电桥输出电压 U 不是温度的函数。

因此，问题归结为制作一个电压源 E 或恒流源 I，使它们与未补偿前的电桥输出具有相反的温度特性，从而使传感器的电桥输出不受温度影响，在温度变化时输出电压 U 保持恒定。当然完全"拼凑"好是相当困难的，但是大大减小温度交叉灵敏度还是可能的。

(2) 频率补偿。

一个未补偿的初级经典传感器的工作频带往往较窄，使用范围受到限制，因此希望扩展它的工作频带。频带的扩展可以采用拼凑补偿思想的硬件电路来实现，也可采用软件编程来实现，有关内容将在第 6 章中详述。

2.3.4 多信号测量法

为了消除系统误差提高测量精度，多信号测量法是一种有效的方法。常用的是二信号法与三信号法。

1) 二信号法

被测量 U_X 与参考基准 U_R 两个信号，经过相同的路径由相同的系统测量，如图 2-22 所示。

若该系统的增益为 A，系统的误差源为 E_0，则

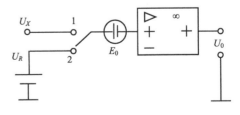

图 2-22 二信号测量法

测量 U_X 时输出为　　　　　　　　$U_{01}=(U_X+E_0)A$

测量 U_R 时输出为　　　　　　　　$U_{02}=(U_R+E_0)A$

其比为

$$\frac{U_{01}}{U_{02}}=\frac{(U_X+E_0)A}{(U_R+E_0)A}$$

推导 U_X 的表达式为

$$U_X=\frac{U_{01}}{U_{02}}U_R+E_0\left(\frac{U_{01}}{U_{02}}-1\right)$$

实际上由比值计算 U_X 的表达式为

$$U_X=\frac{U_{01}}{U_{02}}U_R \tag{2-115}$$

故通过比值求 U_X 的绝对误差为

$$\Delta U_X=E_0\left(\frac{U_{01}}{U_{02}}-1\right) \tag{2-116}$$

通过比值计算 U_X 的相对误差为

$$\frac{\Delta U_X}{U_X}=\frac{E_0}{U_X}\left(\frac{U_{01}}{U_{02}}-1\right) \tag{2-117}$$

如果不采用二信号求比值的方法来求 U_X，而是直接用该系统输出值 U_{01} 来求 U_X，则其相对误差为

$$\frac{\Delta U_{01}}{U_{01}}=\frac{AE_0}{U_{01}}\approx\frac{E_0}{U_X} \tag{2-118}$$

比较式 (2-117)、式 (2-118) 可见，二信号比值法求 U_X 的相对误差是直接测量 U_X 的相对误差的 $\left(\frac{U_{01}}{U_{02}}-1\right)$ 倍，所采用的参考信号 U_R 越接近被测量 U_X 时，输出值 U_{01} 也越近 U_{02}，则相对误差越小，而且系统增益 A 变化产生的误差也可消除。

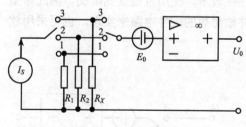

图 2-23　三信号测量法

2) 三信号法

如图 2-23 所示，R_X 为待测电阻，实际上它可以是用于温度测量的铂电阻，由已知电流 I_S 通过其压降 $I_S R_X$ 来求 R_X。若测量系统增益为 A、系统误差源为 E_0，再引入两个标准电阻 R_1、R_2，则

R_X 上压降的测量值：

$$U_{03}=\left(I_S R_X+E_0\right)A$$

R_2 上压降的测量值：

$$U_{02}=\left(I_S R_2+E_0\right)A$$

R_1 上压降的测量值：

$$U_{01} = (I_S R_1 + E_0) A$$

单次测量值中均含有系统误差 E_0。现在为消除 E_0 的影响做下列运算：

$$N = \frac{U_{03} - U_{01}}{U_{02} - U_{01}} = \frac{I_S R_X - I_S R_1}{I_S R_2 - I_S R_1} = \frac{R_X - R_1}{R_2 - R_1} \tag{2-119}$$

式 (2-119) 表明，差值之比 N 中不再含有误差 E_0，进而可推得求 R_X 的表达式如下：

$$R_X = N(R_2 + R_1) + R_1 \tag{2-120}$$

式 (2-120) 表明，R_X 由精密标准电阻 R_1、R_2 及不含系统误差 E_0 的比值 N 决定。三信号法的优点如下。

(1) 只要在三个信号量的测量期间内，系统误差 E_0 保持不变，则可完全被消除。

(2) 只要在三个量的测量期间内，增益 A 不变，则可消除由增益 A 变化引入的误差。

(3) 只要在三个量的测量期间内，恒流源供电电流 I_S 保持不变，则可消除恒流源波动引入的误差。

由此可知，采用三信号法可以用低精度的放大器与恒流源获得高精度的测量结果。

3) 三步测量法

基于三信号法，可以进一步引申出一种行之有效的三步测量法。若被测量为 U_X，一个标准量为 U_R，另一个标准量选为零，如图 2-24 所示，则可按下述三步进行测量。

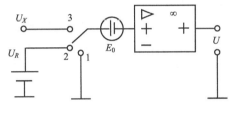

图 2-24　三步测量法

第一步，测零点，系统输入为零时的输出：

$$U_{01} = E_0 A$$

第二步，标定，系统输入为标准量 U_R 时的输出：

$$U_{02} = (U_R + E_0) A$$

第三步，测量，系统输入为被测目标参量 U_X 时的输出：

$$U_{03} = (U_X + E_0) A$$

进行相减、相除运算求比值 N：

$$N = \frac{U_{03} - U_{01}}{U_{02} - U_{01}} \tag{2-121}$$

将上述三步测量值 U_{01}、U_{02}、U_{03} 代入式 (2-121)，得

$$N = \frac{(U_X + E_0)A - E_0 A}{(U_R + E_0)A - E_0 A} = \frac{U_X}{U_R} \tag{2-122}$$

于是可得 U_X 的表达式：

$$U_X = N \cdot U_R = \frac{U_{03} - U_{01}}{U_{02} - U_{01}} U_R \tag{2-123}$$

根据式 (2-122)、式 (2-123) 可见，被测目标参量 U_X 由比值 N 与标准量 U_R 决定。而比值 N 中已消除了系统误差 E_0，同时也不存在增益 A，因此三步测量法的第一步实质为测量零点；第二步是用标准量 U_R 对全系统总增益做实时标定；第三步是测量。三步测

量法的优点如下。

(1) 只要在三步测量时间内，系统增益未来得及变化从而可为常量时，在三步测量期间之外增益变化不引入误差。

(2) 系统误差 E_0 只要在三步测量时间内保持不变，则所引入的误差可以完全消除。

(3) 为保证测量准确度，需要有足够精确的标准信号 U_R。

这种三步测量法目前主要用于对经典传感器的后续环节进行总体校验与标定，大大降低了对后续环节稳定性的要求，它们只需在三步测量的时间内暂时保持不变即可，测量准确度主要依靠参考标准信号 U_R 来保证。

如果参考标准信号不是由基准电压、标准电阻、标准电容等电气量来提供，而是由与被测目标量同类属性的标准来提供，如标准压力发生器、标准恒温器等，那么三步测量法就用来进行包括传感器在内的传感器系统的整体自校与检验。这样就可实现采用低准确度等级的传感器及其后续系统，获得高准确度的测量结果，而成为高准确度等级的传感器系统。

具有与微型计算机相结合的智能传感器系统，三步测量法的优越性将会进一步得到体现，微型计算机数据采集速度比人工操作快很多。因此对传感器及其后续系统的要求可以更加降低，只需在极短的三步测量时间内 (<60ms) 稳定不变即可。

思 考 题

2-1　传感器系统的静态特性包含哪些基本参数？具有哪些性能指标？

2-2　连续时间系统的动态特性包含哪三种形式？

2-3　测量的目的是什么？什么是测量误差？

2-4　什么是绝对误差？什么是相对误差？什么是引用误差？

2-5　根据误差的性质，可将误差分为哪几类？它们分别具有哪些特点？

2-6　系统误差的处理方法有哪些？

2-7　随机误差具有哪些统计特性？如何处理随机误差？

2-8　如何判定粗大误差？

2-9　什么是测量不确定度？具有什么作用？有几种表示形式？测量不确定度与误差有哪些区别？

2-10　标准不确定度分为哪两类？什么是 A 类不确定度评定？什么是 B 类不确定度评定？

2-11　某温度传感器，当输入量变化 5℃时，输出电压变化 500mV，求该传感器的灵敏度。

2-12　某加速度传感器的动态特性可通过如下微分方程描述：

$$\frac{d^2 y}{dt^2} + 2.8 \times 10^3 \frac{dy}{dt} + 1.2 \times 10^{10} y = 6.3 \times 10^{10} x$$

式中，x 为输入加速度，单位为 m/s^2；y 为输出电荷量，单位为 pC。求该传感器的固有频率 ω_n 和阻尼比 ζ。

2-13　某二阶传感器系统的固有频率 f_n=10kHz，阻尼比 ζ=0.1，若要求传感器系统的输出值误差小于 2%，求该传感器系统的工作频率范围。

2-14　某一厚度传感器测量一金属板的厚度 h，进行 5 次测量所得的测量结果见表 2-2。

表 2-2　测量结果

测量次数	1	2	3	4	5
h/mm	4.697	4.701	4.693	4.695	4.695

若传感器误差为 0.002mm，求金属板厚度的测量结果，要求给出测量不确定度（置信概率取 99%）。

第3章 常见传感器原理

传感器的种类多样，类型复杂，按工作原理可分为电阻式传感器、电容式传感器、光电式传感器、压电式传感器等。集成化智能传感器系统中的集成敏感单元(含敏感元件与变换器)的工作原理与相应的经典传感器是相同的。本章简要介绍经典传感器的工作原理。

3.1 电阻式传感器

电阻式传感器是将 m-k-b 机械系统输出的中间变量(结构型)或直接将被测量转换为电阻变量作为输出量的装置。

3.1.1 压阻式

1. 压阻效应

压阻效应是指半导体材料受到应力 σ 作用时，其电阻率发生明显变化的现象。电阻率的相对变化 $d\rho/\rho$ 与应力 σ 成正比：

$$\frac{d\rho}{\rho} = \pi_E \sigma \tag{3-1}$$

式中，π_E 表示材料的压阻系数(硅为 $(40\sim80)\times10^{-11}\,\mathrm{m^2/N}$)。

一根圆柱形电阻丝，若长为 l、半径为 r、截面积 $S=\pi r^2$、电阻率为 ρ，则其电阻值 R 为

$$R = \rho\frac{l}{S} \tag{3-2}$$

当该电阻丝受到拉力 F 作用时，长度增加 dl、半径缩小 dr、电阻率增大 $d\rho$，引起的电阻值变化 dR 可由对式(3-2)进行全微分求得

$$dR = \frac{l}{S}d\rho + \frac{\rho}{S}dl + \frac{\rho l}{S^2}dS$$

用相对变化量表示为

$$\frac{dR}{R} = \frac{d\rho}{\rho} + \frac{dl}{l} - \frac{dS}{S} \tag{3-3}$$

因为

$$dS = 2\pi r\,dr\,, \quad \frac{dS}{S} = \frac{2\pi r\,dr}{\pi r^2} = 2\frac{dr}{r} \tag{3-4}$$

由材料力学可知，对于特定的材料，在纵向伸长的同时，横截面积缩小，横向线度

的相对缩小($-dr/r$)与纵向线度的相对伸长($\Delta l/l$)之间具有固定的比，即

$$\frac{\mathrm{d}r}{r} = -\gamma \frac{\mathrm{d}l}{l} \tag{3-5}$$

式中，γ 为泊松比，也称泊松系数。根据胡克定律，应力 σ、应变 $\varepsilon = \Delta l/l$ 和弹性模量 E 之间的关系为

$$\sigma = E\varepsilon = E \frac{\Delta l}{l}$$

将其代入式(3-1)则有

$$\frac{\mathrm{d}\rho}{\rho} = \pi_E E \frac{\Delta l}{l} \tag{3-6}$$

将式(3-4)～式(3-6)代入式(3-3)得

$$\frac{\mathrm{d}R}{R} = \pi_E E \frac{\mathrm{d}l}{l} + \frac{\mathrm{d}l}{l} + 2\gamma \frac{\mathrm{d}l}{l} = (1 + 2\gamma + \pi_E E)\varepsilon = G\varepsilon \tag{3-7}$$

式中，$G = 1 + 2\gamma + \pi_E E$ 表示应变计因子或材料的灵敏度系数。

对于金属材料，因无压阻效应$\Delta\rho = 0$，$\gamma = 0.5$，故 $G = 1 + 2\gamma = 2$。电阻的变化主要由电阻丝几何尺寸的变化产生。半导体材料的压阻系数很大，故 G 主要由 $\pi_E \cdot E$ 决定。

$$G = 1 + 2\gamma + \pi_E E \approx \pi_E E = 66 \sim 133$$

$$\left(\pi_E = (40 \sim 80) \times 10^{-11} \mathrm{m}^2/\mathrm{N}; \quad E = 1.67 \times 10^{11} \mathrm{N}/\mathrm{m}^2\right)$$

半导体电阻条的电阻值的改变量主要取决于压阻效应引起的电阻率的变化。

2. 基于压阻效应的变换器

半导体硅材料优良的压阻特性和弹性性能相结合，是构成半导体压阻式传感器的基础。在集成传感器中，电阻变换器与硅弹性敏感元件是一体化的，它就是采用半导体扩散工艺或者离子注入工艺在硅弹性敏感元件(如硅膜片)上制作出 P 型硅电阻条。当被测物理量作用到硅弹性敏感元件上时，将在敏感元件上建立相应的应力分布，并产生相应的应变 $\varepsilon = \Delta l/l$，在应力 σ 及相对应的应变 ε 所在处的 P 型电阻条将产生相应的电阻变化。于是该电阻条就将应力及对应的应变转换为电阻的改变量。电阻在应力作用下的相对变化量为

$$\frac{\Delta R}{R} = \pi_1 \sigma_1 + \pi_i \sigma_i \tag{3-8}$$

式中，σ_1、σ_i 分别为沿电阻纵向、横向的应力；π_1、π_i 分别为纵向、横向压阻系数。压阻效应具有明显的各向异性特点，在不同晶面、晶向上的压阻系数不同。

3. 集成化压阻式压力传感器

压阻式压力传感器的组成框图如图 3-1 所示。图中第一部分为可等效为质量-弹簧-阻尼(m-k-b)机械系统的弹性敏感元件，它将输入的被测压力 P 转换为中间变量(应力 σ 及其对应的应变 ε)。常用的弹性敏感元件有周边固支的圆形、方形、矩形、E 形和双岛形膜片。硅膜片结构不同，在压力 P 作用下膜片上的应力分布也不同，但在确定位置处

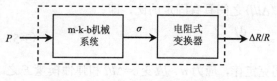

图 3-1　压阻式压力传感器组成框图

的应力与压力成正比。图中第二部分是在膜片相应部位采用半导体工艺制作的电阻条——电阻式变换器，由于压阻效应，则有相应的电阻变化量 ΔR 输出。电阻改变量与相应部位膜片的应力 σ 成正比。

3.1.2　热阻式

热阻式传感器是指利用热阻效应进行温度测量的传感器。热阻效应指导体或半导体的电阻值随温度的变化而变化的现象。根据材料的不同，热阻式传感器分为金属热电阻和半导体热电阻两类。

1. 金属热电阻

金属热电阻通常简称热电阻。金属材料的电阻值均会随温度的变化而变化，而用作热电阻的金属材料需具有以下条件：温度系数要稳定且较大，以提高灵敏度；电阻率应当较高，以减小体积；必须在较宽温度范围内保持稳定的物理与化学性能，且线性度好，以保证稳定性。目前最常用的金属热电阻材料是铂和铜，此外，镍、铁、锰等也得到了应用。

1) 铂热电阻

金属铂材料具有稳定的物理及化学特性，且具有易于提纯加工的优点，但其线性度较差，温度系数较小，成本较高。

铂热电阻中铂的纯度通常用电阻比 W_{100} 表示，定义为 100℃时铂热电阻的电阻值 R_{100} 与 0℃时电阻值 R_0 之比，如式 (3-9) 所示。W_{100} 越大，铂的纯度越高。

$$W_{100} = \frac{R_{100}}{R_0} \tag{3-9}$$

铂热电阻的电阻值与温度的关系如下：

$$R_t = \begin{cases} R_0\left[1 + At + Bt^2 + C\left(t - 100t^3\right)\right], & -200℃ \leqslant t \leqslant 0℃ \\ R_0\left(1 + At + Bt^2\right), & 0℃ < t \leqslant 800℃ \end{cases} \tag{3-10}$$

式中，R_t 为铂热电阻在温度 t 时的电阻值；R_0 为铂热电阻在 0℃时的电阻值；t 为任意温度；A、B、C 为常数。当电阻比 W_{100}=1.391 时，常数 A=3.968×10^{-3}/℃，B=−5.847×10^{-7}/℃，C=−4.22×10^{-12}/℃；当 W_{100}=1.389 时，A=3.949×10^{-3}/℃，B=−5.851×10^{-7}/℃，C=−4.04×10^{-12}/℃。国内工业领域规定电阻比 1.391≤ W_{100} ≤1.3925。

由式 (3-10) 可知，热电阻在温度 t 时的电阻值 R_t 与 R_0 有关，R_0=10Ω 的铂热电阻对应的分度号为 Pt_{10}，R_0=100Ω 的铂热电阻对应的分度号为 Pt_{100}。在实际测量时，只需测量电阻值 R_t，查阅分度表即可得到温度值 t。Pt_{100} 是最常用的铂热电阻，其分度表如表 3-1 所示。

表 3-1　Pt_{100} 电阻值分度表

温度/℃	0	1	2	3	4	5	6	7	8	9
	电阻值/Ω									
−140	43.88	43.46	43.05	42.63	42.22	41.80	41.39	40.97	40.56	40.14
−130	48.00	47.59	47.18	46.77	46.36	45.94	45.53	45.12	44.70	44.29
−120	52.11	51.70	51.29	50.88	50.47	50.06	49.65	49.24	48.83	48.42
−110	56.19	55.79	55.38	54.97	54.56	54.15	53.75	53.34	52.93	52.52
−100	60.26	59.85	59.44	59.04	58.63	58.23	57.82	57.41	57.01	56.60
−90	64.30	63.90	63.49	63.09	62.68	62.28	61.88	61.47	61.07	60.66
−80	68.33	67.92	67.52	67.12	66.72	66.31	65.91	65.51	65.11	64.70
−70	72.33	71.93	71.53	71.13	70.73	70.33	69.93	69.53	69.13	68.73
−60	76.33	75.93	75.53	75.13	74.73	74.33	73.93	73.53	73.13	12.73
−50	80.31	79.91	79.51	79.11	78.72	78.32	77.92	77.52	77.12	76.73
−40	84.27	83.87	83.48	83.08	82.69	82.29	81.89	81.50	81.10	80.70
−30	88.22	87.83	87.43	87.04	86.64	86.25	85.85	85.46	85.06	84.67
−20	92.16	91.77	91.37	90.98	90.59	90.19	89.80	89.40	89.01	88.62
−10	96.09	95.69	95.30	94.91	94.52	94.12	93.73	93.34	92.95	92.55
−0	100.00	99.61	99.22	98.83	98.44	98.04	97.65	97.26	96.87	96.48
0	100.00	100.39	100.78	101.17	101.56	101.95	102.34	102.73	103.12	103.51
10	103.90	104.29	104.68	105.07	105.46	105.85	106.24	106.63	107.02	107.40
20	107.79	108.18	108.57	108.96	109.35	109.73	110.12	110.51	110.90	111.29
30	111.67	112.06	112.45	112.83	113.22	113.61	114.00	114.38	114.77	115.15
40	115.54	115.93	116.31	116.70	117.08	117.47	117.86	118.24	118.63	119.01
50	119.40	119.78	120.17	120.55	120.94	121.32	121.71	122.09	122.47	122.86
60	123.24	123.63	124.01	124.39	124.78	125.16	125.54	125.93	126.31	126.69
70	127.08	127.46	127.84	128.22	128.61	128.99	129.37	129.75	130.13	130.52
80	130.90	131.28	131.66	132.04	132.42	132.80	133.18	133.57	133.95	134.33
90	134.71	135.09	135.47	165.85	136.23	136.61	136.99	137.37	137.75	138.13
100	138.51	138.88	139.26	139.64	140.02	140.40	140.78	141.16	141.54	141.91
110	142.29	142.67	143.05	143.43	143.80	144.18	144.56	144.94	145.31	145.69
120	146.07	146.44	146.82	147.20	147.57	147.95	148.33	148.70	149.08	149.46
130	149.83	150.21	150.58	150.96	151.33	151.71	152.05	152.46	152.83	153.21
140	153.58	153.96	154.33	154.71	155.08	155.46	155.83	156.20	156.58	156.95

2) 铜热电阻

相比于金属铂，铜的成本低，且铜热电阻灵敏度较高，但因化学稳定性差、电阻率较低、体积较大、热惯性较大，因此不适合在高温及腐蚀性环境中工作。铜热电阻的测温范围较小，一般为−50～150℃。铜热电阻的电阻值与温度的关系：

$$R_t = R_0\left(1 + \alpha t\right) \tag{3-11}$$

式中，R_t 为铜热电阻在温度为 t 时的电阻值；R_0 为铜热电阻在温度为 0℃时的电阻值；α 为铜热电阻的温度系数，且 $\alpha=(4.25\sim4.28)\times10^{-3}/℃$。

目前工业测量中常用的铜热电阻分度号为 Cu_{50} 和 Cu_{100}，其 R_0 分别为 50Ω 和 100Ω。Cu_{50} 和 Cu_{100} 的分度表分别如表 3-2 和表 3-3 所示。

表 3-2　Cu_{50} 的分度表

温度/℃	0	10	20	30	40	50	60	70	80	90
	电阻值/Ω									
−0	50.000	47.854	45.706	43.555	41.400	39.242	—	—	—	—
0	50.000	52.144	54.285	56.426	58.565	60.704	62.842	64.981	67.120	69.259
100	71.400	73.542	75.686	77.833	79.982	82.134	—	—	—	—

表 3-3　Cu_{100} 的分度表

温度/℃	0	10	20	30	40	50	60	70	80	90
	电阻值/Ω									
−0	100.00	95.71	91.41	87.11	82.80	78.48	—	—	—	—
0	100.00	104.29	108.57	112.85	117.13	121.41	125.68	129.96	134.24	138.52
100	142.80	147.08	151.37	155.67	156.96	164.27	—	—	—	—

3）其他热电阻

除了常用的铂、铜材料外，热电阻也采用铁、镍、锰、碳、铟、锗等材料。铁、镍材料的电阻温度系数高、电阻率大，但易氧化、稳定性差、不易提纯，因此应用较少。在低温及超低温环境下，铂、铜热电阻的测量性能下降，多采用其余材料如锰、铟、碳等热电阻。

热电阻的测量电路一般为电桥，即将热电阻作为电桥的一个桥臂，通过电桥将热电阻的电阻值变化转换为电压变化量，有关电桥介绍详见 2.3.2 小节。

2. 半导体热电阻

半导体热电阻是由金属氧化物按照一定比例混合烧结而成的，一般指热敏电阻。与金属热电阻相比，热敏电阻灵敏度高、体积小、时间常数小、本身阻值大而可以忽略导线电阻，但其非线性大、对环境温度敏感、稳定性差、易受干扰、互换性差。

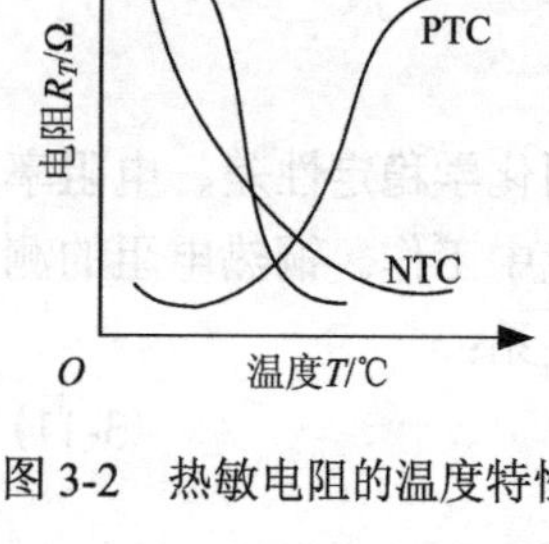

根据电阻-温度特性的不同，热敏电阻分为负电阻温度系数（Negative Temperature Coefficient, NTC）、正电阻温度系数（Positive Temperature Coefficient, PTC）和临界温度系数（Critical Temperature Coefficient, CTC）热敏电阻。其温度特性曲线如图 3-2 所示。

由图 3-2 可知，随着温度升高，CTC 型热敏电阻的电阻值在一定范围内急剧下降，因此可以作为较理想的开关器

图 3-2　热敏电阻的温度特性

件，但不适用于温度测量。在实际温度测量中，多采用 NTC 与 PTC 型热敏电阻。NTC 型热敏电阻具有负的温度系数，且具有较均匀的温度敏感特性，适合在较宽范围内进行测温，因此是最常用的热敏电阻类型，广泛应用于温度测量和温度补偿中。PTC 型热敏电阻具有正的温度系数，随着温度升高，电阻值先减小，当过了某温度值后急剧增大，主要用于电气设备的过热保护与恒温控制。这里只对 NTC 型热敏电阻做简要介绍。

根据半导体理论，在测量温度范围内，NTC 型热敏电阻在 T 温度时的电阻值为

$$R_T = R_0 e^{b\left(\frac{1}{T} - \frac{1}{T_0}\right)} \tag{3-12}$$

式中，T 为任意温度值；R_T 为热敏电阻在温度为 T 时的电阻值；R_0 为热敏电阻在温度为 T_0℃时的电阻值；b 为材料常数，由半导体材料决定，通常为 2000～6000K，高温时 b 增大。

因此，NTC 型热敏电阻的温度系数 α 定义为

$$\alpha = \frac{1}{R_T} \frac{dR_T}{dT} = -\frac{b}{T^2} \tag{3-13}$$

由式(3-13)可见，随着温度趋向于 0℃，NTC 型热敏电阻的温度系数 α 急剧增大，温度系数 α 决定了其在工作温度范围内的灵敏度。

3.1.3 电位器式

电位器是一种常见的机电元件，广泛应用于各种电气电子设备中，电位器式传感器也称变阻器式传感器，是一种将机械线位移或角位移转换为电阻或电压输出的传感器，主要用于压力、位移、角度、加速度等物理量的测量。电位器式传感器具有体积小、准确度高、稳定性强、输出信号大等优点，但要求的输入能量大、动态响应较差、分辨率不高、噪声较大且电刷与电阻之间易发生磨损。

根据不同结构，电位器式传感器可分为绕线式、薄膜式、光电式等；根据不同特性，分为线性电位器与非线性电位器两种；按照不同测量方式，分为单圈式、多圈式、直线滑动式；按照不同制作方式，分为线绕式、导电材料式。目前最常用的为单圈线绕式电位器。

1. 线性电位器

1)线性电位器的空载特性

在理想空载条件下，线性电位器的输出与输入应当为线性关系。图 3-3 为直线位移型电位器式传感器的原理图。假设电位器全长为 x_{max}，总电阻为 R_{max}，电阻沿长度均匀分布。若作为变阻器，则直线位移 x 与电阻 R_x 满足

$$R_x = \frac{x}{x_{max}} R_{max} \tag{3-14}$$

若作为分压器，则直线位移 x 与输出电压 U_o 满足

$$U_o = IR_x = I \frac{x}{x_{max}} R_{max} = \frac{x}{x_{max}} U_{max} \tag{3-15}$$

式中，U_{max} 为电位器的最大输出电压。

图 3-4 为角位移型电位器式传感器的原理图。假设电位器的最大角度为 θ_{max}，总电阻为 R_{max}，电阻沿角度均匀分布。若作为变阻器，则角位移 θ 与电阻 R_x 满足

$$R_x = \frac{\theta}{\theta_{max}} R_{max} \tag{3-16}$$

若作为分压器，则角位移 θ 与输出电压 U_o 满足

$$U_o = IR_x = I\frac{\theta}{\theta_{max}} R_{max} = \frac{\theta}{\theta_{max}} U_{max} \tag{3-17}$$

式中，U_{max} 为电位器的最大输出电压。

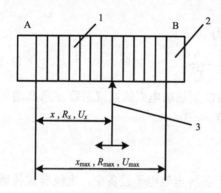

图 3-3　直线位移型电位器式传感器

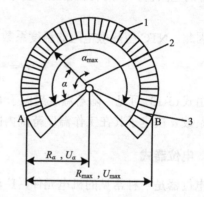

图 3-4　角位移型电位器式传感器

2) 线性电位器的负载特性

在实际测量中，电位器往往接有负载，存在负载电阻，如图 3-5 所示。此时电位器特性为负载特性，负载特性与空载特性的偏差称为负载偏差。对于线性电位器，负载偏差就是其非线性误差。假设电位器负载电阻为 R_L，则电位器的输出电压 U_o 满足

$$U_o = I(R_x // R_L) = U_{max} \frac{R_x R_L}{R_{max} R_x + R_{max} R_L - R_x^2} \tag{3-18}$$

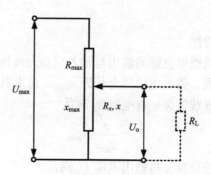

图 3-5　带负载的电位器

2. 非线性电位器

非线性电位器指在空载时输出电压与输入位移量之间呈一定非线性函数关系变化的电位器，也称为函数电位器。常用的非线性电位器有变骨架式、变节距式、分路电阻式等。

3. 电位器式传感器的结构与材料

根据不同测量需求，电位器式传感器的结构与材料不同。电位器式传感器一般包括骨架、电阻元件、活动触头三部分。常用的绕线式电位器的电阻元件采用金属电阻丝。骨架材料的选择主要考虑强度、绝缘性、膨胀系数等；电阻元件材料的选择主要考虑电阻系数、温度系数、加工难度等；活动触头则多采用电刷、导向装置等。

3.2 电容式传感器

电容传感器是将 m-k-b 机械系统输出的中间变量(结构型)或直接将被测输入量(物性型)转换为电容变化量作为输出变量的装置。

如图 3-6 所示，当平板电容器忽略边界效应时，两个金属平板间的电容为

$$C = \frac{\varepsilon S}{\delta} \tag{3-19}$$

式中，ε 为两极板间介质的介电常数；S 为两极板的相对有效面积；δ 为两极板的间隙；C 为两极板所具有的电容。

由式(3-19)可知，改变电容 C 的方法有三种：其一是两极板间的间隙改变 $\Delta\delta$；其二为形成电容的有效面积改变 ΔS；其三是两极板间介质的介电常数改变 $\Delta\varepsilon$。三种方法中的任何一种变化都将产生电容值的变化 ΔC 而构成电容变换器。在集成传感器中制作电容变换器主要采用前两种方法。

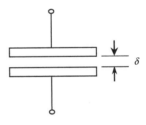

图 3-6 平行板电容器

3.2.1 变面积式

(1)输入-输出特性：ΔS-ΔC 或 $\Delta S/S$-$\Delta C/C$ 关系。当动极板在被测参量作用下发生位移变形时，使两极板相对有效面积改变 ΔS，但两极板间隙保持不变($\Delta\delta=0$)，引起电容变换器的电容改变量 ΔC 为

$$\Delta C = \frac{\varepsilon}{\delta_0} \Delta S \tag{3-20}$$

式中，δ_0 表示两极板的间隙，应保持为一恒定常数。

(2)灵敏度 K_C：

$$K_C = \frac{\Delta C}{\Delta S} = \frac{\varepsilon}{\delta_0} = 常数 \tag{3-21}$$

(3)理论线性度 δ_L：

$$\delta_L = 0 \tag{3-22}$$

变面积式电容变换器的输入-输出特性在理论上有理想的线性，故其灵敏度为常数；非线性误差(理论线性度)为零。

3.2.2　变间距式

(1)输入-输出特性：$\Delta\delta$-ΔS 或 $\Delta\delta/\delta$-$\Delta C/C$ 关系。当动极板在被测参量作用下发生位移变形使初始间隙 δ_0 减小了 $\Delta\delta$(但必须保持有效面积 S=恒量)时，则电容变换器将有一增量 ΔC。由式(3-19)有

$$C_0 + \Delta C = \frac{\varepsilon S}{\delta_0 - \Delta\delta} = C_0 \frac{1}{1 - \dfrac{\Delta\delta}{\delta_0}} \tag{3-23}$$

则电容的变化量为

$$\Delta C = C_0 \frac{\Delta\delta}{\delta_0} \frac{1}{1 - \dfrac{\Delta\delta}{\delta_0}} \tag{3-24}$$

电容的相对改变量为

$$\frac{\Delta C}{C_0} = \frac{\Delta\delta}{\delta_0} \left(1 - \frac{\Delta\delta}{\delta_0}\right)^{-1} \tag{3-25}$$

当 $\Delta\delta/\delta_0 \ll 1$ 时，式(3-25)括号内按幂级数展开得

$$\frac{\Delta C}{C_0} = \frac{\Delta\delta}{\delta_0}\left[1 + \frac{\Delta\delta}{\delta_0} + \left(\frac{\Delta\delta}{\delta_0}\right)^2 + \left(\frac{\Delta\delta}{\delta_0}\right)^3 + \cdots\right] \tag{3-26}$$

式中，δ_0、C_0 分别为电容变换器的初始间隙、初始电容。

由式(3-26)可见，输入-输出特性有着严重的非线性。

(2)灵敏度 K_C：按照灵敏度的定义有

$$K_C = \frac{\Delta C}{\Delta\delta} = \frac{C}{\delta_0}\left[1 + \frac{\Delta\delta}{\delta_0} + \left(\frac{\Delta\delta}{\delta_0}\right)^2 + \left(\frac{\Delta\delta}{\delta_0}\right)^3 + \cdots\right] \tag{3-27}$$

由式(3-27)可见，电容对间距的灵敏度不是常数，其近似值为

$$K_C = \frac{C_0}{\delta_0} = \frac{\varepsilon S}{\delta_0^2} \tag{3-28}$$

可见，灵敏度 K_C 与初始间隙的平方 δ_0^2 近似成反比，初始间隙 δ_0 越小，灵敏度越高。

(3)理论线性度：根据输入-输出特性，可确定变间距电容传感器理想拟合直线方程为

$$\Delta C = C_0 \frac{\Delta\delta}{\delta_0} \tag{3-29}$$

其满量程输出值 $Y(\text{F.S})$ 为

$$Y(\text{F.S}) = C_0 \frac{\Delta\delta_m}{\delta_0} \tag{3-30}$$

式中，$\Delta\delta_m$ 表示最大输入量(间隙的最大改变量)。拟合偏差 Δ 为

$$\Delta = C_0 \frac{\Delta\delta}{\delta_0}\left[\frac{\Delta\delta}{\delta_0} + \left(\frac{\Delta\delta}{\delta_0}\right)^2 + \left(\frac{\Delta\delta}{\delta_0}\right)^3 + \cdots\right] \tag{3-31}$$

最大拟合偏差 Δ_m 的近似值为

$$\Delta_m \approx C_0\left(\frac{\Delta\delta_m}{\delta_0}\right)^2 \tag{3-32}$$

于是理论线性度 δ_L 为

$$\delta_L = \frac{\Delta_m}{Y(\text{F.S})}\times 100\% \approx \frac{\Delta\delta_m}{\delta_0} \tag{3-33}$$

3.2.3　变电介系数式

变电介系数式电容传感器将输入量转换为介电常数的变化,进一步转换为输出电压,从而实现输入量的测量。图 3-7 为两种变电介系数式传感器的结构示意图,均为两个不同相对介电常数为 ε_{r1} 和 ε_{r2} 的介质组合而成,图 3-7(a) 为串联型,图 3-7(b) 为并联型。

对于如图 3-7(a) 所示的串联型结构,极板有效面积为 S,极距为 δ_0,介质 1 所在间隙为 δ_1,介质 2 所在间隙为 δ_2,则总电容 C 为

$$C = \frac{C_1 C_2}{C_1 + C_2} = \frac{\dfrac{\varepsilon_0\varepsilon_{r1}S}{\delta_1}\dfrac{\varepsilon_0\varepsilon_{r2}S}{\delta_2}}{\dfrac{\varepsilon_0\varepsilon_{r1}S}{\delta_1} + \dfrac{\varepsilon_0\varepsilon_{r2}S}{\delta_2}} = \frac{\varepsilon_0 S}{\dfrac{\delta_1}{\varepsilon_{r1}} + \dfrac{\delta_2}{\varepsilon_{r2}}} \tag{3-34}$$

若 $\varepsilon_{r1}=1$,即电介质 1 为空气,则总电容 C 为

$$C = \frac{\varepsilon_0 S}{\delta_1 + \dfrac{\delta_2}{\varepsilon_{r2}}} = \frac{\varepsilon_0 S}{\delta_0 - \delta_2 + \dfrac{\delta_2}{\varepsilon_{r2}}} \tag{3-35}$$

因此,当 δ_2 一定时,可以通过电容的变化来测量介质 2 介电常数 ε_{r2} 的变化;当 ε_{r2} 一定时,可以通过电容的变化来测量 δ_2 的变化。

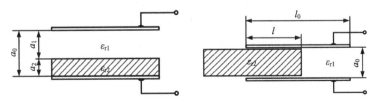

(a) 串联型变电介系数式电容传感器　　　　(b) 并联型变电介系数式电容传感器

图 3-7　变电介系数式传感器结构示意图

对于图 3-7(b) 所示的并联型结构,两平行极板固定不动,极板长度为 l_0,极板宽度为 b_0,极距为 δ_0,相对介电常数为 ε_{r2} 的介质 2 插入相对介电常数为 ε_{r1} 的介质 1 中,插入长度为 l,则总电容 C 为

$$C = C_1 + C_2 = \frac{\varepsilon_0\varepsilon_{r1}b_0(l_0 - l)}{\delta_0} + \frac{\varepsilon_0\varepsilon_{r2}b_0 l}{\delta_0} = \frac{\varepsilon_0 b_0\left[(\varepsilon_{r2} - \varepsilon_{r1})l + \varepsilon_{r1}l_0\right]}{\delta_0} \tag{3-36}$$

若 $\varepsilon_{r1}=1$，即电介质 1 为空气，则总电容 C 为

$$C = \frac{\varepsilon_0 b_0}{\delta_0}\left[(\varepsilon_{r2}-1)l + l_0\right] \tag{3-37}$$

因此，当 l 一定时，可以通过电容的变化来测量介质 2 介电常数 ε_{r2} 的变化；当 ε_{r2} 一定时，可以通过电容的变化来测量 l 的变化。

3.2.4　集成化电容式

电容式压力传感器的组成框图如图 3-8 所示。其中，利用微机械加工工艺制作的圆形硅膜片，既是弹性敏感元件，又是电容变换器的可动极板。它将输入的被测压力 P 转换为膜片的形变 W_0；电容变换器将形变 W_0 转换为电容变化 ΔC。与压阻式压力传感器相比，集成化电容式压力传感器具有灵敏度高、温度稳定性好、压力量程低等优点，从而弥补了硅压阻式压力传感器的不足，工程精度可达 0.075%F.S。

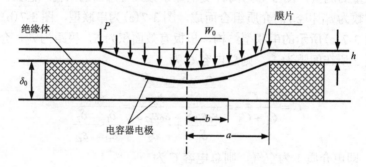

图 3-8　电容式压力传感器的组成

3.3　电感式传感器

电感式传感器指将被测量转换为线圈自感或互感的变化从而进行测量的装置，一般由铁芯与线圈构成，多用于测量位移、振动、加速度、应力应变、流量等物理量。电感式传感器具有灵敏度高、分辨率高、线性较好、输出功率大、抗干扰能力强的优点，但其频率响应较低、不宜进行高速动态测量。根据不同原理，电感式传感器分为自感式、互感式与涡流式三种传感器。

3.3.1　自感式

1. 自感式传感器的基本原理

自感现象是指因导体本身的电流发生变化而产生的电磁感应现象。自感系数定义为线圈电流在 1s 内改变 1A 时所产生自感电动势的大小，简称自感。自感式传感器是指利用被测量的变化引起线圈自感发生变化从而进行测量的装置。图 3-9 为自感式传感器的示

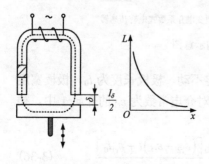

图 3-9　自感式传感器示意图

意图，它由线圈、铁芯、衔铁构成。

线圈的电感 L 以磁路的方法可以描述为

$$L = \frac{N^2}{R_m} \tag{3-38}$$

式中，N 为线圈匝数；R_m 为磁路的总磁阻。当气隙较小时，可以认为气隙磁场是均匀的。因此总磁阻由铁芯磁阻、衔铁磁阻、气隙磁阻三部分组成，即

$$R_m = \frac{l_1}{\mu_1 S_1} + \frac{l_2}{\mu_2 S_2} + \frac{2\delta_0}{\mu_0 S_0} \tag{3-39}$$

式中，1 表示铁芯；2 表示衔铁；0 表示气隙。由于铁芯和衔铁的磁导率远大于空气的磁导率，总磁阻 R_m 可近似为

$$R_m \approx \frac{2\delta_0}{\mu_0 S_0} \tag{3-40}$$

则根据式(3-38)，线圈的电感 L 为

$$L = \frac{N^2}{R_m} \approx \frac{N^2 \mu_0 S_0}{2\delta_0} \tag{3-41}$$

因此，当气隙面积 S_0 一定时，能够通过电感量的变化测量气隙厚度 δ_0；当气隙厚度 δ_0 一定时，能够通过电感量的变化测量气隙面积 S_0。

2. 自感式传感器的类型

根据传感器结构，自感式传感器分为变气隙厚度型、变气隙截面积型两种。

1) 变气隙厚度型

变气隙厚度型自感式传感器通过改变磁路气隙的厚度来改变自感量，如图 3-10 所示。根据式(3-41)给出的线圈电感 L 的计算结果，变气隙厚度型传感器的线圈电感变化量 ΔL 为

$$\Delta L = L - L_0 \approx \frac{N^2 \mu_0 S_0}{2(\delta_0 - \Delta\delta)} - \frac{N^2 \mu_0 S_0}{2\delta_0} = \frac{N^2 \mu_0 S_0}{2}\left(\frac{\Delta\delta}{\delta_0^2 - \delta_0\Delta\delta}\right)$$

$$= L_0\left(\frac{\Delta\delta}{\delta_0 - \Delta\delta}\right) = L_0\frac{\Delta\delta}{\delta_0}\left(\frac{1}{1 - \frac{\Delta\delta}{\delta_0}}\right) \approx L_0\frac{\Delta\delta}{\delta_0} \tag{3-42}$$

因此，变气隙厚度型传感器的灵敏度 K_L 为

$$K_L = \frac{\Delta L}{\Delta\delta} = \frac{L_0}{\delta_0} = \frac{N^2 \mu_0 S_0}{2\delta_0^2} \tag{3-43}$$

式中，线圈匝数 N、介电常数 μ_0、气隙截面积 S_0 均为常量，因此灵敏度 K_L 与气隙厚度 δ_0 有关，当气隙厚度 δ_0 增大时，传感器的灵敏度减小，因此该传感器仅能测量很小的位移，通常气隙厚度 δ_0 取 0.1～0.5mm，气隙厚度变化量 $\Delta\delta$ 取 $(0.1～0.2)\delta_0$。

在实际测量应用中，为了提高传感器的抗干扰能力、灵敏度与线性度，通常采用差

动结构的变气隙厚度型传感器，如图 3-10 所示。差动结构传感器的线圈电感变化量 ΔL 为

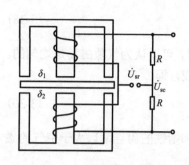

$$\Delta L = L - L_0 \approx \frac{N^2 \mu_0 S_0}{2(\delta_0 - \Delta\delta)} - \frac{N^2 \mu_0 S_0}{2(\delta_0 + \Delta\delta)} \tag{3-44}$$

$$= N^2 \mu_0 S_0 \left(\frac{\Delta\delta}{{\delta_0}^2 - \Delta\delta^2} \right)$$

$$= \frac{N^2 \mu_0 S_0}{\delta_0} \frac{\Delta\delta}{\delta_0} \left[\frac{1}{1 - \left(\dfrac{\Delta\delta}{\delta_0}\right)^2} \right] \approx 2L_0 \frac{\Delta\delta}{\delta_0}$$

图 3-10　变气隙厚度型传感器示意图

因此，差动式变气隙厚度型传感器的灵敏度 K_L 为

$$K_L = \frac{\Delta L}{\Delta\delta} = \frac{2L_0}{\delta_0} = \frac{N^2 \mu_0 S_0}{{\delta_0}^2} \tag{3-45}$$

可见，差动式结构使变气隙厚度型传感器的灵敏度提高了一倍，对于铁磁材料的磁特性不均匀等误差进行了一定程度的抵消与补偿，因此提高了传感器的抗干扰能力，实用性更强。

2）变气隙截面积型

变气隙截面积型自感式传感器的磁路截面积随被测量变化而改变，从而改变自感量。这种类型的传感器线性好、测量范围较大、灵敏度较高。图 3-11 为变气隙截面积型传感器的示意图。

变气隙截面积型传感器的电感变化量 ΔL 为

图 3-11　变气隙截面积型传感器示意图

$$\Delta L = L - L_0 \approx \frac{N^2 \mu_0 (S_0 + \Delta S)}{2\delta_0} - \frac{N^2 \mu_0 S_0}{2\delta_0} = \frac{N^2 \mu_0 \Delta S}{2\delta_0} = L_0 \frac{\Delta S}{S_0} \tag{3-46}$$

因此，变气隙截面积型传感器的灵敏度 K_L 为

$$K_L = \frac{\Delta L}{\Delta S} = \frac{L_0}{S_0} \tag{3-47}$$

可见，该类型传感器的灵敏度为常数，输出电感 ΔL 与截面积的变化量 ΔS 成线性关系。

3.3.2　互感式

互感式传感器是指通过互感原理进行测量的装置。图 3-12 为互感式传感器的示意图，其基本原理是通过将被测量的变化转换为线圈间互感量的变化，从而实现测量。互感式传感器有变气隙式、变面积式、螺管式等不同结构，但基本原理类似。

当某线圈中通过交变电流时，其周围会产生交变磁场，从而在附近的线圈上产生感

生电动势，这种现象称为互感现象。感生电动势 e_{12} 为

$$e_{12} = -M \frac{\mathrm{d}i_1}{\mathrm{d}t} \tag{3-48}$$

式中，i_1 为一次线圈中的交变电流；M 为互感。

互感式传感器通常设计为开磁路，铁芯存在气隙，且初次级的互感随着衔铁位移而变化。传感器的互感 M 与初级线圈匝数 N_1、次级线圈匝数 N_2、空气的磁导率 μ_0、铁芯的磁导率 μ、气隙距离 δ、磁路截面积 S 有关，即

$$M = f\left(N_1, N_2, \mu_0, \mu, \delta, S\right) \tag{3-49}$$

差动变压器式传感器是最常用的互感式传感器，如图 3-13 所示。初级线圈激励次级线圈产生感生电动势，次级线圈采用差动结构，参数完全相同的两个线圈对称放置。衔铁位于中间位置时，总输出感生电动势为 0；当衔铁移动时，输出感生电动势变化。输出感生电动势的极性反映了衔铁位移的方向，输出感生电动势的大小反映了衔铁位移的大小。

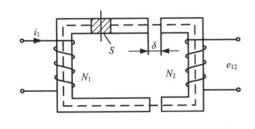

图 3-12　互感式传感器示意图

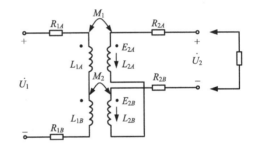

图 3-13　差动变压器式传感器示意图

空载时，差动变压器式传感器的输出电动势为

$$\dot{E}_2 = \dot{E}_{2A} - \dot{E}_{2B} = -\mathrm{j}\omega\left(M_1 - M_2\right)\dot{I}_1 = -\mathrm{j}\omega\left(M_1 - M_2\right)\frac{\dot{E}_1}{R_1 + \mathrm{j}\omega L_1} \tag{3-50}$$

则差动变压器式传感器输出电动势的有效值 E_2 为

$$E_2 = \frac{\omega\left(M_1 - M_2\right)}{\sqrt{R_1^2 + \left(\omega L_1\right)^2}} E_1 \tag{3-51}$$

当衔铁位于中间位置时，$M_1 = M_2$，输出电动势的有效值 $E_2 = 0$。

当衔铁上移时，$M_1 = M + \Delta M$，$M_2 = M - \Delta M$，因此，输出电动势的有效值 E_2 为

$$E_2 = \frac{2\omega\Delta M}{\sqrt{R_1^2 + \left(\omega L_1\right)^2}} E_1 \tag{3-52}$$

当衔铁下移时，$M_1 = M - \Delta M$，$M_2 = M + \Delta M$，因此，输出电动势的有效值 E_2 为

$$E_2 = -\frac{2\omega\Delta M}{\sqrt{R_1^2 + (\omega L_1)^2}}E_1 \tag{3-53}$$

可见，能够通过输出电动势的大小确定互感系数的差值，从而进行位移的测量。

差动变压器式传感器能够用于位移、内径、外径、粗糙度、液位等物理量的测量。

3.3.3 涡流式

1. 涡流式传感器的工作原理

将金属导体置于变化磁场中或让金属导体做切割磁力线运动时，其内部会产生感应电动势，并在金属导体内形成环状闭合电流，称为涡流。图 3-14 为简单的涡流式传感器示意图，其由线圈、金属板构成，线圈中通以高频电流，附近会产生交变磁场，金属板上会产生涡流。根据楞次定律，该涡流会产生与线圈磁场方向相反的交变磁场，使线圈的电感发生变化，该变化与线圈和金属板的距离有关，通过测量线圈电感的变化能够实现位移的测量；电感的变化还与金属板的磁导率、电导率有关，还可以用来检测金属材质与裂纹等。

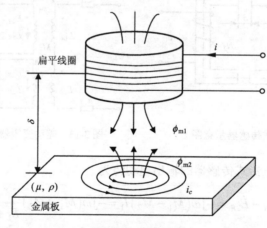

图 3-14　涡流效应

2. 涡流式传感器的分类

涡流式传感器分为高频反射式与低频透射式两种类型，如图 3-15 所示。

1) 高频反射式

图 3-15(a) 为高频反射式涡流传感器的示意图。线圈中通以高频电流，产生高频磁场并作用于金属板 G 表面，金属板表面产生涡流，涡流的大小与线圈和金属板的距离有关，涡流产生反向磁场反作用于线圈，导致线圈的电感 L 发生改变，通过检测电路测量线圈电感的变化量 ΔL，即可实现位移量的测量。

2) 低频透射式

图 3-15(b) 为低频透射式涡流传感器的示意图。被测金属板的上下两侧分别放置两

个线圈，上侧为发射线圈，下侧为接收线圈。发射线圈加以低频电压，在其周围产生交变磁场，被测金属板中产生涡流。接收线圈受发射线圈所产生的交变磁场影响，产生感应电动势。涡流在金属板中损耗了一部分能量，使得贯穿金属板的磁场减弱。磁场的减弱程度与金属板厚度有关，金属板越厚，涡流损耗越大，接收线圈所对应的感应电动势越小。接收线圈的感应电动势 e_2 与金属板厚度 h 为负指数关系，能够应用于材料厚度的测量。这种厚度传感器的测量范围一般为 1～200mm，分辨率可达 0.1μm，线性度达到 1%，适用于准确度要求不高的测厚场合。

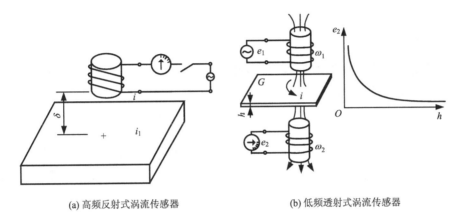

(a) 高频反射式涡流传感器   (b) 低频透射式涡流传感器

图 3-15 涡流式传感器

涡流式传感器具有结构简单、灵敏度高、抗干扰能力强的优点，广泛应用于位移、间距、厚度、振动、速度等测量领域。图 3-16 为涡流式传感器在位移测量系统中的应用示意图。图 3-16(a) 为用涡流式传感器测量轴向位移的示意图，被测轴沿轴向产生位移，与传感头的距离发生变化，从而引起涡流大小变化。通过测量涡流的大小即可实现轴向位移测量。图 3-16(b) 为用涡流式传感器测量金属试件热膨胀系数的示意图，当金属试件发生热膨胀时，试件右表面产生位移，与传感头的距离发生变化，引起涡流大小变化。通过测量涡流的大小即可实现金属试件热膨胀系数的测量。

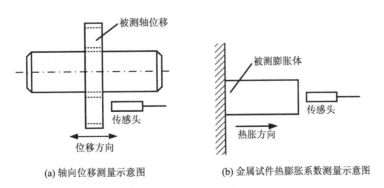

(a) 轴向位移测量示意图   (b) 金属试件热膨胀系数测量示意图

图 3-16 涡流式位移传感器

3.4　光电式传感器

光电式传感器是以光电效应为基本原理，将被测量转换为光信号再通过光电器件进一步转换为电信号的一种装置。光电式传感器包括光敏二极管、光敏电阻、太阳能电池、CCD（Charge Coupled Device）传感器、光纤传感器等。光电式传感器广泛应用于光强、气体、位移、速度、压力、温度、辐射量等测量领域，是应用范围最广、发展最快的传感器之一。

3.4.1　光电效应及器件

光电效应指光能被器件吸收后转换为器件中电子的能量而产生的电效应。按照不同的原理，光电效应分为外光电效应和内光电效应。

1. 外光电效应

在光的照射作用下，器件内的电子吸收光能后逸出表面而向外发射的现象，称为外光电效应，也称为光电发射。逸出的电子称为光电子。基于外光电效应的器件有光电管、光电倍增管等，如图 3-17 所示。

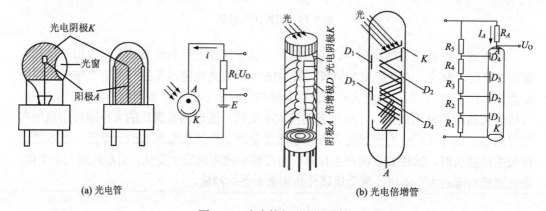

(a) 光电管　　　　　　　　　　　　　　　　(b) 光电倍增管

图 3-17　光电管与光电倍增管

根据光电效应理论，光子所具有的能量 E 与光的频率 ν 成正比：

$$E = h\nu \tag{3-54}$$

式中，h 为普朗克常数，且 $h=6.626\times10^{-34}$J·s。

器件吸收光子时，光子能量必须大于某个能量阈值，电子才能从器件中逃逸出来，这个能量阈值称为逸出功 W，其所对应的光子频率称为极限频率 ν_0：

$$W = h\nu_0 \tag{3-55}$$

当电子吸收光子的能量大于逸出功时，电子会从器件中逸出。光子的能量一部分用来克服逸出功，剩余能量转换为电子发射后的动能：

$$hv = \frac{1}{2}mu_0^2 + W \tag{3-56}$$

式中，m 为电子质量；u_0 为电子逸出的初速度。

2. 内光电效应

在光的照射下，物体的电阻率发生变化或产生一定方向电动势的现象称为内光电效应。内光电效应分为光电导效应和光生伏特效应两类。

（1）光电导效应。在光照下，物体内电子吸收能量后跃迁至导带从而引起物体电阻率发生变化，这种现象称为光电导效应。基于光电导效应的器件有光敏电阻等，如图 3-18 所示。

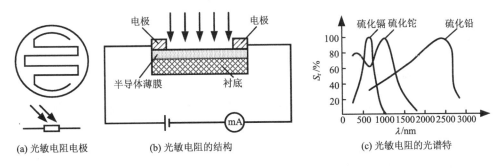

图 3-18　光敏电阻

（2）光生伏特效应。在光照下，物体产生一定方向光生电动势的现象称为光生伏特效应。光生伏特效应分为 PN 结光生伏特效应和侧向光生伏特效应。

PN 结光生伏特效应指在 PN 结内，电子吸收光子后激发脱离，在内建场的作用下，电子被拉向 N 侧，而空穴被拉向 P 侧，形成光生电动势的现象。基于 PN 结光生伏特效应的器件有光电池等，如图 3-19 所示。

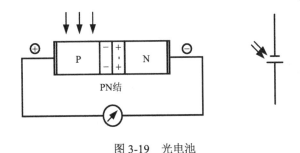

图 3-19　光电池

侧向光生伏特效应指由于光照射不均匀，导致光电器件吸收光子而产生的电子空穴对浓度不均匀，从而引起光作用部分带正电，未被光作用部分带负电的现象。基于侧向光生伏特效应的器件有光敏二极管、光敏三极管等，如图 3-20 所示。

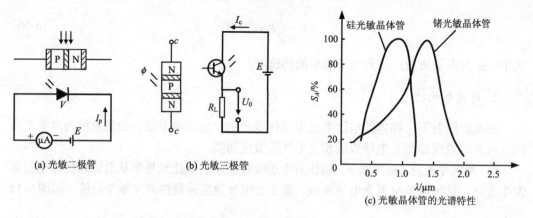

(a) 光敏二极管　　　　　　(b) 光敏三极管

(c) 光敏晶体管的光谱特性

图 3-20　光敏晶体管

3.4.2　CCD 传感器

1. CCD 传感器的结构与基本原理

电荷耦合器件(Charge Coupled Device)传感器，简称 CCD 传感器，是一种以电荷为信号，具有光电转换、存储、信号读出功能的光电器件。CCD 是由多个电荷耦合单元组成的，每个单元为一个 MOS 电容器，能够存储电荷。假定 MOS 电容器中的半导体为 P 型硅，当金属电极加以正电压 U_g 时，P 型硅中的空穴被排斥，电子被吸引至界面处，在界面处形成一个带负电荷的耗尽区，也称表面势阱，如图 3-21 所示。

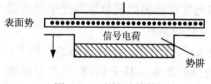

图 3-21　光敏晶体管

当有光照射作用时，硅片中产生电子空穴对，光电子被势阱吸收，空穴被排斥出耗尽区，势阱所吸收的电子数量与入射光强度成正比。同时，当其余条件一定时，所加正电压 U_g 越大，耗尽区越大，势阱所能吸收的少数载流子的电荷量越大。

2. CCD 传感器的主要性能指标

1) 灵敏度

CCD 传感器的灵敏度指单位光照强度、单位面积、单位时间下所输出的电量。即

$$S_q = \frac{N_S q}{HAt} \tag{3-57}$$

式中，S_q 为传感器的灵敏度；N_S 为 t 时间内势阱所吸收的载流子数；q 为电数。

2) 分辨力

CCD 传感器的分辨力指分辨图像细节的能力，常用调制传递函数(Modulation Transfer Function，MTF)表征。MTF 指当光强以正弦变化的图像作用到 CCD 传感器上时，传感器输出的电信号幅度随光像空间频率变化的关系，光像空间频率单位一般用线对/毫米表示，一个线对是两个相邻光强最大值之间的间隔。图像传感器电极间隔用空间频率 f_0(单元数/毫米)表示。根据采样定理，CCD 传感器的最高分辨力 f_m 为其空间采

样率 f_0 的一半，即

$$f_\mathrm{m} = \frac{1}{2} f_0 \tag{3-58}$$

3）噪声

CCD 传感器本身噪声较小，但其他部分的噪声会对 CCD 传感器的测量结果造成影响，主要噪声来源为散粒噪声 σ_shot、复位噪声 σ_reset、暗电流噪声 σ_dark、输出放大器噪声 σ_a 等。随机噪声表示为

$$\sigma_\mathrm{r} = \sqrt{\sigma_\mathrm{shot}{}^2 + \sigma_\mathrm{reset}{}^2 + \sigma_\mathrm{dark}{}^2 + \sigma_\mathrm{a}{}^2} \tag{3-59}$$

通常将复位噪声与输出放大器噪声统称为读取噪声 σ_read，定义为

$$\sigma_\mathrm{read} = \sqrt{\sigma_\mathrm{reset}{}^2 + \sigma_\mathrm{a}{}^2} \tag{3-60}$$

4）暗电流

当 CCD 内部由于通电产生热量时，会产生热噪声电荷，这些电荷在光子作用时仍然残存，增加了 CCD 的噪声，降低了 CCD 的动态范围。暗电流与温度有关，温度每降低 10℃左右，暗电流降低一半。对于每个 CCD 器件，暗电流总是产生于相同位置的单元上，单独读取相应单元的信号，能够抵消暗电流的影响。

5）动态范围

动态范围用来表征 CCD 所能探测的最大光能量与最小光能量之比。最小光能量是指 CCD 输出信噪比等于 1 时所对应的输入光能量，也称为噪声等效曝光量（Noise Equivalent Exposure，NEE）。最大光能量是指 CCD 所能探测的最大输入光能量，也称为饱和曝光量（Saturation Exposure，SEE）。因此，CCD 的动态范围 DR 定义为

$$DR = \frac{SEE}{NEE} \times 100\% \tag{3-61}$$

动态范围也可以通过满阱电荷与读取噪声定义，满阱电荷 $N_\mathrm{saturation}$ 表示 CCD 探测最大信号的能力，读取噪声 σ_read 表示 CCD 探测最小信号的能力，则动态范围 DR 定义为

$$DR = \frac{N_\mathrm{saturation} - N_\mathrm{dark}}{\sigma_\mathrm{read}} \times 100\% \tag{3-62}$$

式中，N_dark 为暗电流电子数。

3. CCD 传感器的应用

CCD 传感器以其高分辨率、高灵敏度、大动态范围的优点广泛应用于各领域。如工业测量中的位移、尺寸、表面测量，自动控制及工业自动化，光学信息领域的图像识别、摄影测量以及军工领域的惯性导航、目标追踪及识别等。相关技术可查阅图像处理与识别类教材。

3.4.3　光纤传感器

光纤传感器是通过光子传输信息的传感器，是近 40 年来出现的重要的传感技术之一，目前在机械、电子仪器仪表、航天航空、石油化工、食品安全等领域的生产过程自

动控制、在线检测、故障诊断等方面，得到了卓有成效的发展和推广。与传统传感器相比，光纤传感器具有许多的优点，主要如下。

(1)信息传输的损耗低，传感器灵敏度极高。

(2)频带宽，动态范围大。

(3)能够任意弯曲，柔软性好，易于深入各种狭窄空间，适用于其他传感器无法探测的场合。

(4)测量种类丰富，可用于速度、位移、加速度、压力、温度、液位、流量、磁场、辐射、电压、电流、声场等物理量的测量。

(5)集传感及信号传输于一体，便于进行分布式测量。

(6)抗电磁干扰性强。光纤由石英等绝缘材料制成，具有良好的电绝缘性与电磁抗干扰性，特别适用于强电系统。同时，光信号容易屏蔽，外界光干扰难以进入光纤。

(7)环境适应性好。光纤由于耐高温、耐腐蚀、耐水浸、耐强电，因此适用于各种恶劣环境，更有利于在航空航天、核电、医疗、石油化工等领域应用。

1. 光纤结构及光的传输原理

1) 光纤结构

光纤是一种能够导光的纤维，主要由石英玻璃等材料制成。光纤结构如图 3-22 所示，光纤呈圆柱形，由纤芯、包层及外部保护层组成。纤芯位于光纤内部，纤芯的折射率 n_1 略大于包层的折射率 n_2，光线主要在纤芯内反射传输。

2) 光的传输原理

光在光纤中是反射传输的，其基本原理是光的全反射。纤芯折射率 n_1 的典型值为 1.46~1.51，包层折射率 n_2 的典型值为 1.44~1.50，且 $n_1 > n_2$。如图 3-23 所示的是光纤的导光原理，光线以与轴线夹角 θ_0 的方向射入光纤的一个端面，折射后方向与轴线夹角为 θ_1，并以入射角 φ_1 射入至包层表面，由光密介质射入光疏介质，一部分光被反射，另一部分光被折射。折射角 φ_2 满足斯内尔法则：

$$n_1 \sin \varphi_1 = n_2 \sin \varphi_2 \tag{3-63}$$

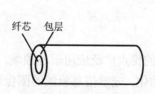

图 3-22 光纤结构示意图

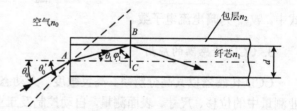

图 3-23 光纤导光原理

当 $\varphi_2 = 90°$ 时，折射光平行于轴线，这种现象称为全反射，所对应的入射角 φ_1 称为临界角，表示为 φ_0。则

$$\varphi_0 = \arcsin \frac{n_2}{n_1} \tag{3-64}$$

当入射角 φ_1 大于临界角 φ_0 时，发生全反射，光被限制在纤芯内传播。此时光射入光纤端面的临界入射角 θ_c 应满足

$$n_0 \sin\theta_c = n_1 \sin\theta_1 = n_1 \cos\varphi_0 = n_1 \sqrt{1 - \sin^2\varphi_0} = \sqrt{n_1^2 - n_2^2} \tag{3-65}$$

式中，n_0 为空气的折射率，$n_0 = 1$，因此光射入光纤端面的临界入射角 θ_c 为

$$\theta_c = \arcsin\sqrt{n_1^2 - n_2^2} \tag{3-66}$$

因此，光纤内发生全反射的条件为

$$\theta_0 \leqslant \theta_c = \arcsin\sqrt{n_1^2 - n_2^2} \tag{3-67}$$

光纤端面临界入射角的正弦值 $\sin\theta_c$ 定义为光纤的数值孔径，记作 NA。即

$$NA = \sqrt{n_1^2 - n_2^2} \tag{3-68}$$

数值孔径是光纤的重要性能参数，反映了光纤接收入射光的角度范围，表征了光纤的集光能力。数值孔径越大，光纤集光能力越强。无论光源的功率多大，只有大于 $2\theta_c$ 角度光锥范围内的入射光才能通过光纤传播。

2. 光纤传感器的组成与分类

光纤传感器是一种将被测量转换为光信号的装置，主要由光发送器、敏感元件、光接收器、信号处理系统及光纤组成，如图 3-24 所示。光纤传感器的基本原理是：光发送器发送的光通过发送光纤传输至敏感元件，光的某些参数(光强、频率、相位、偏振态等)受被测量调制，已调光再通过接收光纤传输至光接收器，将光信号转换为电信号，再通过信号处理系统检测光波参数的变化，从而实现被测量的测量。

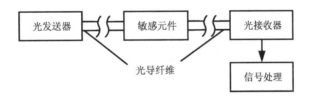

图 3-24　光纤传感器的组成

光纤传感器的类型丰富，根据光纤作用，分为功能型光纤传感器与非功能型光纤传感器(传光型光纤传感器)；根据光波受被测量的调制方式，分为强度调制型光纤传感器、频率调制型光纤传感器、相位调制型光纤传感器及偏振调制型光纤传感器。

3. 光纤传感器的应用

1) 光纤温度传感器

光纤温度传感器的测量原理与结构多种多样，这里以马赫-曾德尔干涉仪光纤温度传感器为例进行介绍，其结构如图 3-25 所示。氦氖激光器发出的激光经分束器分别送入两根长度相同的单模光纤，其中一根单模光纤置于被测温度场中，两根光纤的输出汇合到一起，两光束发生干涉，出现干涉条纹，光电探测器探测干涉条纹的变化。当测量臂受

到温度场作用时，其光束的相位发生变化，从而引起干涉条纹移动，根据干涉条纹的移动量能够得到被测温度的变化量。

2)光纤压力传感器

光纤压力传感器的结构如图3-26所示。发光二极管发出光线并通过光纤输出至光接收器。膜片在被测压力的作用下发生变形，使光纤与膜片的距离发生变化，从而引起光接收器所接收到的光强度变化。光接收器将这种光强度的变化转换为电量输出并进行测量，即可实现压力测量。

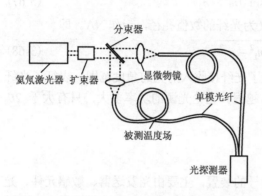 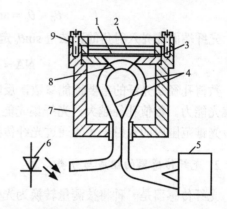

图3-25 马赫-曾德尔干涉仪光纤温度传感器的
结构示意图

图3-26 光纤压力传感器的结构示意图
1-膜片；2-光吸收层；3-密封垫圈；4-光纤；5-光接收器；
6-发光二极管；7-壳体；8-棱镜；9-上盖

3.5 辐射式传感器

辐射式传感器主要包括超声波传感器、红外传感器和射线传感器。射线传感器安全要求高，有专门著作介绍，限于篇幅，本书不再介绍。

3.5.1 超声波传感器

1. 超声波

超声波指频率高于20kHz的机械波。机械波频率分类如图3-27所示。

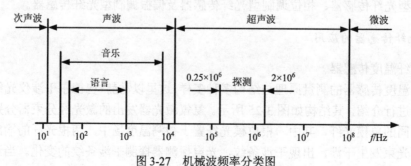

图3-27 机械波频率分类图

1) 超声波的波型

超声波具有三种波型：纵波、横波及表面波。其中纵波指质点的振动方向与波传播方向一致的超声波，能在固体、液体与气体介质中传播；横波指质点振动方向与波传播方向垂直的超声波，只能在固体介质中传播；表面波介于纵波与横波之间，振幅随深度增加而衰减，只能在固体表面传播。

2) 超声波的传播速度

超声波的传播速度与传播介质及波型有关，在液体及气体介质中的传播速度 C_{gL} 为

$$C_{gL} = \sqrt{\frac{1}{\rho B_a}} \tag{3-69}$$

式中，ρ 为介质密度；B_a 为绝对压缩系数。

超声波在固体介质中的传播速度与波型及介质形状有关，纵波在细棒形固体介质中的传播速度 C_{q1} 为

$$C_{q1} = \sqrt{\frac{E}{\rho}} \tag{3-70}$$

式中，E 为杨氏模量。纵波在薄板形固体介质中的传播速度 C_{q2} 为

$$C_{q2} = \sqrt{\frac{E}{\rho\left(1-\mu^2\right)}} \tag{3-71}$$

式中，μ 为介质的泊松系数。对于无限固体介质，纵波的传播速度 C_{q3} 为

$$C_{q3} = \sqrt{\frac{E\left(1-\mu\right)}{\rho\left(1+\mu\right)\left(1-2\mu\right)}} = \sqrt{\frac{K+\dfrac{4}{3G}}{\rho}} \tag{3-72}$$

式中，K 为介质的体积模量；G 为介质的剪切模量。

对于无限固体介质，横波的传播速度 C_{q4} 为

$$C_{q4} = \sqrt{\frac{E}{2\rho\left(1+\mu\right)}} = \sqrt{\frac{G}{\rho}} \tag{3-73}$$

2. 超声波传感器的原理及结构

利用超声波的各种物理性质制成的传感器称为超声波传感器，一般也称为超声波换能器或超声波探头。超声波传感器能够实现声电转换，既能发射超声波信号，又能接收超声波信号，并将超声波信号转换为电信号。超声波探头按照不同工作原理分为压电式、磁致伸缩式、电磁式等。压电式超声波探头是最常用的类型，利用压电效应（详见 3.6 节）工作，当作为发射探头时，利用逆压电效应，将电振动转换为机械振动，发射超声波；当作为接收探头时，利用正压电效应，将接收到的超声波的振动信号转换为电信号。图 3-28 为超声波传感器的结构示意图，超声波传感器主要由压电晶片、吸收块、保护膜等组成。压电晶片多为圆板形，厚度为 δ。超声波的频率 f 与压电晶片厚度 δ 成反比。压电晶片的两面镀银层作为导电极板。吸收块降低压电晶片的机械品质因数，吸收声能量。

若没有吸收块，当激励电信号停止时，压电晶片由于惯性继续振动，使超声波的脉宽加长，导致分辨率降低。

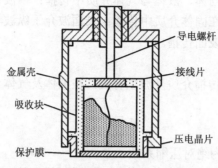

图 3-28 超声波传感器的结构示意图

3. 超声波传感器的应用

1)超声波液位传感器

超声波传感器能够应用于液位、物位的测量，其是依据超声波在两种不同介质的分界面上的反射特性而制成的。通过测量超声波从发射到接收的时间间隔，就可以得到分界面的位置，进而能够进行液位、物位的测量。根据接收和发射换能器的不同，超声波液位传感器分为单换能器与双换能器两种类型，前者发射与接收超声波采用同一个换能器，后者的发射与接收超声波采用两个不同的换能器。根据换能器位置的不同，超声波液位传感器分为液体中与空气中两种结构形式，如图 3-29 所示。超声波在液体中传播的衰减较小，因此图 3-29(a)的结构对超声波脉冲幅度的要求较低；超声波在空气中传播的衰减较大，但图 3-29(b)结构的换能器便于安装和维修。

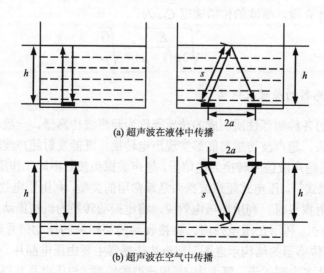

(a) 超声波在液体中传播

(b) 超声波在空气中传播

图 3-29 超声波液位传感器结构示意图

对于单换能器的超声波液位传感器，从超声波发射到接收的时间间隔 t 为

$$t = \frac{2h}{c} \tag{3-74}$$

式中，h 为液面高度；c 为超声波在介质中的传播速度。由式(3-74)可得，被测液面高度 h 为

$$h = \frac{ct}{2} \tag{3-75}$$

对于双换能器的超声波液位传感器，从超声波发射到接收的路程为 $2s$，则满足

$$s = \frac{ct}{2} \tag{3-76}$$

换能器间距为 $2a$，液面高度为 h，根据几何关系，可得

$$h = \sqrt{s^2 - a^2} \tag{3-77}$$

因此，只需测量超声波发射与接收的时间间隔 t，即可得到液面高度 h。

2) 超声波探伤

超声波探伤能够用于检测工件中的裂缝等缺陷，包括透射法与反射法两类，如图 3-30 所示。图 3-30(a) 为超声波透射法探伤示意图，高频电源控制发射探头发射超声波，超声波穿透工件后被接收探头接收并转换为电信号，再经过放大电路后显示。当工件内部有缺陷时，在缺陷处部分超声波被反射，导致接收探头接收的超声波能量减小。接收探头所接收的透射超声波能量变化情况就能反映工件内部的缺陷情况。图 3-30(b) 为超声波反射法探伤示意图，当工件内部无缺陷时，超声波发射后到达工件底面后发生反射并被接收探头接收；当工件内部有缺陷时，超声波发射后经过缺陷处部分发生反射，引起接收探头接收到的反射超声波幅度和周期改变。根据接收探头所接收到反射超声波的波形就能完成工件内部缺陷的探伤。

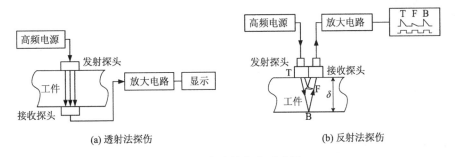

(a) 透射法探伤　　　　　　　　　　　　(b) 反射法探伤

图 3-30　超声波探伤示意图

3.5.2　红外传感器

1. 红外辐射

红外辐射是一种不可见光，在波谱中位于红光以外，也称为红外光或红外线，其波长位于可见光和微波之间，为 $0.75 \sim 1000\mu m$。其中波长为 $0.75 \sim 2.5\mu m$ 的称为近红外线，

波长为 2.5～25μm 的称为中红外线,波长为 25～1000μm 的称为远红外线,如图 3-31 所示。

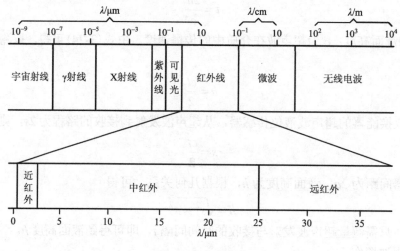

图 3-31　电磁波谱

1) 红外辐射的基本特点

红外辐射的物理本质是热辐射。只要温度大于 0K,任何物体都会产生红外辐射,且物体的温度越高,红外辐射能量越强。红外光在真空中以光速传播,且具有类似于可见光的性质,如反射、折射、散射、吸收等,同时具有波粒二象性。红外辐射的距离通常为几米至几十米。大气层对 2～2.6μm、3～5μm、8～14μm 三个波段的红外光吸收较少,这些波段称为"大气窗口",红外探测器一般工作在这三个波段内。

红外辐射具有许多优点,如易于发射与接收、结构简单、成本低、调制简便、功耗小、抗干扰能力强、反应快、适用于无损测量等。

2) 红外辐射的基本定律

(1) 基尔霍夫定律。

基尔霍夫定律指一个物体在对外发射辐射能量的同时,也在吸收周围的辐射能量,且物体发射的辐射能量 E_r 与吸收率 α 之比与物体本身无关,等于同一温度时绝对黑体的辐射能量 E_0,即

$$\frac{E_r}{\alpha} = E_0 \tag{3-78}$$

式中,物体的辐射吸收率 α 为物体吸收的辐射能量 Q_α 与辐射至物体上的能量 Q 之比,即

$$\alpha = \frac{Q_\alpha}{Q} \tag{3-79}$$

根据辐射特性的不同,可以将物体分为黑体、镜体、透明体、灰体四种。黑体指在任意温度下均能将任意波长的红外辐射全部吸收的物体,其吸收率 $\alpha = 1$;镜体指能够将红外辐射全部反射的物体;透明体指能够将红外辐射全部透射的物体;灰体则指能将红外辐射部分反射或透射的物体。

(2) 斯特藩-玻耳兹曼定律。

斯特藩-玻耳兹曼定律描述了物体红外辐射的能量 E 与热力学温度 T 的关系，物体的温度越高，红外辐射的能量越强：

$$E = \sigma \varepsilon T^4 \tag{3-80}$$

式中，E 为物体在热力学温度为 T 时单位时间单位面积的红外辐射能量；σ 为斯特藩-玻耳兹曼常数，$\sigma = 5.6697 \times 10^{-8} W/(m^2 \cdot K^4)$；$\varepsilon$ 为比辐射率，即物体辐射本领与黑体辐射本领之比。

(3) 维恩位移定律。

维恩位移定律指物体辐射的峰值波长 λ_m 与其热力学温度 T 成反比，即

$$\lambda_m = \frac{2897 \mu m \cdot K}{T} \tag{3-81}$$

(4) 普朗克定律。

普朗克定律给出了黑体发射辐射能量的光谱：

$$E(\lambda) = C_1 \lambda^{-5} \sqrt{e^{\frac{C_2}{\lambda T}} - 1} \tag{3-82}$$

式中，C_1 为第一辐射常数，$C_1 = 3.74184 \times 10^{-16} W \cdot m^2$；$C_2$ 为第二辐射常数，$C_2 = 1.43883 \times 10^{-2} m \cdot K$。

2. 红外传感器的结构及类型

1) 红外传感器的结构

红外传感器通常由光学系统、探测器(敏感元件)、信号调理电路、显示单元组成。探测器是红外传感器的核心，利用红外辐射与敏感元件的相互作用实现红外探测。根据探测原理的不同，红外探测器分为基于热电效应的热探测器和基于光子效应的光子探测器两种。

2) 红外传感器的类型

根据光学系统结构的不同，红外传感器分为透射式红外传感器与反射式红外传感器两种类型。

(1) 透射式红外传感器。

透射式红外传感器光学系统的结构示意图如图 3-32 所示。根据所探测的红外辐射波长选择相应的光学材料。通常在透镜的表面镀红外增透层，滤除不需要的波段，同时增

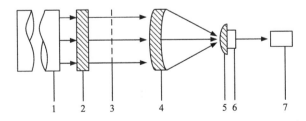

图 3-32　透射式红外传感器结构示意图

1-光谱；2-保护窗口；3-光栅；4-透镜；5-浸没透镜；6-敏感元件；7-前置放大器

加红外辐射的透过率，减小红外辐射的透射损失。透射损失是不可避免的，因此透射式红外传感器的透镜通常为两片及以下，以减小透射损失。

（2）反射式红外传感器。

反射式红外传感器光学系统的结构示意图如图 3-33 所示。相比于透射式红外传感器，反射式红外传感器的光学材料更容易获取，且反射镜容易做成大口径，但反射式结构的光学系统加工困难。反射镜通常采用凹面镜，在其表面镀金、铝等对红外光反射率很高的材料。为了减小光学像差，增加一片次反射镜，使红外光二次反射并聚焦至敏感元件。

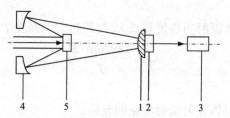

图 3-33　反射式红外传感器结构示意图

1-浸没透镜；2-敏感元件；3-前置放大器；4-次反射镜；5-主反射镜

3. 红外传感器的应用

1）红外测温仪

红外传感器的一个典型应用是温度测量。红外温度测量仪主要是利用热辐射体在红外波段的热辐射通量来进行温度测量的，当物体的温度低于 1000℃时，对外辐射的是红外光，可以通过红外传感器对物体温度进行测量。红外测温仪主要由光学系统、调制盘、红外探测器、电路系统、显示模块组成，其结构示意图如图 3-34 所示。

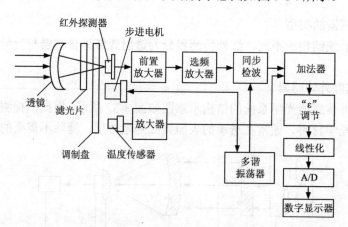

图 3-34　红外测温仪的结构示意图

2）红外气体分析系统

红外气体分析系统是根据 Lambert-Beer 定理进行气体成分与浓度分析的一种测量装置。不同的气体因结构不同，都有其特定的吸收波段。根据红外吸收量和各种气体在各谱段的吸光系数以及光程，可反演气体的成分及浓度。气体的红外光谱分析技术是一个专门的研究分支，感兴趣的读者可参考《傅里叶变换红外光谱分析(第三版)》(翁诗甫，2016)。

3.5.3　热电偶

1. 热电偶的结构及基本原理

若将 A、B 两种不同材料导体的端点互相连接成为闭合回路，并使两个连接点温度不同，由于热电效应，回路中会产生热电动势与热电流，这种闭合回路称为热电偶，如图 3-35 所示。热电偶是一种基于热电效应的温度传感器，具有结构简单、测量范围大、精度高、便于远程传输信号等优点，常用于炉温测量、气体温度测量、液体温度测量及固体表面温度测量。

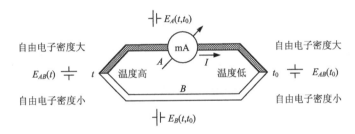

图 3-35　热电偶结构示意图

热电偶回路中产生的热电动势是由温差电动势和接触电动势两部分构成的。

1) 温差电动势

温差电动势也称为汤姆孙电动势，是指同一导体的两端温度不同而产生的电动势，在热电偶中，两种导体的温差电动势 $E_A(t,t_0)$、$E_B(t,t_0)$ 分别为

$$E_A\left(t,t_0\right)=\int_{t_0}^{t}\sigma_A\mathrm{d}t \tag{3-83}$$

$$E_B\left(t,t_0\right)=\int_{t_0}^{t}\sigma_B\mathrm{d}t \tag{3-84}$$

式中，σ_A、σ_B 分别为导体材料 A、B 的汤姆孙系数，与材料性质有关；t_0 和 t 分别为热电偶冷端和热端的温度。

2) 接触电动势

接触电动势也称为佩尔捷电动势，是在两种导体的连接点处，由于电子扩散而产生的电动势，在热电偶中，热端接触电动势 $E_{AB}(t)$ 和冷端接触电动势 $E_{AB}(t_0)$ 分别为

$$E_{AB}\left(t\right)=\frac{kt}{e}\ln\frac{n_A}{n_B} \tag{3-85}$$

$$E_{AB}\left(t_0\right)=\frac{kt_0}{e}\ln\frac{n_A}{n_B} \tag{3-86}$$

式中，k 为玻尔兹曼常数，$k=1.38\times10^{-23}$J/K；e 为电子的电荷量，$e=1.6\times10^{-19}$C；n_A、n_B

分别为导体 A、B 材料的电子密度。

因此，热电偶的总电动势 $E_{AB}(t,t_0)$ 为

$$E_{AB}(t,t_0) = E_{AB}(t) - E_{AB}(t_0) - E_A(t,t_0) + E_B(t,t_0) \tag{3-87}$$

对于确定的热电偶，总电动势 $E_{AB}(t,t_0)$ 的大小只与热端温度 t 和冷端温度 t_0 有关，即

$$E_{AB}(t,t_0) = f(t) - g(t_0) \tag{3-88}$$

在实际测量时，通常将热电偶的冷端温度固定，将被测物体置于热端，则热电偶总电动势 $E_{AB}(t,t_0)$ 的大小只与热端温度 t 有关，是热端温度 t 的单值函数，即

$$E_{AB}(t,t_0) = f(t) - C \tag{3-89}$$

式中，C 为常数。

因此，通过测量热电偶总电动势 $E_{AB}(t,t_0)$ 的大小即可实现温度 t 的测量。

2. 热电偶的基本定律

图 3-36　均质导体定律示意图

1）均质导体定律

由同一种均质导体两端连接而成的闭合回路，无论导体的截面、长度及温度分布如何，均不产生热电动势，温差电动势相互抵消，回路中的总电动势为零。如图 3-36 所示，导体 A 的两端存在温度差，但上半部与下半部的温差电动势大小相等、方向相反，相互抵消后回路的总温差电动势为零。

由均质导体定律可知，热电偶必须由两种不同均质导体材料构成，且热电偶的热电动势的大小只与导体材料及冷端、热端的温度有关，而与热电偶的截面积、长度、形状等无关。若热电极是非均质导体，由于具有温度梯度，会产生附加热电动势，引起测量误差。因此，热电极材料必须具有足够的均匀性。

2）中间导体定律

若在热电偶回路中接入中间导体，只要中间导体两端的温度相同，则中间导体的接入对热电偶回路的总热电动势就没有影响。如图 3-37 所示，在热电偶中接入中间导体 C，则接入中间导体后热电偶的总热电动势为

$$E_{ABC}(t,t_0) = E_{AB}(t,t_0) \tag{3-90}$$

$$E_{ABC}(t,t_0,t_1) = E_{AB}(t,t_0) \tag{3-91}$$

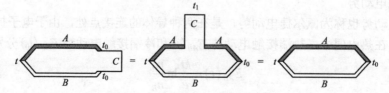

图 3-37　中间导体定律示意图

若在热电偶中接入多种中间导体，只要各中间导体两端的温度相同，则所有中间导体的接入均不影响热电偶回路的总热电动势。根据中间导体定律，在应用热电偶进行测

量时，测量仪表及引线均可看作热电偶的中间导体，只要两端温度相同，就对热电偶的总热电动势没有影响，所以常用铜导线连接热电偶与显示仪表。

3) 中间温度定律

当热电偶两连接点的温度为 (t,t_0) 时，热电偶的总热电动势等于热电偶在两连接点温度为 (t,t_n) 和 (t_n,t_0) 时的热电动势之和，如图 3-38 所示，即

$$E_{AB}(t,t_0) = E_{AB}(t,t_n) + E_{AB}(t_n,t_0) \tag{3-92}$$

式中，t_n 称为中间温度。

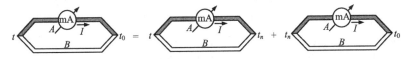

图 3-38　中间温度定律示意图

中间温度定律是热电偶补偿导线的理论依据，在应用热电偶进行温度测量时，通常将热电偶的冷端延伸至温度恒定的地方，如 0℃处，而不会影响温度测量的准确性。

4) 标准电极定律

若热电偶的两个电极 A、B 分别与另一电极 C 构成的热电偶在连接点温度为 (t,t_0) 时的热电动势为 $E_{AC}(t,t_0)$ 与 $E_{BC}(t,t_0)$，则电极 A 和 B 构成的热电偶在相同的连接点温度 (t,t_0) 时的总热电动势为

$$E_{AB}(t,t_0) = E_{AC}(t,t_0) - E_{BC}(t,t_0) \tag{3-93}$$

式中，电极 C 称为标准电极。

标准电极定律表明，只要测出标准电极与其他各种导体构成热电偶的热电动势，即可通过计算得到各种导体间相互构成热电偶的热电动势。高纯铂丝的性能稳定、熔点高、易提纯，因此在实际测量中通常采用高纯铂丝作为标准电极，提高了热电偶电极选配的便利性。

3. 热电偶的类型

1) 标准型热电偶

标准型热电偶也称为国际通用热电偶。国际电工委员会(IEC)向国际推荐了 8 种标准型热电偶，其中我国生产采用的符合 IEC 标准的热电偶有 6 种。

(1) 铂铑$_{30}$-铂铑$_6$ 热电偶，分度号为 B。正极为铂铑合金丝(铂 70%，铑 30%)，负极也为铂铑合金丝(铂 94%，铑 6%)，测温范围为 0～1800℃。其特点是测温上限高、性能稳定，但在还原性气体中易受侵蚀、成本高，常用于冶金、钢水等高温测量领域。

(2) 铂铑$_{10}$-铂热电偶，分度号为 S。正极为铂铑合金丝(铂 90%，铑 10%)，负极为纯铂丝，测温范围为 0～1600℃。其特点是性能稳定、精度高、抗氧化性强、测量温度较高，但在高温氧化性气体中易受侵蚀、成本较高、热电动势较小。国际实用温标中规定它为 630.74～1064.43℃温度范围内复现温标的基准仪器，常用作标准热电偶。

(3) 镍铬-镍硅热电偶，分度号为 K。正极为镍铬合金(镍 90%，铬 10%)，负极为镍

硅合金(镍97%，硅3%)，测温范围为200～1200℃。由于电极中含有大量镍，故其在高温下具有很强的抗氧化性与抗腐蚀性。其具有线性好、抗氧化和抗腐蚀性强、热电动势大、成本低的优点，但精度不高、易受还原性气体侵蚀。

(4)镍铬-康铜热电偶，分度号为E。正极为镍铬合金，负极为铜镍合金(镍45%，铜55%)，测温范围为–200～800℃。其具有热电动势大、成本低的优点，但易受气体硫化物的腐蚀、易氧化变质，适用于还原性气体或中性介质中。

(5)铁-康铜热电偶，分度号为J。正极为铁，负极为铜镍合金，测温范围为–200～750℃。其具有热电动势较大、成本低的优点，但铁极易氧化，常用于还原性气体中。

(6)铜-康铜热电偶，分度号为T。正极为铜，负极为铜镍合金。测温范围为–200～300℃。其具有精度高、稳定性好、成本低的优点，但铜易氧化，常用于还原性气体中。由于在低温时具有较高的精度和较好的稳定性，故其在–100～0℃被用作标准热电偶。

2)非标准型热电偶

非标准型热电偶指一些未定型的热电偶，主要包括铂铑系、铱铑系热电偶等。铂铑系热电偶的性能稳定，主要用于高温测量，如铂铑$_{20}$-铂铑$_5$、铂铑$_{40}$-铂铑$_{20}$等。铱铑系热电偶的线性好，如铱铑$_{40}$-铱、铱铑$_{60}$-铱等。钨铼系热电偶主要用于钢水测温、反应堆测温等。

4. 热电偶的结构

1)普通工业热电偶

普通工业热电偶主要由热电极、绝缘管、保护套管和接线盒四部分组成，如图3-39所示。

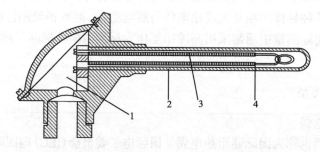

图3-39 普通工业热电偶结构示意图
1-接线盒；2-保护套管；3-绝缘管；4-热电极

热电极的直径由电极材料、机械强度与热电偶的测温范围等决定。普通金属制成的热电极直径一般为0.5～3.2mm，贵重金属制成的热电极直径一般为0.3～0.6mm。热电极的长度由安装条件和在介质中的插入长度决定，通常为300～2000mm。

绝缘管主要用于热电极之间及热电极与保护套管之间的绝缘，防止发生短路。绝缘管通常套在热电极上，其材料由被测温度决定，通常采用高温陶瓷等。

保护套管主要用于保护热电极不受腐蚀和机械损伤。通常选用耐腐蚀、耐高温、气密性良好、具有足够强度的材料，如碳钢、不锈钢等。

接线盒主要用于连接热电极与补偿导线。一般采用铝合金等材料，其形状主要由现场环境与被测温度决定，有密封式、插座式等结构。

2) 铠装热电偶

由热电极、绝缘材料、金属套管整体拉制而成的坚实组合体热电偶称为铠装热电偶，如图 3-40 所示。铠装热电偶的绝缘材料通常为高纯度的氧化镁或氧化铝粉末，保护套管采用不锈钢材料，热电极有单丝、双丝及四丝等结构。

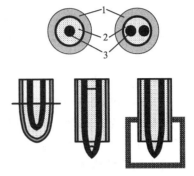

图 3-40　铠装热电偶结构示意图

1-金属套管；2-绝缘材料；3-热电极

铠装热电偶将内部的电极与外部隔绝，因此具有耐高温、耐氧化、耐低温、机械性能好、寿命长等优点。同时，由于具有较好的可挠性，其形状可以制作得很细，能够解决各种狭窄、细小空间内的温度测量问题。

5. 热电偶的冷端温度补偿

由热电偶的测温原理可知，热电偶的输出热电动势与热端温度 t 和冷端温度 t_0 均有关。只有当冷端温度 t_0 固定不变时，输出热电动势才是热端温度 t 的单值函数。而各种热电偶的分度表给出的都是冷端温度为 0℃时热电动势与热端温度 t 的关系，因此，要正确通过分度表反映热电动势与热端温度的关系，必须使冷端温度为 0℃。但在实际应用中，由于冷端靠近被测对象，且受周围环境影响，冷端温度通常不为 0℃，且并不恒定，将引入误差，影响温度测量结果。因此，必须采用一些方法对该误差进行补偿或消除。常用的冷端补偿方法有以下 4 种。

1) 冷端恒温法

冷端恒温法是将冷端置于温度恒定的环境中，控制热电偶冷端的温度保持恒定。这种方法分为两种：一种是将冷端放在温度为 0℃的恒温容器内，如冰水混合物，这种方法常用于实验室或精密温度测量领域；另一种是将冷端置于各种恒温容器内，保持冷端温度恒定，如装有变压器油的恒温器、电热恒温器等，这类恒温器的温度不为 0℃，因此还需进行修正。

2) 热电动势计算修正法

热电动势计算修正法是当冷端温度 $t_0 \neq 0℃$时，通过计算的方法对所测得的输出热电动势进行修正的方法。当冷端温度 $t_0 \neq 0℃$时，即所测得的输出热电动势 $E_{AB}(t,t_0)$ 与冷端温度为 0℃时的热电动势 $E_{AB}(t,0)$ 不相等时，假定 $E_{AB}(t,t_0) < E_{AB}(t,0)$，根据热电偶的中间温度定律，可以通过式(3-94)对测量误差进行修正：

$$E_{AB}(t,0) = E_{AB}(t,t_0) + E_{AB}(t_0,0) \tag{3-94}$$

式中，$E_{AB}(t_0,0)$ 通过查分度表确定。

3) 仪表零点调零法

仪表零点调零法是指通过调整仪表机械零点实现误差修正的方法。当热电偶与有零位调整器的仪表一起使用时，若热电偶冷端温度恒定且不为 0℃，可以调整仪表的机械零点至热电偶冷端温度 t_0 处，相当于在测量前已经输入了一个热电动势 $E_{AB}(t_0,0)$，温度测量的结果为

$$E_{AB}(t,0) = E_{AB}(t,t_0) + E_{AB}(t_0,0) \tag{3-95}$$

式中，$E_{AB}(t,0)$ 为温度测量仪表的读数；$E_{AB}(t,t_0)$ 为热电偶在冷端温度为 t_0 时产生的热电动势。

4）电桥补偿法

电桥补偿法是利用不平衡电桥所产生的电动势补偿热电偶冷端温度波动所引起的热电动势变化的，也称为冷端补偿器法。如图 3-41 所示，热电偶经补偿导线接入补偿电桥，桥臂电阻 R_1、R_2、R_3 均为由温度系数很小的锰铜丝绕制而成的稳定电阻，R_t 是由温度系数较大的铜丝绕制而成的。R_t 与热电偶的冷端处于同一环境中。

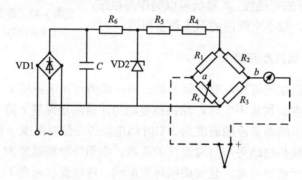

图 3-41　热电偶电桥补偿法电路

回路的输出电压 U 等于热电偶的热电动势 $E_{AB}(t,t_0)$、桥臂电阻 R_t 上电压 U_{R_t}、R_3 上电压 U_{R_3} 的代数和，即

$$U = E_{AB}(t,t_0) + U_{R_t} - U_{R_3} \tag{3-96}$$

假设电桥在 0℃时平衡，此时电桥的输出电压 $U_{ab}=0$，电桥无补偿作用。当热电偶的热端温度一定而冷端温度升高时，热电偶的热电动势 $E_{AB}(t,t_0)$ 减小。同时，由于 R_t 与热电偶的冷端处于同一环境中，R_t 的温度升高，阻值增大，电压 U_{R_t} 也增大，对输出电压 U 进行了补偿。实现补偿的条件为

$$\Delta E_{AB}(t,t_0) = I_{R_t} R_t \alpha \Delta t \tag{3-97}$$

式中，$\Delta E_{AB}(t,t_0)$ 为热电偶热电动势的变化量；I_{R_t} 为通过电阻 R_t 的电流；α 为电阻 R_t 的温度系数；Δt 为热电偶冷端的温度变化量。因此，适当选择桥臂电阻 R_t 与电流的大小，能够补偿热电偶冷端温度变化所引起的热电动势变化。

热电偶的热电势与温度的关系是非线性的，而电阻 R_t 与温度的关系是线性的，因此这种补偿存在误差。实际工程中，这种方法通常只应用于冷端温度变化范围为 0~40℃时的补偿，通常设定补偿电桥于 20℃时平衡。在应用补偿电桥时，必须设定配套的仪表机械零点，如补偿电桥于 0℃平衡时，仪表的零点设定为 0℃；补偿电桥于 20℃平衡时，仪表的零点设定为 20℃。

3.6　压电式传感器

压电传感器是利用某些电介质受力后产生的压电效应制成的传感器,具有频带宽、灵敏度高、信噪比高、结构简单、工作可靠和重量轻等优点。

3.6.1　压电效应

某些材料在受到外力作用而产生变形时,内部会产生极化现象,在两个对应的表面产生符号相反的等量电荷;当外力撤去时,电荷消失,物质又回到原来的不带电状态,这种现象称为压电效应。相反,当在极化方向施加电场时,这些物质会在一定方向上产生机械变形,当外加电场撤去时,变形消失,这种现象称为逆压电效应。具有压电效应的材料称为压电材料。压电效应分为正压电效应和逆压电效应。

1. 正压电效应

正压电效应是指当压电材料受到固定方向的外力作用时,其内部产生极化现象,同时在两个表面产生大小相等、符号相反的电量,当外力作用方向改变时,极化电荷的极性也改变,极化电荷的大小与物质所受外力大小成正比。当外力消失时,极化电荷也消失,物质回到不带电的状态。压电材料受力所产生的极化电荷大小与极性反映了材料所受外力的大小与方向,通过测量电路将极化电荷进一步转换为与所受外力大小成正比的电量。压电式传感器大部分是利用正压电效应制成的。

2. 逆压电效应

逆压电效应是指对压电材料施加电场时所产生的机械变形现象,也称电致伸缩效应。逆压电效应在工程上也得到了广泛应用,如电声和超声波领域。若给压电陶瓷施加高频电压,则其会产生高频振动,即高频声信号,得到超声波信号。

3.6.2　压电材料特性与压电器件

具有压电效应的材料称为压电材料或压电元件。压电材料的主要特性包括以下几点。

(1)机-电转换性能。具有较大的压电系数。

(2)机械性能。作为受力元件,压电材料需要具有较高的机械强度和刚度,以保证较宽的线性范围和较高的固有振动频率。

(3)电性能。具有较高的电阻率和较大的介电常数,以降低外部分布电容的影响并保证较好的低频特性。

(4)温度与湿度稳定性。具有较高的居里点,工作温度范围宽,湿度稳定性好。

(5)时间稳定性。压电性能不随时间变化。

压电材料可以分为两类:压电晶体与压电陶瓷。

1. 压电晶体

压电晶体主要包括石英晶体和水溶性压电晶体(酒石酸钾钠、硫酸锂、磷酸二氢钾等)。天然石英单晶体为正六面体结构，如图 3-42 所示。

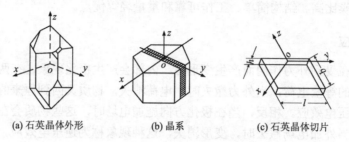

(a) 石英晶体外形　　　　(b) 晶系　　　　(c) 石英晶体切片

图 3-42　石英晶体结构示意图

石英晶体的三个方向分别为 x 轴、y 轴、z 轴。x 轴称为电轴，是产生压电电荷的方向，垂直于该轴棱面上的压电效应最强；y 轴称为机械轴，在电场作用下，该轴方向的机械变形最大，沿该轴方向受力时变形最小，机械强度最大；z 轴称为光轴，沿该轴方向所施加的压力不产生压电效应，沿该轴方向所入射的光不发生双折射现象。石英晶体的压电效应分为纵向压电效应和横向压电效应，如图 3-43 所示。

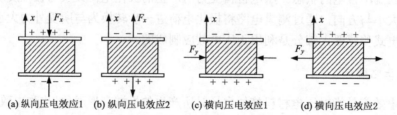

(a) 纵向压电效应1　(b) 纵向压电效应2　(c) 横向压电效应1　(d) 横向压电效应2

图 3-43　石英晶体的压电效应示意图

1)纵向压电效应

沿电轴方向的力所引起的压电效应称为纵向压电效应，如图 3-43(a)、(b)所示。从压电晶体上沿轴线切下的薄片称为压电晶体切片。若从压电晶体上沿机械轴方向切下一块压电晶体切片，当沿电轴方向施加作用力 F_x 时，会产生极化现象，垂直于电轴的晶面上会产生压电电荷 Q_x。极化强度为 P_x 与应力 σ_x 成正比，即

$$P_x = d_{11}\sigma_x = d_{11}\frac{F_x}{lb} \tag{3-98}$$

式中，P_x 为压电晶体沿电轴方向受力的极化强度；d_{11} 为压电晶体沿电轴方向受力的压电系数；σ_x 为作用力 F_x 所对应的应力；l 为石英压电晶片的长度；b 为石英压电晶片的宽度。

因此，压电电荷 Q_x 为

$$Q_x = P_x lb = d_{11}F_x \tag{3-99}$$

由式(3-99)可知，当石英压电晶体受到电轴方向的作用力时，垂直于电轴的晶面上

所产生的电荷 Q_x 与作用力 F_x 成正比，且与压电晶片的尺寸无关。电荷 Q_x 的符号由作用力 F_x 的性质决定。

2) 横向压电效应

沿机械轴方向的力所引起的压电效应称为横向压电效应，如图 3-43(c)、(d)所示。若从压电晶体上沿机械轴方向切下一块压电晶体切片，当沿机械轴方向施加作用力 F_y 时，在垂直于电轴的晶面上会产生压电电荷 Q_y。极化强度 P_y 为

$$P_y = d_{12}\sigma_y = d_{12}\frac{F_y}{bh} \tag{3-100}$$

式中，P_y 为压电晶体沿机械轴方向受力的极化强度；d_{12} 为压电晶体沿机械轴方向受力的压电系数；σ_y 为作用力 F_y 所对应的应力；b 为石英压电晶片的宽度；h 为石英压电晶片的厚度。

因此，压电电荷 Q_y 为

$$Q_y = P_y lb = d_{12}\frac{l}{h}F_y \tag{3-101}$$

由式(3-101)可知，当石英压电晶体受到机械轴方向的作用力时，垂直于电轴的晶面上所产生的电荷 Q_y 与作用力 F_y 成正比，且与压电晶片的几何尺寸 l/h 有关，该比值越大，灵敏度越高。电荷 Q_y 的符号由作用力 F_y 的性质决定。

2. 压电陶瓷

压电陶瓷是人工合成的多晶体压电材料。压电陶瓷在未极化前是非压电体，经过极化处理后才具有压电效应，如图 3-44 所示。压电陶瓷具有许多电畴结构，这些电畴具有一定自发形成的极化方向，因此存在一定电场。当无外在电场作用时，内部各电畴的方向杂乱分布，极化效应相互抵消，压电陶瓷对外所呈现的极化强度为零，如图 3-44(a)所示。当给压电陶瓷施加外加电场时，压电陶瓷内电畴趋于外电场方向转动，如图 3-44(b)所示。当撤去外电场后，压电陶瓷内部出现剩余极化强度，在陶瓷片的两端出现大小相等、极性相反的正、负束缚电荷，如图 3-44(c)所示。由于束缚电荷的作用，压电陶瓷电极面上吸附一层外部的自由电荷，对外保持电中性，如图 3-45 所示。这样，压电陶瓷便完成了极化，成为了压电材料。按照材料的不同，压电陶瓷主要有钛酸钡($BaTiO_3$)压电陶瓷、锆钛酸铅(PZT)系压电陶瓷等类型。

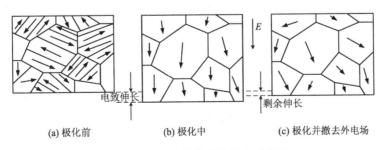

(a) 极化前　　　　　(b) 极化中　　　　　(c) 极化并撤去外电场

图 3-44　压电陶瓷的压电效应示意图

1)压电陶瓷的正压电效应

当在压电陶瓷上施加一个与极化方向平行的力 F 时，压电陶瓷会发生机械变形，内部电畴的方向发生偏转，同时正、负束缚电荷间的距离变化，导致剩余极化强度变化。因此，陶瓷片两端的束缚电荷发生变化，引起陶瓷表面所吸附的自由电荷变化，对外呈现充、放电现象，如图 3-46 所示。充、放电电荷大小 Q 与所施加的外力大小 F 成正比，如式(3-102)所示。这就是压电陶瓷的正压电效应：

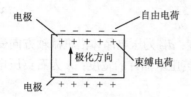

图 3-45　束缚电荷吸附自由电荷示意图　　　　图 3-46　压电陶瓷的正压电效应示意图

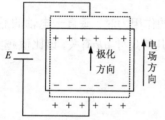

$$Q = d_{33}F \tag{3-102}$$

式中，d_{33} 为压电陶瓷沿极化方向施加外力时的压电系数。

2)压电陶瓷的逆压电效应

当在压电陶瓷上施加一个与极化方向平行的电场 E 时，压电陶瓷剩余极化强度变化，导致陶瓷片两端束缚电荷之间的距离变化，即陶瓷片沿极化方向发

图 3-47　压电陶瓷的逆压电效应示意图

生机械变形(伸长或缩短)，如图 3-47 所示。这种现象称为压电陶瓷的逆压电效应，也称电致伸缩效应。

3.7　半导体传感器

半导体传感器是能够实现磁、电、光、温度、位移等物理量测量的新型半导体器件。半导体传感器响应快、易于集成、功能多样，广泛应用于自动控制及检测系统中。

3.7.1　霍尔传感器

霍尔传感器是根据半导体材料的霍尔效应进行磁场测量的传感器，广泛应用于工业自动控制、检测技术等领域。

1. 霍尔效应

当半导体薄片中通以控制电流 I，并在垂直于半导体薄片的方向上施加均匀磁场 B 时，由于洛伦兹力作用，运动的电子在磁场中发生偏转，堆积至半导体薄片的另外两端，在垂直于控制电流和磁场的方向上会产生电动势，这种现象称为霍尔效应，如图 3-48 所示，所产生的电动势称为霍尔电动势 U_H：

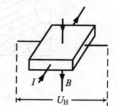

图 3-48　霍尔效应示意图

$$U_H = K_H IB \sin\theta \qquad (3\text{-}103)$$

式中，K_H 为霍尔元件的灵敏度；θ 为控制电流 I 与磁场 B 的夹角。

由式(3-103)可知，当霍尔元件的材料和尺寸确定，并且控制电流与磁场垂直时，霍尔电动势大小 U_H 与控制电流 I 和磁感应强度 B 的乘积成正比。

2. 霍尔元件

1)霍尔元件的结构

根据霍尔效应，用半导体材料制成的磁电器件称为霍尔元件。霍尔元件由霍尔片、两对电极、壳体组成，如图 3-49(a)所示。在矩形薄片互相垂直的两个侧面上分别引出两对电极，其中电极 1 中通以控制电流，称为控制电极；电极 2 中引出输出电动势，称为霍尔输出电极。矩形薄片表面由金属或陶瓷等材料封装。图 3-49(b)所示的是霍尔元件的符号。霍尔元件电极的位置和尺寸对霍尔输出电动势的影响较大，霍尔元件的电极通常位于基片的中央，其宽度远小于基片长度，如图 3-49(c)所示。图 3-49(d)所示的是霍尔元件的基本测量电路，电源 E 为霍尔元件提供控制电流，R_L 为负载电阻，U_H 为霍尔电动势。

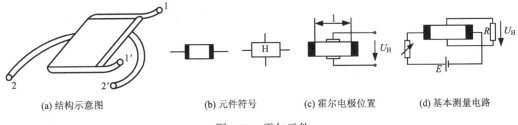

(a) 结构示意图　　　　(b) 元件符号　　　　(c) 霍尔电极位置　　　(d) 基本测量电路

图 3-49　霍尔元件

霍尔元件具有体积小、功耗低、结构简单、磁场测量灵敏度高、频率响应宽、输出电压范围大、寿命长等优点，广泛应用于测量、工业自动化及信息技术等领域。

2)霍尔元件的主要特性

(1)霍尔系数 R_H。

在磁感应强度 B 不太大时，霍尔元件的霍尔电动势 U_H 与控制电流 I 和磁感应强度 B 的乘积成正比，与霍尔元件的厚度 d 成反比，即

$$U_H = R_H \frac{IB}{d} \qquad (3\text{-}104)$$

式中，R_H 为霍尔元件的霍尔系数，也称为霍尔常数，它表征霍尔效应的强弱。霍尔系数 R_H 也可以表示为

$$R_H = \rho\mu \qquad (3\text{-}105)$$

式中，ρ 为霍尔元件材料的电阻率；μ 为霍尔元件的电子迁移率。

(2)霍尔灵敏度 K_H。

霍尔灵敏度也称为霍尔乘积灵敏度，是指单位控制电流和单位磁感应强度下的霍尔输出电动势，即霍尔系数 R_H 与霍尔元件的厚度 d 之比，即

$$K_H = \frac{U_H}{IB} = \frac{R_H}{d} \tag{3-106}$$

(3) 额定控制电流 I_C 与最大控制电流 I_{CM}。

额定控制电流 I_C 指霍尔元件在空气中自身温升 10℃时所对应的控制电流，最大控制电流 I_{CM} 指霍尔元件达到所允许的最大温升时所对应的控制电流。

(4) 输入电阻 R_{in} 与输出电阻 R_{out}。

霍尔元件控制电极间的电阻值称为输入电阻 R_{in}，霍尔元件输出电极间的电阻值称为输出电阻 R_{out}。

(5) 电阻温度系数 α。

不施加磁场时，温度每变化 1℃，霍尔元件电阻的相对变化率称为电阻温度系数。

(6) 不等位电势 U_O。

不施加磁场且控制电流为额定值 I_C 时，霍尔元件的输出电动势理论上应当为零，但实际不为零，这时输出端空载所测得的霍尔电动势称为不等位电势 U_O，也称为霍尔偏移零点。

(7) 霍尔输出电压。

施加磁场 B 且控制电流为额定值 I_C 时，霍尔元件的输出端空载所测得的霍尔输出电动势称为霍尔输出电压。

3) 霍尔元件的误差补偿

(1) 不等位电势误差补偿。

不等位电势误差产生的原因是霍尔元件的制造工艺无法保证两个电极完全对称地焊在基片两侧，导致两个电极不可能完全位于一个等位面上。同时，基片不均匀或电极接触不良等都会导致等位面倾斜，从而产生不等位电势误差，如图 3-50 所示。

为了减小不等位电势误差，应当在工艺上尽可能保证电极的对称、基片的均匀。同时，应采用补偿电路对不等位电势误差进行补偿。霍尔元件有两对电极，假定相邻电极的电阻值分别为 R_1、R_2、R_3、R_4，则可以将霍尔元件等效为一个四臂电阻电桥，如图 3-51 所示。

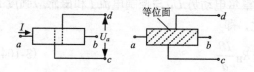
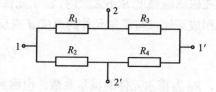

图 3-50　不等位电势误差的产生原因　　　　图 3-51　霍尔元件的等效电路

不等位电势等效于电桥的初始不平衡输出电压。因此，可以通过在某一桥臂上并联电阻来降低甚至消除不等位电势，如图 3-52 所示。

(2) 温度误差补偿。

霍尔元件的基片采用半导体材料，而半导体材料对温度的变化很敏感，其电阻率、载流子浓度及迁移率等均随温度的变化而变化，因此，温度变化会引起霍尔元件的霍尔系数、输入电阻、输出电阻等性能参数变化，从而导致霍尔元件产生温度误差。

为了减小温度误差，应当选用温度系数小的材料及元件，或采取恒温措施控制温度恒定。同时，还可以采用温度补偿电路对温度误差进行补偿。常用的补偿方法有采用恒流源且输入回路并联电阻、采用恒压源且输入回路串联电阻、采用温度补偿元件等。

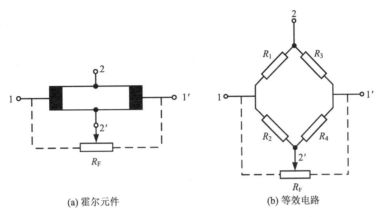

(a) 霍尔元件　　　　　　　　　　(b) 等效电路

图 3-52　不等位电势的补偿电路

3. 霍尔传感器的类型

霍尔元件的霍尔输出电动势较小，因此通常将霍尔元件、放大电路、误差补偿电路、稳压源等集成在一起，称为霍尔传感器。霍尔传感器也称为霍尔集成电路，具有结构简单、体积小、功耗低、频带宽、寿命长等优点，因此广泛应用于电磁测量与自动检测领域。按照不同功能，霍尔传感器可分为线性型霍尔传感器和开关型霍尔传感器两种。

1) 线性型霍尔传感器

线性型霍尔传感器主要由霍尔元件、线性放大器、射极跟随器组成，它是一种输出模拟信号的磁传感器。线性型霍尔传感器的输出电压随输入的磁感应强度线性变化，如图 3-53 所示。利用这种线性关系，能够直接对磁场进行检测。也可以通过在被测对象上人为设置磁场，将非电、非磁物理量(位移、力、压力、速度、加速度、角度、转速等)的变化转换为磁场变化量，进而通过线性型霍尔传感器进行测量。

2) 开关型霍尔传感器

开关型霍尔传感器也称为霍尔开关，主要由霍尔元件、稳压器、差分放大器、施密特触发器和输出级组成，它是一种输出数字信号的磁传感器。开关型霍尔传感器的输出电压随着输入磁感应强度的变化完成开关动作，如图 3-54 所示。

当磁感应强度超过 B_{OP} 时，传感器输出低电平，相当于动作"关"；当磁感应强度降至 B_{OP} 时，传感器仍然输出低电平，直至降到 B_{RP} 时，传感器输出跃变至高电平。

开关型霍尔传感器还有一种特殊类型，称为锁键型霍尔传感器，其特性如图 3-55 所示。当输入磁感应强度超过 B_{OP} 时，传感器输出由高电平跳变至低电平；磁场撤去后，输出保持不变，即锁存状态；直至输入磁场反向且磁感应强度为 B_{RP} 时，传感器输出跃变至高电平。

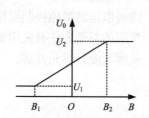

图 3-53 线性型霍尔传感器的
特性

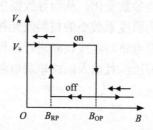

图 3-54 开关型霍尔传感器的
特性

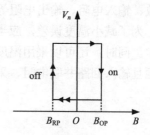

图 3-55 锁键型霍尔传感器的
特性

4. 霍尔传感器的应用

1) 霍尔电流传感器

霍尔电流传感器主要由线性型霍尔传感器、铁芯及被测绕线组成，如图 3-56 所示。将通以被测电流的导线绕在圆环形铁芯上制成通电螺线管，铁芯有一个缺口，其中置入霍尔传感器。被测电流会在螺线管内产生与电流大小成正比的磁场，通过霍尔传感器测量由被测电流所产生的磁场即可测出被测电流的大小。霍尔电流传感器具有无接触测量的优点，不影响被测电路，特别适用于大电流的测量。

2) 霍尔转速传感器

霍尔转速传感器如图 3-57 所示，在非磁性材料所制成的转盘上固定一块磁铁，开关型霍尔传感器靠近转盘边缘放置，转盘每转一周，霍尔传感器输出一个脉冲信号。通过传感器输出的脉冲数即可完成转盘转数的测量。若再设置频率计测量时间间隔即可实现转速测量。

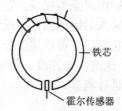

图 3-56 霍尔电流传感器结构示意图

图 3-57 霍尔转速传感器结构示意图

3.7.2 半导体气敏传感器

气敏传感器也称为气体传感器，是一种检测气体成分、浓度的传感器。气敏传感器的工作环境复杂，经常存在粉尘、油雾等，且环境温度、湿度不稳定，因此气敏传感器在稳定性、重复性、抗干扰性、响应速度等方面具有较好的性能。半导体气敏传感器广泛应用于石油化工、核电等领域易燃、易爆、有毒气体的监测、预报及控制中。

气体的种类多，无法通过单一类型的气敏传感器完成所有种类气体的测量，因此，气敏传感器的类型也多种多样。按照不同材料，气敏传感器分为半导体气敏传感器与非半导体气敏传感器，前者使用更加广泛。

半导体气敏传感器是根据被测气体作用时敏感元件的物理、化学性质变化来实现气体测量的。根据不同作用类型，半导体气敏传感器分为表面控制型与体控制型两类。表面控制型气敏传感器的表面吸附被测气体并发生电子转移从而使敏感元件的电导率等物理特性发生变化，而内部化学成分不变；体控制型气敏传感器的敏感元件与被测气体发生反应，其内部化学成分改变，引起电导率变化。

3.7.3　湿敏传感器

1. 湿度的定义

湿度是指大气中的水蒸气含量，反映了大气的干湿程度。通常采用绝对湿度和相对湿度对大气湿度进行表征。

1) 绝对湿度

绝对湿度是指在一定的温度和压力下，单位体积的混合气体中水蒸气的质量，记作 AH，单位为 g/m^3。绝对湿度 AH 的定义为

$$AH = \frac{m_V}{V} \tag{3-107}$$

式中，m_V 为待测混合气体中水蒸气的质量；V 为待测混合气体的总体积。

2) 相对湿度

实际应用中，为了更好地描述与湿度有关的现象如人体感受、木材发霉、植物枯萎等，通常引入相对湿度这一物理量。相对湿度是指被测混合气体中的水蒸气气压与相同温度下饱和水蒸气气压的百分比，记作 RH，是一个无量纲的物理量。相对湿度 RH 的定义为

$$RH = \frac{P_V}{P_W} \times 100\% \tag{3-108}$$

式中，P_V 为水蒸气气压；P_W 为同温度下待测气体的饱和水蒸气气压。

2. 氯化锂湿敏电阻

氯化锂湿敏电阻是利用吸湿性盐类的潮解导致电阻率发生变化进行湿度测量的元件。氯化锂湿敏电阻主要由基片、感湿层、金属电极和引线组成，如图 3-58 所示。

通常将氯化锂与聚乙烯醇制成混合体，在氯化锂溶液中，Li 与 Cl 均以离子的形式存在，带有正、负电荷，Li^+ 与水分子间由于静电引力所产生的水合现象。溶液中离子的导电能力与浓度成正比，将溶液置于被测环境中，

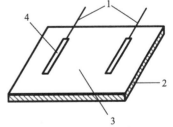

图 3-58　氯化锂湿敏电阻的结构

1-引线；2-基片；3-感湿层；4-金属电极

若被测环境的相对湿度高，溶液浓度低，溶液中离子导电能力弱，电阻率大；若被测环境的相对湿度低，溶液浓度高，溶液中离子导电能力强，电阻率小。因此，通过氯化锂

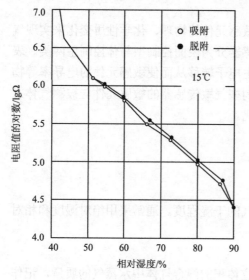

图 3-59　氯化锂湿敏电阻的
电阻-湿度特性曲线

湿敏电阻的电阻值能够进行湿度的测量。图 3-59 所示的是氯化锂湿敏电阻的电阻-湿度特性曲线，可见，相对湿度为 50%～80% 时，氯化锂电阻与湿度具有较好的线性关系，可根据这一关系对湿度进行测量。为了扩大湿度测量范围，常将不同含量的氯化锂组合使用，即将不同测量范围的氯化锂湿敏电阻组合进行测量。

氯化锂湿敏电阻具有滞后小、测量精度高、不受环境风速影响等优点，但耐热性差、对工作环境温度要求高，且寿命短、重复性较差、响应速度较慢。

3. 半导体陶瓷湿敏元件

1) 半导体陶瓷湿敏电阻的原理

半导体陶瓷湿敏电阻是通过多孔状陶瓷湿敏材料吸附水分子后电阻率变化的特性进行湿度检测的。这类湿敏电阻的材料多为两种以上的金属氧化物混合烧结而成的多孔陶瓷，如 $ZnO\text{-}Li_2O\text{-}V_2O_5$ 系、$MgCr_2O_4\text{-}TiO_2$ 系、$Si\text{-}Na_2O\text{-}V_2O_5$ 系、Fe_3O_4 系等。其中前三种材料的电阻率随湿度增加而减小，称为负特性湿敏半导体陶瓷；最后一种材料的电阻率随湿度的增加而增大，称为正特性湿敏半导体陶瓷。

2) 半导体陶瓷湿敏元件的结构

半导体陶瓷湿敏元件主要包括涂覆膜型 Fe_3O_4 湿敏元件、多孔质烧结型陶瓷湿敏元件、厚膜型湿敏传感器、薄膜型湿敏传感器。

思　考　题

3-1　压阻式传感器的基本原理是什么？金属材料压阻式传感器与半导体材料压阻式传感器的工作原理有什么区别？

3-2　简述热电阻传感器的测量原理及分类。

3-3　根据原理的不同，电容式传感器分为哪几种？

3-4　电感式传感器的工作原理是什么？分为哪几类？具有哪些特征？

3-5　自感式传感器的工作原理是什么？根据结构的不同可以分为哪几类？它们的应用特点是什么？

3-6　简述差动变压器式传感器的工作原理。

3-7　什么是涡流效应？涡流式传感器的主要原理是什么？

3-8　简述高频反射式、低频透射式涡流传感器测量金属板厚度的基本原理和特点。

3-9　什么是光电效应？光电效应是如何分类的？有哪些光电器件与之对应？

3-10　什么是热电效应？

3-11　热电偶的热电动势由哪两部分组成？

3-12　热电偶的基本定律是什么？

3-13　应用热电偶测温时，为什么要进行冷端补偿？常用的热电偶冷端补偿方法有哪些？

3-14　什么是正压电效应与逆压电效应？它们各有哪些应用？

3-15　常见的压电材料有哪些？各有什么特点？

3-16　石英晶体和压电陶瓷的压电效应有什么异同？对压电陶瓷进行极化处理的目的是什么？

3-17　什么是霍尔效应？什么是霍尔元件？霍尔元件的主要特性有哪些？

3-18　在应用霍尔元件时，为什么要进行误差补偿？如何对霍尔元件进行误差补偿？

3-19　某一变面积式线位移电容式传感器的极板覆盖宽度为 5mm，极板间隙为 0.5mm，介质为空气，求该传感器的灵敏度。若极板相对移动 1mm，则电容变化量是多少？

3-20　某霍尔元件的长、宽、高分别为 1cm、0.4cm、0.1cm，沿长的方向通以 1mA 的电流，在宽高面上加以 0.2T 的均匀磁场，霍尔传感器的灵敏度为 20V/(A·T)。求该传感器输出的霍尔电动势。

第4章 传感信号的调理与变换

传感器敏感元件将被测物理量转换为电压、电流、电阻、电感、电荷等电量或电参量，但其输出的信号在大多数场合下无法直接被后续仪表使用，必须经过放大、滤波等处理。本章主要就传感信号的调理与变换问题的处理方法进行介绍。

4.1 信 号 放 大

信号放大的主要作用是将微弱的传感信号放大，具有高共模抑制比、高输入阻抗、高增益、低干扰的特点。根据功能的不同，信号放大分为前置放大、隔离放大、锁定放大、低噪声放大、电桥等。

4.1.1 前置放大

典型的信号放大电路有反相比例放大、同相比例放大、差动放大、仪表放大、可编程增益放大等。

1. 反相比例放大

反相比例放大电路的原理如图 4-1 所示。信号从运算放大器的反相端输入，放大电路的输出满足式(4-1)：

$$u_O = -\frac{R_F}{R_1}u_I \tag{4-1}$$

反相比例放大电路具有性能稳定、结构简单的优点，但输入阻抗低，且增益与输入阻抗的提高相矛盾，即增益越大，输入阻抗越不便提高。

2. 同相比例放大

同相比例放大电路的原理如图 4-2 所示。信号从运算放大器的同相端输入，放大电路的输出满足式(4-2)：

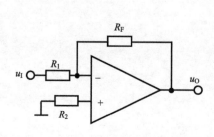

图 4-1 反相比例放大电路

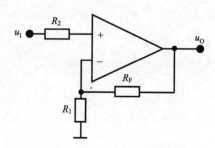

图 4-2 同相比例放大电路

$$u_O = \left(1 + \frac{R_F}{R_1}\right)u_I \tag{4-2}$$

同相比例放大电路具有输入阻抗高的优点，但易受干扰，导致传感器测量准确度低。

3. 差动放大

差动放大电路的原理如图 4-3 所示，其输出满足式(4-3)：

$$u_O = -\frac{R_F}{R_1}u_{I1} + \left(1 + \frac{R_F}{R_1}\right)\frac{R_3}{R_2 + R_3}u_{I2} \tag{4-3}$$

差动放大电路具有高共模抑制比的优点，但输入阻抗低，且增益调节不方便。

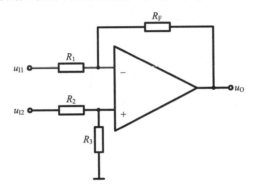

图 4-3　差动放大电路

4. 仪表放大

仪表放大器（Instrumentation Amplifier，INA），也称测量放大器，是一种常用于传感器信号放大，直接与传感器连接的集成放大器。它采用差分输入，输出能够对输入的差分信号进行放大，输入输出关系为

$$u_O = G \times (u_{I+} - u_{I-}) \tag{4-4}$$

式中，G 为仪表放大器的增益；u_{I+} 与 u_{I-} 为仪表放大器的两个输入；u_O 为仪表放大器的输出。

从式(4-4)可以看出，仪表放大器消除了输入端的共模干扰，因此具有极高的共模抑制比（Common Mode Rejection Ratio，CMRR）。仪表放大器的特点主要有三个。

第一，采用差分输入。具有两个完全对称的输入端，输出正比于两个输入电压的差值。

第二，输入阻抗接近于无穷大。对于某些传感器，如电阻电桥，传感器输出电阻随被测量变化而变化，可能会导致放大电路的增益变化，从而引起输入输出关系的"非线性"。放大电路的输入阻抗无穷大，能够有效抵抗这种增益变化。

第三，具有极高的共模抑制比。仪表放大器采用差分输入剔除了输入信号中的共模分量，因此，具有极高的共模抑制比。例如，对于两组不同输入电压，一组分别为 0.5V、

0V，另一组分别为1.5V、1V，其输出电压是完全一样的。

1) 三运放仪表放大器

图 4-4 为一个由三运放组成的仪表放大器。根据运算放大器的虚短和虚断法，能够得到电压 u_X 与 u_Y：

$$\begin{cases} u_X = u_{\mathrm{IN-}} + i_{XY}R_1 \\ u_Y = u_{\mathrm{IN+}} - i_{XY}R_1 \end{cases} \tag{4-5}$$

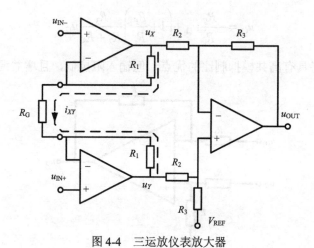

图 4-4　三运放仪表放大器

由运放组成的放大电路为线性电路，满足叠加原理。根据叠加原理，能够得到电路的输出 u_{OUT} 为

$$u_{\mathrm{OUT}} = V_{\mathrm{REF}} + \frac{R_3}{R_2}(u_Y - u_X) = V_{\mathrm{REF}} + \frac{R_3}{R_2}\frac{R_G + 2R_1}{R_G}(u_{\mathrm{IN+}} - u_{\mathrm{IN-}}) \tag{4-6}$$

该放大电路的总增益 G 为

$$G = \frac{R_3}{R_2}\frac{R_G + 2R_1}{R_G} \tag{4-7}$$

由式 (4-7) 可知，G 由 R_G 确定，若 R_G 可调，即可通过它调控放大电路的增益。V_{REF} 用来控制电压的中心位置，采用双电源时一般接地，采用单电源时一般为 1/2 电源电压。

2) 双运放仪表放大器

与三运放仪表放大器类似，双运放组成的仪表放大器如图 4-5 所示。运用电路叠加原理可得

$$u_{\mathrm{OUT}} = V_{\mathrm{REF}} + (u_{\mathrm{IN+}} - u_{\mathrm{IN-}})\left(1 + \frac{R_1}{R_2} + 2\frac{R_1}{R_G}\right) \tag{4-8}$$

该放大电路的总增益 G 为

$$G = 1 + \frac{R_1}{R_2} + 2\frac{R_1}{R_G} \tag{4-9}$$

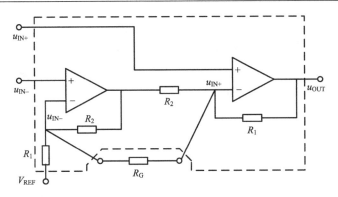

图 4-5　双运放仪表放大器

5. 可编程增益放大

可编程增益放大器(Programable Gain Amplifier, PGA)，也称程控增益放大器，可以通过程序控制它的增益。控制增益的方法通常有两种。

一种是管脚控制。通过程序或开关控制增益管脚的高低电平，形成多种状态，从而控制 PGA 的增益。例如，某 PGA 具有 3 个控制增益管脚，则其具有 $2^3=8$ 种增益状态：000 代表增益为 1，001 代表增益为 2，010 代表增益为 4,…,111 代表增益为 128。这种控制方式通常应用于增益种类不多或无须频繁变换增益的场合。

另一种是程序写入控制。通过 SPI 总线等方式由主控单元向 PGA 发送命令，将增益控制字写入 PGA 中，PGA 根据接收到的命令确定实际增益。这种控制方式通常应用于增益种类较多或需要频繁变换增益的场合。

LTC6910 是凌力尔特公司生产的低噪声可编程增益放大器，其内部结构如图 4-6 所示。该放大器采用 3 位数字量对增益进行控制。LTC6910-1 能够提供 0V/V、1V/V、2V/V、5V/V、10V/V、20V/V、50V/V、100V/V 的增益，LTC6910-2 能够提供 0V/V、1V/V、2V/V、4V/V、8V/V、16V/V、32V/V、64V/V 的增益，LTC6910-3 能够提供 0V/V、1V/V、2V/V、

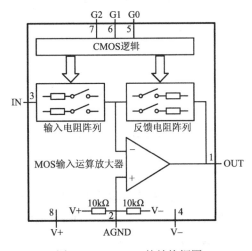

图 4-6　LTC6910 的结构框图

3V/V、4V/V、5V/V、6V/V、7V/V 的增益。通过 G0、G1、G2 三个 CMOS 电平控制开关切换输入电阻和反馈电阻，对增益进行控制。内部放大电路为一个反相比例器结构，因此输出与输入反相。

LTC6910 共有三种型号供选择，每种型号能够提供 8 种增益，其增益设定如表 4-1 所示。

表 4-1　LTC6910 增益设定表

G2	G1	G0	6910-1		6910-2		6910-3	
			V_{OUT}/V_{IN}	增益/dB	V_{OUT}/V_{IN}	增益/dB	V_{OUT}/V_{IN}	增益/dB
0	0	0	0	−120	0	−120	0	−120
0	0	1	−1	0	−1	0	−1	0
0	1	0	−2	6	−2	6	−2	6
0	1	1	−5	14	−4	12	−3	9.5
1	0	0	−10	20	−8	18.1	−4	12
1	0	1	−20	26	−16	24.1	−5	14
1	1	0	−50	34	−32	30.1	−6	15.6
1	1	1	−100	40	−64	36.1	−7	16.9

4.1.2　隔离放大

隔离放大器能够避免输入与输出间的直接耦合，主要用于防止数据采集器件遭受远程传感器出现的潜在破坏性电压的影响，具有能保护输出侧电路、低泄漏电流、高共模抑制比的特点。隔离放大器由输入放大器、隔离器、输出放大器组成，如图 4-7 所示。

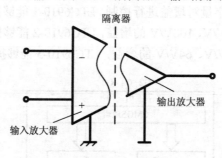

图 4-7　隔离放大器结构

按照耦合方式的不同，隔离放大器分为变压器耦合、光电耦合和容性耦合等。

1. 变压器耦合

变压器耦合，也称为磁性耦合，输入信号与输出信号间通过磁信号进行耦合。图 4-8 为典型变压器耦合隔离放大器 AD215 的结构图。AD215 的输入、输出、电源三部分间通过变压器进行耦合。该放大器采用+15V 电压供电，无需用户提供的隔离 DC/DC 转换器。该隔离放大器采用变压器耦合的方式实现了 1500V(RMS)的额定隔离电压。

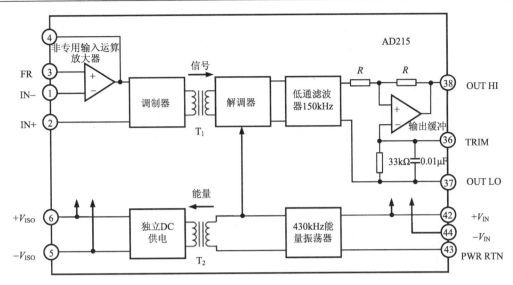

图 4-8　AD215 的内部结构

2. 光电耦合

光电耦合放大器通过光来耦合信号，主要工作流程包括驱动光发射、光探测、信号放大，其内部包括半导体发光二极管、光敏二极管或三极管、信号放大电路三部分。图 4-9 给出了几种常见的光电耦合结构。光电耦合器的输入与输出间没有电气连接，从而实现了电气隔离。

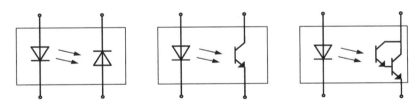

图 4-9　光电耦合隔离结构

图 4-10 为光电耦合放大器的示意图，输入电压信号 u_1 经前级电路转换为电流信号，驱动发光二极管转换为光信号，光敏三极管将光信号转换为输出电流信号，再经后级电路转换为输出电压信号。

3. 容性耦合

容性耦合通过电容耦合的方式，实现输入与输出之间的电气隔离。图 4-11 为容性耦合放大器 AMC1301-Q1 简化示意图，通过隔离栅隔离输出和输入电路。该隔离栅的磁场抗扰度较高，经认证可

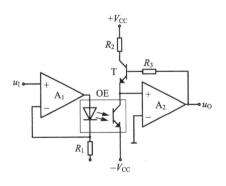

图 4-10　光电耦合放大器

提供高达 7kV 峰值的增强隔离。当与隔离电源一起使用时，该器件防止高共模电压线中的噪声电流进入局部接地层以及干扰或损害敏感电路。

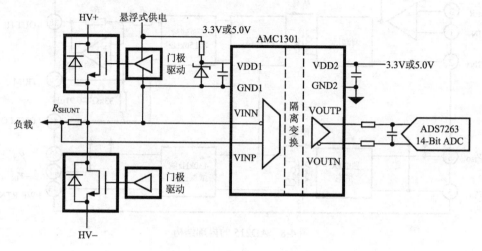

图 4-11　AMC1301-Q1 简化示意图

4.1.3　锁定放大

　　微弱的传感信号易受噪声的影响。虽然可以通过模拟滤波或数字滤波提高信号的信噪比，但滤波器的带宽无法做到足够窄，在传感信号中提取微弱的有效信号十分困难。锁定放大器能够去除广谱噪声，提取低频有效传感信号，其基本原理如图 4-12 所示。它将待测信号的调幅信号与一个同频、同相的载波信号相乘，再通过低通滤波滤除其中的交流分量，保留直流量，即可得到待测信号的幅度。对于与待测信号不同频的信号，乘法器输出后不存在直流量，经低通滤波后输出为 0，这样就实现了广谱噪声的滤除而仅保留待测信号。

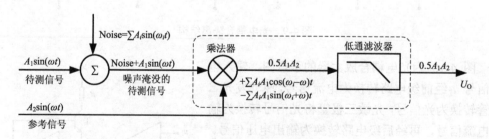

图 4-12　锁定放大器基本原理

　　假设待测信号为 $S_1 = A_1\sin(\omega t)$，噪声信号为 $S_n = \sum A_i\sin(\omega_i t)$，参考信号为 $S_2 = A_2\sin(\omega t)$，则参考信号与含噪声待测信号经乘法器输出后的信号为

$$
\begin{aligned}
(S_1 + S_n)S_2 &= 0.5A_1A_2 - 0.5A_1A_2\cos(2\omega t) \\
&\quad + 0.5\sum A_1A_i\cos(\omega_i - \omega)t - 0.5\sum A_1A_i\sin(\omega_i + \omega)t
\end{aligned}
\tag{4-10}
$$

则经过低通滤波后，锁定放大器的输出满足

$$U_O = 0.5 A_1 A_2 \tag{4-11}$$

由式(4-10)与式(4-11)可知，不同频率的噪声与参考信号相乘后经过低通滤波后为0，锁定放大器在保留原始待测信号的同时，能够剔除全部与参考信号不同频率的信号。广谱噪声包含无穷多种频率分量，因此，锁定放大器能够剔除广谱噪声，仅保留待测信号。

4.1.4　低噪声放大

1. 放大电路的噪声

传感器输出的微弱信号极易被噪声淹没，导致传感系统无法正常工作，因此在设计放大电路时必须遵循一些原则，以期望获得更小的噪声。电路的噪声包括外部噪声与内部噪声。

1) 外部噪声

外部噪声主要来源于外部器件的电气/电磁干扰，如外部机械、电力设备、射频器件，或同一设备中的开关电源、数字电路等。在精密测量中，虽然能够通过合理的电路布局布线或抗干扰设计消除外部干扰，但仍必须考虑放大器及周围器件所产生的随机噪声。电路中的电阻均可以看作噪声源，会产生热噪声。在放大电路中，主要考虑输入电阻和反馈电阻对电路噪声的影响。电阻的热噪声随电阻值、温度、带宽增加而增大。电压热噪声 V_n 和电流热噪声 I_n 可通过式(4-12)进行计算：

$$\begin{cases} V_n = \sqrt{4kTBR} \\ I_n = \sqrt{\dfrac{4kTB}{R}} \end{cases} \tag{4-12}$$

式中，k 为玻尔兹曼常数，$k=1.38\times10^{-23}$J/K；T 为热力学温度；B 为带宽；R 为电阻值。

由式(4-12)可知，可以通过减小电阻值或降低带宽来减小电阻的热噪声。由于热噪声与热力学温度有关，而在实际应用中，将温度降至 0K 通常不可行，通过降低温度来减小热噪声意义不大。

2) 内部噪声

放大器的内部噪声是由电压源和电流源共同产生的，通常将内部噪声源折算至输入端，定义为谱密度函数或 Δf 带宽中所包含的均方根(RMS)噪声值，通常分别以 $\mathrm{nV}/\sqrt{\mathrm{Hz}}$、$\mathrm{pA}/\sqrt{\mathrm{Hz}}$ 为单位。放大器的内部噪声包括热噪声、散粒噪声、闪烁噪声、爆裂噪声和雪崩噪声五类。

3) 噪声源的叠加

如果一种噪声信号无法转换为另一种噪声信号，则称这两种噪声不相关。不相关噪声相加的结果并不等于其算术和，而是其平方和的算术平方根。例如，某一放大电路含有内部电压噪声 e_n、内部电流噪声 i_n、外部电压噪声 e_{nEX}，则其总噪声 V_{total} 可通过式(4-13)计算：

$$V_{\text{total}} = \sqrt{(e_{\text{n}})^2 + (R_{\text{S}} \times i_{\text{n}})^2 + (e_{\text{nEX}})^2} \tag{4-13}$$

式中，R_{S} 为放大器的输入电阻。

对于级联放大器，根据 Friis 定理，级联电路的总噪声系数为

$$F = F_1 + \frac{F_2 - 1}{K_{\text{PA1}}} + \cdots + \frac{F_n - 1}{K_{\text{PA1}} K_{\text{PA2}} \cdots K_{\text{PA}(n-1)}} \tag{4-14}$$

式中，F 为级联电路的总噪声系数；F_i、$K_{\text{PA}i}$ 分别为第 i 级电路的噪声系数和功率增益。

根据级联放大器的噪声原理，第一级放大器须具有高增益、低噪声的特点，这样整个放大电路的噪声系数才能足够小。

4）噪声增益

本节前文所讨论的放大电路噪声均为折合到输入端的噪声，实际的噪声分析中，需要用噪声增益乘以输入总合成噪声得到

$$V_{\text{no,total}} = G_{\text{n}} \times V_{\text{ni,total}} \tag{4-15}$$

式中，$V_{\text{no,total}}$ 为放大电路的输出总噪声；$V_{\text{ni,total}}$ 为放大电路的输入总噪声；G_{n} 为噪声增益。

噪声增益是放大电路折合到输入端噪声的增益，可以用来判断放大电路的稳定性。噪声增益与信号增益在某些情况下是不相等的。对于图 4-13 所示的放大电路，在同相比例放大电路中，信号增益与噪声增益都等于 $1+R_1/R_2$；在反相比例放大电路中，信号增益等于 $-(R_1/R_2)$，噪声增益等于 $1+R_1/R_2$。

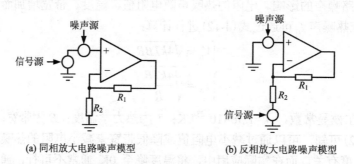

(a) 同相放大电路噪声模型　　　　　　(b) 反相放大电路噪声模型

图 4-13　运算放大器噪声模型示意图

2. 低噪声放大器

低噪声放大器（Low Noise Amplifier, LNA）是一类噪声系数很低的放大器，常用于高灵敏度传感信号的放大电路。对微弱信号进行放大时，放大器自身的噪声对信号的干扰很严重，这种情况下更希望减小噪声以提高输出信号的信噪比。噪声对信噪比的影响通常用噪声系数 F 表示，理想放大器的噪声系数 $F=1$（0dB），即输入信噪比等于输出信噪比。

3. 低噪声放大器的选择

带有一定源电阻的运算放大器噪声包含放大器电压噪声、源电阻的热噪声（电压噪声）、流过源阻抗的放大器电流噪声三部分，其等效总噪声可通过噪声叠加公式(4-13)计算。

在选择低噪声放大器时，可以通过运算放大器的品质因数 $R_{s,op}$ 进行选择。$R_{s,op}$ 定义为运算放大器电压噪声 e_n 与电流噪声 i_n 的比值，如式(4-16)所示：

$$R_{s,op} = \frac{e_n}{i_n} \qquad (4-16)$$

例如，AD8597 的电压噪声为 $1.1nV/\sqrt{Hz}$ (@1kHz)，电流噪声为 $2.3pA/\sqrt{Hz}$ (@1kHz)，则其 $R_{s,op}$ 约为 478Ω (@1kHz)。

因此，可以通过源电阻 R_s 与 $R_{s,op}$ 的关系选择合适的低噪声运算放大器。当 $R_s \gg R_{s,op}$ 时，运算放大器的电流噪声占主导；当 $R_s = R_{s,op}$ 时，运算放大器的噪声可忽略，源电阻的热噪声占主导；当 $R_s \ll R_{s,op}$ 时，运算放大器的电压噪声占主导。

在传感器测量信号放大电路中，由于信号微弱，低噪声放大电路的设计尤为重要。除了应用本节所讲的选择标准外，还应当注意应用良好的布线、接地、屏蔽技术，以减小外部干扰。此外，还应当注意根据具体应用限制带宽，尽量降低电阻值，使用低噪声电阻等规则。

4.1.5　电桥

有些传感器输出为电阻、电容、电感等微弱电参数的变化，为了便于放大和测量，需要通过电桥转换为电压或电流信号。电桥是一种能够将电阻、电容、电感等电参数的变化转换为电压或电流输出的一种精密测量电路，具有结构简单、灵敏度高、精度高的特点。根据电源的不同，电桥分为直流电桥和交流电桥两种，其结构如图 4-14 所示。本书关于直流电桥在 2.3.2 节已经做了比较详细的介绍，本章只对交流电桥进行介绍。

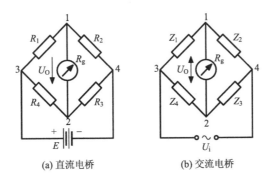

(a) 直流电桥　　　　　　　(b) 交流电桥

图 4-14　电桥结构

与直流电桥相比，交流电桥的结构大体相同，不同之处主要有两点：采用交流电源供电、桥臂可以为纯电阻或含有电容电感的交流阻抗。

1. 交流电桥的平衡条件

对于如图 4-14(b)所示的交流电桥，其平衡条件为

$$Z_1 Z_3 = Z_2 Z_4 \qquad (4-17)$$

式中，Z 为桥臂的复阻抗，且满足

$$Z = |Z|\mathrm{e}^{\mathrm{j}\varphi} \tag{4-18}$$

因此，以指数形式表示交流电桥的平衡条件为

$$r_1 r_3 \mathrm{e}^{\mathrm{j}(\varphi_1 + \varphi_3)} = r_2 r_4 \mathrm{e}^{\mathrm{j}(\varphi_2 + \varphi_4)} \tag{4-19}$$

因此，交流电桥的平衡条件可以表示为幅值平衡条件和相位平衡条件：

$$\begin{cases} r_1 r_3 = r_2 r_4 \\ \varphi_1 + \varphi_3 = \varphi_2 + \varphi_4 \end{cases} \tag{4-20}$$

交流电桥平衡必须同时满足幅值平衡条件和相位平衡条件，即两对阻抗模的乘积相等，且它们的阻抗角之和也必须相等。

由式(4-20)可知，若交流电桥中有两相邻桥臂为纯电阻，则其余两桥臂必须具有同性的阻抗，如容抗或感抗；若交流电桥中有两相对桥臂为纯电阻，则其余两桥臂必须具有异性的阻抗，若一边为容抗，另一边则必须为感抗。

2. 电容电桥的平衡条件

电容电桥的相邻两臂为纯电阻，其余两臂为电容电阻串联，如图 4-15 所示。平衡条件为

$$\left(R_1 + \frac{1}{\mathrm{j}\omega C_1}\right) R_3 = \left(R_4 + \frac{1}{\mathrm{j}\omega C_4}\right) R_2 \tag{4-21}$$

因此，要使电容电桥平衡，必须同时达到电阻平衡与电容平衡：

$$\begin{cases} R_1 R_3 = R_2 R_4 \\ \dfrac{R_3}{C_1} = \dfrac{R_2}{C_4} \end{cases} \tag{4-22}$$

3. 电感电桥的平衡条件

电感电桥的相邻两臂为纯电阻，其余两臂为电感电阻串联，如图 4-16 所示。

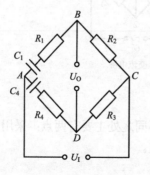

图 4-15　电容电桥

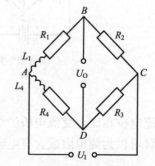

图 4-16　电感电桥

电感电桥的平衡条件为

$$\left(R_1 + \mathrm{j}\omega L_1\right) R_3 = \left(R_4 + \mathrm{j}\omega L_4\right) R_2 \tag{4-23}$$

因此，要使电感电桥平衡，必须同时达到电阻平衡与电感平衡：

$$\begin{cases} R_1R_3 = R_2R_4 \\ R_3L_1 = R_2L_4 \end{cases} \tag{4-24}$$

4.2　信号调制与解调

一些被测量如位移、温度、应力应变等经传感器变换后所得到的传感信号，具有低频缓变的特点。对于这类传感信号，常通过调制、交流放大、解调进行处理。若直接采用直流放大的方式处理，则会存在如零漂、信号失真、耦合等问题。采用调制解调方法能够有效解决缓变传感信号的放大与传输问题。

4.2.1　信号调制的原理

信号调制是指一个高频载波信号的某些参数在另一个低频调制信号的控制下发生变化的过程。调制后的信号称为已调信号，包含调制信号的信息，且便于放大和传输。信号调制最常用的载波信号为正弦波信号，而一个正弦波信号包含幅值、频率、相位三个参数，可以对这三个参数进行调制。根据载波信号受调制参数的不同，调制分为调幅（Amplitude Modulation，AM）、调频（Frequency Modulation，FM）和调相（Phase Modulation，PM）。

1. 幅值调制的原理

调幅是仪器仪表中最常用的信号调制方式，具有调制与解调电路简单的特点。幅值调制的原理为：将一个高频正弦波信号（载波信号）与待测信号（调制信号）相乘，使载波信号的幅值随调制信号波形的变化而变化。若将待测信号 $x(t)$ 和载波信号 $y(t)$ 相乘，其结果相当于将待测调制信号的频谱图形搬移至载波频率 f_0 处，且幅值减半，如图 4-17 所示。因此，调幅过程相当于对信号进行频谱搬移的过程。已调信号 $x_m(t)$ 满足

$$x_m(t) = x(t)y(t) = x(t)\cos(2\pi f_0 t) \tag{4-25}$$

2. 频率调制的原理

调频是利用被测信号的幅值控制载波信号频率的调制方式，即调频波的频率随被测信号幅值的变化而变化，其原理如图 4-18 所示。假定被测调制信号为 $x(t)$，载波信号为 $y(t) = A\cos(2\pi f_0 t)$，则调频波为

$$x_f(t) = A\cos\left[2\pi\left(f_0 + x(t)\right)t + \phi\right] \tag{4-26}$$

式中，A、ϕ 分别为调频波的幅值和初相位，保持不变，而频率的变化量与调制信号的幅值成线性变化。频率调制采用被测信号 $x(t)$ 的幅值调制载波信号的频率，频率变化量与被测信号的电压成正比。被测信号的电压 $x(t)$ 为正时，调频波的频率升高；为负时，频率降低；为 0 时，频率为中心频率 f_0。因此，调频波的波形为频率随被测信号 $x(t)$ 幅值变化的等幅波。

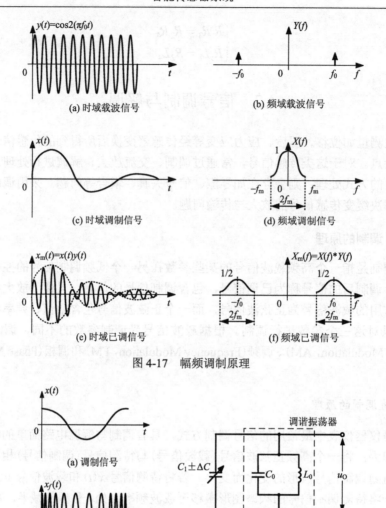

图 4-17　幅频调制原理

图 4-18　频率调制原理

3. 相位调制的原理

调相是用调制信号（被测量）去控制高频振荡信号（载波信号）的相位。常用的是线性调相，即让调相信号的相位按调制信号的线性函数变化。调频和调相都表现为载波信号的总相角受到调制，所以统称为角度调制。

4.2.2　信号的几种调制方法

1. 幅值调制的方法

幅值调制的常用方法包括：乘法器调制、开关电路调制。

模拟乘法器能够实现两个输入电压的线性积运算，乘法器调制采用模拟乘法器实现被测调制信号与高频载波信号相乘，达到幅值调制的目的。单片模拟乘法器种类多，选择时需注意频率范围、输入电压、线性度、电源电压等参数。

开关电路调制通过开关的通断产生幅值为 0、1 变化的载波信号，从而实现调制信号与载波信号的相乘。

2. 频率调制的方法

频率调制的常用方法包括：直接调频法、参数调频法。

直接调频是指被测量的变化直接引起传感器输出信号频率的改变，如图 4-19 中的振弦式传感器，其输出的感应电动势频率与振弦频率相同。

参数调频法的基本原理是以调制信号线性控制载波信号的频率。在实际电路中，首先将被测量转换为传感器的电参数，如电感(L)、电阻(R)、电容(C)等，然后将传感器的电感、电阻、电容等接入振荡电路中，从而将电参数进一步转换为振荡器的振荡频率，实现被测量与信号频率的转换。为了适应不同电参数，可以选择 RC 振荡器、LC 振荡器、多谐振荡器等。图 4-20 为一个将传感器输出电容 C_T 转换为信号频率的 LC 振荡电路，传感器将被测量转换为电容 C_T，控制 LC 振荡器的振荡频率变化，从而实现调频。

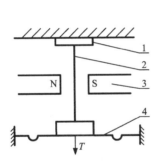

图 4-19 振弦式传感器

1-支承；2-振弦；3-磁铁；4-膜片

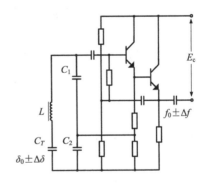

图 4-20 电容三点式 LC 振荡器调频电路

3. 相位调制的方法

相位调制的常用方法包括：直接调相法、增量码信号调相、脉冲采样式调相。直接调相是指被测参数的变化直接引起传感器输出信号相位的改变。增量码信号调相通过改变码字来改变信号的相位，而不是直接改变绝对相位值。脉冲采样式调相是一种由调制电压控制的脉冲可变延时调相，由载波信号整形后形成等间隔输入脉冲，由它触发锯齿波发生器，进入门电路后形成输出脉冲。

4.2.3 信号的解调方法

从已调信号中恢复出原调制信号的过程称为解调，解调是调制的逆过程。调制方式不同，解调方法也不同。与调制的分类相对应，解调包括幅度解调、频率解调和相位解调。

1. 幅值解调的方法

幅值解调最常用的方法有整流滤波、相敏检波。

整流滤波的原理是在调制前，对调制信号加一个直流分量，使调制信号全为正的电压值；调制后，通过整流、滤波、减去直流偏置电压即可恢复得到调制信号。

对于加偏置电压后未能使调制信号全为正值的幅值解调，必须采用相敏检波的方法。相敏检波也称为相敏解调。当被测信号为正值时，相敏检波输出相位与载波波形相位一致；当被测信号为负值时，相敏检波输出相位与载波波形相位相差 180°。因此，通过相敏检波能够得到幅值和相位均随调制信号改变的信号，反映了调制信号的幅值大小与极性特征。根据电路组成的不同，相敏检波电路分为有源相敏检波和无源相敏检波两种。

2. 频率解调的方法

频率解调的基本步骤是先将调频波转换为调频调幅波，再通过鉴频器进行检波。常用的鉴频电路有微分鉴频、斜率鉴频、相位鉴频与比例鉴频四种。微分鉴频对调频信号进行微分得到调频调幅信号，再利用包络检波器检测它的幅值变化，从而获得包含被测量的信息。斜率鉴频利用谐振回路的幅频特性，根据非电阻性电路对不同频率正弦信号的传输能力不同这一原理，通过非电阻性电路的输出电压得到输入信号频率。相位鉴频利用谐振回路的相频特性完成频-幅变换。比例鉴频本质上也是相位鉴频，但是增加了一个大电容，用于抑制寄生调幅，无须外接限幅电路。

3. 相位解调的方法

调相信号是指与载波信号有一定相位差的同频信号，相位解调是求调相信号与载波信号的相位差，也称为鉴相。常用的相位解调方法有相敏检波、相位-脉宽和、变换鉴相和脉冲采样式鉴相。相敏检波器具有鉴相特性，可以用于鉴定相位。相位-脉宽和与变换鉴相包括异或门鉴相、RS 触发器鉴相，通过门电路输出的脉宽得到输入信号的相位差。脉冲采样式鉴相是脉冲采样调相的逆过程，通过参考信号和调相信号形成的窄脉冲经过采样保持后的输出信号得到参考信号和调相信号的相位差。

4.3　压频转换

压频转换指将电压信号转换为频率信号的过程，电压/频率转换电路简称 V/F 转换电路或 V/F 转换器，频率/电压转换电路简称 F/V 转换电路或 F/V 转换器。相比于电压信号，频率信号具有抗干扰性强的优点，更易精确传输，因此特别适用于遥测系统、远程控制等远程数据传输领域。

4.3.1　压频转换原理

压频转换的基本原理如图 4-21 所示。被测电压信号经过采样电阻后转换为电流信号并对积分器进行充电，积分器输出经过零比较器进行检测，当积分器输出电压下降至 0 时，比较器输出跳变，触发单稳态触发器输出一个宽度为 t_0 的脉冲。同时，模拟开关切换至反向充电回路，对积分器进行持续时间为 t_0 的反向充电。积分器输出电压 U_1 和输出电压 U_O 的波形如图 4-22 所示。

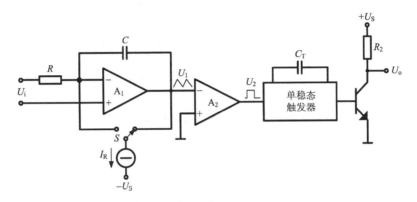

图 4-21　压频转换电路

根据电荷平衡原理：

$$Q_r = \frac{U_i}{R}T = Q_d = I_R t_0 \tag{4-27}$$

则输出信号的频率为

$$f_o = \frac{1}{T} = \frac{1}{RI_R t_0}U_i \tag{4-28}$$

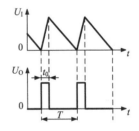

图 4-22　压频转换波形

输出信号的频率 f_o 随被测电压 U_i 的大小变化而变化，实现了电压/频率的转换。

4.3.2　常用的几种压频转换器

目前常用的压频转换器分为通用运放 V/F 转换电路与集成 V/F 转换器两种。

1. 通用运放 V/F 转换电路

通用运放 V/F 转换电路主要由运放及简单的元件构成，典型的 V/F 转换电路分为四种：电荷平衡式、积分复原式、电压反馈式和交替积分式。电荷平衡式 V/F 转换电路的原理及结构在 4.3.1 节已经做出介绍，在此不再赘述，仅对积分复原式 V/F 转换电路进行介绍。

积分复原式 V/F 转换电路的示意图如图 4-23 所示，其中运放 A_1、电阻 R_1、电容 C 构成反相积分器；运放 A_2、电阻 $R_5 \sim R_8$ 构成滞回比较器；三极管 V 为积分复位开关；V_{S1} 为稳定门限电平，V_{S2}、V_{S3} 对输出电压起限幅作用。

当 $u_o = +U_Z$ 时，滞回比较器运放 A_2 的同相端输入的负门限电平 u_{p1} 为

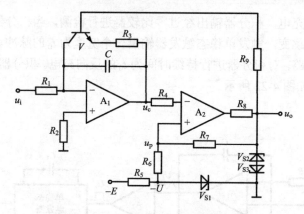

图 4-23　积分复原式 V/F 转换电路

$$u_{p1} = -\frac{R_7}{R_6 + R_7}U + \frac{R_7}{R_6 + R_7}U_Z < 0 \tag{4-29}$$

当 $u_o = -U_Z$ 时，滞回比较器运放 A_2 的同相端输入的负门限电平 u_{p2} 为

$$u_{p2} = -\frac{R_7}{R_6 + R_7}U - \frac{R_7}{R_6 + R_7}U_Z < U_1 < 0 \tag{4-30}$$

当 $u_i = 0$ 时，$u_c = 0$、$u_o = -U_Z$，V 截止，滞回比较器运放 A_2 的同相端输入的负门限电平 $u_{p3} = U_2$。

当 $u_i > 0$ 时，分两种情况。

(1)若 $u_c < U_2$，$u_o = +U_Z$，V 导通，C 通过 R_3 放电，u_c 增大，则 u_p 突变为 U_1，放电时间为 T_2，且 T_2 满足

$$T_2 = \left|\frac{U_2 - U_1}{I}\right|C = 2(R_3 + r_{ce})C\left|\frac{U_1 - U_2}{U_1 + U_2}\right| = 常数(非线性项) \tag{4-31}$$

(2)若 $u_c \geqslant U_2$，$u_o = -U_Z$，V 截止，C 通过 R_1 充电，u_c 减小，则 u_p 突变为 U_2，充电时间为 T_1，且 T_1 满足

$$T_1 = \frac{R_1 C(U_1 - U_2)}{u_i}(线性项) \tag{4-32}$$

输出信号的总周期 T 满足

$$T = T_1 + T_2 \approx T_1 = \frac{R_1 C(U_1 - U_2)}{u_i} \tag{4-33}$$

输出信号的频率 f 为

$$f = \frac{1}{T} = \frac{u_i}{R_1 C(U_1 - U_2)} \propto u_i \tag{4-34}$$

电压 u_c、u_p、u_o 的波形如图 4-24 所示。

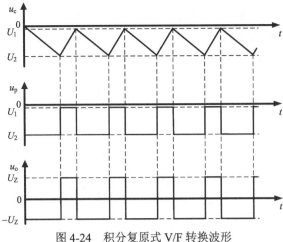

图 4-24　积分复原式 V/F 转换波形

2. 集成 V/F 转换器

集成 V/F 转换器具有精度高、线性度好、温度系数低、动态范围宽、功耗低等优点，广泛应用于传感信号调理电路中。目前大多数集成 V/F 转换器采用电荷平衡式 V/F 转换原理。以 TI 公司的 LM331 为例进行介绍。LM331 是具有 1Hz～100kHz 满量程频率的精密压频转换器，其线性度最高达 0.01%，温度系数为 $\pm 5 \times 10^{-5}(℃)^{-1}$，在 5V 供电的条件下功耗仅为 15mW，在 10kHz 满量程频率下的动态范围高达 100dB。图 4-25 为 LM331 的结构框图，主要由输入比较器、定时比较器和 RS 触发器构成的单稳态定时器、基准电源、精密电流源、电流开关、集电极开路输出管等组成。

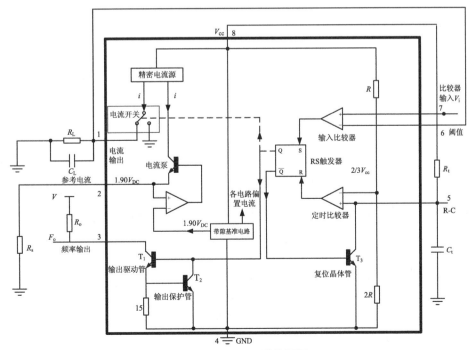

图 4-25　LM331 结构框图

图 4-26(a)所示的是 LM331 的简化电路，包含两个 RC 定时电路，其中一个由 R_t、C_t 构成，与单稳态定时器连接；另一个由 R_L、C_L 构成，通过精密电流源充电。精密电流源的输出电流 i_S 由 1.9V 基准电压 V_S 和电阻 R_S 决定。

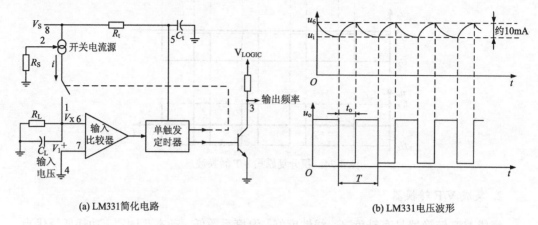

(a) LM331简化电路   (b) LM331电压波形

图 4-26　LM331 简化电路及电压波形

图 4-26(b)所示为 LM331 的电压波形，当输入电压满足 $u_i > u_6$ 时，比较器输出高电平，单稳态定时器输出端 Q 为高电平，输出驱动管 T_1 导通，输出低电平 $u_o = U_{oL} = 0$。同时，开关 S 闭合，电流 i_S 对电容 C_L 充电，u_6 增大。与 5 连接的芯片内部放电管截止，电源 V_S 经过电阻 R_t 对电容 C_t 充电，u_5 增大，充电时间为 T_1，则充电电荷 Q_S 满足

$$Q_S = I_S T_1 = 1.9 V_S \frac{T_1}{R_S} \tag{4-35}$$

由于定时电容充电方程式：

$$u_{C_t} = V_S \left(1 - e^{-\frac{T_1}{R_t C_t}} \right) = \frac{2}{3} V_S \tag{4-36}$$

则充电时间 T_1 满足

$$T_1 = R_t C_t \ln 3 \approx 1.1 R_t C_t \tag{4-37}$$

当 $u_i < u_6$ 且 $u_5 > \frac{2}{3} V_S$ 时，单稳态定时器输出端 Q 为低电平，输出管 V 截止，则输出高电平 $u_o = U_{oH} = E$。同时，开关 S 断开，C_L 通过 R_L 放电，u_6 减小。与 5 连接的芯片内部放电管导通，C_t 通过此放电管进行放电至电压为零，放电时间为 T_2，放电电荷满足

$$Q_R = I_L T_2 = I_L T \approx \frac{u_i}{R_L} T \tag{4-38}$$

根据电荷平衡原理，$Q_S = Q_R$，则周期 T 为

$$T = 1.9 \frac{T_1 R_L}{R_S u_i} \tag{4-39}$$

则输出电压的频率 f 为

$$f = \frac{1}{T} = \frac{R_S u_i}{1.9 T_1 R_L} = \frac{R_S u_i}{1.9 \times 1.1 R_t C_t R_L} = \frac{R_S u_i}{2.09 R_t C_t R_L} \propto u_i \tag{4-40}$$

4.4　模　拟　滤　波

在被测信号中提取我们感兴趣的信号，剔除其他不必要的成分，这种方法称为选频或滤波，实现这种方法的装置称为滤波器。滤波器是一种选频装置，以频率为选择条件，能够保留有用信号，衰减不必要的干扰和噪声。模拟滤波指对模拟信号进行滤波，在测量系统中，常利用滤波器的选频特性去除干扰与噪声或进行频谱分析，滤波器广泛应用于测量系统和自动控制系统中。

4.4.1　滤波器的作用与类别

根据不同选频功能，滤波器分为低通、高通、带通、带阻滤波器。这四种滤波器的特性如图 4-27 所示。

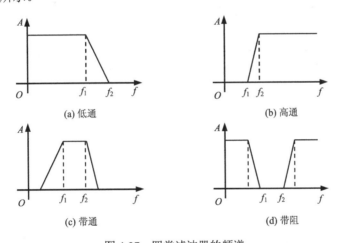

图 4-27　四类滤波器的频谱

(1) 低通滤波器：通带在低频段，为 $0 \sim f_1$；过渡带为 $f_1 \sim f_2$，$f_2 > f_1$；

(2) 高通滤波器：通带在高频段，为 $f_2 \sim \infty$；过渡带为 $f_1 \sim f_2$，$f_2 > f_1$；

(3) 带通滤波器：通带在中频段，为 $f_1 \sim f_2$；阻带在通带两侧，有两个过渡带；

(4) 带阻滤波器：阻带在中频段，为 $f_1 \sim f_2$；阻带两侧均为通带，有两个过渡带。

根据滤波器的组成，可以分为如下四类。

(1) RC 无源滤波器。由电阻 R 与电容 C 组成，选频性能较差、存在能量损耗，一般用作低性能滤波器。

(2) LC 无源滤波器。由电感 L 与电容 C 组成，选频性能好、能量损耗小、噪声小、灵敏度低，但体积大、不便于集成化，在现代测控系统中应用不多。

(3) 其他无源滤波器。机械滤波器、压电陶瓷滤波器、声表面滤波器等，品质因数高、稳定性强。

(4) RC 有源滤波器。含有有源器件，以补偿 RC 滤波器中电阻 R 上的能量损耗，提高 RC 滤波器的选频性能，降低能量损耗。

4.4.2　滤波器的特性与性能指标

1) 滤波器的特性

理想滤波器对于通带内信号的幅值和相位均不衰减和失真，而对于阻带内频率分量均衰减至零，通带与阻带间有明显的分界。对于理想滤波器的特性，其通带内幅频特性为常数，相频特性为斜率固定的直线；而通带外的幅频特性为零。理想滤波器的频率响应满足

$$H(f) = \begin{cases} A_0 e^{-2\pi f t_0}, & |f| < f_c \\ 0, & |f| \geqslant f_c \end{cases} \tag{4-41}$$

式中，A_0 和 t_0 为常数；f_c 滤波器截止频率；$H(f)$ 为滤波器频率响应。因此，对于理想滤波器，只需确定截止频率 f_c 即可确定其特性。在实际应用中，理想滤波器是不能实现的。对于实际滤波器，其通带和阻带没有明显的分界，通带的幅频特性也不为常数，因此需要更多的参数去描述其特性。

对于实际滤波器，通带和阻带间存在一个过渡带，在此频带范围内，信号无法被完全抑制，只会受到衰减。因此，在设计滤波器时，过渡带越窄越好，即信号衰减速度越快、衰减程度越大越好，以尽可能逼近理想滤波器。

2) 滤波器的特征频带

滤波器的类型可以不同，但其频率特性 $H(\omega)$ 都有三个特征段：通带、阻带及过渡带。

(1) 通带。在这段频率范围，滤波器输出信号的幅值 $|Y(\omega)|$ 与其输入信号的幅值 $|X(\omega)|$ 之比 A：

$$A = \frac{|Y(\omega)|}{|X(\omega)|}$$

近似为常量，信号可不受或受很小的影响通过滤波器。理想带通 $A=$常量，是一条平直线。

(2) 阻带。在这段频率范围内 $A \approx 0$，信号受很大衰减而被阻止。理想阻带 $A=0$，信号完全被阻止。

(3) 过渡带。位于通带与阻带之间的一段频带，幅值比值 A 不为常量，随信号频率的变化而改变。

从以信号提取与抑制噪声为目的来考虑：希望欲提取信号的频段落在通带；希望消除噪声的频带落在阻带；不希望存在过渡带。没有过渡带的滤波器是理想滤波器。

3) 滤波器的性能指标

实际滤波器的特性能够通过其性能指标进行描述，包括波纹幅度、截止频率、带宽、品质因数、倍频程选择性等。

(1) 波纹幅度 d。通带范围内幅频特性呈波纹变化的程度。波纹幅度 d 与幅频特性平均值 A_0 的比值越小越好，一般远小于 -3dB，即 $d \ll A_0/\sqrt{2}$。

(2) 截止频率 f_c。信号的功率衰减至 $1/2$（幅值衰减为 -3dB），即幅频特性等于 $A_0/\sqrt{2}$ 时

所对应的频率。对于上截止频率 f_{c2} 和下截止频率 f_{c1}，中心频率 $f_0 = \sqrt{f_{c1}f_{c2}}$。

(3) 带宽 B。上下截止频率之差称为带宽或–3dB 带宽，即 $B = f_{c2} - f_{c1}$。带宽决定了滤波器区分频率成分的能力，即频率分辨力。带宽越窄，频率分辨力越高。

(4) 阻尼系数 ξ 与品质因数 Q。阻尼系数 ξ 是表征滤波器对角频率为 ω_0 信号的阻尼作用，表示滤波器中的能量损耗。阻尼系数 ξ 的倒数是品质因数 Q，品质因数 Q 为中心频率 f_0 与带宽 B 之比，即 $Q=f_0/B$。Q 值越大，滤波器的频率分辨力越高。为了构成品质因数较高的窄带带通或带阻滤波器，可以通过 n 级品质因数 Q 相同的电路级联，级联后总品质因数 Q_{2n} 为

$$Q_{2n} = \frac{Q}{\sqrt{\sqrt[n]{2}-1}} \qquad (4\text{-}42)$$

(5) 倍频程选择性 W。频率变化一倍幅值的衰减量，即 $W=20\lg\left(A(2f_{c2})/A(f_{c2})\right)$，单位为 dB。倍频程选择性反映了过渡带内滤波器幅频特性曲线衰减的快慢，决定了滤波器对通带外频率成分的衰减能力。倍频程选择性越大，过渡带内信号衰减越快，滤波器的选择性越好。

(6) 滤波器因数 λ。频率特性–60dB 带宽与–3dB 带宽的比值，即 $\lambda = B_{-60\mathrm{dB}} / B_{-3\mathrm{dB}} = 1 \sim 5$。滤波器因数也能够反映滤波器的选择性。对于理想滤波器，滤波器因数为 1，实际滤波器的滤波器因数通常为 1～5。

(7) 灵敏度 S_x^y。滤波器由多个元件构成，每个元件的变化都会影响滤波器的性能。滤波器的性能 y 随某一元件参数 x 变化的灵敏度 S_x^y 定义为

$$S_x^y = \frac{\mathrm{d}y/y}{\mathrm{d}x/x} \qquad (4\text{-}43)$$

滤波器的灵敏度通常用来分析电路元件参数变化时滤波器性能的变化情况，灵敏度越小，滤波器的稳定性越强。

(8) 群时延函数 $\tau(\omega)$。当滤波器的幅频特性满足设计要求时，为了保证信号的失真在要求范围内，必须保证相位失真小于某一限度。通常用群时延函数评估滤波器的相位失真程度，群时延函数 $\tau(\omega)$ 的定义为

$$\tau(\omega) = \frac{\mathrm{d}\varphi(\omega)}{\mathrm{d}\omega} \qquad (4\text{-}44)$$

式中，$\varphi(\omega)$ 为滤波器输出信号的相频特性。

群时延函数越接近常数，滤波器输出信号的相位失真越小。

4) 滤波器特性的逼近

理想滤波器的幅频特性 $A(\omega)$ 在通带内为常数，在阻带内为零，没有过渡带，且群时延函数在通带内为常数。实际上，这样的理想滤波器是无法实现的。理论上，能够通过增加电路阶数或选择适当的电路元件参数使滤波器的频率特性逼近理想滤波器，但增加电路阶数会使电路结构复杂，难以无限逼近理想滤波器。因此，在设计滤波器时通常侧重于某一方面的性能需求，根据实际的应用特点选择合适的逼近方法。按滤波器的不同逼近方法，可将滤波器分为三种：巴特沃思(逼近)滤波器、切比雪夫(逼近)滤波器和

贝塞尔(逼近)滤波器。

(1)巴特沃思逼近。

巴特沃思逼近的原则是使滤波器的幅频特性在通带内最平坦且单调变化,但这类滤波器的阻带衰减缓慢,因此频率选择性较差。其幅频特性为

$$A(\omega) = \frac{K_p}{\sqrt{1 + \left(\omega/\omega_c\right)^{2n}}} \tag{4-45}$$

式中,n 为网络阶数;ω_c 为截止频率。

n 阶巴特沃思低通滤波器的传递函数为

$$H(s) = \begin{cases} K_p \displaystyle\prod_{k=1}^{N} \dfrac{\omega_c^{\,2}}{s^2 + 2\omega_c\theta_k s + \omega_c^{\,2}}, & n = 2N \\[3mm] \dfrac{K_p\omega_c}{s + \omega_c} \displaystyle\prod_{k=1}^{N} \dfrac{\omega_c^{\,2}}{s^2 + 2\omega_c\theta_k s + \omega_c^{\,2}}, & n = 2N+1 \end{cases} \tag{4-46}$$

式中,$\theta_k = (2k-1)\pi/(2n)$。

图 4-28 所示的是 n=2、4、8 阶巴特沃思低通滤波器的幅频特性和相频特性。由图 4-28(a)可知,幅值 $A(\omega)$ 随频率单调下降。滤波器的阶数 n 越大,滚降越快,频率选择性越好,其特性越接近于理想滤波器特性。由图 4-28(b)可知,巴特沃思低通滤波器的相频特性是非线性的,因此不同频率的信号通过滤波器时相移不同。滤波器的阶数 n 越大,相频特性的线性度越差。对于二阶低通巴特沃思滤波器,阻尼系数 $\xi = \sqrt{2}$,品质因数 $Q = 1/\sqrt{2}$。

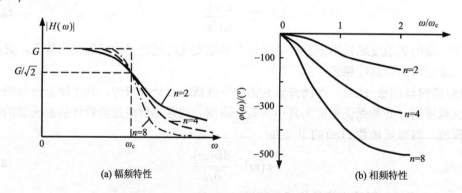

(a) 幅频特性　　　　　　　　　　(b) 相频特性

图 4-28　不同阶数巴特沃思低通滤波器的频率特性

(2)切比雪夫逼近。

切比雪夫逼近的原则是允许滤波器的幅频特性在通带内有一定的波动 ΔK_p,因此这类滤波器也称为波纹型滤波器。当滤波器阶数一定时,这类滤波器的滚降比巴特沃思滤波器更快,频率选择性更好,其特性更接近理想滤波器。其幅频特性为

$$A(\omega) = \frac{\Delta K_p}{\sqrt{1 + \varepsilon^2 c_n^2\left(\omega/\omega_p\right)}} \tag{4-47}$$

式中，n 为滤波器阶数；$\varepsilon = \sqrt{10^{\Delta K_p/10} - 1}$，称为滤波器的通带增益波纹系数；$\Delta K_p$ 为通带波动量；ω_p 为通带截止频率；c_n 为 n 阶切比雪夫多项式：

$$c_n = \begin{cases} \cos\left[n \arccos\left(\omega/\omega_p\right)\right], & |\omega/\omega_p| \leqslant 1 \\ \cosh\left[\left[n \operatorname{arccosh}\left(\omega/\omega_p\right)\right]\right], & |\omega/\omega_p| > 1 \end{cases} \tag{4-48}$$

允许的波动量越大，滤波器滚降越快，频率选择性越好，但波动量越大，滤波器所引起的幅度失真越大。n 阶切比雪夫滤波器的传递函数为

$$H(s) = \begin{cases} K_p \prod_{k=1}^{N} \dfrac{\omega_p^2\left(\sinh^2\beta + \cos^2\theta_k\right)}{s^2 + 2\omega_p \sinh\beta \sin\theta_k s + \omega_p^2\left(\sinh^2\beta + \cos^2\theta_k\right)}, & n = 2N \\ \dfrac{K_p \omega_p \sinh\beta}{s + \omega_p \sinh\beta} \prod_{k=1}^{N} \dfrac{\omega_p^2\left(\sinh^2\beta + \cos^2\theta_k\right)}{s^2 + 2\omega_p \sinh\beta \sin\theta_k s + \omega_p^2\left(\sinh^2\beta + \cos^2\theta_k\right)}, & n = 2N+1 \end{cases} \tag{4-49}$$

式中，$\theta_k = (2k-1)\pi/(2n)$；$\beta = \left[\operatorname{arcsinh}\left(1/\varepsilon\right)\right]/n$。

图 4-29(a)、(b) 分别给出了相同 ε 值、不同 n 值时的幅频特性与相频特性。由图 4-29 可见，在通带内，具有相等幅度的波纹，随着 n 值的增加，波纹数目相应增加，同时阻带内衰减也增加，与理想特性近似越好。

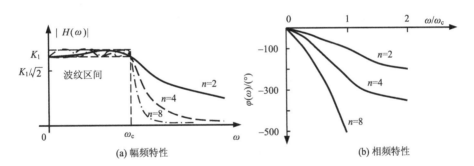

图 4-29　不同阶数切比雪夫低通滤波器的频率特性

对于二阶低通切比雪夫滤波器，不同的通带波动 ΔK_p 对应不同的阻尼系数 ξ，ξ 通常取 $0.75 \sim 1.3$。二阶切比雪夫低通滤波器的阻尼系数 ξ 与通带波动 ΔK_p 的关系如表 4-2 所示。

表 4-2　二阶切比雪夫滤波器阻尼系数表

ΔK_p/dB	0.1	0.25	0.5	1	1.5	2	2.5
ξ	1.3032	1.2357	1.1578	1.0454	0.9587	0.8860	0.8227

(3) 贝塞尔逼近。

贝塞尔逼近的基本原则是使滤波器在通带内的相频特性线性度最高，群时延函数最

接近常数，所引起的相位失真最小，但这类滤波器的幅频特性在阻带内衰减缓慢，频率选择性差。这类滤波器通常用于要求信号失真小的场合。

4.4.3　智能传感器中模拟滤波器的设计

在智能传感器中设计模拟滤波器时，为了简化设计流程、降低设计成本，通常采用优先选用无源滤波器，无法满足要求时选用有源滤波器；优先选用低阶滤波器，无法满足要求时选用高阶滤波器的原则。

4.4.2 小节已经提到，RC 无源滤波器设计简单、频率特性容易计算，但选频性能较差，对元件误差敏感，无法提供增益，可能导致输出阻抗大。有源滤波器的设计主要包括确定传递函数、选择电路结构、选择有源器件与计算无源器件参数四个过程。

1. 确定传递函数

首先根据实际应用的特点选择一种合适的逼近方法，由 4.4.2 小节可知，三种逼近方法各有优缺点。在测控系统中，巴特沃思滤波器和切比雪夫滤波器比贝塞尔滤波器的应用范围更加广泛。当阶数一定时，切比雪夫滤波器的过渡带最陡峭，频率选择性更好，但信号失真严重，且灵敏度最高，即对元件的参数精确性要求更高。贝塞尔滤波器在通带内的相频特性线性度最好，用于信号对相位敏感的场合。

根据经验确定滤波器的阶数 n。当对通带增益和阻带衰耗有一定要求时，应根据通带截止频率 ω_p、阻带截止频率 ω_r、通带波动 ΔK_p 确定滤波器的阶数。低通滤波器的阶数可以通过式(4-45)与式(4-47)确定。对于高通滤波器，通过式(4-50)与式(4-51)确定：

$$A(\omega) = \frac{K_p}{\sqrt{1 + \left(\omega_c / \omega\right)^{2n}}} \tag{4-50}$$

$$A(\omega) = \frac{K_p}{\sqrt{1 + \varepsilon^2 c_n^2 \left(\omega_p / \omega\right)}} \tag{4-51}$$

确定滤波器的阶数后，通过式(4-46)与式(4-49)确定滤波器的传递函数。

2. 选择电路结构

确定滤波器的传递函数后，需要选择一种适当的电路结构。常用的滤波器电路有三种：压控电压源型滤波电路、无限增益反馈型滤波电路和双二阶环型滤波电路。

1)压控电压源型滤波电路

压控电压源型滤波电路的结构如图 4-30 所示，其中运算放大器 A、电阻 R 与电阻 R_0 构成的同相放大器称为压控电压源，压控增益 $A_f = 1 + R_0/R$。$Y_1 \sim Y_5$ 为复导纳，对于电阻 R_i，$Y_i = 1/R_i$；对于电容 C_i，$Y_i = \omega C_i$。通过电路分析，得到该电路的传递函数为

$$H(s) = \frac{A_f Y_1 Y_2}{(Y_1 + Y_2 + Y_3 + Y_4)Y_5 + \left[Y_1 + (1 - A_f)Y_3 + Y_4\right]Y_2} \tag{4-52}$$

通过选取合适的电阻 R 和电容 C，能够实现二阶有源低通、高通、带通滤波器。

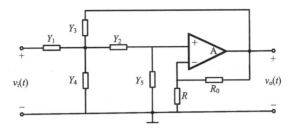

图 4-30　压控电压源型二阶滤波器的基本结构

2) 无限增益反馈型滤波电路

无限增益反馈型滤波电路由一个理论上具有无限增益的运算放大器和多路反馈网络构成，如图 4-31 所示。该电路的传递函数为

$$H(s) = -\frac{Y_1 Y_2}{(Y_1 + Y_2 + Y_3 + Y_5)Y_4 + Y_2 Y_3} \tag{4-53}$$

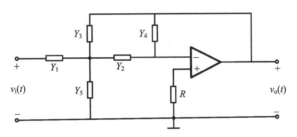

图 4-31　无限增益反馈型二阶滤波器的基本结构

与压控电压源型滤波电路一样，无限增益反馈型滤波电路可以通过选取合适的电阻 R 和电容 C，实现二阶有源低通、高通、带通滤波器。

3) 双二阶环型滤波电路

双二阶环型滤波电路是由两个以上的加法器、积分器等构成的运算放大电路，加上适当的反馈所组成的滤波电路。其灵敏度低，因此电路非常稳定。由于能够同时实现两种以上的滤波功能，因此该滤波电路也称为状态可调节滤波器。经过适当改进，可以将运算放大器的数量减少至两个。这里对三种典型的双二阶环型滤波电路进行介绍。

(1) 具有低通、带通功能的双二阶环型滤波电路。

图 4-32 所示的是能够实现低通、带通功能的双二阶环型滤波电路。$v_3(t)$ 为带通滤波输出，$v_2(t)$ 和 $v_1(t)$ 为低通滤波输出。

滤波器参数为

$$K_{p1} = -\frac{R_1}{R_0}, \quad K_{p2} = \frac{R_1 R_4}{R_0 R_5}, \quad K_{p3} = -\frac{R_2}{R_0} \tag{4-54}$$

$$\omega_0 = \sqrt{\frac{R_5}{R_1 R_3 R_4 C_1 C_2}} \tag{4-55}$$

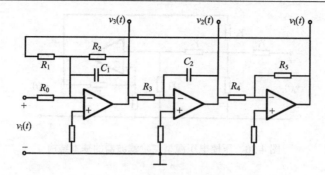

图 4-32　具有低通、带通功能的双二阶环型滤波电路

$$\xi\omega_0 = \frac{\omega_0}{Q} = \frac{1}{R_2 C_1} \tag{4-56}$$

式中，K_{p1}、K_{p2}、K_{p3} 分别为输出 $v_1(t)$、$v_2(t)$、$v_3(t)$ 的通带增益。通过 R_0 调整 K_{pi}，通过 R_5 调整 ω_0，通过 R_2 调整 Q，因此各参数间的影响非常小。

(2)具有高通、带通、全通功能的双二阶环型滤波电路。

图 4-33 所示的是能够同时实现高通、带通、全通功能的双二阶环型滤波电路。当 R_{03} 开路，且 $R_{01}=R_{02}R_2/R_3$ 时，实现高通滤波功能；当 $R_{03}=R_{02}R_5/R_4$，且 $R_{01}=R_{02}R_2/(2R_3)$ 时，实现带通滤波功能；当 $R_{01}=R_{02}R_2/(2R_3)$，且 $R_{03}=R_{02}R_5/R_4$ 时，实现全通滤波功能。

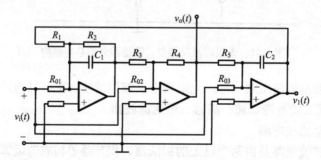

图 4-33　具有高通、带通、全通功能的双二阶环型滤波电路

三种功能滤波器的参数均为

$$K_p = -\frac{R_4}{R_{02}} \tag{4-57}$$

$$\omega_0 = \sqrt{\frac{R_4}{R_1 R_3 R_5 C_1 C_2}} \tag{4-58}$$

$$\xi\omega_0 = \frac{\omega_0}{Q} = \frac{1}{R_2 C_1} \tag{4-59}$$

这种结构的滤波电路要实现特定的滤波功能，某些元件必须满足一定的关系，否则会影响滤波器特性。当满足元件约束关系时，该滤波电路的灵敏度很小。

(3)具有低通、带通、高通、带阻、全通功能的双二阶环型滤波电路。

图 4-34 所示的是能够同时实现低通、带通、高通、带阻、全通功能的双二阶环型滤

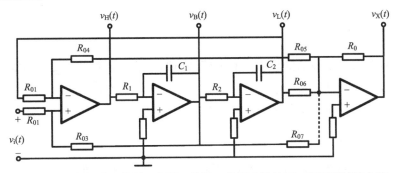

图 4-34　具有低通、带通、高通、带阻、全通功能的双二阶环型滤波电路

波电路。当 $R_{01}=R_{02}=R_{03}=R_{04}$ 时，$v_H(t)$、$v_B(t)$、$v_L(t)$ 分别为高通、带通、低通滤波的输出。各功能滤波器的参数分别为

$$K_{pH}=1, \quad K_{pB}=-1, \quad K_{pL}=1 \tag{4-60}$$

$$\omega_0 = \frac{1}{\sqrt{R_1 R_2 C_1 C_2}} \tag{4-61}$$

$$\xi\omega_0 = \frac{\omega_0}{Q} = \frac{1}{R_1 C_1} \tag{4-62}$$

式中，K_{pH}、K_{pB}、K_{pL} 分别为输出 $v_H(t)$、$v_B(t)$、$v_L(t)$ 的通带增益。

当 R_{07} 开路，且 $R_{05}=R_{06}=R_0$ 时，$v_X(t)$ 为带阻滤波输出；当 $R_{07}=R_0$ 时，$v_X(t)$ 为全通滤波输出。这两种功能滤波器的参数均为 $K_p=-1$，ω_0、$\xi\omega_0$ 与式(4-61)、式(4-62)相同。

压控电压源型滤波电路的结构简单、元件数量少、调整方便，且对元件的性能要求不高，应用十分广泛，但该类型的滤波电路通过正反馈补偿 RC 网络的能量损耗，导致电路稳定性降低。同时，这种结构的滤波电路灵敏度较高，且与 Q 值成正比，因此当滤波器的 Q 值较高时，该电路对外界条件变化较敏感。

无限增益反馈型滤波电路与压控电压源型滤波电路的元件数量相近，由于没有正反馈结构，其电路稳定性较高，但这种结构的滤波电路对元件的性能要求较高，且调整不方便。对于低通和高通滤波电路，其灵敏度与压控电压源型相似，但对于带通滤波电路，其 Q 值变化的灵敏度小于 1，因此对比压控电压源型，其能实现较高 Q 值的带通滤波。然而，实际运放的开环增益并非无限大，受到单位增益带宽的限制，其开环增益会降低。因此，这种结构的滤波电路 Q 值一般不超过 10。

双二阶环型滤波电路的元件数量较多、电路结构复杂，但调整方便、灵敏度低、性能稳定。这类滤波电路的灵敏度范围通常为-1~1，Q 值可达数百。许多高性能滤波器及集成滤波器均采用这种结构。

以上三种滤波电路结构各有优缺点，应根据实际应用场景选择合适的电路结构。滤波电路的 Q 值较高时，灵敏度也较高，因此为了保证电路的稳定性，对于高 Q 值的电路应选择灵敏度低的结构。低通、高通滤波电路的 Q 值随着阶数的增加而增大，对于高阶的滤波电路，应采用灵敏度低的结构。多级滤波电路级联时，应将高 Q 值的电路设计在前级。

3. 选择有源器件

有源器件是有源滤波器的核心，有源滤波电路中的有源器件主要为运算放大器。实际上，运算放大器是非理想的，单位增益带宽、噪声、输入输出阻抗等都有可能影响滤波电路的传递函数，需要根据具体的应用选择合适的运算放大器。

4. 计算无源器件

当理想的有源器件确定后，需要计算滤波电路中的无源器件参数，即 R、C 的取值。通常采用图表法设计滤波器，即由图确定电路结构，由表计算无源器件参数值。计算无源器件时，首先确定一个或若干个无源元件参数，再通过公式计算其余元件的参数。本小节以无限增益多路反馈型二阶巴特沃思低通滤波器为例进行说明，由于电容的容量可选择范围较小，因此应尽量先选定电容值。根据 f_c，通过表 4-3 对电容值进行选择。

表 4-3　二阶有源滤波器设计电容选择参数表

f_c/Hz	<100	100～1000	$(1～10)×10^3$	$(10～100)×10^3$	$100×10^3$
C_1/μF	10～0.1	0.1～0.01	0.01～0.001	$(1000～100)×10^{-6}$	$(100～10)×10^{-6}$

大于 0.01μF 的电容价格与体积随容量增大而增加，且大于 0.1μF 的电容不易购买（电解电容漏电大、误差大，一般不用于滤波器），而小于 100pF 的电容易受电路分布电容影响，因此通常不选择过小或过大的电容。

选定电容后，需要确定电阻的阻值。电阻的取值范围通常为 1Ω～10MΩ，电阻的体积和价格与阻值无关，但也不能取值过小或过大。若电阻取值过小，会增大前级电路的负载；若电阻取值过大，阻值误差较大且运放有限的输入阻抗都会影响滤波器性能。通常根据所选定电容 C_1 的值，通过式(4-63)计算电阻换标系数 K：

$$K = \frac{100}{f_c C_1} \tag{4-63}$$

式中，f_c 的单位为 Hz；C_1 的单位为 μF。

根据表 4-4 确定 C_2/C_1 和归一化电阻值 $r_1～r_3$ 的取值，将归一化电阻值乘以电阻换标系数 K 即可得到各电阻的阻值，即

表 4-4　无限增益多路反馈型二阶巴特沃思低通滤波器

K_p	1	2	6	10
r_1/kΩ	3.111	2.565	1.697	1.625
r_2/kΩ	4.072	3.292	4.977	4.723
r_3/kΩ	3.111	5.130	10.180	16.252
C_2/C_1	0.2	0.15	0.05	0.003

$$R_i = K r_i, \quad i=1,2,3 \tag{4-64}$$

在实际应用中，计算所得的电阻、电容值可能与标称系列值不同，且实际值也存在误差，设计时，应选择最接近标称值的设计值。对于灵敏度较低的电路，元件参数的设计误差通常不超过 5%；对于 5、6 阶的电路，元件误差通常不超过 2%；对于 7、8 阶的电路，元件误差应小于 1%；对于特性要求更高的电路，元件精度要求应进一步提高。

4.4.4　模拟滤波器的实现

[示例 4-1]　模拟滤波器的设计与 Multisim 仿真。

要求： 设计一个二阶巴特沃思低通模拟滤波器并通过 Multisim 软件进行仿真。

①通带增益 $K_p=2$；

②转折频率 $f_c=450\text{Hz}$；

③电路采用无限增益多路反馈结构。

解： (1) 通过表 4-3 选择电容 $C_1=0.01\mu\text{F}$，由式 (4-63) 计算电阻换标系数 $K\approx22.22$。查表 4-4 得到归一化电阻值 $r_1=2.565\text{k}\Omega$、$r_2=3.292\text{k}\Omega$、$r_3=5.130\text{k}\Omega$，电容 $C_2=1500\text{pF}$。由式 (4-64) 可知，将归一化电阻值与电阻换标系数相乘得到电阻值，电阻 $R_1\approx56.99\text{k}\Omega$、$R_2\approx73.15\text{k}\Omega$、$R_3\approx113.99\text{k}\Omega$。

(2) 选择误差为 5% 的金属膜电阻，标称值分别为 $R_1=56.2\text{k}\Omega$、$R_2=86.6\text{k}\Omega$、$R_3=113\text{k}\Omega$。C_1、C_2 分别选择标称值为 $0.01\mu\text{F}$、1500pF，容差为 5% 的电容。

(3) 通过 Multisim 软件对所设计的滤波器进行仿真，仿真电路如图 4-35 所示。

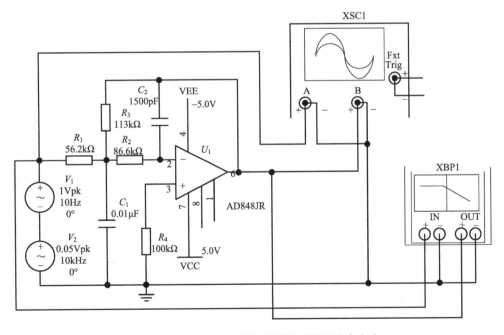

图 4-35　二阶巴特沃思低通模拟滤波器仿真电路

图 4-36 给出了所设计滤波器的频率特性，该滤波电路的转折频率为 450Hz 左右，满足设计需求。

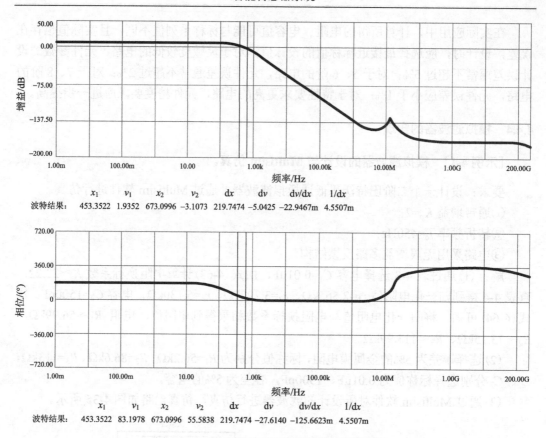

波特结果:	x_1	v_1	x_2	v_2	dx	dv	dv/dx	1/dx
	453.3522	1.9352	673.0996	−3.1073	219.7474	−5.0425	−22.9467m	4.5507m

波特结果:	x_1	v_1	x_2	v_2	dx	dv	dv/dx	1/dx
	453.3522	83.1978	673.0996	55.5838	219.7474	−27.6140	−125.6623m	4.5507m

图 4-36　二阶巴特沃思低通模拟滤波器的特性

设计滤波器的测试输入信号为频率 10Hz、峰值 1V 的正弦波，叠加频率 10kHz、峰值 0.05V 的正弦波噪声。图 4-37 给出了所设计滤波器的测试信号与滤波后信号的波形，可见，满足通带增益为 2 且具有低通滤波功能的需求。

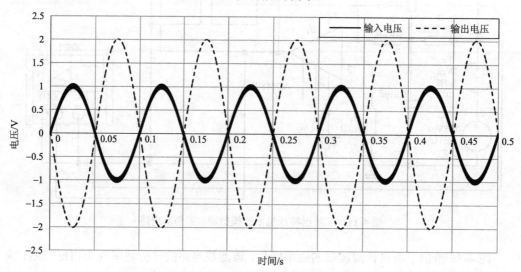

图 4-37　二阶巴特沃思低通模拟滤波器的测试信号波形

[示例 4-2]　基于 MATLAB 平台的模拟滤波器仿真。

要求： 以 MATLAB 软件为平台分别设计巴特沃思低通滤波器、切比雪夫低通滤波器、椭圆滤波器。

①巴特沃思低通滤波器的通带截止频率为 2kHz、阻带截止频率为 3kHz、通带最大衰减为 1dB、阻带最小衰减为 30dB；

②切比雪夫低通滤波器的通带截止频率为 2kHz、阻带截止频率为 3kHz、通带最大衰减为 1dB、阻带最小衰减为 30dB，分别设计切比雪夫 I 型与 II 型切比雪夫滤波器；

③椭圆滤波器的通带截止频率为 2kHz、阻带截止频率为 3kHz、通带最大衰减为 1dB、阻带最小衰减为 30dB。

解： 分别利用 MATLAB 软件中的 buttord、cheb1ord、cheb2ord、elliord 函数计算滤波器的阶数和截止频率，利用 butter、cheby、cheby2、ellip 函数计算滤波器系统函数的分子、分母多项式。MATLAB 源代码见配套的教学资源示例 4-2。

通过 MATLAB 运行得到的滤波器幅频特性曲线分别如图 4-38 所示。

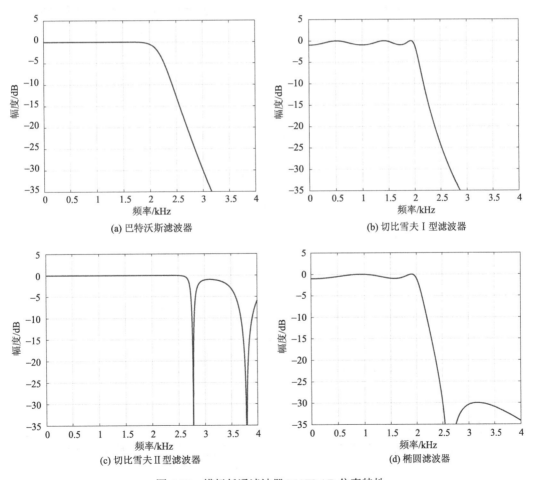

图 4-38　模拟低通滤波器 MATLAB 仿真特性

4.5　模数与数模转换

模数转换指将模拟信号转换为数字信号的过程，实现模数转换的装置称为模数转换器（Analog to Digital Converter，ADC）。类似地，数模转换指将数字信号转换为模拟信号的过程，实现数模转换的装置称为数模转换器（Digital to Analog Converter，DAC）。早期的传感器输出的是模拟信号，而计算机及微处理器所能处理、存储的是数字信号，因此，这类传感器输出信号必须通过 ADC 变为数字信号，才能传输至计算机或微处理器进行处理。ADC 是测量系统的重要组成部分，用于传感信号的模数转换，而 DAC 多用于闭环系统中，也是市场上一些 ADC 板卡的组成部分。

4.5.1　ADC

ADC 主要用于将传感器输出的模拟电信号转换为计算机及微处理器所能处理、存储的数字信号，广泛应用于测控系统、仪器仪表中。工作过程主要包括采样保持、量化、编码。采样将连续的模拟量离散化，转换为时间域上离散的模拟量；保持使模拟量保持稳定；量化将采样保持后幅值连续的信号量化转变为数字量；编码将量化后的数字量以代码表示。根据不同的原理和结构，ADC 主要有逐次逼近型、流水线型、积分型、Σ-Δ型、并行比较型等。

1. 逐次逼近型 ADC

逐次逼近型 ADC 的结构如图 4-39 所示。其转换原理类似于天平称重，通过内部比较器将模拟输入信号与 DAC 输出信号进行比较，根据比较结果，调整 DAC 的输入数位，使 DAC 的输出信号逐步逼近模拟信号，从而实现转换。

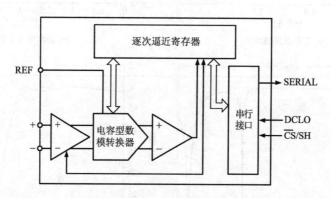

图 4-39　逐次逼近型 ADC 结构

逐次逼近型 ADC 的速度较高、功耗低，在 12bit 以下分辨率时价格低，分辨率超过 12bit 时价格很高。常用的分辨率处于 8～18bit，速度常低于 10M 每秒采样次数（Sample per Second，SPS）。因此，逐次逼近型 ADC 常应用于实时转换，如工业控制、电源管理、电机控制、信号采集等领域。

2. 流水线型 ADC

流水线型 ADC 的结构如图 4-40 所示，由若干个级联电路组成，每级包括一个采样保持电路、一个低分辨率 ADC 和 DAC、一个求和放大电路。模拟输入信号通过采样保持电路进行采样并保持稳定，低分辨率 ADC 将其量化后进入 DAC，通过求和电路将输入信号与 DAC 输出信号相减后放大，送入下一级进行类似处理，直至送入最后一级后将每一级输出求和即得到最终转换结果。

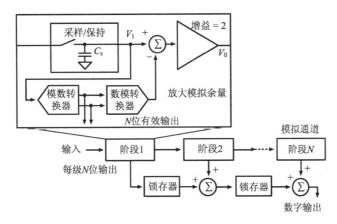

图 4-40　流水线型 ADC 结构

3. 积分型 ADC

积分型 ADC 结构如图 4-41 所示，它能够通过简单结构的电路实现较高分辨率的 A/D 转换，但其转换分辨率依赖于积分时间，因此转换速率低。积分型 ADC 主要用于静态测量领域，如直流电压测量等。

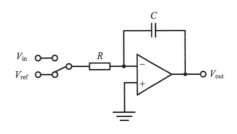

图 4-41　积分型 ADC 结构

4. Σ-Δ 型 ADC

Σ-Δ 型 ADC 的转换过程包括过采样、噪声整形、数字滤波及采样抽取。Σ-Δ 型 ADC 的结构如图 4-42 所示。过采样通过将采样率提高 K 倍，降低量化噪声的基线，将噪声能量分散至更宽的频带范围内。在转换过程中，Σ-Δ 调制器利用差分放大器将模拟输入信号与反馈 DAC 输出相减，再通过积分器进行积分，积分器输出通过比较器转换为 "0" 或 "1" 的数字信号。同时，比较器输出的数字信号通过反馈回路送至 DAC 的输入端。因此，调制器输出数字信号中 "1" 的密度与模拟输入信号大小成正比。积分器对误差电压进行求和，对于输入信号表现为低通滤波器，对于量化噪声表现为高通滤波器，从而实现噪声的整形。最后通过数字滤波器进行较低采样率、高分辨率数据流的滤波和抽取。

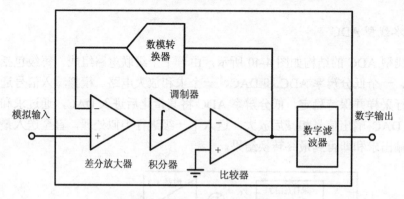

图 4-42　Σ-Δ型 ADC 结构

Σ-Δ型 ADC 的模拟电路结构简单，数字电路十分复杂，具有高速、高分辨率的优点，广泛应用于音频、工业控制、仪器仪表等领域。

5. 并行比较型 ADC

并行比较型 ADC 也称为 FLASH 型 ADC，由电阻分压网络、比较器组、编码器组成，结构如图 4-43 所示。参考电压通过电阻分压网络产生不同数值的参考电压，形成量化电平，模拟输入信号同时与不同量化电平进行比较，经过比较器输出"0"或"1"的数字信号，比较器输出送至编码器进行编码，得到数字信号。

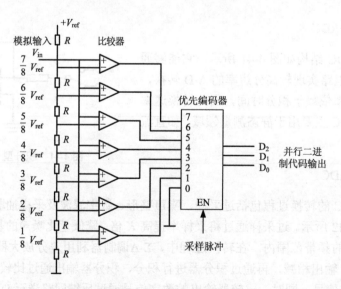

图 4-43　并行比较型 ADC 结构

并行比较型 ADC 输出的各位码值是同时形成的，因此是速度最快的 ADC，但 n 位转换器需要 2^n-1 个比较器，所以电路规模极大且价格高，仅应用于视频 A/D 转换等速度极高的领域。

4.5.2　DAC

　　DAC 的主要作用是将数字信号转换为模拟信号。数模转换的基本原理是将每 1 位的数字量按其位权的大小转换成相应的模拟量，将这些模拟量相加即可得到数字量所对应的模拟量，从而实现数模转换。DAC 主要由数字寄存器、模拟开关、位权网络、求和运算放大器、基准电压源或恒流源组成。数字寄存器保存数字量，控制模拟开关，使数字量为 1 的位在位权网络上产生与位权成正比的电流，运算放大器将各电流求和，并转换成电压输出。

　　DAC 内部电路结构差异不大，基本均由电阻网络和开关构成。由数字量控制开关，产生与输入数字量成比例的电压或电流。根据结构的不同，DAC 分为 R-2R 式 DAC、电压分段式 DAC、电流引导型 DAC 等。限于篇幅，本书不一一介绍。

4.5.3　ADC 和 DAC 的主要技术指标

　　ADC 的主要技术指标包括分辨率、转换速率、量化误差、偏移误差、满刻度误差、线性度。选用时需要根据实际需要的指标来选择。

　　(1)分辨率指引起一个数字量变化时模拟信号的变化量。定义为 ADC 的满刻度与 2^N 的比值，其中 N 为 ADC 的位数。分辨率反映了 ADC 区分模拟信号变化的精细程度。

　　(2)转换速率指完成一次 A/D 转换所需时间的倒数。采样率指两次 A/D 转换的间隔，通常采样率应小于或等于转换速率。

　　(3)量化误差指由 ADC 的有限分辨率引起的误差，即实际 ADC 的阶梯状转移特性曲线与理想 ADC 的转移特性曲线间的最大偏差，通常是 1 个或半个最小数字量所对应的模拟变化量，表示为 1LSB 或 0.5LSB。例如，用 10 位分辨率 ADC 采样电压范围为 0～5V，量化误差通常为 0.5×5/1024V。

　　(4)偏移误差指输入为零时输出不为零的值，可以通过外接电位器进行调整。

　　(5)满刻度误差指满刻度输出时所对应的输入和理想输入之间的误差。

　　(6)线性度指实际 ADC 的转移特性曲线与理想 ADC 转移特性曲线的最大偏差。

　　除以上六种技术指标外，ADC 还有绝对精度、相对精度、微分非线性、积分非线性等其他技术指标，在此不再赘述，可以通过查阅 ADC 的器件手册对其进行深入研究。

　　DAC 的主要技术指标包括分辨率和建立时间。

　　(1)分辨率指最小模拟输出量与最大量之比。

　　(2)建立时间指将一个数字量转换为稳定模拟量所需的时间。通常电流输出型 DAC 建立时间短于电压输出型 DAC。

　　除此之外，DAC 还有包括线性度、转换精度、温度漂移等其他技术指标，和 ADC 类似，在此不再赘述。

4.6　抗干扰设计

　　随着电子技术的不断发展，测控系统的功能、使用环境日趋复杂，电子线路复杂程度提高，给传感器系统带来了许多新的不可靠因素。为了精确地处理微弱的传感信号，必须注意传感器的干扰问题。在进一步考虑元件、电路与系统应用前，有必要对干扰问题进行讨论。本节主要介绍传感器干扰的主要来源、电磁干扰的主要耦合方式与抗干扰设计的主要措施。

4.6.1　传感器干扰的主要来源

传感器及仪器仪表的工作环境复杂，因此所受到的干扰种类复杂。分析传感器干扰的主要来源对于有效解决干扰问题、提高传感器可靠性具有重要意义。传感器干扰的主要来源有静电感应、电磁感应、漏电流感应、射频干扰等。

(1)静电感应指不同支路或元件间因存在寄生电容，一条支路上的电压的变化通过寄生电容引起另一支路上电压变化所带来的干扰；

(2)电磁感应指由于电路存在互感，一条支路中的电流变化通过磁场耦合至另一条支路所引起的干扰。如变压器漏磁、通电平行导线等；

(3)漏电流感应指由于传感器电路的支架、印刷电路板或外壳等绝缘不良，环境潮湿引起绝缘材料的性能下降等，导致的漏电流引起的干扰；

(4)射频干扰主要是大功率设备启动或停止时所引起的干扰和高次谐波干扰。

除以上四种主要干扰来源外，传感器干扰还有如机械干扰、热干扰、光干扰、化学干扰等其他干扰。

4.6.2　电磁干扰的主要耦合方式

1. 传导耦合

通过导线传播直接引入干扰的方式称为传导耦合。交流电源线、较长的信号线等具有天线的效果，会直接拾取空间的干扰，并直接引入至传感器系统中。这种耦合方式也称为直接耦合。

2. 近场感应耦合

带电的电路、元件等周围会形成电磁场，这些电磁场会对附近的电路、系统造成干扰。这种耦合也称为辐射耦合，主要包括容性耦合、感性耦合、公共阻抗耦合和漏电流耦合四种。

1)容性耦合

不同电路、元件间存在寄生电容，一个导体上的干扰通过寄生电容使附近的其他电路受到干扰，这种现象称为容性耦合。

2)感性耦合

当两个闭合回路中的一个回路电流变化时，会产生交变磁场，从而在另一个回路中产生感应电流，两个回路间存在互感，进而将干扰引入到另一回路中。

3)公共阻抗耦合

若电路间存在公共阻抗，那么当两个电路的电流通过公共阻抗时，其中一个电路的电流在公共阻抗上形成的电压会对另一个电路造成干扰。

4）漏电流耦合

当不同电路间存在漏电流时，一个电路的漏电流会流入另一个电路，从而造成干扰。

4.6.3　抗干扰设计的主要措施

传感器的抗干扰设计主要包括屏蔽技术、接地技术、隔离技术、滤波技术四种。

1. 屏蔽技术

屏蔽技术包括静电屏蔽、低频磁屏蔽、电磁屏蔽、热屏蔽等。

静电屏蔽通过铝、铜等电导率高的材料将两个空间区域加以隔离并接地，用以阻隔电场在不同区域间的传播。用屏蔽体将干扰源包围起来，从而减弱或消除其产生的干扰电场对外部的影响，称为主动屏蔽；把需要屏蔽的电路或系统置于屏蔽体内，从而抑制外部干扰电场对电路或系统所造成的影响，称为被动屏蔽。静电屏蔽不仅能防止静电干扰，还能有效防止交变电场干扰，因此许多仪器设备的外壳采用导电材料并且接地。

低频磁屏蔽主要解决低频磁场或固定磁场耦合干扰的问题。任何通电导线或线圈周围都存在磁场，会对仪器设备造成磁场耦合干扰。采用磁导率高的材料作为屏蔽层，让低频干扰磁场在磁阻相对低的磁屏蔽层上通过，从而减弱或消除内部电路、系统所受到的低频磁耦合干扰。若进一步将仪器的金属外壳接地，能够同时起到静电屏蔽的作用。

电磁屏蔽采用导电性能良好的金属材料作为屏蔽材料，做成屏蔽盒、屏蔽罩等形状，将电路、系统等置于其中。电磁屏蔽的屏蔽对象是高频磁场。干扰源产生的高频干扰磁场通过导电性能好的电磁屏蔽层时，会产生同频率的电涡流，消耗了高频干扰的能量。同时，电涡流会产生与干扰磁场方向相反的磁场，抵消了一部分干扰磁场。

热屏蔽通常将敏感元件装入恒温装置中，减小热干扰对传感器性能的影响。恒温装置可以通过隔热材料、温控系统或物理隔离实现。

在实际应用中，屏蔽效果经常受屏蔽体上散热孔、通风孔、天线孔、导线孔和缝隙的影响。这些缝隙和孔洞会引起泄漏，而造成屏蔽效果下降。在屏蔽体不连续时，通常磁场泄漏的影响大于电场泄漏的影响。因此，在设计屏蔽体时，应尽量减小缝隙和孔洞的面积和数量。

2. 接地技术

接地是指印刷电路板上局部电路或整个系统中公共零电位点的布置。系统的接地分为两种：工作接地和安全接地。

1）工作接地

工作接地为信号电压设立基准电位，通常以直流电源的零电压作为基准电位。接地方式主要有单点接地和多点接地两种。根据连接方式的不同，单点接地又分为串联型和并联型两种，如图 4-44 所示。串联型单点接地结构简单，但由于各部分电路的接地电阻不同，当电阻过大或接地电流过大时，各部分电路接地点电位差异显著，影响弱信号电路的正常工作。对于串联型单点接地，须遵循电路电平越低越靠近接地点的原则。并联

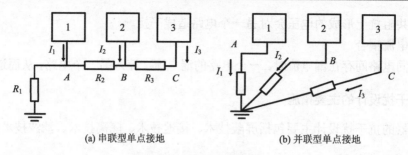

(a) 串联型单点接地　　　　　　　　(b) 并联型单点接地

图 4-44　单点接地示意图

型单点接地中各部分电路的接地电阻互相独立，避免了公共阻抗干扰，但接地线较长且多，经济性较差。对于并联型单点接地，应用于高频场合时，接地线间分布电容的耦合干扰变得突出。同时，当地线长度是信号 1/4 波长的奇数倍时，地线阻抗变得很高，地线会对外造成辐射干扰。因此，当采用并联型单点接地时，地线长度应短于信号波长的 1/10。

对于高频信号，为了降低接地线长度，减小高频时的接地阻抗，应采用多点接地的方式。多点接地的方式如图 4-45 所示，各部分电路独立接地。

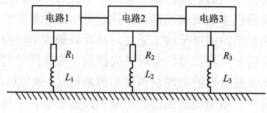

图 4-45　多点接地示意图

在实际应用中，通常对于频率小于 1MHz 的信号采用单点接地；对于频率高于 10MHz 的高频信号采用多点接地；对于频率为 1～10MHz 的信号，若采用单点接地时，地线信号应不超过信号波长的 1/20，否则应采用多点接地。

对于一般的检测系统，传感器与测量装置可能相距较远。由于工业现场环境复杂，传感器与测量装置外壳接地点的电位一般是不同的，若将两部分的零电位于两处分别接地，即为两点接地，会产生较大的电流流过内阻很低的传输线产生压降，造成串模干扰。因此，这种情况下，应采用单点接地的方式。

2) 安全接地

安全接地也称为保护接地，是一种保护人身和设备安全的接地方法。当电气设备的绝缘机构损坏或处于强电磁环境中时，设备的外壳、操作手柄等部位会出现极高的对地电压，危及操作人员的生命安全。采用将外壳与大地连接的方式能够避免触电危险。安全接地时，通常以低阻导线作为接地线与附近的大地连接。

3. 隔离技术

隔离是将干扰源与接收部分分隔开，从而切断干扰源的技术，通常采用隔离器件实现。常用的隔离方式包括光耦隔离、变压器隔离和继电器隔离。光耦隔离以光作为媒介在隔离两端之间进行信号传输,具备较强的隔离和抗干扰能力。变压器隔离通过一次侧与二次侧电气绝缘实现隔离,通常用于削弱电源及其他电路的干扰。继电器隔离的线圈和触点仅有机械联系,没有电气联系,利用其触点控制和传输电信号,实现强电和弱电的隔离,常用于强电和弱电的隔离。

4. 滤波技术

滤波技术可以抑制电路中由外引线导入电路的干扰,主要包括电源干扰和信号线干扰。对于电源干扰,多采用电源滤波器抑制电源线传输电磁干扰,采用吸收型滤波器抑制电源线中的快速瞬变脉冲串干扰。对于继电器、接触器、电磁阀、电机等感性负载所产生的强烈瞬态噪声,可以通过感性负载加吸收电路进行滤波,信号线干扰则只能对传感器输出信号进行滤波器。关于滤波的具体类型和原理,本书在 4.4 节已经进行了详细的介绍。

思　考　题

4-1　信号放大器具有哪些特点?其主要作用是什么?

4-2　在自动检测系统中为什么要采用隔离放大器?隔离放大器有哪几种耦合方式?

4-3　锁定放大器有哪些作用?简述其工作原理。

4-4　什么是电桥平衡?直流电桥和交流电桥的平衡条件分别是什么?

4-5　什么是信号调制?信号调制的主要作用是什么?有哪三种调制方式?

4-6　调幅波、调频波的常用解调方法有哪些?

4-7　为什么要进行压频转换?典型的 V/F 转换电路有哪几种?

4-8　在测量系统中,为什么要进行滤波?根据不同的选频功能,滤波器如何分类?滤波器有哪些基本性能指标?

4-9　简述智能传感器中模拟滤波器的设计步骤。

4-10　什么是模数转换与数模转换?它们的目的是什么?

4-11　ADC 和 DAC 常见的种类有哪些?它们分别有哪些主要技术指标?

4-12　传感器干扰的主要来源有哪些?

4-13　电磁干扰有哪几种耦合方式?

4-14　如何进行传感器的抗干扰设计?

4-15　以阻值为 100Ω、灵敏度为 1.5 的电阻应变片和阻值为 100Ω 的固定电阻构成电桥,电桥的供电电压为 5V,假设负载无穷大。当应变片的应变为 $5\mu\varepsilon$ 时,分别计算单臂电桥、差动半桥和差动全桥的输出电压,并比较三种电桥的灵敏度。

4-16　设计一个 $f_c=1\text{kHz}$ 的二阶巴特沃思低通滤波器。要求元件选取尽可能合理,给出滤波器的传递函数、电路结构、元件参数。

4-17　对于一个参考电压为 5V 的 10 位 DAC,分别计算输入为 0000000000、1000000000、1111111111 时输出的电压值。

4-18　若被测电压为 3.125V、基准电压为 5V,试分析 6 位 ADC 的转换结果是多少?

第 5 章　传感信号的分析基础

传感器系统在测量过程中受到内部和外部因素的干扰，必须对传感信号进行分析与处理，以准确获取信号中的有效信息。本章从不同的角度介绍传感信号的分类，从时域角度对信号的时域指标参数、概率密度函数分析、相关函数与应用进行介绍，从频域角度分别对傅里叶变换、频谱混叠、频谱泄漏、栅栏效应、离散傅里叶变换、功率谱分析进行介绍。

5.1　信号的分类

对于各种信号，可以从不同角度对其进行分类。根据时间特性，可以将信号分为两类：确定性信号与随机信号。若信号表现为确定的时间函数，即对于指定的某一时刻，函数值确定，这种信号称为确定性信号或规则信号，如正弦信号等；若信号无法给出确定的时间函数，只能得到它的统计特性，如知道某一时刻取某一值的概率，这种信号称为随机信号。在实际工程中，信号往往都是随机的。信号在传输过程中，不可避免地受到干扰并引入噪声，表现出随机性。确定性信号与随机信号有着密切联系，随机信号有时也会表现出确定性。

根据周期性，可以将确定性信号分为周期信号与非周期信号。周期信号指按照某一固定时间间隔重复，且无始无终的信号，如正弦信号、脉冲信号等，满足

$$f(t) = f(t + nT), \quad n = 0, \pm 1, \pm 2, \cdots \tag{5-1}$$

式中，T 为周期信号 $f(t)$ 的周期。当周期 T 趋于无穷大时，$f(t)$ 称为非周期信号。非周期信号不具有时间上周而复始的特征。

按照时间取值的连续性与离散性可以将信号划分为连续时间信号与离散时间信号，简称连续信号与离散信号。其中，在任意时刻都能给出确定函数值的信号为连续信号，如图 5-1(a)所示的三角波信号。连续信号的幅值可以是连续的，也可以是离散的(只能取某些规定值)。时间和幅值都连续的信号称为模拟信号。在实际工程中，往往不区分模拟信号与连续信号。在时间上离散，只在某些不连续的、规定的时刻存在函数值的信号为离散信号，仅在 $t = -2$、-1、0、1、2、3 时存在函数值-1、1.6、1、2、1、-0.4，在其他时刻没有定义。离散信号的离散时刻可以是均匀的，也可以是不均匀的。如果离散时间信号的幅值也是连续的，可称为抽样信号，如图 5-1(b)所示的信号。时间与幅值都离散的信号称为数字信号。实际信号既可能是连续时间信号，又可能是离散时间信号。

根据平稳性，可以将随机信号分为平稳随机信号与非平稳随机信号。随机信号常通过统计量进行描述，如均值、协方差函数等。平稳随机信号又分为严格平稳信号与广义

平稳信号。从随机过程的角度理解，若随机信号 $x(t)$ 是 n 阶平稳的，则对任意整数 $1 \leqslant k \leqslant n$ 和任意 $t_1, t_2, \cdots, t_k$ 与 τ，其 k 阶矩有界，且满足

$$\mu(t_1, t_2, \cdots, t_k) = \mu(t_1 + \tau, t_2 + \tau, \cdots, t_k + \tau) \tag{5-2}$$

式中，$\mu(\cdot)$ 表示矩函数，详见 5.2.1 小节。

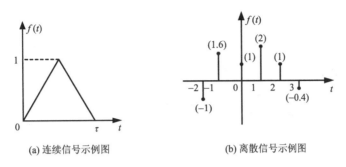

(a) 连续信号示例图　　　　　(b) 离散信号示例图

图 5-1　连续时间信号与离散时间信号示例图

随机信号 2 阶平稳时，称为广义平稳随机信号。不具有广义平稳性的随机信号称为非平稳随机信号。从信号特征的角度理解，平稳信号也称时不变信号，其统计量(如均值、协方差函数)不随时间变化。非平稳信号也称时变信号，其至少有某个统计量是时间的函数。需要注意，不能以信号波形是否随时间变化判断信号的平稳性。

5.2　信号的时域分析

信号的分析方法包括时间域和频率域(简称时域和频域)两种。对于直接获取到的信号，一般是以时间为独立变量的，这种对信号幅值随时间变化关系的描述方法称为信号的时域分析。时域分析仅能反映信号的幅值随时间变化的关系，并不含有信号的频率组成关系。同时，这种方法直接在时域进行分析和处理，不涉及任何变换，因此比较直观，易于理解。

5.2.1　信号时域分析指标参数

若传感器输出的是模拟信号，必须通过 A/D 转换变为离散时间序列，才能用计算机、微处理器进行处理或存储。本节仅对离散时间序列的时域分析指标进行介绍，连续时间信号的时域分析指标与离散时间序列类似。此外，计算机也只能存储某一段时间范围内的信号，因此，本节介绍的时域信号分析，都是针对某一时间段内的时域信号。

信号时域分析的指标参数包括：最大值、最小值、峰值、均值、均方值、方差、标准差、均方根等。工程中常通过这些参数对信号的时域特征进行描述。

(1)最大值：信号时域波形的最大值。

(2)最小值：信号时域波形的最小值。

(3)峰值：信号波形的最大波峰到最小波谷之间的距离。

(4)均值：信号的常值分量，是信号在整个时间坐标上的平均值，是信号的一阶矩，

定义为

$$\mu_x = \lim_{N \to \infty} \frac{1}{N} \sum_{i=1}^{N} x(i) = E(x) \tag{5-3}$$

(5)均方值：信号平方后的平均值，代表了信号的能量，是二阶矩，定义为

$$\psi_x^2 = \lim_{N \to \infty} \frac{1}{N} \sum_{i=1}^{N} \left[x(i) \right]^2 = E(x^2) \tag{5-4}$$

(6)方差：信号每个样本值与平均值之差的平方值的平均数，表示信号的波动分量，反映了信号取值的离散程度，是二阶中心矩，表示为

$$\sigma_x^2 = \lim_{N \to \infty} \frac{1}{N} \sum_{i=1}^{N} \left[x(i) - \mu_x \right]^2 = E(x^2) - \left[E(x) \right]^2 = \psi_x^2 - \mu_x^2 \tag{5-5}$$

(7)标准差：为了和信号的单位保持一致，引入标准差。它是方差的算术平方根 σ_x，也称均方差，反映数据的离散程度。

(8)均方根：将所有数据值的平方求和，再求均值，再开平方，得到均方根。均方根是均方值的算术平方根 ψ_x，也称 RMS 或有效值。

5.2.2 概率密度函数分析

1. 概率密度函数的概念

设 X 为一随机变量，若存在某一非负实函数 $f(x)$，对任意实数 $a<b$，满足

$$P\{a \leqslant X \leqslant b\} = \int_a^b f(x)\mathrm{d}x \tag{5-6}$$

则称 X 为连续性随机变量，$f(x)$ 称为 X 的概率密度函数。

概率密度函数给出了随机信号沿幅值域的统计规律，不同随机信号的概率密度函数不同，可以通过概率密度函数得到信号的特征。信号的时域特征：均值 μ_x、均方根值 x_{RMS}、标准差 σ_x 等都与概率密度函数有密切的关系：

$$\mu_x = \int_{-\infty}^{+\infty} x f(x)\mathrm{d}x \tag{5-7}$$

$$x_{\mathrm{RMS}} = \sqrt{\int_{-\infty}^{+\infty} x^2 f(x)\mathrm{d}x} \tag{5-8}$$

$$\sigma_x = \sqrt{\int_{-\infty}^{+\infty} (x - \mu_x)^2 f(x)\mathrm{d}x} \tag{5-9}$$

图 5-2 为几种典型随机信号的波形及其概率密度函数图形。

2. 典型信号的概率密度函数

1)正弦波信号

设正弦波信号的表达式为 $x = A\sin \omega t$，则 $\mathrm{d}x$ 满足

$$\mathrm{d}x = A\omega \cos \omega t \mathrm{d}t \tag{5-10}$$

等号两边除以 $\mathrm{d}x A\omega\cos\omega t$，则有

$$\frac{\mathrm{d}t}{\mathrm{d}x} = \frac{1}{A\omega\cos\omega t} = \frac{1}{A\omega\sqrt{1-\left(\dfrac{x}{A}\right)^2}} \tag{5-11}$$

x 概率密度函数为

$$f(x) = \frac{2}{T}\frac{\mathrm{d}t}{\mathrm{d}x} = \frac{2}{T}\frac{1}{A\omega\sqrt{1-\left(\dfrac{x}{A}\right)^2}} = \frac{2}{\dfrac{2\pi}{\omega}A\omega\sqrt{1-\left(\dfrac{x}{A}\right)^2}} = \frac{1}{\pi\sqrt{A^2-x^2}} \tag{5-12}$$

正弦信号的概率密度函数图形如图 5-2(a) 所示，呈盆形，在均值 μ_x 处取最小值，在信号的最小和最大幅值处取最大值。

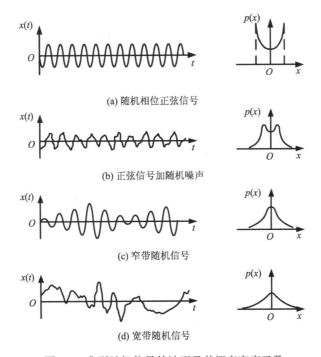

(a) 随机相位正弦信号

(b) 正弦信号加随机噪声

(c) 窄带随机信号

(d) 宽带随机信号

图 5-2 典型随机信号的波形及其概率密度函数

2) 正态分布随机信号

正态分布也称为高斯分布，是概率密度函数中应用最广泛、最重要的分布。2.2.2 小节已经介绍了正态分布的定义和性质。大多数随机现象都是由许多随机事件组成的，它们可以用正态分布描述或近似描述，如窄带随机噪声，也称为高斯噪声。

3) 混有正弦信号的高斯噪声

设一混有正弦信号的高斯噪声 $x(t)$ 的表达式为

$$x(t) = A\sin(2\pi f t + \theta) + n(t) \tag{5-13}$$

式中，A 为正弦波幅值；f 为正弦波频率；θ 为正弦波的初相位；$n(t)$ 为高斯噪声。

信号 $x(t)$ 同时具有正弦信号和随机信号的特点，其概率密度函数 $p(x)$ 的图形如图 5-3 所示。定义比率 $R = (\sigma_s/\sigma_n)^2$，其中 σ_s 为正弦信号的标准差，σ_n 为高斯噪声的标准差。对

于不同的 R 值，$p(x)$ 的图形不同。当 $R=0$ 时，信号 $x(t)$ 为高斯噪声；当 $R=\infty$ 时，信号 $x(t)$ 为正弦波；当 $0<R<\infty$ 时，信号 $x(t)$ 为混有正弦信号的高斯噪声。可以通过图 5-3 识别随机信号中含有正弦波的比例。

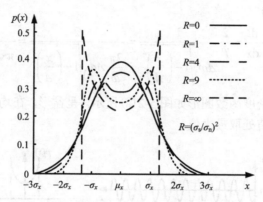

图 5-3　混有正弦信号的高斯噪声的概率密度函数

5.2.3　信号的相关函数及其应用

相关是指某两种特征量之间联系的密切程度，可以用来描述一个随机过程在不同时刻，或两个随机过程在同一时刻间的线性依存关系。当信号淹没在噪声中并且信号和噪声的频带重叠时，相关技术是提高信噪比把信号从噪声中提取出来的有力工具。

相关分析是信号时域分析的一种方法，包括自相关分析和互相关分析。相关函数指描述两个信号间的关系或一个信号的过去值与现在值间关系的函数关系式，包括自相关函数与互相关函数。所谓相关是指有明显的规律性，即在时间轴上任意间隔为 τ 的两个时刻的取值：

$$\begin{cases} x(t_1)与x(t_1+\tau) \\ x(t_2)与x(t_2+\tau) \\ x(t_3)与x(t_3+\tau) \\ \vdots \\ x(t_m)与x(t_m+\tau) \end{cases} 均大于m或均小于m$$

均有相同符号，两者均大于平均值 m 或两者均小于平均值 m，两两相乘总为正，总和相加后求平均 $R_x(\tau)$ 的数值就大，故相关性好。反之，若间隔 τ 的两个时刻的取值 $x(t)$、$x(t+\tau)$ 没有明显的规律性，即符号有时相同有时相反，则两两相乘有时为正有时为负，总和相加相互抵消后再求平均 $R_x(\tau)$ 的数值就小，故相关性不好。当 $\tau\to 0$ 时才呈现相关性的信号 $x(t)$，就是一个完全无规则的随机信号。

1. 自相关函数 $R_x(\tau)$

信号 $x(t)$ 的自相关函数定义式为

$$R_x(\tau) = E[x(t)x(t+\tau)] = \lim_{T \to \infty} \frac{1}{T} \int_0^T x(t)x(t+\tau)\mathrm{d}t \tag{5-14}$$

它描述一个随机过程在相隔 τ 的两个不同时刻取值的相关程度。

2. 互相关函数

两个信号 $x(t)$、$y(t)$ 的互相关函数 $R_{xy}(\tau)$ 的定义式如下：

$$R_{xy}(\tau) = E[x(t)y(t+\tau)] = \lim_{T \to \infty} \frac{1}{T} \int_0^T x(t)y(t+\tau)\mathrm{d}t \tag{5-15}$$

它描述了两个不同的随机过程在相隔 τ 的两个不同时刻取值的相关程度。

确定性信号 $x(t)$ 是周期信号，则它的自相关函数 $R_x(\tau)$ 也是周期函数，其周期与信号 $x(t)$ 的周期相同，下面举例说明。

[例] 求正弦函数 $x(t)=A\sin(\omega t+\varphi)$ 的自相关函数，该正弦波的周期 $T=2\pi/\omega$。

解： 根据定义式有

$$
\begin{aligned}
\hat{R}_x(\tau) &= \frac{1}{T} \int_{-\frac{T}{2}}^{\frac{T}{2}} x(t)x(t+\tau)\mathrm{d}t \\
&= \frac{1}{T} \int_{-\frac{T}{2}}^{\frac{T}{2}} A\sin(\omega t+\varphi)A\sin[\omega(t+\tau)+\varphi]\mathrm{d}t
\end{aligned}
\tag{5-16}
$$

令 $\omega t+\varphi=a$，则 $\mathrm{d}t=\mathrm{d}a/\omega$，式 (5-16) 可写为

$$
\hat{R}_x(\tau) = \frac{A^2}{\omega T}\left[\int_{-\pi}^{\pi}\sin a\sin(a+\omega\tau)\mathrm{d}a\right] = \frac{A^2}{\omega T}\left[\int_{-\pi}^{\pi}\cos\omega\tau\sin^2 a\mathrm{d}a + \int_{-\pi}^{\pi}\sin\omega\tau\cos a\sin a\mathrm{d}a\right]
$$

$$
= \frac{A^2}{\omega T}\left[\cos\omega\tau\int_{-\pi}^{\pi}\sin^2 a\mathrm{d}a + \sin\omega\tau\int_{-\pi}^{\pi}\cos a\sin a\mathrm{d}a\right] = \frac{A^2}{2}\cos\omega\tau \tag{5-17}
$$

式 (5-17) 表明，正弦函数 $x(t)$ 的自相关函数 $R_x(\tau)$ 是与初相位 φ 无关的余弦函数，其周期 $T=2\pi/\omega$ 与正弦函数 $x(t)$ 相同，$\hat{R}_x(\tau)$ 的波形如图 5-4 所示。

3. 互相关函数在信号提取与消噪方面的应用

基于互相关原理进行信号提取与消噪的相关仪原理框图如图 5-5 所示。

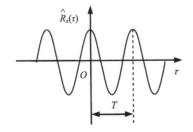

图 5-4　余弦自相关函数波形

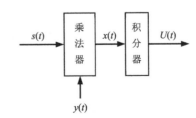

图 5-5　相关仪原理框图

相关仪的输入信号有两个。一个是 $s(t)$，是由干扰噪声 $n(t)$ 与淹没其中的微弱被测信号 $c(t)$ 组成：

$$s(t) = c(t) + n(t)$$

另一个是 $y(t)$，是参考信号。其频率应与欲提取有用信号的频率相同：

$$y(t) = B\cos\omega_0 t$$

$s(t)$ 与 $y(t)$ 相乘后输出 $x(t) = s(t) \cdot y(t)$，再经积分器输出 $U(t)$，故 $U(t)$ 表达式如下：

$$U(t) = \frac{1}{T}\int_0^T s(t) \cdot y(t)\mathrm{d}t \tag{5-18}$$

式(5-18)就是延迟 $\tau=0$ 时，$s(t)$ 与 $y(t)$ 的互相关函数 $\hat{R}_{sy}(0)$，即

$$\hat{R}_{sy}(0) = U(t)$$

故相关仪由乘法器与积分器组成，其输出信号 $U(t)$ 为两个输入信号：$s(t)$ 与 $y(t)$ 在延迟 $\tau=0$ 时的互相关函数。在一定条件下，能将干扰噪声 $n(t)$ 排除，并将有用被测信号 $c(t)$ 提出。

5.3　信号的频域分析

　　为了对信号各频率成分的幅值、相位关系进行研究分析，需要对信号进行频域分析。频域分析是指通过以频率为独立变量来表示信号，研究信号频率结构的分析方法。频域分析能够描述信号的频率构成，即信号各频率成分的幅值、初相位与谐波频率间的关系。在频域分析时，同时以幅频谱和相位谱对信号进行描述。频域分析法是信号特性分析最重要的技术方法。

5.3.1　正弦波的特点

　　正弦波是最简单的周期信号，也称简谐信号。常见的方波、三角波、锯齿波等信号都是非简谐信号，包含多次谐波。周期信号都是由一系列频率不同的简谐分量(正弦波)叠加而成的，各谐波分量的幅值、初相位与谐波频率间的关系就是该信号的频谱。

　　傅里叶级数是周期信号的频谱分析工具，对于在有限区间上满足狄利克雷条件的周期信号，可以通过傅里叶级数展开表示。狄利克雷条件为以下 3 点。

　　(1)在任意有限区间内连续，或只有有限个第一类间断点(左极限和右极限均有限)。

　　(2)在一个周期内只能有有限个极大值和极小值。

　　(3)在一个周期内必须绝对可积。

　　对于满足以上狄利克雷条件的周期信号 $x(t)$，其傅里叶级数展开式为

$$x(t) = a_0 + \sum_{n=1}^{\infty}(a_n \cos n\omega_0 t + b_n \sin n\omega_0 t) = a_0 + \sum_{n=1}^{\infty} A_n \sin(n\omega_0 t + \varphi_n)$$

$$= a_0 + \sum_{n=1}^{\infty} A_n \cos(n\omega_0 t + \theta_n), \quad n = 0, \pm1, \pm2, \cdots \tag{5-19}$$

式中，a_0、a_n、b_n 称为傅里叶系数，a_0 为常值分量；a_n 为余弦分量幅值；b_n 为正弦分量幅值，定义为

$$\begin{cases} a_0 = \dfrac{1}{T_0} \int_{-T_0/2}^{T_0/2} x(t) \mathrm{d}t \\[3mm] a_n = \dfrac{2}{T_0} \int_{-T_0/2}^{T_0/2} x(t) \cos n\omega_0 t \mathrm{d}t \\[3mm] b_n = \dfrac{2}{T_0} \int_{-T_0/2}^{T_0/2} x(t) \sin n\omega_0 t \mathrm{d}t \end{cases} \tag{5-20}$$

式中，T_0 为周期；ω_0 为基频角频率；$\omega_0 = 2\pi/T_0 = 2\pi f_0$。

可见，周期信号是由其直流分量和频率为基频整数倍的正弦谐波分量叠加而成的。

为了运算方便，常将傅里叶级数表示为复指数形式：

$$x(t) = \sum_{n=-\infty}^{\infty} c_n \mathrm{e}^{jn\omega_0 t}, \quad n = 0, \pm 1, \pm 2, \cdots \tag{5-21}$$

式中，c_n 为复指数展开系数，则

$$c_n = \frac{1}{2}(a_n - jb_n) = \frac{1}{T_0} \int_{-T_0/2}^{T_0/2} x(t) \mathrm{e}^{-jn\omega_0 t} \mathrm{d}t \tag{5-22}$$

复数 c_n 可表示为

$$c_n = |c_n| \mathrm{e}^{j\varphi_n} = c_{nR} - jc_{nI} \tag{5-23}$$

式中，$|c_n|$ 为幅频谱；φ_n 为相频谱；c_{nR} 为实频谱；c_{nI} 为虚频谱，分别定义为

$$\begin{cases} |c_n| = \dfrac{1}{\sqrt{2}} \sqrt{a_n{}^2 + b_n{}^2} = \dfrac{1}{2} A_n \\[3mm] \varphi_n = -\arctan \dfrac{b_n}{a_n} \\[3mm] c_{nR} = \dfrac{1}{2} a_n \\[3mm] c_{nI} = -\dfrac{1}{2} b_n \end{cases} \tag{5-24}$$

5.3.2 傅里叶变换

傅里叶变换是一种能够实现信号时域与频域相互转换的线性积分变换。根据原始信号的不同，傅里叶变换分为傅里叶级数、连续傅里叶变换、离散时间傅里叶变换、离散傅里叶变换四种。四种傅里叶变换信号的时域特点与频域特点见表 5-1。

表 5-1 不同种类傅里叶变换信号的时域与频域特点

傅里叶变换种类	时域特点	频域特点
傅里叶级数	连续、周期	离散、非周期
连续傅里叶变换	连续、非周期	连续、非周期
离散时间傅里叶变换	离散、非周期	连续、周期
离散傅里叶变换	离散、周期	离散、周期

其中傅里叶级数已在 5.3.1 节做了介绍，这里对其他三种傅里叶变换进行介绍。

1. 连续傅里叶变换

非周期信号可以看作周期无穷大的周期信号，即 $T \to \infty$，此时区间 $(-T_0/2, T_0/2)$ 变为 $(-\infty, \infty)$，频率间隔 $\Delta \omega \to \mathrm{d}\omega$，离散变量 $n\omega_0 \to \omega$。则非周期信号 $x(t)$ 的复指数展开式为

$$x(t) = \sum_{n=-\infty}^{\infty} c_n \mathrm{e}^{\mathrm{j}n\omega_0 t} = \sum_{n=-\infty}^{\infty} \left[\frac{1}{T_0} \int_{-T_0/2}^{T_0/2} x(t)\mathrm{e}^{-\mathrm{j}n\omega_0 t}\mathrm{d}t \right] \mathrm{e}^{\mathrm{j}n\omega_0 t}$$

$$= \int_{-\infty}^{\infty} \left[\frac{1}{2\pi} \int_{-\infty}^{\infty} x(t)\mathrm{e}^{-\mathrm{j}\omega t}\mathrm{d}t \right] \mathrm{e}^{\mathrm{j}\omega t}\mathrm{d}\omega \tag{5-25}$$

令

$$\int_{-\infty}^{\infty} x(t)\mathrm{e}^{-\mathrm{j}\omega t}\mathrm{d}t = X(\omega) \tag{5-26}$$

则

$$x(t) = \frac{1}{2\pi} \int_{-\infty}^{\infty} X(\omega)\mathrm{e}^{\mathrm{j}\omega t}\mathrm{d}\omega \tag{5-27}$$

将 $X(\omega)$ 称为 $x(t)$ 的傅里叶变换，称 $x(t)$ 为 $X(\omega)$ 的傅里叶逆变换，表示为

$$\begin{cases} F\left[x(t)\right] = X(\omega) = \displaystyle\int_{-\infty}^{\infty} x(t)\mathrm{e}^{-\mathrm{j}\omega t}\mathrm{d}t \\ F^{-1}\left[X(\omega)\right] = x(t) = \dfrac{1}{2\pi} \displaystyle\int_{-\infty}^{\infty} X(\omega)\mathrm{e}^{\mathrm{j}\omega t}\mathrm{d}\omega \end{cases} \tag{5-28}$$

将 $\omega = 2\pi f$ 代入式 (5-28) 中，即

$$\begin{cases} F\left[x(t)\right] = X(f) = \displaystyle\int_{-\infty}^{\infty} x(t)\mathrm{e}^{-\mathrm{j}2\pi ft}\mathrm{d}t \\ F^{-1}\left[X(f)\right] = x(t) = \displaystyle\int_{-\infty}^{\infty} X(f)\mathrm{e}^{\mathrm{j}2\pi ft}\mathrm{d}f \end{cases} \tag{5-29}$$

2. 离散时间傅里叶变换

离散时间傅里叶变换 (Discrete Time Fourier Transform，DTFT) 是傅里叶变换的特例，是一种针对时间离散非周期信号的时频变换方法。DTFT 的定义为

$$F\{x[n]\} = X(\omega) = \sum_{n=-\infty}^{\infty} x[n]\mathrm{e}^{-\mathrm{j}\omega n} \tag{5-30}$$

其逆变换 (IDTFT) 的定义为

$$F^{-1}\left[X(\omega)\right] = x[n] = \frac{1}{2\pi} \int_{2\pi} X(\omega)\mathrm{e}^{\mathrm{j}\omega n}\mathrm{d}\omega \tag{5-31}$$

3. 离散傅里叶变换

离散傅里叶变换 (Discrete Fourier Transform，DFT) 是傅里叶变换在时域和频域均为离散信号的形式，将时域信号的采样变换为在 DTFT 的频域采样。信号在时域与频域均为有限长序列，但实际上均是离散周期信号的主值序列。对于有限长信号的 DFT，应当

看作进行周期延拓后而做的变换。计算机所能处理的为离散信号，因此 DFT 是信号分析重要的方法。DFT 的定义为

$$F\{x[n]\} = X(k) = \sum_{n=0}^{N-1} x[n] e^{-j\frac{2\pi kn}{N}} = \sum_{n=0}^{N-1} x[n] \left[\cos\left(\frac{2\pi kn}{N}\right) - j\sin\left(\frac{2\pi kn}{N}\right) \right] \quad (5\text{-}32)$$

其逆变换 IDFT 的定义为

$$F^{-1}\left[X(k)\right] = x[n] = \frac{1}{N} \sum_{k=0}^{N-1} X(k) e^{j\frac{2\pi kn}{N}} \quad (5\text{-}33)$$

实际信号分析时，计算机通常采用快速傅里叶变换 (Fast Fourier Transform, FFT) 的方法，以降低 DFT 的复杂度。FFT 的出现极大地推动了数字信号处理的发展。

1) FFT 的基本原理

令加权因子 (也称旋转因子或指数因子) $W_N = e^{-j\frac{2\pi}{N}}$，则式 (5-32) 可写为

$$X(k) = \sum_{n=0}^{N-1} x[n] W_N^{nk} \quad (5\text{-}34)$$

以 $N=4$ 为例，4 点 DFT 可以看作加权系数为 W_N^{nk} 的一组采样点 $x[n]$ 的线性组合，写成矩阵形式为

$$\begin{bmatrix} X(0) \\ X(1) \\ X(2) \\ X(3) \end{bmatrix} = \begin{bmatrix} W_4^0 & W_4^0 & W_4^0 & W_4^0 \\ W_4^0 & W_4^1 & W_4^2 & W_4^3 \\ W_4^0 & W_4^2 & W_4^4 & W_4^6 \\ W_4^0 & W_4^3 & W_4^6 & W_4^9 \end{bmatrix} \begin{bmatrix} x(0) \\ x(1) \\ x(2) \\ x(3) \end{bmatrix} \quad (5\text{-}35)$$

由式 (5-35) 可知，对于 N 点序列的 DFT，需要做 N^2 次复数乘法和 $N(N\text{–}1)$ 次复数加法，其中每次复数乘法包含 4 次实数乘法和 2 次实数加法，每次复数加法包含两次实数加法。当实际信号的采样点数较多时，DFT 的计算量会很大。假定计算机进行一次复数运算的时间为 1μs，则对于 1024 点数据，仅乘法运算就需花费约 1s。因此，DFT 的计算量大，运算时间长，限制了其实际应用。FFT 就是针对提高 DFT 效率、减少其运算时间所发展出的快速算法。

FFT 的基本原理是考虑 DFT 运算中加权系数的特性，并通过将原始序列分解为较短序列，以达到减小运算量、提高运算速度的目的。

DFT 中的加权系数 $W_N = e^{-j\frac{2\pi}{N}}$，则 $W_N^0 = 1$，$W_N^N = 1$，$W_N^{\frac{N}{2}} = -1$，$W_N^{\frac{N}{4}} = -j$，$W_{2N}^k = W_N^{\frac{k}{2}}$。加权系数具有如下特性。

(1) 周期性。

加权系数具有周期性，且周期为 N，即

$$W_N^k = W_N^{k+lN} \quad (5\text{-}36)$$

$$W_N^{nk} = W_N^{(n+mN)(k+lN)} \quad (5\text{-}37)$$

则 4 点 DFT 运算的矩阵形式为

$$\begin{bmatrix} X(0) \\ X(1) \\ X(2) \\ X(3) \end{bmatrix} = \begin{bmatrix} W_4^0 & W_4^0 & W_4^0 & W_4^0 \\ W_4^0 & W_4^1 & W_4^2 & W_4^3 \\ W_4^0 & W_4^2 & W_4^0 & W_4^2 \\ W_4^0 & W_4^3 & W_4^2 & W_4^1 \end{bmatrix} \begin{bmatrix} x(0) \\ x(1) \\ x(2) \\ x(3) \end{bmatrix} \tag{5-38}$$

(2)对称性。

加权系数具有对称性，由于 $W_N^{\frac{N}{2}} = -1$，则

$$W_N^{\left(nk+\frac{N}{2}\right)} = -W_N^{nk} \tag{5-39}$$

由 $W_N^{\frac{N}{4}} = -j$ 可得

$$W_N^{\frac{3N}{4}} = j \tag{5-40}$$

则 $W_4^3 = -W_4^1$，$W_4^2 = -W_4^0$，可将式(5-38)进一步写为

$$\begin{bmatrix} X(0) \\ X(1) \\ X(2) \\ X(3) \end{bmatrix} = \begin{bmatrix} W_4^0 & W_4^0 & W_4^0 & W_4^0 \\ W_4^0 & W_4^1 & -W_4^0 & -W_4^1 \\ W_4^0 & -W_4^0 & W_4^0 & -W_4^0 \\ W_4^0 & -W_4^1 & -W_4^0 & W_4^1 \end{bmatrix} \begin{bmatrix} x(0) \\ x(1) \\ x(2) \\ x(3) \end{bmatrix} \tag{5-41}$$

比较式(5-41)与式(5-35)，加权系数的种类数由 7 个减少为 2 个。

DFT 运算中复数乘法和加法的次数均正比于 N^2，若将 N 点序列分解为 2 个长度为 $N/2$ 的子序列，分别进行 DFT 后求和，复数乘法次数将减少为 $2(N/2)^2 = N^2/2$，为之前的一半。

2)基 2 按时间抽取的 FFT

以 8 点基 2 按时间抽取的 FFT 运算为例，其运算流程如图 5-6 所示，分为三级：第一级是 4 个 2 点 DFT，第二级是 2 个 4 点 DFT，第三级是 1 个 8 点 DFT。每一级运算都是由 4 个如图 5-7 所示的蝶形运算单元组合而成的，每个蝶形运算单元有 2 个输入和 2 个输出。

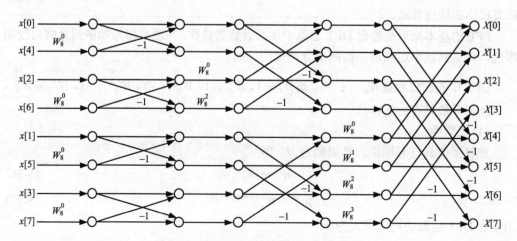

图 5-6 8 点基 2 按时间抽取的 FFT 运算流程

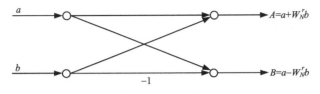

图 5-7　蝶形运算单元示意图

基 2FFT 算法对数据不断进行抽取，每次抽取把 DFT 的运算宽度降至原来的一半，直至转换为 2 点 DFT 运算。因此，对于一个长度为 $N=2^v$ 的数据序列 $x[n]$，通过基 2 按时间抽取后分解为 $\log_2 N=v$ 级运算，每级运算由 $N/2$ 个蝶形运算单元组成。每个蝶形运算单元需进行 1 次复数乘法和 2 次复数加法，因此整个运算过程需进行 $N/2\log_2 N$ 次复数乘法、$N\log_2 N$ 次复数加法，极大提高了运算效率。以 1024 点数据序列为例，FFT 比 DFT 的运算速度快 200 倍。随着数据长度 N 的增加，FFT 的效率提升效果更加显著。

5.3.3　频谱混叠与采样定理

采样是在模数转换过程中，以一定的时间间隔对连续时间模拟信号进行取值的过程。可以理解为以时间间隔 T_s 为周期的单位脉冲序列 $g(t)$ 乘以模拟信号 $x(t)$ 的过程。采样序列表示为

$$g(t) = \sum_{n=-\infty}^{\infty} \delta(t - nT_s) \tag{5-42}$$

由单位脉冲函数的性质可知：

$$\int_{-\infty}^{\infty} x(t) \delta(t - nT_s) \mathrm{d}t = x(nT_s) \tag{5-43}$$

式 (5-43) 表明，经采样后，各采样点的幅值为 $x(nT_s)$。

为了保证采样结果 $x(t)g(t)$ 能够准确恢复原始信号，必须慎重选择采样间隔 T_s。若采样间隔过小，即采样频率过高，对于一定时间段的信号需要更多数字序列来表示，增加数据量与工作量，对于固定长的数字序列，能表示的信号时长过短，可能会丢失信号；若采样间隔过大，即采样频率过低，有可能会丢失有效信息，导致无法恢复原始信号。

采样频率过低时，在频域表现为频率重叠的现象称为频谱混叠。由于采样信号的频谱是周期性的，在合适的采样频率下，采样信号的频谱是分离的，当采样频率过低时，高低频成分的频谱会发生混淆。

采样定理是指为了避免频谱混叠，要求采样频率 f_s 必须高于信号最高频率成分 f_m 的两倍，即 $f_s > 2f_m$。奈奎斯特频率 f_{Nyq} 是指能被精确采样的信号最高频率，即

$$f_{Nyq} = \frac{f_s}{2} \tag{5-44}$$

因此，为了避免发生频谱混叠，信号的最高频率 f_m 应低于奈奎斯特频率，即

$$f_m < f_{Nyq} \tag{5-45}$$

5.3.4 频谱泄漏及其抑制措施

1. 信号的截断

信号分析无法处理无限长时间信号，因此必须在无限长时间信号中截取有限长片段进行处理，这种方法称为信号的截断。信号截断的数学意义是将原始信号 $x(t)$ 乘以窗函数 $w(t)$。只截取窗函数时间段内的信号进行分析处理，将窗函数时间段外的信号置零。窗函数是在时域采样时对原始信号所采用的截断函数。

2. 频谱泄漏

根据卷积定理，时域中的乘积对应频域中的卷积，因此，加窗后信号 $x(t)w(t)$ 所对应的频域信号为 $X(f)*W(f)$。加窗后信号的频谱中除了原本的主瓣外，会出现多余的旁瓣，这种现象称为频谱泄漏。假定原始信号 $x(t)$ 为余弦信号，$w(t)$ 为矩形窗函数，原始信号的频谱及加窗后信号的频谱如图 5-8 所示。可见，原始信号经截断后，其频谱发生了畸变，原本集中于 f_0 的能量被分散到一个更宽的频带范围内，发生了频谱能量泄漏。

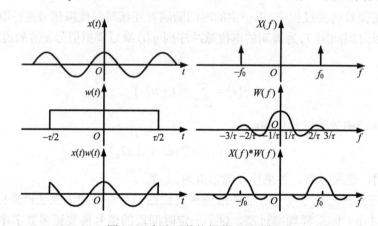

图 5-8　余弦函数的频谱泄漏现象

图 5-8 表明，原本集中于 f_0 的部分能量泄漏至一个更宽的频带范围内，出现了原本不存在的频率分量，产生了误差。这种频谱泄漏现象不利于频谱分析，会降低频谱分析的精度。

对信号进行截断处理所导致的频谱泄漏是不可避免的。由于窗函数 $w(t)$ 为频带无限的信号，因此即使原始信号为频带有限信号，截断处理后也会发生能量泄漏。因此，对信号进行截断处理本身就会引入不可避免的误差。

3. 频谱泄漏的抑制措施

1) 采用合适的窗函数

为了抑制频谱泄漏，可采用合适的窗函数对信号进行截断。应选择频谱主瓣宽度窄、旁瓣高度趋于零的窗函数，使能量集中于主瓣。旁瓣衰减大，就会降低对信号频谱的影响，从而抑制频谱泄漏。常用的窗函数有矩形窗、汉宁窗、汉明窗、高斯窗、布莱克曼窗、平顶窗等，不同的窗具有不同特性。这里对几种典型的窗函数进行介绍，它们的特性如图 5-9 所示。

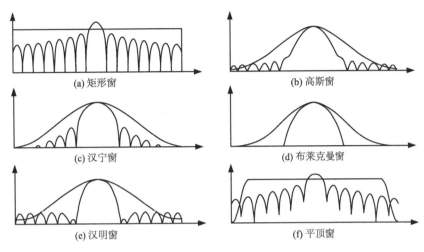

图 5-9　常用的窗函数

矩形窗的主瓣宽度最窄，但旁瓣较高；汉宁窗的旁瓣较小，但主瓣较宽；汉明窗和汉宁窗类似，只是改变了系数，主瓣稍窄，旁瓣更小，旁瓣衰减慢；高斯窗无负旁瓣，旁瓣小，但主瓣较宽，频率分辨率低。

窗函数的选择应考虑具体的使用需求。对于频率分辨率要求高而不要求幅值精度的场合，如频率测量，应选用主瓣宽度最窄的矩形窗；对于含较大噪声的窄带信号，应选用旁瓣幅度小的汉宁窗等；对于按指数衰减的信号，应采用高斯窗等指数窗。

2) 增加时间窗的宽度

若增加时间窗的宽度，即增大信号的截断长度，窗函数的频谱会变窄，主瓣能量更集中，旁瓣衰减加快，从而抑制频谱泄漏，如图 5-10 所示。若时间窗长度为无穷大，窗函数的频谱变为脉冲函数，此时信号截断后的频谱不发生变化，不存在频谱泄漏，但这种情况下窗函数宽度无穷大，相当于信号未进行截断处理。

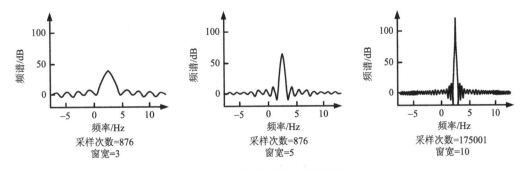

图 5-10　不同窗宽的窗函数频谱

3）对周期信号进行整周期截断

对于时域无限长的周期信号，若截断处理所截取的正好是一个或者整数个周期的信号序列，那么所截取的序列经过周期延拓，就能代表原始信号，这样就消除了频谱泄漏现象，这种截断处理称为整周期截断。反之，若截断处理所截取的并非一个或者整数个周期的信号序列，则称为非整周期截断，这时会发生频谱泄漏，如图 5-11、图 5-12 所示。

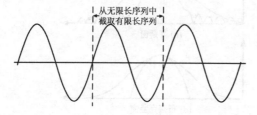
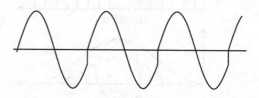

图 5-11　从无限长序列中截取有限长序列　　　　图 5-12　有限长序列经过周期延拓构建的新无限长序列

5.3.5　栅栏效应及其抑制方法

1. 栅栏效应

在信号处理过程中，需要对原始信号进行采样、加窗，输出信号为 $x(t)g(t)w(t)$，其中 $x(t)$ 为原始信号，$g(t)$ 为采样序列，$w(t)$ 为窗函数。根据卷积定理，信号 $x(t)g(t)w(t)$ 所对应的频域函数为 $X(f)*G(f)*W(f)$，这是一个频域连续函数，离散傅里叶变换计算信号 $x(t)g(t)w(t)$ 的频谱，同时对该信号的连续频谱进行采样，得到离散频域序列。这个过程可以理解为在频域将函数 $X(f)*G(f)*W(f)$ 乘以采样函数 $D(f)$，即 DFT 的输出 $Y(f)$ 为

$$Y(f)=\left[X(f)*G(f)*W(f)\right]D(f) \tag{5-46}$$

根据卷积定理，频域函数 $Y(f)$ 所对应的时域函数 $y(f)$ 为

$$y(f)=\left[x(f)g(f)w(f)\right]*d(f) \tag{5-47}$$

栅栏效应是指离散傅里叶变换得到的频谱只存在基频整数倍处的信息，而忽略了频域采样间隔中信息的现象。若某分量的频率为 $f_i=k/T$，其中 k 为正整数，$1/T$ 为基频，该频率的谱线与采样点重合，能够被保留；若某分量的频率不为基频的整数倍，会被丢失，因此输出频谱会产生误差。

时域采样和频域采样均存在栅栏效应，但当时域采样满足采样定理时，栅栏效应不会产生影响，而频域栅栏效应的影响较大，非基频整数倍处的频率信息丢失有可能包含重要的特征或性质，极大地影响信号处理结果。

2. 栅栏效应的抑制方法

频率分辨率是指 DFT 输出频谱中两条谱线的距离，定义为

$$\Delta f = \frac{f_s}{N} = \frac{1}{T} \tag{5-48}$$

式中，f_s 为采样频率；N 为采样点数；T 为采样前模拟信号的长度。

适当减小频率采样间隔能够在一定程度上抑制栅栏效应。采样间隔变小，频率分辨率提高，丢失的信号就会变少。但由式(5-48)可知，要减小频率采样间隔 Δf，必须增加采样点数，增加窗宽和计算量。

采用频率细化(Zoom)技术或将时域序列变换为频域序列能够解决上述问题。对于周期信号，整周期截取的方法能够有效解决栅栏效应问题。当 $f_0/\Delta f = k$，且 k 为整数时，f_0 被保留。由式(5-48)可知，该条件可等效为 $T/T_0 = k$，即对信号进行整周期采样。

5.3.6　DFT 的参数选择

DFT 的参数选择主要考虑减小频谱混叠、频谱泄漏和栅栏效应等误差，以保证信号处理的精度与可靠性。参数选择的基本步骤为以下 5 步。

(1)确定原始信号中最高频率分量的频率 f_m。为避免混叠，应滤除掉过高的频率分量。

(2)确定采样频率 f_s。根据采样定理，需满足 $f_s > 2f_m$，若效果不理想，将 f_s 增加一倍继续处理，直至满足要求。

(3)确定数据长度 T。由于 $\Delta f = 1/T$，频率分辨率要求越高，Δf 越小，要求数据长度 T 越长。但 $T_0 N = T$，其中 T_0 为时域采样周期，N 为采样点数，因此若 T 要增大而 N 不变时，T_0 必须增大，则时域采样频率降低，可能会造成混叠现象加剧。

(4)确定时域采样点数 N。由于 $N/f_s = T$，若时域采样率 f_s 提高且 N 不变，必然会引起 T 减小，从而使频率分辨率降低。因此，必须提高时域采样点数 N。

(5)选择窗函数。对于需要截断处理的信号，为了抑制频谱泄漏，必须选择合适的窗函数。

5.3.7　功率谱分析

时域无限长的随机信号不满足傅里叶变换的绝对可积条件，即积分不收敛，因此其傅里叶变换不存在。随机信号的幅值、频率、相位是随机的，因此一般不用幅值谱和相位谱对其进行分析。对于这类无法做傅里叶变换的功率信号，通过先求自相关函数再做傅里叶变换的方式进行分析，其物理意义就是功率谱。功率谱用于表征信号功率在频域的分布情况。对于随机信号，一般采用具有统计特性的功率谱密度(Power Spectral Density，PSD)进行谱分析。

设 $x(t)$ 是零均值平稳随机信号且不含周期性分量，其自相关函数 $R_{xx}(\tau \to \infty) = 0$，自相关函数满足傅里叶变换的绝对可积条件：

$$\int_{-\infty}^{\infty} \left| R_{xx}(\tau) \right| \mathrm{d}\tau < \infty \tag{5-49}$$

则根据维纳-欣钦定理，平稳随机过程的功率谱密度是其自相关函数的傅里叶变换。即

$$S_x(f) = \int_{-\infty}^{\infty} R_{xx}(\tau) \mathrm{e}^{-\mathrm{j}2\pi f \tau} \mathrm{d}\tau \tag{5-50}$$

其逆变换为

$$R_{xx}(\tau) = \int_{-\infty}^{\infty} S_x(f) e^{j2\pi f\tau} df \tag{5-51}$$

工程应用中，常通过隔直的方法使信号的均值为 0；对于含有周期成分的信号，采用窗函数进行截断处理，使得 $\tau \neq \infty$。

自功率谱密度函数也称为自谱或功率谱。自功率谱密度函数是实偶函数，且为双边谱。单边功率谱的定义为

$$G_x(f) = 2S_x(f) = 2\int_{-\infty}^{\infty} R_{xx}(\tau) e^{-j2\pi f\tau} d\tau, \quad f > 0 \tag{5-52}$$

当 $\tau = 0$ 时，信号的自相关函数 $R_{xx}(0)$ 为

$$R_{xx}(0) = \lim_{T \to \infty} \frac{1}{T} \int_0^T x^2(t) dt = \psi_x^2 = \int_{-\infty}^{\infty} S_x(f) df \tag{5-53}$$

式(5-53)表明 $S_x(f)$ 曲线下面和频率轴所包围的面积与 $x^2(t)/T$ 曲线下面和频率轴所包围的面积相等，如图 5-13 所示，该面积为信号的总功率。因此，$S_x(f)$ 表示信号的总功率在不同频率处的功率分布，所以称 $S_x(f)$ 为功率谱密度函数。

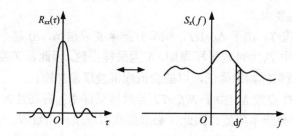

图 5-13　自功率谱的图形解释

根据帕塞瓦尔定理，信号在时域的能量和频域的能量相等，即

$$\int_{-\infty}^{\infty} x^2(t) dt = \int_{-\infty}^{\infty} |X(f)|^2 df \tag{5-54}$$

由式(5-53)和式(5-54)可知，自功率谱密度函数与幅值谱的关系为

$$S_x(f) = \lim_{T \to \infty} \frac{1}{T} |X(f)|^2 \tag{5-55}$$

若信号 $x(t)$ 与 $y(t)$ 的互相关函数 R_{xy} 满足傅里叶变换的绝对可积条件：

$$\int_{-\infty}^{\infty} |R_{xy}(\tau)| d\tau < \infty \tag{5-56}$$

则定义信号 $x(t)$ 与 $y(t)$ 的互功率谱密度函数为

$$S_{xy}(f) = \int_{-\infty}^{\infty} R_{xy}(\tau) e^{-j2\pi f\tau} d\tau \tag{5-57}$$

其逆变换为

$$R_{xy}(\tau) = \int_{-\infty}^{\infty} S_{xy}(f) e^{j2\pi f\tau} df \tag{5-58}$$

互功率谱密度函数简称互谱密度函数或互谱。单边互谱密度函数的定义为

$$G_{xy}(f) = 2S_{xy}(f) = 2\int_{-\infty}^{\infty} R_{xy}(\tau)e^{-j2\pi f\tau}d\tau, \quad f > 0 \tag{5-59}$$

自功率谱密度函数是 f 的实函数，而互功率谱密度函数是 f 的复函数，可以表示为

$$G_{xy}(f) = C_{xy}(f) - jQ_{xy}(f) \tag{5-60}$$

式中，实部 $C_{xy}(f)$ 称为共谱；虚部 $Q_{xy}(f)$ 称为重谱。互谱的幅频特性和相频特性表示为

$$\begin{cases} G_{xy}(f) = |G_{xy}(f)|e^{-j\varphi_{xy}(f)} \\ |G_{xy}(f)| = \sqrt{C^2_{xy}(f) + Q^2_{xy}(f)} \\ \varphi_{xy}(f) = \arctan\dfrac{Q_{xy}(f)}{C_{xy}(f)} \end{cases} \tag{5-61}$$

功率谱分析在工程中得到了广泛的应用，如利用自谱进行设备诊断、分析系统频率响应函数的幅值，利用互谱求系统的传输特性等。

思　考　题

5-1　如何对信号进行分类？

5-2　信号的时域分析指标有哪些？

5-3　什么是相关？什么是相关函数？相关函数有哪些应用？

5-4　什么是采样定理？产生频谱混叠的原因是什么？

5-5　什么是频谱泄漏？如何抑制频谱泄漏？

5-6　什么是栅栏效应？如何抑制栅栏效应？

5-7　怎样选择 DFT 的参数？

5-8　功率谱的物理意义是什么？

5-9　求下列信号的傅里叶变换。

(1) $f(t) = e^{-jt}$；

(2) $f(t) = e^{-2t}u(t)$；

(3) $f(t) = u(t+2) - u(t-1)$。

第6章 基本智能化功能与其软件实现

实现传感器智能化的功能和建立智能传感器系统,是传感器克服自身不足,获得高稳定性、高可靠性、高测量准确度、高分辨力与高自适应能力的必由之路与必然趋势。本章将介绍实现部分基本的智能化功能所常采用的智能化技术。

6.1 改善线性度及智能化非线性刻度转换功能

测量系统的静态性能由其静态输入-输出特性来表征,它的质量指标将决定测量系统的测量准确度,测量系统的线性度指标是影响系统测量准确度的重要指标之一。其中,处于测量系统前端的传感器,其输入-输出特性的非线性是使得测量系统输入-输出特性具有非线性的主要原因。

传感器及其调理电路的输出量多是电学量,传统测量仪器系统的基本功能就是将传感器及其调理电路输出的电学量转换为被测量,称为刻度转换。由于待转换的关系经常是非线性的,如果按照线性关系进行刻度转换,就会引入非线性误差,降低线性度指标。传感器静态特性的非线性难以避免,为了消除非线性,人们设计出了非线性校正器,然后按某种非线性关系进行刻度转换,这样一来全系统输入-输出特性将逼近直线。由于各个传感器非线性特性的不一致性,因此用硬件电路实现非线性校正的刻度转换存在很大难度与局限性。

智能传感器系统的结构框图如图 6-1(a) 所示,它是通过软件来进行非线性刻度转换的。在实现智能化刻度转换功能的同时,也实现了非线性自校正功能,从而改善了系统的静态性能、提高了系统的测量准确度。由于软件的灵活性,它丝毫不介意系统前端的

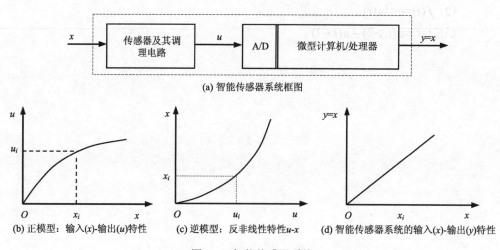

(a) 智能传感器系统框图

(b) 正模型:输入(x)-输出(u)特性　　(c) 逆模型:反非线性特性u-x　　(d) 智能传感器系统的输入(x)-输出(y)特性

图 6-1　智能传感器系统

正模型有多么严重的非线性。所谓正模型，是传感器及其调理电路的输入-输出(x-u)特性，如图 6-1(b)所示，它都能自动按图 6-1(c)所示的逆模型进行刻度转换，输出系统的被测量值 y，实现系统的输出 y 与输入 x 成理想直线关系，如图 6-1(d)所示。所谓逆模型，是指正模型：

$$u = f(x) \tag{6-1}$$

的反非线性特性：

$$y = x = f^{-1}(u) \tag{6-2}$$

式中，x 为系统的被测输入量；u 为传感器及其调理电路的输出量，又是存放在微机中非线性校正器软件模块的输入；y=x 为非线性校正器软件模块的输出，即系统的总输出。

只要前端正模型(x-u 特性)具有重复性，智能传感器系统便可以采用软件实现非线性自校正功能，相比于硬件校正使操作者节省了大量的精力。

采用智能化非线性自校正模块以实现刻度转换的编程方法有多种，常用的有查表法、曲线拟合法。近年来又发展了神经网络法及支持向量机法等多种方法，本书将在相应章节中介绍。它们都具有极强的非线性映射能力，都能通过学习训练后进行所需逆模型关系的映射，在刻度转换过程中不仅能改善非线性，还能改善系统稳定性抑制交叉敏感。本节重点介绍常用的查表法与曲线拟合法。

6.1.1　查表法

查表法是一种分段线性插值法，它根据测量准确度要求对反非线性曲线(图 6-2)进行分段，用若干段折线逼近曲线，将折点坐标值存入数据表中，测量时首先明确对应输入被测量 x_i 的电压值 u_i 是在哪一段，然后根据那一段的斜率进行线性插值，可得输出值 y_i=x_i。

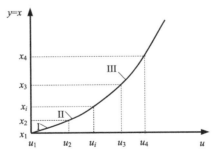

图 6-2　反非线性的折线逼近

在第 k 段输出 $y = x$ 表达式的通式为

$$y = x = x_k + \frac{x_{k+1} - x_k}{u_{k+1} - u_k}(u_i - u_k) \tag{6-3}$$

式中，k 为折点的序数；n 条折线有 n+1 个折点 k=1,2,···,n,n+1。

由电压值 u_i 求取被测量 x_i 的程序框图，如图 6-3 所示。折线与折点的确定有两种方

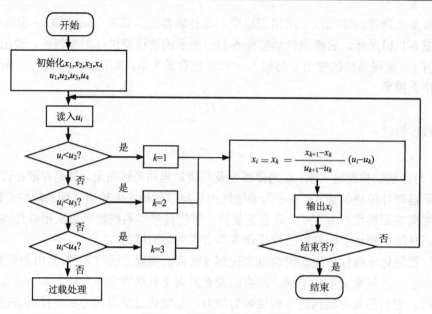

图 6-3　非线性自校正流程图

法：Δ 近似法与截线近似法，如图 6-4 所示。不论哪种方法所确定的折线段与折点坐标值都与所要逼近的曲线之间存在误差 Δ。按照精度要求，各点误差 Δ_i 都不得超过允许的最大误差界 Δ_m。

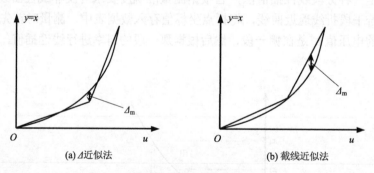

图 6-4　曲线的折线逼近

1. Δ 近似法

折点处误差最大，折点在 $\pm\Delta_m$ 误差界上。折线与逼近的曲线之间的误差最大值为 Δ_m，且有正有负。

2. 截线近似法

折点在曲线上且误差最小，这是由于利用标定值作为折点的坐标值。折线与被逼近的曲线之间的最大误差在折线段中部，应控制该误差值小于允许的误差界 Δ_m，各折线段的误差符号相同，或全部为正，或全部为负。

6.1.2 曲线拟合法

曲线拟合法是采用 n 次多项式来逼近反非线性曲线，该多项式方程的各个系数由最小二乘法确定。其具体步骤如下。

1. 列出逼近反非线性曲线的多项式方程

(1)对传感器及其调理电路进行静态实验标定，得校准曲线。标定点的数据为

输入$\quad\begin{cases} x_i : \quad x_1, x_2, x_3, \cdots, x_N \quad N\text{为标定点个数} \\ u_i : \quad u_1, u_2, u_3, \cdots, u_N \quad i = 1, 2, \cdots, N \end{cases}$

输出

(2)假设反非线性特性拟合方程为

$$x_i(u_i) = a_0 + a_1 u_i + a_2 u_i^2 + a_3 u_i^3 + \cdots + a_n u_i^n$$

n 的数值由所要求的精度来定。若 $n=3$，则

$$x_i(u_i) = a_0 + a_1 u_i + a_2 u_i^2 + a_3 u_i^3 \tag{6-4}$$

式中，a_0、a_1、a_2、a_3 为待定常数。

(3)求解待定常数 a_0、a_1、a_2、a_3。根据最小二乘法原则来确定待定常数 a_0、a_1、a_2、a_3 的基本思想是：由多项式方程式(6-4)确定的各个 $x_i(u_i)$ 值，与各个点的标定值 x_i 的均方差应最小，即

$$\sum_{i=1}^{N} [x_i(u_i) - x_i]^2 = \sum_{i=1}^{N} [(a_0 + a_1 u_i + a_2 u_i^2 + a_3 u_i^3) - x_i]^2 = \text{最小值} = F(a_0, a_1, a_2, a_3) \tag{6-5}$$

式(6-5)是待定常数 a_0、a_1、a_2、a_3 的函数。为了求得函数 $F(a_0, a_1, a_2, a_3)$ 最小值时的常数 a_0、a_1、a_2、a_3，应对函数求导并令它为零，即令 $\dfrac{\partial F(a_0, a_1, a_2, a_3)}{\partial a_k} = 0$，$k=0,1,2,3$，得

$$\sum_{i=1}^{N} [(a_0 + a_1 u_i + a_2 u_i^2 + a_3 u_i^3) - x_i] \times u_i^k = 0$$

经整理后得矩阵方程：

$$\begin{cases} a_0 N + a_1 H + a_2 I + a_3 J = D \\ a_0 H + a_1 I + a_2 J + a_3 K = E \\ a_0 I + a_1 J + a_2 K + a_3 L = F \\ a_0 J + a_1 K + a_2 L + a_3 M = G \end{cases} \tag{6-6}$$

式中，N 为实验标定点个数，其余字母均为相应的系数，通过求解式(6-6)可得待定常数 a_0、a_1、a_2、a_3。

2. 将所求得的常系数 $a_0 \sim a_3$ 存入内存

将已知的反非线性特性拟合方程式(6-4)写成式(6-7)的形式：

$$x(u) = a_3 u^3 + a_2 u^2 + a_1 u^1 + a_0 = [(a_3 u + a_2)u + a_1]u + a_0 \tag{6-7}$$

为了求取对应电压为 u 的输入被测值 x，每次只需将采样值 u 代入式(6-7)中进行三次 $(b+a_i)u$ 的循环运算，再加上常数 a_0 即可。

6.1.3 应用示例

[**示例 6-1**] 与铂电阻配用的智能化刻度转换模块的设计(曲线拟合法)。

要求：测温范围 0~500℃，刻度转换模块的绝对偏差小于 0.5℃。

解：在 0~500℃范围内从标准分度表中取 $N=11$ 个标准分度值如表 6-1 所示。表 6-1 以列表形式给出了铂电阻 Pt_{100} 的正模型：输入(T)-输出(R)特性。

表 6-1　Pt_{100} 铂电阻 $N = 11$ 个标准分度值(0~500℃，间隔 50℃)

输入 $T/℃$	输出 R/Ω	输入 $T/℃$	输出 R/Ω
0.00	100.00	300.00	212.05
50.00	119.40	350.00	229.72
100.00	138.51	400.00	247.09
150.00	157.33	450.00	264.18
200.00	175.86	500.00	280.98
250.00	194.10	—	—

1) 逆模型的数学表达式

设为三阶四项多项式

$$T=a_0+a_1R+a_2R^2+a_3R^3 \tag{6-8}$$

2) 待定常数 a_0、a_1、a_2、a_3 的确定

根据式(6-5)、式(6-6)求得 $a_0\sim a_3$ 的数值为

$$a_0=-247.89,\quad a_1=2.4077,\quad a_2=0.00060253,\quad a_3=1.072\times10^{-6}$$

具有上述常系数数值的式(6-8)的编程算式就成为智能化刻度转换模块。

3) 逆模型的检验

向逆模型输入电阻 R，比较标准分度值的温度 T 与逆模型计算(输出)值 T'，其偏差 $\Delta=T'-T$，结果列入表 6-2。

表 6-2　智能化刻度转换模块式(6-8)的检验结果

输入电阻 R/Ω	输出温度/℃		偏差$\mid\Delta\mid$ /℃	输入电阻 R/Ω	输出温度/℃		偏差$\mid\Delta\mid$ /℃
	分度值 T	计算值 T'			分度值 T	计算值 T'	
100	0	-0.01	0.01	200	266.35	266.34	0.01
110	25.68	25.68	0	210	294.25	294.24	0.01
120	51.57	51.57	0	230	350.81	350.81	0
130	77.65	77.66	0.01	250	408.45	408.46	0.01
140	103.94	103.95	0.01	260.72	440.00	439.80	0.20
150	130.45	130.45	0	280.23	498.00	497.73	0.27
160	157.17	157.17	0				

由表 6-2 检验结果可见，在 0～500℃温度范围内由标准分度表给出的 T 与逆模型计算的输出值 T' 之差的最大值为 0.27℃，小于 0.5℃ 的允许偏差。因此刻度转换用逆模型式(6-8)满足要求，若转换允许偏差减小，则视情况需增加多项式的阶次及项数。

4) 线性度改善情况的评价

(1)改善前测温系统的线性度。

改善前测温系统的线性度，由 Pt_{100} 铂电阻测温传感器的正模型——输入-输出(T-R)特性的线性度决定。其最小二乘法线性度求取步骤如下。

① 拟合直线。由表 6-1 给出的标准分度值 T-R 关系，计算得到拟合直线的两个常系数 k 和 b，从而最小二乘拟合直线方程为

$$R = 102.169 + 0.36195T \tag{6-9}$$

② 最大拟合偏差 $\Delta L_m = \Delta R_m$。在 0～500℃范围内，式(6-9)根据温度 T 计算所得的 R(计)与相同温度 T 由标准分度表给出的 R(标)之差即为拟合偏差，该拟合偏差的最大值在 0℃，$|\Delta R_m| = 2.169 \approx 2.17\,(\Omega)$（合温度偏差约 7℃）。

③ 最小二乘法线性度。根据第 2 章的定义式：

$$\delta_L = \frac{|\Delta L_m|}{Y(F.S)} \times 100\%$$

式中，$|\Delta L_m| = |\Delta R_m| \approx 2.17\Omega$，为最大拟合偏差。

$Y(F.S) = R(F.S)$ 为满量程输出值，代入测温的上限(500℃)、下限(0℃)值，可求得 $R(F.S) = R(T=500℃) - R(T=0℃) = 283.144 - 102.169 = 180.975\,(\Omega)$，于是得

$$\delta_L = \frac{2.17}{180.975} \times 100\% \approx 1.2\%$$

(2)改善后测温系统的线性度。

① 拟合直线。为简单起见，智能传感器系统的拟合直线可选为理想直线方程：

$$T = kT$$

式中，$k=1$。

② 拟合偏差。根据表 6-2 列出的智能传感器系统输出值 T' 与系统输入值 T 应呈线性关系，但却有偏差 $\Delta T = T' - T$，从表 6-2 中可得最大拟合偏差 $|\Delta_m| = 0.27℃$。

③ 理想线性度。量程为 $Y(F.S) = 500℃ - 0℃ = 500℃$ 范围内，理想线性度为

$$\delta_L = \frac{|\Delta_m|}{Y(F.S)} = \frac{0.27}{500} \times 100\% = 0.054\%$$

与改善前的 1.2%相比，经智能化刻度转换模块进行非线性自校正后，全系统线性度提高约 22 倍，非线性误差约减小为原来的约 1/22。

6.2　改善静态性能，提高测量准确度及智能化自校零与自校准功能

自校零与自校准功能的核心思想是：不论何种因素，如温度、电源电压波动或自身的老化，引起了传感器输入-输出特性发生漂移，偏离了初始标定曲线，只要现场实时进

行标定实验，测出漂移后的输入-输出特性，并对其进行刻度转换，就能消除特性漂移引入的测量误差，输出的被测量值更接近实际的真实值。具有自校零与自校准功能的智能传感器系统，不仅可以消除零点漂移、灵敏度漂移，还可以同时进行非线性自校正、刻度转换。

　　这种智能化技术可以实现采用低准确度等级、低重复性、低稳定性的测量系统而获得高准确度等级的测量结果，其测量准确度仅取决于作为标准量的基准。这样，可以不再为使测量系统中的每一个测量环节都具有高精密、高稳定性与高重复性而耗费精力，而只需将主要精力集中在获得高准确度、高稳定性的参考基准上面。

　　根据现场实时预建立的输入-输出特性是线性还是非线性特性，所需标定的点数与所需的基准数目也就各不相同。两基准法需要两个基准，适用于建立具有线性特性的系统；多基准(至少三个基准)法适用于建立具有非线性特性的系统。

6.2.1　两基准法

　　两基准法又称三步测量法，适用于测量系统的正模型可用线性方程表示的系统。

　　假设一传感器系统经标定实验得到的静态输出(y)-输入(x)特性为如下线性方程：

$$y = a_0 + a_1 x \tag{6-10}$$

式中，a_0为零位值，即当输入$x=0$时的输出值；a_1为灵敏度，又称传感器系统转换增益。

　　对于一个理想的传感器系统，a_0与a_1应为保持恒定不变的常量。但是实际上，由于各种内在和外来因素的影响，a_0、a_1都不可能保持恒定不变。设$a_1=S+\Delta a_1$，其中S为增益的恒定部分，Δa_1为变化量；又设$a_0=P+\Delta a_0$，P为零位值的恒定部分，Δa_0为变化量，则

$$y = (P + \Delta a_0) + (S + \Delta a_1)x \tag{6-11}$$

式中，Δa_0为零位漂移；Δa_1为灵敏度漂移。可见，由零位漂移与灵敏度漂移会引入测量误差Δa_0与$\Delta a_1 x$。

　　以对压力传感器进行自校准为例，智能压力传感器系统实现自校准功能原理框图如图 6-5 所示。微处理器系统在每一特定的周期内发出指令，控制多路转换器执行三步测量法(见 2.3.4 小节)，使自校准环节接通不同的输入信号。因为本系统的输入信号为压力，故多路转换器是一个压力扫描阀。

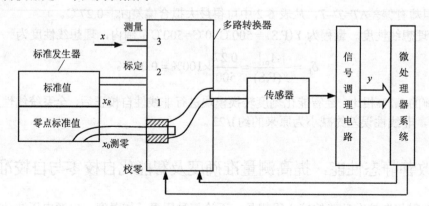

图 6-5　智能传感器系统实现自校准功能原理框图

1. 第一步校零

测量系统的零点。输入信号是零点标准值 x_0。若压力传感器测量的是相对大气压 P_B 的表压 ΔP，那么零点标准值就是大气压 P_B，从而保证压力测量系统为零输入 $x_0=P_B-P_B=0$，测量系统的输出值 $y_0=a_0$；在零输入条件下系统的输出值不为零值，必是由系统的误差源所产生：

$$y_0 = a_1 \cdot E_0$$

2. 第二步标定

实时测量系统的增益/灵敏度 a_1。输入信号为标准值，由标准压力发生器产生标准压力值 $P_R=x_R$，系统的输出值为 y_R；于是被校准系统的增益/灵敏度 a_1 为

$$a_1 = S + \Delta a = \frac{y_R - y_0}{x_R} \tag{6-12}$$

因为输出值 y_R 也含有误差源 E_0 的影响：$y_R=x_R\cdot a_1+E_0\cdot a_1$，故差值 $y_R-y_0=x_R\cdot a_1$ 消除了误差源 E_0 的影响。

3. 第三步测量

输入信号为被测目标参量压力 $P=x$，测量系统相应的输出值为 y_x，因为

$$y_x = P \cdot a_1 + E_0 \cdot a_1 = P \cdot a_1 + y_0$$

故
$$P = x = \frac{y_x - y_0}{a_1} = \frac{y_x - y_0}{y_R - y_0} \cdot x_R \tag{6-13}$$

整个传感器系统的测量准确度由标准发生器产生的标准值的精度来决定，只要求被校准系统的各环节在三步测量所需时间内保持短暂稳定即可。在三步测量所需时间间隔之前和之后产生的零点、灵敏度时间漂移、温度漂移都不会引入测量误差。对于这种实时在线自校准功能，可以采用低精度的传感器、放大器、A/D 转换器等环节，达到高精度测量的目的。

上面所述实现自校准功能的方法要求被校准系统的输出-输入特性呈线性，即具有式(6-10)线性方程所描述的特性，这样就仅需两个标准值(其中一个是零点标准值)就能完善地标定系统的增益/灵敏度。然而，对于输出-输入特性呈非线性的系统，只采用两个标准值的三步测量法来进行自校准是不够完善的。

6.2.2　多基准法

多基准法适用于测量系统的正模型是非线性的系统，其工作原理为在测量现场对传感器系统进行实时在线标定实验，确定其输出-输入特性及其反非线性特性拟合方程，并按其读数消除干扰的影响。为了缩短实时在线标定的时间，标定点数不能多，但又要反映出输入-输出特性的非线性，一般要求标准发生器至少提供三个标准值。

实时在线自校准的实施过程如下。

(1)对传感器系统进行现场、在线、测量前的实时三点标定,即依次输入三个标准值,x_{R1}、x_{R2}、x_{R3},测得相应输出值 y_{R1}、y_{R2}、y_{R3}。

(2)列出反非线性特性拟合方程式(二阶三项多项式):

$$x(y) = C_0 + C_1 y + C_2 y^2, \quad C_P = (C_0, C_1, C_2) \tag{6-14}$$

(3)由标定值求反非线性特性曲线拟合方程的系数 C_0、C_1、C_2。按照最小二乘法原则,即方差最小:

$$\sum_{i=1}^{3} \left[\left(C_0 + C_1 y_{Ri} + C_2 y_{Ri}^2 \right) - x_{Ri} \right]^2 = F(C_0, C_1, C_2) = 最小$$

根据函数求极值(最小值)条件,令偏导数为零,然后再经整理后得矩阵方程:

$$\begin{cases} C_0 N + C_1 P + C_2 Q = D \\ C_0 P + C_1 Q + C_2 R = E \\ C_0 Q + C_1 R + C_2 S = F \end{cases} \tag{6-15}$$

式中,$N=3$,为在线实时标定点个数;由标定值计算出方程系数 P、Q、R、S、D、E、F 后,解式(6-15)矩阵方程可得待定常系数 C_0、C_1、C_2。

已知 C_0、C_1、C_2 数值后,反非线性特性拟合方程式(6-14)即被确定,智能传感器系统可将测量 x 时传感器的输出值 y 按式(6-14)求出输出值 $x(y)$,即代表系统测出的输入待测目标参量 x。因此,只要传感器系统在实时标定与测量期间保持输出-输入特性不变,传感器系统的测量精度就取决于实时标定的精度,其他任何时间特性的漂移带来的不稳定性都不会引入误差。

6.3　改善稳定性,抑制交叉敏感及智能化多传感器数据融合功能

当今,多传感器智能化技术迅速发展,已成为改善传感器系统性能的最有效的手段。多传感器智能化技术包括两大方面。

(1)将多个传感器与计算机(或微处理器)组建智能化多传感器系统;其深刻内涵是提高某点位置处(单点)某一个参量(单参量)x_1 的测量准确度,而不是一般意义的多点多参量测量系统。

(2)将多个传感器获得多个信息的数据进行融合处理,实现某种改善传感器性能的智能化功能。在抑制交叉敏感、改善传感器稳定性的同时,系统的线性度也得到改善。

6.3.1　单传感器系统

通常的测量系统都是由单传感器系统组成的。它有两个基本部分:传感器部分与数据处理部分,其框图如图6-6所示。

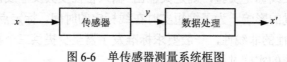

图 6-6　单传感器测量系统框图

1）单传感器系统的正模型与逆模型

表征单传感器系统两个基本部分的输入与输出关系的数学描述分别称为正、逆模型。

(1)传感器部分包含传感器及其调理电路，其执行获取信息的任务。传感器部分检测物理量 x，将 x 按一定规律转换为便于远距离传输的有用输出量 y。输入 x 与输出 y 遵从一定规律是指其具有一定重复性，且可用数学表达式来描述。描述传感器部分输入-输出 $(x\text{-}y)$ 关系的数学表达式称为传感器系统的正模型，单传感器系统的正模型一般可表示为一元多项式。

(2)数据处理部分完成信息处理、分析及显示功能，其最基本的功能就是刻度转换，即将传感器部分的输出量 y 转换为被测量 x，并给出显示。显示的值 x' 与真值 x 之间有一定偏差，我们希望这个偏差尽量小。数据处理部分输出 x' 与输入 y 关系的数学描述称为逆模型。对于单传感器系统，其逆模型为正模型的反函数，也是一个一元多项式。

2）单传感器系统的应用

单传感器系统既可用于单点单参量测量系统，也可组建多点多参量测量系统。

(1)单点单参量测量系统：选用标称的目标参量与被测参量 x 同名的传感器，例如，压力传感器可用来测量压力一个参量，而且仅是压力传感器所在位置(单点)处的压力参量。通常的压力测量系统、位移测量系统、液位测量系统等都是单传感器系统。

(2)多点多参量测量系统：多点多参数测量系统由多个单传感器测量系统组成，原理框图如图 6-7 所示。

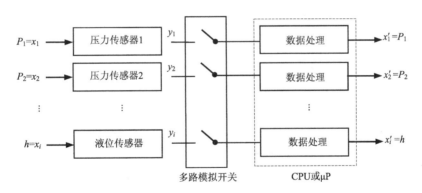

图 6-7　由单传感器系统组成的多点多参量测量系统

图 6-7 系统中的传感器系统只能完成单点单参量测量。系统通过一个多路模拟开关将各点传感器输出的信号 y_1、y_2、$\cdots$、y_i 按一定顺序导入计算机 CPU 或微处理器(μP)进行各自独立的数据处理，并输出被测量 P_1、P_2、$\cdots$、h 的测量值。图 6-7 中各传感器系统的正模型 $y_i = f(x_i = P_i)$ 与各自的逆模型 $P_i = f^{-1}(y_i)$ 相对应，模型的数学表达式均为一元多项式。因此图 6-7 所示的通常意义的多点多参量测量系统，其实质仍然是单传感器系统。

6.3.2　交叉敏感与传感器系统的稳定性

1. 交叉敏感现象

交叉敏感是引起单传感器系统不稳定的主要因素，表现为当传感器标称的目标参量恒定不变,而其他非目标参量变化时,该传感器的输出值发生变化。几乎所有的传感器都存在对温度的交叉敏感且不仅仅有一个交叉敏感量。以压力传感器为例,其标称的目标参量压力恒定,而传感器的环境温度 T 或供电电压 U/电流 I 变化时,其输出电压值发生变化,表明压力传感器存在对环境温度 T 及供电电压 U/电流 I 两个非目标参量的交叉敏感。

2. 交叉敏感带来的问题

由交叉敏感现象说明,作为单传感器系统的正、逆模型:

$$y = f(x), \quad x = f^{-1}(y)$$

用一元多项式方程来表征是不完备的。上述对温度 T、供电电流 I 具有交叉敏感的压力传感器,其正模型至少应由三元多项式来表征:

$$y = U = f(P = x, T, I) \tag{6-16}$$

相对应的逆模型:

$$P = x = f^{-1}(y = U, T, I) \tag{6-17}$$

也应是三元多项式表征才较完备。否则,由于正模型不能完备地代表多元交叉敏感的实际传感器系统,再根据不完备的正模型建立的逆模型获得的被测量值将会有很大的误差。以一个干扰量为例,当上述压力传感器供电电流 I 恒定时,不同温度条件下的正、逆模型 $U=f(P)$ 与 $P=f^{-1}(U)$ 如图6-8所示。

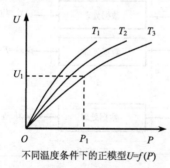
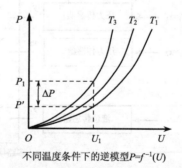

不同温度条件下的正模型$U=f(P)$ 不同温度条件下的逆模型$P=f^{-1}(U)$

图6-8 不同温度条件下压力传感器的正模型与逆模型

由图6-8清楚可见,传感器系统工作环境温度从 T_1 变至 T_3,其特性也随之漂移,若仍按 T_1 时的正、逆模型求取测量值 P',则与实际值 P_1 之间存在较大偏离ΔP。因此存在交叉敏感的传感器系统性能不稳定、准确性差,这是常规单传感器系统普遍存在的问题。

6.3.3 多传感器技术改善传感器系统性能的基本方法

多传感器技术改善传感器性能的基本方法有二:模型法、冗余法。

1)模型法

以改善传感器稳定性消除干扰量交叉敏感的影响为例,模型法的基本思路如下。

当主测量为 x_1 的传感器存在干扰量 x_2 时,若欲消除干扰量 x_2 的影响,则需监测

该干扰参量 x_2，从而建立测量 x_1 与 x_2 的多(2 个)传感器系统；若欲消除 n 个干扰量的影响，则需建立测量 $n+1$ 个参量的多($n+1$ 个)传感器系统。基于模型法改善稳定性消除两个干扰量影响的三传感器-智能传感器系统框图如图 6-9 所示。

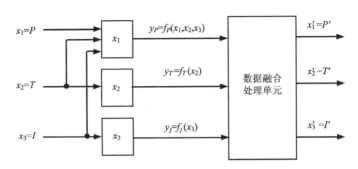

图 6-9　基于模型法的三传感器-智能传感器系统

(1)传感器单元：x_1 为主传感器及其调理电路单元。设其目标参量为压力：$x_1=P$，x_2、x_3 分别为辅传感器及其调理电路单元，它们的目标参量分别是温度：$x_2=T$ 与电流：$x_3=I$，这些参量是主传感器的干扰量。每个传感器的输出分别如下。

①主传感器(压力)：$y_P=f_P(x_1, x_2, x_3)=f_P(P, T, I)$，是三元函数模型。

②辅传感器(温度)：$y_T=f_T(x_1, x_2, x_3)=f_T(T)$，可用一元函数模型近似。

③辅传感器(电流)：$y_I=f_I(x_1, x_2, x_3)=f_I(I)$，可用一元函数模型近似。

图 6-9 中的多传感器-智能传感器系统是为消除 $n=2$ 个干扰量(温度 T、电流 I)改善压力传感器 $x_1=P$(压力)而建立的($m=3$)三传感器-智能传感器系统。系统中传感器的总数为

$$m = n+1 \tag{6-18}$$

(2)数据融合处理单元：图 6-9 中的数据融合处理单元是存入计算机内进行数据融合的智能化软件模块。该模块实现由 $m=3$ 个传感器输出的数据 y_P、y_T、y_I 求目标参量 $x_1=P$ 的某种融合算法。根据已建立的逆模型：

$$x_1 = P = g(y_P, y_T, y_I) \tag{6-19}$$

计算被测目标参量所得的值 $P'=x_1'$ 是消除了干扰量 T 与 I 影响的，更接近实际值 P。

不仅如此，模型法在消除交叉敏感提高传感器系统稳定性的同时，也进行了非线性校正，系统的线性度也得到改善(详见示例 6-1)。

2)冗余法

基于冗余法消除传感器漂移改善稳定性的三传感器-智能传感器系统框图如图 6-10 所示。

冗余法消除干扰量影响改善传感器稳定性的基本思路如下。

不去监测主测参量为 x_1 的传感器的干扰量，不去探究干扰量对主测参量 x_1 传感器的影响规律，而是采用与主测参量 x_1 同类的多个(至少 3 个)传感器建立测量主测参量 x_1 的多传感器系统。

(1)传感器单元：均为主测同一参量 x_1 的传感器，它们的输出均受干扰量 $x_2,\cdots,x_i$ 的

影响，每个传感器的输出分别为：$y_i = f_i(x_1, x_2, \cdots, x_i)$，$i \geqslant 3$。

(2)数据融合处理单元：图 6-10 中的数据融合处理单元是在计算机中进行数据融合处理的智能化软件模块。

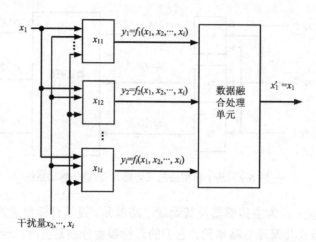

图 6-10　基于冗余法的三传感器-智能传感器系统

6.4　改善动态性能，扩展频带及智能化频率自补偿功能

我们希望传感器的输入时变信号 $x(t)$ 与其响应输出信号 $y(t)$ 二者的幅值比在不同的频率都保持相等，各次谐波分量的相位差均相等。这样，输出信号 $y(t)$ 才能无失真地反映被测输入信号 $x(t)$。但是，实际的传感器系统 $x(t)$ 与 $y(t)$ 只能在一定频率范围内、在允许的动态误差条件下保持所谓的一致。当信号的频率高，而传感器系统的工作频带不能满足测量允许误差的要求时，我们就希望扩展系统的频带以改善系统的动态性能。以计算机为中心的数据采集系统与传感器相结合的现代测控系统具有强大的软件优势，能够补偿原传感器系统动态性能的不足，将系统频带扩展。主要采用两种方法实现频率自补偿：数字滤波法与频域校正法。与硬件扩展频带技术相比，软件智能化频率自补偿技术方法简便、灵活、调试容易。

利用计算机完成数字信号处理，从广义上讲就是对输入的数字信号进行数字滤波，数字滤波可视为一种执行将一组输入的数字序列通过 z 域的传递函数 $W(z)$ 作用后转变成另一组数字序列输出的装置，称为数字滤波器。数字滤波器不仅仅用于计算机内的软件对采集到的传感器信号进行滤波消噪，而且还可用于构建一种预期频率特性以补偿原传感器频率特性频带窄的不足，起到传感器系统频带扩展的作用，这就都需要在计算机中设计一个有预期频率特性、其模型由 z 域传递函数 $W(z)$ 表征的数字滤波器。

为了设计一个能对输入数字信号进行传递、转换与处理的数字滤波器，需要有一定 z 变换的基础知识。

6.4.1　数字滤波器的数学基础——z变换简介

对于连续时间系统，如图 6-11 所示，它的输入信号 $x(t)$ 与其输出信号 $y(t)$ 的关系在时域中可由微分方程确立，通过解微分方程来求解系统对激励的时间响应 $y(t)$。通过拉氏变换建立输入 $X(s)$ 与输出 $Y(s)$ 的关系，可以将微分方程在 s 域中变为代数方程：

$$Y(s) = W(s)X(s) \tag{6-20}$$

当 $\sigma = 0$ 时，则为频域 $s = j\omega$，式 (6-20) 变为

$$Y(j\omega) = W(j\omega)X(j\omega) \tag{6-21}$$

式中，$X(j\omega)$、$Y(j\omega)$ 分别是 $x(t)$、$y(t)$ 的傅里叶变换。

对于具有采样/保持 (S/H) 的计算机系统，输入的连续时间信号 $x(t)$ 变为时间序列 $x(nT)$，计算机的输出也是时间序列 $y(nT)$。由于 $x(nT)$、$y(nT)$ 都是不连续的，故微分方程不能使用，当时间间隔 T 很小时，可近似由差分方程描述。

通过求 z 变换：$X(z) = Z(x(nT))$、$Y(z) = Z(y(nT))$，则在 z 域中有关系：

$$W(z) = \frac{Y(z)}{X(z)} \tag{6-22}$$

式中，$W(z)$ 称为离散时间系统 (图 6-12) 的传递函数，也是广义离散时间滤波器特性。当幅值也被量化时 (系统中有 A/D)，则称该离散时间系统为数字滤波器。

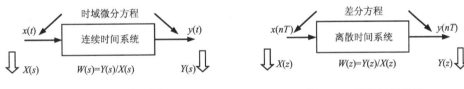

图 6-11　连续时间系统　　　　　　　图 6-12　离散时间系统

z 变换是处理、分析离散时间系统的有力工具，其作用与拉氏变换在连续时间系统中的作用类似。在线性离散时间 (测控) 系统中，线性差分方程表征系统动力学性质。

1. $x(nT)$ 或 $x(n)$ 的 z 变换

对函数 $x(t)$ 求 z 变换，就是对 $t=0,1,\cdots,nT$ 离散时刻处的离散时间序列 $x(nT)$ 求 z 变换，记为 $X(z)$，其定义式为

$$X(z) = Z[x(t)] = Z[x(nT)] = Z[x(n)] = \sum_{n=-\infty}^{\infty} x(n)z^{-n}$$
$$= \sum_{n=-\infty}^{-1} x(n)z^{-n} + \sum_{n=0}^{\infty} x(n)z^{-n} \tag{6-23}$$

式中，$z = e^{j\omega T}$ 为复变量，代入式 (6-23) 可得

$$X(z) = X[e^{j\omega nT}] = \sum_{n=-\infty}^{\infty} x(n)e^{-j\omega nT} \tag{6-24}$$

式 (6-24) 就是傅里叶变换的离散形式。

同理，也可以由 $X(z)$ 求出相应的时间序列值 $x(n)$，称为 z 的逆变换。求 z 的逆变换有直接除法、留数法等方法，在此不做具体介绍。

2. z 变换的部分性质

1) 线性特性

若时间序列 $x_1(n)$ 的 z 变换为：$Z[x_1(n)] = X_1(z)$，$x_2(n)$ 的 z 变换为：$Z[x_2(n)] = X_2(z)$，则

$$Z[x(n)] = Z[\alpha_1 x_1(n) + \alpha_2 x_2(n)] = X(z) = \alpha_1 X_1(z) + \alpha_2 X_2(z) \tag{6-25}$$

式中，α_1、α_2 为常数。

2) 延时性质

若 $X(z) = Z[x(n)]$，则

$$Z[x(n-m)] = z^{-m} X(z) = X_1(z) \tag{6-26}$$

$$Z[x(n+m)] = z^m \left[X(z) - \sum_{n=0}^{m-1} x(n) z^{-n} \right] \tag{6-27}$$

时间序列的时延特性如图 6-13 所示。

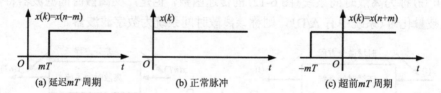

(a) 延迟 mT 周期　　　　　　　(b) 正常脉冲　　　　　　　(c) 超前 mT 周期

图 6-13　脉冲序列 $x(k)$ 的超前与延迟

3) 卷积定理

(1) 离散卷积分。两个时间序列 $x_1(n)$、$x_2(n)$ 的卷积分为

$$x(n) = \sum_{l=-\infty}^{\infty} x_1(l) x_2(n-l) = \sum_{l=-\infty}^{\infty} x_2(l) x_1(n-l) \tag{6-28}$$

两个序列的卷积和进行卷积的两个序列的次序无关，记为 $x(n) = x_1(n) * x_2(n)$。

(2) 时域卷积定理。

若
$$Z[x_1(n)] = X_1(z)$$
$$Z[x_2(n)] = X_2(z)$$
则
$$Z\left[x_1(n) * x_2(n)\right] = X_1(z) X_2(z) \tag{6-29}$$

式 (6-29) 表明序列 $x_1(n)$ 和 $x_2(n)$ 卷积的 z 变换等于两序列 z 变换的乘积。典型序列的 z 变换 $x(n)$ 如表 6-3 所示。

3. 连续时间滤波器 $H(s)$ 与其等效离散时间 (nT) 滤波器 $H_D(z)$

幅值量化后的离散时间滤波器称为数字滤波器 $H_D(z)$。连续时间滤波器即模拟滤波器 $H(s)$。求图 6-14 中 $H(s)$ 的等效 $H_D(z)$ 的方法有多种，详见 6.5 节。

表 6-3　典型序列的 z 变换 $x(n)$

序号	$x(n)$ $(n>0)$	$X(z)$	序号	$x(n)$ $(n>0)$	$X(z)$
1	$\delta(n)$	1	7	ne^{-anT}	$\dfrac{(ze^{-aT})}{(z-e^{-aT})^2}$
2	a^n	$\dfrac{z}{z-a}$	8	$\sin\omega nT$	$\dfrac{z\sin\omega T}{z^2-2z\cos\omega T+1}$
3	$u(n)$	$\dfrac{z}{z-1}$	9	$\cos\omega nT$	$\dfrac{z(z-\cos\omega T)}{z^2-2z\cos\omega T+1}$
4	n	$\dfrac{z}{(z-1)^2}$	10	$e^{-anT}\sin\omega nT$	$\dfrac{ze^{-aT}\sin\omega T}{z^2-2ze^{-aT}\cos\omega T+e^{-2aT}}$
5	e^{-anT}	$\dfrac{z}{z-e^{-aT}}$	11	$e^{-anT}\cos\omega nT$	$\dfrac{z(z-e^{-aT}\cos\omega T)}{z^2-2ze^{-aT}\cos\omega T+e^{-2aT}}$
6	na^n	$\dfrac{az}{(z-a)^2}$	12	$a^{n-1},n=1,2,\cdots$	$\dfrac{z^{-1}}{1-az^{-1}}$

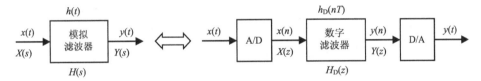

图 6-14　$H(s)$ 与 $H_D(z)$ 的等效

6.4.2　扩展频带的数字滤波法

1. 数字滤波法扩展频带实现频率自补偿功能的思路

数字滤波法的补偿思路是：给现有传递函数为 $W(s)$ 的待补偿系统串接一个传递函数为 $H(s)$ 的环节，于是系统总传递函数 $I(s)=W(s)H(s)$ 满足动态性能的要求。其实质就是一种"拼凑"法。这个需要附加的串联环节 $H(s)$，由软件编程设计的等效数字滤波器实现。下面以一阶环节为例说明数字滤波法实现扩展频带的原理。

欲将某一阶环节的传感器频带扩展到 A 倍以上，其传递函数为 $W(s)$、频率特性为 $W(j\omega)$：

$$W(s)=\frac{1}{1+\tau s},\quad W(j\omega)=\frac{1}{1+j\omega\tau} \tag{6-30}$$

现欲将其频带扩展到 A 倍，即扩展后转折角频率 ω_τ' 为

$$\omega_\tau'=A\omega_\tau$$

也就是时间常数减小为原来的 $1/A$，即

$$\tau'=\frac{\tau}{A}$$

通过附加一个串联环节，称为校正环节，来达到上述目的。

2. 校正环节传递函数 $H(s)$ 的确定

串入校正环节 $H(s)$ 与原传感器 $W(s)$ 组成一个新环节 $I(s)$，如图 6-15 所示。
$I(s)$ 应具有所希望的动态特性，即

$$I(s) = \frac{Y(s)}{X(s)} = \frac{Y(s)U(s)}{U(s)X(s)} = W(s)H(s) = \frac{1}{1+\tau's} \tag{6-31}$$

于是得校正环节的传递函数 $H(s)$ 为

$$H(s) = \frac{I(s)}{W(s)} = \frac{1+\tau s}{1+\tau's} \tag{6-32}$$

式中，$\tau' \leqslant \tau/A$ 为串联校正环节 $H(s)$ 后总的时间常数。

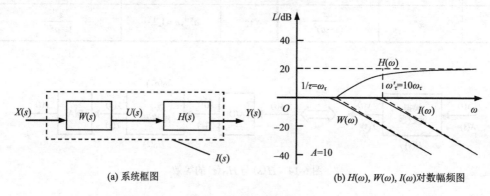

(a) 系统框图　　　　　　　　　(b) $H(\omega),W(\omega),I(\omega)$ 对数幅频图

图 6-15　串联校正环节

3. $H(s)$ 等效数字滤波器 $H_D(z)$ 的设计

1) 等效数字滤波器 $H_D(z)$ 的 z 域传递函数表达式

采用后向差分法，令

$$s = \frac{1}{T}(1-z^{-1})$$

并将其代入式 (6-32) 可得模拟滤波器 $H(s)$ 的等效数字滤波器 $H_D(z)$ 如下：

$$H_D(z) = A\frac{1+cT-z^{-1}}{1+bT-z^{-1}} = \frac{Y(z)}{U(z)}, \quad c = \frac{1}{\tau}, \quad b = Ac \tag{6-33}$$

2) 等效数字滤波器 $H_D(z)$ 的计算机编程实现

将式 (6-33) 交叉相乘：

$$A\left(1+cT-z^{-1}\right)U(z) = \left(1+bT-z^{-1}\right)Y(z)$$

等式两边求 z 逆变换：

$$A(1+cT)\cdot u(k) - Au(k-1) = (1+bT)y(k) - y(k-1)$$

于是得差分方程如下：

$$y(k) = p\left[\frac{A}{q}u(k) - Au(k-1) + y(k-1)\right] \tag{6-34}$$

式中，$p=1/(1+bT)$；$b=A/\tau=2\pi f_b$；$q=1/(1+cT)$；$c=1/\tau=2\pi f_c$；f_c 为扩展频带前传感器原有的转折频率；f_b 为扩展频带后传感器系统的转折频率，$f_b=Af_c$；k 为采样时序序号；T 为采样间隔。

式(6-34)给出了 $H(s)$ 的等效数字滤波器 $H_D(z)$ 的编程算式，当前时刻 kT 的输出由三部分组成。

(1) $p\frac{A}{q}u(k)$：当前时刻 kT 的输入值 $u(k)$ 乘以系数 $p\frac{A}{q}$。

(2) $pAu(k-1)$：当前时刻的前一时刻 $(k-1)T$ 的输入值 $u(k-1)$ 乘以系数 pA。

(3) $py(k-1)$：当前时刻的前一时刻 $(k-1)T$ 的输出值 $y(k-1)$ 乘以系数 p。

实现编程算式(6-34)就实现了需要串联校正环节的等效数字滤波器，但是必须已知待扩展频带环节原有的动态特性，即必须已知表征一阶环节动态特性的特征参数 τ。确定 τ 值的实验方法有两种：一是频率特性法，要求输入信号为频率可调、幅值恒定的正弦波信号；二是阶跃响应法，要求输入信号为阶跃信号。

6.4.3 扩展频带的频域校正法

频域校正法的校正思想是：在已知系统传递函数 $W(s)$ 的前提下，将由于受限于系统频带而畸变的 $y(t)$ 经过处理，找到被测输入信号 $x(t)$ 的频谱 $x(m)$，再通过傅里叶逆变换进而获得被测信号的真值 $x(t)$，相当于将系统频带扩展。

图 6-16 给出了频域校正法的过程，它必须已知系统的传递函数，或者需要事前进行测定表征动态特性的特征参数，从而得出传递函数 $W(s)$ 或频率特性 $W(j\omega)$，然后再开始用软件实现频域校正，校正步骤如下。

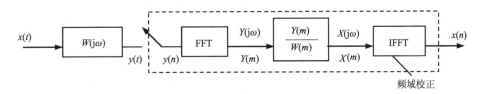

图 6-16 频域校正过程示意图

1. 采样

对输入信号 $x(t)$ 的输出响应信号 $y(t)$ 进行采样，得时间序列 $Y(n)$（$n=0,1,2,\cdots,N-1$），信号记录长度 $t_p = NT_s$，T_s 为采样间隔，f_s 为采样频率，其必须满足采样定理：$f_s > 2f_m$，f_m 为输入信号 $x(t)$ 的最高分量的频率。

2. 频谱分析

对采样信号 $y(n)$ 进行频谱分析，即进行快速傅里叶变换（FFT），得出它的频谱

$Y(m)$ $(m=0,1,2,\cdots,N/2)$，其基波频率为 $1/t_p =\Omega/(2\pi)$，$\omega=m\Omega$。

3. 做复数除法运算

已知系统频率特性 $W(j\omega)$ 为

$$W(j\omega) = \frac{Y(j\omega)}{X(j\omega)}$$

式中，$Y(j\omega)$ 为系统输出信号的频谱；$X(j\omega)$ 为系统输入信号的频谱。

因为计算机是离散时间系统，只能得到离散的谱线，即 $\omega=m\Omega$，$\Omega=2\pi/t_p$ 为基波频率；m 为谱线序号 $(m=0,1,2,\cdots,N/2)$。故系统频率特性的离散时间表达式为

$$W(m) = \frac{Y(m)}{X(m)}$$

将 $W(m)$ 与 $Y(m)$ 做复数除法，可得系统被测输入信号的频谱 $X(m)$ 为

$$X(m) = \frac{Y(m)}{W(m)} \tag{6-35}$$

对频谱 $X(m)$ 进行快速傅里叶逆变换（IFFT）即可得原函数 $x(t)$ 的离散时间序列 $x(n)$，这个原函数 $x(t)$ 正是要测量的系统输入信号的真值。若不进行频域校正，传感器系统输出的响应信号 $y(t)$ 会发生畸变，用畸变后的 $y(t)$ 代表被测的输入信号 $x(t)$，就会存在误差。频域校正是把畸变的 $y(t)$ 经过处理找到被测输入信号 $x(t)$ 的频谱 $X(m)$，进而获得了被测信号 $x(t)$ 的真值，于是便消除了误差。

6.4.4　应用示例

[示例 6-2]　采用数字滤波法将测温传感器(一阶系统)频带扩展到 A≥10 倍。

第一步：时间常数测定。将温度传感器放在冰水混合物的冰瓶中，待温度平衡后迅速将温度传感器提出冰瓶，由此对温度传感器输入一个从 0℃至室温（39.9℃）的温度阶跃信号，数据采集系统同步采集系统的响应输出信号 $u(t)$，如图 6-17 所示。时间常数为温度上升到最大值的 63.2%时所用的时间，经计算得 $\tau=7.9s$，$f_c = 1/(2\pi\tau) \approx 0.0201\,\text{Hz}$。

第二步：执行校正环节 $H(s)$ 等效数字滤波 $H_D(z)$ 的编程算式。根据已测定出的 τ 值与所要求的频带扩展倍数 $A\geqslant10$，计算出传感器频带扩展前后的转折频率 f_c、f_b 以及 p、q 值，编程算式即可执行。

第三步：最佳补偿效果的判断与调节实现。由于时间常数 τ 的测定必然存在误差，不可能绝对准确，故设置的 f_c（转折频率）会出现偏差，从而会发生 f_c 偏大时补偿不足、f_c 偏小时补偿过分的现象。这种现象可以通过对阶跃响应 $u(t)$ 的采样信号 $u(k)$，以及通过数字滤波器后的阶跃响应信号 $y(k)$ 进行观察。图 6-17 中的曲线 $u(k)$ 为数字滤波前的温度阶跃响应信号，设置不同 f_c 值时滤波器输出的温度阶跃响应 y_1、y_2、y_3，如图 6-18 所示。其中曲线 y_3 对应于 $f_c=0.0201\text{Hz}$；曲线 y_1 对应于 $f_c' =0.0105\text{Hz} <f_c=0.0201\text{Hz}$，出现补偿过冲；曲线 y_2 对应于 $f_c'' =0.201\text{Hz} >f_c=0.0201\text{Hz}$，出现补偿不足，上升前沿还不够快。比较曲线 y_1、y_2、y_3 可见，曲线 y_3 为最佳补偿效果，上升沿有明显改善而且无太大过冲。由此可见，通过对数字滤波器的软件调试，很容易调整 f_c 值，达到最佳补偿效果。

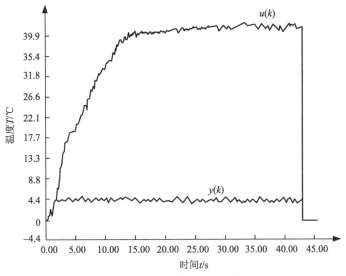

图 6-17　温度传感器系统对阶跃输入温度信号的响应曲线

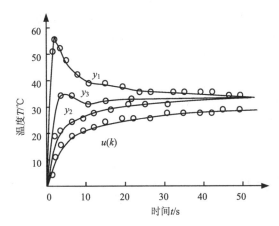

图 6-18　不同补偿效果的图示

$u(k)$-未补偿；y_1-过补偿；y_2-欠补偿；y_3-补偿恰当

6.5　提高信噪比与分辨力及智能化信号提取与消噪功能

传感器获得的信号中常常夹杂着各种干扰信号。兼有信息获取与处理功能的智能传感器系统，其信息处理的基本功能是能自动准确地将有用信号从噪声中提取出来。因为只有有用信息才能表征被测对象的特征。信号提取与消噪技术有多种，如滤波器技术、频域消噪技术、相关分析技术等，它们各有特点。本节将介绍数字滤波、相关及频域谱分析消噪技术。

6.5.1　数字滤波技术

本书涉及智能传感器系统中的数字滤波器，其功用主要有三个：一是抑制噪声干扰信号，起到消除噪声的作用；二是提取某频段频率分量的信号；三是作为频率补偿器使测量系统频带扩展(详见 6.4 节)。本节从信号提取与消噪功能的角度讨论数字滤波器。

1. 滤波器的分类

滤波器可划分为经典滤波器与现代滤波器两大类。经典滤波器只有在噪声和信号频率不重叠的场合，才能起到分离消噪与有用信号提取的作用。现代滤波器把信号与噪声都视为随机信号，不在意二者频谱是否重叠，研究重点是从含有噪声的数据记录中估计出信号的某些特征或信号本身。经典滤波器又分为模拟与数字滤波器两种，4.4 节已经对模拟滤波器做了介绍，本节讨论经典数字滤波器。

2. 连续时间(t)滤波器 $H(s)$ 的离散时间(nT)等效滤波器 $H_D(z)$

连续时间滤波器又称模拟滤波器，经过采样/保持器后进入计算机的信号是在时间为离散时刻($t=nT,\ n=0,1,2,\cdots$)上具有数值，而数值又是整量化的时间序列。在计算机中处理这种幅值量化的离散时间序列信号的滤波器称为数字滤波器。

通常的情况是首先确定一个期望的模拟滤波器 $H(s)$：被测信号的频率范围应在其通带内，欲清除的干扰噪声的频率范围应落在阻带内，从而滤波器的类型及其相应的截止频率就被确定；然后下一步的主要任务就是设计软件，实现与 $H(s)$ 等效的数字滤波器 $H_D(z)$。等效示意框图如图 6-19 所示。等效方法有多种，如脉冲响应不变法(z 变换法)、后向差分法、双线性变换法、频率域曲折双线性变换法等，下面只介绍两种方法：后向差分法与双线性变换法。

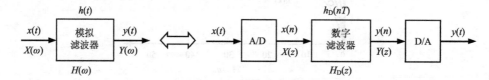

图 6-19　$H(s)$ 与 $H_D(z)$ 的等效

1)后向差分法

后向差分法是一种数值积分法。下面以最简单的一阶系统为例，说明由微分方程建立差分方程，再对差分方程进行 z 变换，进而获得连续时间滤波器 $H(s)$ 的等效数字滤波器 $H_D(z)$。

(1)推导差分方程。

微分方程：

$$\frac{dy(t)}{dt} = -ay(t) + ax(t), \quad a = \frac{1}{\tau} \quad (\tau \text{为时间常数})$$

若求解每个采样周期 T 时 $y(t)$ 的值，将上面微分方程的等号两边从 0 到 kT 进行积分，则有

$$\int_0^{kT} \frac{dy(t)}{dt}dt = -a\int_0^{kT} y(t)dt + a\int_0^{kT} x(t)dt$$

$$y(kT) - y(0) = -a\int_0^{kT} y(t)\mathrm{d}t + a\int_0^{kT} x(t)\mathrm{d}t \tag{6-36}$$

同理，从 0 到 $(k-1)T$ 积分，则有

$$\int_0^{(k-1)T} \frac{\mathrm{d}\,y(t)}{\mathrm{d}t}\mathrm{d}t = -a\int_0^{(k-1)T} y(t)\mathrm{d}t + a\int_0^{(k-1)T} x(t)\mathrm{d}t$$

$$y(k-1)T - y(0) = -a\int_0^{(k-1)T} y(t)\mathrm{d}t + a\int_0^{(k-1)T} x(t)\mathrm{d}t \tag{6-37}$$

将式(6-36)和式(6-37)相减后可得

$$y(kT) - y(k-1)T = -a\int_{(k-1)T}^{kT} y(t)\mathrm{d}t + a\int_{(k-1)T}^{kT} x(t)\mathrm{d}t \tag{6-38}$$

式(6-38)等号右侧两项在数值上可由各种方法积分，运用后向差分法积分就是矩形面积近似曲线 $y(t)$ 下的面积，如图 6-20 所示，则式(6-38)变为

$$y(kT) - y(k-1)T = -aTy(k\tau) + aTx(k\tau)$$

整理得

$$y(k) = qx(k) + py(k-1) \tag{6-39}$$

式中，$q = aT/(1+aT) = T/(T+\tau) < 1$；$p = 1/(1+aT) = \tau/(T+\tau) < 1$，但 $q+p=1$。

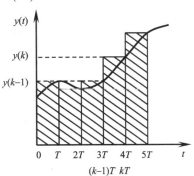

图 6-20　后向差分法面积近似图

式(6-39)就是后向差分法实现与模拟低通滤波器 $H(s)=a/(s+a)$，$a=1/\tau=\omega_\tau$ 等效的数字滤波器的计算机编程算式。当前时刻 kT 的输出 $y(k)$ 由两部分组成：$qx(k)$，当前时刻的输入值 $x(k)$ 乘以 q；$py(k-1)$，当前时刻的前一时刻 $(k-1)T$ 的输出值 $y(k-1)$ 乘以 p。

由式(6-39)实现的 $H(s)$，可以通过 p、q 的值很方便地调节截止频率 $\omega_\tau=a$，例如，当 $q=0.2$、$p=0.8$ 时，对应的时间常数 $\tau=1/a=4T$；而当 $q=0.9$、$p=0.1$ 时，$\tau=T/9$，而由硬件制作的滤波器要想调节它的截止频率 $\omega_\tau=a=1/\tau$ 是很不方便的。

(2)由 $H(s)$ 求等效 $H_\mathrm{D}(z)$ 的后向差分法。

具体方法是令 $H(s)$ 中的 s 为

$$s = \frac{1-z^{-1}}{T} \tag{6-40}$$

于是有

$$H_\mathrm{D}(z) = \frac{Y(z)}{X(z)} = \frac{aT}{1+aT-z^{-1}} \tag{6-41}$$

$$aTX(z) = (1+aT-z^{-1})Y(z) \tag{6-42}$$

求 z 逆变换得差分方程：

$$aTx(k) = (1+aT)y(k) - y(k-1) \tag{6-43}$$

故

$$y(k) = \frac{1}{1+aT}y(k-1) + \frac{aT}{1+aT}x(k) = qx(k) + py(k-1) \tag{6-44}$$

上述差分方程与式(6-39)相同，因此，由后向差分法求 $H(s)$ 的等效数字滤波器 $H_D(z)$，只需令 $H(s)$ 中的 s 为 $s=(1-z^{-1})/T$ 即可。

2)双线性变换法(梯形积分法或 Tustin 变换法)

(1)推导差分方程：如图 6-21 所示的曲线 $y(t)$ 下的面积由梯形面积近似，即

$$\int_{(k-1)T}^{kT} y(t)\mathrm{d}t = \frac{1}{2}[y(kT) + y(k-1)T]T , \quad \int_{(k-1)T}^{kT} x(t)\mathrm{d}t = \frac{1}{2}[x(kT) + x(k-1)T]T$$

于是，可得差分方程如下：

$$y(kT) = y(k-1)T - \frac{aT}{2}[y(kT) + y(k-1)T] + \frac{aT}{2}[x(kT) + x(k-1)T] \tag{6-45}$$

经整理后可得

$$y(k) = py(k-1) + qx(k) + qx(k-1) \tag{6-46}$$

式中，$p = \left(1-\frac{aT}{2}\right)\bigg/\left(1+\frac{aT}{2}\right)$；$q = \frac{aT}{2}\bigg/\left(1+\frac{aT}{2}\right)$。

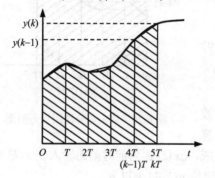

图 6-21　双线性变换法面积近似图(梯形近似)

式(6-46)就是双线性变换法实现与模拟低通滤波器 $H(s)=a/(a+s)$，$a=1/\tau=\omega_\tau$ 等效的数字滤波器的计算机编程算式。当前时刻 kT 的输出 $y(k)$ 由三部分组成。

①$py(k-1)$：当前时刻的前一时刻 $y(k-1)T$ 的输出值 $y(k-1)$ 乘以系数 p；

②$qx(k)$：当前时刻的输入值 $x(k)$ 乘以系数 q；

③$qy(k-1)$：当前时刻的前一时刻 $(k-1)T$ 的输入值 $x(k-1)$ 乘以系数 q。

(2)由 $H(s)$ 求等效 $H_D(z)$ 的双线性变换法。

该变换法的具体做法是令 $H(s)$ 中的 s 为

$$s = \frac{2}{T}\frac{1-z^{-1}}{1+z^{-1}} = \frac{2}{T}\frac{z-1}{z+1} \tag{6-47}$$

于是有

$$H_D(z) = \frac{Y(z)}{X(z)} = \frac{a}{\dfrac{2}{T}\dfrac{1-z^{-1}}{1+z^{-1}}+a} = \frac{Ta(1+z^{-1})}{2(1-z^{-1})+aT(1+z^{-1})} \tag{6-48}$$

$$(1-z^{-1})Y(z) + \frac{aT}{2}(1+z^{-1})Y(z) = \frac{aT}{2}(1+z^{-1})X(z) \tag{6-49}$$

再对换：

$$y(k) - y(k-1) + \frac{aT}{2}y(k) + \frac{aT}{2}y(k-1) = \frac{aT}{2}x(k) + \frac{aT}{2}x(k-1) \tag{6-50}$$

整理后得差分方程：

$$y(k) = \frac{1 - \frac{aT}{2}}{1 + \frac{aT}{2}} y(k-1) + \frac{\frac{aT}{2}}{1 + \frac{aT}{2}} x(k) + \frac{\frac{aT}{2}}{1 + \frac{aT}{2}} x(k-1) \tag{6-51}$$

上述差分方程与式(6-46)相同，因此，由双线性变换法求 $H(s)$ 的等效数字滤波器 $H_D(z)$，只需令 $H(s)$ 中的 s 为 $s=2(1-z^{-1})/[(1+z^{-1})T]$ 即可。

由式(6-39)、(6-46)差分方程都等效于同一模拟滤波器 $H(s)$，说明不同的等效方法获得的等效数字滤波器 $H_D(z)$ 有不完全相同的表达式。

3. 有限冲激响应(FIR)与无限冲激响应(IIR)数字滤波器

数字滤波器的 z 域脉冲传递函数 $H(z)$ 有两种类型；相应的输入、输出时间序列 $x(n)$ 与 $y(n)$ 关系的差分方程也有两种类型，分别称为有限冲激响应滤波器和无限冲激响应滤波器。

1)有限冲激响应(FIR)滤波器的数学模型

有限冲激响应(FIR)滤波器系统的脉冲传递函数表达式为

$$H(z) = \frac{Y(z)}{X(z)} = a_0 + a_1 z^{-1} + a_2 z^{-2} + \cdots + a_N z^{-N} = \sum_{n=0}^{N} a_n z^{-n} \tag{6-52}$$

于是有

$$Y(z) = [a_0 + a_1 z^{-1} + a_2 z^{-2} + \cdots + a_N z^{-N}]X(z)$$

求 z 逆变换得差分方程：

$$y(n) = \sum_{r=0}^{N} a_r x(n-r) \tag{6-53}$$

式(6-53)给出的差分方程表明：当前时刻的输出 $y(n)$ 由一系列的(包括当前时刻和历史时刻)输入值 $x(n-r)$ 乘以相应系数 a_r 决定。

2)无限冲激响应(IIR)滤波器的数学模型

无限冲激响应(IIR)滤波器系统的脉冲传递函数表达式为

$$H(z) = \frac{Y(z)}{X(z)} = \frac{\displaystyle\sum_{r=0}^{N} a_r z^{-r}}{1 + \displaystyle\sum_{k=1}^{M} b_k z^{-k}} \tag{6-54}$$

展开得

$$(1 + b_1 z^{-1} + b_2 z^{-2} + \cdots + b_M z^{-M})Y(z) = (a_0 + a_1 z^{-1} + a_2 z^{-2} + \cdots + a_N z^{-N})X(z)$$

求 z 逆变换得差分方程：

$$y(n) + b_1 y(n-1) + b_2 y(n-2) + \cdots + b_M y(n-M) = a_0 x(n) + a_1 x(n-1) + \cdots + a_N x(n-N)$$

故

$$y(n) = \sum_{r=0}^{N} a_r x(n-r) - \sum_{k=1}^{M} b_k y(n-k) \tag{6-55}$$

式(6-55)给出的差分方程表明：当前时刻的输出 $y(n)$ 由一系列的(含当前时刻和历史时刻)输入值 $x(n-r)$ 乘以相应的系数 a 与历史时刻输出值 $y(n-k)$ 乘以相应的系数 b_k 决定。

总结本节介绍的数字滤波器 $H_D(z)$ 的设计方法如下。

在 s 域里先设计一个与模拟滤波器 $H(s)$ 等效的数字滤波的脉冲传递函数 $H_D(z)$，以及相应的输出 $y(n)$ 与输入 $x(n)$ 序列的差分方程式，即得无限冲激响应(IIR)数字滤波器的算式。

要注意，由 $H(s)$ 求 $H_D(z)$ 的等效方法有多种，任选一种即可，但因逼近 $|H(\omega)|$ 的方式与着重点有所不同，故采用不同等效方法求得的滤波器系数也不尽相同。此外，滤波器系数与采样间隔 T 有关。因此，在不同的(含 A/D 硬件与软件平台)计算机系统上面，必须保证相同的采样间隔 T 才能实现数字滤波器具有相同的特性。

在 LabVIEW 软件平台上可以根据幅频特性的高、低截止频率(带通、带阻)或高截止频率(低通、高通)以及阶次 n 来设计相应的滤波器，并直接获得滤波器系数，详见[示例 6-4]。同理，在不同的计算机硬、软件平台上利用所获得的系数来实现的数字滤波器，当只有相同的采样隔离 T 时，才会有一致的滤波器特性。

6.5.2　频域谱分析法

利用快速傅里叶变换算法对输入信号 $x(t)$ 进行变换得到其频谱 $X(m)$。$m=0$ 的谱线 $X(0)$ 为直流分量；$m=1$ 的谱线 $X(1)$ 为基波分量；$m>1$ 的谱线 $X(m)$ 为谐波分量。$m=1$ 的基波频率 f_1 为

$$f_1 = \frac{1}{t_p} = \frac{1}{NT} \tag{6-56}$$

式中，T 为采样时间间隔；N 为采样点数；t_p 为信号采样记录时间。

根据频谱的谐波性可知，$m>1$ 的谐波频率 f_m 为

$$f_m = mf_1 = \frac{m}{NT} \tag{6-57}$$

式中，m 为谱线序数，$m=1,2,\cdots,N$，总计有 N 条谱线。其中有 $N/2$ 条是有效的。

设图 6-22(a)所示的是某一信号 $x(t)$ 的频谱 $X(m)$，它是由对 $x(t)$ 进行采样，得离散时间序列 $x(n)$, $n=0,1,2,\cdots,N-1$，再对 $x(n)$ 进行快速傅里叶变换(FFT)得到的。对 $x(n)$ 进行低通、高通、带通滤波的实现方法分述如下。

1. 低通滤波器的实现

首先设定低通滤波器的截止频率 f_L，将 f_L 的值与 $X(m)$ 的各条谱线的频率值做比较，若

$$f_{j-1} < f_L < f_j$$

则令 $m \geqslant j$ 的谐波幅值为零，即

$$X(m \geqslant j) = 0$$

保留 $m<j$ 的各条谱线幅值不变,从而得到图6-22(b)所示的频谱 $X_L(m)$, $m=0,1,2,\cdots,j-1$。这就是经过理想低通滤波器后的信号 $x_L(t)/x_L(n)$ 的频谱,对 $X_L(m)$ 进行快速傅里叶逆变换(IFFT)就得到离散序列 $x_L(n)$。

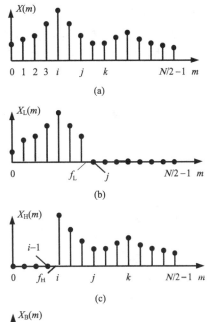

2. 高通滤波器的实现

首先设定高通滤波器的截止频率 f_H,将 f_H 的值与 $X(m)$ 的各条谱线的频率值做比较,若

$$f_{i-1} < f_H < f_i$$

则令 $m \leqslant i-1$ 的各次谐波幅值为零,即

$$X(m \leqslant i-1) = 0$$

保留 $m \geqslant i$ 的各条谱线幅值不变,从而得到图 6-22(c)所示的频谱 $X_H(m)$, $m=i,i+1,\cdots,N/2-1$。这就是经过理想高通滤波器的信号 $x_H(t)/x_H(n)$ 的频谱,对 $X_H(m)$ 进行快速傅里叶逆变换就得到离散序列 $x_H(n)$。

3. 带通滤波器的实现

将带通滤波器的上、下限截止频率 f_h、f_l 与 $X(m)$ 的各条谱线的频率值做比较,若

上限：　　　$f_{k-1} < f_h < f_k$

下限：　　　$f_i < f_l < f_{i+1}$

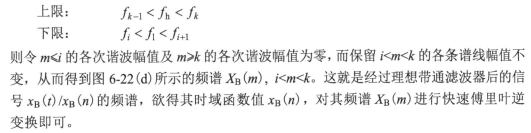

图 6-22　$x(t)$ 的频谱及滤波后频谱

则令 $m \leqslant i$ 的各次谐波幅值及 $m \geqslant k$ 的各次谐波幅值为零,而保留 $i<m<k$ 的各条谱线幅值不变,从而得到图 6-22(d)所示的频谱 $X_B(m)$, $i<m<k$。这就是经过理想带通滤波器后的信号 $x_B(t)/x_B(n)$ 的频谱,欲得其时域函数值 $x_B(n)$,对其频谱 $X_B(m)$ 进行快速傅里叶逆变换即可。

综上所述可见,频域谱分析法进行滤波,实现起来非常方便灵活。对输入信号采样后进行快速傅里叶变换,获得其频谱 $X(m)$,去掉不希望的谱线后即构成所希望的频率特性 $X'(m)$,再对 $X'(m)$ 进行快速傅里叶逆变换即可获得时域信号,该时域信号就是经过滤波后的输出信号。由频域谱分析法实现的低、高、带通滤波器均是锐截止的理想滤波器。

6.5.3　应用示例

[示例6-3]　交流电桥调幅波解调器中滤波器参数的确定。

功能： 该滤波器与乘法器相配合构成调幅波解调器,可用于对交流电桥等输出调幅

波进行解调的场合。

设已知交流电桥供电电源频率 $f_0=10\text{kHz}$，被测信号的最高频率 $\leqslant 2\text{kHz}$。

要求： ①试确定滤波器的参数与类型；

②该滤波器应有使低频信号通过的能力，对频率为 $f \leqslant 2\text{kHz}$ 的被测信号衰减率不能大于 30%；

③该滤波器对高频信号有足够大的衰减能力，使通过滤波器的高频信号的衰减率达到 90% 以上；

④分析乘法器输出信号的频率成分。

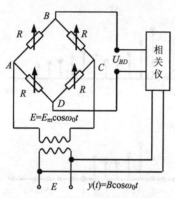

图 6-23　不平衡交流电桥调制器

1) 不平衡交流电桥调制器

交流电桥电路输出的不平衡电压 U_{BD}，如图 6-23 所示，是一调幅波，故交流电桥为调幅波调制器。桥路的四个桥臂（或两个桥臂）为电参数型变换器。电参数的变化量 ΔR 与被测参量/目标参量 $c(t)$ 的变化成比例。根据电桥理论，在恒压源供电情况下，输出的不平衡电压 U_{BD} 与供电电压 $E=E_m\cos\omega_0 t$ 及桥臂阻抗变化成比例：

$$U_{BD} \propto E \cdot \frac{\Delta R}{R}$$

又因为桥臂电参量变化与被测参量 $c(t)$ 成比例：

$$\Delta R / R \propto c(t)$$

故有

$$U_{BD} \propto E_m c(t) \cdot \cos\omega_0 t \tag{6-58}$$

式中，U_{BD} 为一调幅波，供电电源电压为载波；$c(t)$ 为调制波。

2) 调幅波的频率成分

假设被测参量 $c(t)$ 为单频信号，$c(t)=A\cos\Omega t$，则

$$U_{BD} = A\cos\Omega t \cdot E_m\cos\omega_0 t$$

对其进行三角函数积化和差，可得

$$\begin{aligned} U_{BD} &= \frac{A \cdot E_m}{2}\{\cos[(\omega_0+\Omega)t]+\cos[(\omega_0-\Omega)t]\} \\ &= \frac{A \cdot E_m}{2}\{\cos[2\pi(f_0+f)t]+\cos[2\pi(f_0-f)t]\} \end{aligned} \tag{6-59}$$

已知 $f_0=10\text{kHz}$、$f \leqslant 2\text{kHz}$，所以电桥输出的调幅波 U_{BD} 由两个频率信号合成：一个是 $f_0+f \leqslant 2\text{kHz}$，另一个是 $f_0-f \geqslant 8\text{kHz}$。

3) 乘法器输出信号的频率成分

采用相关仪作调幅波解调器，两个输入信号分别是

$$s = U_{BD}$$
$$y(t) = B\cos\omega_0 t$$

则乘法器输出 $x(t)$ 为

$$x(t) = s(t) \cdot y(t) = \frac{AE_m}{2}[\cos(\omega_0 + \Omega)t + \cos(\omega_0 - \Omega)t] \cdot B \cdot \cos \omega_0 t$$

$$= \frac{ABE_m}{2}[\cos(\omega_0 + \Omega)t \cdot \cos \omega_0 t + \cos(\omega_0 - \Omega)t \cdot \cos \omega_0 t] \tag{6-60}$$

利用三角函数积化和差公式将式(6-60)分项，可得

$$x(t) = \frac{ABE_m}{2}\cos \Omega t + \frac{ABE_m}{4}[\cos(2\omega_0 + \Omega)t + \cos(2\omega_0 - \Omega)t] \tag{6-61}$$

由式(6-61)可知，乘法器输出信号 $x(t)$ 由三个频率信号合成：① $2f_0+f \le 22\text{kHz}$，② $2f_0-f \ge 18\text{kHz}$，③被测低频信号 $c(t)$ 的频率 Ω。

4)低通滤波器参数的确定

低通滤波器的转折频率 $f_L>2\text{kHz}$，满足对被测低频信号 $c(t)$ 通过的要求(在积分时可以从积分号中提出来)；若令 $f_L=2\text{kHz}$，其衰减率为 29.3%，满足不大于 30% 的要求。

如果采用一阶低通滤波器，过渡带幅频特性的下降规律是，$10f_L$ 处幅值下降至 $1/10$，即 $22\text{kHz}>f_L=20\text{kHz}$ 频率分量幅值衰减率可达到 90%，但对于 18kHz 信号分量的幅值衰减率达不到 90%，若欲达到更高的衰减率应采用二阶或二阶以上的低通滤波器。滤波器参数初定后可进行仿真设计及检验，合格后方可最后确定。

[示例 6-4]　设计一个巴特沃思低通数字滤波器。

要求：①该低通数字滤波器等效模拟滤波器 $H_d(s)$ 幅频特性过渡段特征：

a. 对信号频率 $f_1=70\text{Hz}$ 的衰减率 $\delta_1 \le 0.293$；

b. 对信号频率 $f_2=350\text{Hz}$ 的衰减率 $\delta_2 \ge 0.8$。

②写出巴特沃思低通数字滤波器 $H_d(z)$ 的计算机编程算式 $y(j)$。

1)等效模拟低通滤波器传递函数 $H_d(s)$ 的确定

分别求出阶次 n 及截止角频率 ω_c，则 $H_d(s)$ 即可确定。

(1)确定等效模拟低通滤波器阶次 n。

$$\left(\frac{f_2}{f_1}\right)^n = \sqrt{\left(\frac{1}{A_2^2}-1\right) \Big/ \left(\frac{1}{A_1^2}-1\right)} \tag{6-62}$$

由式(6-62)可知幅值比 A_1、A_2 满足

$$A_1 = |H(\omega_1)| = 1 - \delta_1 \ge 0.707 , \quad A_2 = |H(\omega_2)| = 1 - \delta_2 \le 0.2$$

将 A_1、A_2 的值代入式(6-62)，有

$$\left(\frac{f_2}{f_1}\right)^n = \left(\frac{350}{70}\right)^n \ge 4.897500217$$

因为 $f_2/f_1=5$ 且大于 4.897500217，故取 $n=1$。

(2)确定等效模拟低通滤波器 $H_d(s)$ 的截止角频率 ω_c。

已知 $n=1$，$f_1=70\text{Hz}$ 及 $f_2=350\text{Hz}$，求解 ω_c。

$$\left(\frac{\omega_1}{\omega_c}\right)^{2n} = \frac{1}{A_1^2} - 1$$

有

$$\left(\frac{\omega_1}{\omega_c}\right)^2 = \frac{1}{(0.707)^2} - 1 = 1.000604182$$

故 $\omega_c \approx \omega_1 = 2\pi f_1 = 2\pi \times 70 \approx 439.8\,(\text{rad/s})$

（3）模拟滤波器的传递函数 $H_d(s)$。

$$H_d(s) = \frac{1}{\tau s + 1} \tag{6-63}$$

式中，$\tau = \dfrac{1}{\omega_c} = \dfrac{1}{439.8}\text{s} \approx 2.274\text{ms}$。

2）等效数字滤波器 $H_d(z)$

（1）采用后向差分法。

令 $s = \dfrac{1 - z^{-1}}{T}$，则有

$$H_d(z) = \frac{\omega_c T}{1 + \omega_c T - z^{-1}} = \frac{Y(z)}{X(z)} \tag{6-64}$$

经 z 逆变换得差分方程后，等效数字滤波器 $H_d(z)$ 的计算机编程算式如下：

$$y(j) = qx(j) + py(j-1)$$

式中，$q = \dfrac{\omega_c T}{1 + \omega_c T} = \dfrac{T}{\tau + T}$；$p = \dfrac{1}{1 + \omega_c T} = \dfrac{\tau}{\tau + T}$；$T$ 为采样间隔。

可解得：$a_0 = q$，$a_1 = 0$；$b_1 = p$，$b_2 = b_3 = 0$。

（2）采用双线性变换法。

令 $s = \dfrac{2}{T} \dfrac{z-1}{z+1}$ 可得等效数字滤波器的编程算式：

$$y(j) = \frac{1 - \omega_c T/2}{1 + \omega_c T/2} y(j-1) + \frac{\omega_c T/2}{1 + \omega_c T/2} x(j) + \frac{\omega_c T/2}{1 + \omega_c T/2} x(j-1) \tag{6-65}$$

可解得：$a_0 = \dfrac{\omega_c T/2}{1 + \omega_c T/2}$；$a_1 = a_0$；$b_1 = \dfrac{1 - \omega_c T/2}{1 + \omega_c T/2}$。

要注意以下两点。

① 不同等效方法求得的无限冲激响应（IIR）滤波器模型的系数 $a_r\,(r = 0, 1, 2, \cdots)$、$b_k\,(k = 1, 2, \cdots)$ 并不相同，但都是满足设计要求的巴特沃思低通滤波器特性。

② 不论是仿真时对信号的采样间隔 T，还是数据采集卡对信号的采样间隔 T，对滤波器系数 a_r、b_k 都有影响。因此在仿真设计时的 T 值必须与实际数据采集系统的 T 相同，才能保证滤波器系数一致时，实际的智能系统中使用的滤波器与仿真设计时的滤波器有相同的滤波器功能。

[示例 6-5]　设计一个巴特沃思高通数字滤波器。

要求：①该高通数字滤波器等效模拟滤波器 $H_g(s)$ 幅频特性过渡段特征：

a. 对信号频率 $f_1=4.0$Hz 的衰减率要达到 $\delta_{1g} \geqslant 0.707$；

b. 对信号频率 $f_2=40$Hz 的衰减率要达到 $\delta_{2g} \leqslant 0.2$。

②写出巴特沃思高通数字滤波器 $H_g(z)$ 的计算机编程算式 $y(k)$。

1）等效模拟高通滤波器传递函数 $H_g(s)$ 的确定

（1）确定 $H_g(s)$ 的阶数。

为此先设计一个模拟低通滤波器 $H_d(s)$，其幅频特性过渡段特征：

a. 对信号频率 $f_1=4.0$Hz 的衰减率 $\delta_{1d} \leqslant 1-\delta_{1g} \leqslant 0.293$；

b. 对信号频率 $f_2=40$Hz 的衰减率 $\delta_{2d} \geqslant 1-\delta_{2g} \geqslant 0.8$。

设计步骤与[示例 6-4]相同，可得巴特沃思滤波器阶数 n 应满足不等式：

$$\left(\frac{f_2}{f_1}\right)^n = \left(\frac{40}{4}\right)^n \geqslant 4.350909857$$

因为 $f_2/f_1=40/4=10>4.350909857$，故只需 $n=1$ 即可。于是一阶模拟巴特沃思低通滤波器的传递函数 $H_d(s)$ 为

$$H_d(s) = \frac{b_0}{b_1 s + b_0} = \frac{1}{as+1}, \quad a = \frac{b_1}{b_0} = \frac{1}{\omega_{cd}} \tag{6-66}$$

（2）确定等效模拟高通滤波器的传递函数 $H_g(s)$。

已确定阶次 $n=1$，则有

$$H_g(s) = \frac{a_g s}{1 + a_g s}, \quad a_g = \frac{1}{\omega_{cg}} \tag{6-67}$$

（3）确定等效模拟高通滤波器的截止角频率 ω_{cg}。

根据对 $\omega_1=2\pi f_1$、$\omega_2=2\pi f_2$ 处衰减率的要求，可计算相应的幅值 A_1 与 A_2：

$$A_1 = \frac{f_1 / f_{cg}}{\sqrt{1 + (f_1 / f_{cg})^2}} = 1 - \delta_{1g} \leqslant 0.293$$

$$A_2 = \frac{f_2 / f_{cg}}{\sqrt{1 + (f_2 / f_{cg})^2}} = 1 - \delta_{2g} \geqslant 0.8$$

采用上述两式中任一式，均可求得：$f_{cg} \geqslant 13$Hz，$\omega_{cg} \geqslant 81.7$rad/s。

2）确定与 $H_g(s)$ 等效数字滤波器 $H_g(z)$ 的计算机编程算式

（1）双线性变换法。

$$y(j) = \frac{1}{2+aT}[(2-aT)y(j-1) + 2x(j) - 2x(j-1)] \tag{6-68}$$

式中，无限冲激响应(IIR)滤波器系数 $a_0=2/(2+aT)$；$a_1=-2/(2+aT)$；$b_1=(2-aT)/(2+aT)$。

(2)后向差分法。

$$y(j) = \frac{1}{1+aT}[y(j-1) + x(j) - x(j-1)] \tag{6-69}$$

式中，无限冲激响应滤波器系数 $a_0 = 1/(1+aT)$；$a_1 = -1/(1+aT)$；$b_1 = 1/(1+aT)$，T 为采样间隔。

两种变换法所得输出脉冲序列 $y(j), j=1,2,\cdots$，都对应模拟高通滤波器：

$$H_g(s) = a_g s / s + a_g, \ a_g = 1/\omega_{cg} \tag{6-70}$$

式中，ω_{cg} 为高通滤波器截止角频率。

6.6　增强自我管理与自适应能力及智能化控制功能

控制功能是体现测控系统具有判断、决策、自我管理与自适应能力的一种智能化功能。一个自动化控制系统由传感器、控制器及执行器三大环节组成。在如图 1-1 所示的现代自动化控制系统中，安装了控制软件模块的计算机担任控制器，代替了由比例放大器、积分器、微分器组成的传统硬件 PID 控制器，使得参数的改变更灵活便捷，调节效率更快更高。

现场总线控制系统(FCS)中的智能设备都具有微处理器和数字接口，并挂接在现场总线上，但没有仅安装控制模块的微处理器作为独立的控制器智能设备。起调节控制作用的软件控制模块可以安装在智能传感/变送器的微处理器中，也可以安装在智能执行器的微处理器中。上位机经现场总线下达控制参量的设定值；智能传感/变送器及执行器之间的检测信息与控制指令也经现场总线传递。

随着自动化技术的发展，闭环自动控制模块的算法也极其发达、多种多样。常用的有 PID 算法、模糊算法(详见第 14 章)等。本节简介 PID 控制模式的软件编程算法。

广义地说，具有控制功能的控制器也是一种滤波器，要实现控制功能就是要求得与模拟 PID 控制器等效的数字 PID 控制器的脉冲传递函数。闭环控制系统的 PID 控制器如图 6-24 所示。

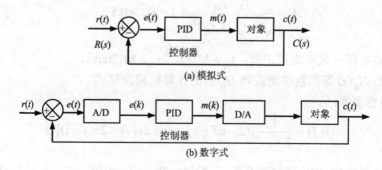

图 6-24　闭环控制系统中的 PID 控制器

6.6.1　模拟 PID 控制器的传递函数

1. 模拟 PID 控制器的控制作用

由三种控制作用的适当配合来控制一个变量。
(1)比例控制(控制作用与偏差动作信号 $e(t)$ 成比例)。
(2)积分控制(控制作用与偏差动作信号 $e(t)$ 的积分成比例)。
(3)微分控制(控制作用与偏差动作信号 $e(t)$ 的微分成比例)。

2. 模拟 PID 控制作用的数学表达式

模拟 PID 控制作用的数学表达式如下:

$$m(t) = K\left[e(t) + \frac{1}{T_i}\int_0^t e(t)\mathrm{d}t + T_d \frac{\mathrm{d}e(t)}{\mathrm{d}t} \right] \tag{6-71}$$

式中,$e(t)$ 为控制器的输入信号(偏差动作信号);$m(t)$ 为控制器输出信号(控制信号);K 为比例增益;T_i 为积分时间;T_d 为微分时间。

3. 模拟控制器(PID)的传递函数

$$G(s) = \frac{M(s)}{E(s)} = K\left[1 + \frac{1}{T_i s} + T_d s \right]$$

6.6.2　数字 PID 控制器脉冲传递函数

数字 PID 控制器的脉冲传递函数为

$$G_D = \frac{M(z)}{E(z)} = K_P + K_I \frac{1}{1 - z^{-1}} + K_D(1 - z^{-1}) \tag{6-72}$$

实现数字 PID 控制器得计算机编程算式:

$$(1 - z^{-1})M(z) = [K_P(1 - z^{-1}) + K_I + K_D(1 - 2z^{-1} + z^{-2})]E(z)$$

$$M(z) - z^{-1}M(z) = (K_P + K_I + K_D)E(z) - (K_P + 2K_D)z^{-1}E(z) + K_D z^{-2}E(z)$$

求上式的 z 逆变换得差分方程:

$$m(k) - m(k-1) = (K_P + K_I + K_D)e(k) - (K_P + 2K_D)e(k-1) + K_D e(k-2)$$

故

$$m(k) = (K_P + K_I + K_D)e(k) + m(k-1) - (K_P + 2K_D)e(k-1) + K_D e(k-2) \tag{6-73}$$

式(6-73)表明,当前 k 时刻控制器的输出 $m(k)$ 由以下三部分来决定。
(1)当前时刻的输入 $(K_P + K_I + K_D)e(k)$。
(2)当前时刻的前一时刻的输出 $m(k-1)$ 与输入 $(K_P + 2K_D)e(k-1)$ 之差。
(3)当前时刻的前一时刻的输入 $K_D e(k-2)$。

思 考 题

6-1　分析查表法和曲线拟合法进行传感器非线性校正时的不同特点。

6-2　试给出一种多增益系统在线自校准的实现方法，并阐述其中的关键环节和实现难点。

6-3　多传感器融合的定义是什么？与单传感器系统相比，多传感器系统有什么特点？

6-4　简述多传感器系统中的传感器工作方式，并举例说明。

6-5　请举例说明一种传感器数据融合技术，说明其原理，并给出具体的应用实例。

6-6　传感器频率补偿的实质是什么？请举例说明。

6-7　智能传感器中消除噪声的方法有哪些？

6-8　传感器增益自适应控制的目的是什么？请给出具体例子。

第7章　线性相位滤波器与自适应滤波器

线性相位滤波器是一种既保证信号中不同频率的分量都落在滤波器通带内，且各分量幅值的比例滤波前后保持不变，又能使滤波后各频率分量滞后的时间保持一致的滤波器。自适应滤波器能够自动调节当前时刻的滤波器参数，在未知信号和未知噪声条件下实现最优滤波。本章介绍的线性相位滤波器与自适应滤波器，在工程实践和信息处理技术中应用十分广泛。

7.1　线性相位滤波器

7.1.1　线性相位与线性相位滤波器

1. 线性相位图例

设滤波前初始信号 $y(t)$ 有三个频率分量 $y_1(t)$、$y_2(t)$ 和 $y_3(t)$，$y(t) = y_1(t) + y_2(t) + y_3(t)$，三个分量的频率依次为：$\omega_1 = 2\pi f_1$、$\omega_2 = 2\pi f_2$ 和 $\omega_3 = 2\pi f_3$，且 $f_2 = 2f_1$、$f_3 = 3f_1$。于是，令 $\omega = \omega_1$，有

$$y(t) = \sin\omega_1 t + \sin\omega_2 t + \sin\omega_3 t = \sin\omega t + \sin 2\omega t + \sin 3\omega t$$

$y(t)$ 及其分量的波形如图 7-1(a) 所示。

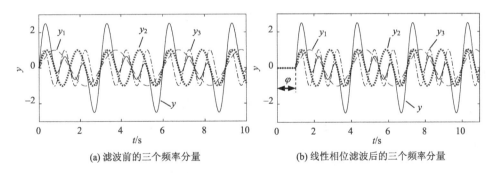

(a) 滤波前的三个频率分量　　　　(b) 线性相位滤波后的三个频率分量

图 7-1　线性相位图示

经过滤波后，基波分量 $y_1(t) = \sin\omega t$ 产生滞后时间 t_0，折合成相位为：$\varphi_1 = \omega_1 t_0 = \omega t_0$，对于二次谐波分量 $y_2(t) = \sin 2\omega t$ 与三次谐波分量 $y_3(t) = \sin 3\omega t$ 而言，它们也必须滞后相同的时间 t_0 才能保证合成的信号 $y(t)$ 的波形不会发生畸变，如图 7-1(b) 所示。同样的时间 t_0，对于不同的频率 ω_2 和 ω_3 有不同的相位。二次谐波 $y_2(t)$ 的相位滞后 φ_2 为：$\varphi_2 = \omega_2 t_0 = 2\omega t_0$，三次谐波 $y_3(t)$ 的相位滞后 φ_3 为：$\varphi_3 = \omega_3 t_0 = 3\omega t_0$。由此得到推论：若将一信号以采样间隔 T_0 进行采样，共采样 N 点，经快速傅里叶变换得到 N 条谱线，其中有效谱线 $N/2$ 条，序号 k 为 $0, 1, \cdots, N/2 - 1$；则基波 $k=1$ 和 $k \geq 2$ 的谐波必须有线性相移

$\varphi_k = \omega_k t_0 = k\omega t_0$，谐波次数 $k=1,2,\cdots,N/2-1$，滤波前后信号波形可保持不变。线性相位移的条件是：各次分量波形移位延迟时间 t_0 相同时，各次分量波形的相位与其频率呈线性改变。

2. 线性相位滤波器概念

线性滤波器对各次谐波分量产生相同时间 t_0 的滞后，各次谐波相移与频率成比例关系。

7.1.2　线性相位有限冲激响应滤波器的数学模型

有限冲激响应(FIR)脉冲传递函数表达式及其对应差分方程已由 6.5 节给出，脉冲传递函数及对应差分方程重写如下：

$$H(z) = Y(z)\big/X(z) = C_0 + C_1 z^{-1} + \cdots + C_{N-1} z^{-(N-1)} = \sum_{n=0}^{N-1} C_n z^{-n} \tag{7-1}$$

$$y(n) = c_0 x(n) + c_1 x(n-1) + c_2 x(n-2) + \cdots + c_{N-1} x(n-N+1) = \sum_{r=0}^{N-1} c_r x(n-r) \tag{7-2}$$

1. 由模拟滤波器生成 FIR 滤波器

一阶低通模拟滤波器的 s 域传递函数 $H_d(s)$ 为

$$H_d(s) = \frac{a}{s+a} = \frac{100}{s+100} \tag{7-3}$$

采用双线性变换法求与 $H_d(\mathrm{s})$ 等效的 z 域脉冲传递函数 $H_d(\mathrm{z})$，得

$$H_d(z) = \frac{aT + aTz^{-1}}{(2+aT) + (aT-2)z^{-1}} \tag{7-4}$$

对式(7-4)进行多项式直接相除，其商的表达式即为 FIR 的一阶低通滤波器的脉冲传递函数：

$$H_d(z) = c_0 + c_1 z^{-1} + c_2 z^{-2} + \cdots + c_{N-1} z^{-(N-1)} \tag{7-5}$$

式中，$c_0 = aT/(2+aT)$；$c_1 = 4aT/(2+aT)^2$；$c_2 = -4aT(aT-2)/(2+aT)^3$；$\cdots$；$c_{N-1} = -4aT(aT-2)^{N-2}/(2+aT)^N$。

当采样周期 $T=1.0\mathrm{ms}$ 时，$aT=0.1$，代入可求 $c_i(i=0,1,\cdots,N-1)$，将其值代入式(7-2)得

$$\begin{aligned}
y(n) &= c_0 x(n) + c_1 x(n-1) + \cdots + c_N x(n-N+1) = \sum_{r=0}^{N-1} c_r x(n-r) \\
&= \frac{1}{21} x(n) + \frac{0.4}{2.1^2} x(n-1) + \frac{0.4 \times 1.9}{2.1^3} x(n-2) + \cdots + \frac{-0.4 \times 1.9^{N-2}}{2.1^N} x(n-N+1)
\end{aligned} \tag{7-6}$$

2. FIR 滤波器的频率特性 $H(\omega)$

由 z 变换可知 $z = \mathrm{e}^{\mathrm{j}\omega T}$，将其代入式(7-1)可得

$$H(\omega) = H\left(e^{j\omega T}\right) = C_0 + C_1 e^{-j\omega T} + \cdots + C_{N-1} e^{-j(N-1)\omega T} = \sum_{n=0}^{N-1} C_n e^{-jn\omega T} \tag{7-7}$$

而由于时间序列 $h(n)$ 的离散傅里叶变换式为

$$H(\omega) = \sum_{n=-\infty}^{+\infty} h(n) e^{-jn\omega T} \tag{7-8}$$

式 (7-8) 与式 (7-7) 形式相同，故式 (7-8) 中的傅里叶系数 $h(n)$ 就是 FIR 系统的滤波系数 C_n，即

$$h(0) = C_0, \quad h(1) = C_1, \cdots, h(N-1) = C_{N-1}, \quad N \to \infty$$

3. 生成线性相位 FIR 滤波器需要考虑的问题

1) 无限长时间序列的不可实现与有限截取

式 (7-6) 中当前时刻的输出 $y(n)$ 是由当前时刻的输入值 $x(n)$ 乘以系数 c_0，以及无限长历史时刻的输入值 $x(n-1)$，$x(n-2)$，$\cdots$，$x(n-N+1)$ 乘以相应的系数组成的无限长时间序列，实际上，N 趋于无穷大是不可能实现的，故须对输入 $x(nT)$ 进行有限截取，截取长度 N 应为有限值。

2) 具有线性相位 FIR 滤波器的形式

当 FIR 系统的系数 $C_n(h(n))$ 对称时，滤波器将具有线性相位。对称有偶对称和奇对称两种情况。对于偶对称，FIR 滤波器系数 h 满足关系式：$h(N-1-n) = h(n)$；而对于奇对称，FIR 滤波器系数 h 满足关系式：$h(N-1-n) = -h(n)$。另外，FIR 系统系数的长度有奇数和偶数之分，因此需要分为四种情况来论证。

(1) 奇数长度偶对称。

奇数长度偶对称的滤波器有奇数个参数，可以分成三部分：前 $(N-3)/2$ 个参数为一部分，后 $(N-3)/2$ 个参数为一部分，中间的参数 $h((N-1)/2)$ 为一部分。于是，该滤波器的离散傅里叶变换可写为

$$H(j\omega) = \sum_{n=0}^{N-1} h(n) e^{-j\omega n} = \sum_{n=0}^{(N-3)/2} h(n) e^{-j\omega n} + h((N-1)/2) e^{-j\omega(N-1)/2} + \sum_{n=(N+1)/2}^{N-1} h(n) e^{-j\omega n} \tag{7-9}$$

考虑到 $h(N-1-n) = h(n)$，$e^{j\omega n} + e^{-j\omega n} = 2\cos(\omega n)$，式 (7-9) 可以写为

$$H(j\omega) = e^{-j\omega(N-1)/2} \left\{ \sum_{n=1}^{(N-1)/2} 2h[(N-1)/2+n]\cos(n\omega) + h[(N-1)/2] \right\} \tag{7-10}$$

明显地，$H(j\omega)$ 的滞后相位为 $-\omega(N-1)/2$，它与 ω 成正比，是线性关系。

(2) 偶数长度偶对称。

偶数长度的滤波器系数可分成前半部分和后半部分两部分，因此其傅里叶变换可写为

$$H(j\omega) = \sum_{n=0}^{N-1} h(n) e^{-j\omega n} = \sum_{n=0}^{N/2-1} h(n) e^{-j\omega n} + \sum_{n=N/2}^{N-1} h(n) e^{-j\omega n} \tag{7-11}$$

$$H(j\omega) = \sum_{n=0}^{N-1} h(n) e^{-j\omega n} = e^{-j\omega(N/2-1)} \left[\sum_{n=1}^{N/2} h(N/2-1+n)(e^{-j\omega n} + e^{j\omega n}) \right] \tag{7-12}$$

同样考虑到 $h(N-1-n) = h(n)$，$e^{j\omega n} + e^{-j\omega n} = 2\cos(\omega n)$，于是可知 $H(j\omega)$ 的滞后相位为 $-\omega(N/2-1)$，

它也是与 ω 满足线性关系的。

(3) 奇数长度奇对称。

$$H(j\omega) = \sum_{n=0}^{N-1} h(n)e^{-j\omega n} = \sum_{n=0}^{(N-3)/2} h(n)e^{-j\omega n} + h[(N-1)/2]e^{-j\omega(N-1)/2} + \sum_{n=(N+1)/2}^{N-1} h(n)e^{-j\omega n} \quad (7\text{-}13)$$

考虑到 $h(N-1-n) = -h(n)$，$e^{j\omega n} - e^{-j\omega n} = j2\sin(\omega n)$，式 (7-13) 可以写为

$$H(j\omega) = e^{-j\omega(N-1)/2-\pi/2}\left[\sum_{n=1}^{(N-1)/2} 2h[(N-1)/2+n]\sin(n\omega) + h[(N-1)/2]\right] \quad (7\text{-}14)$$

明显地，$H(j\omega)$ 的滞后相位为 $\omega(N-1)/2+\pi/2$，它也是线性的。

(4) 偶数长度奇对称。

$$H(j\omega) = \sum_{n=0}^{N-1} h(n)e^{-j\omega n} = \sum_{n=0}^{N/2-1} h(n)e^{-j\omega n} + \sum_{n=N/2}^{N-1} h(n)e^{-j\omega n} \quad (7\text{-}15)$$

从式 (7-15) 右边两项中提取 $e^{-j\omega(N/2-1)}$ 得

$$H(j\omega) = \sum_{n=0}^{N-1} h(n)e^{-j\omega n} = e^{-j\omega(N/2-1)-\pi/2}\left[\sum_{n=1}^{N/2} h(N/2-1+n)(e^{-j\omega n} - e^{j\omega n})\right] \quad (7\text{-}16)$$

明显地，$H(j\omega)$ 的滞后相位为 $\omega(N/2-1)+\pi/2$，它同样是线性的。

7.1.3　线性相位 FIR 滤波器的窗口设计法

1. 线性相位 FIR 滤波器窗口设计的基本思路

线性相位 FIR 滤波器窗口设计法的基本思路是：根据需要，确定理想频率特性。

第一步，由傅里叶逆变换求其频率特性 $H_d(\omega)$ 的离散时间序列 $h_d(n)$。

第二步，选择窗口的大小，也就是 FIR 滤波器系数的个数 N，并截取 $h_d(n)$ 的以 $n=0$ 为中心的中间 N 项，将时间序列右移延时 floor($N/2$)，函数 floor(x) 表示不大于 x 的整数。

第三步，选择窗函数，并求取长度为 N 的窗函数系数。将 $h_d(n)$ 的中间 N 项与窗函数系数对应项相乘，即得到 FIR 滤波器的系数 $h(n)$。

第四步，求 $h(n)$ 的频谱 $H(\omega)$，该频谱与期望的理想频率特性有差异，差异与截取的长度和所选择的窗函数有关。

第五步，根据采用窗函数的特点分析获得的频谱过渡带斜率及截止角频率 ω_c，若不满足设计要求，则调整窗函数重复第二至第四步，直至满足要求。

2. 线性相位低通滤波器的设计

期望的理想低通滤波器频率特性 $H_d(\omega)$ 为

$$H_d(j\omega) = \begin{cases} 0, & |\omega| > \omega_c \\ 1, & |\omega| \leqslant \omega_c \end{cases}, \quad \omega_c \text{ 为角截止频率} \quad (7\text{-}17)$$

1) 对 $H_d(\omega)$ 进行傅里叶逆变换，以获取时间序列 $h_d(n)$

离散傅里叶逆变换的形式为

$$h_{\rm d}(n) = \frac{1}{2\pi} \int_{-\pi}^{\pi} H_{\rm d}({\rm e}^{{\rm j}\omega}){\rm e}^{{\rm j}\omega n}{\rm d}\omega \tag{7-18}$$

将频域扩展到$-\omega_{\rm c}$，将式(7-17)的值代入式(7-18)可得

$$h_{\rm d}(n) = \frac{1}{2\pi} \int_{-\omega_{\rm c}}^{\omega_{\rm c}} {\rm e}^{{\rm j}\omega n}{\rm d}\omega = \frac{1}{{\rm j}2\pi n} \int_{-\omega_{\rm c}}^{\omega_{\rm c}} {\rm e}^{{\rm j}\omega n}{\rm d}({\rm j}\omega n) = \frac{1}{{\rm j}2\pi n} {\rm e}^{{\rm j}\omega n} \Big|_{-\omega_{\rm c}}^{\omega_{\rm c}} = \frac{\sin(\omega_{\rm c} n)}{\pi n}$$

$$= \frac{\omega_{\rm c}}{\pi} \frac{\sin(\omega_{\rm c} n)}{\omega_{\rm c} n} = \frac{1}{T_{\rm c}} \frac{\sin(\omega_{\rm c} n)}{\omega_{\rm c} n} = \frac{1}{T_{\rm c}} \sin {\rm c}(\omega_{\rm c} n) \tag{7-19}$$

式中，$\sin {\rm c}(n\omega_{\rm c}) = \sin(n\omega_{\rm c})/n\omega_{\rm c}$，称为 sinc 函数，它是以 2π 为周期的，当 $0 \le n < \pi/\omega_{\rm c}$ 时，sinc 函数大于 0；当 $n = \pi/\omega_{\rm c}$ 时，sinc 函数第一次经过 0 点，当 $\pi/\omega_{\rm c} < n < 2\pi/\omega_{\rm c}$ 时，sinc 函数小于 0。随着 n 的增大，sinc 函数的分母成比例增大，于是 sinc 函数随着 n 的增加而做衰减振荡。另外，对于给定的截止频率 $\omega_{\rm c}$，$T_{\rm c}$ 是一个常数，因此，$h_{\rm d}(n)$ 是以 $n=0$ 为中心对称的，其幅值为呈 sinc 函数形式衰减的无限长时间序列，其形状如图 7-2(b)所示。

2)将无限长序列 $h_{\rm d}(n)$ 有限截短，并向右移延时

图 7-2(a)为理想矩形幅频特性。由图 7-2(b)所示，已知 $h_{\rm d}(n)$ 是以 $n=0$ 为中心对称的无限长序列，因此物理实现是不可能的，为了让 FIR 滤波成为可能，需要从 $h_{\rm d}(n)$ 中提取一段有限个系数来近似于 $h_{\rm d}(n)$，这个过程称为截短。从图 7-2(b)还可以看出，$n=0$ 时，$h_{\rm d}(n)$ 的绝对值最大，然后向 n 的正负方向振荡衰减，直至趋于 0，因此，截短一般是截取以 $n=0$ 为中心的一段长度为 N 的系数 $h_N(n)$。由于 $h_{\rm d}(n)$ 是关于 $h_{\rm d}(0)$ 偶对称的，所以 N 一般取为正的奇数。另外，负时间$(-n)$的序列 $h(-n)$ 与正时间(n)的序列 $h(n)$ 以 $n=0$ 为中心对称，但负时间序列是真实物理世界不存在的，且不可见，这称为是因果的，也是不可实现的，因此需要将截短后的序列 $h_N(n)$ 向右移动$(N-1)/2$，也就是将原来的序列 $h_N[-(N-1)/2], \cdots, h_N(-1), h_N(0), h_N(1), \cdots, h_N[(N-1)/2]$ 变成 $h_N(0), h_N(1), \cdots, h_N(N-1)$。

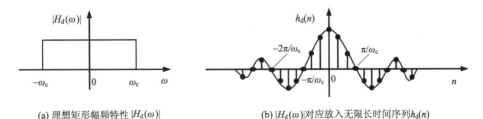

(a) 理想矩形幅频特性 $|H_{\rm d}(\omega)|$　　　　(b) $|H_{\rm d}(\omega)|$对应放入无限长时间序列$h_{\rm d}(n)$

图 7-2　理想矩形幅频特性$|H_{\rm d}(\omega)|$及其对应放入无限长时间序列 $h_{\rm d}(n)$

3)加窗

$h_{\rm d}(n)$ 的有限截短实际上是对 $h_{\rm d}(n)$ 加了一个矩形窗，在这个窗内的系数可以全部被看到，在这个窗外的系数全部被置为 0，这等效于给 FIR 滤波器系数另外再乘一个系数，只是在窗内的系数为 1，窗外的系数为 0。在数学上，这个过程可以写为

$$h(n) = h_N\left(n - \frac{N-1}{2}\right) \cdot R_N(n) \tag{7-20}$$

式中，$R_N(n)$ 为矩形窗函数，其函数式为

$$R_N(n) = \begin{cases} 1, & 0 \leqslant n \leqslant N-1 \\ 0, & \text{其他} \end{cases} \tag{7-21}$$

除了矩形窗之外，为了获得不同指标的滤波器，有关研究工作者对矩形窗做了改进，窗内的系数并非全为 1，而是从中心点开始，滤波器系数向左、向右逐步衰减，从而获得了其他形式的窗函数。对于选用矩形窗来说，加窗的过程实质上在截短的过程已经完成，若选用的是其他窗函数，则首先要求取窗函数的系数，然后代入到式 (7-20) 中，才能求得滤波器系数 $h(n)$。不同形式的窗函数有各自的优缺点，在实际应用中需要根据设计指标选择合适的窗函数。有关窗函数的内容将在本节后续内容中介绍。

4) 时间序列 $h(n)$ 的频率 $H(\omega)$

根据傅里叶变换中频域卷积特性可知，时域两个函数相乘，其积的频谱是各自频谱函数的卷积，因此，经过将无限长时间序列 $h_d[(N-1)/2]$ 与窗函数相乘后，被截短为有限长时间序列 $h(n)$，其频谱 $H(\omega)$ 可由频域卷积定理来求。下面分别求时域两函数各自的频谱函数，再求它们频谱函数的卷积。

(1) 无限长时间序列 $h_d[n-(N-1)/2]$ 的频谱函数。

根据傅里叶变换中的时移特性，将信号在时域中沿时间轴平移一个常值而成为时延信号，在频域其幅值不变，而相频谱中相位角的改变与频率成正比。已知未延时时间序列的频谱为 $H_d(\omega)$ 时，时延序列 $h_d[n-(N-1)/2]$ 的频谱为

$$H_d(\omega) = \left| H_d(\omega) \right| e^{-j\varphi(\omega)} \tag{7-22}$$

其中 $\varphi'(\omega) = \varphi(\omega) + \omega(N-1)/2$，相位角的改变量为 $\Delta\varphi = \varphi'(\omega) - \varphi(\omega) = \omega(N-1)/2$，当 N 为常数时，相位角的改变与频率 ω 成正比。当初始相位角 $\varphi(\omega)$ 为 0 时有

$$h_d(n) \leftrightarrow H_d(\omega) = \left| H_d(\omega) \right| e^{-j\varphi(\omega)} = \left| H_d(\omega) \right| \tag{7-23}$$

$$h_d\left[n-(N-1)/2\right] \leftrightarrow H'_d(\omega) = \left| H_d(\omega) \right| e^{-j\varphi'(\omega)} = \left| H_d(\omega) \right| e^{-j\omega(N-1)/2} \tag{7-24}$$

特别地，理想低通滤波器的频谱函数具有式 (7-19) 所示的形式。

(2) 窗函数的频谱。

已知未时延窗函数时间序列：

$$w_N(n) \leftrightarrow \left| W_N(\omega) \right| e^{-j\varphi(\omega)} = \left| W_N(\omega) \right|$$

即 $\varphi(\omega) = 0$。经时延 $(N-1)/2$ 后有

$$W_N\left[n-(N-1)/2\right] \leftrightarrow W'_N(\omega) = \left| W_N(\omega) \right| e^{-j\varphi'(\omega)} = \left| W_N(\omega) \right| e^{-j\omega(N-1)/2} \tag{7-25}$$

根据傅里叶变换定义式可求 $W_N(\omega)$。特别地，对于矩形窗，时延 $(N-1)/2$ 的频谱为

$$W_R(\omega) = \sum_{-\infty}^{+\infty} R_N e^{-j\omega n} = \sum_{n=0}^{N-1} e^{-j\omega m} = \frac{1-e^{-j\omega N}}{1-e^{-j\omega}} = \frac{\sin(\omega N/2)}{\sin(\omega/2)} e^{-j\omega\frac{N-1}{2}} \tag{7-26}$$

矩形窗函数及其频谱、幅值谱如图 7-3 所示。

(3) 求两时间序列 $h_d(n)$ 与 $w_N(n)$ 的乘积 $h(n)$ 的频谱

根据傅里叶变换中的频域卷积特性，对该两时间序列的频谱进行卷积。

已知式(7-23)～式(7-25)成立，则乘积：

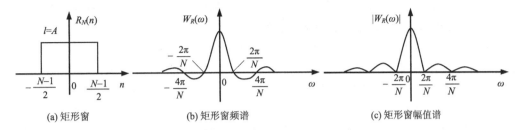

(a) 矩形窗　　　　　　(b) 矩形窗频谱　　　　　　(c) 矩形窗幅值谱

图 7-3　矩形窗函数及幅值谱

$$h(n) = h_{\mathrm d}\left(n - \frac{N-1}{2}\right)w_N\left(n - \frac{N-1}{2}\right) \longleftrightarrow H(\omega) = \frac{1}{2\pi}H_{\mathrm d}'(\omega) * W_R(\omega) \qquad (7\text{-}27)$$

将式(7-23)～式(7-25)代入式(7-27)，由卷积定义有

$$\begin{aligned}
H(\omega) &= \frac{1}{2\pi}\int_{-\pi}^{\pi} H_{\mathrm d}'(\omega) W_R'(\omega - \theta)\,\mathrm d\theta \\
&= \frac{1}{2\pi}\int_{-\omega_{\mathrm c}}^{\omega_{\mathrm c}} |H_{\mathrm d}(\omega)|\mathrm e^{-\mathrm j\omega\frac{N-1}{2}} |W_R(\omega)|\mathrm e^{-\mathrm j(\omega-\theta)\frac{N-1}{2}}\,\mathrm d\theta
\end{aligned} \qquad (7\text{-}28)$$

特别地，由式(7-17)可知，在$-\omega_{\mathrm c}$至$\omega_{\mathrm c}$区间，$H_{\mathrm d}(\omega)=1$，将式(7-23)和式(7-26)代入式(7-28)可得窗函数为矩形窗的低通滤波器系数$h(n)$的频谱为

$$\begin{aligned}
H(\omega) &= \frac{1}{2\pi}\int_{-\omega_{\mathrm c}}^{\omega_{\mathrm c}} \mathrm e^{-\mathrm j\omega\frac{N-1}{2}}\mathrm e^{-\mathrm j\frac{N-1}{2}(\omega-\theta)} \frac{\sin[(\omega-\theta)N/2]}{\sin[(\omega-\theta)/2]}\,\mathrm d\theta \\
&= \mathrm e^{-\mathrm j\omega\frac{N-1}{2}} \frac{1}{2\pi}\int_{-\omega_{\mathrm c}}^{\omega_{\mathrm c}} W_R(\omega-\theta)\,\mathrm d\theta
\end{aligned} \qquad (7\text{-}29)$$

式(7-28)卷积的结果如图 7-4 所示。图中曲线是表示离散时刻幅值的包络。

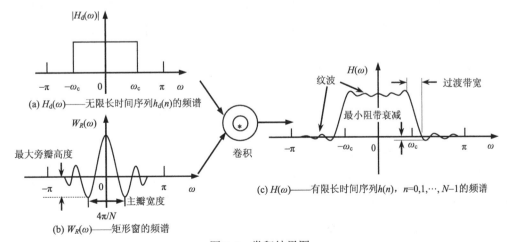

(a) $H_{\mathrm d}(\omega)$——无限长时间序列$h_{\mathrm d}(n)$的频谱

(b) $W_R(\omega)$——矩形窗的频谱

(c) $H(\omega)$——有限长时间序列$h(n)$, $n=0,1,\cdots,N-1$的频谱

图 7-4　卷积结果图

至此，得到了一个物理真实系统可实现的、由 N 个偶对称脉冲序列 $h(0)$, $h(1)$,…, $h(N-1)$ 体现的线性相移 FIR 滤波器，该滤波器的频率域特性为 $H(\omega)$。如图 7-4(c)所示

的低通滤波器特性与原期望的如图 7-4(a) 所示的理想频率特性 $H_d(\omega)$ 存在差异，其原因是 $H_d(\omega)$ 是无限长时间序列 $h_d(n)$ 的频谱，差异程度由截短采用的窗口函数 $w_N(n)$ 所决定。

5) 有限长时间序列 $h(n)$ 频谱 $H(\omega)$ 的相关参数

由图 7-4 可看出，加矩形窗后使实际频率响应偏离理想频率响应，主要影响有三个方面：首先是理想幅频特性陡直边缘处形成过渡带，过渡带宽取决于矩形窗函数频率响应的主瓣宽度；其次是过渡带两侧形成肩峰和波纹，这是由矩形窗函数频率响应的旁瓣引起的，旁瓣相对值越大，旁瓣越多，波纹越多；第三是随着窗函数宽度 N 的增大，矩形窗函数频率响应的主瓣宽度减小，但不改变旁瓣的相对值。

为了改善 FIR 滤波器性能，要求窗函数的主瓣宽度尽可能小，以获得较窄的过渡带；旁瓣相对值尽可能小，数量尽可能少，以获得通带波纹小、阻带衰减大、在通带和阻带内均平稳的特点，这样可使滤波器实际频率响应更好地逼近理想频率响应。

以矩形窗为例，从图 7-4(c) 所示的 $H(\omega)$ 可以看出，当窗函数宽度为 N 时，加窗截取后的频谱图存在过渡带及泄漏(即截止频率之外的幅频特性不为 0)。

(1) 过渡带宽定义为

$$\Delta\omega = \omega_s - \omega_P$$

式中，ω_P 为通带截止频率；ω_s 为阻带允许最小衰减频率。

(2) 相对衰耗定义为

$$A(\omega) = 20\lg\left[\left|H\left(e^{j\omega}\right)\right|\Big/\left|H\left(e^{j0}\right)\right|\right] = 20\lg\left[H(\omega)/H(0)\right] \tag{7-30}$$

滤波器的几乎所有重要指标都是由窗函数决定的，改进滤波器的关键在于改进窗函数。为了便于研究，我们把窗谱 $W(\omega)$ 也化为相对衰耗 $20\lg[W(e^{j\omega})/W(e^{j0})]$ 的形式。

窗谱的两个最重要的指标是主瓣宽度和旁瓣峰值衰耗。旁瓣峰值衰耗定义为

$$旁瓣峰值衰耗 = 20\lg(第一旁瓣峰值/主瓣峰值) \tag{7-31}$$

旁瓣峰值衰耗与阻带最小衰耗有联系，但不是同一个概念。旁瓣峰值衰耗适用于窗函数，它是窗谱主副瓣幅度之比，而阻带最小衰耗适用于滤波器，当滤波器使用窗口法得出时，阻带最小衰耗取决于窗谱主副瓣面积之比。

为了改善 FIR 滤波器性能，必须修改窗函数，使其具有更好的窗谱。一个好的窗谱，应满足以下两方面的条件。

① 主瓣尽可能窄，以使设计出来的滤波器有较陡的过渡带。

② 第一副瓣面积相对主瓣面积尽可能小，即能量尽可能集中在主瓣，外泄少。这样设计出来的滤波器才能尖峰小和余振小。

对任一具体的窗函数而言，以上两个条件互相矛盾，不能同时满足。我们所能做的是根据具体设计指标，选择一种能兼顾各项指标的相对最佳的窗口。

3. 几种常用的窗口函数简介

1) 矩形窗

$$w(n) = R_N(n) \tag{7-32}$$

矩形窗的特点是旁瓣较大，尤其是第一个旁瓣峰太高，达到主瓣高度的 21%，所以

泄漏很大。矩形窗的优点是容易获得，而且主瓣宽度小，其等效带宽为 $1/T$。

2) 三角窗

$$w(n) = \begin{cases} \dfrac{2n}{N-1}, & 0 \leqslant n \leqslant \dfrac{N-1}{2} \\[2mm] 2 - \dfrac{2n}{N-1}, & \dfrac{N-1}{2} \leqslant n \leqslant N-1 \end{cases} \tag{7-33}$$

它是由两个长度为 $N/2$ 的矩形窗进行线性卷积而得到的。

3) 汉宁 (Hanning) 窗

汉宁窗又称为余弦窗：

$$w(n) = \frac{1}{2}\left(1 - \cos\frac{2n\pi}{N-1}\right), \quad 0 \leqslant n \leqslant N-1 \tag{7-34}$$

汉宁窗的主要思路是：通过矩形窗谱的合理叠加减小旁瓣面积。因此可写出

$$w(n) = \frac{1}{2}R_N(n) - \frac{1}{2}\cdot\frac{1}{2}\left(\mathrm{e}^{\mathrm{j}\frac{2\pi}{N-1}} + \mathrm{e}^{-\mathrm{j}\frac{2\pi}{N-1}}\right)R_N(n) \tag{7-35}$$

其窗谱为

$$W(\mathrm{e}^{\mathrm{j}\omega}) = 0.5W_R\mathrm{e}^{\mathrm{j}\omega} - 0.25W_R\mathrm{e}^{\mathrm{j}\omega - \frac{2\pi}{N-1}} - 0.25W_R\mathrm{e}^{\mathrm{j}\omega + \frac{2\pi}{N-1}} \tag{7-36}$$

式中，$W_R(\mathrm{e}^{\mathrm{j}\omega})$ 为矩形窗谱。当 N 较大时，$\dfrac{2\pi}{N-1} \approx \dfrac{2\pi}{N}$，于是 $W(\mathrm{e}^{\mathrm{j}\omega})$ 可视为三个不同位置矩形窗谱的叠加。叠加结果付出的代价是主瓣增宽一倍，得到的好处是旁瓣峰值衰耗由 $-13\mathrm{dB}$ 增加到 $-31\mathrm{dB}$。汉宁窗的旁瓣峰值较小，衰减较快，主瓣宽度为 $1.5/T$，比矩形窗的主瓣宽，但总泄漏比矩形窗小得多。由于汉宁窗比较容易获得，因此是经常使用的一种时间窗。

4) 汉明 (Hamming) 窗

$$w(n) = 0.54 - 0.46\cos\frac{2n\pi}{N-1}, \qquad 0 \leqslant n \leqslant N-1 \tag{7-37}$$

式 (7-37) 可转化为

$$w(n) = 0.08 + 0.92\left[\frac{1}{2}\left(1 - \cos\frac{2n\pi}{N}\right)\right] \tag{7-38}$$

由式 (7-38) 可知，汉明窗是在矩形窗上拼接一个汉宁窗而形成的，它包括一个高为 0.08 的矩形窗和一个最大高度为 0.92 的汉宁窗。由于汉宁窗的主瓣比矩形窗主瓣宽，利用矩形窗的第二个旁瓣是正值，使其部分抵消汉宁窗的第一旁瓣负值，所以汉明窗的第一旁瓣峰值非常小，但其他旁瓣的衰减没有汉宁窗快，因为这些旁瓣受汉明窗函数中的矩形窗函数支配。汉明窗主瓣等效宽度由于矩形窗第一旁瓣负值的部分抵消作用而略优于汉宁窗，为 $1.4/T$。汉明窗泄漏很小，而且也不难获得，因此汉明窗也是常用的时间窗之一。

另外还有一些窗，如钟形窗、坡度窗等，在此不做具体介绍，几种常用窗口的包络形状如图 7-5 所示，性能比较见表 7-1。

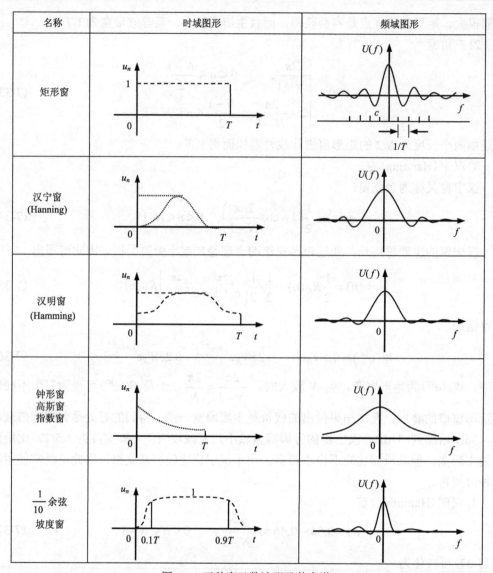

名称	时域图形	频域图形
矩形窗		
汉宁窗 (Hanning)		
汉明窗 (Hamming)		
钟形窗 高斯窗 指数窗		
$\frac{1}{10}$ 余弦 坡度窗		

图 7-5 五种窗函数波形及其窗谱

表 7-1 五种窗函数的特性

名称	主瓣宽度	第一旁瓣高度/主瓣高度
矩形窗	$1/T$	21%
汉宁窗	$1.5/T$	25%
汉明窗	$1.4/T$	0.8%
钟形窗	$1.9/T$	无旁瓣
$\frac{1}{10}$ 余弦坡度窗	小	很小

其中，旁瓣衰减速度是指旁瓣峰值下降的渐进速度，单位是 dB/oct(分贝/倍频程)。从表 7-1 可明显地看出：窗函数的主瓣宽度和旁瓣峰值衰耗是矛盾的，一项指标的提高

总是以另一项指标的下降为代价，窗口选择实际上是对两项指标做权衡。

7.1.4 应用示例

[示例 7-1] 用窗口法设计一个线性相位低通 FIR 滤波器。

要求： 截止频率为 f_c，采样频率是 $8f_c$。通带范围内，衰减度不超过 5.8dB。

解：（1）写出理想的频响。

$$H_d(e^{j\omega}) = \begin{cases} e^{-j\omega\alpha}, & |\omega| \leqslant \omega_c \\ 0, & \omega_c < |\omega| \leqslant \pi \end{cases} \tag{7-39}$$

式中，$\omega_c = 2\pi f_c T = 2\pi f_c / f_s = 0.25\pi$；$\alpha = (N-1)/2$。

（2）选窗的形状。

①如用矩形窗：

$$w_R(n) = R_N(n) \tag{7-40}$$

②如用汉明窗：

把 $N=11$ 和 $n=0,1,\cdots,10$ 代入式(7-37)有

$$w(n) = 0.54 - 0.46\cos\frac{2n\pi}{N-1}, \quad 0 \leqslant n \leqslant N-1 \tag{7-41}$$

得

$$w(n) = \{0.08, 0.168, 0.399, 0.682, 0.912, 1, 0.912, 0.682, 0.399, 0.168, 0.08\} \tag{7-42}$$

（3）加窗：$h(n) = h_d(n) \cdot \omega(n)$，序列相乘等于对应项相乘。

如用矩形窗，由于矩形窗的系数均为 1，因此直接取中间的 11 项即可：

$$h(n) = \{-0.045, 0, 0.075, 0.159, 0.225, 0.25, 0.225, 0.159, 0.075, 0, -0.045\} \tag{7-43}$$

若用汉明窗，则用式(7-42)和式(7-43)的中间 11 项的对应项相乘，例如：$-0.045 \times 0.08 = -0.0036$，于是得到

$$h(n) = \{-0.0036, 0, 0.03, 0.108, 0.205, 0.25, 0.205, 0.108, 0.03, 0, -0.0036\} \tag{7-44}$$

$h(n)$ 就是所要求的 FIR 滤波器系数。从式(7-43)和式(7-44)中可以看出，这两个滤波器的系数的确是奇数偶对称的。

（4）检验。

$h(n)$ 是否合乎要求靠检验来判别。特别地，检验滤波器在截止频率处的幅频特性是否满足要求。于是，令 $\omega=0.25\pi$，分别把式(7-43)和式(7-44)代入 $H(j\omega) = \sum\limits_{n=0}^{N-1} h(n)e^{-jn\omega}$，并计算 $\lg(|H(e^{j\omega})|)$，分别得到 5.58dB 和 5.98dB。因此，矩形窗设计的滤波器满足要求，汉明窗不满足要求，若选用汉明窗，需要增大滤波器长度。

关于滤波器的检验，可以在 MATLAB 中用 fvtool 函数绘出滤波器的幅频特性和相频特性，并进行对比检验。fvtool 函数功能与调用方法的简介详见示例 7-2。

[示例 7-2] 线性相位 FIR 滤波器在 MATLAB 中的实现。

首先介绍几个 MATLAB 中有关线性相位 FIR 滤波器设计与检验的函数的功能和使

用方法，然后举例说明如何采用这些函数设计与检验线性相位 FIR 滤波器。鉴于在 MATLAB 环境下的编程中，无法按照规范的书写方法赋予参数斜体、正体等格式，因此都写作正体，且不区分下标。

1. 函数介绍

1) firceqrip 函数

firceqrip 函数用来设计 n 阶具有线性相位的有限冲激响应滤波器，该滤波器在阻带具有等纹波。n 等于滤波器长度减去 1。调用格式有多种，其调用格式与参数意义分别如下。

(1) h = firceqrip(n,wo,del)。

参数 wo 指定截止频率，del=[d1,d2]指定峰值或者通带与阻带的最大允许误差，其中 d1 指定通带误差，d2 指定阻带误差。由于 firceqrip 函数采用的是正则化频率，也就是采样频率为 f_s，低于采样频率的信号频率 f 正则化为 $w=2f/f_s$。显然，根据采样定律，信号频率不能高于采样频率的 1/2，即 w≤1，因此 wo 的值必须设置在(0, 1)范围内。

(2) h = firceqrip(...,'slope',r)。

用输入关键词'slope'和 r 设计阻带不具有等纹波特性的滤波器。r 为以 dB 为单位确定阻带的倾斜度，r>0。

(3) h = firceqrip(...,'passedge') 设计的滤波器中，wo 指定通带起始频率。

(4) h = firceqrip(...,'stopedge') 设计的滤波器中，wo 指定阻带起始频率。

(5) h = firceqrip(...,'high') 设计高通滤波器。

(6) h = firceqrip(...,'min') 设计最小相位 FIR 滤波器。

(7) h = firceqrip(...,'invsinc',c) 设计具有 sinc 函数形状的低通滤波器，关键词 invsinc 采用逆 sinc 函数，它由 c 是标量还是二元素向量来确定。

①当 c 为标量时，通带采用函数 1/sin(c*w)，其中 w 是正则化频率。

②当 c 为二元素向量[c p]时，通带采用函数 $1/\sin(c*w)^p$，其中 w 是正则化频率。

2) filter 函数

filter 函数根据滤波器参数实现对信号进行滤波，并返回滤波后得到的信号。filter 函数也有多种调用格式，分别如下。

(1) y = filter(b,a,x)。

参数 a 和 b 分别指定滤波器分母和分子中的系数向量。该函数的作用实际上就是实现如下运算：

$$a(1)y(n)=b(1)x(n)+b(2)x(n-1)+\cdots+b(nb+1)x(n-nb)-a(2)y(n-1)-\cdots-a(na+1)y(n-na)$$

若 a(1)不等于 1，则滤波器对滤波器系数正则化；若 a(1)=0，则返回错误。如果 x 是矩阵，那么该函数对矩阵的每一列进行滤波；如果 x 是一个多维阵列，那么函数沿着 x 的第一个非单维阵列滤波。

(2) [y,zf] = filter(b,a,x)和[y,zf] = filter(b,a,X,zi)。

滤波后产生一个附加输出 zf，包含从 0 初始状态计算得到的最后状态向量。

(3) y = filter(Hq,x)。

用滤波器 Hq 对输入数据 x 进行滤波，得到滤波后的输出数据 y，向量 x 和 y 具有相同的长度。如果 x 是矩阵，那么该函数对矩阵的每一列进行滤波。如果 x 是一个多维阵列，那么函数沿着 x 的第一个非单维阵列进行滤波。

(4) [y,zf] = filter(Hq,x)。

滤波后产生一个附加输出 zf，包含从 0 初始状态计算得到的最后状态向量。

3) fvtool 函数

fvtool 函数用来分析数字滤波器的图形化用户界面。它也有多种调用格式。

(1) fvtool(B,A) 装载滤波器可视化工具，并计算滤波器的幅频响应：

$$\frac{B(e)^{iw}}{A(e)^{iw}} = \frac{b(1) + b(2)e^{-jw} + \cdots + b(m+1)e^{-jmw}}{a(1) + a(2)e^{-jw} + \cdots + a(n+1)e^{-jnw}}$$

分子和分母的系数分别在向量 B 和 A 中。

(2) fvtool(B,A,B1,A1,⋯) 实现多滤波器分析，若用来实现有限冲激响应滤波器的分析，则将 Ai(i=1,2,⋯) 设为 1 即可。如果只对一个有限冲激响应滤波器进行分析，可直接写作 fvtool(h)，h 为 FIR 滤波器系数向量。

数字滤波器的图形化用户界面如图 7-6 所示。

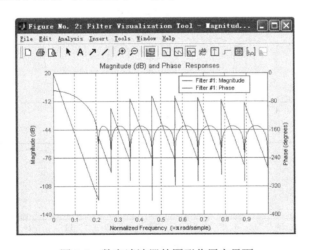

图 7-6　数字滤波器的图形化用户界面

单击图标 ⊡ 只显示滤波器的幅频特性曲线，单击 ⊡ 只显示相频特性曲线，单击 ⊡ 则同时显示滤波器的幅频特性曲线和相频特性曲线。单击 ⊡ 显示滤波器的冲激响应，单击 ⊡ 则显示滤波器的阶跃响应，单击 ⊡ 显示滤波器的零点和极点，单击 ⊡ 则可查看滤波器的系数。

从图 7-6 中还可以看出，相位曲线呈锯齿波状，这是将相位归算到–360°～0°的结果。从左到右，每多一个锯齿，其实际相位是显示的相位多增加一次 360°，即：从左边开始，第 $i(i=1,2,\cdots)$ 个锯齿中显示的相位为 θ，其实际相位为 $-(i-1)\times360°+\theta$。例如，若第 2 个锯齿中显示相位为–180°，则其实际滞后的相位为 $-(2-1)\times360°-180°=-540°$。另外，除了第一个锯齿以外，其他锯齿显示相位的最大值往往不是 0°，最小值也不是–360°，这是由滤波器长度有限所致。上一个锯齿结束点和下一个锯齿的起始点，这两个相邻离散化相位之间有一定的间隔，这个间隔分散在上一个锯齿的结束处和下一个锯齿的起始处。滤波器长度越大，间隔越小，锯齿的起始点越接近 0°，结束点越接近–360°。

2. 应用示例介绍

本示例首先生成一个含有随机噪声的方波，然后设定滤波器参数，获得线性相位滤波器系数，再通过卷积运算，实现滤波。具体代码见配套的教学资源示例 7-2。

从图 7-6 中可以看出，在频率高于 0.27Hz 以后，即在阻带区，滤波器具有等纹波，而在通带内，滤波器具有线性相位。初始方波信号、滤波后的信号，以及两种实现滤波计算的方法得到的滤波信号的差异如图 7-7 所示。

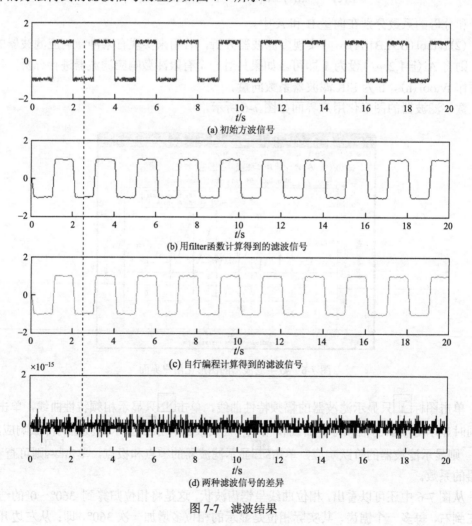

(a) 初始方波信号

(b) 用filter函数计算得到的滤波信号

(c) 自行编程计算得到的滤波信号

(d) 两种滤波信号的差异

图 7-7 滤波结果

对比图 7-7(a)～(c)可以看出(图中的虚线位置)，滤波后的信号具有一定程度的信号滞后。而由图 7-7(d)可以看出，两种实现滤波计算的方法得到的信号的差异非常小，其幅值不及初始信号幅值的 $1/10^{15}$，这说明 filter 函数所完成的工作，实质上就是滤波器系数与初始信号的卷积过程。两种实现滤波计算的方法得到的信号之间的差异是由计算的截断误差带来的。

7.2　自适应滤波器

自适应滤波就是利用前一时刻获得的滤波器参数的结果，自动调节当前时刻的滤波器参数，以适应信号和噪声未知的或随时间变化的统计特性，从而实现最优滤波，使得滤波后的信号和期望输出信号之间的偏差的能量最小。自适应滤波具有更强的适应性和更优的滤波性能，从而在工程实际中，尤其在信息处理技术中得到广泛的应用。

自适应滤波把研究对象看作不确定的系统或信息过程。"不确定"是指所研究的处理信息过程及其环境的数学模型不是完全确定的，其中包含一些未知因数和随机因数。实质上，任何一个实际的信息过程都具有不同程度的不确定性，这些不确定性有时表现在过程内部，有时表现在过程外部。从过程内部来讲，描述研究对象即信息动态过程的数学模型的结构和参数，我们事先不知道；而外部环境对信息过程的影响，可以等效地用扰动来表示，但这些扰动通常也是不可测的，它们可能是确定的，也可能是随机的。此外，一些测量噪声也以不同的途径影响信息过程。这些扰动和噪声的统计特性常常是未知的。面对这些客观存在的各种不确定性，如何综合处理信息过程，并使某一些指定的性能指标达到最优或近似最优，是自适应滤波器所要解决的问题。

自适应滤波器不需要关于输入信号的先验知识，计算量小，特别适用于实时处理。自适应滤波器的特性变化是由自适应算法通过调整滤波器系数来实现的。一般而言，自适应滤波器由两部分组成：一是滤波器结构，二是调整滤波器系数的自适应算法。

7.2.1　自适应滤波器的结构

自适应滤波器的结构采用 FIR 或 IIR 结构均可，由于 IIR 滤波器存在稳定性问题，因此一般采用 FIR 滤波器作为自适应滤波器的结构。图 7-8 为 FIR 自适应滤波器的一般结构。

图中的 x_{1j}, x_{2j}, $\cdots$, x_{Nj} 为滤波器输入信号，也就是初始的测试信号；y_j 为滤波器输出信号；d_j 为参考信号或期望信号；e_j 则是 d_j 和 y_j 的误差信号。自适应滤波器的滤波器系数受误差信号 e_j 控制，根据 e_j 的值和自适应算法自动调整。

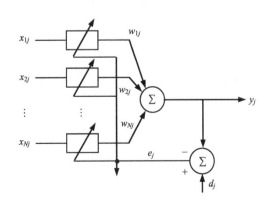

图 7-8　FIR 自适应滤波器结构

7.2.2　自适应滤波理论与算法

对于一个含有噪声的观测信号，它可以表示为

$$x(n) = s(n) + v(n) \tag{7-45}$$

式中，$s(n)$ 为信号的真值；$v(n)$ 为噪声信号的值；$x(n)$ 为含有噪声的观测值。自适应滤波器的本身的形式与前述的 FIR 响应滤波器形式并无两样，即 $y(n) = \sum_{i=0}^{N-1} w_i(n)x(n-i)$。

其中 $v(n)$ 的频率、幅值都是时变的，因此自适应滤波器中权值的获得是根据测试数据与期望输出数据通过一定的算法来实现的。

在自适应滤波中，最广泛采用的目标函数之一是均方误差（MSE），其定义为

$$F[e(n)] = \xi(n) = E[e^2(n)] = E[d^2(n) - 2d(n)y(n) + y^2(n)] \tag{7-46}$$

式中，$y(n)$ 为滤波器的输出信号；$d(n)$ 为参考信号；$e(n)$ 为误差信号。假设自适应滤波器是由线性组合器构成的，即输出信号是由来自于阵列的信号的线性组合构成的，在许多应用中，输入信号向量的每个元素是由同一个信号的时延形式构成的，此时，信号 $y(n)$ 是输入信号经过 FIR 滤波的结果：

$$y(n) = \sum_{i=0}^{N-1} w_i(n)x(n-i) = \boldsymbol{w}^{\mathrm{T}}(n)\boldsymbol{x}(n) \tag{7-47}$$

式中，$\boldsymbol{x}(n) = [x(n), x(n-1), \cdots, x(n-N)]^{\mathrm{T}}$；$\boldsymbol{w}(n) = [w_0(n), w_1(n), \cdots, w_N(n)]^{\mathrm{T}}$。此时

$$
\begin{aligned}
E\left[e^2(n)\right] = \xi(n) &= E\left[d^2(n) - 2d(n)\boldsymbol{w}^{\mathrm{T}}(n)\boldsymbol{x}(n) + \boldsymbol{w}^{\mathrm{T}}(n)\boldsymbol{x}(n)\boldsymbol{x}^{\mathrm{T}}(n)\boldsymbol{w}(n)\right] \\
&= E\left[d^2(n)\right] - 2E\left[d(n)\boldsymbol{w}^{\mathrm{T}}(n)\boldsymbol{x}(n)\right] + E\left[\boldsymbol{w}^{\mathrm{T}}(n)\boldsymbol{x}(n)\boldsymbol{x}^{\mathrm{T}}(n)\boldsymbol{w}(n)\right]
\end{aligned} \tag{7-48}
$$

对于固定系数的滤波器而言，MSE 函数为

$$\xi(n) = E\left[d^2(n)\right] - 2\boldsymbol{w}^{\mathrm{T}}\boldsymbol{P} + \boldsymbol{w}^{\mathrm{T}}\boldsymbol{R}\boldsymbol{w} \tag{7-49}$$

式中，$\boldsymbol{P} = E[d(n)\boldsymbol{x}(n)]$，是输入信号与期望信号之间的互相关向量；$\boldsymbol{R} = E[\boldsymbol{x}(n)\boldsymbol{x}^{\mathrm{T}}(n)]$，是输入信号的自相关矩阵。MSE 函数对向量 $\boldsymbol{w}$ 的梯度向量为

$$g_{\boldsymbol{w}} = \frac{\partial \xi}{\partial \boldsymbol{w}} = \left[\frac{\partial \xi}{\partial w_0} \quad \frac{\partial \xi}{\partial w_1} \quad \cdots \quad \frac{\partial \xi}{\partial w_N}\right]^{\mathrm{T}} = -2\boldsymbol{P} + 2\boldsymbol{R}\boldsymbol{w} \tag{7-50}$$

若 $\boldsymbol{P}$ 向量和矩阵 $\boldsymbol{R}$ 已知，则令该梯度向量为 $\boldsymbol{0}$，可以直接求解 $\boldsymbol{w}$：

$$\boldsymbol{w}_0 = \boldsymbol{R}^{-1}\boldsymbol{P} \tag{7-51}$$

式（7-51）中的解称为维纳解，遗憾的是，$\boldsymbol{P}$ 向量和矩阵 $\boldsymbol{R}$ 很难精确估计，当输入和期望信号都是遍历性过程时，能利用时间平均估计 $\boldsymbol{R}$ 和 $\boldsymbol{P}$，大多数自适应算法都隐含地利用了这一点。

理论上讲，自适应滤波问题没有唯一的解。为了得到自适应滤波器及其应用系统，可以采用各种不同的递推算法，这些自适应算法都具有各自的特点，适用于不同场合。常用的自适应滤波算法包括基于最小均方算法最小二乘准则的方法、基于卡尔曼滤波理论的方法、基于维纳滤波理论的方法和基于神经网络理论的方法。限于篇幅，本节简要介绍最小均方算法和递归最小二乘算法。

1. 最小均方算法

最小均方 (Least Mean Square, LMS) 算法是由 Widrow 和 Hoff 于 1960 年开发并命名的，它是随机梯度算法族中的一员。LMS 算法的一个显著特点是具有简单性，此外，它不需要计算有关的相关函数，也不需要矩阵求逆运算，这使得它成为其他线性自适应滤波算法的参照标准。

LMS 算法包含两个过程。

(1) 滤波过程。其包括：①计算线性滤波器输出对输入信号的响应；②通过比较输出结果与期望响应产生估计误差。

(2) 自适应过程。根据估计误差自动调整滤波器参数。

这两个过程一起工作组成一个反馈环，首先，有一个用来完成滤波过程的横向滤波器；其次，有一个调节滤波器系数的自适应控制算法。

对于式 (7-49)，如果可以得到 $\boldsymbol{P}$ 向量和矩阵 $\boldsymbol{R}$ 的较好的估计值，分别记为 $\hat{\boldsymbol{P}}(n)$ 和 $\hat{\boldsymbol{R}}(n)$，则可以利用如下最陡下降算法求得维纳解：

$$\boldsymbol{w}(n+1) = \boldsymbol{w}(n) - \mu \hat{\boldsymbol{g}}_{\boldsymbol{w}}(n) = \boldsymbol{w}(n) + 2\mu \left[\hat{\boldsymbol{P}}(n) - \hat{\boldsymbol{R}}(n)\boldsymbol{w}(n) \right] \tag{7-52}$$

式中，$\hat{\boldsymbol{g}}_{\boldsymbol{w}}(n)$ 表示目标函数对滤波器系数的梯度向量估计值。一种可能的解是利用 $\boldsymbol{R}$ 和 $\boldsymbol{P}$ 的瞬态估计值来估计梯度向量，即

$$\hat{\boldsymbol{R}}(n) = \boldsymbol{x}(n)\boldsymbol{x}^{\mathrm{T}}(n) \tag{7-53}$$

$$\hat{\boldsymbol{P}}(n) = d(n)\boldsymbol{x}(n) \tag{7-54}$$

于是得到的梯度估计值为

$$\hat{\boldsymbol{g}}_{\boldsymbol{w}}(n) = -2d(n)\boldsymbol{x}(n) + 2\boldsymbol{x}(n)\boldsymbol{x}^{\mathrm{T}}(n)\boldsymbol{w}(n) = 2\boldsymbol{x}(n)[\boldsymbol{x}^{\mathrm{T}}(n)\boldsymbol{w}(n) - d(n)] = -2e(n)\boldsymbol{x}(n) \tag{7-55}$$

如果用瞬态平方误差 $e^2(n)$ 代替 MSE 作为目标函数，梯度估计值则代表了真实的梯度向量，因为

$$\frac{\partial e^2(n)}{\partial \boldsymbol{w}} = \left[2e(n)\frac{\partial e(k)}{\partial w_0(n)} \quad 2e(n)\frac{\partial e(k)}{\partial w_1(n)} \quad \cdots \quad 2e(n)\frac{\partial e(k)}{\partial w_N(n)} \right]^{\mathrm{T}} = -2e(n)\boldsymbol{w}(n) = \hat{\boldsymbol{g}}_{\boldsymbol{w}}(n) \tag{7-56}$$

由于得到的梯度算法使得平方误差的均值最小化，因此其称为 LMS 算法，其更新方程为

$$\boldsymbol{w}(n+1) = \boldsymbol{w}(n) + 2\mu e(n)\boldsymbol{x}(n) \tag{7-57}$$

式中，收敛因子应该在一个小的范围内取值，以保证算法的收敛性。

2. 递归最小二乘算法

最小二乘 (Least-square, LS) 算法旨在使期望信号与模型滤波器输出之差的平方和达到最小。当在每次迭代中接收到输入信号的新采样值时，可采用递归形式求解最小二乘问题，得到递归最小二乘 (Recursive Least-square, RLS) 算法。

RLS 算法能实现快速收敛，即使是在输入信号相关矩阵的特征值扩展比较大的情况下。当工作于时变环境中时，这类算法具有极好的性能，但其实现都以增加计算复杂度

和稳定性问题为代价，而这些问题对于 LMS 准则算法来说并不重要。

对于最小二乘算法，目标函数是确定性的，并且由式 (7-58) 给出：

$$\xi^{d}(n)=\sum_{i=0}^{n}\lambda^{n-i}e^{2}(i)=\sum_{i=0}^{n}\lambda^{n-i}[d(i)-\boldsymbol{x}^{T}(i)\boldsymbol{w}(n)]^{2} \tag{7-58}$$

式中，λ 为指数加权因子或遗忘因子，其值应选择在 $0\leqslant\lambda\leqslant1$ 范围内。

应该注意的是，在推导 LMS 算法和基于 RLS 准则的算法时，利用了先验误差。在 RLS 算法中，用 $e(n)$ 表示后验误差，$e'(n)$ 表示先验误差，因为在推导基于 RLS 准则算法的过程中，将首先选择后验误差。

每一个误差是由期望信号和采用最近的系数 $\boldsymbol{w}(n)$ 得到的滤波器输出之差组成。将 $\xi^{d}(n)$ 对 $\boldsymbol{w}(n)$ 求偏导，可以得到

$$\frac{\partial\xi^{d}(n)}{\partial\boldsymbol{w}(n)}=-2\sum_{i=0}^{n}\lambda^{n-i}\boldsymbol{x}(i)[d(i)-\boldsymbol{x}^{T}(i)\boldsymbol{w}(n)] \tag{7-59}$$

令式 (7-59) 等于 0，则可以通过如下关系式找到使得最小二乘误差最小的最优向量 $\boldsymbol{w}(n)$：

$$-\sum_{i=0}^{n}\lambda^{n-i}\boldsymbol{x}(i)\boldsymbol{x}^{T}(i)\boldsymbol{w}(n)+\sum_{i=0}^{n}\lambda^{n-i}\boldsymbol{x}(i)d(i)=\begin{bmatrix}0\\0\\\vdots\\0\end{bmatrix} \tag{7-60}$$

从而得到最优系数向量 $\boldsymbol{w}(n)$ 的表达式为

$$\boldsymbol{w}(n)=\left[\sum_{i=0}^{n}\lambda^{n-i}\boldsymbol{x}(i)\boldsymbol{x}^{T}(i)\right]^{-1}\sum_{i=0}^{n}\lambda^{n-i}\boldsymbol{x}(i)d(i)=\boldsymbol{R}_{D}^{-1}(n)\boldsymbol{P}_{D}(n) \tag{7-61}$$

式中，$\boldsymbol{P}_{D}(n)=\sum_{i=0}^{n}\lambda^{n-i}\boldsymbol{x}(i)d(i)$，称为输入信号与期望信号的确定性互相关向量。

$$\boldsymbol{R}_{D}(n)=\sum_{i=0}^{n}\lambda^{n-i}\boldsymbol{x}(i)\boldsymbol{x}^{T}(i)=\boldsymbol{x}(n)\boldsymbol{x}^{T}(n)+\lambda\sum_{i=0}^{n-1}\lambda^{n-i}\boldsymbol{x}(i)\boldsymbol{x}^{T}(i)=\boldsymbol{x}(n)\boldsymbol{x}^{T}(n)+\lambda\boldsymbol{R}_{D}(n-1)$$

$$\tag{7-62}$$

称为输入信号的确定性相关矩阵。

为了避免求矩阵 $\boldsymbol{R}_{D}(n)$ 的逆矩阵，可以利用如下的矩阵求逆引理：

$$[\boldsymbol{A}+\boldsymbol{B}\boldsymbol{C}\boldsymbol{D}]^{-1}=\boldsymbol{A}^{-1}-\boldsymbol{A}^{-1}\boldsymbol{B}[\boldsymbol{D}\boldsymbol{A}^{-1}\boldsymbol{B}+\boldsymbol{C}^{-1}]^{-1}\boldsymbol{D}\boldsymbol{A}^{-1} \tag{7-63}$$

式中，$\boldsymbol{A}$、$\boldsymbol{B}$、$\boldsymbol{C}$ 和 $\boldsymbol{D}$ 是具有合适维数的矩阵，并且矩阵 $\boldsymbol{A}$ 和 $\boldsymbol{C}$ 是非奇异矩阵。上述关系可以简单地通过将右边表达式左乘 $\boldsymbol{A}+\boldsymbol{B}\boldsymbol{C}\boldsymbol{D}$，得到一个恒等式来证明。如果选取 $\boldsymbol{A}=\lambda\cdot\hat{\boldsymbol{R}}_{D}(n-1)$，$\boldsymbol{B}=\boldsymbol{D}^{T}=\boldsymbol{x}(n)$，$\boldsymbol{C}=1$，由式 (7-60) 可知，$\hat{\boldsymbol{R}}^{-1}(n)=[\boldsymbol{A}+\boldsymbol{B}\boldsymbol{C}\boldsymbol{D}]^{-1}$。于是由矩阵求逆引理可得

$$\hat{\boldsymbol{R}}_{\mathrm{D}}^{-1}(n) = \boldsymbol{A}^{-1} - \boldsymbol{A}^{-1}\boldsymbol{B}[\boldsymbol{D}\boldsymbol{A}^{-1}\boldsymbol{B}+\boldsymbol{C}^{-1}]^{-1}\boldsymbol{D}\boldsymbol{A}^{-1}$$

$$= \left[\lambda\hat{\boldsymbol{R}}_{\mathrm{D}}(n-1)\right]^{-1}$$

$$- \left[\lambda\hat{\boldsymbol{R}}_{\mathrm{D}}(n-1)\right]^{-1}\boldsymbol{x}(n)\left[\boldsymbol{x}^{\mathrm{T}}(n)\left[\lambda\hat{\boldsymbol{R}}_{\mathrm{D}}(n-1)\right]^{-1}\boldsymbol{x}(n)+1\right]^{-1}\boldsymbol{x}^{\mathrm{T}}(n)\left[\lambda\hat{\boldsymbol{R}}_{\mathrm{D}}(n-1)\right]^{-1}$$

$$= \frac{1}{\lambda}\left[\hat{\boldsymbol{R}}_{\mathrm{D}}^{-1}(n-1) - \frac{\hat{\boldsymbol{R}}_{\mathrm{D}}^{-1}(n-1)\boldsymbol{x}(n)\boldsymbol{x}^{\mathrm{T}}(n)\hat{\boldsymbol{R}}_{\mathrm{D}}^{-1}(n-1)}{\lambda + \boldsymbol{x}^{\mathrm{T}}(n)\hat{\boldsymbol{R}}_{\mathrm{D}}^{-1}(n-1)\boldsymbol{x}(n)}\right] \tag{7-64}$$

利用式 (7-64) 来计算 $\hat{\boldsymbol{R}}^{-1}(n)$，与每次迭代过程中直接计算 $\hat{\boldsymbol{R}}(n)$ 的逆矩阵(乘法次数在 N^3 数量级)相比，更新方程的计算复杂度更低(乘法次数在 N^2 数量级)。由于每次计算 $\hat{\boldsymbol{R}}^{-1}(n)$ 时，总是用到 $\hat{\boldsymbol{R}}^{-1}(n-1)$，整个滤波过程中求取 $\hat{\boldsymbol{R}}^{-1}(n)$ 就成了一个递归形式，因此这种最小二乘法称为递归最小二乘法。但是，当 $n<N$ 时(即初始化阶段)，$\hat{\boldsymbol{R}}^{-1}(n)$ 总是奇异的，这时需要通过后向代入法来进行初始化，即从 $n=0$ 到 $n=N$ 的时期，可以不用任何矩阵求逆运算而准确地得到 $w_i(n)$。

当 $n=0$ 时，只要 $x(0)\neq0$，则有

$$w_0(0) = \frac{d(0)}{x(0)}$$

当 $n=1$ 时，有

$$w_0(1) = \frac{d(0)}{x(0)}, \quad w_1(1) = \frac{-x(1)w_0(1) + d(1)}{x(0)}$$

当 $n=2$ 时，有

$$w_0(2) = \frac{d(0)}{x(0)}, \quad w_1(1) = \frac{-x(1)w_0(2) + d(1)}{x(0)}, \quad w_2(2) = \frac{-x(2)w_0(2) - x(1)w_1(2) + d(2)}{x(0)}$$

利用归纳法，可以证明在任意时刻 n，有

$$w_i(n) = \frac{-\sum_{j=1}^{i} x(j)w_{i-j}(n) + d(i)}{x(0)} \tag{7-65}$$

这样，在计算初始的 $N+1$ 个滤波器系数时，采用式 (7-65) 即可，不需要计算式 (7-64)。

7.2.3　MATLAB 中的自适应滤波函数

鉴于在 MATLAB 环境下的编程中，参数无法按照规范的书写方法赋予斜体、正体等格式，因此都写作正体，且不区分下标。

1. s = initlms(w0,mu,zi,lf)

initlms 函数返回完整的种群结构 s，它在调用 adaptlms 时需要用到。向量 w0 包含滤波器系数的初始值，它的长度应等于自适应滤波器长度加 1。μ(mu)是最小均方(LMS)算法的步长。所指定的步长决定了 LMS 算法收敛到解所用的时间和解的准确度。一般而言，小的步长适应更慢，但更精确；大的步长适应运算更快，但是误差较大。

为了确保良好的收敛速度和稳定性，μ(mu)一般选择在如下范围内：

$$0 < \mu < \frac{1}{N\{输入信号功率\}}$$

式中，N 为信号中样本的数量。

　　输入参数 zi 指定滤波器初始条件，若忽略 zi，或者指定为空，initkalman 默认 zi 为 0 向量，其长度等于 length(w0)－1。对于限定的处理条件，例如，for 循环中使用 adaptlms，指定初始条件非常重要，LMS 算法的每一次迭代都使用上一次迭代的权值，由于提供了初始条件，因此第一次迭代具有一组先验滤波器权值，所以可以开始进行迭代运算。输入参数 lf 为泄漏因子，指定泄漏因子可以改善算法的特性。泄漏权值 w(k) 强制算法进一步适应运算，就算 lf 已经达到了最小值。这可能意味着当泄漏 LMS 没有获得非常精确的最小均方误差的测度时，使用泄漏因子算法可以减弱误差的敏感性，或者减弱对输入的小数值的敏感性。典型地，lf 设置为 0.9～1.0，表示没有泄漏。如果指定 lf 为空，它默认为 1。

　　在使用 initlms 函数后，如果核对 s 的内容，MATLAB 会显示结构元素，而不是输入参数的名称。为了帮助记住各元素对应的 initlms 的输入参数，表 7-2 给出了该映射关系。

　　2. [y,e,s] = adaptlms(x,d,s)

　　用最小均方 FIR 自适应滤波器作用于 x 和期望信号 d，滤波后的信号返回给 y。s 是一个结构体，它包含定义所采用的 LMS 的初始化设置，这同一些滤波器适应过程的输出一样。表 7-2 详细列出了 s 的内容，包括输入和输出，标注为 initlms 的那一列中给出了 s 中对应于输入参数的元素。

表 7-2　initlms 结构参数

initlms 参数	结构域	参数内容
w0	s.coeffs	LMS FIR 滤波器系数。在进行自适应运算之前，应给 FIR 滤波器初始化系数。这些系数应输入到 s.coeffs 中（长度滤波器阶数加 1）。当把 s 用作一个输出参数的时候，更新后的滤波器系数返回在 s.coeffs 中
mu	s.step	设置 LMS 算法步长。它决定了自适应滤波器逼近滤波器的解的速度与逼近程度
zi	s.states	自适应运算后，返回 FIR 滤波器的状态。这是一个可选项，如果忽略它，它默认为一个 0 向量，其长度等于滤波器的阶数。在循环结构中使用 adaptlms 时，用这个元素指定自适应 FIR 滤波器的初始滤波状态
if	s.leakage	指定 LMS 泄漏因子。允许执行泄漏 LMS 算法。泄漏因子的存在达到最小值以后，通过强行使 LMS 算法继续自适应运算，以改善算法的结果。这是一个可选项，如果忽略（不指定或者设置为空），则默认为 1
—	s.iter	自适应滤波器运行中总的迭代次数。虽然这可以在 s 中设置，但不要这么做，最好把它看作一个只读参数

　　返回参数中的 e 表示预测误差，它表明的是滤波器使得输入数据适应于期望信号的程度，或者说 y 逼近 d 的程度；s 即更新的结构 s。

3. s = initnlms (w0,mu,zi,lf,offset)

initnlms 函数用来构建一个用于调用 adpatnlms 函数的完整的种群结构 s。一方面，与 initlms 函数相比，NLMS 算法为

$$w(k+1) = w(k) + \mu_n e(k) x(k)$$

式中，$\mu_n = 1 \Big/ \Big(\varepsilon + \left\| x(k) \right\|^2 \Big)$。

另一方面，initnlms 函数增加了一个参数 offset，它是一个可选的正则化项，这可以避免输入数据的模的平方非常大的时候被 0（或者非常小的数）除的条件。如果 offset 指定为空，那么它默认为 0。与输入参数 offset 相对应，种群结构 s 中有一个元素 s.offset。

4. [y,e,s] = adaptnlms (x,d,s)

正则化最小均方（Normalized Least Mean Squared，NLMS）FIR 自适应滤波函数，滤波后的数据返回在 y 中，输入参数结构体 s 包含了定义所采用的 NLMS 自适应算法的初始设置，更新后的参数在输出参数结构体 s 中，它的各个元素的含义见 initnlms 函数简介。输出参数 e 表示预测误差，它表明了 y 对 d 的近似程度。

5. s = initkalman (w0,k0,qm,qp,zi)

initkalman 函数用于构建一个用作 adaptkalman 函数的输入参数的初始化结构。向量 w0 包含滤波器系数的初始值，其长度等于 FIR 自适应滤波器阶数加 1。k0 包含初始状态误差协方差矩阵，它应为维数等于 w0 长度的 Hermitan 对称方阵。qm 是测试噪声方差，qp 是过程噪声协方差。zi 用来指定滤波器初始条件，若忽略它或者设置为空，函数默认它为 0 向量，其长度等于 w0 的长度减去 1。如果在如 for 循环的程序结构中使用 adatpkalman 函数，初始条件提供第一次循环迭代的滤波器权值。Kalman 滤波器算法的每次迭代都调用前一次迭代的权值。如果没有初始条件，第一次迭代就没有输入可用，后面的每次循环迭代，都会发生同样的问题，以至于滤波器无法自适应到某一个结果。

同 intilms 函数一样，在使用 initkalman 函数后再核对 s 的内容，MATLAB 会显示结构元素，表 7-3 是 s 的元素与输入参数的映射。

表 7-3　initkalman 结构参数

initkalman 参数	结构域	参数内容
w0	s.coeffs	Kalman 自适应滤波器系数。在进行自适应运算之前，应给 FIR 滤波器初始化系数。在把 s 用作一个输出参数的时候，更新后的滤波器系数返回在 s.coeffs 中
k0	s.errcov	状态误差协方差矩阵。用初始误差状态协方差矩阵初始化这个元素。把它用作一个输出参数时，更新后的矩阵返回在该参数中
qm	s.measvar	包含测试噪声方差矩阵
qp	s.procov	包含过程噪声协方差矩阵
—	s.states	返回 FIR 滤波器的状态。这是一个可选项，如果忽略，它默认为 0 向量，向量长度为滤波器阶次
—	s.gain	Kalman 增益向量。对此参数无要求，但每次迭代后，都会计算并返回
—	s.iter	自适应滤波器运行中总的迭代次数。它是一个只读参数

7.2.4　应用示例

[示例 7-3]　自适应滤波在系统辨识中的应用。

要求：①生成一组随机变量，然后用常规低通滤波器进行滤波；

②将滤波后的信号作为期望信号，用自适应滤波法对随机变量进行自适应滤波；

③比较自适应滤波器系数与常规低通滤波器系数，认识自适应滤波器的自适应能力。

解：首先用 randn 函数生成随机变量 x，并用加窗法设计 FIR 滤波器 b，对生成的随机变量进行滤波得到信号 d，然后用最小均方算法对随机变量进行自适应滤波。待自适应过程结束后，绘出得到的自适应滤波器系数与 FIR 滤波器 b。整个过程的源代码见配套的教学资源示例 7-3。

辨识结果如图 7-9 所示，其中星号表示实际的滤波器系数，圆圈表示辨识得到的滤波器系数。从图中可以看出，两个滤波器的系数几乎完全重叠，最大差别出现在第 16 和 17 个系数，实际参数均为 0.4501，辨识结果分别为 0.4387 和 0.4382。由此可知，自适应滤波算法具有很强的自适应能力，在获得测试信号后，若还能知道期望信号，则可以得到比较理想的滤波器，使得采用该滤波器滤波得到的信号具有高的信噪比、小的相位滞后。

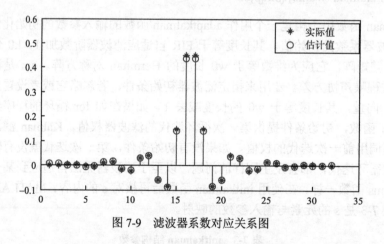

图 7-9　滤波器系数对应关系图

思　考　题

7-1　什么是线性相位滤波器？精密测量系统中为什么要采用线性相位滤波器？

7-2　什么是自适应滤波？自适应滤波具有哪些优点？

7-3　自适应滤波与经典滤波有什么区别？

第8章 小波分析及其在智能传感器系统中的应用

小波变换在噪声消除、特征信号的提取、图像处理等领域应用广泛。本章先由短时傅里叶变换导出小波变换的变换公式，重点介绍正交小波分解与重构的方法、小波包及正交小波包以及正交小波包的分解与重构的方法，在此基础上介绍 MATLAB 工具箱中小波分析函数的功能及使用方法并给出了用于智能传感器系统的小波数字滤波器示例。

8.1 小波分析基础

本节首先从傅里叶变换入手，在推导出小波变换定义的基础上，重点介绍小波分析所涉及的小波函数、小波分解与重构等内容。

8.1.1 小波分析与短时 Fourier 变换

在计算机中对某一时域信号做 Fourier 分析，必须将该时域信号全部采样后再进行分析，才能得到完整的频域信号，这样使得 Fourier 分析的实时性非常差。有时我们关心的是局部时间信号的频率含量，而无须得到整个时间信号的频率含量，为了使得 Fourier 分析具有一定的实时性，通常对时域信号加窗，即截取一小段时域信号做 Fourier 分析。

1) 短时 Fourier 变换

短时 Fourier 变换(Short-Time Fourier Transform 或 Short-Term Fourier Transform，STFT)是指时间信号加窗后的 Fourier 变换，其定义为

$$w_b F(\omega) = \int_{-\infty}^{\infty} e^{-i\omega t} f(t) \overline{w(t-b)} \, dt \tag{8-1}$$

式中，$w(t)$ 为一个窗口函数。

窗口函数 $w(t)$ 的中心 t^* 与半径 Δw 分别定义为

$$t^* = \frac{1}{\|w\|^2} \int_{-\infty}^{\infty} t |w(t)|^2 \, dt \tag{8-2}$$

$$\Delta w = \frac{1}{\|w\|_2} \left[\int_{-\infty}^{\infty} (t-t^*)^2 |w(t)|^2 \, dt \right]^{1/2} \tag{8-3}$$

这时，$w_b F(\omega)$ 给出了时间信号在时间窗：

$$\left[t^* + b - \Delta w, t^* + b + \Delta w \right] \tag{8-4}$$

的局部信息，时间信号 $f(t)$ 的加窗过程如图 8-1 所示。

2) 小波分析

如果把短时 Fourier 变换中的窗口函数 $w_{\omega,b}(t)$ 替换为 $\psi_{a,b}(t)$，其中：

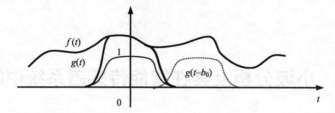

图 8-1　窗口 Fourier 变换

$$\psi_{a,b}(t) = |a|^{-1/2}\,\psi\!\left(\frac{t-b}{a}\right) \tag{8-5}$$

那么式(8-1)变为

$$w_{\psi f}(a,b) = |a|^{-1/2}\int_{-\infty}^{\infty} f(t)\overline{\psi\!\left(\frac{t-b}{a}\right)}\,\mathrm{d}t \tag{8-6}$$

式(8-6)即为小波变换定义式。

比较式(8-1)与式(8-6)，可以看到短时 Fourier 变换与小波变换之间的类似性，它们都是函数 $f(t)$ 与另一个具有两个指标函数族的内积。

式(8-6)中的 $\psi(t)$ 称为小波基，常用的小波基有 Haar 小波、Daubechies 小波、Mexican Hat 小波、Morlet 小波、Meyer 小波、Symlets 小波、Coiflets 小波等。

下面具体介绍这几种小波。

(1)Haar 小波。

Haar 小波是最简单的小波，是数学家 Haar 于 1910 年提出的正交函数集，是支撑域在 $t\in[0,1]$ 的单个矩形波，定义为

$$\psi(t) = \begin{cases} -1, & 0 \leqslant t < 1/2 \\ 1, & 1/2 \leqslant t < 1 \\ 0, & \text{其他} \end{cases} \tag{8-7}$$

(2)Daubechies 小波。

Daubechies 小波是著名学者 Ingrid Daubechies 构造的小波函数，一般记作 db$N$，其中 N 为小波的阶数。该小波没有固定的表达式，小波函数 $\psi(t)$ 与尺度函数 $\varphi(t)$ 的支撑区为 $2N-1$，$\psi(t)$ 的消失矩为 N。当 $N=1$ 时，该小波即为 Haar 小波，其时域及其频域波形如图 8-2 所示。图 8-3 为 4 阶 Daubechies 小波的波形。Daubechies 小波常用来分解和重构信号作为滤波器使用，图 8-4 给出了其分解重构滤波器的图形。

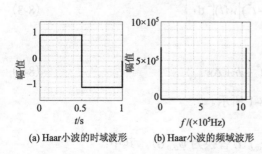

图 8-2　Haar 小波时域及其频域波形

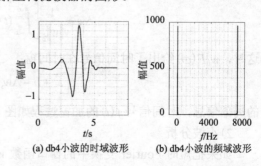

图 8-3　4 阶 Daubechies 小波时域及其频域波形

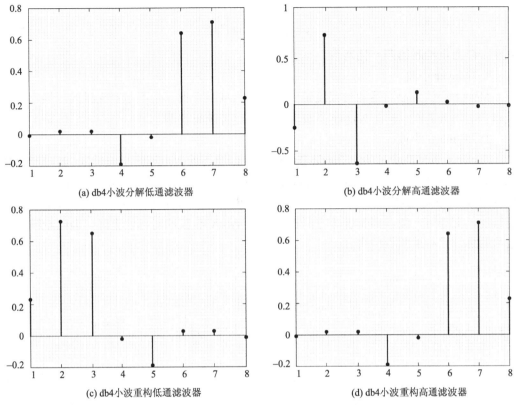

(a) db4小波分解低通滤波器　　　(b) db4小波分解高通滤波器

(c) db4小波重构低通滤波器　　　(d) db4小波重构高通滤波器

图 8-4　Daubechies 小波分解重构滤波器

（3）Mexican Hat 小波。

Mexican Hat 小波的波形图如图 8-5 所示。 Mexican Hat 小波是 Gauss 函数的二阶导数，因为其波形像墨西哥帽的截面，也称为墨西哥草帽函数。Mexican Hat 小波在时域和频域都有很好的局部化，但不具有正交性。Mexican Hat 小波的定义为

$$\psi(t) = \left(1 - t^2\right) e^{\frac{t^2}{2}} \tag{8-8}$$

（4）Morlet 小波。

Morlet 小波时域及其频域波形如图 8-6 所示，它是高斯包络下的单频率正弦函数。不存在尺度函数，小波函数不具有正交性。Morlet 小波的定义为

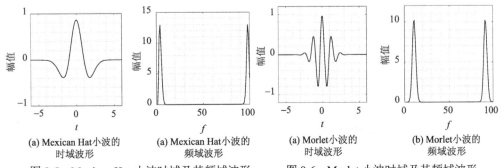

(a) Mexican Hat小波的　(a) Mexican Hat小波的　　(a) Morlet小波的　　(b) Morlet小波的
　　时域波形　　　　　频域波形　　　　　时域波形　　　　频域波形

图 8-5　Mexican Hat 小波时域及其频域波形　　图 8-6　Morlet 小波时域及其频域波形

$$\psi(t) = Ce^{\frac{t^2}{2}}\cos(5t) \tag{8-9}$$

式中，C 为重构时的归一化常数。

（5）Meyer 小波。

Meyer 小波的小波函数与尺度函数都是在频域定义的，它不是紧支撑的，但收敛速度很快。图 8-7 所示的是 Meyer 小波的时域波形与频域波形。

（6）Symlets 小波。

Symlets 小波是著名学者 Ingrid Daubechies 构造的近似对称的小波函数，其时域及其频域波形如图 8-8 所示，它是对 Daubechies 小波的改进，一般记作 sym$N$，其中 N 为小波的阶数。sym$N$ 小波的支撑区为 $2N-1$，消失矩为 N。与 db$N$ 小波相比，sym$N$ 小波在连续性、支撑区、滤波器长度等方面相同，但 sym$N$ 小波的对称性更好，因此能够减小信号分解与重构时的相位失真。

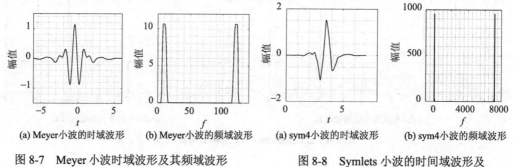

(a) Meyer小波的时域波形　(b) Meyer小波的频域波形　　　　(a) sym4小波的时域波形　(b) sym4小波的频域波形

图 8-7　Meyer 小波时域波形及其频域波形　　　　图 8-8　Symlets 小波的时间域波形及
　　　　　　　　　　　　　　　　　　　　　　　　　　　　　　　其频率域波形

（7）Coiflets 小波。

Coiflets 小波是 Ingrid Daubechies 根据 R.Coifman 的要求所构造的一种小波函数，一般记作 coif$N$，其中 N 为小波的阶数。其小波函数 $\psi(t)$ 与尺度函数 $\varphi(t)$ 的支撑区均为 $6N-1$，小波函数 $\psi(t)$ 的消失矩为 $2N$，尺度函数 $\varphi(t)$ 的消失矩为 $2N-1$。图 8-9 为 4 阶 Coiflets 小波时域与频域波形图。

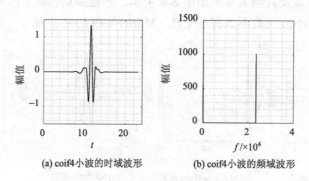

(a) coif4小波的时域波形　　　(b) coif4小波的频域波形

图 8-9　Coiflets 小波的时间域波形与频率域波形

3）小波基的参数

小波基的种类多种多样，不同小波基所对应的小波变换不同，选择何种小波基需要考虑实际应用的需求。小波基的参数主要有支撑长度、对称性、消失矩、正则性等。

（1）支撑长度。

当时间或频率趋于无穷大时，小波函数与尺度函数中将有限值趋于零的区间称为支撑区间，所对应的长度称为支撑长度。支撑长度反映了函数衰减至零的速度，支撑长度越长，计算时间越长，所产生的高幅值小波系数越多。支撑长度过长，会出现边界问题；支撑长度过短，消失矩过低，导致信号能量不集中。通常选择支撑长度为 5～9 的小波基。

对于函数 $f(x)$，当自变量 x 取值为 0 附近时，函数 $f(x)$ 存在取值；当自变量 x 取其余值时，函数值为 0，称这个函数 $f(x)$ 为紧支撑函数，在 0 附近自变量 x 的取值区间称为紧支撑集。

（2）对称性。

具有对称性的小波所对应的滤波器具有线性相位，因此能够有效避免相位畸变。

（3）消失矩。

对于满足式（8-10）的小波函数 $\psi(t)$，其消失矩为 N：

$$\int t^p \psi(t) \mathrm{d}t = 0 \tag{8-10}$$

式中，$0 \leqslant p < N$。消失矩越大，所产生为零的小波系数越多，有利于数据压缩与抑制噪声。但消失矩越大，所对应的支撑长度越大，计算时间越长。

（4）正则性。

若自变量 $x_1 = x_2 = \cdots = x_m$，且函数值 $f(x_1, x_2, \cdots, x_m) = x_1$，则称函数 $f(x_1, x_2, \cdots, x_m)$ 具有正则性。正则性反映了函数的光滑程度，正则性越高，函数越光滑。人们通常对"非光滑"误差比"光滑"误差更敏感，因此通常希望正则性更高。但正则性越高，支撑长度越大，计算时间越长。

短时 Fourier 变换与小波变换之间的不同，可由窗口函数的图形来说明，如图 8-10 所示。不论 w 值的大小，$w_{\omega,b}$ 都具有同样的宽度。相比之下，由于 $1/a$ 相当于 Fourier 变换中的 w，$\psi_{a,b}$ 在高频时很窄，低频时很宽。因此，在很短暂的高频信号上，小波变换能比窗口 Fourier 变换更好地进行"移近"观察。

8.1.2　离散小波

如果图 8-10 中的 a，b 都取离散值，这时，对于固定的伸缩步长 $a_0 \neq 0$，可选取 $a = a_0^m$，$m \in \mathbf{Z}$，不失一般性，可假设 $a_0 > 0$ 或 $a_0 < 0$。在 $m = 0$ 时，取固定的 $b_0(b_0 > 0)$ 整数倍离散化 b，选取 b_0 使 $\psi(x - nb_0)$ 覆盖整个实轴。选取 $a = a_0^m$、$b = nb_0 a_0^m$，其中 m，n 取遍整个整数域，而 $a_0 > 1$、$b_0 > 0$ 是固定的。于是，相应的离散小波函数族为

$$\psi_{m,n}(t) = a_0^{-m/2} \psi \left(\frac{x - nb_0 a_0^m}{a_0^m} \right) = a_0^{-m/2} \psi \left(a_0^{-m} x - nb_0 \right) \tag{8-11}$$

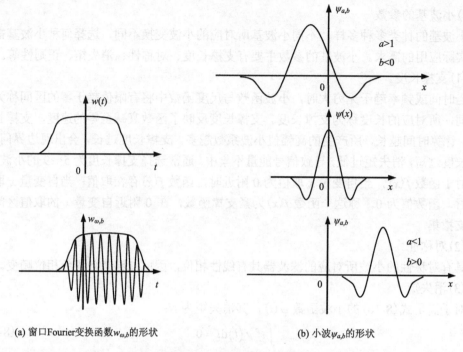

(a) 窗口Fourier变换函数$w_{\omega,b}$的形状　　　　　　(b) 小波$\psi_{a,b}$的形状

图 8-10　机械波频率分类图

对应的离散小波变换系数为

$$C_{m,n} = \int_0^\infty f(t)\psi_{m,n}^*(t)\,\mathrm{d}t \tag{8-12}$$

离散小波逆变换为

$$f(t) = C\sum_{-\infty}^{\infty}\sum_{-\infty}^{\infty} C_{m,n}\psi_{m,n}(t) \tag{8-13}$$

式中，C 为一常数。

8.1.3　小波级数

Fourier 级数的定义为

$$f(x) = \sum_{k=-\infty}^{\infty} F(k\omega_0)\mathrm{e}^{\mathrm{i}k\omega_0 t}, \quad k = 0, \pm1, \cdots, \pm\infty \tag{8-14}$$

式中，$F(k\omega_0) = \dfrac{1}{T}\displaystyle\int_t^{t+T} f(x)\mathrm{e}^{-\mathrm{i}k\omega_0 t}\,\mathrm{d}t$。

同样可以定义小波级数：

$$f(x) = \sum_{j,k\in\mathbf{Z}} c_{j,k}\psi_{j,k}(x) = \sum_{j,k\in\mathbf{Z}} d_{j,k}\tilde{\psi}_{j,k}(x) \tag{8-15}$$

式中，$\begin{cases} c_{j,k} = <f, \tilde{\psi}_{j,k}> \\ d_{j,k} = <f, \psi_{j,k}> \end{cases}$，称这两个无限级数为小波级数，并且是 $L^2(\mathbf{R})$ 收敛的，即 $c_{j,k}$

和 $d_{j,k}$ 的绝对值随着 j 和 k 的增大，最终趋于 0，$f(x)$ 在连续的实数域内能量有限。

8.1.4　多分辨分析

多分辨率分析(Muti Resolution Analysis，MRA)又称为多尺度分析，是由 Mallat 和 Meyer 建立在函数空间概念的理论，为正交小波基的构造提供了简单的方法，而且为正交小波变换的快速算法提供了理论依据。

1)几个基本概念

(1)无条件基。设 $\boldsymbol{B}$ 是一个 Banach 空间(完备赋范向量空间)，$\{\phi_k\}\subset\boldsymbol{B}$。若对任何 $f\in\boldsymbol{B}$，存在唯一数列 $\{\alpha_k\}$，使得 $f=\sum_{k\in\mathbf{Z}}\alpha_k\phi_k$，并且级数 $\sum_{k\in\mathbf{Z}}\alpha_k\phi_k$ 无条件收敛(即任意改变项的次序后都收敛)，则称 $\{\phi_k\}$ 是 $\boldsymbol{B}$ 的一个无条件基。

(2)Riesz 基。设 $\boldsymbol{B}$ 是一个 Banach 空间，$\{\phi_k\}\subset\boldsymbol{B}$。若对任何 $f\in\boldsymbol{B}$，存在唯一数列 $\{\alpha_k\}$，使得 $f=\sum_{k\in\mathbf{Z}}\alpha_k\phi_k$，并且存在常数 c_1 和 c_2，使得 $c_2>c_1>0$，且满足

$$c_1\left(\sum_k|\alpha_k|^2\right)^{\frac{1}{2}}\leqslant\left\|\sum_{k\in\mathbf{Z}}\alpha_k\phi_k\right\|\leqslant c_2\left(\sum_k|\alpha_k|^2\right)^{\frac{1}{2}} \tag{8-16}$$

则称 $\{\phi_k\}$ 为 $\boldsymbol{B}$ 的 Rieszz 基。

(3)框架。设 $\boldsymbol{H}$ 是一个 Hilbert 空间，$\{\phi_k\}\subset\boldsymbol{H}$。若对任何 $f\in\boldsymbol{H}$，存在 $A>0$ 和 $B>0$ 使得

$$A\|f\|^2\leqslant\sum_{k\in\mathbf{Z}}|\langle f,\alpha_k\rangle|^2\leqslant B\|f\|^2 \tag{8-17}$$

则称 $\{\phi_k\}$ 为 $\boldsymbol{H}$ 的框架。

2)多分辨分析的概念

空间 $L^2(\boldsymbol{R})$ 的多分辨分析是指构造该空间内的一个子空间 $\{V_k\}_{k\in\mathbf{Z}}$，使其具有以下性质。

(1)单调性(包容性)：$V_k\subset V_{k+1}$。

(2)逼近性：$\bigcup_{k\in\mathbf{Z}}V_k$ 在 $L^2(\boldsymbol{R})$ 中的闭包 $\text{close}_{L^2(\boldsymbol{R})}\left\{\bigcup_{k\in\mathbf{Z}}V_k\right\}=L^2(\boldsymbol{R})$，$\bigcap_{k\in\mathbf{Z}}V_k=\{0\}$。

(3)二进制伸缩相关性：$\phi(x)\in V_k\Leftrightarrow\phi(2x)\in V_{k+1}$。

(4)平移不变性：$\phi(x)\in V_k\Leftrightarrow\phi(x-n)\in V_k$，$\forall n\in\mathbf{Z}$。

(5)Riesz 基存在性：存在 $\phi(x)\in V_0$，使得 $\{\phi(x-n)\}_{n\in\mathbf{Z}}$ 构成 V_0 的 Riesz 基。

令 $\{V_k\}_{k\in\mathbf{Z}}$ 是空间 $L^2(\boldsymbol{R})$ 的一个多分辨分析，相应的函数 $\phi(x)\in L^2(\boldsymbol{R})$，则

$$\phi_{k,n}=2^{\frac{k}{2}}\phi(2^kx-n),\quad n\in\mathbf{Z} \tag{8-18}$$

式中，$\phi(x)$ 称为尺度函数，必定是 V_k 内的一个标准正交基。

设 $\phi(x)$ 生成一个多分辨分析 $\{V_k\}$，由于 $\phi(x)\in V_0\subset V_1$，所以 $\phi(x)$ 可以用 V_1 的基底 $\{\phi_{1,n},n\in\mathbf{Z}\}$ 表示。由于 $\{\phi_{1,n},n\in\mathbf{Z}\}$ 是 V_1 的一个 Riesz 基，所以存在唯一的 l^2 序列 $\{p_n\}$(即离散的，且其平方和为有限值的 $\{p_n\}$)，使

$$\phi(x) = \sum_{n=-\infty}^{\infty} p_n \phi(2x-n) \tag{8-19}$$

式(8-19)即为函数$\phi(x)$的两尺度关系。序列$\{p_n\}$称为两尺度序列。

对于模为 1 的复数z，引入如下记号：

$$P(z) = \frac{1}{2} \sum_{n=-\infty}^{\infty} p_n z^n \tag{8-20}$$

称为序列$\{p_n\}$的符号。对式(8-19)两边做 Fourier 变换，则得到两尺度关系式：

$$\hat{\phi}(\omega) = P(z)\hat{\phi}(\omega/2) \tag{8-21}$$

同样地，由于$\psi(x) \in W_0 \subset V_1$，所以存在唯一$l^2$序列$\{q_n\}$，使

$$\psi(x) = \sum_{n=-\infty}^{\infty} q_n \phi(2x-n) \tag{8-22}$$

引入序列$\{q_n\}$的符号：

$$Q(z) = \frac{1}{2} \sum_{n=-\infty}^{\infty} q_n z^n \tag{8-23}$$

对式(8-22)两边做 Fourier 变换，类似地得到

$$\hat{\psi}(\omega) = Q(z)\hat{\phi}(\omega/2), \quad z = e^{-i\omega/2} \tag{8-24}$$

3) 分解算法与重构算法

由前所述可知，对于$f(x) \in L^2(\boldsymbol{R})$，它有唯一分解：

$$f(x) = \sum_{k=-\infty}^{\infty} g_k(x) = \cdots + g_{-1}(x) + g_0(x) + g_1(x) + \cdots \tag{8-25}$$

式中，$g_k(x) \in W_k$。令$f_k(x) \in V_k$，则有

$$f_k = g_{k-1}(x) + g_{k-2}(x) + \cdots \tag{8-26}$$

并且

$$f_k(x) = g_{k-1}(x) + g_{k-2}(x) \tag{8-27}$$

令

$$M(z) = \begin{bmatrix} P(z) & P(-z) \\ Q(z) & Q(-z) \end{bmatrix} \tag{8-28}$$

在$|z| = 1$上，作函数

$$G(z) = \frac{Q(-z)}{\det M(z)}, \quad H(z) = \frac{-P(z)}{\det M(z)} \tag{8-29}$$

则

$$M^{\mathrm{T}}(z)^{-1} = \begin{bmatrix} G(z) & G(-z) \\ H(z) & H(-z) \end{bmatrix} \tag{8-30}$$

对于符号$G(z)$、$H(z)$的序列$\{g_n\}$、$\{h_n\} \in l^1$，存在如下的分解关系式：

$$\phi(2x-l) = \frac{1}{2} \sum_{n=-\infty}^{\infty} \{g_{2n-l}\phi(x-n) + h_{2n-l}\psi(x-n)\}, \quad l \in \boldsymbol{Z} \tag{8-31}$$

若令 $a_n = g_{-n}/2$、$b_n = h_{-n}/2$，则式(8-31)变为

$$\phi(2x-l) = \sum_{n=-\infty}^{\infty} \{a_{l-2n}\phi(x-n) + b_{l-2n}\psi(x-n)\}, \quad l = 0, \pm 1, \pm 2, \cdots \tag{8-32}$$

为计算方便及以免产生混淆，有

$$f_k(x) = \sum_{j=-\infty}^{\infty} c_{k,j}\varphi(2^k x - j) \tag{8-33}$$

$$g_k(x) = \sum_{j=-\infty}^{\infty} d_{k,j}\varphi(2^k - j) \tag{8-34}$$

在 c_{kj}，d_{kj} 中，k 代表分解的"水平"，即分解的层次。

对于每个 $f(x) \in L^2(\mathbf{R})$，固定 $N \in \mathbf{Z}$，设 f_N 是 f 在空间 V_N 上的投影，有

$$f_N = \mathrm{Proj}_{V_N} f \tag{8-35}$$

可以把 V_N 视为"抽样空间"，而把 f_N 视为 f 在 V_N 上的"数据"（或者说测量采样值）。由于

$$V_N = W_{N-1} \dot{+} V_{N-1} = W_{N-1} \dot{+} W_{N-2} \dot{+} \cdots \dot{+} W_{N-M} \dot{+} V_{N-M} \tag{8-36}$$

所以，$f_N(x)$ 有唯一分解：

$$f_N(x) = g_{N-1}(x) + g_{N-2}(x) + \cdots + g_{N-M} + f_{N-M} \tag{8-37}$$

对于固定的 k，由 $\{c_{k+1,n}\}$ 求 $\{c_{k,n}\}$、$\{d_{k,n}\}$ 的算法称为分解算法。应用分解关系式(8-32)有

$$f_{k+1}(x) = \sum_{l=-\infty}^{\infty} c_{k+1,l}\varphi(2^{k+1}x - l) = \sum_l c_{k+1,l}\left[\sum_n \{a_{l-2n}\varphi(2^k x - n) + b_{l-2n}\psi(2^k x - n)\}\right]$$

$$= \sum_n \left\{\sum_l a_{l-2n}c_{k+1,l}\right\}\varphi(2^k - n) + \sum_n \left\{\sum_l b_{l-2n}c_{k+1,l}\right\}\psi(2^k x - n) \tag{8-38}$$

分解 $f_{k+1}(x) = f_k(x) + g_k(x)$，得到

$$\sum_n \left\{c_{k,n} - \sum_l a_{l-2n}c_{k+1,l}\right\}\varphi(2^k - n) + \sum_n \left\{d_{k,n} - \sum_l b_{l-2n}d_{k+1,l}\right\}\psi(2^k - n) = 0 \tag{8-39}$$

所以，由 $\{\phi_{k,n}:n \in \mathbf{Z}\}$、$\{\psi_{k,n}:n \in \mathbf{Z}\}$ 的线性无关性以及 $V_k \cap W_k = \{0\}$，得到分解算法：

$$\begin{cases} c_{k,n} = \sum_l a_{l-2n}c_{k+1,l} \\ d_{k,n} = \sum_l b_{l-2n}c_{k+1,l} \end{cases} \tag{8-40}$$

其分解过程如图 8-11 所示。

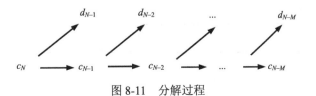

图 8-11　分解过程

在实际计算中，假设取值点所对应的 $f(x)$ 的水平为 N，即

$$f(x) \approx f_N \tag{8-41}$$

对于某个正数 $N(0 \leqslant M \leqslant N)$，信号由 N 水平分解到 $N-M$ 水平，即已知 $\{c_{N,n}\}$，求 $\{d_{k,n}\}$ 及 $\{c_{k,n}\}$，$k=N-1,\cdots,N-M$。同样地，固定 k，由 $\{c_{k,n}\}$、$\{d_{k,n}\}$ 求 $\{c_{k+1,n}\}$ 的算法称为重构算法。应用两尺度关系有

$$
\begin{aligned}
f_k(x) + g_k(x) &= \sum_l c_{k,l}\varphi(2^k x - l) + \sum_l d_{k,l}\psi(2^k x - l) \\
&= \sum_n \left\{ \sum_l (p_{n-2l}c_{k,l} + q_{n-2l}d_{k,l}) \right\}\varphi(2^{k+1} x - n)
\end{aligned} \tag{8-42}
$$

因为 $f_k(x) + g_k(x) = f_{k+1}(x)$，有 $f_{k+1} = \sum_n c_{k+1}\varphi(2^{k+1} x - n)$ 及 $\{\varphi_{k+1,n} : n \in \mathbf{Z}\}$ 的线性无关性，得到重构算法：

$$c_{k+1,n} = \sum_l (p_{n-2l}c_{k,l} + q_{n-2l}d_{k,l}) \tag{8-43}$$

重构过程如图 8-12 所示。

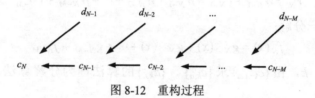

图 8-12　重构过程

8.1.5　小波包分析

小波包分析是多分辨分析的推广，它提供了更为丰富和精确的信号分析方法。小波包元素是由三个参数来确定的一个波形，这三个最基本的参数是：位置、尺度（与一般小波分解一样）和频率。在正交小波分解过程中，一般的方法是将低频系数向量继续分解成两部分，高频系数不再分解。小波分解过程中，系数 c_k 与 $d_k(k=N,N-1,\cdots,1)$ 所对应的频域段如图 8-13(a) 所示。而在小波包分解中，每一个高频系数向量与低频部分的分解一样，被分解成两部分，因此，它提供了更丰富的分析方法。在一维情况下，它产生一个完整的二叉数；在二维情况下，它产生一个完整的四叉树。小波包分解过程中，系数 c_k 与 $d_k(k=N,N-1,\cdots,1)$ 所对应的频域段如图 8-13(b) 所示。

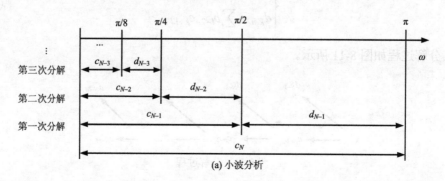

(a) 小波分析

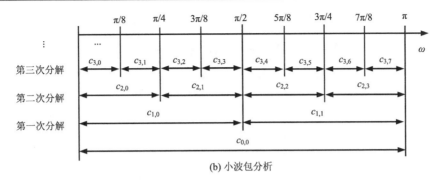

(b) 小波包分析

图 8-13　小波分析与小波包分析中系数对应的频域段

限于篇幅，小波包分析的理论在此不再详述，有关 MATLAB 中小波包分析的函数的介绍，详见 8.2 节。

8.2　MATLAB 工具箱中小波分析函数

在一维信号的分析中，MATLAB 工具箱提供了许多小波分析功能函数，为方便读者理解，本章后面的小波分析示例，能使人更快地掌握用小波分析进行一维信号处理的方法，本节给出了一些一维信号处理中比较有用的函数功能和应用方法。为保持与 MATLAB 中编程的符号一致，本节的所有符号，无论变量还是常量，向量还是参数，字体均为正体，且不加黑。

8.2.1　小波分析函数

1）orthfilt 函数

orthfilt 函数用于计算与某一小波对应的尺度滤波器相关的四个滤波器，调用格式为

$$[\text{Lo\_D,Hi\_D,Lo\_R,Hi\_R}]=\text{orthfilt}(\text{W})$$

其中，Lo_D 为分解的低通滤波器，对应于式(8-40)中的 a；Hi_D 为分解的高通滤波器，对应于式(8-40)中的 b；Lo_R 为重构的低通滤波器，对应于式(8-43)中的 p；Hi_R 为重构的高通滤波器，对应于式(8-43)中的 q。

2）wfilters 函数

wfilters 函数用于计算正交或双正交小波 wname 相关的四个滤波器，调用格式如下。

①[Lo_D,Hi_D,Lo_R,Hi_R]=wfilters('wname')。

②[F1,F2]=wfilters('wname', 'type')。

格式①返回的四个滤波器分别是 Lo_D(分解的低通滤波器)，Hi_D(分解的高通滤波器)，Lo_R(重构的低通滤波器)和 Hi_R(重构的高通滤波器)。其中 Lo_D 和 Hi_D 是 Lo_R 和 Hi_R 的对偶算子，也可以分别理解为 Lo_R 和 Hi_R 的共轭转置矩阵。在信号的处理中，它们的作用分别对应于分解图 8-11 和重构图 8-12。以分解层数是 4 层为例，算子的作用可以如图 8-14 所示。

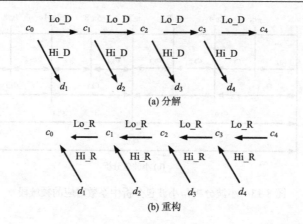

图 8-14　算子的作用

格式②根据 type 的设定值来计算不同的正交或双正交小波滤波器，具体设置如表 8-1 所示。

3）dwt 函数

dwt 函数用于单尺度一维离散小波变换，调用格式如下。

①[CA,CD] = dwt (X, 'wname')。

②[CA,CD] = dwt (X,Lo_D,Hi_D)。

③[CA,CD] = dwt (X,'wname','mode',mode)。

④[CA,CD] = dwt (X,Lo_D,Hi_D,'mode',mode)。

表 8-1　type 设定值

type 的设定值	返回滤波器序列	滤波器含义
D	Lo_D、Hi_D	分解滤波器
R	Lo_R、Hi_R	重构滤波器
L	Lo_D、Lo_R	低通滤波器
H	Hi_D、Hi_R	高通滤波器

该函数是一个一维小波分析函数，它用来计算信号 X 的周期小波分解的低频系数向量 CA 和高频系数向量 CD。在分解时，可以采用小波函数进行分解（如格式①、③），也可以采用分解滤波器进行分解（如格式②、④）。格式③和④中的模式选择详见关于 dwtmode 函数的介绍。

若 mode='per'，则 CA 与 CD 向量的长度如下。

X 的长度 length (X) 为奇数时：length (CA)=length (CD)=(length (X)+1)/2。

X 的长度 length (X) 为偶数时：length (CA)=length (CD)=length (X)/2。

否则，CA 与 CD 向量的长度为

$$\text{length}(CA)=\text{length}(CD)=\text{floor}((\text{length}(X)+\text{length}(Lo\_R)-1)/2)$$

4）dwtmode 函数

dwtmode 函数用于离散小波变换拓展模式，调用格式如下。

①dwtmode。

②dwtmode('mode')。

当对信号或图像的边缘进行处理时，需要对信号的边缘进行拓展，一般说来，拓展模式有三种，dwtmode 函数就是在对信号(图像)进行离散小波变换或小波包变换时，进行模式拓展设置，不同的模式代表了对信号(图像)边缘不同的处理方法。各种模式的具体意义见表 8-2。

5) idwt 函数

idwt 函数用于单尺度一维离散小波逆变换，调用格式如下。

①X = idwt(CA,CD,'wname')。

②X = idwt(CA,CD,Lo_R,Hi_R)。

③X = idwt(CA,CD,'wname',L)。

④X = idwt(CA,CD,Lo_R,Hi_R,L)。

⑤X = idwt(CA,CD,'wname','mode',mode)。

⑥X = idwt(CA,CD,Lo_R,Hi_R,'mode',mode)。

⑦X = idwt(CA,CD,'wname',L,'mode',mode)。

⑧X = idwt(CA,CD,Lo_R,Hi_R,L,'mode',mode)。

格式①是由向量 CA、CD 和小波名称重建的向量 X；格式②是由向量 CA、CD 和重建滤波器 Lo_R 和 Hi_R 重建的向量 X；格式③、④与格式①、②相比，其返回的向量是格式①、②返回的向量 X 中长度为 L 的中间部分；格式⑤、⑥、⑦、⑧可以通过设置变换模式来进行小波变换，mode 的取值见表 8-2。当小波变换模式为周期模式(mode='per')时，length(X)=2length(CA)；当小波变换模式为其他模式时，length(X)=2length(CA)−length(Lo_R)+2。

表 8-2　模式类型

模式类型	类型说明
zpd	补零模式，这是一种缺省的类型模式
sym	对称延拓模式，即把边缘值进行复制
spd	1 阶平滑模式，即对边缘进行一次插值平滑处理
sp0	0 阶平滑模式，即将边界值进行恒定值扩展
ppd	周期延拓模式，即在边界进行周期延拓
per	周期化模式，这使得 DWT 的功能与 DWTPER 相同

6) dwtper 函数

dwtper 函数用于单尺度一维离散小波变换(周期性)，调用格式如下。

①[CA,CD]=dwtper(X, 'wname')。

②[CA,CD]=dwtper(X,Lo_D,Hi_D)。

这个函数的功能与 dwt 函数类似，只不过信号 X 需要经过周期性的延拓，更确切地

说，当 length(X)为偶数时，信号拓展成为

$$extX=[X(length(X)-length(Lo\_D)+1),X,X(1:length(Lo\_D))]$$

信号拓展后，用一般的卷积和抽样进行运算，最后只保留中间部分，长度为 ceil(length(X))。

7) idwtper 函数

idwtper 函数用于单尺度一维离散小波重构(周期性)，调用格式如下。

①X=idwtper(CA,CD, 'wname')。

②X=idwtper(CA,CD, Lo_R,Hi_R)。

③X=idwtper(CA,CD, 'wname',L)。

④X=idwtper(CA,CD, Lo_R,Hi_R,L)。

格式①、③是用小波函数进行重构；格式②、④是用重构滤波器进行重构，其中 CA 和 CD 的长度是相等的，Lo_R 和 Hi_R,L 的长度也是相等的，返回系数 X 为重构后信号的向量。若 CA 的长度为 la，则 X 的长度为 length(X)= 2*la。格式②、④则是对信号中间长度为 L 的部分进行重构，L≤length(X)。

8) appcoef 函数

appcoef 函数用于提取一维小波变换低频系数，调用格式如下。

①A = appcoef(C,L,'wname',N)。

②A = appcoef(C,L,'wname')。

③A = appcoef(C,L,Lo_R,Hi_R)。

④A = appcoef(C,L,Lo_R,Hi_R,N)。

这个函数用于从小波分解结构[C,L]中提取一维信号的低频系数，格式①、④中的 N 为尺度，且是满足关系式：$0 \leq N \leq length(L)-2$ 的一个整数。格式②、③用于提取最后一尺度 N=length(L)-2 的小波变换低频系数。返回参数 A 是一个向量，其长度为：$length(S)/2^N$。

9) detcoef 函数

detcoef 函数用于提取一维小波变换高频系数，调用格式如下。

①D = detcoef(C,L,N)。

②D = detcoef(C,L)。

10) upwlev 函数

upwlev 函数用于单尺度一维小波分解的重构，调用格式如下。

①[NC,NL,CA] = upwlev(C,L,'wname')。

②[NC,NL,CA] = upwlev(C,L,Lo_R,Hi_R)。

这个函数用于对小波分解结构[C,L]进行单尺度重构，返回上一尺度的分解结构[NC,NL]，并提取最后一尺度的低频系数向量 CA，即若[C,L]是尺度 N 的分解结构，则[NC,NL]是尺度 N-1 的分解结构。

11) wrcoef 函数

wrcoef 函数用于对一维小波系数进行单支重构，调用格式如下。

①X = wrcoef('type',C,L,'wname',N)。

②X = wrcoef('type',C,L,Lo_R,Hi_R,N)。

函数对一维信号的分解结果[C,L]用指定的小波函数重构滤波器进行重构。格式中 type 的取值有 a,d 两种。

当 type='a'时，指对低频部分进行重构，此时 N 的取值范围为 $0 \leq N \leq \mathrm{length}(L) - 2$。

当 type='d'时，指对高频部分进行重构，此时 N 的取值范围为 $0 < N \leq \mathrm{length}(L) - 2$。

12）upcoef 函数

upcoef 函数用于一维系数的直接小波重构，调用格式如下。

①Y = upcoef(O,X,'wname',N)。

②Y = upcoef(O,X,'wname',N,L)。

③Y = upcoef(O,X,Lo_R,Hi_R,N)。

④Y = upcoef(O,X,Lo_R,Hi_R,N,L)。

函数计算向量 X 向上 N 步的重构小波系数，其中 N 是严格的正数，O='a'或'd'。当 O='a'时，函数对低频系数重构；当 O='d'时，函数对高频系数重构。格式②、④中的 L 表示只对向量 X 中间长度为 L 的部分进行重构。格式①、③中 N 的默认值为 1。

13）wavedec 函数

wavedec 函数用于多尺度一维小波分解，调用格式如下。

①[C，L]=wavedec(X,N,'wname')。

②[C，L]=wavedec(X,N,Lo_D,Hi_D)。

其中，wavedec 的功能是函数用小波分解滤波器完成对信号 X 的一维多尺度分解，N 为尺度，且是严格的正数。输出参数 C 是由[$CA_N,CD_N,CD_{N-1},\cdots,CD_1$]组成的分解向量，L 是由[$CA_N$ 的长度，CD_N 的长度，CD_{N-1} 的长度，$\cdots$，CD_1 的长度，X 的长度]组成的记录簿向量。以一个 3 尺度分解为例，其分解结构的组织形式如图 8-15 所示。

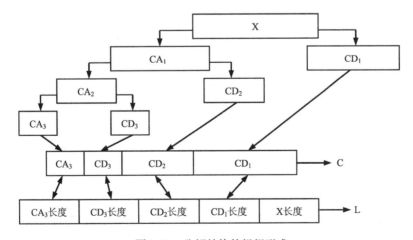

图 8-15　分解结构的组织形式

若格式②中的分解滤波器向量 Lo_D 和 Hi_D 对应于格式①中的滤波器名称 wname，且分解层数 N 也设置成同格式①一样，则格式②返回的结果与格式①完全相同。

给定一个长度为 N 的信号 S，分解后的分解系数由两部分组成：低频系数向量 CA_1 和高频系数向量 CD_1，向量 CA_1 是由信号 S 与低通分解滤波器 Lo_D 经过卷积运算得到的，向量 CD_1 是由信号 S 与高通分解滤波器 Hi_D 经过卷积运算得到的。其分解图如图 8-16 所示。

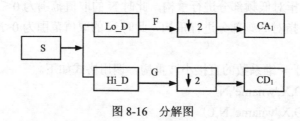

图 8-16 分解图

在图 8-16 中，如果滤波器的长度均为 2M，n=length(S)，则信号 F 和 G 的长度为：$n+2M-1$，所以系数 CA_1 和 CD_1 的长度为 $floor\left(\dfrac{n-1}{2}\right)+M$。在下一步分解，用同样的方法把低频系数 CA_1 分成两部分，即把图 8-16 中的 S 用 CA_1 代替，分解后返回的低频系数 CA_2 和次高频系数 CD_2。再往下分解依此类推。

14）waverec 函数

waverec 函数用于多尺度一维小波重构，调用格式如下。

①X=waverec(C,L,'wname')。

②X=waverec(C,L,Lo_R,Hi_R)。

该函数用指定的小波函数或重构滤波器对小波分解结构[C,L]进行多尺度一维小波重构，它是 wavedec 函数的逆函数，有：X=waverec(wavedec(X,N,'wname'),'wname')。

其中，格式①是用小波函数进行重构，格式②是用重构滤波器进行重构。

15）wden 函数

wden 函数用于调用该函数可以直接对一维信号消噪，其调用格式如下。

①[XD,CXD,LXD] = wden(X,TPTR,SORH,SCAL,N,'wname')。

②[XD,CXD,LXD] = wden(C,L,TPTR,SORH,SCAL,N,'wname')。

它的返回值是经过对原始信号 X 进行消噪处理后的信号 XD 及其分解结构 [CXD,LXD]。另外，SORH 指定软阈值(SORH ='s')或硬阈值(SORH ='h')的选择；TPTR 指定阈值的选取的规则，它有四种选择，见表 8-3；N 为小波分解的层数；wname 指定分解时所用的小波；格式②中的[C,L]为输入信号在所选用小波'wname'时的分解结构；参数 SCAL 是阈值尺度改变的比例，它有三种选择，见表 8-4。

表 8-3 参数 TPTR 的选项

TPTR 选项	阈值类型
rigrsure	采用无偏估计原则进行适应性阈值选择
heursure	选用首次选择的启发式变量作为阈值
sqtwolog	选用 sqrt(2*log(length(X))) 作为阈值
minimaxi	鞍点阈值

表 8-4　参数 SCAL 的选项

SCAL 的选项	相应的模式
'one'	基本模式
'sln'	未知尺度的基本模式
'mln'	非白噪声的基本模式

16) wdencmp 函数

小波消噪的另一种更普遍的函数是 wdencmp，它可以直接对一维信号或二维信号进行消噪或压缩处理，方法也是通过对消波分解系数进行阈值量化来实现的，可以让用户自己选择自己的阈值量化方案，其使用方式如下。

① [XC,CXC,LXC,PERF0,PERFL2]=wdencmp('opt', X, 'wname', N, THR, SORH, KEEPAPP)。

② [XC,CXC,LXC,PERF0,PERFL2]=wdencmp('opt', C, L, W, N, THR, SORH, KEEPAPP)。

其中，各参数说明如下：

a. opt='gbl'，并且 THR 是一个正的实数，则阈值是全局阈值。

b. opt='lvd'，并且 THR 是向量，则阈值是在各层大小不同的数值，其中 THR 表示各层的阈值，长度为 N。

c. X 是待处理的输入信号。

d. wname 为所选择的小波的名称。

e. N 为分解层次。

f. SORH 为软阈值或硬阈值选择项，当 SORH='s'时，表示软阈值；当 SORH='h'时，表示硬阈值。

g. KEEPAPP=1，对小波分解的低频系数不做任何处理；KEEPAPP=0，对小波分解的低频系数也进行阈值量化处理。

h. XC 为消噪后的输出向量(输入是一维向量)或压缩输出矩阵。

i. [CXC,LXC]为 XC 的小波分解结构。

j. PERFL2 和 PERF0 为重构、压缩百分率；其中[C,L] 为 X 的分解结构为

PERFL2 = 100*(vector-norm of CXC/vector-norm of C)^2。

17) wnoise 函数

wnoise 函数用于产生噪声小波测试数据，调用格式如下。

①X = wnoise(FUN,N)。

②[X,XN] = wnoise(FUN,N,SNRAT)。

③[X,XN] = wnoise(FUN,N,SNRAT,INIT)。

N 表示数据的长度为 2^N，参数 XN 返回的是信号 X 与噪声的叠加信号，噪声的产生由噪声种子 INIT 设定，格式②默认噪声种子为 1。参数 SNRAT 设置返回信号 XN 的信噪比，信号 X 的幅值随 SNRAT 的设置值的绝对值增大而增大，并且具有正负特性。当 SNRAT=0 时，X 是恒为 0 的 0 值信号。参数 FUN 设置所产生的信号类型，其设置的数

值为 1,2,…,6，分别对应于上述六个数值的信号波形，如图 8-17 所示左侧一列，图中右侧一列分别对应于左边的信号在信噪比为 4 时的含噪声信号 XN。

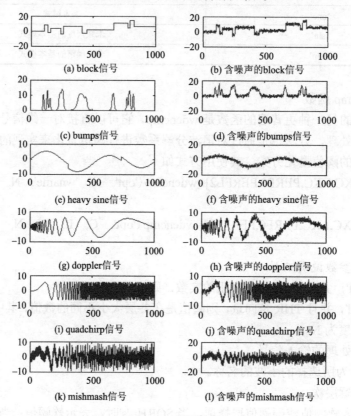

图 8-17　信号波形

8.2.2　小波包函数

1）wpdec 函数

wpdec 函数用于一维小波包的分解，调用格式如下。

① [T,D] = wpdec(X,N,'wname',E,P)。

② [T,D,RN] = wpdec(X,N,'wname')。

对于格式①，它根据小波包函数'wname'（参见 wfilters 函数）、熵标准 E 和参数 P 对信号 X 进行 N 层小波包分解，并返回小波包分解结构[T, D]（T 为树结构，D 为数据结构）。其中 E 用来指定熵标准，E 的类型可以有：'shannon'、'threshold'、'norm'、'log energy'、'sure'或'user'。P 是一个可选的参数，它的选择根据参数 E 的值来确定。

格式②等价于[T,D,RN]=wpdec(X,N,'wname','shannon')，即默认为'shannon'熵标准。

2）wpsplt 函数

wpsplt 函数用于分割（分解）小波包，调用格式如下。

① [T,D] = wpsplt(T,D,N)。

② [T,D,CA,CD] = wpsplt(T,D,N)。

③[T,D,CA,CH,CV,CD] = wpsplt(T,D,N)。

wpsplt 是一个一维或二维小波包分析函数。它在重组一个结点后，更新树结构和数据结构。格式①根据指定的重组结点 N，修改计算树结构 T 和数据结构 D；格式②除了返回格式①中的参数外，还返回结点的系数。其中，CA 是结点 N 的低频系数，CD 是结点 N 的高频系数；格式③除了返回格式①中的参数外，还返回结点的系数。其中，CA 是结点 N 的低频系数，CH、CV 和 CD 是结点 N 的高频系数。

3）wprcoef 函数

wprcoef 函数用于小波包分析系数的重构，调用格式为：X = wprcoef(T,D,N)。

wprcoef 是一个一维或二维小波包分析函数，它计算结点 N 的小波包分解系数的重构信号(图象)；T 是树结构；D 是数据结构；X = wprcoef(T,D)等价于 X = wprcoef(T,D,0)，即完全重构原始信号。

另外需要强调一点，wprcoef 函数一次只能对一个结点进行重构，而不能同时对多个结点进行重构。如果想要对多个结点进行重构，需要多次调用该函数。

4）wprec 函数

wprec 函数用于一维小波包分解的重构，调用格式为：X = wprec(T,D)。

wprec 是一个一维小波包分析函数，它对小波包的分解结构[T, D]进行重构，并返回重构后的向量 X，其中 T 是树结构，D 是数据结构。因为有 X = wprec(wpdec(X,N,'wname'))，所以说 wprec 是 wpdec 的反函数。

5）wpjoin 函数

wpjoin 函数用于重新组合小波包，调用格式如下。

①[T,D] = wpjoin(T,D,N)。

②[T,D,X] = wpjoin(T,D,N)。

③[T,D] = wpjoin(T,D)。

④[T,D,X] = wpjoin(T,D)。

wpjoin 是一个一维或二维小波包分析函数，用来重新组合小波包，即把结点 N(结点可以用索引的形式表示，也可以用深度-位置的形式表示)以下的二叉子树去掉(更新后的小波包分解树不对结点 N 做进一步的分解)后，返回一个更新后的小波包分解结构。

将格式①根据指定的结点 N，去掉结点 N 以下的二叉数以后，返回修改计算后的小波包分解树结构 T 和数据结构 D。

格式②除了返回①中的参数外，另外还返回结点的小波包分解系数。

格式③等价于[T,D] = wpjoin(T,D,0)，它去掉了根结点以下的所有二叉子树，更新后的小波包分解结构实质上对信号没有进行任何的小波包分解。

格式④等价于[T,D,X] = wpjoin(T,D,0)，更新后的小波包分解结构实质上对信号没有进行任何尺度的小波包分解，返回后的小波包分解系数 X 同原始信号一样。

6）besttree 函数

besttree 函数用于计算最佳(优)树 TT，调用格式如下。

①[TT,DD] = besttree(T,D)。

②[TT,DD,E] = besttree(T,D)。

③[TT,DD,E,N] = besttree(T,D)。

besttree 是一个一维或二维小波包分析函数。它能根据一个熵标准来计算初始树的最佳子树，算出的子树比初始树小得多。

根据小波包的组织方式，对于一个给定的正交小波，一个长度为 $N=2^L$ 的信号最多可以有 2^L 不同的分解方式，这恰好是一个深度为 L 的完整的二叉子数的数目，是一个非常庞大的数目，一般来说，用枚举法进行一一列举是难以想象的。由于我们感兴趣的是根据一个简单而又可行的标准来寻找一个最佳的分解方式(即最佳分解树结构或最佳小波包基)和一个有效的算法，所以我们可以根据最小熵标准来进行处理。

对于格式①，它是根据小波包分解结构[T，D]来计算小波包分解的最佳树 TT 及相应的数据结构 DD。

对于格式②，它返回计算后的最佳树结构 TT、数据结构 DD 以及初始树每个结点的熵值向量 E(向量元素的顺序与结点的索引序号依次对应，即索引为 0,1,2,… 的结点熵值依次对应向量中第 1,2,… 个元素值)。

对于格式③，它除了返回格式②中所返回的参数外，同时还返回最佳树与初始树相比，所有被合并结点的索引序号的向量 N。例如，若返回向量 N=[2，6]，则表示初始树中索引号为 2 和 6 的结点以下的二叉子树被合并，即最佳树与初始树相比，索引为 2 和 6 的结点不再分解。

7) bestlevt 函数

bestlevt 函数用于计算最佳完整小波包树，调用格式如下。

①[TT,DD] = bestlevt(T,D)。

②[TT,DD,E] = bestlevt(T,D)。

bestlevt 是一个一维或二维的小波包分析函数，它可以根据一种熵标准化计算出初始树的最佳完整子树，这个完整的子树比初始树的深度小一些。格式①根据最优深度小波包树的分解，修改计算小波包分解结构[T，D]，并返回新的小波包分解结构[TT，DD]；格式②除了返回格式①中的参数外，它还返回最优熵值 E。

bestlevt 函数在功能上与 besttree 函数类似，它们之间的不同之处是：bestlevt 函数返回的树结构 TT 首先是一个完整的二叉子树，然后在完整的基础上，它是一个最佳小波包分解树。Besttree 函数返回的是一个从熵标准角度出发，最佳的小波包分解树，但它不一定是一个完整的二叉子树；bestlevt 函数返回的最佳熵值 E 是最佳分解树的总体熵，是一个数值。Besttree 函数返回的是初始树每一个结点的熵值，是一个向量。

8) wentropy 函数

wentropy 函数用于计算小波包的熵，调用格式如下。

①E = wentropy(X,T,P)。

②E = wentropy(X,T)。

wentropy 是一个一维或二维的小波包分析函数。对于格式①，它返回一个向量或矩阵 X 的熵值 E，在 X 为向量或矩阵情况下，输出 E 都是一个实数，参数 T 用来指定一个熵标准，它有 'shannon'、'threshold'、'norm'、'log energy'、'sure' 和 'user' 这几种类型，P 是一个可选的参数，它的选择根据参数 E 的值来决定。

对于格式②，它等价于 E = wentropy（X,T,0）。

9）entrupt 函数

entrupt 函数更新小波包的熵值，调用格式如下。

①NDATA = entrupt（TREE,DATA,T）。

②NDATA = entrupt（TREE,DATA,T,P）。

对于格式①，它根据一个给定的小波包分解结构[TREE，DATA]和熵标准 T，返回更新后小波包分解数据结构 NDATA。此时，各结点的熵值发生了变化，可以用 wdatamgr 函数读取各结点的熵值大小。

格式②和格式①相比，它多了一个可选择输入参数 P。它返回的也是一个更新后的小波包分解数据结构 NDATA，同样可以用 wdatamgr 函数读取各结点的熵值大小。

10）ddencmp 函数

ddencmp 函数用于返回消噪与压缩的默认值，调用格式为：[THR,SORH,KEEPAPP,CRIT] = ddencmp（IN1,IN2,X）。

其中，各参数说明如下。

a. X 为输入信号。

b. IN1 指明是消噪还是压缩，若为"den"，则表示消噪；若为"cmp"，则表示压缩。

c. IN2 指明是使用小波还是小波包，若为"wv"，则表示使用小波；若为"wp"，则表示使用小波包。

d. THR 为用小波或小波包进行消噪（压缩）所采用的阈值，取值为"soft"或"hard"。

e. KEEPAPP 为容许保持近似系数。

f. CRIT 为平均信息量名称，只用于小波包，因此，对于小波来说，本函数的输出参数实际上只有前三个。

ddencmp 函数返回输入信号 X 用小波或小波包进行压缩或消噪的默认值，输入信号可以一维信号（向量），也可以是二维信号（矩阵）。

11）wpthcoef 函数

wpthcoef 函数用于小波包系数的阈值处理函数，调用格式为：NDATA = wpthcoef（DATA,TREE, KEEPAPP,SORH,THR）。

wpthcoef 函数通过系数阈值处理由小波包分解结构[DATA，TREE]获得新的数据结构。若 KEEPAPP=1，低频系数不做阈值处理，否则，进行阈值处理。若 SORF= 's'，则使用软阈值；若 SORF='h'，则使用硬阈值。THR 为阈值的大小，它是一个全局阈值。

12）wpdencmp 函数

wpdencmp 函数用于使用小波包进行信号消噪或信号压缩,调用格式为:[XD,TREED,DATAD,PERF0, PERFL2]=wpdencmp（X,SORH,N,'wname',CRIT,PAR,KEEPAPP）。

通过小波包系数阈值处理对输入信号 X 进行信号消噪或压缩,并返回消噪（压缩）信号 XD。

13）wpcoef 函数

wpcoef 函数用于小波包系数求取函数，调用格式如下。

①X = wpcoef（T,D,N）。

②X = wpcoef(T,D)。

wpcoef 是一个一维或二维的小波包分析函数。格式①返回与结点 N 对应的系数，其中 T 是树结构，D 是数据结构。如果 N 不存在，则 X=[ ]。格式②等价于 X = wpcoef(T,D,0)。

14）wpfun 函数

wpfun 函数用于小波包函数，调用格式如下。

①[WPWS,X] = wpfun('wname',NUM,PREC)。

②[WPWS,X] = wpfun('wname',NUM)。

wpfun 是一个小波包分析函数。格式①计算指定小波'wname'的小波包，且时间长度为二进制时间间隔（长度为 2^{prec}，prec 必须是正整数）。输出矩阵 WPWS 包含从 0 到 NUM 的小波包函数，且按[W_0；W_1；…；W_{NUM}]的顺序排列，输出向量 X 是普通的 X-网络向量。格式②等价于[WPWS,X] = wpfun('wname',NUM,7)。

当用正交小波时，产生小波包的方法是很简单的。首先，我们根据相应的小波，用两个长为 2N 的滤波器 $h(n)$ 和 $g(n)$ 开始，它们分别是低通分解滤波器和高通滤波器各自除以 $\sqrt{2}$ 后的重构滤波器。

我们先定义下面的函数序列$[W_n(x), n=0,1,2, \cdots]$：

$$W_{2n} = 2\sum_{k=0}^{2N-1} h(k)W_n(2x-k) \tag{8-44}$$

$$W_{2n+1} = 2\sum_{k=0}^{2N-1} g(k)W_n(2x-k) \tag{8-45}$$

式中，$W_0(x)=\phi(x)$ 是尺度函数；$W_1(x)=\psi(x)$ 是小波函数。

例如，对于 haar 小波尺度函数，$W_1(x)=\psi(x)$ 是小波函数，两个函数的支撑长度均在区间[0，1]上。从式（8-44）和式（8-45）可以看出，可以通过把支撑区间分别在[0，1/2]和[1/2，1]内两个 1/2 尺度的 W_n 加起来获得 W_{2n} 函数。同样，可以通过把支撑区间分别在[0，1/2]和[1/2，1]内两个 1/2 尺度的 W_n 进行加减来获得 W_{2n+1} 函数。

对于更规则的小波，用相似的构造方法，可以获得光滑的小波包函数序列，且具有的支撑为[0，2N–1]。

15）wpcutree 函数

wpcutree 函数用于剪切小波包分解树，调用格式如下。

①[T,D] = wpcutree(T,D,L)。

②[T,D,RN] = wpcutree(T,D,L)。

wpcutree 是一个一维或二维小波包分析函数，它将小波包分解树第 L 层以下的所有二叉子树全部剪掉，并返回经过修改计算后的小波包分解结构[T，D]，其中，L 是小波包分解树层数。

对于格式①，它剪切掉小波包分解第 L 层以下所有的二叉子树，并返回经过修改计算后的相应小波包分解结构[T，D]。

对于格式②，它除了返回格式①中的变量外，还返回初始小波包分解数经过重组的树结点索引序号 RN。

16) wp2wtree 函数

wp2wtree 函数用于从小波包中提取小波树，调用格式为：[T,D] = wp2wtree(T,D)。

wp2wtree 是一个一维或二维的小波包分析函数，它根据小波包分解树，修改计算树结构 T 和数据结构 D，并返回小波树[T，D]。

8.3　应用示例

[示例 8-1]　**小波数字滤波的实现。**

滤波是信号处理中的最为重要的内容之一。由前述有关基于傅里叶变换的滤波器设计的章节可知，经典的滤波设计方法可以按照截止频率和相应的信号衰减度等参数指标来设计满足要求的滤波器，设计步骤非常明确，常用的滤波器甚至不需要设计，可直接通过查表来获得滤波器参数，技术非常成熟。然而通过小波分析来实现信号的滤波，由于小波的种类多、灵活性强，小波数字滤波器的设计有别于常规的滤波器设计方法。下面通过一个实例来说明如何用小波分析来实现信号的滤波。

本例中，首先生成一个离散混合信号 $x(n)$，采样频率为 20000Hz，信号包含一个低频正弦波、一个中频的正弦波，还有高频随机噪声。其中，低频正弦波频率为 250 Hz，相位为 0；中频的正弦波频率为 1000Hz，相位为 0.2rad。

要求：①通过小波分析将低频 250Hz 信号从 $x(n)$ 中提取出来；

②通过小波分析将中频 1000Hz 信号从 $x(n)$ 中提取出来。

解：1）工作原理

小波变换在信号消噪中的思想与傅里叶变换滤波思想相似，只不过傅里叶变换的数字滤波是等步长频谱滤波，而小波变换消噪则是二等分频谱滤波，只有进行小波包分解才能实现等步长频谱滤波。由于变换的基波不一样，经典的滤波效果和小波消噪的效果也不一样，在小波消噪处理中，选用的小波不同，消噪效果也不同。

应用小波分析进行消噪主要涉及小波的分解与重构，下面以一维信号为例来介绍小波消噪的原理。

含有噪声的一维信号可以表示成如下的形式：

$$s(i) = f(i) + e(i), \quad i=0,1,2,\cdots,n{-}1 \tag{8-46}$$

式中，$f(i)$ 为真实信号；$e(i)$ 为高斯白噪声，噪声级为 1；$s(i)$ 为含噪声的信号。

对信号 $s(i)$ 进行消噪的目的就是要抑制信号中的噪声部分，从而在 $s(i)$ 中恢复出真实信号 $f(i)$。在实际工程中，有用信号通常表现为低频信号或是一些比较平稳的信号，而噪声信号则通常表现为高频信号。一般来说，一维信号的消噪算法可以分为三个步骤进行。

(1) 对信号进行小波分解。

选择一个小波并确定小波分解的层次 N，然后对信号 $s(i)$ 进行 N 层小波分解。分解过程如图 8-11 和图 8-14(a)所示，图 8-13 是对应的频谱图，分解算法见式(8-40)。

信号处理与分析的实质是信号与不同频率基波的相关运算，滤波也不例外。经典滤波器的设计是基于傅里叶变换的，其基波是正弦波，而由于正弦波的正交特性，只有相同频率的正弦波的相关函数值不全为 0，因此，信号经过经典滤波器滤波后，只有于通带范围内的频率分量得以保留。用小波分析来进行滤波也是一样，唯一的区别在于把正弦波改成了所选的小波。小波种类多、选择范围广，一方面，小波分析灵活性强，但另一方面，所选小波对最后的滤波结果带来直接的影响，若选择不好，其滤波效果就不会很理想。既然滤波的本质也是基于信号的相关运算的，那么所选小波的波形自然越接近期望信号的波形就越好。对于波形平滑的期望信号，应选择波形平滑的小波，如 morlet 小波、db5 小波等。然而对于波形变化本来就比较剧烈的信号，如矩形波信号，应选择波形剧烈的小波，如 Haar 小波。对于本例而言，不妨选取 db5 小波。

对于经典滤波器来说，所有信号分量的频率可以折算成相对频率，采样频率对应于 2π，离散信号必须满足采样定律，因此最高频率为 π，经典滤波器的截止频率可以选择在任意频率。但离散小波分析目前还没有如此成熟的技术，对于一般的小波分析，其高频与低频的划分总是通过二分法进行的，即对于某频率范围内的信号进行一次分解，总是将信号分量等分为高频和低频两部分。因此，其频率不可以设置为任意的频率。若非要设置某一特定的截止频率，则需要用到小波包分析。用小波分析进行滤波，需要进行分解和重构，至少需要两次卷积计算，分解层次越多，所要进行的运算量越大，而经典滤波只需要一次卷积运算，因此小波分析的运算量相对较小。若用小波包分析进行滤波，由于它将每次分解后的高频部分也进一步用二分法分解，因此其计算量将进一步增大。另外，小波分析中基波是所选小波，因此，小波分析中的频率是相对于所选小波而言的，用小波对以采样频率为 f_s 获得的含有噪声的频率为 $f_s/4$ 的正弦波信号分解一次以后，不能认为正弦波的信号依然完全在低频段，这在后续的实例中可以体现出。因此，用小波分析来进行信号的滤波，其分解层次与重构系数的选择，需要通过试验来确定，无法像经典滤波器设计那样按照一定的步骤来计算。在本例中，分别选择不同分解层次与重构系数来进行滤波，以对比滤波的效果。

(2) 系数的阈值量化处理。

信号在经过小波分解后，虽然不同的分解系数对应于不同的频段，从理论上来说，用重构滤波器将某频率段的系数重构即可得到该频段的信号，但在信噪比比较高的信号的小波分析中，若某一个小范围的频率分量分布在另一个频率段，则这种方法显然欠妥。此时，可以通过对系数的阈值量化处理来解决这样的问题。阈值化处理有硬阈值化处理和软阈值化处理两种。硬阈值化处理就是将其他频段中绝对值高于阈值的系数保留，其他设为 0；软阈值化处理就是将其他频段中系数做柔性处理，所有的系数乘以一个系数，分解系数绝对值越小，所乘以的系数也越小，否则，系数越大，但不超过 1。关于阈值与分解系数所乘的系数的确定方法，参见 wden 函数的介绍。

小波分析的这一灵活性使得它对信噪比比较高的信号可以同时实现低通滤波、带通滤波、带阻滤波，灵活性更强，甚至不需要知道进行低通滤波还是高通滤波，只需要关心(设定)阈值和阈值化处理的方法即可。

(3) 对信号进行重构。

用重构滤波器对小波分解后的某些层的系数进行小波的重构，即可以达到消噪的目的。重构的方式如图 8-12、图 8-14(b)所示。小波分析的重构算法见式(8-43)。

2) 滤波结果与分析

虽然信号的滤波可以直接采用 wden 和 wdencmp 函数直接实现，但这两个函数往往只能进行低通滤波。为了了解清楚采用小波分析实现滤波的过程，本例采用最初级的小波分解和小波重构函数。整个滤波实例的 MATLAB 程序代码见配套的教学资源示例 8-1，得到的结果如图 8-18 所示。

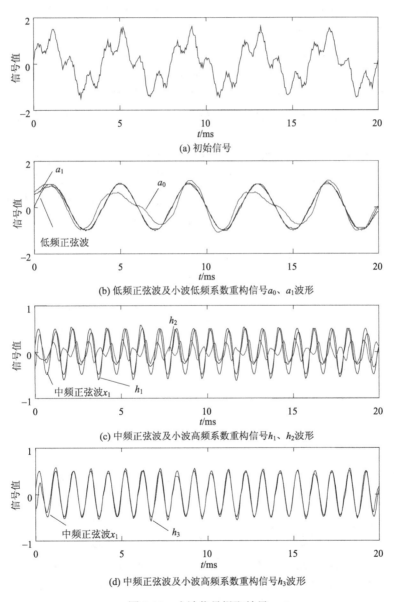

图 8-18　小波信号提取结果

由图 8-18(b) 可以看出，a_1 的滤波效果比 a_0 好，a_0 的波形与低频正弦波有较大的差异。从经典滤波技术的角度来说，采样频率为 20000Hz，进行 5 次分解后，低频段的频

率范围应为 $0 \sim 625\mathrm{Hz}(20000/2^5\mathrm{Hz})$，大于低频正弦波频率 $250\mathrm{Hz}$ 的两倍，因此，a_0 应该与低频正弦波整体重合，噪声比 a_1 小。然而实际上并非如此，其原因就在于经典滤波技术中的单一频率在 db5 小波的频率体系中，具有较宽的频率范围。由图 8-18(c) 可以看出，h_1 整体波形与 x_1 一致，但有较大偏差，h_2 则与 x_1 明显频率不同，因此，无论 h_1 还是 h_2，都不是 x_1 的理想逼近，也就是说，单纯重构第 4 层或第 3 层的高频系数，作为实现提取 x_1 的小波分析带通滤波器不够理想。但从图 8-18(c) 还可以发现，当 h_1 的值比 x_1 的值小的时候，h_2 基本是正的，而当 h_1 大于 x_1 的时候，h_2 大多情况下是负的，因此，将 h_1 和 h_2 相加，或许是 x_1 的一个更好的逼近，也就是说，选择对第 4 层和第 3 层的高频系数进行重构，会是提取 x_1 的一个更好的小波带通滤波器。h_1 和 h_2 相加得到的 h_3 的波形如图 8-18(d) 所示。从图 8-18(d) 可以看出，结果的确如此，h_3 几乎与 x_1 重合，$5 \sim 15\mathrm{ms}$ 内，两者的最大偏差为 0.2208，明显小于 h_1 与 x_1 之间的最大偏差 0.3768。从图 8-18(b)、(c)、(d) 中可以看出，重构信号两端与期望值都有较大差异，这是小波分析的边界效应所致，因此，用小波分析进行滤波，边界部分不可用，要得到较好的滤波效果，输出值前后都必须有足够多的数据，这就使得用小波分析进行滤波和经典滤波一样，都存在相位滞后，不具有实时性。关于小波选择对滤波结果的影响，读者不妨在上述源代码中，将 db5 改为 db2，运行程序，将得到的结果与图 8-18 做一比较。

[示例 8-2] 小波分析在霍尔传感器中的应用。

小波分析在智能传感器的信号处理中得到了广泛应用。本例通过小波分析对含噪声的霍尔传感器信号进行处理，介绍了一种基于小波分析的传感器去噪方法。

本例中，通过仿真生成一个含噪声的霍尔传感器信号，以不同小波函数对信号进行处理，并对去噪结果进行对比。

解：1) 构建噪声模型

设信号 $x(t)$，噪声为 $e(t)$，则噪声信号 $s(t)$ 为

$$s(t) = x(t) + \sigma e(t) \tag{8-47}$$

式中，σ 为噪声强度。图 8-19 所示的是噪声模型的波形。

2) 小波分解

分别选择 Haar、db、sym、bior 小波对含噪声信号进行小波分解，得到小波系数。

3) 阈值量化处理

在通过小波分解所得到的小波系数中，信号系数的幅值通常大于噪声系数。因此，可以认为幅值大的小波系数以信号为主，幅值小的小波系数以噪声为主。采用阈值法对信号与噪声进行判别，设定一个阈值，将幅值低于该阈值的小波系数置为 0，幅值高于该阈值的小波系数保留或进行收缩处理。根据处理方法的不同，阈值处理分为硬阈值、软阈值处理两种类型。本例选择软阈值方法进行处理。

4) 小波重构

将经阈值量化处理后的小波系数通过小波逆变换进行小波重构，重构后即得到去噪后的信号，不同类型小波的去噪结果如图 8-20 所示。

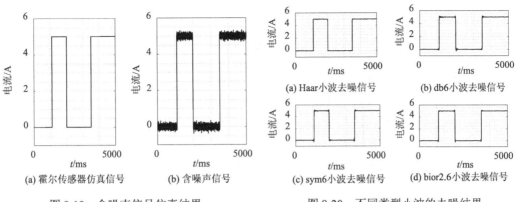

图 8-19　含噪声信号仿真结果　　　　　　　图 8-20　不同类型小波的去噪结果

5) 对比分析

原始带噪声信号的信噪比为 30.8368dB，不同类型小波去噪后信号的信噪比如表 8-5 所示，图 8-21 对四种不同类型小波去噪信号的信噪比进行了对比。由图 8-21 可知，经过小波处理后，信号的信噪比均高于原始带噪声信号，不同类型的小波对信号的去噪效果不同，利用小波分析进行信号去噪是可行的，能够满足霍尔传感器的去噪要求。

表 8-5　不同类型小波去噪后信号的信噪比

小波函数类型	去噪后信号的信噪比/dB
Haar	45.2994
db6	38.2411
sym6	38.6848
bior2.6	40.5314

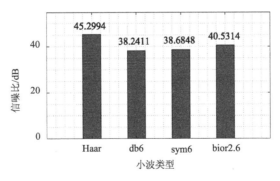

图 8-21　四种不同类型小波去噪后信号的信噪比

思 考 题

8-1　写出小波变换的定义式，并解释式中符号的意义。

8-2　如何理解小波变换的变焦距性质？

8-3　小波变换的基函数与短时傅里叶变换的基函数有什么本质的不同？

8-4　小波数字滤波包含哪三个主要步骤？

8-5　以 MATLAB 为平台应用小波实现数字滤波。

第9章 多元回归分析法及其在智能传感器系统中的应用

实际的传感器系统存在干扰量，是一个多输入单输出系统，故采用二元或多元回归方程来表征正、逆模型的多输入-单输出特性比采用一元回归方程更加完备。本章结合改善传感器稳定性并消除交叉敏感影响的(参数)模型法，分别介绍采用二元或多元定常回归方程、变系数回归方程分析法建立消除干扰量影响的逆模型。

9.1 多元回归分析法与定常系数多元回归方程

多元回归分析模型法建立逆模型的核心思想是：欲消除多个干扰量对传感器主测量目标参量的影响，就要设置多个监测干扰量的辅助传感器，进而建立更完备的逆模型为多元常系数高阶回归方程，其阶数由满足允许的误差来决定。

消除一个干扰量时 $n=1$，需要建立含两个传感器的智能传感器系统，逆模型为二元回归方程进行二传感器数据融合；消除两个干扰量时 $n=2$，需建立含有三传感器的智能传感器系统，逆模型为三元回归方程进行三传感器数据融合。

1. 二传感器数据融合——二元回归分析法

二传感器可测量两个参量，得到两个参量的信息。两个信息的融合算法可以有多种，曲面拟合算法是其中之一，也就是二元回归分析法。下面均以压阻式压力传感器为例来说明数据融合算法。

1) 二元回归分析法的基本原理

已知压力传感器输出电压是 U_P，并且存在对温度的交叉敏感。因此如果按照传统的方法，只对压力传感器进行一维标定实验，获得输入(压力 P)-输出(电压 U_P)特性曲线，并由此求取的被测压力值会有较大的误差，因为被测量 P 不是输出值 U_P 的一元函数。现在有另一温度传感器输出电压 U_T，代表温度信息 T，则压力参量 P 用 U_P 及 U_T 的二元函数表示才较完备，即

$$P = f(U_P, U_T)$$

由二维坐标 (U_{Pi}, U_{Ti}) 决定的 P_i 在一平面上，可以利用二次曲面拟合方程，即二元回归方程描述：

$$P = \alpha_0 + \alpha_1 U_P + \alpha_2 U_T + \alpha_3 U_P^2 + \alpha_4 U_P U_T + \alpha_5 U_T^2 + \varepsilon_1 \tag{9-1}$$

$$T = \beta_0 + \beta_1 U_P + \beta_2 U_T + \beta_3 U_P^2 + \beta_4 U_P U_T + \beta_5 U_T^2 + \varepsilon_2 \tag{9-2}$$

式中，$\alpha_0 \sim \alpha_5$，$\beta_0 \sim \beta_5$ 为常系数；ε_1、ε_2 为高阶无穷小。方程式项数 t 依照允许的误差 ε 来取值，式中 $t=5$。

如果方程中各常系数已知，那么其作用就是消除交叉敏感，求取被测量更完备的逆

模型。为此，首先要进行二维标定实验，由最小二乘法原理确定均方误差最小条件下的常系数。

2) 实验标定

在压力传感器的量程范围内确定 n 个压力标定点 $P_k(k=1,2,\cdots,n)$，在工作温度范围内确定 m 个温度标定点 $T_j(j=1,2,\cdots,n)$，将这些标定点作为标准输入值。

对应于上述各个标定点的标准输入值读取相应的输出值 U_{Pk} 和 U_{Tk}，这样，在 m 个不同温度状态下对压力传感器进行静态标定，共计有 $s=mn$ 个标定点，每个标定点同时对应有四个标定值，也称一个样本对：两个传感器的输入量，即主测量压力 P 与辅参量温度 T，以及二者相应的输出量，分别为 U_P 和 U_T。共获得了对应 m 个不同温度状态的 m 条输入-输出特性曲线，即 $P\text{-}U_P$ 特性簇，如图 9-1(a) 所示；同时也获得对应于不同压力状态的温度传感器的 n 条输入-输出特性 $(T\text{-}U_T)$，即 $T\text{-}U_T$ 特性簇，如图 9-1(b) 所示。

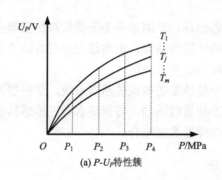
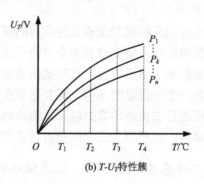

(a) $P\text{-}U_P$特性簇　　　　　　　　　　　　(b) $T\text{-}U_T$特性簇

图 9-1　压力传感器输入-输出特性

3) 二元回归方程待定常数的确定

为确定式(9-1)所表征的二元回归方程式的常系数，通常根据最小二乘法原理，使求得的系数值满足均方误差最小条件。系数 $\alpha_0\sim\alpha_5$ 和 $\beta_0\sim\beta_5$ 的求法相同。下面以 $\alpha_0\sim\alpha_5$ 为例说明求取步骤。

(1) 第 i 个标定点的压力数据计算值(以下简称计算值)$P(U_{Pi},\,U_{Ti})$，根据式(9-1)为

$$P(U_{Pi},U_{Ti})=\alpha_0+\alpha_1 U_{Pi}+\alpha_2 U_{Ti}+\alpha_3 U_{Pi}^2+\alpha_4 U_{Pi}U_{Ti}+\alpha_5 U_{Ti}^2+\varepsilon_i$$

(2) 第 i 个标定点的压力标定值 P_i 与计算值 $P(U_{Pi},\,U_{Ti})$ 之间存在误差 γ_i，其方差为 γ_i^2：

$$\gamma_i=P(U_{Pi},U_{Ti})-P_i,\quad \gamma_i^2=[P(U_{Pi},U_{Ti})-P_i]^2=\sum_{k=0}^{t}(\alpha_k h_{ik}-P_i)^2 \tag{9-3}$$

式中，$t=5$ 为回归方程式的项数；$h_{i0}=1,h_{i1}=U_{pi},h_{i2}=U_{Ti},h_{i3}=U_{Pi}^2,h_{i4}=U_{Pi}U_{Ti},h_{i5}=U_{Ti}^2$。

(3) 全部标定点压力标定值与计算值之差的平方和 I_s 为

$$I_s=\sum_{i=1}^{s}\gamma_i^2=\sum_{i=1}^{s}\sum_{k=0}^{t}(\alpha_k h_{ik}-P_i)^2=I(\alpha_0,\cdots,\alpha_k,\cdots,\alpha_{t=5}) \tag{9-4}$$

式中，s 为标定点总数，且 $s=m\times n$，当压力标定点数 $m=6$，温度标定点数 $n=6$ 时，$s=36$。

(4) 回归方程待定系数 $\alpha_0\sim\alpha_5$ 的最小二乘最优解。

由式(9-4)可见，I_s 是常系数 $\alpha_0,\alpha_1,\cdots,\alpha_5$ 的多元函数。根据多元函数极值条件求 $\alpha_0\sim$

α_5 的最优解，首先令下列各偏导数为零，即 $\dfrac{\partial I_s}{\partial \alpha_k} = 0,\ k = 0,1,\cdots;t = 5$。可得

$$\sum_{i=1}^{s}\left(\sum_{k=0}^{t}\alpha_k h_{ik}\right)h_{ik}=\sum_{i=1}^{s}P_i h_{ik},\quad s=mn=36,\quad t=5 \tag{9-5}$$

由线性代数知识，可将式(9-5)写成矩阵形式：

$$\alpha\cdot H \times H^{\mathrm{T}}=P\cdot H^{\mathrm{T}} \tag{9-6}$$

式中，$\alpha\cdot H=\displaystyle\sum_{k=0}^{t}\alpha_k h_{ik}$；$P\cdot H^{\mathrm{T}}=\displaystyle\sum_{i=1}^{s}P_i h_{ik}$；$s=m\times n=6\times 6=36$；$t=5$。

于是，回归方程待定常系数 $\alpha_0,\alpha_1,\cdots,\alpha_5$ 的最小二乘最优解的求解式为

$$\alpha=P\cdot H^{\mathrm{T}}\cdot (H\times H^{\mathrm{T}})^{-1} \tag{9-7}$$

最优解式(9-7)算法的实现：由于 MATLAB 软件强大的数值计算和矩阵计算的功能，可以很轻松地求解式(9-7)的矩阵计算，参见[示例 8-1]、[示例 8-2]。

2. 三传感器数据融合——三元回归分析法

1)单一功能(只测一个目标参量)的三传感器数据融合

通过传感器监测两个干扰量，即两个非目标参数，可以消除这两个干扰量的影响，提高该单一功能传感器被测目标参量的测量精度。

仍以压阻式压力传感器为例，其输出不仅受到工作环境温度 T 的影响，还受到电源供电电流 I 的影响，为了消除两个参量的影响，需要对 T 和 I 分别进行监测，建立如图 9-2 所示的三传感器数据融合智能传感器系统，进行三维标定实验，确立三元回归方程：

$$\begin{aligned}P={}&\alpha_0+\alpha_1 U_P+\alpha_2 U_T+\alpha_3 U_I+\alpha_4 U_P{}^2+\alpha_5 U_T{}^2+\alpha_6 U_I{}^2\\&+\alpha_7 U_P U_T+\alpha_8 U_P U_I+\alpha_9 U_T U_I+\varepsilon_P\end{aligned} \tag{9-8}$$

式中，P 为规定的被测参量——压力；U_P 为压阻式压力传感器输入压力为 P 时的输出电压值；U_T 为监测工作环境温度的温度传感器的输出；U_I 为监测供电电流的传感器的输出；ε_P 为可忽略的高阶(大于二阶)无穷小量。

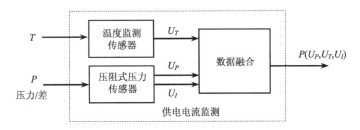

图 9-2　三传感器数据融合智能传感器系统框图

根据三维标定实验，按照均方误差最小原则确定式(9-8)中的常系数 $\alpha_0\sim\alpha_9$，从而式(9-8)可以用来建立如图 9-2 所示的三传感器数据融合智能传感器系统，以抑制对两个干扰量的交叉敏感，提高原传感器系统对温度、电源波动的稳定性。

2) 三功能（测量三个参量）的传感器数据融合

以能实现测量压力（差）P、静压 S_P、温度 T 三个参量的三功能传感器为例。

三个传感器相互之间存在交叉灵敏度，每个传感器进行刻度转换的逆模型都应是三元回归方程，即

$$P = f(U_P, U_{S_P}, U_T)，\quad S_P = h(U_P, U_{S_P}, U_T)，\quad T = g(U_P, U_{S_P}, U_T)$$

上述三个方程，共有 3×10 个未知待定常数，需要由三维标定实验数据来确定。

为简化处理，首先进行降维处理。由于对静压的测量精度要求不高，可将它作为一元函数来对待：

$$S_P = h(U_{S_P})$$

又因静压主要影响压力（差）的零点输出，产生的干扰量用 U_0' 表示。U_0' 与静压输出 U_{S_P} 的关系由 n 阶多项式方程描述：

$$U_0' = \gamma_0 + \gamma_1 U_{S_P} + \gamma_2 U_{S_P}^2 + \gamma_3 U_{S_P}^3 + \cdots + \gamma_n U_{S_P}^n \tag{9-9}$$

式中，$\gamma_0，\gamma_1，\gamma_2，\cdots，\gamma_n$ 为待定常系数，通过标定实验来确定，选定 n 个不同静压值 $S_{Pi}(i=1, 2, 3, \cdots, n)$，测定相应压力（差）的零点 U_{0j}' $(j=1,2,3,\cdots,n)$。

根据最小二乘法原理和利用标定值求解矩阵方程，可求得常系数 $\gamma_0 \sim \gamma_n$，式(9-9) 从而得以确定。测量时，对与三个输入量 P、S_P、T 相应的三个输出量 U_P、U_{S_P}、U_T 进行采样，首先将采样值 U_{S_P} 代入式(9-9) 计算 U_0'，再与采样值 U_P 做减法，得

$$U = U_P - U_0' \tag{9-10}$$

式中，U 是消除了零点干扰量后的压力输出值。于是被测压力（差）值就降为二元函数：

$$P = f(U, U_T) \tag{9-11}$$

因为静压输出 U_{S_P} 对温度输出 U_T 基本上没有影响，故被测温度由二元函数表示已足够：

$$T = g(U_P, U_T) \tag{9-12}$$

降元后的 P 与 T 就可以采用二传感器数据融合技术来处理了，即可以采用式(9-1)、式(9-2)来进行数据融合处理。

9.2　回归分析法与可变系数回归方程

本节仍以压阻式压力传感器为例，说明通过将可变系数回归方程作为消除一个干扰量温度的逆模型进行数据融合的方法。

9.2.1　工作原理

已知经典传感器的输入-输出特性是由所给出的一元多项式回归方程表征的。对输出被测量进行刻度转换用的模型是传感器输入 P-输出 U 特性(P-U)的反非线性特性(U-P)。

逆模型也是一个一元多项式回归方程：

$$P = A_0(T) + A_1(T)U + A_2(T)U^2 + \cdots + A_5(T)U^5 + \varepsilon_P \tag{9-13}$$

式中，P、U 是压力传感器的输入压力与相应输出电压；ε_P 为高阶无穷小量；$A_0(T)$，$A_1(T)$，$A_2(T)$，$\cdots$，$A_5(T)$ 为多项式的系数，它们都随温度 T 变化。

可变系数回归分析法消除温度干扰的基本思路是：找出系数 $A_0(T)\sim A_5(T)$ 随温度 T 变化的规律性；设置温度传感器监测压力传感器的工作温度；当测出当前工作温度 T_i 时，即可确定出当前温度 T_i 时的系数 $A_0(T_i)$，$A_1(T_i)$，$A_2(T_i)$，$\cdots$，$A_5(T_i)$，即压力传感器当前温度 T_i 时输入-输出特性所对应的逆模型即可确定。按照 T_i 时逆模型进行刻度转换计算所得被测目标参量 P，从而可以避免引入附加温度误差。

9.2.2　回归方程可变系数 $A_0(T)\sim A_5(T)$ 的确定

回归方程可变系数的确定主要分两个阶段：一是前期准备，二是分别建立各系数 $A_0(T)\sim A_5(T)$ 随温度 T 变化的关系式。

1）前期准备

(1) 实验标定：标定方法同 9.2.1 小节，实验标定数据见表 9-1。

表 9-1　不同温度 T 时压力传感器的输入 P 与对应输出电压 U 的实验标定值

工作温度 $T/℃$	输入压力 $P/(\times 10^4 \text{Pa})$					
	P_1	P_2	P_3	P_4	P_5	P_6
T_1	$U(P_1,T_1)$	$U(P_2,T_1)$	$U(P_3,T_1)$	$U(P_4,T_1)$	$U(P_5,T_1)$	$U(P_6,T_1)$
T_2	$U(P_1,T_2)$	$U(P_2,T_2)$	$U(P_3,T_2)$	$U(P_4,T_2)$	$U(P_5,T_2)$	$U(P_6,T_2)$
T_3	$U(P_1,T_3)$	$U(P_2,T_3)$	$U(P_3,T_3)$	$U(P_4,T_3)$	$U(P_5,T_3)$	$U(P_6,T_3)$
T_4	$U(P_1,T_4)$	$U(P_2,T_4)$	$U(P_3,T_4)$	$U(P_4,T_4)$	$U(P_5,T_4)$	$U(P_6,T_4)$
T_5	$U(P_1,T_5)$	$U(P_2,T_5)$	$U(P_3,T_5)$	$U(P_4,T_5)$	$U(P_5,T_5)$	$U(P_6,T_5)$
T_6	$U(P_1,T_6)$	$U(P_2,T_6)$	$U(P_3,T_6)$	$U(P_4,T_6)$	$U(P_5,T_6)$	$U(P_6,T_6)$

(2) 建立各标定温度时的逆模型。逆模型用五阶六项式一元回归方程组来逼近：

$$T = T_k, \quad P = A_0(T_k) + A_1(T_k)U + A_2(T_k)U^2 + A_3(T_k)U^3 + A_4(T_k)U^4 + A_5(T_k)U^5 \tag{9-14}$$

式中，$k=1,2,3,\cdots,6$，方程组共计 6×6 个系数；解出方程系数，各标定温度的逆模型也就确立。

① 求 T_1 时的系数 $A_0(T_k)$，$A_1(T_k)$，$\cdots$，$A_5(T_k)$。

求 6 个未知数需要建立 6 个方程。利用 T_1 时的 6 对标定值 P_k 及 $U(P_k, T_1)$ 可建立方程如下：

$$P_k = \sum_{j=0}^{5} A_j(T_1) U^j(P_k, T_1), \quad k = 1,2,\cdots,6 \tag{9-15}$$

求解式 (9-15) 可得 T_1 时的 6 个系数 $A_0(T_1)$，$A_1(T_1)$，$\cdots$，$A_5(T_1)$。

② 其他温度点 $T_k(k=1,2,3,\cdots,6)$ 系数 $A_0(T_k)$，$A_1(T_k)$，$\cdots$，$A_5(T_k)$ 的确定。

利用 $T=T_k$ 时的 6 对标定值 P_k 及 $U(P_k,T_k)$ 建立 6 个方程，可解得 $A_0(T_k)\sim A_5(T_k)$；

2)建立各系数 $A_0(T), A_1(T), \cdots, A_5(T)$ 与温度的关系式

各系数随温度变化一般而言也是非线性的，其非线性程度取决于实际的传感器，仍用五阶六项多项式来逼近。

(1)系数 $A_0(T)$ 与温度 T 关系式的确立。

$A_0(T)$ - T 关系式用五阶六项多项式逼近如下：

$$A_0(T) = \alpha_0 + \alpha_1 T + \alpha_2 T^2 + \alpha_3 T^3 + \alpha_4 T^4 + \alpha_5 T^5 \tag{9-16}$$

利用 6 个温度值 T_i 与已知的 $A_0(T_i)$ 建立 6 个方程式，可求解常系数 $\alpha_0 \sim \alpha_5$。

(2)其他高次项 $A_i(T)$ ($i=1,2,3,4,5$)与温度 T 关系式的确立。

其余 $A_i(T)$ - T 的关系式仍可用五阶六项多项式表示，其表示形式与 $A_0(T)$ - T 的表达式类似。由 6 个温度值 T_j 分别与 6 个 i 次项系数 $A_i(T_j)$ 建立各自的 6 个方程式，可解得常系数，从而式(9-13)各次项系数与温度的关系式确立，于是便找出当时温度 T_k 的逆模型：

$$P = A_0(T_k) + A_1(T_k)U + A_2(T_k)U^2 + \cdots + A_5(T_k)U^5 \tag{9-17}$$

根据式(9-17)将传感器输出电压值进行转换，求得 T_k 时的目标参量压力 P，就避免了附加温度误差的引入。

9.3　应　用　示　例

本例给出一种由摩托罗拉公司 1997 年开发的 CMOS 单片集成压力传感器 MPX3100 的非线性自校正与温度自补偿功能。

1. 系统设置概述

整个集成压力传感器系统包括压力传感器、温度传感器、CMOS 模拟信号调理电路、稳压供电电源和稳流供电电源等，整个系统的电路结构框图如图 9-3 所示。

图 9-3 中电阻 R_1、R_2、R_3、R_4 组成压阻全桥，构成压阻式传感单元，每个桥臂电阻约为 5kΩ。运算放大器 A_1、A_2、A_3 构成测量放大电路，电阻 R_5、R_6、R_7、R_8 采用精密电阻，决定了放大倍数 A：

$$A = \frac{R_6 + R_7}{R_6} \cdot \frac{R_8}{R_8 + R_5} \tag{9-18}$$

可变电阻 R_G 用来调节放大倍数，R_0 用来调节传感器系统的零点。R_G 与 R_0 均由微处理器的程序控制自动调节。晶体管温度传感器由恒流源供电，用来监测工作环境的温度变化；带隙恒压源为压力传感器、调理放大电路以及 A/D 转换器等供电。

2. 校准及补偿方法

1)非线性自校正

采用一元二阶三项式逆模型进行刻度转换，即式(9-13)等号右侧只取前三项：

$$P = A_0(T) + A_1(T)U + A_2(T)U^2 \tag{9-19}$$

式中，U 为校准时压力传感器的输出；P 为数据融合补偿后输出的被测目标参量(压力)；$A_0(T)$、$A_1(T)$、$A_2(T)$ 为随温度变化的系数。

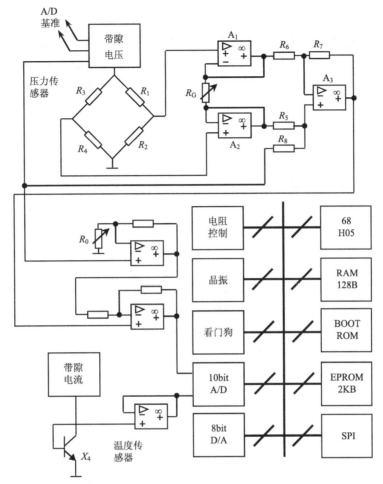

图 9-3　MPX3100 传感器系统的电路结构框图

2）温度自补偿

式（9-19）中的多项式系数 $A_0(T)$、$A_1(T)$、$A_2(T)$ 也采用一元二阶三项式来逼近，即

$$A_0(T) = a_0 + a_1 T + a_2 T^2,\quad A_1(T) = b_0 + b_1 T + b_2 T^2,\quad A_2(T) = c_0 + c_1 T + c_2 T^2 \quad (9\text{-}20)$$

式中，待定常数有 9 个：a_0、a_1、a_2、b_0、b_1、b_2、c_0、c_1 及 c_2；温度 T 也可转换为测温传感器的输出值 U_T。为求解 9 个待定常数需要建立 9 个方程。通过二维标定实验，可建立 9 个方程式，解得 9 个待定未知常数。监测得到温度值后由式（9-20）可求得式（9-19）中的各项系数 $A_0(T)$、$A_1(T)$、$A_2(T)$ 在温度 T 时的数值；代入主测参量压力传感器当时的输出电压值 U，即可由式（9-19）计算获得温度 T 时的输入目标参量压力 P。

［示例 9-1］　基于回归分析模型法降低一个干扰量影响的智能化软件模块设计。

要求： ①基于回归分析模型法设计一个数据融合软件模块，使压阻式压力传感器具有温度自补偿功能，可提高抗一个干扰量温度的稳定性；

②综合评价该压力传感器在配备了温度自补偿模块融合前、后的性能。

③写出数据融合模块逆模型的编程代码。

解： 该数据融合模块的输入信号来自如图 9-4 所示的二传感器温度自补偿智能传感器系统中的两个传感器。其中一个是被补偿的主传感器——压阻式压力传感器，另一个是监测温度的辅传感器——工作环境温度监测传感器。一个抗温度干扰量的回归模型分析法就是将式(9-1)作为逆模型进行二传感器数据融合。具体设计步骤如下。

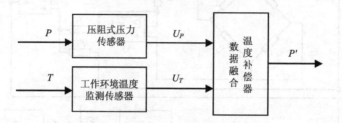

图 9-4　二传感器温度自补偿智能传感器系统

1）二维标定实验

被补偿的主传感器为 JCY-101 型压阻式压力传感器，其输入与输出量分别为 P、U_P；监测干扰量温度的辅传感器，其输入、输出量分别为 T、U_T。在工作温度 21.5～70℃选定 $n=6$ 个不同的温度状态，测定被补偿压力传感器的静态特性，即输入压力 P-输出电压 U_P 的关系。压力 P 也在量程范围内取 $m=6$ 个标定值。

$P_i/(\times 10^4 \text{Pa})$：0，1.0，2.0，3.0，4.0，5.0，$i=1,2,\cdots,m=6$；

$T_j/℃$：21.5，28.0，34.0，44.0，50.0，70.0，$j=1,2,\cdots,n=6$。

2）数据处理

（1）计算矩阵方程的常系数 $\alpha_0 \sim \alpha_5$，$\beta_0 \sim \beta_5$。

利用表 9-2 的实验标定数据，求解方程组(9-7)。

表 9-2　JCY-101 型压阻式压力传感器的二维标定实验数据

$T/℃$	U_P, U_T	$P/(\times 10^4 \text{Pa})$					
		0	1.0	2.0	3.0	4.0	5.0
21.5	U_P/mV	−13.84	10.69	28.88	47.05	65.19	83.36
	U_T/mV	27.64	26.95	26.43	25.92	25.45	24.94
28.0	U_P/mV	−13.49	9.32	26.34	43.12	59.99	76.82
	U_T/mV	34.41	33.93	33.47	32.93	32.47	31.91
34.0	U_P/mV	−10.80	7.54	24.84	42.05	59.25	76.38
	U_T/mV	37.76	36.92	36.44	35.97	35.39	35.09
44.0	U_P/mV	−9.72	6.56	23.87	41.21	58.58	75.87
	U_T/mV	54.88	53.97	52.87	52.41	51.93	51.55
50.0	U_P/mV	−8.62	4.86	21.84	38.70	56.32	73.75
	U_T/mV	65.77	64.79	63.84	62.91	61.99	61.06
70.0	U_P/mV	−7.72	3.72	21.25	38.60	55.56	73.28
	U_T/mV	86.12	84.94	83.78	82.65	81.55	80.45

(2)建立二传感器系统的输入 P、T 与输出 U_P、U_T 的数学表达式。

将求得的常系数 $\alpha_0 \sim \alpha_5$ 或 $\beta_0 \sim \beta_5$ 的数值代入式(9-1)和式(9-2)中即获得用于消除交叉敏感,用二元回归方程描述的静态逆模型。

$$P = \alpha_0 + \alpha_1 U_P + \alpha_2 U_T + \alpha_3 U^2 + \alpha_4 U U_T + \alpha_5 U_T^2 + \varepsilon_P \tag{9-21}$$

$$T = \beta_0 + \beta_1 U_P + \beta_2 U_T + \beta_3 U^2 + \beta_4 U U_T + \beta_5 U_T^2 + \varepsilon_T \tag{9-22}$$

式中,ε_P、ε_T 是误差允许范围内可忽略的无穷小误差项,否则应增加多项式的项数。

计算得各常系数的值如下:

$\alpha_0 = 0.279$; $\alpha_1 = 0.0504$; $\alpha_2 = 0.0128$; $\alpha_3 = 1.70 \times 10^{-5}$; $\alpha_4 = 1.22 \times 10^{-4}$; $\alpha_5 = -1.07 \times 10^{-4}$。

由上述各常系数值 $\alpha_0 \sim \alpha_5$ 确定的逆模型,其软件编程算式可用于实现基于回归分析法消除一个干扰量影响的智能化模块。

(3)融合计算结果。

由上述常系数值确立的逆模型式(9-21)计算所得目标参量 P,即融合结果值,列入表 9-3。

表 9-3　不同温度条件下,压力标定值与融合处理输出的压力计算值　　(单位:MPa)

序号	目标参量	温度/℃						平均值
		21.5	28.0	34.0	44.0	50.0	70.0	
1	标定值	0.00						
	计算值	−0.19	−0.14	0.02	0.11	0.16	−0.19	−0.038
	偏差 ΔP	−0.19	−0.14	0.02	0.11	0.16	−0.19	−0.038
2	标定值	1.00						
	计算值	1.12	1.10	1.02	1.03	0.95	1.12	1.057
	偏差 ΔP	0.12	0.10	0.02	0.03	−0.05	0.12	0.057
3	标定值	2.00						
	计算值	2.11	2.03	1.98	2.02	1.94	2.11	2.032
	偏差 ΔP	0.11	0.03	−0.02	0.02	−0.06	0.11	0.030
4	标定值	3.00						
	计算值	3.10	2.96	2.94	3.03	2.94	3.10	3.01
	偏差 ΔP	0.10	−0.04	−0.06	0.03	−0.06	0.10	0.01
5	标定值	4.00						
	计算值	4.10	3.90	3.90	4.04	3.98	4.10	4.003
	偏差 ΔP	0.10	−0.10	−0.10	0.04	−0.02	0.10	0.003
6	标定值	5.00						
	计算值	5.10	4.85	4.87	5.05	5.02	5.10	4.998
	偏差 ΔP	0.10	−0.15	−0.13	0.05	0.02	0.10	−0.002

(4)数据融合处理后对 JCY-101 型压力传感器性能的综合评价。

用数据融合处理前后的线性度指标来评价静态性能的改善程度;采用数据融合处理

前后的零位灵敏度系数指标来评价温度稳定性的改善程度。

① 线性度。

a. 融合处理前：用 21.5℃ 标定的静态特性计算最小二乘法线性度。拟合直线方程为

$$P(U) = b + kU = 0.57214 + 0.052262U$$

将上述直线方程计算得到的压力拟合值 $P(U)$、标定值 $P(标)$ 与其拟合偏差 ΔP 列入表 9-4。

表 9-4　融合处理前拟合值 $P(U)$、标定值 $P(标)$ 与其拟合偏差 ΔP　　　（单位：MPa）

标定值 $P(标)$	0	1.0	2.0	3.0	4.0	5.0
拟合值 $P(U)$	−0.151	1.131	2.081	3.301	3.979	4.929
拟合偏差 ΔP	−0.151	0.131	0.081	0.031	−0.021	−0.071

注：量程为 $Y_{F.S} = P_{F.S} = 5.0\text{MPa}$。

由表 9-4 的数据可得最大拟合偏差 $|\Delta P_m| = 0.151\text{MPa}$。故最小二乘法线性度为

$$\delta_L = \frac{|\Delta P_m|}{P_{F.S}} = \frac{0.151}{5.0} = 3\%$$

b. 融合处理后：为简便起见，采用理论线性度来评价。理论线性度方程为

$$P(\overline{U}) = b + k\overline{P} = \overline{P}$$

式中，$b=0$，$k=1$。

将上述理论直线方程计算得到的压力拟合值 $P(U)$、标定值 $P(标)$ 与其偏差 ΔP 列入表 9-5。

表 9-5　融合处理后拟合值 $P(U)$、标定值 $P(标)$ 与其拟合偏差 ΔP　　　（单位：MPa）

标定值 $P(标)$	0	1.0	2.0	3.0	4.0	5.0
拟合值 $P(U)$	0.038	1.056	2.030	3.01	4.003	4.998
拟合偏差 ΔP	0.038	0.056	0.030	0.01	0.003	−0.002

注：量程为 $Y_{F.S} = P_{F.S} = 5.0\text{MPa}$。

由表 9-5 的数据可得最大拟合偏差 $|\Delta P_m| = 0.056\text{MPa}$，故理论线性度为

$$\delta_L = \frac{|\Delta P_m|}{P_{F.S}} = \frac{0.056}{5.0} = 1\%$$

理论线性度的数值比最小二乘法线性度数值要大，故融合后线性度指标可由 3% 提高到优于 1%。

② 温度影响系数。

a. 零位温度系数。

$$融合处理前：\alpha_0 = \frac{|\Delta U_{0m}|}{U_{F.S}} \cdot \frac{1}{\Delta T}；\quad 融合处理后：\alpha_0 = \frac{|\Delta P_{0m}|}{P_{F.S}} \cdot \frac{1}{\Delta T} \tag{9-23}$$

式中,$\Delta T = T_2 - T_1$ 为工作温度变化范围;$P_{F.S}$、$U_{F.S}$ 为压力传感器满量程输入与输出值;ΔU_{0m} 为工作温度变化 ΔT 范围内,压力传感器零点漂移最大值;ΔP_{0m} 为逆模型,即式(9-21) 融合计算在 ΔT 范围内的零点压力最大偏差。

由所列实验标定数据及融合处理后的数据分别可知:$\Delta T = 70.0 - 21.5 = 48.5\,(℃)$; $U_{F.S} = 83.36\text{mV}$,$P_{F.S} = 5.0\text{MPa}$;$\Delta U_{0m} = |{-13.84} - ({-7.72})| = 6.12\,(\text{mV})$;$|\Delta P_{0m}| = 0.038\text{MPa}$。于是可得

融合处理前:
$$\alpha_0 = \frac{|\Delta U_{0m}|}{U_{F.S}} \cdot \frac{1}{\Delta T} = \frac{6.12}{83.36 \times 48.5} = 1.5 \times 10^{-3}\,(℃)^{-1}$$

融合处理后:
$$\alpha_0 = \frac{|\Delta P_{0m}|}{P_{F.S}} \cdot \frac{1}{\Delta T} = \frac{0.038}{5.0 \times 48.5} = 1.6 \times 10^{-4}\,(℃)^{-1}$$

b. 灵敏度温度系数。

灵敏度温度系数的计算公式为

$$融合前:\ \alpha_s = \frac{U(T_1) - U(T_2)}{U(T_1)\Delta T};\qquad 融合后:\ \alpha_s = \frac{P(T_1) - P(T_2)}{P(T_1)\Delta T} \tag{9-24}$$

式中,$P(T_2)$、$P(T_1)$ 及 $U(T_2)$、$U(T_1)$ 分别为同一输入压力作用下,工作温度为 T_2、T_1 时,压力传感器的输入值和输出值;$\Delta T = T_2 - T_1$,为工作温度变化范围。

由所列标定数据可知:$\Delta T = 70.0 - 21.5 = 48.5\,(℃)$;压力传感器的输出电压信号 U 随工作温度升高而减小,在满量程压力值(5.0MPa)输入时,输出电压值随温度变化有最大改变量为 ΔU_{MAX},$\Delta U_{MAX} = |U(T_2) - U(T_1)| = |73.28 - 83.36| = 10.08\,(\text{mV})$;且 $U(T_1) = U(21.5℃) = 83.36\text{mV}$,则由式(9-24)计算可得融合前灵敏度温度系数为

$$\alpha_s = \frac{U(T_1) - U(T_2)}{U(T_1)\Delta T} = \frac{10.08}{83.36 \times 48.5} = 2.49 \times 10^{-3}\,(℃)^{-1}$$

由融合处理后的数据可知,在 $\Delta T = 48.5℃$ 温度范围内,融合计算值不存在随温度变化单调上升或下降的规律,而是围绕期望值(压力标定值)随机偏离,在满量程 $P_{F.S} = 5.0\text{MPa}$ 时,两个温度点融合计算压力值的最大偏差 $\Delta P_m = P(T_2) - P(T_1) = 4.85 - 5.1 = -0.25\,(\text{MPa})$, 代入式(9-24)得

$$\alpha_s = \frac{P(T_1) - P(T_2)}{P(T_1)\Delta T} = \frac{-0.25}{5.0 \times 48.5} = -1.0 \times 10^{-3}\,(℃)^{-1}$$

可见,由以上二元二阶六项式表征的逆模型进行处理融合,处理前后的数据表明:线性度指标可由 3% 提高到优于 1%;零位温度系数由 $1.5 \times 10^{-3}\,(℃)^{-1}$ 提高到 $1.6 \times 10^{-4}\,(℃)^{-1}$; 灵敏度温度系数由 $2.49 \times 10^{-3}\,(℃)^{-1}$ 提高到 $1.0 \times 10^{-3}\,(℃)^{-1}$,故传感器的静态性能与温度稳定性均得到一定程度的改善。若想得到更好的效果,可以尝试增加逆模型多项式的项数 (即减小误差项 ε_P 的数值)或改用其他融合算法。

[示例 9-2]　基于回归分析法降低两个干扰量影响的智能化软件模块设计。

要求:采用式(9-8)的三元回归方程作为逆模型,改善压阻式压力传感器(JCY-201 型)的温度稳定性与恒流源供电电流的稳定性,并对改善前后的稳定性做出评价。

解:监测干扰量温度 T,温度传感器的输出电压为 U_T;监测干扰量恒流源供电电流

I，电流传感器输出电压为 U_I；构建的三传感器数据融合智能传感器系统框图如图 9-2 所示。

1）三维标定实验

为了确定刻度转换用三元回归方程表示的逆模型式(9-8)中的 10 个待定常数 $\alpha_0 \sim \alpha_9$，原则上需要建立 10 个方程式，各标定点的数量应能满足此要求，但是为了在全量程范围内全面检验融合后稳定性的改善效果，实际上共标定 $m \times n \times w = 216$ 个标定点，各标定点取值如下。

物理量	各物理量的标定点的数值						标定点个数
压力 P /MPa	0	0.1	0.2	0.3	0.4	0.5	$m=6$
温度 T /℃	25	35	39	49	55	64	$n=6$
电流 I /mA	6	7	8	9	10	11	$w=6$

在上述各温度状态和供电电流条件下，测定 JCY-201 型压阻式压力传感器的输入-输出特性(P-U_P)。相应的三维标定值有 $m \times n \times w = 216$ 个，在表 9-6 中仅列出其中的部分值。

表 9-6　JCY-201 型压力传感器三维标定实验标定数据

序号	P/MPa	I/mA	T/℃	U_I/V	U_T/V	U_P/V	序号	P/MPa	I/mA	T/℃	U_I/V	U_T/V	U_P/V
1	0	6.0	25.0	0.6	5.62	0.325	109	0	6.0	49.0	0.6	5.82	0.154
2	0.1	6.0	25.0	0.6	5.62	0.834	110	0.1	6.0	49.0	0.6	5.82	0.747
3	0.2	6.0	25.0	0.6	5.62	1.329	111	0.2	6.0	49.0	0.6	5.82	1.243
4	0.3	6.0	25.0	0.6	5.62	1.825	112	0.3	6.0	49.0	0.6	5.82	1.739
5	0.4	6.0	25.0	0.6	5.62	2.232	113	0.4	6.0	49.0	0.6	5.82	2.237
6	0.5	6.0	25.0	0.6	5.62	2.819	114	0.5	6.0	49.0	0.6	5.82	2.736
7	0	7.0	25.0	0.7	6.56	0.321	115	0	7.0	49.0	0.7	6.8	0.13
8	0.1	7.0	25.0	0.7	6.56	0.925	116	0.1	7.0	49.0	0.7	6.8	0.825
9	0.2	7.0	25.0	0.7	6.56	1.503	117	0.2	7.0	49.0	0.7	6.8	1.403
10	0.3	7.0	25.0	0.7	6.56	2.08	118	0.3	7.0	49.0	0.7	6.8	1.983
11	0.4	7.0	25.0	0.7	6.56	2.66	119	0.4	7.0	49.0	0.7	6.8	2.562
12	0.5	7.0	25.0	0.7	6.56	3.24	120	0.5	7.0	49.0	0.7	6.8	3.145
13	0	8.0	25.0	0.8	7.51	0.317	121	0	8.0	49.0	0.8	7.76	0.106
14	0.1	8.0	25.0	0.8	7.51	1.017	122	0.1	8.0	49.0	0.8	7.76	0.899
15	0.2	8.0	25.0	0.8	7.51	1.677	123	0.2	8.0	49.0	0.8	7.76	1.561
...	...	...	...	...	...	...	...	...	...	...	...	...	...
105	0.2	11.0	39.0	1.1	10.54	2.163	213	0.2	11.0	64.0	1.1	10.92	1.978
106	0.3	11.0	39.0	1.1	10.54	3.073	214	0.3	11.0	64.0	1.1	10.92	2.889
107	0.4	11.0	39.0	1.1	10.54	3.985	215	0.4	11.0	64.0	1.1	10.92	3.802
108	0.5	11.0	39.0	1.1	10.54	4.898	216	0.5	11.0	64.0	1.1	10.92	4.718

注：U_I 为电流传感器输出电压，U_T 为温度传感器输出电压，U_P 为压力传感器输出电压。

2）数据处理

（1）逆模型的数学表达式。

重写由三元回归方程作为逆模型的方程式如下：

$$P(U_P,U_I,U_T)=\alpha_0+\alpha_1U_P+\alpha_2U_I+\alpha_3U_T+\alpha_4U_P^2+\alpha_5U_I^2$$
$$+\alpha_6U_T^2+\alpha_7U_PU_I+\alpha_8U_PU_T+\alpha_9U_IU_T+\varepsilon_P \tag{9-25}$$

式中，$P(U_P,U_I,U_T)$ 为由式（9-23）融合计算输出的待测目标参量压力值；U_P、U_I、U_T 分别为三个传感器（压力、电流、温度）的输出电压值。

（2）待定常数 $\alpha_0\sim\alpha_9$ 的确定。

标定实验得到 $s=m\times n\times l$（m 为压力标定点的个数，n 为温度标定点的个数，l 为电流标定点的个数）组数据（U_{P_i},U_{I_i},U_{T_i}），将 $i=1, 2,\cdots, s$ 全部代入式（9-25）可以得到 $s=m\times n\times l$ 组方程，以及包含 $t+1$ 个未知数、s 个方程的方程组：

$$\begin{cases}P_1=\alpha_0+\alpha_1U_{P_1}+\alpha_2U_{I_1}+\alpha_3U_{T_1}+\alpha_4U_{P_1}^2+\alpha_5U_{I_1}^2+\alpha_6U_{T_1}^2+\alpha_7U_{P_1}U_{I_1}+\alpha_8U_{P_1}U_{T_1}+\alpha_9U_{I_1}U_{T_1}\\ P_2=\alpha_0+\alpha_1U_{P_2}+\alpha_2U_{I_2}+\alpha_3U_{T_2}+\alpha_4U_{P_2}^2+\alpha_5U_{I_2}^2+\alpha_6U_{T_2}^2+\alpha_7U_{P_2}U_{I_2}+\alpha_8U_{P_2}U_{T_2}+\alpha_9U_{I_2}U_{T_2}\\ \vdots\qquad\qquad\qquad\qquad\qquad\qquad\vdots\\ P_s=\alpha_0+\alpha_1U_{P_s}+\alpha_2U_{I_s}+\alpha_3U_{T_s}+\alpha_4U_{P_s}^2+\alpha_5U_{I_s}^2+\alpha_6U_{T_s}^2+\alpha_7U_{P_s}U_{I_s}+\alpha_8U_{P_s}U_{T_s}+\alpha_9U_{I_s}U_{T_s}\end{cases}$$

改写为矩阵表示形式为

$$\boldsymbol{P}=\boldsymbol{H}\times\boldsymbol{\alpha}+\boldsymbol{\varepsilon}_P$$

式中，压力矩阵 $\boldsymbol{P}$ 为由标定压力值构成的 $s\times1$ 矩阵 $[P_1,P_2,\cdots,P_s]^T$，s 为标定数据的总数；$\boldsymbol{H}$ 为 $s\times t$ 维系数矩阵，$\boldsymbol{H}=[1,U_P,\ U_I,\ U_T,\ U_P^2,\ U_I^2,\ U_T^2,\ U_PU_I,\ U_PU_T,\ U_IU_T]$，$t+1$ 为待定常系数的个数；$\boldsymbol{\alpha}$ 为 $t\times1$ 待求常系数矩阵，$\boldsymbol{\alpha}=[\alpha_0,\alpha_1,\cdots,\alpha_t]^T$；$\boldsymbol{\varepsilon}_P$ 为高阶无穷小量组成的矩阵。

（3）线性回归分析矩阵方法的 MATLAB 源程序。

具体代码见配套的教学资源示例 9-2。

（4）融合计算结果。

待定常系数矩阵 $\boldsymbol{\alpha}=[\alpha_0,\ \alpha_1,\cdots,\alpha_9]^T$ 是通过在 MATLAB 环境下编程计算求得的。首先将三维标定实验得到的数据 P_i 和（U_{P_i},U_{I_i},U_{T_i}），$i=1,2,\cdots,s$ 输入程序中，所有的压力标定数据 P_i 构成矩阵 $\boldsymbol{P}=[P_1,P_2,\cdots,P_s]^T$，所有的压力传感器输出数据 U_{P_i} 构成矩阵 $\boldsymbol{U}_P=[U_{P_1},U_{P_2},\cdots,U_{P_s}]^T$，同样有 $\boldsymbol{U}_I=[U_{I_1},U_{I_2},\cdots,U_{I_s}]^T$ 和 $\boldsymbol{U}_T=[U_{T_1},U_{T_2},\cdots,U_{T_s}]^T$。计算系数矩阵 $\boldsymbol{H}$，然后将 $\boldsymbol{P}$ 和 $\boldsymbol{H}$ 代入式 $\boldsymbol{\alpha}=(\boldsymbol{H}^T\boldsymbol{H})^{-1}\boldsymbol{H}^T\boldsymbol{P}$ 中，就可以解得满足均方误差最小条件的三元二次方程的常系数 $\alpha_0\sim\alpha_9$，其具体数值如下：

$$\alpha_0=0.1680,\quad\alpha_1=0.2873,\quad\alpha_2=-1.748,\quad\alpha_3=0.1252,\quad\alpha_4=0.0015$$
$$\alpha_5=1.6087,\quad\alpha_6=0.0072,\quad\alpha_7=-0.1416,\quad\alpha_8=-0.0033,\quad\alpha_9=-0.2000$$

将 $\alpha_0\sim\alpha_9$ 的值代入式（9-25），就可由测量值 U_P、U_I、U_T 计算待求压力值 $\hat{P}$，计算结果列入表 9-7。

表 9-7　数据融合处理后压力计算数据 $\hat{P}$ 及与标定值 P 之间的偏差 $\varDelta$　　（单位: MPa）

$T/℃$	P/MPa	I=6mA		I=7mA		I=8mA		I=10mA		I=11mA	
		$\hat{P}$	$\varDelta$	$\hat{P}$	$\varDelta$	$\hat{P}$	$\varDelta$	$\hat{P}$	$\varDelta$	$\hat{P}$	$\varDelta$
25	0	0.0134	**0.0134**	−0.0029	**−0.0029**	−0.0112	**−0.0112**	−0.0072	**−0.0072**	0.0066	**0.0066**
	0.5000	0.4835	**−0.0165**	0.4987	**−0.0013**	0.5081	**0.0081**	0.5049	**0.0049**	0.4934	**−0.0066**
35	0	0.0106	**0.0106**	−0.0044	**−0.0044**	−0.0107	**−0.0107**	−0.0022	**−0.0022**	0.0108	**0.0108**
	0.5000	0.4904	**−0.0096**	0.5045	**0.0045**	0.5133	**0.0133**	0.5100	**0.0100**	0.4956	**−0.0044**
39	0	0.0232	**0.0232**	0.0090	**0.0090**	0.0014	**0.0014**	0.0062	**0.0062**	0.0195	**0.0195**
	0.5000	0.4900	**−0.0100**	0.5059	**0.0059**	0.5137	**0.0137**	0.4993	**−0.0007**	0.4970	**−0.0030**
49	0	−0.0008	**−0.0008**	−0.0156	**−0.0156**	−0.0243	**−0.0243**	−0.0161	**−0.0161**	−0.0019	**−0.0019**
	0.5000	0.4831	**−0.0169**	0.4988	**−0.0012**	0.5059	**0.0059**	0.5023	**0.0023**	0.4884	**−0.0116**
55	0	0.0160	**0.0160**	0.0005	**0.0005**	−0.0060	**−0.0060**	−0.0018	**−0.0018**	0.0116	**0.0116**
	0.5000	0.4838	**−0.0162**	0.4976	**−0.0024**	0.5079	**0.0079**	0.5031	**0.0031**	0.4902	**−0.0098**
64	0	0.0117	**0.0117**	−0.0043	**−0.0043**	−0.0118	**−0.0118**	−0.0059	**−0.0059**	0.0077	**0.0077**
	0.5000	0.4870	**−0.0130**	0.5018	**0.0018**	0.5101	**0.0101**	0.5065	**0.0065**	0.4934	**−0.0066**

注: 表中 T 表示工作温度; I 表示工作电流; P 表示压力标定值; $\hat{P}$ 表示压力计算值; 偏差 $\varDelta = \hat{P} - P$。

3) 融合处理效果评价

降低温度与电源波动两个干扰量的影响, 传感器系统稳定性的改善程度分别用融合前后的零位、灵敏度温度系数以及电流影响系数来评价。

由表 9-6 标定实验数据可得: 满量程输出值 $U_{\text{F.S}}$=4.928V, 当温度的变化范围为 ΔT=39℃ (25～64℃), 电流的变化范围为 ΔI=5mA (6～11mA) 时, 零点值的最大变化范围 $\Delta U_{0\text{m}}$=0.356V (0.328～−0.028V), 满量程输出值由 4.928V 下降到 2.710V, 输出变化范围 ΔU_{m} =−2.218V。

(1) 融合前。

① 零位温度系数 α_0 为

$$\alpha_0 = \frac{|\Delta U_{0\text{m}}|}{U_{\text{F.S}} \times \Delta T} = \frac{0.356}{4.928 \times 39} \approx 1.9 \times 10^{-3} \ (℃)^{-1}$$

② 灵敏度温度系数 α_s 为

$$\alpha_s = \frac{|\Delta U_{\text{m}}|}{U_{\text{F.S}} \times \Delta T} = \frac{|2.710 - 4.928|}{4.928 \times 39} \approx 1.2 \times 10^{-2} \ (℃)^{-1}$$

③ 电流影响系数 α_I 为

$$\alpha_I = \frac{|\Delta U_{\text{m}}|}{U_{\text{F.S}} \times \Delta I} = \frac{|2.710 - 4.928|}{4.928 \times 5} \approx 9.0 \times 10^{-2} \ (\text{mA})^{-1}$$

(2) 融合后。

在 ΔT=39℃, ΔI =5mA 变化范围内, 零点融合计算值的最大偏差 $|\Delta P'_{0\text{m}}|$ = 0.0243MPa; 满量程压力 $P_{\text{F.S}}$ =0.5MPa, 其融合计算值的最大偏差量 $|\Delta P'_{\text{m}}|$=0.0169MPa, 则有

$$\alpha_0 = \frac{|\Delta P'_{0m}|}{P_{F.S} \times \Delta T} = \frac{0.0243}{0.5 \times 39} \approx 1.2 \times 10^{-3} \; (℃)^{-1}$$

$$\alpha_s = \frac{|\Delta P'_m|}{P_{F.S} \times \Delta T} = \frac{0.0169}{0.5 \times 39} \approx 8.7 \times 10^{-4} \; (℃)^{-1}$$

$$\alpha_I = \frac{|\Delta P'_m|}{P_{F.S} \times \Delta I} = \frac{0.0169}{0.5 \times 5} \approx 6.8 \times 10^{-3} \; (mA)^{-1}$$

将上述各系数的计算结果综合于表 9-8 中。

表 9-8　融合前后各评价系数的计算值

评价系数	零位温度系数 $\alpha_0/(℃)^{-1}$	灵敏度温度系数 $\alpha_s/(℃)^{-1}$	电流影响系数 $\alpha_I/(mA)^{-1}$
融合前计算值	1.9×10^{-3}	1.2×10^{-2}	9.0×10^{-2}
融合后计算值	1.2×10^{-3}	8.7×10^{-4}	6.8×10^{-3}

由表 9-8 中融合前后的各系数值可以看出，融合后灵敏度温度系数 α_s 提高近两个数量级，电流影响系数 α_I 提高近一个数量级，而零位温度系数 α_0 也改善了近 1/3。

思 考 题

9-1　多元回归分析法在智能传感器中的主要作用是什么？

9-2　写出二元回归方程的表达式。

9-3　在多元回归分析中，如何确定均方误差最小条件下的常系数？

9-4　如何通过多元回归分析消除传感器系统的干扰量？

9-5　通过可变系数回归分析法消除智能传感器系统温度干扰的基本原理是什么？

9-6　如何评价数据融合处理后智能传感器系统的综合性能？

第10章 神经网络技术及其在智能传感器系统中的应用

神经网络是智能传感器系统实现智能化功能的一种极其有效的智能化技术手段。本章将基于改善传感器稳定性抑制交叉敏感的多传感器技术模型法(见 6.3.3 小节),着重讨论如何应用 BP、RBF 神经网络建立消除干扰量影响的智能化逆模型,也介绍了其改善传感器性能的智能化技术工作原理与其使用方法。本章所用神经网络取自 MATLAB 神经网络工具箱,故简要介绍 MATLAB 神经网络工具箱中网络的结构体系和使用函数。

10.1 概　　述

人工神经网络是由大量的处理单元组成的非线性大规模自适应动力系统。它是在现代神经生理科学研究成果的基础上提出来的,是人们试图通过模拟大脑神经网络处理、记忆信息的方式设计的一种使之具有人脑那样的信息处理能力的新"机器"。目前,神经网络广泛应用于传感器信息处理、信号处理、自动控制、知识处理、运输与通信等领域。

10.2 神经网络基础知识

10.2.1 神经网络结构

如果将大量功能简单的基本神经元通过一定的拓扑结构组织起来,构成群体并行分布式处理的计算结构,那么这种结构就是人工神经网络。根据神经元之间连接的拓扑结构上的不同,可将神经网络结构分为两大类:分层型网络、相互连接型网络。

1. 分层型网络结构

分层型网络将一个神经网络模型中的所有神经元按功能分成若干层,通常有输入层、隐层(中间层)和输出层,各层按顺序连接,如图 10-1 所示。

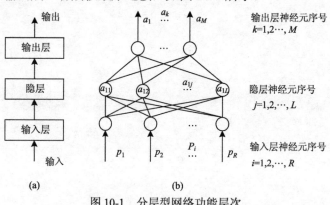

图 10-1　分层型网络功能层次

　　输入层是与外部激励交互的界面，它接收外部输入并将其传给与之相连的隐层各神经元；隐层(中间层，可以不止一层)是网络内部处理单元的工作区域。不同模型处理功能的差别主要反映在对中间层的处理。输出层将网络计算结果输出，是与外部显示设备或执行机构交互的界面。同层之间神经元互不相连，相邻层神经元之间的连接强度由连接权值表示。

　　2. 相互连接型网络结构

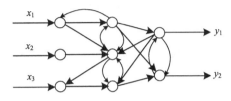

　　相互连接型网络是指网络中任意两个单元之间存在连接路径，如图 10-2 所示。在该网络结构中，对于给定的某一输入模式，由某一初始网络参数出发，在一段给定的时间内，网络处于不断

图 10-2　相互连接型网络结构

改变输出模式的动态变化之中。最后，网络可能会产生某一稳定输出模式，但有可能进入周期性振荡状态。因此，相互连接型网络可以认为是一种非线性动力学系统。

10.2.2　神经元模型

　　在人脑中，神经细胞之间的信息传递并非是把信息原封不动地传递，而是将信息处理后再传递。作为对人脑神经细胞的一种模拟，人工神经元也必须具有一定的信息处理能力。

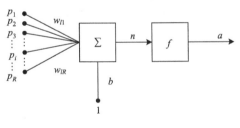

图 10-3　神经元模型

　　神经元是人工神经网络的基本单元，图 10-3 为一个简单的人工神经元模型。p_1，p_2，$\cdots$，p_i，$\cdots$，p_R 表示神经元 l 的 R 个输入；w_{li} 表示该神经元 l 与前层第 i 个神经元的连接权值；b 为偏置值，又称阈值；a 为神经元的输出，神经元的输入-输出关系的一般数学表达式如下：

$$\begin{cases} n = b + \sum_{i=1}^{R} p_i \cdot w_{li} \\ a = f(n) \end{cases} \tag{10-1}$$

式中，n 为该神经元 l 的总输入；$f(n)$ 表示神经元输入-输出关系的函数，称为作用函数、响应函数或传递函数。当 $b=0$ 时，称为无偏置/阈值神经元；当 $b\neq0$ 时，表示当神经元所接收的输入达到一定强度后才能被激活，称为有偏置/阈值神经元；当 $R=1$ 时，称为单输入神经元；当 $R>1$ 时，称为多输入或矢量输入神经元，此时连接权 w_{l1}，w_{l2}，$\cdots$，w_{li}，$\cdots$，w_{lR} 组成一矢量。

　　从式(10-1)所表示的神经元的输入-输出关系还可以看出神经元的两个基本特性：输出是各输入综合作用的结果；神经元具有可塑性，即它的输出可通过改变连接权值 w_{li} 来调节。

10.2.3 神经元作用函数

神经元的作用函数有多种形式，最常用的有 S 型、线性型、硬限幅型、高斯型等。

1. S 型

S 型作用函数反映了神经元的非线性输入-输出特性，它又分为对数型、正切型等类型。

对数型作函数曲线如图 10-4(a)所示，数学表达式如下：

$$a = f(n) = \frac{1}{1 + e^{-n}} \tag{10-2}$$

式中，n 表示神经元的总输入；a 为神经元的输出。函数 $f(n)$ 的值域为 $(0,1)$，是一个单边函数；如果将 $f(n)$ 减去 0.5 就可得到一个双边函数。

正切型函数曲线如图 10-4(b)所示，数学表达式如下：

$$a = \frac{2}{1 + e^{-2n}} - 1 \tag{10-3}$$

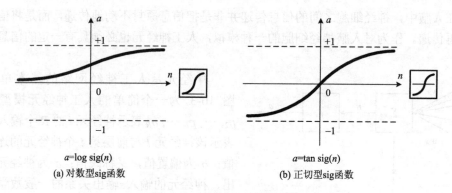

(a) 对数型sig函数   (b) 正切型sig函数

图 10-4   S 型神经元作用函数

2. 线性型

线性型作用函数反映了神经元的线性输入-输出特性，它又分为饱和线性函数、对称饱和线性函数、纯线性函数等类型，其曲线如图 10-5 所示。

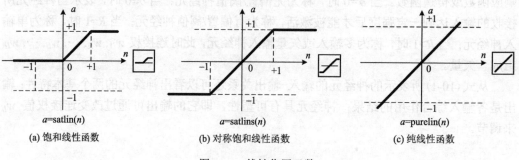

(a) 饱和线性函数   (b) 对称饱和线性函数   (c) 纯线性函数

图 10-5   线性作用函数

3. 硬限幅型

硬限幅型作用函数会对输入信号进行截取，其曲线如图 10-6 所示。

a=hardlim(n)　　a=hardlims(n)

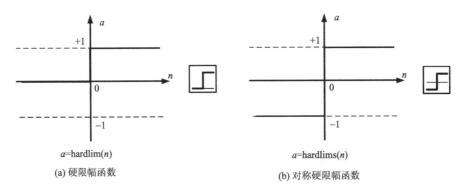

(a) 硬限幅函数　　(b) 对称硬限幅函数

图 10-6　硬限幅作用函数

4. 高斯型

高斯型函数曲线数学表达式为

$$a = \mathrm{e}^{-n^2} \tag{10-4}$$

对应于高斯型函数的输出为 1 和 0.5 时所对应的输入之间的差值称为函数的分散度，明显地，对应于式(10-4)的分散度为 0.833，如图 10-7 所示。高斯神经元函数通常用作 RBF 神经网络的隐层传递函数。

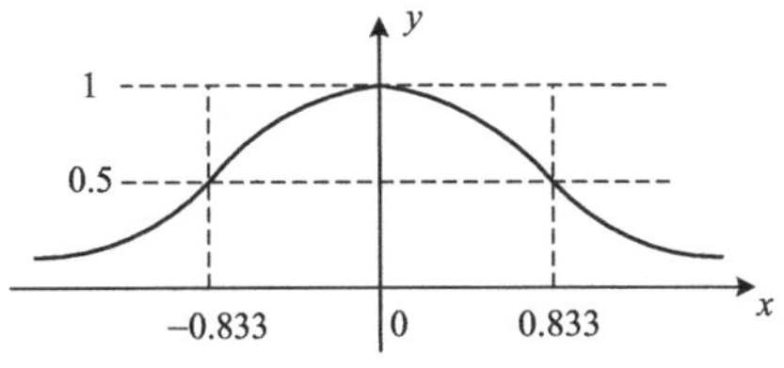

图 10-7　高斯型函数

对于神经元作用函数的选择，目前还没有定性的法则，一般根据应用情况的不同而定，但 S 型非线性函数，一般用于多层神经网络的隐层，而线性函数和限幅函数多用于神经网络的输出层。

大脑中的各个神经元之间的连接方式多种多样，根据神经元连接方式的不同，可以构造出各种各样的人工神经网络模型。若从网络的结构上进行分类，可将神经网络分为前馈神经网络和反馈神经网络，有代表性的网络模型有感知器、多层映射 BP 网络、RBF 神经网络、双向联想记忆(BAM)、Hopfield 模型等。

前馈神经网络主要包括感知器神经网络、BP 神经网络和 RBF 神经网络等，本章主要介绍 BP 神经网络和 RBF 神经网络，更复杂的神经网络将在第 14、15 章中介绍。

10.2.4　BP 神经网络

BP 神经网络是由于其权值采用反向传播(Back Propagation)的学习算法而得名。BP 神经网络是一种多层前馈神经网络，其隐层神经元的作用函数多用 S 型函数，因此其输出量为 0～1 的连续量，它可以实现从输入到输出的任意的非线性映射。在确定了 BP 神经网络的结构后，利用输入和输出样本集对其进行训练，即对网络的权值和偏置值进行学习和调整，以使网络实现给定的输入-输出映射关系。经过训练的 BP 神经网络，对于不是样本集中的输入，也能给出合适的输出，这种性质称为泛化功能，即 BP 神经网络具有拉格朗日插值法、牛顿插值法等类似的插值功能，可实现多维空间的曲面插值功能。

1. BP 神经网络结构

BP 神经网络通常有一个或多个隐层。在实际应用中，用得最多的是三层 BP 神经网络。图 10-8 是一个简单的三层 BP 神经网络模型及其简化图。网络的输入层包含 $i(i=3)$ 个节点，隐层包含 $j(j=4)$ 个节点，输出层有 $k(k=2)$ 个节点。连接权值 Iw_{ji} 表示输入层第 i 个节点与隐层的第 j 个节点的连接权值，共有 4×3 个权值。Lw_{kj} 表示隐层第 j 个节点与输出层第 k 个节点的连接权值，共有 2×4 个连接权值。

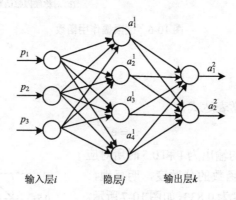

(a) BP神经网络模型示意图

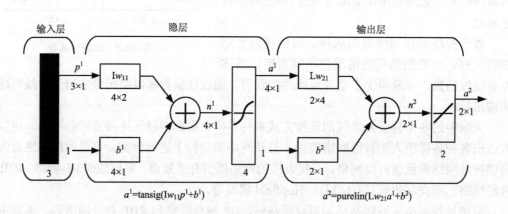

(b) BP神经网络简化模型

图 10-8　BP 神经网络模型示意图及其简化模型

2. BP 神经网络的神经元模型

BP 神经网络一般由多层神经元构成，因此它的神经元可以有多种类型，其神经元的选用需要视具体情况而定。由于 BP 神经网络是通过误差反向传播来实现的，因此，BP 神经网络中的神经元必须是连续可微的，所以 BP 神经网络的神经元函数不能选用限幅函数。对于输出范围比较小的网络，可以将其所有的神经元全部选为 S 型函数，若网络的输出范围比较大，则一般把隐含层神经元选为 S 型函数，而把输出层神经元选为纯线性函数。从理论上讲，这样选择神经元函数可以任意精度逼近任意一个平滑函数。对于图 10-8 所示的 BP 神经网络模型的神经作用函数选用情况如下。

1）输入层神经元作用函数

输入层神经元作用函数选用线性型，故节点 i 的输出为

$$O_i = p_i \tag{10-5}$$

式中，p_i 为第 i 个节点的输入。

2）隐层神经元作用函数

隐层神经元作用函数选用对数 S 型，故节点 j 的输出为

$$O_{1j} = f(n_{1j}) = \frac{1}{1+\mathrm{e}^{-n_{1j}}} = a_j^1 \tag{10-6}$$

节点 j 的总输入为

$$n_{1j} = \sum_{i=1}^{3} O_i \cdot \mathrm{Iw}_{ji} + b_{1j} \tag{10-7}$$

3）输出层神经元作用函数

输出层神经元作用函数选用对数 S 型，故节点 k 的输出为

$$O_{2k} = f(n_{2k}) = \frac{1}{1+\mathrm{e}^{-n_{2k}}} \tag{10-8}$$

节点 k 的总输入为

$$n_{2k} = \sum_{j=1}^{4} O_{2j} \cdot \mathrm{Lw}_{kj} + b_{2k} \tag{10-9}$$

3. BP 神经网络的学习算法

当权值 Iw_{ji}（$l×R$ 个）、Lw_{kj}（$m×l$ 个）与阈值 b_{1j}（l 个）、b_{2k}（m 个）随机赋予初始值，确定分组输入 $p_1, p_2, \cdots, p_R$ 后，根据式（10-5）、式（10-6）、式（10-8）、式（10-9）进行计算，就可得出输出层节点 k 的输出 O_{2k} 与期望输出 d_k 存在误差，输出层 m 个节点的总误差 E 取为

$$E = \frac{1}{2} \sum_{k=1}^{m=2} (d_k - O_{2k})^2 \tag{10-10}$$

网络的学习，也称为网络的训练，就是通过反复的计算，求取 E，并根据 E 的大小调整网络参数（权值和阈值），最终使得误差 E 足够小。网络参数的修正数学表达式求取所遵循的规则称为学习规则，其基本思想是使参数沿误差函数 E 的负梯度方向改变，例如：

$$\Delta \mathrm{L}w_{kj} = \mathrm{L}w_{kj}(t+1) - \mathrm{L}w_{kj}(t) = -\eta \frac{\partial E}{\partial \mathrm{L}w_{kj}} \tag{10-11}$$

$$\Delta \mathrm{I}w_{ji} = \mathrm{I}w_{ji}(t+1) - \mathrm{I}w_{ji}(t) = -\eta \frac{\partial E}{\partial \mathrm{I}w_{ji}} \tag{10-12}$$

式中，η 为学习因子，又称步长。

按照误差反向传播算法，分别求取输出层训练误差 δ_{2k}，隐层训练误差 δ_{2j}，最后得出权值修正公式。

1) 输出层训练误差 δ_{2k}

$$\delta_{2k} = -\frac{\partial E}{\partial n_{2k}} = -\frac{\partial E}{\partial O_{2k}} \cdot \frac{\partial O_{2k}}{\partial n_{2k}} \tag{10-13}$$

根据式 (10-10) 的误差定义式及式 (10-8)、式 (10-9)，可求得

$$\delta_{2k} = f(n_{2k})[1 - f(n_{2k})] \cdot [d_k - f(n_{2k})] \tag{10-14}$$

2) 隐层训练误差 δ_{1j}

$$\delta_{1j} = -\frac{\partial E}{\partial n_{1j}} = -\frac{\partial E}{\partial O_{1j}} \cdot \frac{\partial O_{1j}}{\partial n_{1j}} \tag{10-15}$$

将式 (10-6)、式 (10-9)、式 (10-13) 代入式 (10-15) 可得

$$\delta_{1j} = f(n_{1j}) \cdot [1 - f(n_{1j})] \cdot \sum_{j=1}^{4} \delta_{1k} \cdot \mathrm{I}w_{kj} \tag{10-16}$$

3) 权值修正公式

(1) $\mathrm{L}w_{kj}$ 的修正公式：将式 (10-11) 变换为

$$\Delta \mathrm{L}w_{kj} = -\eta \cdot \frac{\partial E}{\partial \mathrm{L}w_{kj}} = -\eta \cdot \frac{\partial E}{\partial n_{2k}} \cdot \frac{\partial n_{2k}}{\partial \mathrm{L}w_{kj}} = -\eta \cdot \delta_{2k} \cdot O_{2j} \tag{10-17}$$

式中，$\delta_{2k} = \dfrac{\partial E}{\partial n_{2k}}$；$O_{2j} = \dfrac{\partial n_{2k}}{\partial \mathrm{L}w_{kj}}$，则有

$$\mathrm{L}w_{kj}(t+1) = \mathrm{L}w_{kj}(t) + \eta \delta_{2k} O_{2j} \tag{10-18}$$

(2) $\mathrm{I}w_{ji}$ 的修正公式：将式 (10-12) 变换为

$$\Delta \mathrm{I}w_{ji} = \mathrm{I}w_{ji}(t+1) - \mathrm{I}w_{ji}(t) = -\eta \frac{\partial E}{\partial n_{1j}} \frac{\partial n_{1j}}{\partial \mathrm{I}w_{ji}} = -\eta \delta_{1j} O_{1i} \tag{10-19}$$

式中，$\delta_{1j} = \dfrac{\partial E}{\partial n_{1j}}$；$O_{1i} = \dfrac{\partial n_{1j}}{\partial \mathrm{I}w_{ji}}$，则有

$$\mathrm{I}w_{ji}(t+1) = \mathrm{I}w_{ji}(t) + \eta \delta_{1j} O_{1i} \tag{10-20}$$

最后引入势态因子 α，修正公式变为

$$\begin{aligned}
\mathrm{L}w_{kj} &= \mathrm{L}w_{kj}(t) + \eta \delta_{2k} O_{2j} + \alpha [\mathrm{L}w_{kj}(t) - \mathrm{L}w_{kj}(t-1)] \\
\mathrm{I}w_{ji} &= \mathrm{I}w_{ji}(t) + \eta \delta_{1j} O_{1i} + \alpha [\mathrm{I}w_{ji}(t) - \mathrm{I}w_{ji}(t-1)]
\end{aligned} \tag{10-21}$$

4) 学习流程图

BP 神经网络的一个样本的学习流程如图 10-9 所示。

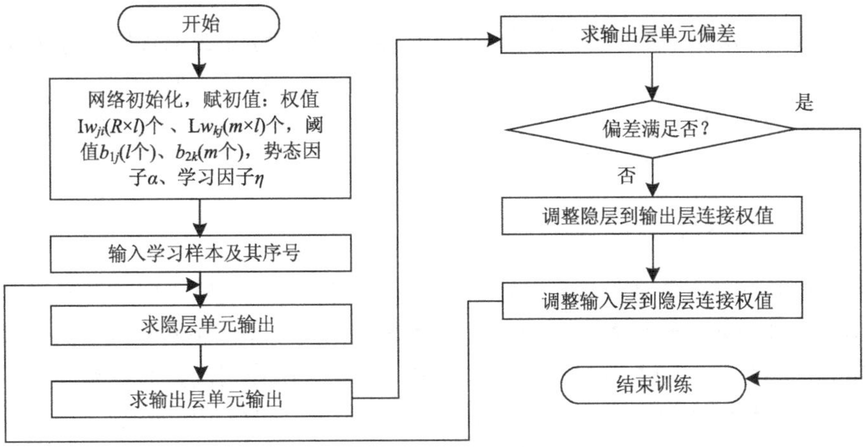

图 10-9　BP 神经网络训练过程及算法流程

10.2.5　RBF 神经网络

从函数逼近角度来说，神经网络可分为全局逼近神经网络和局部逼近神经网络。前面谈到的 BP 神经网络由于对于每个输入-输出数据对，网络的每一个权值均需要调整，因此是全局逼近网络。RBF 神经网络对于每个输入-输出数据对，只有少量的权值需要进行调整，所以是局部逼近神经网络。也正是 RBF 神经网络的局部逼近特性，使得它在逼近能力、分类能力和学习速度等方面均优于 BP 神经网络。

1. RBF 神经网络模型

RBF 神经网络的神经元作用函数采用高斯型函数，其神经元模型如图 10-10 所示。前面谈到的 BP 神经网络的神经元的总输入是对各输入和偏置值进行加权求和得到的。同 BP 神经元有所不同，RBF 神经网络的神经元的总输入是权值矩阵的行向量与输入向量的向量距与偏置值的乘积，其数学表达式为

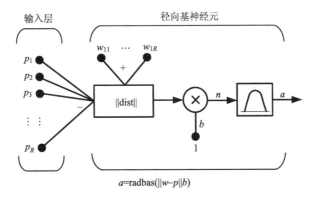

$a=\mathrm{radbas}(\|w-p\|b)$

图 10-10　RBF 神经元模型

$$n_i = b_i \sqrt{\sum_j (w_{ij} - p_{ji})^2} \tag{10-22}$$

式中，n_i 为网络隐层第 i 个神经元的总输入；b_i 为第 i 个神经元的偏置值；w_{ij} 为隐层权值矩阵的第 i 个行向量的第 j 个元素；p_{ji} 是第 j 个输入向量的 i 时刻输入值。

RBF 神经网络模型同 BP 神经网络类似，通常其输出层是纯线性神经元，只是其隐层神经元是称为 radbas 型的神经元。

2. RBF 神经网络模型的训练

由高斯型函数的函数表达式可知，其输出最大值为 1，当输入向量与权值向量的向量距减小时，神经元的输出增大。偏置值 b 用来调节高斯型函数对输入的灵敏度，b 的绝对值越大，神经元对输入越灵敏，也就是说，神经元的作用函数曲线越"宽"，对应于图 10-7，也就是函数的输出为 0.5 时的两个总输入之差的绝对值越大。对于 b 的取值，一般由训练样本的样本距和样本的范围决定，b 的取值大于两个相邻样本点的最大距离，而小于任意两个样本的最大距离。例如，对于一个单输入单输出的 RBF 神经网络，输入的样本为 $\{-6,-4,0,2,4,7\}$，那么 b 的取值应大于 4 而小于 13。

RBF 神经网络中，其隐层神经元的数量可以说是由样本点的数量来决定的，有多少个输入样本点，就有多少个隐层神经元。对于每个隐层神经元的输入，其输出满足下列条件：

(1) 是其对应的样本点，也称其为该神经元的特征输入点，那么其对应的输出应趋于 1；

(2) 对于样本点输入，输入与特征输入的点距离越远，神经元的输出越小。

因此，RBF 神经网络的输入权值是由样本决定的，而与期望输出并没有太大关系。

在输入权值、隐层神经元的偏置值 (bias) 全部确定好之后，隐层的输出也就确定了。由于 RBF 神经网络的输出层神经元的响应函数是纯线性函数，因此，在选定输出层神经元之后，隐层与输出层之间的神经元连接权值可以由式 (10-23) 确定：

$$\begin{bmatrix} w_{11} & w_{12} & \cdots & w_{1s_1} & b_1 \\ w_{21} & w_{22} & \cdots & w_{2s_1} & b_2 \\ \vdots & \vdots & & \vdots & \vdots \\ w_{s_21} & w_{s_22} & \cdots & w_{s_2s_1} & b_{s_2} \end{bmatrix} \begin{bmatrix} a_1 \\ a_2 \\ \vdots \\ a_{s_2} \\ 1 \end{bmatrix} = \boldsymbol{T} \tag{10-23}$$

式中，w_{ij} 为输出层第 i 个神经元与隐层第 j 个神经元的连接权值；b_i 为输出层第 i 个神经元的偏置值 (bias)；a_j 为隐层第 j 个神经元的输出向量；$\boldsymbol{T}$ 为理想输出矩阵。求解式 (10-23)，即可得到输出层与隐层的连接权值。

10.3　应　用　示　例

本节的应用示例均基于 6.3.3 小节多传感器技术改善传感器性能的模型法，均以消除工作环境温度 T 或供电电压 U、电流 I 为干扰量对压阻式压力传感器交叉敏感的影响为例，说明基于神经网络的智能化软件模块的设计方法与步骤。

[示例 10-1]　基于神经网络模型法温度自补偿智能化模块的设计。

要求：(1)在 MATLAB 环境下设计一个具有如下功能的 BP 神经网络：

①具有温度补偿功能，可对易受环境温度影响的传感器，如压阻式压力传感器进行温度补偿；

②该补偿器中的神经网络模块可更换学习样本进行再训练以适应不同压力量程的传感器在不同工作环境温度影响下进行温度补偿，提高温度稳定性；

③网络训练完毕后，输入压力传感器量程范围内的任何输出电压值 U_P 与其工作环境温度传感器的输出电压值 U_T，补偿模块可给出对应的压力值，该压力值 P' 消除温度影响的同时也进行了零点及非线性补偿。

(2)写出 BPNN 温度自补偿模块向其他计算机系统移植复现的编程算式。

(3)综合评价压力传感器配备了 BPNN 温度自补偿模块后的性能。

解：构建一个具有温度自补偿功能的二传感器数据融合智能传感器系统。其中一个是用来监测干扰量温度 T 的辅助传感器——工作环境温度监测传感器，另一个是被补偿的主传感器——压阻式压力传感器，如图 10-11 所示。

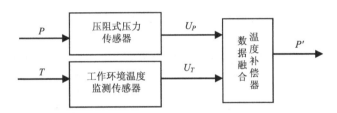

图 10-11　二传感器数据融合智能传感器系统

1)二维标定实验

在工作温度范围内选定多个不同的温度状态对被补偿的压力传感器进行标定实验，表 10-1 列出了在 21.5～70℃间 6 个温度状态的静态标定数据，在压力传感器量程范围内选了 6 个标定值，总计有 36 个标定点，可获得 6 个温度状态对应的 6 条压力传感器的输入(P)-输出(U_P)静态特性，也称这些标定值为样本数据。

表 10-1　不同温度状态下的压力传感器静态标定数据——二维实验标定数据

温度/℃	U_P, U_T/mV	P=0Pa	P=1.0×10⁴Pa	P=2.0×10⁴Pa	P=3.0×10⁴Pa	P=4.0×10⁴Pa	P=5.0×10⁴Pa
21.5	U_P	−13.84	10.69	28.88	47.05	65.19	83.36
	U_T	27.64	26.95	26.43	25.92	25.45	24.94
28	U_P	−13.49	9.32	26.34	43.12	59.99	76.82
	U_T	34.41	33.93	33.47	32.93	32.47	31.91
34	U_P	−10.80	7.54	24.84	42.05	59.25	76.38
	U_T	37.76	36.92	36.44	35.97	35.39	35.09

续表

温度/℃	U_P, U_T/mV	P=0Pa	P=1.0×10⁴Pa	P=2.0×10⁴Pa	P=3.0×10⁴Pa	P=4.0×10⁴Pa	P=5.0×10⁴Pa
44	U_P	−9.72	6.56	23.87	41.21	58.58	75.87
	U_T	54.88	53.97	52.87	52.41	51.93	51.55
50	U_P	−8.62	4.86	21.84	38.70	56.32	73.75
	U_T	65.77	64.79	63.84	62.91	61.99	61.06
70	U_P	−7.72	3.72	21.25	38.6	55.56	73.28
	U_T	86.12	84.94	83.78	82.65	81.55	80.45

从表 10-1 的标定值可以看出,在输入压力值不变的情况下,工作环境温度发生变化,压力传感器的输出电压值 U_P 也随之改变。

2)神经网络样本文件的制作

神经网络样本文件有两种:用以对神经网络进行训练或检验用的训练样本文件和检验样本文件。

(1)样本数据对。

由二维标定实验中的 36 个标定点获得 36 组实验标定数据或者说获得 36 组样本数据对,如表 10-2 所示。样本数据对(以下简称样本对),由输入量与对应输出量两部分组成,表 10-2 中每个序号的样本对含输入量有三个,即 U_P、U_T 与 T,对应期望输出量为 P。

表 10-2　用于消除压力传感器对温度交叉敏感的神经网络样本数据对

序号	1	2	3	…	33	34	35	36
U_P/mV	−13.84	10.69	28.88	…	21.25	38.6	55.56	73.28
U_T/mV	27.64	26.95	26.43	…	83.78	82.65	81.55	80.45
T/℃	21.5	21.5	21.5	…	70	70	70	70
P/(×10⁴Pa)	0	1.0	2.0	…	2.0	3.0	4.0	5.0

(2)样本文件的制作。

通常,将标定实验获得的样本数据对总数(本实验的样本对总数为 36)的 1/2~2/3,用作神经网络的训练形成训练样本文件,形成网络结构及权值;再用余下的 1/3~1/2 的样本数据对形成检验样本文件,进行神经网络的检验。

①训练样本文件。

训练样本文件由 b1.txt 与 b2.txt 两个文件组成,装入了表 10-2 中除了序号为 1、8、15、18、19、22、29、36 八组样本对以外全部 28 组样本对,形成 28 列 3 行训练样本文件 b1.txt,装载的是神经网络的输入数据 U_T 与 U_P;b2.txt 文件有一行 28 列数据,是与输入样本数据相对应的神经网络的期望输出值 P,即两个文件的每列是一组样本数据对。文件中每行的样本数据要求等间隔排列,以便程序能够正确读取样本文件数据。

b1.txt:	21.5	21.5	21.5	21.5	21.5	28	28	28	⋯	70	70	70	70
	10.69	28.88	47.05	65.19	83.36	–13.49	26.34	43.12	⋯	3.72	21.25	38.6	55.56
	26.95	26.43	25.92	25.45	24.94	34.41	33.47	32.93	⋯	84.94	83.78	82.65	81.55
b2.txt:	1.0	2.0	3.0	4.0	5.0	0.0	2.0	3.0	⋯	70	70	70	70

②检验样本文件。

检验样本文件由 b3.txt 与 b4.txt 两个文件组成，装载了表 10-2 中序号为 1、8、15、18、19、22、29、36 共计 8 组样本对。

b3.txt:	21.5	28	34	34	44	44	50	70
	–13.84	9.32	24.84	76.38	–9.72	41.21	56.32	73.28
	27.64	33.93	36.44	35.09	54.88	52.41	61.99	80.45
b4.txt:	0	1	2	5	0	3	4	5

3）样本文件数据的归一化处理

经过归一化处理后的数据为 –1～1 或者 0～1，这样可以有更好的数据融合效果。数据归一化的公式有多种，如：

$$\overline{X} = \frac{X - X_{\min}}{X_{\max} - X_{\min}} \tag{10-24}$$

$$\overline{X} = \frac{0.9(X - X_{\min})}{X_{\max} - X_{\min}} + 0.05 \tag{10-25}$$

式中，$\overline{X}$、X 分别为归一化后与之前的样本数据；$X_{\min}$、$X_{\max}$ 为 X 所在行的最小值、最大值。本例采用式 (10-24) 进行归一化。

当采用归一化样本数据用于神经网络的训练与检验，并且将训练好的网络移植到单片机中进行测量时，测量用的样本必须进行相同的归一化处理。若训练检验的样本没有进行归一化，则测量样本也不用进行归一化处理。

4）在 MATLAB 环境下的 BPNN 设计流程

在 MATLAB 环境下的 BPNN 设计流程如图 10-12 所示。

按照上述流程可设计出以下程序。

(1) 程序初始化。

用函数 clear all 初始化程序，将所有变量、函数清零，具体代码如下：

clear all；

(2) 输入 4 个样本文件数据。

用函数 load 输入样本文件数据，程序举例如下，程序中%为注释内容的开始标记，注释内容不参与程序的运行：

% 调入样本文件

FID1=load('b1.txt')；Xuexiyangben=FID1'；　　%输入学习输入样本

FID2=load('b2.txt')；XueDesire=FID2'；　　　　%输入学习输出样本

FID3=load('b3.txt')；Ceshiyangben=FID3'；　　%输入检验输入样本

图 10-12　在 MATLAB 环境下 BPNN 设计流程图

FID4=load('b4.txt')；Ceshiqiwang=FID4'；　　%输入检验输出样本

（3）4 个样本文件数据归一化。

分别用函数 min 和 max 寻找样本文件中每一行数据中的最小值和最大值，然后编程实现不同变量所在的每行数据的归一化，程序举例具体代码见配套的教学资源示例 10-1。

（4）设置网络参数，创建 BPNN。

用函数 newff 创建 BPNN：net=newff(PR,[S_1, S_2,…, S_{N1}],{TF_1, TF_2,…,TF_{N1}},BTF, BLF,PF)。

其中，各参数说明如下。

①PR 为 R 个输入的最小值、最大值构成的 $R×2$ 矩阵，存放训练输入样本文件每行的最大值与最小值，本示例为 3×2 矩阵。

②S_i 为 S_{N1} 层网络第 i 层的神经元个数，输入层神经元个数自动获取，不在这里设置，本示例有隐层和输出层两层神经元，每层神经元个数分别为 6 和 1。

③TF_i 为第 i 层的传递函数，可以是任意可导函数，默认为 tansig，可设置为 logsig、purelin 等，输入层的输入信号直接输入隐层的输入端，本示例分别采用 logsig 和 purelin 函数作为隐层和输出层的传递函数。

④BTF 为反向传播网络训练函数，默认为 trainlm，可设置为 trainbfg、trainrp、traingd 等，本示例采用默认函数 trainlm。

⑤BLF 为反向传播权值、阈值学习函数，默认为 learngdm，本示例采用默认函数 learngdm。

⑥PF 为功能函数，即训练样本训练结果的目标值，默认为 mse，即训练样本训练结果的均方差值，本示例采用默认函数 mse。

使用该函数首先要设置隐层与输出层神经元数量以及相应的响应函数，确定训练函数、学习函数及功能函数或采用默认函数。其中，权值与阈值的默认函数给权值、阈值、学习因子、势态因子自动赋初值，例如，权值初始值为<1 的随机数，学习因子及势态因子的默认值分别为 0.01 和 0.9。按照规定的功能函数对训练结果进行评价，默认功能函数为均方差函数。程序举例如下：

　　　net=newff(minmax(p1),[6,1],{'logsig','purelin'})

其中，minmax(p1)用来获得训练输入样本文件每行的最大值与最小值；[6,1]用来设置 BPNN 隐层与输出层神经元节点数，隐层节点数为 6，输出层节点数为 1。输入层节点数与训练输入样本文件的行数相同，自动获取；{'logsig','purelin'}用来设置隐层与输出层的传递函数，隐层传递函数采用 logsig 函数，输出层采用 purelin 纯线性函数。输入层传递函数默认为纯线性函数，即输出等于输入。这里在 newff 中没有出现的参数设置，均采用默认函数或默认值。

　　(5)代入训练样本文件，设置网络参数，训练已创建的 BPNN。

　　用函数 train 训练 BPNN：

　　[net,tr] = train(net,P,T,Pi,Ai,VV,TV)

　　train 函数根据 net.trainFcn 和 net.trainParam 训练网络 net。

　　其中，各输入参数说明如下。

　　①P 为网络的输入，即训练样本文件数据。

　　②T 为网络训练的目标值，默认值为 0，通常是训练结果均方差值的期望值。

　　③Pi 为初始输入延迟，可选项，只在有输入延迟时需要，一般不用，默认值为 0。

　　④Ai 为初始层延迟，可选项，只在有层延迟时需要，默认值为 0。

　　⑤VV 为确认向量结构，默认为空矩阵。

　　⑥TV 为测试向量结构，默认为空矩阵。

　　输出参数说明如下。

　　①net 为训练好返回的网络结构。

　　②tr 为网络训练步数和性能。

　　train 函数的信号格式为阵列或矩阵。在训练网络过程中进行网络测试，确认向量用来及时终止训练，以免过训练损害网络的泛化能力。本示例中采用的程序如下。

```
%bp 神经网络训练
net.trainParam.epochs=1000;                        %训练次数为 1000
net.trainParam.goal=0;                             %训练目标误差为 0
[net,tr]=train(net,xueguiyi,XueDesire);            %进行神经网络训练
```

　　(6)输出 BPNN 模型结构参数。

　　用函数 net.IW、net.LW 分别获取输入层与隐层间的权值及隐层与输出层间的权值，用 net.b 可分别获取隐层与输出层的阈值。程序举例如下。

```
%以下显示权值和阈值
iw1=net.IW{1};                           %显示输入层与隐层间的权值
b1=net.b{1}';                            %显示隐层的阈值
lw2=net.LW{2};                           %显示隐层与输出层间的权值
b2=net.b{2};                             %显示输出层的阈值
```

(7) 代入检验样本文件，用已训练好的 BPNN 计算检验样本的输出结果。

用函数 sim 检验已经训练好的 BPNN，计算检验样本的输出结果。

函数功能：神经网络仿真函数只有在创建好一个网络后才能进行网络仿真。

调用格式：

[Y,Pf,Af] = sim (net,P,Pi,Ai)；

[Y,Pf,Af,E,perf] = sim (net,P,Pi,Ai)。

其中，输入参数说明如下。

①net 为训练好的神经网络。

②P 为网络的输入，若是矩阵，则每一列是一个输入向量，列数等于输入向量的个数。

③Pi 为网络的初始输入延迟，默认值为 0。

④Ai 为网络的初始层延迟，默认值为 0。

输出参数说明如下。

①Y 为网络对输入 P 的实际输出。

②Pf 为最终的输出延迟。

③Af 为最终的层延迟。

④E 为网络的误差。

⑤perf 为网络的性能。

本示例中的程序举例如下。

```
%测试数据
Temp=sim (net,testguiyi)；                            %利用训练好的神经网络测试数据
e=Ceshiqiwang'-Temp；                                %求出测试数据的测试偏差
```

8) 检验结果评价

计算检验结果的绝对偏差或者引用误差，判断结果能否满足实用要求。

```
%输出测试均方差
perf=mse (e,net)；                                    %输出测试数据的均方差
Ceshiqiwang1=Ceshiqiwang'；                           %输出测试期望
```

5) 训练检验

(1) 条件。

输入节点数：3；隐层节点数：6；输出层节点数：1；训练迭代次数：1000。

(2) 训练与测试。

运行编好的程序，程序将自动输入网络训练与检验所需要的 4 个样本文件，并进行 1000 次训练与检验。1000 次训练检与验结束后，检验样本相应的网络输出如表 10-3 所示。通过与期望输出的对比，可以看到检验结果与期望输出结果的误差很小。其中，训练样本的均方差为 $1.3 \times 10^{-4} Pa$，测试样本的均方差为 $9.8 \times 10^{-4} Pa$。

表 10-3　检验样本期望输出和实际输出对照表

期望输出/(×10⁴Pa)	0.0	1.0	2.0	5.0	0.0	3.0	4.0	5.0
检验结果/(×10⁴Pa)	−0.04	1.00	2.01	4.95	0.05	3.02	3.99	5.03
绝对偏差/(×10⁴Pa)	0.04	0.00	0.01	0.05	0.05	0.02	0.01	0.03

（3）训练检验好的 BPNN 模型结构参数。

①输入层与隐层之间的 3×6 个连接权值：

$$4.94,\quad -0.06,\quad -3.45,$$
$$0.15,\quad 1.69,\quad 0.59,$$
$$-0.39,\quad 0.02,\quad 0.26,$$
$$-0.006,\quad 0.005,\quad 0.005,$$
$$-0.42,\quad 0.02,\quad 0.28,$$
$$-0.95,\quad 0.43,\quad -1.49$$

②隐层的 6 个阈值：

$$-21.78,\quad -8.05,\quad 6.29,\quad -0.39,\quad 5.82,\quad 1.38$$

③隐层与输出层的 6 个连接权值：

$$0.45,\quad -0.29,\quad -57.77,\quad 50.90,\quad 23.38,\quad 0.38$$

④输出层的 1 个阈值：

$$14.48$$

上述模型参数可移植到其他软件环境、DSP、单片机或者其他 PC 中，消除温度的影响，实现压力传感器对压力值的准确测量。

（4）将训练好的神经网络模型移植到单片机中。

为了在控制与测量过程中直接通过单片机实时完成神经网络计算，而不依赖上位机，需要将神经网络模型移植到单片机中。受内存和计算能力的限制，单片机很难实现神经网络模型的训练，因此，通过 MATLAB 平台完成神经网络模型的训练，并将神经网络模型结构参数保存，而将神经网络计算程序移植到 KEIL 等平台，在单片机中利用训练好的神经网络实现测量。所移植的 C 语言程序举例具体代码见配套的教学资源示例10-1。

（5）采用 BPNN 消除压力传感器交叉敏感的效果评价。

①BPNN 融合后压力传感器的静态特性。

将表 10-2 中 36 组样本数据同时作为训练样本与检验样本进行 BPNN 融合，融合后的压力值 P' 如表 10-4 所示（本表暂不考虑数据有效位）。

表 10-4　融合后压力传感器在不同温度下输出的压力值 P'　　（单位：×10⁴Pa）

T/℃	P=0Pa	P=1.0×10⁴Pa	P=2.0×10⁴Pa	P=3.0×10⁴Pa	P=4.0×10⁴Pa	P=5.0×10⁴Pa
21.5	−0.000281	1.001555	1.998981	3.00102	3.997072	5.001683
28	0.000304	0.999882	1.999519	2.999735	4.000652	4.99989
34	0.000052	0.998146	1.999523	3.003013	4.002921	4.996294
44	−0.000106	1.001133	1.998724	2.998367	4.002073	5.000002
50	0.000047	0.999997	2.000255	2.997016	4.005147	4.997356
70	0.000014	0.999889	1.998828	3.007456	3.989324	5.004545

②最小二乘法线性度的计算。

a. 融合前。

最小二乘法直线拟合方程：$P = 0.0587u + 0.6287$。

将 u 代入直线拟合方程得到的各个 P 值，并与期望输出相比较，可得出最大拟合偏差：$\Delta P_{\max} = 0.1843 \times 10^4 \, \text{Pa}$，则最小二乘法线性度为

$$\delta_L = \frac{|\Delta P_{\max}|}{P_{\max}} \times 100\% = \frac{0.1843}{5} \times 100\% = 3.7\%$$

b. 融合后。

最小二乘法直线拟合方程：$P' = 0.9970P + 0.0091$。

当 P 为 0 时，有最大拟合偏差 $\Delta P_{\max} = |0.0091 - 0| \times 10^4 \, \text{Pa} = 0.0091 \times 10^4 \, \text{Pa}$，则最小二乘法线性度为

$$\delta_L = \frac{|\Delta P_{\max}|}{P_{\max}} \times 100\% = \frac{0.0091}{5} \times 100\% = 0.182\%$$

③温度稳定性参数的计算。

a. 融合前。

零位温度系数：$\alpha_0 = \dfrac{|-13.84 - (-7.72)|}{(70 - 21.5) \times 83.36} \approx 1.51 \times 10^{-3} \, (\text{℃})^{-1}$；

灵敏度温度系数：$\alpha_S = \dfrac{|73.28 - 83.36|}{(70 - 21.5) \times 83.36} \approx 2.49 \times 10^{-3} \, (\text{℃})^{-1}$。

b. 融合后。

零位温度系数：$\alpha_0 = \dfrac{0.000304}{(70 - 21.5) \times 5} \approx 1.25 \times 10^{-6} \, (\text{℃})^{-1}$；

温度灵敏度系数：$\alpha_S = \dfrac{|5 - 5.004545|}{(70 - 21.5) \times 5} \approx 1.87 \times 10^{-5} \, (\text{℃})^{-1}$。

通过线性度及温度稳定性参数的计算可以看到，经过 BPNN 的数据融合，融合后的线性度从原来的 3.7%减小到 0.182%，融合后的零位温度系数及灵敏度温度系数分别减小了 3 个数量级及 2 个数量级，表明融合后传感器的线性度及温度稳定性都得到了不同程度的改善。

[示例 10-2]　基于 RBF 神经网络法抗两个干扰量影响的智能化软件模块的设计。

要求：采用 RBF 神经网络作为逆模型，改善压阻式压力传感器(JCY-201 型)的温度稳定性与恒流源供电电流的稳定性，并对改善前后的稳定性作出评价。

解：同第 9 章的多元线性回归法，监测干扰量温度 T 的温度传感器的输出电压为 U_T；监测干扰量恒流源供电电流 I 的电流传感器输出电压为 U_I。

1) 三维标定实验

为了训练 RBF 神经网络，确定网络各权值和偏置值的具体数值，使得网络的输出值与标定值之差能够满足误差精度的要求且具有一定的推广能力，各标定点的数量应能满

足神经网络训练的要求。为了全量程范围内全面检验融合后稳定性的改善效果，共标定
$m×n×w$=360 组样本数据，选其中 7 组不同温度的样本(共 252 组数据)作为神经网络的学
习(训练)样本，其余 3 组(共 108 组数据)作为网络的检验样本。学习样本的各物理量取
值如下。

物理量	各物理量的标定点的数值	标定点组数
压力 P/MPa	0　0.1　0.2　0.3　0.4　0.5	m=6
温度 T/℃	25　31　35　39　49　55　64	n=7
电流 I/mA	6　7　8　9　10　11	w=6

学习样本各标定点的具体数值见表 10-5(只列出部分数据，下表同)。

表 10-5　RBF 神经网络用 JCY-201 型压力传感器三维标定实验数据-学习样本

序号	P/MPa	I/mA	T/℃	U_I/V	U_T/V	U_P/V	序号	P/MPa	I/mA	T/℃	U_I/V	U_T/V	U_P/V
1	0	6.0	25.0	0.6	5.62	0.325	127	0	9.0	39.0	0.9	8.61	0.334
2	0.1	6.0	25.0	0.6	5.62	0.834	128	0.1	9.0	39.0	0.9	8.61	1.083
3	0.2	6.0	25.0	0.6	5.62	1.329	129	0.2	9.0	39.0	0.9	8.61	1.825
4	0.3	6.0	25.0	0.6	5.62	1.825	130	0.3	9.0	39.0	0.9	8.61	2.496
5	0.4	6.0	25.0	0.6	5.62	2.232	131	0.4	9.0	39.0	0.9	8.61	3.248
6	0.5	6.0	25.0	0.6	5.62	2.819	132	0.5	9.0	39.0	0.9	8.61	3.985
7	0	7.0	25.0	0.7	6.56	0.321	133	0	10.0	39.0	1.0	9.57	0.332
8	0.1	7.0	25.0	0.7	6.56	0.925	134	0.1	10.0	39.0	1.0	9.57	1.169
9	0.2	7.0	25.0	0.7	6.56	1.503	135	0.2	10.0	39.0	1.0	9.57	1.994
10	0.3	7.0	25.0	0.7	6.56	2.08	136	0.3	10.0	39.0	1.0	9.57	2.821
11	0.4	7.0	25.0	0.7	6.56	2.66	137	0.4	10.0	39.0	1.0	9.57	3.65
12	0.5	7.0	25.0	0.7	6.56	3.24	138	0.5	10.0	39.0	1.0	9.57	4.402
13	0	8.0	25.0	0.8	7.51	0.317	139	0	11.0	39.0	1.1	10.54	0.33
14	0.1	8.0	25.0	0.8	7.51	1.017	140	0.1	11.0	39.0	1.1	10.54	1.255
15	0.2	8.0	25.0	0.8	7.51	1.677	141	0.2	11.0	39.0	1.1	10.54	2.163
16	0.3	8.0	25.0	0.8	7.51	2.338	142	0.3	11.0	39.0	1.1	10.54	3.073
...	...	...	...	...	...	...	...	...	...	...	...	...	...
123	0.2	8.0	39.0	0.8	7.65	1.656	249	0.2	11.0	64.0	1.1	10.92	1.978
124	0.3	8.0	39.0	0.8	7.65	2.319	250	0.3	11.0	64.0	1.1	10.92	2.889
125	0.4	8.0	39.0	0.8	7.65	2.981	251	0.4	11.0	64.0	1.1	10.92	3.802
126	0.5	8.0	39.0	0.8	7.65	3.645	252	0.5	11.0	64.0	1.1	10.92	4.718

注：U_I 表示电流传感器输出电压；U_T 表示温度传感器输出电压；U_P 表示压力传感器输出电压。下表同。

检验样本的各物理量取值如下。

物理量	各物理量的标定点的数值	标定点个数
压力 P/MPa	0　0.1　0.2　0.3　0.4　0.5	m=6
温度 T/℃	43　53　58	n=3
电流 I/mA	6　7　8　9　10　11	w=6

测试样本各标定点的具体数值见表 10-6。

表 10-6　RBF 神经网络用 JCY-201 型压力传感器三维标定实验数据–检验样本

序号	P/MPa	I/mA	T/℃	U_I/V	U_T/V	U_P/V	序号	P/MPa	I/mA	T/℃	U_I/V	U_T/V	U_P/V
1	0	6.0	43.0	0.6	5.76	0.16	55	0	9.0	53.0	0.9	8.79	0.213
2	0.1	6.0	43.0	0.6	5.76	0.762	56	0.1	9.0	53.0	0.9	8.79	0.97
3	0.2	6.0	43.0	0.6	5.76	1.258	57	0.2	9.0	53.0	0.9	8.79	1.713
4	0.3	6.0	43.0	0.6	5.76	1.755	58	0.3	9.0	53.0	0.9	8.79	2.457
5	0.4	6.0	43.0	0.6	5.76	2.251	59	0.4	9.0	53.0	0.9	8.79	3.203
6	0.5	6.0	43.0	0.6	5.76	2.75	60	0.5	9.0	53.0	0.9	8.79	3.95
7	0	7.0	43.0	0.7	6.73	0.145	61	0	10.0	53.0	1.0	9.78	0.21
8	0.1	7.0	43.0	0.7	6.73	0.842	62	0.1	10.0	53.0	1.0	9.78	1.048
9	0.2	7.0	43.0	0.7	6.73	1.42	63	0.2	10.0	53.0	1.0	9.78	1.872
10	0.3	7.0	43.0	0.7	6.73	2.0	64	0.3	10.0	53.0	1.0	9.78	2.699
11	0.4	7.0	43.0	0.7	6.73	2.581	65	0.4	10.0	53.0	1.0	9.78	3.527
12	0.5	7.0	43.0	0.7	6.73	3.162	66	0.5	10.0	53.0	1.0	9.78	4.358
13	0	8.0	43.0	0.8	7.69	0.12	67	0	11.0	53.0	1.1	10.74	0.214
14	0.1	8.0	43.0	0.8	7.69	0.918	68	0.1	11.0	53.0	1.1	10.74	1.13
15	0.2	8.0	43.0	0.8	7.69	1.58	69	0.2	11.0	53.0	1.1	10.74	2.036
16	0.3	8.0	43.0	0.8	7.69	2.242	70	0.3	11.0	53.0	1.1	10.74	2.944
...	...	...	...	...	...	...	...	...	...	...	...	...	...
51	0.2	8.0	53.0	0.8	7.8	1.555	105	0.2	11.0	58.0	1.1	10.82	1.992
52	0.3	8.0	53.0	0.8	7.8	2.217	106	0.3	11.0	58.0	1.1	10.82	2.904
53	0.4	8.0	53.0	0.8	7.8	2.879	107	0.4	11.0	58.0	1.1	10.82	3.817
54	0.5	8.0	53.0	0.8	7.8	3.544	108	0.5	11.0	58.0	1.1	10.82	4.731

2) RBF 神经网络 MATLAB 源程序

详细代码见配套的教学资源示例 10-2。

(1) 采用经过数据归一化处理的程序。

神经网络采用 MATLAB 中的 newrb 函数，neurons = 252。学习样本经 RBF 神经网络训练后的输出值与相应的压力标定值之间的最大偏差绝对值为 Max=1.0396e×10^{-11}，均方误差 MSE1=5.6613×10^{-23}，均方误差的标准差 MSETD1=2.4666×10^{-22}。可见，采用 RBF 神经网络对学习样本的输出已经消除了压力传感器的交叉敏感的影响(在误差允许的范围内)。

检验样本经 RBF 神经网络后的输出值与相应的压力标定值之间的最大偏差绝对值为 Max=0.0113，均方误差 MSE2 =3.8568×10^{-5}，均方误差的标准差 MSETD2 = 2.1727×10^{-4}。输出样本的详细情况见表 10-7(只列出部分数据)。

表 10-7　输出样本

$T/℃$	P/MPa	$I=6mA$		$I=7mA$		$I=8mA$		$I=10mA$		$I=11mA$	
		$\hat{P}/MPa$	Δ/MPa	$\hat{P}/MPa$	Δ/MPa	$\hat{P}/MPa$	Δ/MPa	$\hat{P}/MPa$	Δ/MPa	$\hat{P}/MPa$	Δ/MPa
43	0	0.0040	0.0040	0.0033	0.0033	0.0014	0.0014	0.0013	0.0013	0.0018	0.0018
	0.5	0.5001	0.0001	0.4999	−0.0001	0.5005	0.0005	0.4999	−0.0001	0.5002	0.0002
53	0	−0.0003	−0.0003	−0.0006	−0.0006	−0.0002	−0.0002	0.0004	0.0004	0.0015	0.0015
	0.5	0.5002	0.0002	0.5001	0.0001	0.5000	−0.0000	0.5002	0.0002	0.5001	0.0001
58	0	−0.0113	<u>−0.0113</u>	−0.0075	−0.0075	−0.0041	−0.0041	−0.0009	−0.0009	−0.0023	−0.0023
	0.5	0.5000	−0.0000	0.5003	0.0003	0.4993	<u>−0.0007</u>	0.4999	−0.001	0.4997	−0.0003

注：T 表示工作温度；I 表示工作电流；P 表示压力标定值；$\hat{P}$ 表示压力计算值；偏差 $\Delta=\hat{P}-P$。下画线数据表示最大偏差。

(2)数据融合效果评价。

由于学习(训练)样本的网络输出值与标准值之间的偏差很小(均小于 1.0×10^{-11})，如果根据这些数据来计算融合后的效果，可以认为已经完全消除交叉敏感。

通过表 10-8 可知，本例中检验样本的网络输出值与标准值之间的偏差与学习样本的偏差相比较大，故按检验样本计算数值来评价数据融合效果。

利用检验样本计算的融合后的零位温度系数、灵敏度温度系数以及电流影响系数如下。

在 $\Delta T=39℃$，$\Delta I=5mA$ 变化范围内，零点融合计算值的最大偏差 $|\Delta P'_{0m}|=0.0113MPa$；满量程压力 $P_{F.S}=0.5MPa$，其融合计算值的最大偏差量 $|\Delta P'_m|=0.0007MPa$，则有

$$\alpha_0=\frac{|\Delta P'_{0m}|}{P_{F.S}\times\Delta T}=\frac{0.0113}{0.5\times39}\approx5.794\times10^{-4}\ (℃)^{-1}$$

$$\alpha_s=\frac{|\Delta P'_m|}{P_{F.S}\times\Delta T}=\frac{0.0007}{0.5\times39}\approx3.590\times10^{-5}\ (℃)^{-1}$$

$$\alpha_I=\frac{|\Delta P'_m|}{P_{F.S}\times\Delta I}=\frac{0.0007}{0.5\times5}\approx2.8\times10^{-4}\ (mA)^{-1}$$

融合前传感器的零位温度系数、灵敏度温度系数以及电流影响系数见示例 9-2。将融合前、线性回归法融合后和 RBF 神经网络融合后的各参数列于表 10-8。

表 10-8　融合前、线性回归法融合后和 RBF 神经网络融合后的各参数

评价参数	零位温度系数 $\alpha_0/(℃)^{-1}$	灵敏度温度系数 $\alpha_s/(℃)^{-1}$	电流影响系数 $\alpha_I/(mA)^{-1}$
融合前计算值	1.852×10^{-3}	1.154×10^{-2}	9.002×10^{-2}
融合后计算值(回归法)	1.246×10^{-3}	8.667×10^{-4}	6.760×10^{-3}
融合后计算值(RBF)	5.794×10^{-4}	3.590×10^{-5}	2.8×10^{-4}

由表 10-8 可见，经 RBF 神经网络融合后，零位温度系数降低到融合前的 1/3，灵敏度温度系数降低约 3 个数量级，电流影响系数降低约 2 个数量级。

思 考 题

10-1 人工神经网络是什么？在哪些领域得到了应用？

10-2 人工神经元模型由哪三个基本元素组成？

10-3 神经网络包含哪些结构参数？

10-4 神经元的作用函数有几种形式？

10-5 举例说明几种有代表性的网络模型。

10-6 BP 神经网络是什么？具有哪些功能？

10-7 画出 BP 神经网络模型的基本结构。

10-8 BP 神经网络的训练流程是什么？

10-9 RBF 神经网络与 BP 神经网络的区别是什么？

10-10 在制作神经网络的样本文件时，训练数据与测试数据的比例为多少？若训练数据过多或过少，分别会导致什么后果？

10-11 对如下 BP 神经网络，学习系数 $\eta=1$，各点的阈值 $\theta=0$，作用函数为

$$f(x)=\begin{cases} x, & x \geqslant 1 \\ 1, & x < 1 \end{cases}$$

输入样本 $x_1=1$，$x_2=0$，输出节点 z 的期望值为 1，第 k 次学习得到的权值分别为 $w_{11}(k)=0$，$w_{12}(k)=2$，$w_{21}(k)=2$，$w_{22}(k)=1$，$T_1(k)=1$，$T_2(k)=1$，求第 k 次和 $k+1$ 次学习得到的输出节点值 $z(k)$ 和 $z(k+1)$。

第11章 支持向量机技术及其在智能传感器系统中的应用

支持向量机(Support Vector Machine，SVM)技术是继神经网络技术之后另一种更为有效的传感器智能化技术手段。本章以支持向量机建立消除传感器交叉敏感干扰量影响的智能化逆模型为例，着重介绍支持向量机实现传感器智能化功能的工作原理，以及多参量定量测量及定性识别中的使用方法。

11.1 关于统计学习理论与支持向量机的基础知识

11.1.1 统计学习理论

基于数据的机器学习是现代智能技术领域的一个重要方面，研究的目的是从观测数据(样本或例子)出发寻找规律，并利用这些规律进行建模，用于对未来数据或无法观测的数据进行预测。

迄今为止，机器学习的实现方法大致可以分为三种：第一种是经典的(参数)统计估计方法；第二种是经验非线性方法，如人工神经网络；第三种就是基于统计学习理论的学习方法，如支持向量机和基于核的方法。与传统统计学相比，统计学习理论(Statistical Learning Theory，SLT)是一种专门研究小样本数据量情况下机器学习规律的理论。该理论针对小样本统计问题建立了一套新的理论体系，在这种体系下的统计推理规则不仅考虑了对渐近性能的要求，而且追求在现有有限信息的条件下得到最优结果。

统计学习理论研究的内容包括经典统计学中很多重要的课题,特别是判别分析(模式识别)、回归分析和密度估计等问题，可参阅相关文献。本章对其中的一些概念和内容进行简要的介绍。

统计学习理论系统地研究了经验风险最小化原则成立的条件、有限样本下经验风险与期望风险的关系，以及如何利用这些理论找到新的学习原则和方法。统计学习理论研究的主要问题包括以下四个。

(1)一个基于经验风险最小化原则的学习过程一致性的充分必要条件是什么？

(2)这个学习过程的收敛速度有多快？

(3)如何控制这个学习过程的收敛速度(推广能力)？

(4)如何构造能够控制推广能力的算法？

与之相对应的统计学习理论研究的基本内容包括。

(1)学习过程一致性的理论——经验风险最小化准则下统计学习一致性的条件。

(2)学习过程收敛速度的非渐近理论——在这些一致性条件下，关于统计学习方法推广性的界的理论。

(3)控制学习过程推广能力的理论——在这些界的基础上，建立小样本归纳推理准则。

(4)构造学习算法的理论——实现这些新的准则的设计方法(算法)。

1. 学习问题的一般性表示

在统计学习理论中,通常把学习问题看作利用有限数量的观测来寻找待求的依赖关系的问题。学习问题一般可以表示如下:设 $F(z)$ 为定义在空间 z 上的概率测度。所考虑的函数集合为 $Q(z, \pmb{\alpha})$,$\pmb{\alpha} = [\alpha_1, \alpha_2, \cdots]$,$\pmb{\alpha} \in \Lambda$,$\Lambda$ 是参数集合。学习的目标是在给定了一定数量但概率测度 $F(z)$ 未知的独立同分布数据

$$z_1, z_2, \cdots, z_l \tag{11-1}$$

的条件下,来最小化风险泛函

$$R(\pmb{\alpha}) = \int Q(z, \pmb{\alpha}) \, \mathrm{d} F(z), \quad \pmb{\alpha} \in \Lambda \tag{11-2}$$

其解记为 $Q(z, \alpha_0)$。

因此,学习的一般问题就是如何在经验数据——式(11-1)的基础上最小化风险泛函——式(11-2),其中 z 代表了的数据对 (x, y),$Q(z, \pmb{\alpha})$ 即特定的损失函数(与具体的问题有关)。

独立同分布数据也可以表述为由一个信源给定的 l 个观测量,其中每个观测量由一个数据对 (x_i, y_i) 组成:$\pmb{x}_i \in \mathbf{R}^d$,$i = 1, 2, \cdots, l$ 和相对应的"真值(或期望值)"$y_i \in \mathbf{R}$。

假设这些数据是从一些未知概率分布 $P(x, y)$(P 表示概率分布,p 表示分布的密度)中随机抽取的独立同分布(Independently and Identically Distributed, i.i.d.)。学习机器的任务就是学习 $x_i \rightarrow y_i$ 的映射关系。学习机器实际上就是一个可能的映射集合 $\pmb{x} \rightarrow f(x, \pmb{\alpha})$,其中函数 $f(x, \pmb{\alpha})$ 是由可调整的参数 $\pmb{\alpha}$ 标识的。$\pmb{\alpha}$ 对应神经网络的权值和偏置值,当 $\pmb{\alpha}$ 选定后,称学习机器已经被"训练"了,$\pmb{\alpha}$ 确定意味着其权值和偏置值已经确定。当学习机器确定后,即对于给定的输入 x 和一组选定的 $\pmb{\alpha}$,它总是能够给出相同的输出 $f(x, \pmb{\alpha})$。

一个经过训练的机器,其测试误差的期望为

$$R(\pmb{\alpha}) = \int \frac{1}{2} |y - f(x, \pmb{\alpha})| \, \mathrm{d} P(x, y) \tag{11-3}$$

式中,$R(\pmb{\alpha})$ 称为期望风险(Expected Risk);$P(x, y)$ 为概率分布函数。若密度 $p(x, y)$ 存在,$\mathrm{d} p(x, y)$ 可以写为 $p(x, y) \mathrm{d} x \mathrm{d} y$。然而对于 $P(x, y)$ 未知的情况,要使得期望风险最小化,就只有样本信息可以利用,这也就导致上述式(11-3)定义的期望风险是无法直接计算和最小化的。因此在传统的机器学习方法中,采用了经验风险最小化(Empirical Risk Minimization,ERM)的准则来逼近期望风险——式(11-3)。

经验风险 $R_{\mathrm{emp}}(\pmb{\alpha})$ 的定义为在一个观测数量有限的训练集上的被测平均误差率:

$$R_{\mathrm{emp}}(\pmb{\alpha}) = \frac{1}{2l} \sum_{i=1}^{l} |y_i - f(x_i, \pmb{\alpha})| \tag{11-4}$$

从式(11-4)可以看出,在经验风险 $R_{\mathrm{emp}}(\pmb{\alpha})$ 的定义中没有概率分布,当给定具体的训练集 $\{x_i, y_i\}$ 和选定的 $\pmb{\alpha}$ 值后,$R_{\mathrm{emp}}(\pmb{\alpha})$ 则为一个固定的数。用经验风险最小化表示期望风险最小化并没有可靠的理论依据,二者之间事实上存在着一个学习的一致性问题。

式(11-3)中的量| y-$f(x, \boldsymbol{\alpha})$ |/2 称为损失，对于二值分类的问题来说，它只能取 0(或–1)
或 1 两个数。若选取某参数 η，$0 \leqslant \eta \leqslant 1$，对于损失| y-$f(x, \boldsymbol{\alpha})$ |/2，下面的表达式以 $1-\eta$ 概
率成立：

$$R(\boldsymbol{\alpha}) \leqslant R_{\text{emp}}(\boldsymbol{\alpha}) + \sqrt{\frac{h[\ln(2l/h)+1] - \ln(\eta/4)}{l}} \tag{11-5}$$

式中，h 是一个非负整数，称为 Vapnik-Chervonenkis(VC)维，它表征学习机器的复杂性，
h 越大，学习机器的复杂性越高，能区分的类别越多，相应地，出现"过拟合"的可能
性也越高。式(11-5)小于或等号右侧称为"风险界(Risk Bound)"，右边第二项称为"VC
置信范围(VC Confidence)"。置信范围反映了真实风险和经验风险差值的上界，即结构
的复杂性带来的风险，它与学习机器的 VC 维 h 及训练样本数量 l 有关。因此，在传统
的机器学习方法中所普遍采用的经验风险最小化原则在样本数据有限的情况下是不合理
的。如果要求学习的风险最小，就需要权衡式(11-5)小于或等于号右侧的两项，使其共
同趋于极小。在获得学习模型经验风险最小的同时，希望其推广能力尽可能大，这就需
要 h 尽可能小。

2. VC 维

VC 维是一个标量值，用于测量函数列的容量，其概念建立在点集被"打散(Scatter)"
的概念的基础上。一函数集的 VC 维是 h，当且仅当存在一点列 $\{x^i\}_{i=1}^h$，这些点列共能分
为 2^h 种方式，且当 $q>h$ 时，没有序列 $\{x^i\}_{i=1}^q$ 满足这个性质，即

$$\text{VCdim}(F) = \max\{h: N(F,h) = 2^h\} \tag{11-6}$$

式中，$N(F,h)$ 定义为 h 维向量中不同向量的个数。

图 11-1 显示平面中的三个点被线性指示函数集分开，然而四个点的情况则不能区
分。在这种情况下，VC 维与自由参数的个数相等，但是在一般情况下，VC 维与自由参
数的个数不等，例如，函数 $A\sin(bx)$ 只有两个参数，但有无限的 VC 维。n 维空间中的
线性指示函数序列的 VC 维等于 $n+1$。

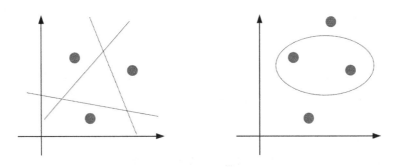

图 11-1　VC 维示意图

3. 结构风险最小化

根据式(11-5)，如果固定训练样本数目 l 的大小，那么控制风险 $R(\boldsymbol{\alpha})$ 的参量有两个：

$R_{emp}(\boldsymbol{\alpha})$ 和 VC 维 h。其中，经验风险依赖于学习机器所选定的函数 $f(\boldsymbol{x}, \boldsymbol{\alpha})$。这样就可以通过控制 $\boldsymbol{\alpha}$ 来控制经验风险，而 VC 维 h 依赖于学习机器在学习过程中可选函数的集合。

为了获得对 h 的控制，可以将函数集合结构化，建立 h 与各函数子结构之间的关系，通过控制对函数结构的选择来达到控制函数 VC 维 h 的目的。

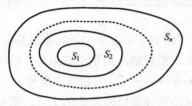

如图 11-2 所示，设函数 $Q(z, \boldsymbol{\alpha})$，$\boldsymbol{\alpha} \in \Lambda$ 的集合 S 具有一定的结构，这个结构是由一系列嵌套的函数子集 $S_k = \{Q(z, \boldsymbol{\alpha})$，$\boldsymbol{\alpha} \in \Lambda_k\}$ 组成的，满足

$$S_1 \subset S_2 \subset \cdots \subset S_n \subset \cdots$$

图 11-2　由嵌套的函数子集确定的函数集结构　　其中，结构的元素满足如下两个性质。

(1) 每个函数集 S_k 的 VC 维 h_k 是有限的，且有

$$h_1 \leqslant h_2 \leqslant \cdots \leqslant h_n \leqslant \cdots$$

(2) 整个完全有界函数的集合满足（结构中的任何元素 S_k 所包含的性质）：

$$0 \leqslant Q(z, \boldsymbol{\alpha}) \leqslant B_k, \quad \boldsymbol{\alpha} \in \Lambda_k$$

或者对于一定的 (p, τ_k)，函数集合满足下列不等式：

$$\sup_{\boldsymbol{\alpha} \in \Lambda_k} \frac{\left(\int Q^p(z, \boldsymbol{\alpha}) \, \mathrm{d}F(z) \right)^{1/p}}{\int Q(z, \boldsymbol{\alpha}) \, \mathrm{d}F(z)} \leqslant \tau_k, \quad p > 2$$

称这种结构为容许（或可同伦）结构，式中，sup 为取上限运算符号。

结构风险最小化（Structural Risk Minimization, SRM）原则就是在容许结构的嵌套函数集 S_k 中寻找一个合适的子集 S^*，使结构风险达到最小，即

$$\min_{S_h}[R_{emp}(f)] + \sqrt{\frac{h\left[\ln\left(\dfrac{2l}{h} + 1\right)\right] - \ln\left(\dfrac{\eta}{4}\right)}{l}} \tag{11-7}$$

由式 (11-7) 可知，学习风险由两个部分组成，即经验风险和置信范围。对于给定的样本数目 l，随着 VC 维 h 的增加，经验风险逐渐变小，而置信范围逐渐递增。置信范围与经验风险随 h 的变化趋势如图 11-3 所示。

图 11-3 表明，真实风险的界是经验风险和置信范围之和。随着结构元素序号的增加，经验风险将减小，而置信范围将增加。最小的真实风险的上界是在结构的某个适当的元素上取得的。综合考虑经验风险与置信范围的变化，可以求得最小的风险边界，它所对应的函数集的中间子集 S^* 可作为具有最佳泛化能力的函数集合。

综上所述，结构风险最小化就是根据函数集的性质将其划分为一系列的嵌套子集，学习问题就是根据推广能力选择其中最好的子集，并根据经验风险在子集中选择最好的函数。SRM 原则定义了在对给定数据逼近的准确性与逼近函数的复杂性之间的一种折中。

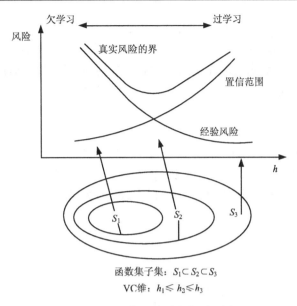

图 11-3　结构风险最小化原理图

4. 建模误差

机器学习中建模的目标就是从假设模型空间中选择一个模型,使其能够最接近于(从一些误差测度的角度上说)目标空间中的基础函数(Underlying Function)。这种做法产生的误差主要源于两个方面:逼近误差和估计误差。

逼近误差的产生是由于假设空间小于目标空间,因此基础函数可能会位于假设空间之外。模型空间的选择不当将会产生很大的逼近误差,这种情况称为模型失配。估计误差的产生是由在学习过程中,从假设空间中选择非优化模型所造成的。这两个误差合在一起形成泛化误差。

11.1.2　支持向量机

支持向量机是基于统计学习理论的一种新的通用机器学习方法,其基本思想是通过用内积函数定义的非线性变换将输入空间变换到一个高维特征空间(Feature Space),在这个高维特征空间中使用线性函数假设空间来寻找输入变量和输出变量之间的一种非线性关系。其学习训练是通过源于最优化理论的算法来实现由统计学习理论导出的学习偏置,它采用结构风险最小化原则,能够获得比采用经验风险最小化原则的神经网络更好的泛化能力。

1. 支持向量机方法的主要优点

(1)它是专门针对有限样本情况的,其目标是得到现有信息条件下的最优解而不仅仅是样本数趋于无穷大时的最优值。

(2)支持向量机的算法最终将转化成为一个二次型寻优问题,从理论上说,得到的将是全局最优解，解决了在神经网络方法中无法避免的局部极值问题。

（3）支持向量机的算法将实际问题通过非线性变换转换到高维特征空间，在高维特征空间中构造线性判别函数来实现原空间中的非线性判别，这种特殊性质能保证机器有较好的推广能力，同时它巧妙地解决了维数问题，使其算法复杂度与样本维数无关。

2. 支持向量机的结构

支持向量机的结构如图 11-4 所示。图 11-4 中的变量 $\alpha_i(i=1,2,\cdots,s)$ 是拉格朗日乘子，s 是乘子的数量；b 为阈值或偏移量；$K(x,x_i')$ 为一个支持向量机的核函数；$x_i'(i=1,2,\cdots,s)$ 为 SVM 的支持向量；x 为训练样本、检验样本或实测样本中的某个向量；$y(x)$ 为对应 x 的输出量。

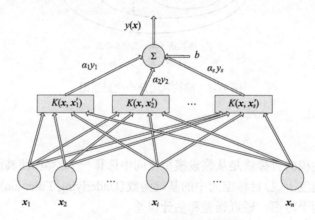

图 11-4　支持向量机结构示意图

在支持向量机结构示意图中，由原始的观测数据构成支持向量机的输入空间，通过某种关系将输入空间的数据映射到高维特征空间。支持向量机是通过核函数来实现这种映射关系的。在特征空间 F 中，支持向量机通过线性回归函数

$$f(x) = wK(x,x_i')^{\mathrm{T}} + b \tag{11-8}$$

来进行数据分类或拟合。

3. 支持向量机的核函数

核函数理论建立在再生核的希尔伯特空间（Reproducing Kernel Hilbert Space，RKHS）的基础上。核是一个函数 K，对于所有的 $x, x' \in X$，满足 $K(x,x') = \langle \phi(x),\phi(x') \rangle$，这里的 ϕ 是从输入空间 X 到（内积）特征空间 F 的映射。核的名字最早出现在积分算子理论中，该理论以核与其相关特征空间的关系为理论基础，通过对偶表达使得高维特征空间的维数不再影响计算，即通过计算输入空间的核函数的值来计算内积，从而在特征空间中不需要进行内积的计算，这就提供了一种有效避免"维数灾难"的方法。

若特征空间的内积与输入空间的核函数等价，即

$$K(x,x') = \langle \phi(x),\phi(x') \rangle = \langle \phi(x'),\phi(x) \rangle \tag{11-9}$$

满足 Mercer 条件，即核函数 K 是一个对称正定的函数：

$$K(\boldsymbol{x},\boldsymbol{x}') = \sum_{m}^{\infty} a_m \phi_m(\boldsymbol{x}) \phi_m(\boldsymbol{x}'), \quad a_m \geqslant 0 \tag{11-10}$$

$$\iint K(\boldsymbol{x},\boldsymbol{x}') g(\boldsymbol{x}) g(\boldsymbol{x}') \mathrm{d}\boldsymbol{x}\,\mathrm{d}\boldsymbol{x}' > 0, \quad g \in L_2 \tag{11-11}$$

那么核函数就能表示为特征空间中的一个内积。满足这个性质的核函数通常称为 Mercer 核。

4. 核函数的种类

支持向量机的核函数有多种形式，如线性核函数、多项式核函数及 RBF 核函数等。SVM 的核函数不同，则 SVM 输出表达式及输出结果不同。当有 n 组实验标定样本数据 $[x_{i1}, x_{i2}, \cdots, x_{im}]\,(i=1,2,\cdots,n)$，每组样本数据中输入量（支持向量）为 m 维时，对于一组输入量 $\boldsymbol{x}=[x_1, x_2, \cdots, x_m]$，其输出值 y 在不同的核函数下的表达式如下。

1）线性核

线性（Linear）核的核函数为 $K(\boldsymbol{x}, \boldsymbol{x}_i) = \langle \boldsymbol{x}, \boldsymbol{x}_i \rangle$，$\langle \boldsymbol{x}, \boldsymbol{x}_i \rangle$ 表示两向量的内积，即 $K(\boldsymbol{x},\boldsymbol{x}_i) = \sum_{j=1}^{m} x_j x_{ij}$。SVM 的输出值 y 为

$$
\begin{aligned}
y &= b + \sum_{i=1}^{n} w_i \langle \boldsymbol{x}, \boldsymbol{x}_i \rangle = b + \sum_{i=1}^{n} w_i \boldsymbol{x}\boldsymbol{x}_i^{\mathrm{T}} \\
&= b + \sum_{i=1}^{n} w_i [x_1\ x_2 \cdots x_m] \begin{bmatrix} x_{i1} \\ x_{i2} \\ \vdots \\ x_{im} \end{bmatrix} \\
&= b + \sum_{i=1}^{n} w_i \left(\sum_{j=1}^{m} x_j x_{ij} \right)
\end{aligned}
\tag{11-12}
$$

对于第 9 章所介绍的压力传感器，当 $m=3$ 时，式（11-12）SVM 的输出值为

$$y_P = b + \sum_{i=1}^{n} \left(w_i \sum_{j=1}^{3} x_j x_{ij} \right)$$

2）多项式核

多项式（Polynomial）核的核函数为 $K(\boldsymbol{x},\boldsymbol{x}_i) = (\langle \boldsymbol{x},\boldsymbol{x}_i \rangle + p_2)^{p_1}$，$p_1$ 和 p_2 为核函数参数，调整这两个参数可以改善支持向量机的预测准确度。SVM 的输出值 y 为

$$
\begin{aligned}
y &= b + \sum_{i=1}^{n} w_i \left(\langle \boldsymbol{x},\boldsymbol{x}_i \rangle + p_2 \right)^{p_1} = b + \sum_{i=1}^{n} w_i (\boldsymbol{x}\boldsymbol{x}_i^{\mathrm{T}} + p_2)^{p_1} \\
&= b + \sum_{i=1}^{n} w_i \left\{ [x_1\ x_2 \cdots x_m] \begin{bmatrix} x_{i1} \\ x_{i2} \\ \vdots \\ x_{im} \end{bmatrix} + p_2 \right\}^{p_1}
\end{aligned}
\tag{11-13}
$$

$$= b + \sum_{i=1}^{n} w_i \left(\sum_{j=1}^{m} x_j x_{ij} + p_2 \right)^{p_1}$$

同理，当 $m=3$ 时，由式(11-13)可以获得压力传感器的 SVM 输出表达式：

$$y_P = b + \sum_{i=1}^{n} \left[w_i \left(\sum_{j=1}^{3} x_j x_{ij} + p_2 \right)^{p_1} \right]$$

3) RBF 核

RBF 核，也称为高斯型径向基函数(Gaussian Radial Basis Function)核，其核函数为

$K(\boldsymbol{x}, \boldsymbol{x}_i) = \mathrm{e}^{-\frac{\|\boldsymbol{x}-\boldsymbol{x}_i\|^2}{2\sigma^2}}$ ，$\|X\!-\!X_i\|$ 表示两个向量 $\boldsymbol{x}$、$\boldsymbol{x}_i$ 取差后求模。σ 为核函数参数，调整 σ 可改善支持向量机的预测准确度。SVM 的输出值 y 为

$$
\begin{aligned}
y &= b + \sum_{i=1}^{n} w_i \mathrm{e}^{-\frac{\|\boldsymbol{x}-\boldsymbol{x}_i\|^2}{2\sigma^2}} = b + \sum_{i=1}^{n} w_i \exp\left\{ -\frac{\left\|[x_1\ x_2 \cdots x_m] - [x_{i1}\ x_{i2} \cdots x_{im}]\right\|^2}{2\sigma^2} \right\} \\
&= b + \sum_{i=1}^{n} w_i \cdot \exp\left[-\frac{\sum\limits_{j=1}^{m}(x_j - x_{ij})^2}{2\sigma^2} \right]
\end{aligned}
\tag{11-14}
$$

式中，$\exp(a) = \mathrm{e}^a$。同理，当 $m=3$ 时，由式(11-14)可以获得压力传感器的 SVM 的输出表达式：

$$y_P = b + \sum_{i=1}^{n} w_i \exp\left[-\frac{\sum\limits_{j=1}^{3}(x_j - x_{ij})^2}{2\sigma^2} \right]$$

4) Sigmoid 核

Sigmoid 核，也称为多层感知器(Multi-Layer Perception)核，其核函数为 $K(\boldsymbol{x}, \boldsymbol{x}_i) = \tanh(p_1\langle \boldsymbol{x}, \boldsymbol{x}_i \rangle + p_2)$，$\tanh(x) = \dfrac{\mathrm{e}^x - \mathrm{e}^{-x}}{\mathrm{e}^x + \mathrm{e}^{-x}}$，$p_1$ 和 p_2 为核函数参数，调整这两个参数可以改善支持向量机的预测精度。SVM 的输出值 y 为

$$
\begin{aligned}
y &= b + \sum_{i=1}^{n} w_i \tanh\left(p_1\langle \boldsymbol{x}, \boldsymbol{x}_i \rangle + p_2 \right) = b + \tanh\left(p_1 \boldsymbol{x}\boldsymbol{x}_i^{\mathrm{T}} + p_2 \right) \\
&= b + \sum_{i=1}^{n} w_i \tanh\left\{ p_1[x_1\ x_2 \cdots x_m] \begin{bmatrix} x_{i1} \\ x_{i2} \\ \vdots \\ x_{im} \end{bmatrix} + p_2 \right\}
\end{aligned}
\tag{11-15}
$$

$$= b + \sum_{i=1}^{n} w_i \tanh\left(p_1 \sum_{j=1}^{m} x_j x_{ij} + p_2 \right)$$

当 $m=3$ 时，由式(11-15)可以获得压力传感器的 SVM 输出表达式：

$$y_P = b + \sum_{i=1}^{n} w_i \tanh\left(p_1 \sum_{j=1}^{3} x_j x_{ij} + p_2 \right)$$

5）张量积核

多维核的核函数可以通过形成张量积(Tensor Product)核来获得，其核函数的表达式为 $K(x, x_i) = \prod_{i=1}^{n} K_i(x, x_i)$，这种核函数对于多维样条核的构建特别有效，可以通过单变量核的积的形式简单地获得。

此外，还有很多其他形式的核函数，包括指数型的径向基函数(Exponential Radial Basis Function)核、傅里叶级数(Fourier Series)核、样条(Splines)核、B 样条(B Splines)核、附加(Additive)核、框架核、小波(Wavelet)核和张量积核等。此外，上面的几种核函数还可以进行组合，如张量积的小波核等。

5. 支持向量机的种类

支持向量机按照用途的不同可以分为支持向量分类(Support Vector Classification，SVC)、支持向量回归(Support Vector Regression，SVR)等。

1）SVC

支持向量分类是指用支持向量的方法描述分类问题。为便于理解，这里按照线性可分、线性不可分和非线性分类三种情况逐次进行说明。

（1）线性可分情况。

对于数据集的两类问题，不失一般性，可将其写为

$$D = \{(x_1, y_1), \cdots, (x_l, y_l)\}, \quad x \in \mathbf{R}^d, y \in \{-1, 1\} \tag{11-16}$$

①如果这些数据是线性可分的，其分割超平面为

$$\langle w, x \rangle + b = 0 \tag{11-17}$$

②如果超平面无误差地将矢量集分离，且距超平面最近的矢量与超平面之间的距离最大，那么就认为矢量集被超平面最优分离。如果式(11-17)没有泛化损失，那么它就是一个规范超平面，其中的参数 w、b 的约束为

$$\min_i \left| \langle w, x_i \rangle + b \right| = 1 \tag{11-18}$$

具体可表述为：权矢量的范数等于训练数据集中的点与超平面最近距离的倒数。图 11-5 显示了距离每个超平面最近的点。

一个形式规范的分割超平面必须满足下面的约束：

$$y_i \left[\langle w, x_i \rangle + b \right] \geqslant 1, \quad i = 1, 2, \cdots, l \tag{11-19}$$

那么点 x 距离超平面(w, b)的距离 $d(w, b; x)$：

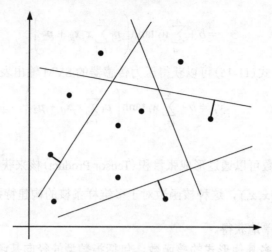

图 11-5　规范超平面

$$d(w,b;x) = \frac{\left| \langle w, x_i \rangle + b \right|}{\|w\|} \tag{11-20}$$

对于式 (11-19)，其意义是明显的。在正确分类情况下，对于输出 y_i，如果 $y_i=1$，与它对应的输入 x_i 在分类线上，那么至少应满足 $wx_i^{\mathrm{T}}+b=1$，于是 $y_i(wx_i^{\mathrm{T}}+b)-1=0$，反之，如果 $y_i=-1$，与它对应的输入 x_i 在分类线上，那么至少应满足 $wx_i^{\mathrm{T}}+b=-1$，同样得到 $y_i(wx_i^{\mathrm{T}}+b)-1=0$，这称为 Kuhn-Tucker 条件；如果 $y_i=1$，与它对应的输入 x_i 不在分类线上，那么 $wx_i^{\mathrm{T}}+b>1$，于是 $y_i(wx_i^{\mathrm{T}}+b)-1>0$，如果 $y_i=-1$，与它对应的输入 x_i 不在分类线上，那么 $wx_i^{\mathrm{T}}+b<-1$，同样得到 $y_i(wx_i^{\mathrm{T}}+b)-1>0$。最优超平面由最大的间隔 ρ（每一类之间最近点之间的距离）给定，并服从式 (11-19) 的约束。间隔 $\rho(w, b)$ 定义为

$$
\begin{aligned}
\rho(w,b) &= \min_{x_i:y_i=-1} d(w,b;x_i) + \min_{x_j:y_j=1} d(w,b;x_j) \\
&= \min_{x_i:y_i=-1} \frac{\left| \langle w, x_i \rangle + b \right|}{\|w\|} + \min_{x_j:y_j=1} \frac{\left| \langle w, x_j \rangle + b \right|}{\|w\|} \\
&= \frac{1}{\|w\|} \left(\min_{x_i:y_i=-1} \left| \langle w, x_i \rangle + b \right| + \min_{x_j:y_j=1} \left| \langle w, x_j \rangle + b \right| \right) \\
&= \frac{2}{\|w\|}
\end{aligned}
\tag{11-21}
$$

因此，最优分离数据的超平面是通过最小化

$$\Phi(w) = \frac{1}{2} \|w\|^2 \tag{11-22}$$

得到的。因为满足式 (11-19)（它是一个分离超平面），所以 b 是独立的。改变 b，超平面将沿着最优超平面的法向移动。因此，间隔保持不变，但是超平面不再是最优的，因为超平面距离一类比另一类更近。需要考虑的是如何最小化式 (11-22)，使其等价为实现结构风险最小原则（因为前提是线性可分，所以不需要考虑经验风险）。为此，首先假设下

面的界成立：

$$\|w\| < A \qquad (11\text{-}23)$$

那么由式(11-19)和式(11-20)可知，任何数据点与超平面之间的距离都大于等于 $\dfrac{1}{A}$：

$$d(w,b;x) \geqslant \frac{1}{A} \qquad (11\text{-}24)$$

在 n 维空间中的规范超平面集的 VC 维是 h，其界为

$$h \leqslant \min[R^2 A^2, n] + 1 \qquad (11\text{-}25)$$

式中，R 为包围所有数据点的超球的半径。

因此，最小化方程(11-22)等价于最小化 VC 维的上界。在约束方程(11-20)的条件下，求式(11-22)的最优化问题的解由拉格朗日泛函的鞍点给出：

$$\Phi(w,b,\boldsymbol{\alpha}) = \frac{1}{2}\|w\|^2 - \sum_{i=1}^{l} \alpha_i \left[y_i \left(\langle w, x_i \rangle + b \right) - 1 \right] \qquad (11\text{-}26)$$

式中，$\boldsymbol{\alpha} = [\alpha_1, \alpha_2, \cdots, \alpha_l]$ 是拉格朗日乘子。

拉格朗日泛函必须最小化相应的 w、b，最大化相应的 $\alpha_i \geqslant 0$ ($i=1,2,\cdots,l$)。经典的拉格朗日泛函的对偶性可以将原始问题方程式(11-26)转换为它的对偶问题，求解就很容易了。对偶问题为

$$\max_{\boldsymbol{\alpha}} w(\boldsymbol{\alpha}) = \max_{\boldsymbol{\alpha}} \left[\min_{w,b} \Phi(w,b,\boldsymbol{\alpha}) \right] \qquad (11\text{-}27)$$

最小化拉格朗日泛函相应的 w 和 b：

$$\frac{\delta \Phi}{\delta b} = 0 \Rightarrow \sum_{i=1}^{l} \alpha_i y_i = 0 \qquad (11\text{-}28)$$

$$\frac{\delta \Phi}{\delta w} = 0 \Rightarrow w = \sum_{i=1}^{l} \alpha_i y_i x_i \qquad (11\text{-}29)$$

因此，把式(11-27)～式(11-29)代入式(11-26)可得对偶问题为

$$\max_{\boldsymbol{\alpha}} w(\boldsymbol{\alpha}) = \max_{\boldsymbol{\alpha}} \left(-\frac{1}{2} \sum_{i=1}^{l} \sum_{j=1}^{l} \alpha_i \alpha_j y_i y_j \langle x_i, x_j \rangle + \sum_{k=1}^{l} \alpha_k \right) \qquad (11\text{-}30)$$

问题的解为

$$\boldsymbol{\alpha}^* = \arg\min_{\boldsymbol{\alpha}} \left(\sum_{i=1}^{l} \sum_{j=1}^{l} \alpha_i \alpha_j y_i y_j \langle x_i, x_j \rangle - \sum_{k=1}^{l} \alpha_k \right) \qquad (11\text{-}31)$$

相应的约束为

$$\alpha_i \geqslant 0, \quad i=1,2,\cdots,l, \quad \sum_{j=1}^{l} \alpha_j y_j = 0 \qquad (11\text{-}32)$$

拉格朗日乘子取决于带有约束式(11-32)的方程(11-31)，则最优分离超平面可写为

$$w^* = \sum_{i=1}^{l} \alpha_i y_i x_i$$

$$b^* = -\frac{1}{2}\left\langle \boldsymbol{w}^*, \boldsymbol{x}_r + \boldsymbol{x}_s \right\rangle \tag{11-33}$$

这里 $\boldsymbol{x}_r$ 和 $\boldsymbol{x}_s$ 是每一类中的任意支持向量，满足条件：

$$\alpha_r, \alpha_s > 0, \quad y_r = -1, \quad y_s = 1 \tag{11-34}$$

那么，硬分类器为

$$f(\boldsymbol{x}) = \text{sgn}\left(\left\langle \boldsymbol{w}^*, \boldsymbol{x} \right\rangle + b\right) \tag{11-35}$$

式中，$\text{sgn}(a)$ 表示取符号函数。$a>0$ 时，$\text{sgn}(a)=1$；$a<0$ 时，$\text{sgn}(a)=-1$。另外，当存在线性内插间隔的时候，会用软分类器：

$$f(\boldsymbol{x}) = h\left(\left\langle \boldsymbol{w}^*, \boldsymbol{x} \right\rangle + b\right), \quad h(z) = \begin{cases} -1, & z < -1 \\ z, & -1 \leqslant z \leqslant 1 \\ 1, & z > 1 \end{cases} \tag{11-36}$$

软分类器会比硬分类器更合适，是因为当在间隔内部没有训练数据时，分类器能够输出 $-1 \sim 1$ 的实数值。根据 Kuhn-Tucker 条件：

$$\alpha_i \left[y_i \left(\left\langle \boldsymbol{w}, \boldsymbol{x}_i \right\rangle + b\right) - 1 \right] = 0, \quad i = 1, 2, \cdots, l \tag{11-37}$$

仅有满足条件式(11-38)的点才有非零的拉格朗日乘子：

$$y_i \left(\left\langle \boldsymbol{w}, \boldsymbol{x}_i \right\rangle + b\right) = 1 \tag{11-38}$$

这些点称为支持向量(Support Vector，SV)。如果数据被线性分离，那么所有的 SV 都在间隔上，数目也会比较少。这样超平面只取决于训练集的一个很小的子集，从训练集中去除其他点后重新计算得到的超平面会得到与之前相同的结果。

　　如果数据是线性可分的，那么等式(11-39)成立：

$$\|\boldsymbol{w}\|^2 = \sum_{i=1}^{l} \alpha_i = \sum_{i \in \text{SVs}} \alpha_i = \sum_{i \in \text{SVs}} \sum_{j \in \text{SVs}} \alpha_i \alpha_j y_i y_j \left\langle \boldsymbol{x}_i, \boldsymbol{x}_j \right\rangle \tag{11-39}$$

因此，根据式(11-25)，分类器的 VC 维的界为

$$h \leqslant \min\left[R^2 \sum_{i=\text{SVs}}, n \right] + 1 \tag{11-40}$$

且如果训练数据 x 被正则化于单位球内，则

$$h \leqslant 1 + \min\left[\sum_{i=\text{SVs}}, n \right] \tag{11-41}$$

　　(2)线性不可分情况。

　　上述分类器仅限于线性可分情况，然而，一般来说，实际情况并非如此。对这种问题的归纳，有两种方法：依赖于问题的先验知识和数据的噪声估计。在期望能用超平面正确分离数据的情况，引入一个额外的与错误分类相关联的损失函数是比较合适的。正如前所述，可以用一个更为复杂的函数来描述这个界。如果在线性可分情况下，所需要做的是最小化分类器的结构风险，那么在线性不可分情况下，需要做的是考虑分类器结构风险与分类结果的经验风险的综合风险。为了使得最优可分超平面一般化，Cortes 和

Vapnik 于 1995 年引入了非负变量 $\xi_i \geqslant 0$ 和惩罚函数：

$$F_\sigma(\xi) = \sum_i \xi_i^\sigma, \quad \sigma > 0，常取 \sigma = 1$$

式中，ξ_i 是错误分类的量测。最优化问题转换为最小化分类器的 VC 维的同时最小化分类误差，于是式 (11-19) 在不可分情况下变为

$$y_i(w x_i^{\mathrm{T}} + b) - 1 + \xi_i \geqslant 0, \quad i = 1, 2, \cdots, l \tag{11-42}$$

式中，$\xi_i \geqslant 0$，广义最优分类超平面是在式 (11-42) 约束下由最小化函数 $\Phi(w, \xi) = \frac{1}{2}\|w\|^2 + C\sum_i \xi_i$（$C$ 为一个给定的值）的向量 w 确定。式 (11-42) 在条件 $y_i(w x_i^{\mathrm{T}} + b) - 1 + \xi_i \geqslant 0$，$(i = 1, 2, \cdots, l)$ 限制下的优化问题的解由拉格朗日函数的鞍点给定：

$$\Phi(w, x, \alpha) = \frac{1}{2}\|w\|^2 - \sum_{i=1}^l \alpha_i [y_i(w x_i^{\mathrm{T}} + b) - 1 + \xi_i] - \sum_{i=1}^l \beta_i \xi_i \tag{11-43}$$

式中，α、β 是拉格朗日乘子。拉格朗日函数对 w、b、x 最小化，相对于 α、β 最大化。同样地，它可以转换为对偶问题。于是除了得到式 (11-28)、式 (11-29) 外，还有

$$\frac{\partial \Phi}{\partial \xi_i} = 0 \quad \Rightarrow \quad \alpha_i + \beta_i = C \tag{11-44}$$

于是对偶问题变成

$$\max_{\alpha} w(\alpha) = \max_{\alpha} \left(-\frac{1}{2} \sum_{i=1}^l \sum_{j=1}^l \alpha_i \alpha_j y_i y_j \langle x_i, x_j \rangle + \sum_{k=1}^l \alpha_k \right) \tag{11-45}$$

其解为

$$\alpha^* = \arg\min_{\alpha} \frac{1}{2} \sum_{i=1}^l \sum_{j=1}^l \alpha_i \alpha_j y_i y_j \langle x_i, x_j \rangle - \sum_{k=1}^l \alpha_k \tag{11-46}$$

约束条件为

$$0 \leqslant \alpha_l \leqslant C, \quad i = 1, 2, \cdots, l$$

$$\sum_{i=1}^l \alpha_i y_i = 0 \tag{11-47}$$

比较式 (11-32) 和式 (11-47) 可知，除了拉格朗日乘子 α_i 的边界之外，这里的对偶问题与可分情况是一样的。Cortes 法的不确定部分需要确定系数 C，它在分类器中引入了额外的容量控制。C 可以直接选择为 5，但是最终选择的 C 的值必须反映数据中的噪声。

（3）非线性分类。

在分类的实际应用中，非线性分类更能满足实际需要。在本节核函数部分的基础上，可在特征空间用线性分类的方法实现输入空间的非线性分类。因此，直接选取一个合适的核函数取代式 (11-46) 中的 $\langle x_i, x_j \rangle$，然后把输入向量通过相应的非分线性变换映射到特征空间，再代入特征空间的线性分类器即可。

2) SVR

支持向量回归是指用支持向量的方法描述回归问题。由于损失函数的引入，SVM 也

可以应用到回归问题。修正的损失函数必须包括距离的测量。图 11-6 给出了四个可能的损失函数。

图 11-6(a) 的损失函数对应着传统的最小二乘误差标准。图 11-6(b) 的损失函数是拉普拉斯损失函数，不如二次型的损失函数敏感。Huber 提出的损失函数如图 11-6(c) 所示，当数据的分布未知时，为具有最优性质的鲁棒损失函数。这三个损失函数不能产生稀疏的支持向量。为了解决这个问题，Vapnik 提出如图 11-6(d) 所示的损失函数，为 Huber 损失函数的逼近，而且能够获得稀疏的支持向量集。

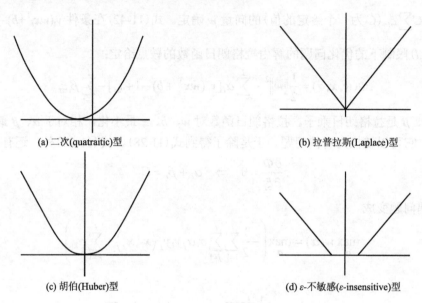

(a) 二次(quatraitic)型

(b) 拉普拉斯(Laplace)型

(c) 胡伯(Huber)型

(d) ε-不敏感(ε-insensitive)型

图 11-6 各种损失函数

(1) 线性回归。

线性回归是一个数据集的逼近问题。给定一列数据：

$$D = \{(x_1, y_1), \cdots, (x_l, y_l)\}, \quad x \in \mathbf{R}^d, \quad y \in \mathbf{R} \tag{11-48}$$

具有线性函数：

$$f(\boldsymbol{x}) = \langle \boldsymbol{w}, \boldsymbol{x} \rangle + b \tag{11-49}$$

最优化回归函数通过最小化泛函式(11-49)获得

$$\Phi(\boldsymbol{w}, \xi) = \frac{1}{2} \|\boldsymbol{w}\|^2 + C \sum_i (\xi_i^- + \xi_i^+) \tag{11-50}$$

式中，C 为惩罚因子，是一个预指定的值；ξ_i^- 和 ξ_i^+ 为松弛变量，分别表示约束的上界和下界。

① ε-不敏感损失函数。

使用一个 ε-不敏感损失函数，如图 11-6(d) 所示：

$$L_\varepsilon(y) = \begin{cases} 0, & |f(x) - y| < \varepsilon \\ |f(x) - y| - \varepsilon, & |f(x) - y| \geqslant \varepsilon \end{cases} \tag{11-51}$$

所求问题的解为

$$\max_{\boldsymbol{\alpha},\boldsymbol{\alpha}^*} w(\boldsymbol{\alpha},\boldsymbol{\alpha}^*) = \max_{\boldsymbol{\alpha},\boldsymbol{\alpha}^*} \left[-\frac{1}{2}\sum_{i=1}^{l}\sum_{j=1}^{l}(\alpha_i-\alpha_i^*)(\alpha_j-\alpha_j^*)\langle \boldsymbol{x}_i,\boldsymbol{x}_j\rangle + \sum_{i=1}^{l}\alpha_i(y_i-\varepsilon)-\alpha_i^*(y_i+\varepsilon) \right]$$

(11-52)

或者

$$\overrightarrow{\boldsymbol{\alpha}},\overrightarrow{\boldsymbol{\alpha}}^* = \arg\min_{\boldsymbol{\alpha},\boldsymbol{\alpha}^*}\left[\frac{1}{2}\sum_{i=1}^{l}\sum_{j=1}^{l}(\alpha_i-\alpha_i^*)(\alpha_j-\alpha_j^*)\langle \boldsymbol{x}_i,\boldsymbol{x}_j\rangle - \sum_{i=1}^{l}(\alpha_i-\alpha_i^*)y_i + \sum_{i=1}^{l}(\alpha_i+\alpha_i^*)\varepsilon \right]$$

(11-53)

其约束条件为

$$\begin{cases} 0 \leqslant \alpha_i, \alpha_i^* \leqslant C, \quad i=1,2,\cdots,l \\ \sum_{i=1}^{l}(\alpha_i-\alpha_i^*)=0 \end{cases}$$

(11-54)

求解带有约束条件式(11-54)的式(11-51)得到拉格朗日乘子 $\boldsymbol{\alpha}$ 和 $\boldsymbol{\alpha}^*$，由式(11-49)得到回归方程，有

$$\begin{cases} \overline{\boldsymbol{w}} = \sum_{i=1}^{l}(\alpha_i-\alpha_i^*)\boldsymbol{x}_i \\ \overline{b} = -\frac{1}{2}\langle \overline{\boldsymbol{w}},(\boldsymbol{x}_r+\boldsymbol{x}_s)\rangle \end{cases}$$

(11-55)

根据式(11-55)求出的解满足 Karush-Kuhn-Tucker(KKT)条件:

$$\overline{\alpha_i}\overrightarrow{\alpha_i}^* = 0, \quad i=1,2,\cdots,l$$

(11-56)

因此，支持向量是拉格朗日乘子远大于零的点。当 $\varepsilon=0$ 时，得到 L_1 损失函数和简化的最优化问题:

$$\min_{\boldsymbol{\beta}}\left(\frac{1}{2}\sum_{i=1}^{l}\sum_{j=1}^{l}\beta_i\beta_j\langle \boldsymbol{x}_i,\boldsymbol{x}_j\rangle - \sum_{i=1}^{l}\beta_i y_i \right)$$

(11-57)

约束条件为

$$\begin{cases} -C \leqslant \beta_i \leqslant C, \quad i=1,2,\cdots,l \\ \sum_{i=1}^{l}\beta_i = 0 \end{cases}$$

(11-58)

式中，$\beta_i=\alpha_i-\alpha_i^*$。由式(11-49)给出的回归函数中有

$$\begin{cases} \overline{\boldsymbol{w}} = \sum_{i=1}^{l}\beta_i\boldsymbol{x}_i \\ \overline{b} = -\frac{1}{2}\langle \overline{\boldsymbol{w}},(\boldsymbol{x}_r+\boldsymbol{x}_s)\rangle \end{cases}$$

(11-59)

②二次型损失函数。

二次型的损失函数如图 11-6(a)所示:

$$L_{\text{quard}}[f(x)-y] = [f(x)-y]^2 \tag{11-60}$$

式 (11-60) 解的确定或者说优化问题转换为

$$\min \frac{1}{2}\|\boldsymbol{w}\|^2 + \frac{C}{2}\sum_{i=1}^{l}\xi_i^2 \tag{11-61}$$

式中，C 为惩罚因子；ξ_i 为松弛因子；约束条件为

$$y_i = \langle \boldsymbol{w}, \boldsymbol{x} \rangle + b + \xi_i, \quad i = 1, 2, \cdots, l \tag{11-62}$$

转换为对偶问题得到

$$\max_{\boldsymbol{\alpha},\boldsymbol{\alpha}^*} w(\boldsymbol{\alpha},\boldsymbol{\alpha}^*) = \max_{\boldsymbol{\alpha},\boldsymbol{\alpha}^*}\left[-\frac{1}{2}\sum_{i=1}^{l}\sum_{j=1}^{l}(\alpha_i-\alpha_i^*)(\alpha_j-\alpha_j^*)\langle \boldsymbol{x}_i, \boldsymbol{x}_j \rangle + \sum_{i=1}^{l}(\alpha_i-\alpha_i^*)y_i - \frac{1}{2C}\sum_{i=1}^{l}(\alpha_i^2+(\alpha_i^*)^2) \right]$$

$$\tag{11-63}$$

使用 KKT 条件，相应的最优化问题可以简化为式 (11-62) 且有 $\beta_i^*=|\beta_i|$，由此产生的最优化问题为

$$\min_{\beta}\left[\frac{1}{2}\sum_{i=1}^{l}\sum_{j=1}^{l}\beta_i\beta_j\langle \boldsymbol{x}_i, \boldsymbol{x}_j \rangle - \sum_{i=1}^{l}\beta_i y_i + \frac{1}{2C}\sum_{i=1}^{l}\beta_i^2 \right] \tag{11-64}$$

约束条件为

$$\sum_{i=1}^{l}\beta_i = 0 \tag{11-65}$$

回归函数由式 (11-49) 和式 (11-59) 确定。

对于二次型的损失函数，也可以这样理解，对式 (11-61) 引入拉格朗日函数：

$$L = \frac{1}{2}\|\boldsymbol{w}\|^2 + \frac{C}{2}\sum_{i=1}^{l}\xi_i^2 - \sum_{i=1}^{l}\alpha_i(\boldsymbol{w}\boldsymbol{x}_i^{\text{T}}+b+\xi_i-y_i) \tag{11-66}$$

式中，$\alpha_i\,(i=1,2,\cdots,l)$ 为拉格朗日乘子。分别求解式 (11-66) 的关于 $\boldsymbol{w}$、ξ、b、$\boldsymbol{\alpha}$ 的偏微分可得

$$\begin{cases} \dfrac{\partial L}{\partial \boldsymbol{w}} = \boldsymbol{w}^{\text{T}} - \sum_{i=1}^{n}\alpha_i \boldsymbol{x}_i^{\text{T}} = 0 \\[2mm] \dfrac{\partial L}{\partial \xi_i} = C\xi_i - \alpha_i = 0 \\[2mm] \dfrac{\partial L}{\partial b} = \sum_{i=1}^{n}\alpha_i = 0 \\[2mm] \dfrac{\partial L}{\partial \alpha_i} = \boldsymbol{w}\boldsymbol{x}_i^{\text{T}} + b + \xi_i - y_i = 0 \end{cases} \tag{11-67}$$

由式 (11-67) 消去 $\boldsymbol{w}$、ξ 可得

$$\begin{bmatrix} 0 & 1 & \cdots & 1 \\ 1 & \boldsymbol{x}_1\boldsymbol{x}_1^{\text{T}}+1/C & \cdots & \boldsymbol{x}_1\boldsymbol{x}_l^{\text{T}}+1/C \\ \vdots & \vdots & & \vdots \\ 1 & \boldsymbol{x}_l\boldsymbol{x}_1^{\text{T}}+1/C & \cdots & \boldsymbol{x}_l\boldsymbol{x}_l^{\text{T}}+1/C \end{bmatrix} \begin{bmatrix} b \\ \alpha_1 \\ \vdots \\ \alpha_l \end{bmatrix} = \begin{bmatrix} 0 \\ y_1 \\ \vdots \\ y_l \end{bmatrix}$$

求解上述方程可得到最小二乘支持向量机(LS-SVM)的回归方程,得到$\pmb{\alpha}$和 b,于是可得到回归方程为

$$f(\pmb{x}) = \sum_{i=1}^{l} \alpha_i \langle \pmb{x}_i, \pmb{x} \rangle + b \tag{11-68}$$

(2)非线性回归。

同分类问题类似,非线性建模通常要求足够多的建模数据。采用与非线性 SVC 相同的方法,可以用非线性映射来把数据映射到高维特征空间,然后在该空间进行线性回归。"维数灾难"问题依然用核方法来解决。例如,用核函数 $K(\pmb{x}, \pmb{x}_i)$ 取代式(11-68)中的内积 $\langle \pmb{x}, \pmb{x}_i \rangle$ 即可得到非线性回归:

$$f(\pmb{x}) = \sum_{i=1}^{n} \alpha_i K(\pmb{x}, \pmb{x}_i) + b \tag{11-69}$$

11.2　支持向量机的应用流程

11.2.1　训练样本及检验样本的制备

本书在第 10 章已经介绍了用于神经网络学习的样本制备方法及步骤,支持向量机学习所需要的样本的制备方法与第 10 章相同。取实验标定获得的样本数据对中的一部分(N_1 组样本对,占总样本数的 1/2～2/3)作训练样本,剩余部分(N_2 组样本对)作检验样本,$N_1+N_2=N$。训练样本和检验样本数据的数量可能不同,但是格式相同,由 SVM 的输入样本(即支持向量机的输入向量)和期望输出样本(即期望输出向量)组成,格式为 $\{[x_{i1}, x_{i2}, \cdots, x_{im}], y_i\}$。

11.2.2　支持向量机的训练、检验与测量

1)训练

按照以下步骤对支持向量机进行训练。

(1)输入训练样本:将全部训练样本的输入向量$[x_{i1}, x_{i2}, \cdots, x_{im}]$($i=1,2,\cdots,N_1$)作为支持向量 $\pmb{x}_i$,$\pmb{y}=[P_i']$($i=1,2,\cdots,N_1$)作为期望输出向量,一次并行输入支持向量机,并将全部检验样本的输入向量$[x_{i1}, x_{i2}, \cdots, x_{im}]$($i=1,2,\cdots,N_2$)作为特征空间向量 $\pmb{x}$ 依次串行输入支持向量机;

(2)设置 SVM 学习参数及核函数参数;

(3)SVM 训练:基于训练样本及真实风险最小化原则,求出 SVM 结构参数(权系数 $\alpha_1, \alpha_2, \cdots, \alpha_s$ 和偏移量 b),使输出向量 $y(\pmb{x})$ 与训练样本中的期望输出向量 $\pmb{y}$ 的偏差最小,从而表明支持向量机的训练结束,训练好的支持向量机能否用于实测还需要进行检验。

2)检验

将检验样本作为输入向量 $\pmb{x}$ 输入已经训练好的支持向量机中,获得检验样本的输出结果。当检验样本结果满足实测要求时,表明训练好的支持向量机可进行准确的识别和回归;反之,则要调整支持向量机训练参数进行新的训练,直至支持向量机检验结果偏

差满足实测要求。通过对支持向量机的检验，确定代表支持向量机结构的权系数 α_1，$\alpha_2,\cdots,\alpha_s$ 和偏移量 b，根据所选的核函数，并代入相应的 SVM 输出表达式（式(11-12)～式(11-15)，或其他）中，就可以获得降低或消除压力传感器交叉敏感的回归模型，得到准确的智能压力传感器系统的输入-输出关系。

3）测量

将被测量样本 $[x_{i1}, x_{i2},\cdots, x_{im}]$（既不是训练样本也不是检验样本）输入相应的已经训练好的回归模型——SVM 的输出表达式中，就可以由输出结果获得准确的待测量。

4）MATLAB 中的支持向量机回归函数 fitrsvm

MATLAB 可以使用 fitrsvm 函数创建回归支持向量机模型，在中低维预测变量数据集上训练或交叉验证支持向量机（SVM）回归模型。fitrsvm 函数支持使用内核函数映射预测变量数据，并支持通过二次编程实现目标函数最小化。要在高维数据集（即包含许多预测变量的数据集）上训练线性 SVM 回归模型，需要改用 fitrlinear 函数。

对于输入变量 x 和输出变量 y，采用 fitrsvm 函数进行回归的关键步骤如下。

第一步：使用 fitrsvm 函数构建（训练）回归模型，模型存储数据、参数值、支持向量和算法实现信息。格式：Mdl = fitrsvm(x,y)；描述：建立以 x 为输入变量、y 为输出变量的 SVM 回归模型。

第二步：估计 resubstitution 预测。格式：yfit = resubPredict(mdl)；描述：使用存储在 mdl. x 中的预测器数据，为训练好的支持向量机回归模型 mdl 返回一个预测对应值的向量 yfit，yfit 的长度等于训练数据 mdl.NumObservations 中的观察次数。

第三步：预测新数据。格式：yfit = predict(mdl,x)；描述：基于训练好的支持向量机回归模型 mdl，返回矩阵 x 中预测数据的预测对应向量。

第四步：计算 resubstitution 损失。格式：L = resubLoss(mdl)；描述：返回支持向量机回归模型 mdl 的再替换损失，使用存储在 mdl 中的训练数据。x 和对应值存储在 mdl.y 中；格式：L = resubLoss(mdl, name, value)；描述：返回重新替换丢失，以及由一个或多个名称、值对参数指定的附加选项。例如，可以指定损失函数或观测权值。

采用第 9 章表 9-2 中二维标定实验及获得的样本数据，应用 fitrsvm 函数进行支持向量机回归的代码见配套的教学资源"11.2.2 应用 fitrsvm 函数进行支持向量机回归"。

11.2.3　支持向量机的移植

将已经训练完毕且检验合格可以实现某种智能化功能的支持向量机结构，即已知权系数 α_1, $\alpha_2,\cdots,\alpha_s$ 和偏移量 b 的回归模型——SVM 的输出表达式，移植到另一个硬件环境（如单片机、DSP 或测量用的计算机）或已知的另一个软件环境中。之后，若将测量样本数据输入到 SVM 的输出表达式中进行被测量的测量，仍然可以达到同样的提高整个系统稳定性和准确性的该种智能化功能的效果。

将支持向量机的回归模型式(11-12)移植为 C 语言程序，再将被测量样本输入程序中，即可在单片机、DSP 等微处理器中实现被测量的测量。

11.3　基于 SVM 方法的三传感器数据融合原理

11.3.1　三传感器数据融合的智能传感器系统的组成

采用 SVM 技术进行三传感器数据融合的智能传感器系统由传感器模块和支持向量机模块两部分组成，如图 11-7 所示。

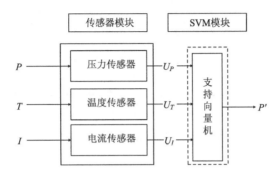

图 11-7　采用 SVM 进行三传感器数据融合的智能压力传感器系统框图

1. 传感器模块

如图 11-7 所示，传感器模块输出三个电压信号，其中 U_P 为被测压力 P（目标参量）的检测信号，U_I、U_T 为两个非目标参量的检测信号。传感器模块的检测电路如图 11-8 所示。

1）压力传感器

实验采用 CYJ-201 型压阻式压力传感器，其输出电压 U_P 对应被测压力 P（目标参量）。该传感器包含封装在一起的 4 个压敏电阻，其中 R_1 和 R_4 完全一样，其电阻随着压力的增大而增大，R_2 和 R_3 完全一样，其电阻随着压力的增大而减小。一个理想的压力传感器，其输出电压 U_P 应为输入压力 P 的一元单值函数。而在实际应用中，该传感器受工作温度 T 和电源供电电流 I 的影响，其输出电压 U_P 也将发生变化，是一个三元函数：$U_P=f(P,I,T)$。

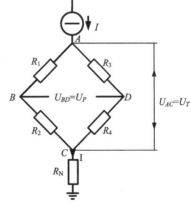

图 11-8　传感器电路原理图

2）温度传感器

温度传感器将工作温度 T 转换为电压信号 U_T。由于图 11-8 中的四个电阻的温度特性是一样的，都是随着温度的升高而增大。因此，采用恒流源供电的压阻式压力传感器，其供电端（AC 两端）电压 U_{AC} 即为 U_T。

3）电流传感器

电流传感器将电流信号 I 转换为电压信号 U_I，如图 11-8 所示。采用标准恒定电阻 R_N 与压力传感器相串联，R_N 两端电压 U_I 为 $U_I=IR_N$。

2. 支持向量机模块

支持向量机(SVM)模块是由软件编程实现的一种算法。在本实验中，网络的三个输入量 x_1、x_2、x_3 分别对应着 U_P、U_I、U_T，输出量为 P'，也是智能压力传感器系统的总输出量。通过压力传感器的多维标定实验获得 n 组样本 $\{(U_{Pi}, U_{Ii}, \cdots, U_{Ti}), P_i'\}$ ($i=1,2,\cdots,n$)，记为 n 个样本点 $\{x_i, y_i\}$ ($x_i \in \mathbf{R}^m$, $y_i \in \mathbf{R}$, $m=3$)，x_i 代表输入向量 $(U_{Pi}, U_{Ii}, \cdots, U_{Ti})$；$m$ 代表输入向量的维数，对于本实验的问题而言，$m=3$；y_i 代表期望输出标量 P_i'。基于 SVM 进行数据融合的目的是拟合输入 x 与输出 y 之间的关系：

$$y(X) = \boldsymbol{w}^T \boldsymbol{x} + b = \sum_{i=1}^{s} \alpha_i K(\boldsymbol{x}, \boldsymbol{x}_i') + b \tag{11-70}$$

式中，x_i' ($i=1,2,\cdots,s$) 是支持向量；s 为支持向量的数量；x 是被测输入向量；b 是 SVM 阈值或偏移量；w 是 SVM 的权值系数，其数量与支持向量数量相同，即 $w=[w_1,w_2,\cdots,w_i,\cdots,w_n]$；$\alpha_i$ 是与 SVM 的权值系数相对应的拉格朗日乘子；$K(X, X_i)$ 为 SVM 的核函数。

11.3.2 应用示例

[示例 11-1]　降低两个干扰量影响的 SVM 智能化软件模块的设计。

要求：采用高斯型 RBF 核函数的 SVM 作为多传感器交叉敏感的逆模型，改善压阻式压力传感器(JCY-201 型)的温度稳定性与恒流源供电电流的稳定性，并对改善前后的稳定性作出评价。

解：同第 9 章的多元线性回归法和第 10 章的神经网络技术，监测干扰量温度 T 的温度传感器的输出电压为 U_T；监测干扰量恒流源供电电流 I 的电流传感器输出电压为 U_I；构建高斯型 RBF 核函数的 SVM 的三传感器数据融合智能传感器系统框图，如图 11-7 所示。

1) 样本的制作

三维标定实验及获得的样本数据与表 9-6 相同。支持向量机的学习样本与测试样本和 RBF 神经网络的样本完全相同，可以在程序中直接输入，也可以先制作成文件。文件类型的学习（训练）样本和测试（检验）样本，包含训练样本的输入样本文件 pressure_train_in.txt 和期望输出样本文件 pressure_train_out.txt、检验样本的输入样本文件 pressure_test_in.txt 和期望输出样本文件 pressure_test_out.txt 一共四个 .txt 文件。这里的输入样本是三维的，有三个输入变量 U_P、U_I、U_T，期望输出样本是一维的，是一列与输入变量相对应的压力值 P。

2) 用于消除交叉敏感的支持向量机 MATLAB 源程序和程序

具体说明见配套的教学资源示例 11-1。

3) SVM 融合输出结果

用于消除三传感器交叉敏感 SVM 的核函数，本实验选用 Gaussian 型 RBF 核函数。支持向量机实现的程序环境为 MATLAB 2007b。程序中的 SVM 学习函数为 svmreg，SVM 的仿真测试函数为 svmval。程序中 C 为拉格朗日乘子的界，$C = 500$；λ 为 QP 方法的条件参数，程序中 lambda $= 1 \times 10^{-10}$；ε 为所求解附近的 ε 邻域，程序 epsilon $= 1 \times 10^{-7}$；kerneloption 为核参数，程序中 kerneloption $= 0.338$。程序中对输入样本未进行归一化处理。

采用高斯型 RBF 核函数的 SVM 输出结果：学习样本经 SVR 后的输出值与其压力标定值之间最大偏差的绝对值为 2.5111×10^{-7}。均方误差为 MSE1 $=2.5024 \times 10^{-10}$，均方误差的标准差 MSETD1 $=3.9722 \times 10^{-9}$。由上面的数据可见，在一定误差许可的条件下，采用高斯型 RBF 核函数的 SVM 对学习样本的输出已经极大地消除了交叉敏感的影响。检验样本经 SVR 后的输出值与其压力标定值之间的最大偏差的绝对值为 0.0041。均方误差为 MSE2 $=6.0730 \times 10^{-7}$，均方误差的标准差为 MSETD2 $=2.4253 \times 10^{-6}$。检验样本的输出值（部分）见表 11-1。

表 11-1　$\sigma=0.338$ 时，高斯型 RBF 核函数的 SVM 检验样本输出结果

$T/\text{℃}$	P/MPa	$I=6\text{mA}$		$I=7\text{mA}$		$I=8\text{mA}$		$I=10\text{mA}$		$I=11\text{mA}$	
		$\hat{P}/\text{MPa}$	Δ/MPa	$\hat{P}/\text{MPa}$	Δ/MPa	$\hat{P}/\text{MPa}$	Δ/MPa	$\hat{P}/\text{MPa}$	Δ/MPa	$\hat{P}/\text{MPa}$	Δ/MPa
43	0	0.0015	0.0015	0.0009	0.0009	0.0004	0.0004	−0.0001	−0.0001	0.0021	0.0021
	0.5	0.5001	0.0001	0.4993	−0.0007	0.5006	0.0006	0.4996	−0.0004	0.5009	<u>0.0009</u>
53	0	−0.0001	−0.0001	−0.0002	−0.0002	−0.0000	−0.0000	0.0008	0.0008	0.0029	0.0029
	0.5	0.5003	0.0003	0.5003	0.0003	0.4999	−0.0001	0.5009	<u>0.0009</u>	0.5003	0.0003
58	0	−0.0041	<u>−0.0041</u>	−0.0014	−0.0014	−0.0002	−0.0002	0.0041	<u>0.0041</u>	−0.0005	−0.0005
	0.5	0.4998	−0.0002	0.5006	0.0006	0.4995	−0.0005	0.4995	−0.0005	0.4997	−0.0003

注：（1）T 表示工作温度；I 表示工作电流；P 表示压力标定值；$\hat{P}$ 表示压力计算值；偏差 $\Delta= \hat{P} - P$，表 11-2 同。
（2）下画线数据表示最大偏差。

同样，如果 kerneloption 的数值选择不好，例如，在程序中令 kerneloption=10，其他参数保持不变，则输出结果学习样本经 SVR 后的输出值与其压力标定值之间的最大偏差绝对值为 0.0277。均方误差 MSE1=4.3901×10^{-5}，MSETD1 $=1.0083 \times 10^{-4}$。检验样本的输出值与对应的压力标定值之间的最大偏差绝对值为 0.016。均方误差 MSE2 $=3.1914 \times 10^{-5}$，MSETD2 $=5.962 \times 10^{-4}$。检验样本部分输出值见表 11-2。

表 11-2　$\sigma=10$ 时，高斯型 RBF 核函数的 SVM 检验样本输出结果

$T/\text{℃}$	P/MPa	$I=6\text{mA}$		$I=7\text{mA}$		$I=8\text{mA}$		$I=10\text{mA}$		$I=11\text{mA}$	
		$\hat{P}/\text{MPa}$	Δ/MPa	$\hat{P}/\text{MPa}$	Δ/MPa	$\hat{P}/\text{MPa}$	Δ/MPa	$\hat{P}/\text{MPa}$	Δ/MPa	$\hat{P}/\text{MPa}$	Δ/MPa
43	0	−0.0144	−0.0144	−0.0156	−0.0156	−0.0160	<u>−0.0160</u>	−0.0138	−0.0138	−0.0136	−0.0136
	0.5	0.4913	−0.0087	0.5002	0.0002	0.5003	0.0003	0.4961	−0.0039	0.4965	−0.0035
53	0	0.0051	0.0051	0.0049	0.0049	0.0062	0.0062	0.0116	0.0116	0.0112	0.0112
	0.5	0.4907	−0.0093	0.4988	−0.0012	0.5000	0.0000	0.4983	−0.0017	0.4980	−0.0020
58	0	−0.0118	−0.0118	−0.0134	−0.0134	−0.0129	−0.0129	−0.0096	−0.0096	−0.0101	−0.0101
	0.5	0.4882	<u>−0.0118</u>	0.4974	−0.0026	0.4986	−0.0014	0.4972	−0.0028	0.4976	−0.0024

对比表 11-1 和表 11-2 的数据可明显看出,虽然选取 $\sigma=10$(即程序中参数 kerneloption =10)也可以对数据进行融合,但是融合的结果明显比选 $\sigma=0.338$ 时的输出结果差很多。因此,需要对这些参数进行仔细的选择、调试,最后选取最优的结果。

4) 融合后效果评价

(1) 当取 $\sigma=0.338$ 时,SVM 输出效果评价。

在 $\Delta T=39℃$,$\Delta I=5\text{mA}$ 变化范围内,零点计算值的最大偏差 $|\Delta P'_{0m}|=0.0041\text{MPa}$;满量程压力 $P_{\text{F.S}}=0.5\text{MPa}$,其计算值的最大偏差量 $|\Delta P'_m|=0.0009\text{MPa}$,则有

$$\alpha_0 = \frac{|\Delta P'_{0m}|}{P_{\text{F.S}}} \cdot \frac{1}{\Delta T} = \frac{0.0041}{0.5} \cdot \frac{1}{39} \approx 2.1 \times 10^{-4} \; (℃)^{-1}$$

$$\alpha_s = \frac{|\Delta P'_m|}{P_{\text{F.S}} \cdot \Delta T} = \frac{0.0009}{0.5} \cdot \frac{1}{39} \approx 4.6 \times 10^{-5} \; (℃)^{-1}$$

$$\alpha_I = \frac{|\Delta P'_m|}{P_{\text{F.S}} \cdot \Delta I} = \frac{0.0009}{0.5 \times 5} \approx 3.6 \times 10^{-4} \; (\text{mA})^{-1}$$

(2) 当取 $\sigma=10$ 时,SVM 的效果评价。

同样,在 $\Delta T=39℃$,$\Delta I=5\text{mA}$ 变化范围内,零点计算值的最大偏差 $|\Delta P'_{0m}|=0.016\text{MPa}$;满量程压力 $P_{\text{F.S}}=0.5\text{MPa}$,其计算值的最大偏差量 $|\Delta P'_m|=0.0118\text{MPa}$,则有

$$\alpha_0 = \frac{|\Delta P'_{o0m}|}{P_{\text{F.S}}} \cdot \frac{1}{\Delta T} = \frac{0.016}{0.5} \cdot \frac{1}{39} \approx 8.2 \times 10^{-4} \; (℃)^{-1}$$

$$\alpha_s = \frac{|\Delta P'_m|}{P_{\text{F.S}} \cdot \Delta T} = \frac{0.0118}{0.5} \cdot \frac{1}{39} \approx 6.1 \times 10^{-4} \; (℃)^{-1}$$

$$\alpha_I = \frac{|\Delta P'_m|}{P_{\text{F.S}} \cdot \Delta I} = \frac{0.0118}{0.5 \times 5} \approx 4.7 \times 10^{-3} \; (\text{mA})^{-1}$$

将各种方法的融合效果进行比较,见表 11-3。

表 11-3　融合前后各评价系数对比

评价系数	零位温度系数 $\alpha_0/(℃)^{-1}$	灵敏度温度系数 $\alpha_s/(℃)^{-1}$	电流影响系数 $\alpha_I/(\text{mA})^{-1}$
融合前计算值	1.9×10^{-3}	1.2×10^{-2}	9.0×10^{-2}
$\sigma=0.338$,高斯型 RBF 核融合	2.1×10^{-4}	4.6×10^{-5}	3.6×10^{-4}
$\sigma=10$,高斯型 RBF 核融合	8.2×10^{-4}	6.1×10^{-4}	4.7×10^{-3}

需要说明的是,在使用高斯型 RBF 核函数的 SVM 过程中,其核函数的参数 kerneloption 的数值需要进行反复试验,从而找到合适的支持向量机结构参数 w 和 b,使得输出结果最佳。

融合前计算值的计算同第 9 章示例 9-2。

5) 移植

由于压力传感器在现场实际使用的过程中，传感器的实际测量输出一般通过单片机或 DSP 进行数据处理，但是在能进行浮点运算的单片机或者 DSP 的硬件环境中，不可能安装 MATLAB 等大型数值计算软件，因此在实际的使用过程中可以这样来进行移植：先在 PC 上训练 SVM，然后将训练合格的 SVM 的结构参数(权系数 w、偏置值 b、RBF 核函数的 σ)，直接固化到单片机或者 DSP 中，这样在单片机或者 DSP 中只需要进行式(11-9)所示简单的乘法、加法、指数和矩阵乘法等运算，可在现场完成传感器数据融合输出。

采用高斯型 RBF 核函数的 SVM，经过学习样本训练后的权系数和偏移量详见表 11-4。

表 11-4　经过 SVM 学习后的支持向量机的权系数与偏移量

权系数	权系数数值									
$w_0 \sim w_9$	−5.1515	−3.8024	−1.2988	−11.6221	27.5267	−15.0892	−3.7380	−5.0454	−6.9700	−11.697
$w_{10} \sim w_{19}$	−9.5427	7.4446	−1.0642	−1.6607	−4.1339	−6.4829	−4.1580	2.7147	−0.7087	−1.8437
$w_{20} \sim w_{29}$	−1.7696	−3.5045	−4.3461	0.7136	−0.5763	−0.7901	−1.0978	−1.5796	−3.2021	1.8062
$w_{30} \sim w_{39}$	−1.4001	−1.2582	−1.1418	−1.1885	−1.3536	2.3264	−9.1751	27.1525	20.3028	25.4071
$w_{40} \sim w_{49}$	−96.0319	8.5147	−3.2784	14.0125	14.6797	15.2737	13.5109	7.6891	−0.8762	2.4023
$w_{50} \sim w_{59}$	3.0268	3.1486	0.7916	−2.0326	−0.5045	1.3205	1.4326	7.7889	8.0394	4.7125
$w_{60} \sim w_{69}$	−0.2801	0.819	1.1424	1.2868	2.0808	−2.8462	−0.3079	0.5698	0.4417	0.3623
$w_{70} \sim w_{79}$	0.6677	−1.1348	49.7563	−21.7346	4.6875	79.4249	244.1223	123.8275	16.1915	−26.850
$w_{80} \sim w_{89}$	−16.8914	−6.5081	−6.6867	−61.9567	4.6115	1.0873	7.9518	17.5118	14.7643	−6.8367
$w_{90} \sim w_{99}$	2.6709	3.4342	2.2598	2.9697	5.0258	−0.521	2.1304	0.9691	−0.0029	0.8396
$w_{100} \sim w_{109}$	3.0741	−1.2916	2.6722	1.6764	1.4347	1.4825	0.9984	−2.824	−39.0524	−17.528
$w_{110} \sim w_{119}$	−56.1417	−127.3354	−279.041	−131.7276	−10.4841	34.8978	22.4497	17.0127	18.4504	68.6956
$w_{120} \sim w_{129}$	−3.0465	−1.8324	−7.1531	−14.8276	−13.0771	5.3204	−1.8495	−2.9887	−1.6207	−13.718
$w_{130} \sim w_{139}$	−16.0891	−16.2098	−1.5847	−0.8532	0.6528	0.0280	−1.0797	2.0842	−1.5038	−0.9569
$w_{140} \sim w_{149}$	−0.7002	−0.6064	−0.1231	1.3271	−6.9806	54.9870	150.016	111.7165	500.00	0.0805
$w_{150} \sim w_{159}$	−1.3075	−119.9906	−88.6865	−87.6463	−97.9011	−106.9821	−0.5503	−1.1049	−0.6923	−2.2102
$w_{160} \sim w_{169}$	5.0442	12.2895	−0.2987	−2.0143	−2.1873	19.079	23.3299	43.9412	−0.3753	−2.0201
$w_{170} \sim w_{179}$	−3.2796	−2.5916	−4.5214	6.0827	−0.0092	−1.5352	−0.9152	−0.4796	−0.4561	3.6526
$w_{180} \sim w_{189}$	4.5878	−44.7552	−137.9638	−87.6705	−456.7712	20.6037	0.4045	111.1792	79.7309	76.084
$w_{190} \sim w_{199}$	85.5564	90.2245	0.3836	1.2242	0.5592	2.943	−5.4761	−16.6696	0.3733	2.516
$w_{200} \sim w_{209}$	1.9836	−15.5552	−20.1018	−41.0525	0.3668	2.2417	2.8076	1.9352	3.5926	−7.6293
$w_{210} \sim w_{219}$	0.3752	1.8845	1.0263	0.4105	0.0399	−4.114	1.0598	4.8254	20.1577	10.6364
$w_{220} \sim w_{229}$	64.8241	−4.174	0.4727	−8.3724	−4.5622	−2.8619	−2.997	−3.8505	−0.057	−0.1644
$w_{230} \sim w_{239}$	0.3678	−0.1556	2.3482	5.9196	−0.1494	−0.6142	−0.2097	2.9924	4.3048	9.2507
$w_{240} \sim w_{249}$	−0.055	−0.5264	−0.3484	−0.0119	−0.1217	2.3162	−0.3634	−0.6017	−0.2603	0.0201
$w_{250} \sim w_{251}$	0.2776	1.2409	偏移量 $b=0.2383$							

移植用的 MATLAB 程序(部分)及程序说明见配套的教学资源示例 11-1。

程序是在 MATLAB 环境下编写的,移植则需要将上面的程序转化为 C 语言的程序,具体可根据所移植的环境,将其改写为 C51(单片机)的程序或者 DSP 的 C 语言程序。

所移植的 C 语言程序清单见配套的教学资源示例 11-1。

[示例 11-2] 使用 SVC(支持向量分类)对两组分混合气体进行定性识别。

要求:以红外气体传感器为例,采用 SVC 对 SO_2 与 NO_2 两组分混合气体种类进行定性识别。

解:由于 SO_2 与 NO_2 两种气体的谱线在其红外吸收区域存在交叉现象,即测量这两种气体的红外传感器存在交叉敏感。这种现象在实验标定数据中表现为当 SO_2 浓度(本示例中均为体积分数)不变而 NO_2 浓度变化时,不仅 NO_2 红外传感器的输出电压发生变化,而且 SO_2 红外传感器的输出电压也发生变化。气体传感器的交叉敏感会给气体种类识别结果带来误差。

气体的定性识别,就是判定气体的有无。本实验中,在标定时设定了每种气体浓度阈值,当气体浓度小于该阈值时,就认为没有该种气体,反之则认为存在该种气体。

因为所识别的是两种气体的有无,其结果的组合有四种,所以这是一个多类问题。

1)实验标定

利用红外气体传感器对 SO_2 与 NO_2 两组分混合气体进行实验标定,获得实验标定数据,即不同气体浓度条件下测定两种传感器输出电压 U_{SO_2} 与 U_{NO_2}。

2)SVC 的训练与检验样本的制备

根据实验标定的数据,制备 SO_2(气体 1)与 NO_2(气体 2)两组分混合气体模式识别样本,训练样本与检验样本格式一致。每种气体的有无是根据标定时该种气体的浓度阈值确定的。对于 SO_2 和 NO_2 气体来说,分别设定其阈值浓度为 30×10^{-5} 和 5×10^{-6}。详细的训练样本数据见表 11-5,检验样本的数据见表 11-6。

表 11-5　SO_2 和 NO_2 两种气体传感器输出电压与气体有无识别的标定数据(训练样本)

序号	U_{SO_2}	U_{NO_2}	O_{SO_2}	O_{NO_2}	序号	U_{SO_2}	U_{NO_2}	O_{SO_2}	O_{NO_2}	序号	U_{SO_2}	U_{NO_2}	O_{SO_2}	O_{NO_2}
01	0.00	0.00	−1	−1	12	5.85	13.93	−1	1	23	11.02	25.53	−1	1
02	0.59	4.52	−1	−1	13	6.39	18.06	−1	1	24	11.20	26.92	−1	1
03	0.94	7.25	−1	1	14	6.85	21.58	−1	1	25	22.65	9.74	1	−1
04	1.57	12.09	−1	1	15	7.15	23.87	−1	1	26	23.24	14.26	1	−1
05	2.11	16.22	−1	1	16	7.33	25.25	−1	1	27	23.60	16.99	1	1
06	2.57	19.74	−1	1	17	8.16	3.51	−1	−1	28	24.23	21.83	1	1
07	2.86	22.03	−1	1	18	8.75	8.03	−1	−1	29	24.76	25.96	1	1
08	3.04	23.41	−1	1	19	9.10	10.76	−1	1	30	25.22	29.48	1	1
09	4.28	1.84	−1	−1	20	9.73	15.60	−1	1	31	25.52	31.77	1	1
10	4.87	6.36	−1	−1	21	10.27	19.73	−1	1	32	25.70	33.15	1	1
11	5.22	9.09	−1	1	22	10.72	23.24	−1	1	33	31.45	13.52	1	−1

续表

序号	U_{SO_2}	U_{NO_2}	O_{SO_2}	O_{NO_2}	序号	U_{SO_2}	U_{NO_2}	O_{SO_2}	O_{NO_2}	序号	U_{SO_2}	U_{NO_2}	O_{SO_2}	O_{NO_2}
34	32.03	18.05	1	–1	45	38.02	31.66	1	1	56	40.60	39.56	1	1
35	32.39	20.77	1	1	46	38.48	35.18	1	1	57	40.01	17.21	1	–1
36	33.02	25.61	1	1	47	38.78	37.47	1	1	58	40.60	21.73	1	–1
37	33.55	29.74	1	1	48	38.96	38.85	1	1	59	40.96	24.46	1	1
38	34.01	33.26	1	1	49	37.56	16.15	1	–1	60	41.59	29.30	1	1
39	34.31	35.55	1	1	50	38.15	20.67	1	–1	61	42.12	33.43	1	1
40	34.49	36.93	1	1	51	38.50	23.40	1	1	62	42.58	36.94	1	1
41	35.91	15.44	1	–1	52	39.13	28.24	1	1	63	42.88	39.23	1	1
42	36.50	19.97	1	–1	53	39.67	32.37	1	1	64	43.06	40.61	1	1
43	36.86	22.69	1	1	54	40.13	35.89	1	1				—	
44	37.49	27.54	1	1	55	40.43	38.18	1	1					

注：(1) U_{SO_2} 与 U_{NO_2} 分别为 SO_2 和 NO_2 两种气体传感器的输出电压(mV)，作为 SVC 的学习样本输入数据；

(2) O_{SO_2} 与 O_{NO_2} 分别为判定 SO_2 和 NO_2 两种气体有无的数据；–1 表示没有该种气体，1 表示存在该种气体，作为学习样本的期望输出数据。

(3) 表 11-6 同。

表 11-6　SO_2 和 NO_2 两种气体传感器输出电压与气体有无识别的标定数据（检验样本）

序号	U_{SO_2}	U_{NO_2}	O_{SO_2}	O_{NO_2}	序号	U_{SO_2}	U_{NO_2}	O_{SO_2}	O_{NO_2}
01	1.97	2.33	–1	–1	07	5.22	9.09	–1	1
02	3.21	5.65	–1	–1	08	7.95	24.21	–1	1
03	2.71	8.01	–1	1	09	37.96	19.23	1	–1
04	4.53	22.05	–1	1	10	39.85	23.98	1	1
05	4.49	3.41	–1	–1	11	42.44	39.71	1	1
06	4.27	4.74	–1	–1				—	

从表 11-5 和表 11-6 的数据可以看出，两组分混合气体有四种模式（气体 1 和气体 2 都没有、有气体 1 没有气体 2、没有气体 1 有气体 2、气体 1 和气体 2 都有）。

(1) 模式 1：$\phi(SO_2)<30$ppm，$\phi(NO_2)<5$ppm 即 SO_2 和 NO_2 都没有，输出结果为 $(-1, -1)$。

(2) 模式 2：$\phi(SO_2)<30$ppm，$\phi(NO_2)\geqslant5$ppm 即没有 SO_2 只有 NO_2，输出结果为 $(-1, 1)$。

(3) 模式 3：$\phi(SO_2)\geqslant30$ppm，$\phi(NO_2)<5$ppm 即只有 SO_2 没有 NO_2，输出结果为 $(1, -1)$。

(4) 模式 4：$\phi(SO_2)\geqslant30$ppm，$\phi(NO_2)\geqslant5$ppm 即 SO_2 和 NO_2 都有，输出结果为 $(1, 1)$。

根据上述四种模式的输出结果 (O_1, O_2)，可以将两组分混合气体的四种模式编成如表 11-7 所示的四类。

表 11-7　两个 SVC 的 O 值选取原则

两种气体的浓度阈值	$\phi(1)<30$, $\phi(2)<5$	$\phi(1)<30$, $\phi(2)\geqslant5$	$\phi(1)\geqslant30$, $\phi(2)<5$	$\phi(1)\geqslant30$, $\phi(2)\geqslant5$
输出结果	$(-1, -1)$	$(-1, 1)$	$(1, -1)$	$(1, 1)$
SVC 分类标识	1	2	3	4

目前用支持向量机处理多类问题主要采用两种策略：一种是"一对一(One Against One，1A1)"，另一种是"一对多(One Against All，1AA)"。

这两种策略都是采用"一个机器"的方法，即通过求解单个最优化问题来构建一个多类的 SVC，采用的都是"分化和获胜"方法，将一个多类问题分解为几个二值的子问题，并为每个子问题构建一个标准的 SVC。二者不同的是，1A1 方法是为每个"类对"构建一个 SVC。对于 N 类的问题，1A1 的方法共要产生 $N(N–1)/2$ 个分类器，1AA 方法是为每一类构建一个 SVC，从所有其他类的样本中训练区分属于一个单类的样本。当用于测试的时候，对于一个测试数据，每个分类器会对该数据给出一个投票，最后这个数据属于获得最多选票的那一类，这一过程相当于加权投票的过程。

本实验分别采用一种 1A1 和 1AA 策略的多类 SVC(Multi SVC，MSVC)来实现两组分混合气体四种模式的识别，其流程图如图 11-9 所示。采用 MSVC 可消除气体传感器的交叉敏感，提高识别准确率。

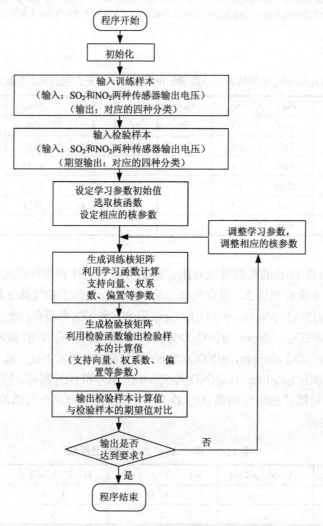

图 11-9 使用 Multi SVC 进行气体识别的流程图

3) SVC 结构的确定

将训练样本和检验样本分别输入 SVC 中，当 SVC 训练完毕并且检验结果误差满足实测要求时，表明 SVC 可用来实测；反之，要调整 SVC 核函数参数，需重新确定 SVC 结构。当 SVC 结构确定之后，表明 SVC 的乘子及偏移量已确定，即用于模式识别的回归模型已确定。

将 SO_2 与 NO_2 两种红外气体传感器的实测输出电压代入已经确定的回归模型，即可获得被测两组分混合气体成分的模式。

使用多类 SVC 进行气体识别的流程图如图 11-9 所示。

4) 用于两种混合气体定性识别的支持向量机 MATLAB 源程序

具体见配套的教学资源示例 11-2。

5) SVM 融合输出结果

(1) 采用多项式核的检验样本输出结果。

多项式核的检验样本输出结果，见表 11-8。

表 11-8　多项式核的检验样本输出结果

期望输出	1	1	2	2	1	1	2	2	3	4	4
预测输出	1	1	2	2	1	1	2	2	3	4	4

(2) 采用高斯核的检验样本输出结果。

高斯核的检验样本输出结果，见表 11-9。

表 11-9　高斯核的检验样本输出结果

期望输出	1	1	2	2	1	1	2	2	3	4	4
预测输出	1	1	2	2	1	1	2	2	3	4	4

由表 11-8 和表 11-9 可以看出，使用多项式核和高斯核的 SVM 都可以对两种气体进行很好的辨识。需要注意的是，采用高斯核的时候，需要调整核函数的带宽 σ。σ 取值不当的时候，SVM 的分类效果会不好，见表 11-10。

表 11-10　不同 σ 下的高斯检验样本输出结果

期望输出		1	1	2	2	1	1	2	2	3	4	4
预测输出	$\sigma=100$	1	1	2	2	1	1	2	2	3	4	4
预测输出	$\sigma=10$	1	1	2	2	1	1	2	2	3	4	4
预测输出	$\sigma=2$	1	1	2	2	1	1	2	2	3	4	4
预测输出	$\sigma=1.5$	1	1	2	2	1	1	2	2	3	4	4
预测输出	$\sigma=1.1$	4	4	2	2	1	4	2	2	3	4	4
预测输出	$\sigma=1$	4	4	2	4	2	4	2	2	3	4	4
预测输出	$\sigma=0.5$	4	4	4	4	4	4	2	2	4	4	4

（3）采用 1A1 和 1AA 两种策略的 MSVC 方法。

对于本实验来说输出相同，两种策略都可以对两种气体进行很好的定性识别。

思 考 题

11-1　支持向量机是什么？在智能传感器系统中有何应用？

11-2　支持向量机有哪些优点？

11-3　支持向量机的基本结构是什么？

11-4　支持向量机有哪些不同的核函数？

11-5　根据用途的不同，支持向量机有哪些种类？

11-6　在进行 SVM 训练前，需要确定哪些结构参数？

11-7　写出三传感器数据融合的 SVM 模型。

第 12 章　粒子群优化算法及其在智能传感器系统中的应用

粒子群优化(Particle Swarm Optimization, PSO)算法是 21 世纪迅速发展起来的一种智能优化算法。本章将结合改善传感器稳定性/抗干扰能力的多传感器技术模型法,介绍基于粒子群优化算法结合最小二乘支持向量机的一种智能化技术的工作原理与使用方法,着重讨论其应用于传感器智能化功能的实现,如何应用它建立逆模型以降低干扰量的影响。

12.1　群智能算法发展与应用概况

12.1.1　群智能

Bonabeau 将群智能(Swarm Intelligence,SI)定义为:无智能或简单智能的主体通过任何形式的聚集协同而表现出智能行为的特性。在智能传感器系统领域,群智能主要用于求解最优化问题,例如,应用于无线传感器网络的节点调度、多传感器的数据融合,以及解决神经网络法、最小二乘支持向量机中的参数优化问题。

12.1.2　群智能的主要算法

目前,群智能算法主要包括蚁群优化算法、粒子群优化算法以及其他受到生物群体启发而提出的自然计算方法。蚁群优化(Ant Colony Optimization,ACO)算法由 Colorni、Dovigo 和 Maniezzo 于 1991 年提出,是用蚁群在寻找食物过程中表现出来的寻优方式得到的一种优化算法,ACO 算法具有广泛的实用价值,曾一度成为群智能的代名词。

粒子群优化算法源于 1987 年 Reynolds 对鸟群社会系统的仿真研究,意大利的 Kennedy 和 Eberhart 在 1995 年创造性地完成了粒子群优化(PSO)算法。PSO 算法的优势在于简单、容易实现,同时又有深刻的智能背景。短短几年时间,PSO 算法获得了很大发展,目前已被"国际进化计算大会(CEC)"列为讨论专题之一。

除 ACO 算法和 PSO 算法外,群智能领域还出现了许多其他受到生物群体启发而提出的自然计算方法,如鱼群算法、猴群算法、细菌觅食算法、混合蛙跳算法、果蝇优化算法等。

12.1.3　群智能算法的特点

与传统优化算法不同,群智能算法是一种概率搜索算法,具有较强的自学习性、自适应性、自组织性等智能特征,算法结构简单、收敛速度快、全局收敛性好,在旅行商、图着色、车间调度、数据聚类等领域得到广泛的应用。

群智能算法易于实现,算法中仅涉及各种基本数学操作,其数据处理过程对 CPU 和内存要求不高，且该算法只需要目标函数的输出值，而不需要其梯度信息。发展与应用证明，群智能算法是一种能够有效解决大多数全局优化问题的新算法。

总体而言，群智能算法仍然处于新兴发展与改进完善阶段。目前其算法的数学理论基础还相对薄弱，涉及的各种参数设置仍多用经验方法确定，对具体问题与应用环境的依赖性较大；除与其他各种成熟的优化算法之间的基本特性及性能特点的改进研究外，正以更高层次的群智能概念为核心进一步将蚁群优化算法和粒子群优化算法研究工作相结合，并将群智能与其他先进技术，如神经网络、模糊逻辑、紧急搜索和最小二次支持向量机相融合，以改善其自身或相应技术方法的性能。

事实上，群智能方法能够用于解决大多数优化问题或者能够转化为优化求解的问题，其应用领域已扩展到多目标优化、数据分类、聚类、模式识别、流程规划、信号处理、系统辨识、控制与决策等方面。

12.2　粒子群优化算法的基础知识

自然界中各种生物体均具有一定的群体行为，而人工生命的主要研究领域之一就是探索自然界生物的群体行为从而在计算机上构建其群体模型。通常，群体行为可以由几条简单的规则进行建模，如鱼群、鸟群等。虽然每一个个体具有非常简单的行为规则，但群体的行为却非常复杂。Reynolds 在使用计算机图形动画对复杂的群体行为进行的仿真中采用了下列三条简单规则：飞离最近的个体，以避免碰撞；飞向目标；飞向群体的中心。群体内每个个体的行为可采用上述规则进行描述，这是粒子群算法的基本概念之一。

Boyd 和 Richerson 在研究人类的决策过程时，提出了个体学习和文化传递的概念。根据他们的研究结果，人们在决策过程中使用两类重要的信息：一是自身的经验，二是其他人的经验。也就是说，人们根据自身的经验和他人的经验进行自己的决策，这是粒子群算法的另一基本概念。

粒子群算法最早是在 1995 年由美国社会心理学家 James Kennedy 和电气工程师 Russell Eberhart 共同提出的，其基本思想是受他们早期对许多鸟类的群体行为进行建模与仿真研究结果的启发，而他们的模型及仿真算法主要利用了生物学家 Frank Heppner 的模型。在此基础上，Eberhart 和 Kennedy 提出了粒子群优化算法(PSO)。

12.2.1　基本粒子群优化算法

对粒子 i 在第 j 维子空间中运动的速度由下述基本粒子群算法进行调整：

$$v_{ij}(t+1) = v_{ij}(t) + c_1 r_{1j}(t)[p_{ij}(t) - x_{ij}(t)] + c_2 r_{2j}(t)[p_{gj}(t) - x_{ij}(t)] \tag{12-1}$$

$$x_{ij}(t+1) = x_{ij}(t) + v_{ij}(t+1) \tag{12-2}$$

式中，$i = 1,2,\cdots,M$，M 是该群体中粒子的总数，"i"表示第几个粒子；下标"j"表示微粒的第 j 维，即算法所优化的第 j 个参数；t 表示此时优化的代数(次数)；$x_{ij}(t)$ 为 t 时刻粒子 i 在 j 维子空间的位置；$v_{ij}(t)$ 表示 t 时刻粒子 i 在 j 维子空间的速度，定义为每次迭代中粒子移动的距离；c_1、c_2 为加速因子，通常在 0~2 取值，其中 c_1 称为认知参数，c_2 称为社会参数；r_{1j}、r_{2j} 为两个在 0~1 变化的相对独立的随机函数；$p_{ij}(t)$ 为粒子 i 的历史最优解（个体最优位置）的 j 维值，即单个粒子 i 在所优化的第 j 个参数中的历史最优解；$p_{gj}(t)=\min\{p_{ij}(t)\}$ 为所有粒子在 t 时刻的历史最好解（群体最优位置）的 j 维值，即所有粒子在所优化的第 j 个参数中的历史最优解。式(12-1)等号右侧第二项是将当前粒子的位置与该粒子的历史最优位置之差用 r_{1j} 随机函数进行一定程度的随机化，作为改变粒子当前位置向自身历史最优位置运动的调整分量；第三项是将当前粒子的位置与整个群体的历史最优位置之差用 r_{2j} 随机函数进行一定程度的随机化，作为改变当前粒子位置向群体最优位置运动的调整分量。

在每一次迭代过程中，每个粒子都需要根据目标函数来计算其适应值大小，目标函数可以用均方误差、方差、标准差等形式来表示，其数值称为适应值。再根据适应值来确定当前粒子最优位置 $p_{ij}(t)$ 及群体最优位置 $p_{gj}(t)$，然后根据式(12-1)、式(12-2)调整各个粒子的速度及位置。其结束条件为迭代次数达到设定值或者群体迄今为止搜索到的最优位置满足预设最小适应值。一般情况下，最大迭代次数设定为 100 代，预设适应值为零。

设 $f(X)$ 为最小化的目标函数，则粒子 i 的当前最好位置由式(12-3)确定：

$$p_i(t+1)=\begin{cases} p_i(t), & f[x_i(t+1)] \geqslant f[p_i(t)] \\ x_i(t+1), & f[x_i(t+1)] < f[p_i(t)] \end{cases} \tag{12-3}$$

设群体中的粒子数为 M，群体中所有粒子所经历过的最好位置为 $P_g(t)$，称为群体最优位置：

$$p_g(t) \in \{p_0(t), p_1(t), \cdots, p_M(t)\} \,|\, f[p_g(t)]=\min\{f[p_0(t)]f[p_1(t)], \cdots, f[p_M(t)]\} \tag{12-4}$$

从上述粒子优化方程可以看出，c_1 调节微粒飞向自身最好位置方向的步长，c_2 调节微粒向全局最好位置飞行的步长。为了减小在进化过程中，微粒离开搜索空间的可能性，v_{ij} 通常限定于一定范围内，即 $v_{ij} \in [-v_{max}, v_{max}]$。如果问题的搜索空间限定在 $[-x_{max}, x_{max}]$ 内，则可设定 $v_{max}=kx_{max}$，$0.1 \leqslant k \leqslant 1.0$。

12.2.2　标准粒子群优化算法

为了改善基本 PSO 算法的收敛性能，Y. Shi 与 R. C. Eberhart 在 1998 年首次在速度进化方程中引入惯性权重，即

$$v_{ij}(t+1)=\omega v_{ij}(t)+c_1 r_{1j}(t)[p_{ij}(t)-x_{ij}(t)]+c_2 r_{2j}(t)[p_{gj}(t)-x_{ij}(t)] \tag{12-5}$$

式中，ω 为惯性权重因子，其值非负，值的大小影响整体寻优能力。因此，基本 PSO 算法是惯性权重 $\omega=1$ 的特殊情况。ω 与 v_{ij} 的乘积表示粒子依据自身的速度进行惯性运动所占的比重。

引入惯性权重 ω 可清除基本 PSO 算法对 v_{max} 的需要，因为 ω 本身具有维护全局和局部搜索能力的平衡的作用。这样，当 v_{max} 增加时，可通过减小 ω 来达到平衡搜索，而 ω 的减小可使得所需的迭代次数变小。从这个意义上看，可以将 v_{max} 固定为每维变量的变化范围，只对 ω 进行调节。

对全局搜索而言，好的方法通常是在前期有较高的探索能力以得到合适的种子，而在后期有较高的开发能力以加快收敛速度。为此，可将 ω 设定为随着进化而线性减小，例如，由 0.9 减小至 0.4 等。

目前，有关 PSO 算法的研究大多以带惯性权重的 PSO 算法为基础进行扩展和修正。为此，在大多文献中将带惯性权重的 PSO 算法称为 PSO 算法的标准版本或简称标准 PSO 算法，而将基本 PSO 算法称为 PSO 的初始版本。

12.2.3　粒子群优化算法流程

基本粒子群优化算法的流程如图 12-1 所示。

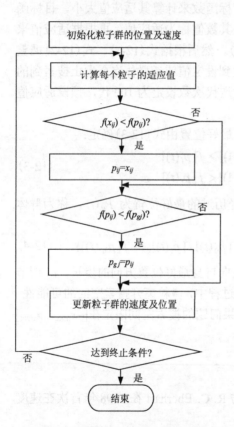

图 12-1　粒子群优化算法的流程图

第一步：初始化所有粒子(群体规模为 M)。在允许范围内随机设置粒子的初始位置及速度，并将各粒子的 p_{ij} 设为起始位置，取其中的最优值为 p_{gj}。

第二步：计算每个粒子的适应值，即分别对每个粒子计算目标函数值，目标函数可以是均方误差、方差、标准差(均方根误差)等。

第三步：对每个粒子，将其适应值 $f(x_{ij})$ 与其历史最优位置 p_{ij} 的适应值 $f(p_{ij})$ 进行比较，如果较好，即 $f(x_{ij}) < f(p_{ij})$，则将其作为当前最优位置 p_{ij}，即令 $p_{ij} = x_{ij}$。

第四步：对每个粒子，将当前最优位置 p_{ij} 的适应值 $f(p_{ij})$ 与群体历史最优位置 p_{gj} 的适应值 $f(p_{gj})$ 进行比较，如果优于 p_{gj}，即 $f(p_{ij}) < f(p_{gj})$，则将其作为群体最优位置 p_{gj}，即令 $p_{gj} = p_{ij}$，并重新设置 p_{gj} 的索引号。

第五步：根据粒子群速度和位置更新方程，即式(12-5)、式(12-2)来调整粒子的速度和位置。

第六步：检查终止条件(通常为达到最大迭代次数或者足够好的适应值)，若满足终止条件或者最优解停止不再变化，终止迭代，否则返回第二步。

12.3　应 用 示 例

[示例 12-1]　待优化的参数与待改善的传感器。

在第 9~11 章中均以压阻式压力传感器受环境温度及工作电流波动干扰量的影响，致使传感器稳定性差为例，讨论了基于多传感器数据融合建立逆模型的多种处理方法，以抑制对干扰量的交叉敏感。第 10 章介绍的神经网络与第 11 章介绍的支持向量机技术，均存在对某些参数的优化选取问题，其中神经网络算法的收敛及预测精度与其初始权值的选择有关，因此神经网络的输出具有不可预测性和不一致性，而且容易陷入局部最小，要找到最优模型需要对权值进行优化选取。支持向量机及最小二乘支持向量机虽然可以避免上述缺点，但其算法参数的选取会直接影响到模型的预测精度，而目前多采取试凑法或遍历优化进行参数选择，例如，高斯核函数在 $0\sim20$，惩罚因子在 $0\sim100000$ 的优化选取，通常采用遍历试探法来进行优化选取，将最佳结果时的二者组合数值确定为参数的优化结果。因此，优化选取的计算过程很耗时耗力而且找到的未必是全局最优解。本节采用粒子群优化算法来优化选取最小二乘法支持向量机的上述两个参数，可以大幅度节省时间，高效快速地达到优化目的。

（1）待优化的参数。

最小二乘支持向量机（LS-SVM）与标准支持向量机（SVM）有所不同的是：优化目标的损失函数是以误差的二范数来表示的，用等式约束代替了 SVM 中的不等式约束条件，提高了收敛速度。

优化问题转换为

$$\min\frac{1}{2}\|\omega\|^2+\sum\frac{c}{2}\sum_{i=1}^{n}\xi_i^2 \tag{12-6}$$

约束条件为

$$\begin{cases}y_i=\langle\omega,X\rangle+b+\xi_i\\ i=1,2,\cdots,n\end{cases} \tag{12-7}$$

式中，c 为惩罚因子，控制对样本超出计算误差的惩罚程度；ξ_i 为松弛因子。

通过引入拉格朗日函数，根据 KKT 条件求解可得到 LS-SVM 的回归函数模型为

$$f(X)=\sum_{i=1}^{n}\alpha_iK(X,X_i)+b \tag{12-8}$$

式中，α_i 为拉格朗日乘子；$K(X,X_i)$ 为核函数，主要完成了对样本数据的内积运算，形式同第 11 章的核函数公式。因此在利用 LS-SVM 建立回归模型的时候，需要对惩罚因子 c 及核函数参数进行合理选取。

（2）待改善的传感器。

实验采用压阻式压力传感器，在 $25\sim64$℃温度变化范围内取 10 个标定点，在 $5\sim11$mA 供电电流变化范围内取 7 个标定点。各标定点取值如下。

物理量	各物理量的标定点的数值										标定点个数
温度 T/℃	25	31	35	39	43	49	53	55	58	64	$m=10$
压力 P/MPa	0	0.1	0.2	0.3	0.4	0.5	0.6				$n=7$
电流 I/mA	5	6	7	8	9	10	11				$w=7$

在上述各温度状态和供电电流条件下，测定压阻式压力传感器的输入-输出（P-U_P）特性。相应的三维标定值有 $m\times n\times w=490$ 个，在表 12-1 中仅列出其中的部分值。得到的压力传感器的输出电压等温曲面图如图 12-2 所示。

表 12-1　部分标定实验数据

序号	温度/℃	标定压力/MPa	电流/mA	电压/V	序号	温度/℃	标定压力/MPa	电流/mA	电压/V
1	58	0	9	0.016	21	39	0	9	0.334
2	64	0	11	0.022	22	25	0.1	6	0.834
3	58	0	10	0.028	23	43	0.1	8	0.918
4	31	0	11	0.028	24	31	0.1	8	0.94
5	58	0	8	0.056	25	64	0.2	8	0.52
6	58	0	11	0.076	26	58	0.2	5	1.068
7	31	0	9	0.082	27	55	0.3	5	1.492
8	58	0	7	0.092	28	53	0.3	5	1.498
9	31	0	8	0.109	29	53	0.4	5	1.912
10	55	0	11	0.12	30	35	0.4	10	3.674
11	64	0	6	0.168	31	55	0.5	6	2.727
12	53	0	10	0.21	32	35	0.5	9	4.079
13	53	0	8	0.22	33	64	0.6	5	2.719
14	53	0	5	0.245	34	31	0.6	5	2.758
15	35	0	8	0.276	35	49	0.6	7	3.727
16	25	0	8	0.317	36	39	0.6	8	4.309
17	25	0	5	0.326	37	25	0.6	10	5.337
18	39	0	6	0.327	38	31	0.6	11	5.74
19	39	0	5	0.328	39	39	0.6	11	5.812
20	39	0	11	0.33	40	25	0.6	11	5.841

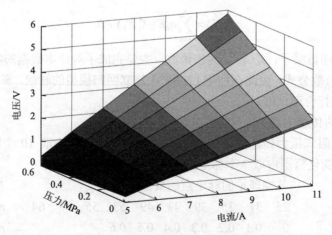

图 12-2　压力传感器的等温曲面图

由图 12-2 中等温曲面可以看出压力传感器的输出电压与供电电流及标定压力之间的非线性关系是很明显的，而且随着温度的变化，压力传感器的输出也存在一定的非线性漂移。此时，压力传感器的稳定性可以用温度灵敏度系数、电流灵敏度系数和零位温度系数来衡量。

由表 12-1 标定实验数据可得：满量程输出值 $U_{F.S}$=5.841V，当温度的变化范围为 ΔT=39℃（25～64℃），电流的变化范围为 ΔI=6mA（5～11mA）时，零点值的最大变化范围 ΔU_{om}=0.318V（0.334～0.016V），满量程输出值由 5.841V 下降到 2.719V，输出变化范围 ΔU_m=3.122V。

模型校正前压力传感器的零位温度系数、灵敏度温度系数及电流影响系数分别如下。

①零位温度系数 α_0：

$$\alpha_0 = \frac{|\Delta U_{om}|}{U_{F.S} \times \Delta T} = \frac{0.318}{5.841 \times 39} \approx 1.40 \times 10^{-3} \ (℃)^{-1}$$

②灵敏度温度系数 α_s：

$$\alpha_s = \frac{|\Delta U_m|}{U_{F.S} \times \Delta T} = \frac{|2.719 - 5.841|}{5.841 \times 39} \approx 1.37 \times 10^{-2} \ (℃)^{-1}$$

③电流影响系数 α_I：

$$\alpha_I = \frac{|\Delta U_m|}{U_{F.S} \times \Delta I} = \frac{|2.719 - 5.841|}{5.841 \times 6} \approx 8.91 \times 10^{-2} \ (mA)^{-1}$$

[示例 12-2]　遍历优化 LS-SVM 模型参数。

本示例以图 11-8 所示的压阻式压力传感器为例，在环境温度及工作电流双重条件改变下，利用 LS-SVM 技术建立压力传感器的逆模型，选用了高斯核函数，详见式(11-14)。为了提高模型的预测准确度，采用遍历优化方法对惩罚因子 c 及核函数参数 σ 进行优化选取，对于惩罚因子 c 在 0～100000 优化范围内选择遍历优化步长为 100，核函数参数 σ 在 0～20 优化范围内（由于不能取零，因此初始值选为 0.01）选取优化步长为 1。优化过程如下：

(1)将 (c, σ) 初始化为 $(0, 0.01)$ 代入 LS-SVM 建立传感器回归模型，根据检验样本计算模型预测结果的均方误差，记为 $error_{min}$，将优化参数记为 $(c_{best}, \sigma_{best})$。

(2)判断 σ 是否超出最大范围，若未超出，则将 σ 的值加 1；若超出，则将 σ 重新初始化为 0.01，同时将 c 的值加 100。

(3)将改变之后的 (c, σ) 代入 LS-SVM 重建回归模型，将计算得到的模型预测结果的均方误差与 $error_{min}$ 进行比较，如果小于 $error_{min}$，则将当前误差记为 $error_{min}$，同时将当前参数记为 $(c_{best}, \sigma_{best})$。

(4)未达到结束条件转第(2)步。

优化过程部分程序见配套的教学资源示例 12-1。此过程的优化流程图如图 12-3 所示，其结束条件为预测结果均方误差为零或参数 (c, σ) 均超出最大范围。根据优化过程计算可以得到优化误差曲线，如图 12-4 所示，横轴为优化步数，纵轴为训练样本的模型预测结果均方误差。

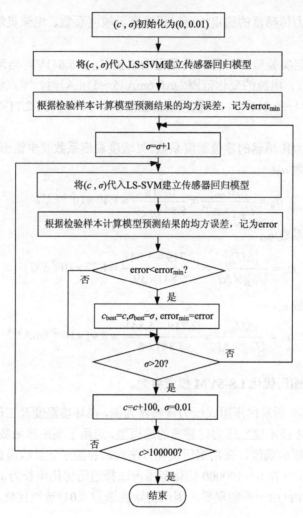

图 12-3 遍历优化过程优化流程图

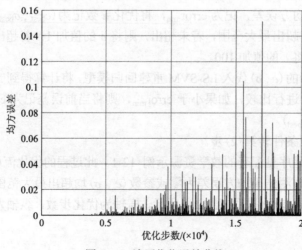

图 12-4 遍历优化误差曲线

由图 12-4 可以看出，整个优化过程需 20000 步才能结束，所需时间约为 21599s，得到 c 为 60801，σ 为 0.01，根据所得参数重建传感器回归模型，可得到测试样本的预测结果均方误差为 2.74×10^{-5}。模型预测结果如图 12-5 所示，部分预测结果数据见表 12-2。

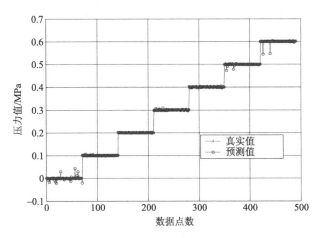

图 12-5　遍历优化所得模型的预测结果

表 12-2　部分标定实验数据

序号	温度/℃	标定压力/MPa	电流/mA	电压/V	预测结果/MPa	序号	温度/℃	标定压力/MPa	电流/mA	电压/V	预测结果/MPa
1	58	0	9	0.016	0.0016	21	39	0	9	0.334	0.0021
2	64	0	11	0.022	0.0198	22	25	0.1	6	0.834	0.0998
3	58	0	10	0.028	0.0287	23	43	0.1	8	0.918	0.1002
4	31	0	11	0.028	0.0017	24	31	0.1	8	0.94	0.1002
5	58	0	8	0.056	0.0118	25	64	0.2	8	0.52	0.1979
6	58	0	11	0.076	0.0055	26	58	0.2	5	1.068	0.2015
7	31	0	9	0.082	0.0015	27	55	0.3	5	1.492	0.3005
8	58	0	7	0.092	0.0000	28	53	0.3	5	1.498	0.3000
9	31	0	8	0.109	0.0005	29	53	0.4	5	1.912	0.4027
10	55	0	11	0.12	0.0434	30	35	0.4	10	3.674	0.3982
11	64	0	6	0.168	0.0004	31	55	0.5	6	2.727	0.4995
12	53	0	10	0.21	0.0130	32	35	0.5	9	4.079	0.4783
13	53	0	8	0.22	0.0041	33	64	0.6	5	2.719	0.5998
14	53	0	5	0.245	0.0003	34	31	0.6	5	2.758	0.6000
15	35	0	8	0.276	0.0165	35	49	0.6	7	3.727	0.6007
16	25	0	8	0.317	0.0078	36	39	0.6	8	4.309	0.6037
17	25	0	5	0.326	0.0018	37	25	0.6	10	5.337	0.5442
18	39	0	6	0.327	0.0004	38	31	0.6	11	5.74	0.6019
19	39	0	5	0.328	0.0017	39	39	0.6	11	5.812	0.6011
20	39	0	11	0.33	0.0293	40	25	0.6	11	5.841	0.6002

由表 12-2 的预测结果可以计算出经过粒子群优化算法校正之后压力传感器的温度及电流稳定性。

在 $\Delta T=39℃$，$\Delta I=6mA$ 变化范围内，模型计算零点值的最大偏差 $|\Delta P'_{0m}|=0.0434MPa$；满量程压力 $P_{F.S}=0.6MPa$，其模型计算值的最大偏差量 $|\Delta P'_m|=0.0595MPa$，则有模型校正后压力传感器的零位温度系数、灵敏度温度系数及电流影响系数分别为

$$\alpha_0 = \frac{|\Delta P'_{0m}|}{P_{F.S} \times \Delta T} = \frac{0.0434}{0.6 \times 39} \approx 1.85 \times 10^{-3} \ (℃)^{-1}$$

$$\alpha_s = \frac{|\Delta P'_m|}{P_{F.S} \times \Delta T} = \frac{0.0595}{0.6 \times 39} \approx 2.54 \times 10^{-3} \ (℃)^{-1}$$

$$\alpha_I = \frac{|\Delta P'_m|}{P_{F.S} \times \Delta I} = \frac{0.0595}{0.6 \times 6} \approx 1.65 \times 10^{-2} \ (mA)^{-1}$$

[示例 12-3] 粒子群优化算法优化 LS-SVM 核函数参数。

采用 LS-SVM 技术建立压阻式压力传感器的逆模型，由以上分析可知，建模过程中，需要对其中的惩罚因子 c 及核函数参数 σ 进行优化选取。在本示例中，主要对核函数参数进行优化选择，而惩罚因子 c 固定不变，c 取值为 100。优化过程如下。

(1) 取实验数据中的一半作训练样本，全部数据作测试样本。

(2) 初始化参数 σ、c 固定取值为 100，建立 LS-SVM 回归模型。

(3) 由于只优化一个参数，因此设置粒子群维数为 1，粒子群中粒子的数目选取 10～30 个为宜，在本实验中选取 10 个，迭代次数选为 100 代。粒子群优化的参数为 σ。根据优化参数的优化范围对粒子群的初始位置即 σ 与速度进行初始化。

(4) 设置目标函数为模型检验样本预测结果 y_{ij} 与 LV-SVM 建立的压力传感器逆模型的期望输出 $\hat{y}_j$ 的均方误差，如式(12-9)所示：

$$f_i = \frac{1}{l} \sum_{j=1}^{l} (y_{ij} - \hat{y}_j)^2 \tag{12-9}$$

式中，f_i 表示第 i 个粒子的适应值，在本例中取值为 1～10；l 表示样本的个数，在本例中取值为 490；y_{ij} 是第 i 个粒子的第 j 个样本的模型预测值，即被测压力；$\hat{y}_j$ 是第 j 个样本的模型期望值，即对应的压力标定值。将每个微粒值的大小即 (c, σ) 代入 LS-SVM 重建回归模型，根据检验样本的计算结果，由式(12-9)即可得到每个微粒对应的适应值。

根据式(12-3)比较各个粒子的适应值大小，即可得到当前粒子的最优位置 $p_i(t)$，即使得当前计算结果最优的 σ 的值。由式(12-4)即可得到当前群体的最优位置 $p_g(t)$，即最优参数。

(5) 根据式(12-5)及式(12-2)调整粒子的速度及位置。

(6) 未达到结束条件则转至第(4)步。

优化过程部分程序见配套的教学资源示例 12-2。上述优化过程流程图如图 12-6 所示。

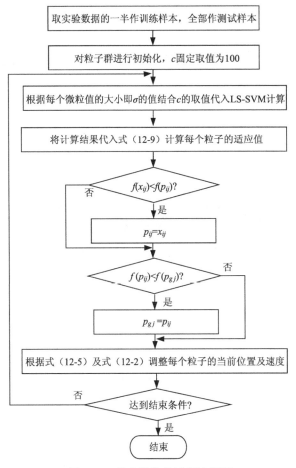

图 12-6　单参数优化过程流程图

　　上述优化过程的结束条件为模型预测结果均方误差为零或粒子迭代次数达到设定值。将优化结束之后得到的粒子群最优位置 (c, σ) 赋予 LS-SVM，利用测试样本重建回归模型，即可得到测试样本的模型预测结果。

　　选取粒子群数目为 1，粒子群中粒子数目为 10 个，粒子群优化代数为 100，惯性权重因子 w 取初值为 0.9，终止值为 0.3 进行逐代调整，学习因子取 $C_1 = C_2 = 2$，粒子群的优化参数 σ 的优化范围为 0～20，可得到如图 12-7 所示的粒子群优化误差曲线。横轴为学习代数，纵轴为模型预测结果均方误差。

　　由图 12-7 可以看出，粒子群优化算法只需 30 多步即可找到全局最优解，收敛速度非常快。优化 100 代所用时间约为 986 秒，得到的惩罚因子 c 为 100，核函数参数 σ 为 0.0523，预测结果均方误差为 2.13×10^{-5}。模型预测结果如图 12-8 所示，部分测试结果如表 12-3 所示。

　　由表 12-3 的预测结果可以计算出经过粒子群优化算法校正之后压力传感器的温度及电流稳定性。

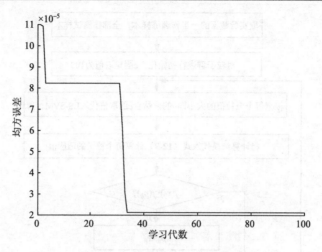

图 12-7　粒子群优化误差曲线

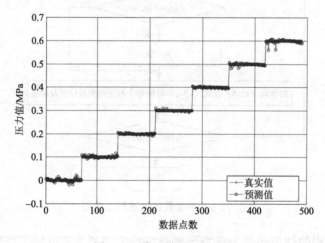

图 12-8　校正模型预测结果

表 12-3　部分标定数据及预测结果

序号	温度 /℃	标定压力 /MPa	电流 /mA	电压 /V	预测结果 /MPa	序号	温度 /℃	标定压力 /MPa	电流 /mA	电压 /V	预测结果 /MPa
1	58	0	9	0.016	0.0048	10	55	0	11	0.12	0.0007
2	64	0	11	0.022	0.0008	11	64	0	6	0.168	0.0002
3	58	0	10	0.028	0.0158	12	53	0	10	0.21	0.0042
4	31	0	11	0.028	0.0014	13	53	0	8	0.22	0.0186
5	58	0	8	0.056	0.0218	14	53	0	5	0.245	0.0048
6	58	0	11	0.076	0.0038	15	35	0	8	0.276	0.0104
7	31	0	9	0.082	0.0019	16	25	0	8	0.317	0.0073
8	58	0	7	0.092	0.0053	17	25	0	5	0.326	0.0077
9	31	0	8	0.109	0.0029	18	39	0	6	0.327	0.0048

续表

序号	温度/℃	标定压力/MPa	电流/mA	电压/V	预测结果/MPa	序号	温度/℃	标定压力/MPa	电流/mA	电压/V	预测结果/MPa
19	39	0	5	0.328	0.0082	30	35	0.4	10	3.674	0.3963
20	39	0	11	0.33	0.0070	31	55	0.5	6	2.727	0.4985
21	39	0	9	0.334	0.0071	32	35	0.5	9	4.079	0.4834
22	25	0.1	6	0.834	0.1022	33	64	0.6	5	2.719	0.5952
23	43	0.1	8	0.918	0.0941	34	31	0.6	5	2.758	0.6014
24	31	0.1	8	0.94	0.0911	35	49	0.6	7	3.727	0.6011
25	64	0.2	8	0.52	0.1922	36	39	0.6	8	4.309	0.5954
26	58	0.2	8	1.068	0.1948	37	25	0.6	10	5.337	0.5603
27	55	0.3	5	1.492	0.2969	38	31	0.6	11	5.74	0.6080
28	53	0.3	5	1.498	0.2980	39	39	0.6	11	5.812	0.6030
29	53	0.4	5	1.912	0.3965	40	25	0.6	11	5.841	0.5968

在 ΔT=39℃，ΔI=6mA 变化范围内，模型计算零点值的最大偏差 $\left|\Delta P'_{0m}\right|$=0.0216MPa；满量程压力 $P_{F.S}$=0.6MPa，其模型计算值的最大偏差量 $\left|\Delta P'_m\right|$=0.0477MPa，则有模型校正后压力传感器的零位温度系数、灵敏度温度系数及电流影响系数分别为

$$\alpha_0 = \frac{\left|\Delta P'_{0m}\right|}{P_{F.S} \times \Delta T} = \frac{0.0216}{0.6 \times 39} \approx 9.23 \times 10^{-4} \ (℃)^{-1}$$

$$\alpha_s = \frac{\left|\Delta P'_m\right|}{P_{F.S} \times \Delta T} = \frac{0.0477}{0.6 \times 39} \approx 2.04 \times 10^{-3} \ (℃)^{-1}$$

$$\alpha_I = \frac{\left|\Delta P'_m\right|}{P_{F.S} \times \Delta I} = \frac{0.0477}{0.6 \times 6} \approx 1.32 \times 10^{-2} \ (mA)^{-1}$$

[示例 12-4]　粒子群优化算法优化 LS-SVM 核函数参数和惩罚因子。

在本示例中同样采用最小二乘支持向量机建立传感器的逆模型。为了提高模型预测准确度及模型的抗干扰能力，利用粒子群优化算法对最小二乘支持向量机中的核函数参数及惩罚因子进行优化选取。与示例 12-2 不同的是，此时优化的参数为两个，即 c 和 σ。优化过程如下。

(1) 由于每个粒子群只能优化一个参数，因此设置粒子群维数为 2，每维粒子群中粒子的数目选取 10 个，迭代次数选为 100 代。其中，粒子群 p_1 优化的参数为 c，粒子群 p_2 优化的参数为 σ。根据两个优化参数的优化范围对两个粒子群的初始位置及速度进行初始化。

(2) 设置目标函数为模型检验样本预测结果 y_{ij} 与 LV-SVM 建立的压力传感器逆模型的期望输出 $\hat{y}_j$ 的均方误差，如式(12-9)所示。将每个粒子值的大小即 (c, σ) 代入 LS-SVM 重建回归模型，根据检验样本的计算结果，由式(12-9)即可得到每个粒子对应的适应值。

(3)对粒子群 p_1，根据式(12-3)可以确定其中适应值最小的那个粒子的值，将其记为 $p_{i1}(t)$，即能够使得当前计算结果最优的 c 的值；同理可以得到 $p_{i2}(t)$，即能够使得当前计算结果最优的 σ 的值。此即当前粒子的最优位置 $p_{ij}(t)$。根据式(12-4)可得到当前群体的最优位置 $p_{g1}(t)$、$p_{g2}(t)$，即群体最优位置 $p_{gj}(t)$。

(4)根据式(12-5)及式(12-2)调整粒子的速度及位置。

(5)未达到结束条件则转至第(2)步。

除粒子维数及适应度函数有所变化，优化过程部分程序同示例 11-2，详见配套的教学资源示例 12-3。

上述优化过程流程图如图 12-9 所示，其结束条件为 LS-SVM 建立的传感器回归逆模型预测结果均方误差为零或粒子迭代次数达到设定值。将优化结束之后得到的粒子群最优位置 (c, σ) 赋予 LS-SVM，利用测试样本重建回归模型，即可得到测试样本的模型预测结果。

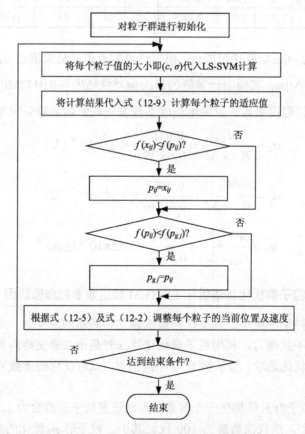

图 12-9　双参数优化过程流程图

选取粒子群数目为 2，粒子群中粒子数目为 10 个，粒子群优化代数为 100，惯性权重因子 w 取初值为 0.9，终止值为 0.3 进行逐代调整，学习因子取 $C_1 = C_2 = 2$，两维粒子的优化范围分别为 0～100000 和 0～20，根据上述的模型优化过程计算，可得到如图 12-10 所示的粒子群优化误差曲线。横轴为学习代数，纵轴为模型预测结果均方误差。

由图 12-10 可以看出，粒子群优化算法只需 30 多步即可找到全局最优解，收敛速度非常快。优化 100 代所用时间约为 1676s，得到的惩罚因子 c 为 23359.39，核函数参数为 0.0364，预测结果均方误差为 $1.25×10^{-6}$。模型预测结果如图 12-11 所示，预测结果数据见表 12-4。

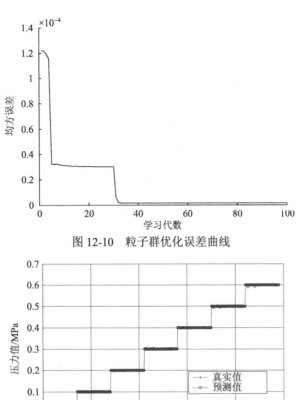

图 12-10   粒子群优化误差曲线

图 12-11   校正模型预测结果

表 12-4   标定数据及预测结果

序号	温度 /℃	标定压力 /MPa	电流 /mA	电压 /V	预测结果 /MPa	序号	温度 /℃	标定压力 /MPa	电流 /mA	电压 /V	预测结果 /MPa
1	58	0	9	0.016	0.0005	9	31	0	8	0.109	0.0003
2	64	0	11	0.022	0.0032	10	55	0	11	0.12	0.0052
3	58	0	10	0.028	0.0049	11	64	0	6	0.168	0.0000
4	31	0	11	0.028	0.0002	12	53	0	10	0.21	0.0031
5	58	0	8	0.056	0.0087	13	53	0	8	0.22	0.0035
6	58	0	11	0.076	0.0002	14	53	0	5	0.245	0.0001
7	31	0	9	0.082	0.0001	15	35	0	8	0.276	0.0105
8	58	0	7	0.092	0.0000	16	25	0	8	0.317	0.0056

续表

序号	温度 /℃	标定压力 /MPa	电流 /mA	电压 /V	预测结果 /MPa	序号	温度 /℃	标定压力 /MPa	电流 /mA	电压 /V	预测结果 /MPa
17	25	0	5	0.326	0.0005	29	53	0.4	5	1.912	0.3995
18	39	0	6	0.327	0.0000	30	35	0.4	10	3.674	0.3997
19	39	0	5	0.328	0.0006	31	55	0.5	6	2.727	0.5001
20	39	0	11	0.33	0.0062	32	35	0.5	9	4.079	0.4970
21	39	0	9	0.334	0.0006	33	64	0.6	5	2.719	0.5993
22	25	0.1	6	0.834	0.1004	34	31	0.6	5	2.758	0.6003
23	43	0.1	8	0.918	0.1003	35	49	0.6	7	3.727	0.5997
24	31	0.1	8	0.94	0.1011	36	39	0.6	8	4.309	0.5997
25	64	0.2	8	0.52	0.2002	37	25	0.6	10	5.337	0.5915
26	58	0.2	5	1.068	0.1995	38	31	0.6	11	5.74	0.6000
27	55	0.3	5	1.492	0.3003	39	39	0.6	11	5.812	0.6006
28	53	0.3	5	1.498	0.3002	40	25	0.6	11	5.841	0.5998

由表 12-4 的预测结果可以计算出经过粒子群优化算法校正之后压力传感器的温度及电流稳定性。

在 $\Delta T=39℃$，$\Delta I=6\text{mA}$ 变化范围内，零点模型计算值的最大偏差 $|\Delta P'_{0m}|=0.0105\text{MPa}$；满量程压力 $P_{F.S}=0.6\text{MPa}$，其模型计算值的最大偏差量 $|\Delta P'_m|=0.0091\text{MPa}$，则有模型校正后压力传感器的零位温度系数、灵敏度温度系数及电流影响系数分别为

$$\alpha_0=\frac{|\Delta P'_{0m}|}{P_{F.S}\times\Delta T}=\frac{0.0105}{0.6\times39}\approx4.49\times10^{-4}\ (℃)^{-1}$$

$$\alpha_s=\frac{|\Delta P'_m|}{P_{F.S}\times\Delta T}=\frac{0.0091}{0.6\times39}\approx3.89\times10^{-4}\ (℃)^{-1}$$

$$\alpha_I=\frac{|\Delta P'_m|}{P_{F.S}\times\Delta I}=\frac{0.0091}{0.6\times6}\approx2.53\times10^{-3}\ /(\text{mA})^{-1}$$

以上三种优化方法的应用结果比较如表 12-5 所示，由该表可见，经过遍历优化之后，模型的灵敏度温度系数及电流影响系数都得到明显改善，但零位温度系数并没有得到改善，而且变差了，说明此时的模型在零点的计算结果偏差过大，此时的模型参数并不是

表 12-5　三种优化方法的应用结果比较

评价参数	零位温度系数 $\alpha_0/(℃)^{-1}$	灵敏度温度系数 $\alpha_s/(℃)^{-1}$	电流影响系数 $\alpha_I/(\text{mA})^{-1}$
模型校正前	1.40×10^{-3}	1.32×10^{-2}	8.91×10^{-2}
遍历优化	1.85×10^{-3}	2.54×10^{-3}	1.65×10^{-2}
PSO 优化一个参数	9.23×10^{-4}	2.04×10^{-3}	1.32×10^{-2}
PSO 优化两个参数	4.49×10^{-4}	3.89×10^{-4}	2.53×10^{-3}

最好的。利用 PSO 优化一个参数之后，模型的零位温度系数、灵敏度温度系数及电流影响系数均得到大幅度改善，说明此时的模型比遍历优化得到的模型好，性能得到较好改善。经过 PSO 优化两个参数之后，模型的各评价参数均比之前方法有了大幅度提高，改善了近一个数量级，说明此时的模型在三种方法获取模型中是最佳的。PSO 在全局优化及收敛速度方面具有较大优势。

思　考　题

12-1　群智能是什么？具有什么特点？在智能传感器领域有哪些应用？

12-2　群智能领域有哪些算法？请举例说明。

12-3　粒子群优化算法与遗传算法有什么异同？

12-4　试举例粒子群优化算法的应用。在智能传感器系统中，粒子群优化算法有哪些应用？

12-5　粒子群优化算法如何进行迭代？

12-6　写出粒子群优化算法的流程。

12-7　在应用粒子群优化算法时，如何确定初始参数？

图 13.2　基于 PSO 算法的动态神经网络建模及其应用

图略，利用 PSO 优化……

第 13 章　主成分分析与独立成分分析及其在智能传感器系统中的应用

主成分分析(Principal Component Analysis, PCA)可以达到的主要目的是使数据降维，已在实现数据的简化和压缩、建模、奇异值检测等广大领域获得了成功应用。本章将首先介绍主成分分析法的基础知识；然后以基于冗余法消除传感器漂移，改善传感器稳定性为例，举例说明主成分分析法在智能传感器系统中的应用；最后介绍独立分量分析与经典算法，并举例说明独立分量分析在传感器信号分离中的应用。

13.1　主成分分析法

主成分分析也称主元分析，最初主要用于对空间的一些点进行直线和平面的最佳拟合。1933 年，Hotelling 对 PCA 算法进行了改进，使其成为目前被广泛使用的方法。PCA 可以实现数据的简化和压缩、建模、奇异值检测、特征变量的提取与选择、分类和预报等功能。

13.1.1　二维空间中的 PCA

PCA 的操作涉及多维空间中的投影概念。不失一般性，为说明简单起见，这里以二维空间中的主成分分析为例来说明 PCA 的算法思想。假设在二维空间中有一组测试点 (y_{1i}, y_{2i}) $(i=1,2,\cdots,m)$，如图 13-1 所示。

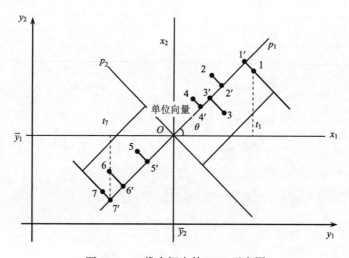

图 13-1　二维空间中的 PCA 示意图

如果将二维数据降至一维数据,也就是将二维空间的点投影到一维空间的一条线上。在没有任何约束条件情况下,其投影的方向有无穷多个,也是没有意义的。PCA 操作采用如下约束条件:在一维空间中的这条直线必须包含原数据的最大方差。即沿着这条直线,使原数据的方差达到最大。图 13-1 中点 $i(i=1,2,\cdots,7)$ 向直线 p_1 的投影为点 $i'(i'=1,2,\cdots,7)$,这些点的重心点为 O,其分布可用它们到重心点 O 的距离的平方和表示。原数据点的距离分布为

$$S2=|O1|^2+|O2|^2+\cdots+|O7|^2 \tag{13-1}$$

若用 p_1 上的投影表示,则

$$|Oi'|^2=|Oi'|^2+|ii'|^2 \tag{13-2}$$

所以

$$S2=|O1'|^2+|O2'|^2+\cdots+|O7'|^2+|11'|^2+|22'|^2+\cdots+|77'|^2 \tag{13-3}$$

PCA 选择投影直线 p_1 使式(13-3)中 S2 的值最大。这条直线也正好是这些原数据点的最好拟合线,它使得所有的原始数据点到 p_1 直线上对应投影点垂直距离的平方和最小。p_1 称为主成分空间,图 13-1 中箭头表示该空间中的单位向量,即载荷向量。如点 1 和点 7 在 p_1 空间中的投影点分别为 1′和 7′,它们在 p_1 空间中的坐标分别为 t_1 和 t_7,即在 p_1 空间中用载荷向量对投影点距重心点距离度量的得分。

上述例子中,使用一维新变量 p_1 表征二维的原数据 (y_{1i},y_{2i}) $(i=1,2,\cdots,m)$ 的结构特征,新变量包含了原数据中绝大部分的信息特征,称为第一主成分。还有部分剩余的信息没有包含进来,可以使用与选取第一主成分相同的方法,再选出第二主成分来描述剩余信息部分。第二主成分应在与第一主成分不相关的其余变量中包含最大的方差。对于多维空间,依次类推,可以选出第三、第四等主成分。

其实,PCA 对原变量的变换得到的新变量就是原变量的线性组合,如图 13-1 所示,原坐标系的原点经过转换后,放到重心点 O 处。根据几何规则,新变量可以由原数据以线性组合的形式表示:

$$\begin{bmatrix} p_1 \\ p_2 \end{bmatrix} = \begin{bmatrix} \cos\theta & \sin\theta \\ -\sin\theta & \cos\theta \end{bmatrix} \begin{bmatrix} x_1 \\ x_2 \end{bmatrix} \tag{13-4}$$

$$\begin{cases} p_1 = ax_1 + bx_2 = x_1\cos\theta + x_2\sin\theta \\ p_2 = cx_1 + dx_2 = x_1(-\sin\theta) + x_2\cos\theta \\ x_{1i} = y_{1i} - \overline{y}_1 \\ x_{2i} = y_{2i} - \overline{y}_2 \end{cases} \tag{13-5}$$

式中,$a^2+b^2=1$, $c^2+d^2=1$;主成分 1 为 $\begin{bmatrix} a \\ b \end{bmatrix} = \begin{bmatrix} \cos\theta \\ \sin\theta \end{bmatrix}$,主成分 2 为 $\begin{bmatrix} c \\ d \end{bmatrix} = \begin{bmatrix} -\sin\theta \\ \cos\theta \end{bmatrix}$。将二维空间的 PCA 算法扩展到多维,就是常用的 PCA 算法。

13.1.2　PCA 算法

假设 $\boldsymbol{x}$ 是一个 $n×m$ 的数据矩阵,其中每一列对应一个变量,每一行对应一个样本。

例如，表 12-1 表示的压阻式压力传感器标定数据中，$m=3$，表示压力、温度和电流三个

传感器，$n=28$，表示共有 28 组样本。$x = \begin{bmatrix} x_{11} & x_{12} & \cdots & x_{1m} \\ x_{21} & x_{22} & \cdots & x_{2m} \\ \vdots & \vdots & & \vdots \\ x_{n1} & x_{n2} & \cdots & x_{nm} \end{bmatrix}$ 可以分解为 m 个向量的外

积之和，即

$$x = t_1 p_1^{\mathrm{T}} + t_2 p_2^{\mathrm{T}} + \cdots + t_m p_m^{\mathrm{T}} \tag{13-6}$$

式中，$t_i \in \mathbf{R}^n$ 为得分向量；$p_i \in \mathbf{R}^m$ 为载荷向量。t_i 也称 x 的主成分。式(13-6)的矩阵形式为

$$x = TP^{\mathrm{T}} \tag{13-7}$$

式中，$T=[t_1, t_2, \cdots, t_n]$ 为得分矩阵；$P=[p_1, p_2, \cdots, p_n]$ 为载荷矩阵。

　　各个得分向量之间是正交的，即对任何 i 和 j，当 $i \neq j$ 时，满足 $t_i^{\mathrm{T}} t_j = 0$。各个载荷向量之间也是互相正交的，同时每个载荷向量的长度都为 1，即

$$p_i^{\mathrm{T}} p_j = 0, \quad i \neq j$$
$$p_i^{\mathrm{T}} p_j = 1, \quad i = j \tag{13-8}$$

将式(13-6)等号两侧同时右乘 p_1，可以得到

$$xp_1 = t_1 p_1^{\mathrm{T}} p_1 + t_2 p_2^{\mathrm{T}} p_1 + \cdots + t_i p_i^{\mathrm{T}} p_1 + \cdots + t_m p_m^{\mathrm{T}} p_1 \tag{13-9}$$

将式(13-8)代入式(13-9)，可得

$$t_1 = xp_1 \tag{13-10}$$

　　式(13-10)说明，每一个得分向量实际上是数据矩阵 x 在这个得分向量 t_1 相对应的载荷向量方向 p_1 上的投影。向量 t_1 的长度反映了数据矩阵 x 在 p_1 方向上的覆盖程度，它的长度越大，x 在 p_1 方向上的覆盖程度或变化范围越大。如果将得分向量按其长度做以下排列：

$$\|t_1\| > \|t_2\| > \cdots > \|t_m\|$$

那么载荷向量 p_1 将代表数据 x 变化最大的方向。p_2 与 p_1 垂直并代表数据 x 变化的第二大方向，p_m 将代表数据 x 变化最小的方向。

　　当矩阵 x 中的变量间存在一定程度的线性相关时，数据 x 的变化将主要体现在最前面的几个载荷向量方向上，数据矩阵 x 在最后面的几个载荷向量上的投影将会很小，它们主要是由测量噪声引起的。这样就可以将矩阵 x 进行主元分解后写成：

$$x = t_1 p_1^{\mathrm{T}} + t_2 p_2^{\mathrm{T}} + \cdots + t_k p_k^{\mathrm{T}} + E \tag{13-11}$$

式中，E 为误差矩阵，代表 x 在 p_{k+1} 到 p_m 等载荷向量方向上的变化。很多应用中，k 比 m 小得多。由于 E 主要是由测量噪声引起的，将 E 忽略掉不会造成数据有用信息的明显损失。

13.2　PCA 算法在消除传感器漂移中的应用

　　传感器特性漂移，表现为传感器性能不稳定，这种现象普遍存在，已成为实时在线监测系统应用的瓶颈。例如，在电力系统中，如果一个实时在线监测系统在一年 365 天

中出现 1~2 次误报，那么这个监测系统将是不可信任而必须撤出的。因此，实时在线监测系统对其中的传感器的稳定性提出了更严苛的要求，务必杜绝因传感器本身特性漂移而产生误报的现象。

　　冗余法是传感器故障诊断、漂移消除的一种有效方法，其基本思路是：不去探究引起传感器漂移的是哪种干扰量，以及干扰量对传感器漂移产生怎样的影响。它是采用多个目标参量相同的传感器(至少三个)来监测同一个被测量，建立监测同一被测量的多传感器系统，其系统框图如图 13-2 所示。监测一个参量本来只需要一个传感器，而冗余法对多路同种传感器的输出信号进一步进行数据融合处理，以识别并克服传感器的漂移。本节将介绍基于主成分分析融合算法的多传感器数据融合处理法在消除传感器漂移中的应用。

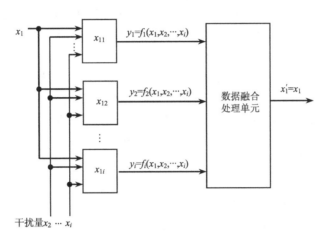

图 13-2　基于冗余法的三传感器——监测一个参量的智能传感器系统

13.2.1　PCA 算法实现传感器故障检测的思想

　　首先逐个建立传感器正模型来表达传感器正常工作时输入与输出的特征关系，它们对被测量的变化，具有相关联的响应特性。然而在工作一定时间之后，当某个传感器输入-输出特性发生漂移时，其输出测量值就会出现与该传感器模型正常输出不相符的现象，且与其他传感器的输出的关联性降低。利用已建立的传感器正模型对各传感器实际运行中的输出测量值进行分析，通过对分析结果进行分析和评价从而判断各传感器是否正常工作。将平方预报误差(Squared Prediction Error, SPE)作为评价传感器是否正常工作的统计量。

1. 故障检测的判断依据

1)计算平方预报误差

　　测得一组数据向量 $x = [x_1, x_2, \cdots, x_m]$，其中 x_i 为第 i 个传感器的输出数据，则利用主成分分析技术可获得向量 x 的近似值或估计值为

$$\hat{x} = tP_h^{\mathrm{T}} = xP_hP_h^{\mathrm{T}} = xC \tag{13-12}$$

式中，$C = P_h P_h^T$；$P_h = [p_1, p_2, \cdots, p_h]$；$h$ 为选定的主元个数；t 为 PCA 主元向量，且

$$t = xP_h$$

真实值 x 和估计值 $\hat{x}$ 之差为

$$\Delta x = \hat{x} - x = x(I - C)$$

则平方预报误差 SPE 为

$$\mathrm{SPE}(x) = \|\Delta x\|^2 \tag{13-13}$$

SPE 统计量代表的是数据中没有被 PCA 模型所解释的变化，在正常情况下，SPE 的值比较小。当某个传感器发生故障时，该传感器输出与阵列中其他传感器输出之间的关联关系将发生改变。此时，由正常运行数据建立起来的 PCA 模型将产生很大的 SPE 值，由此可以指示出某传感器发生故障。利用各传感器对 SPE 的贡献量，可基本判定是哪个传感器发生了故障，一般认为贡献量最大的传感器发生了故障。

2）确定 SPE 控制限

当传感器发生漂移时，SPE 值会随着漂移值的增大而增大，根据这一特性，可用交叉假设法来确定 SPE 的控制限。设置控制限就是设置一个阈值，当漂移值达到设定的阈值时，系统发出故障报警或从传感器阵列中剔除故障传感器，以保证监测系统整体工作正常。

传感器阵列在正常情况下的输出数据矩阵 $x \in \mathbf{R}^{n \times m}$，其中，$n$ 为数据组数（或样本数），m 为传感器个数，x 的表达式如下：

$$x = [x_1, x_2, \cdots, x_m]$$

式中，x_i 为第 i 个传感器的输出数据。

首先利用 x 建立主成分分析模型，得到选取主元所对应的载荷矩阵 P_h，然后依次假设传感器 $1, 2, \cdots, m$ 发生漂移，漂移量为 $a\%$，则可得到 m 个数据矩阵 x_i（$i = 1, 2, \cdots, m$），表达式如下：

$$x_i = [x_1, x_2, \cdots, x_{i-1}, x_i + a\% \times L, x_{i+1}, \cdots, x_m] \tag{13-14}$$

式中，L 为传感器的量程。

接着计算数据矩阵 x_i 的 SPE 值，可得到 $n \times m$ 个 SPE 值，对这些 SPE 值求平均，得到的平均值可认为是传感器漂移 $a\%$ 时的 SPE 值的控制限。

2. 传感器故障检测方法

传感器故障检测主要分两部分。

1）建立 PCA 传感器模型，以反映传感器的正常运行状况

（1）在传感器的量程范围内，收集传感器在正常情况的输出数据：

$$x = \begin{bmatrix} x_{11} & x_{12} & \cdots & x_{1m} \\ x_{21} & x_{22} & \cdots & x_{2m} \\ \vdots & \vdots & & \vdots \\ x_{n1} & x_{n2} & \cdots & x_{nm} \end{bmatrix}$$

其中，n 为样本数；m 为传感器个数。

(2)对 x 进行如下归一化处理，目的是消除由于不同量纲所造成的虚假变异影响：

$$x_s = [x - (1,1,\cdots,1)^{\mathrm{T}} M]\mathrm{diag}\left(\frac{1}{s_1},\frac{1}{s_2},\cdots,\frac{1}{s_m}\right)\bigg/\sqrt{n-1} \tag{13-15}$$

式中，$M=[m_1, m_2,\cdots,m_m]$ 为变量 x 的均值；$\mathrm{diag}(\cdot)$ 为对数矩阵，对角元素为变量的标准差的倒数，即 $\dfrac{1}{s_1},\dfrac{1}{s_2},\cdots,\dfrac{1}{s_m}$。

(3)对 x_s 进行奇异分解：

$$x_s = \sigma_1 u_1 v_1^{\mathrm{T}} + \sigma_2 u_2 v_2^{\mathrm{T}} + \cdots + \sigma_m u_m v_m^{\mathrm{T}} \tag{13-16}$$

式中，$\sigma_i u_i$ 记为第 i 个主元得分向量 t_i；v_i 为 x 的第 i 个载荷向量。

(4)计算 x_s 的特征值：

$$\lambda_j = \sigma_j^2, \quad j = 1, 2, \cdots, m \tag{13-17}$$

(5)计算解释度：

$$S = \left(\sum_{j=1}^{h} \lambda_j\right)\bigg/\left(\sum_{j=1}^{m} \lambda_j\right) \tag{13-18}$$

(6)根据解释度大小确定主元个数。

(7)确定 SPE 的控制限。

2)利用 PCA 模型进行传感器故障检测

(1)采集传感器阵列的当前输出数据 $x = [x_1, x_2,\cdots, x_m]$，其中 x_i 为第 i 个传感器的输出数据，利用已建立的 PCA 模型计算 x 的近似值（或称为估计值）：

$$\hat{x} = t P_h^{\mathrm{T}} = x P_h P_h^{\mathrm{T}} = xC \tag{13-19}$$

式中，$C = P_h P_h^{\mathrm{T}}$；$P_h = [p_1, p_2,\cdots, p_h]$；$h$ 为选定的主元个数。

(2)计算实际采样值与估计值之差：

$$\Delta x = \hat{x} - x = x(C - I) = [\Delta x_1, \Delta x_2, \cdots, \Delta x_m] \tag{13-20}$$

则 SPE 值为

$$\mathrm{SPE}(x) = \|\Delta x\|^2$$

(3)比较当前 SPE 值与 SPE 值控制限，若 SPE 值大于 SPE 值控制限，则认为传感器阵列中有传感器发生故障。

(4)当前 SPE 值超出了 SPE 值控制限，计算各传感器对 SPE 的贡献量（即比较式(13-20)中的 Δx_i 的绝对值的大小），并认为其中贡献量最大的传感器发生了故障。

13.2.2　应用示例

[示例 13-1]　传感器阵列漂移模拟。

由于传感器发生漂移的过程是一个非常缓慢的过程，采用本示例的方法可以更方便快捷、不受时间限制地获得传感器漂移数据,以便学习改善传感器稳定性的主成分分析算法。

要求:①建立一个模拟传感器阵列,由该传感器阵列可获取关联数据与漂移数据。

②测量模拟传感器阵列中每个传感器的正模型,即输入–输出特性;获取相对被测参量的关联数据。

③令某个传感器发生漂移,并采集其漂移数据。

1)模拟传感器阵列系统设计

模拟传感器阵列原理图如图 13-3 所示。采用一个分压器代表一个传感器,设置不同的分压比代表传感器之间的差异,电源电压 V_{IN} 模拟被测参量;改变电源电压 V_{IN},代表被测参量改变,且各传感器输入相同的被测量;各个分压器的输出电压 V_{OUT} 代表传感器的输出,不同的分压比由式(13-21)中的电阻 R_1 与电阻 R_2 阻值确定:

$$V_{OUT} = \frac{R_2 + R_y}{R_1 + R_2 + R_x + R_y} V_{IN} \tag{13-21}$$

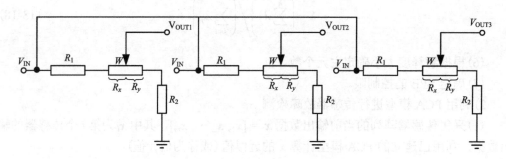

图 13-3　模拟传感器阵列原理图

电位器 W 的满量程为 $R_x + R_y$,由式(13-21)可知,调节 W 即改变 R_x 和 R_y 两者之间的电阻比,以模拟传感器的漂移。这样,传感器的漂移可以不受时间的限制而人为地控制。

本节设计的模拟传感器阵列含有 3 个传感器。各传感器的输入电压 V_{IN} 的范围为 1~10V,输出电压范围为 0~10V。

2)标定实验与关联数据的获取

模拟传感器系统的标定实验为:在多个不同电压 V_{IN} 下,测量各个分压器(模拟传感器阵列)的输出电压 V_{OUT},即得相对同一输入电压 V_{IN}(代表被测参量)的关联数据,即模拟传感器阵列的输入–输出特性,其输入–输出特性如图 13-4 所示,标定数据如表 13-1 所示。

对表 13-1 中的 33 组数据进行多项式插值,共获得 128 组标定数据。

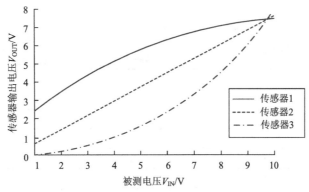

图 13-4　模拟传感器阵列各传感器输入-输出特性曲线

表 13-1　模拟传感器阵列标定数据

样本序号	输入量 V_{IN} / V	各传感器的输出数据 V_{OUT}/V		
		传感器 1	传感器 2	传感器 3
1	1.04	2.464	0.806	0.084
2	1.32	2.777	1.023	0.136
3	1.60	3.059	1.240	0.200
4	1.88	3.316	1.457	0.275
5	2.16	3.555	1.674	0.363
6	2.44	3.779	1.891	0.464
7	2.72	3.983	2.102	0.574
8	3.00	4.184	2.319	0.699
9	3.28	4.374	2.536	0.835
10	3.56	4.558	2.752	0.984
11	3.84	4.734	2.969	1.115
12	4.12	4.904	3.185	1.319
13	4.40	5.068	3.403	1.504
14	4.68	5.228	3.619	1.702
15	4.96	5.382	3.837	1.912
16	5.24	5.532	4.054	2.135
17	5.52	5.679	4.270	2.369
18	5.80	5.821	4.487	2.616
19	6.08	5.960	4.704	2.875
20	6.36	6.096	4.920	3.146
21	6.64	6.229	5.138	3.429
22	6.92	6.356	5.349	3.716
23	7.2.	6.484	5.565	4.023
24	7.48	6.610	5.782	4.344
25	7.76	6.733	5.999	4.674
26	8.04	6.854	6.216	5.018

续表

样本序号	输入量 V_{IN} / V	各传感器的输出数据 V_{OUT}/V		
		传感器 1	传感器 2	传感器 3
27	8.32	6.973	6.432	5.374
28	8.6.	7.089	6.648	5.742
29	8.88	7.205	6.866	6.123
30	9.16	7.318	7.083	6.516
31	9.44	7.429	7.299	6.920
32	9.72	7.539	7.516	7.338
33	10.00	7.648	7.733	7.767

3) 标定数据矩阵描述

设传感器阵列的标定(输出)数据矩阵用 x 表示，$x \in \mathbf{R}^{128 \times 3}$，其中，128 为数据组数(或称样本数)，3 为传感器个数，即

$$x = \begin{bmatrix} x_{11} & x_{12} & x_{13} \\ x_{21} & x_{22} & x_{23} \\ \vdots & \vdots & \vdots \\ x_{n1} & x_{n2} & x_{n3} \end{bmatrix}$$

式中，$n=128$；x_{ij} 表示第 i 组数据第 j 个传感器的标定值。

4) 漂移数据的获得

(1) 漂移实验 1。

用模拟传感器阵列对 5V 电压进行测量。在第 67 次采样时刻，将被测电压 V_{IN} 调整到 8V，用以模拟被测量改变；从第 172 次采样时刻起，调节模拟传感器 1 中的电位器，使传感器 1 发生漂移；从第 290 次采样时刻起，调节模拟传感器 3 中的电位器，使传感器 3 发生漂移，各传感器的输出结果如图 13-5 所示。

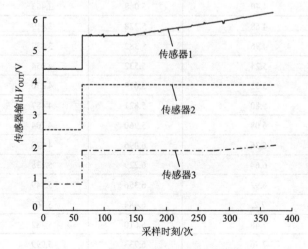

图 13-5　各传感器输出与获得的漂移数据

(2)漂移实验 2。

模拟传感器阵列输出电压含有高斯白噪声。被测电压 V_{IN} 为 8.5V，高斯白噪声的均值为 0、标准差为 0.05，从第 140 次采样时刻起，调节模拟传感器 2 中的电位器，使传感器 2 发生漂移；从第 219 次采样时刻起，改变调节传感器 2 中的电位器，传感器 2 的漂移规律发生改变，各传感器的输出结果如图 13-6 所示。

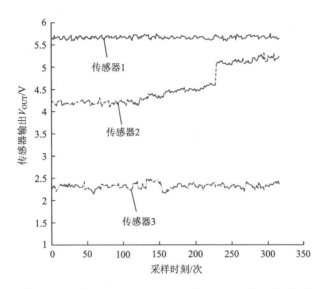

图 13-6　含有高斯白噪声的各传感器输出结果与漂移数据

[示例 13-2]　传感器发生漂移的识别。

1)建立传感器漂移 PCA 模型

对上述 128 个数据构成的矩阵 x 进行主成分分析，获取如下参数。

(1)求 x 的均值得 $M=[5.5159\quad 4.2955\quad 2.9154]$。

(2)求 x 的标准差得 $s=[5.6989\quad 4.7477\quad 3.7094]$。

利用式(13-15)对 x 进行归一化处理得到数据矩阵 x_s，对 x_s 进行奇异分解可得 x_s 的

载荷矩阵 $P=\begin{bmatrix} -0.68987 & 0.60947 & -0.39068 \\ -0.57919 & -0.14092 & 0.80292 \\ -0.4343 & -0.78019 & -0.45021 \end{bmatrix}$，$x_s$ 的特征值向量 $\lambda=[8547\ 230.81\ 2.973]$。

三个主元的解释度为 97.338%、2.629%、0.034%，因此，确定主元个数为 1。第一主元所对应的载荷矩阵为 $P_h=[-0.68987\quad -0.57919\quad -0.4343]^T$。

根据式(13-14)计算传感器漂移 1%时，式(13-14)表示 x_3 的 SPE 控制限为 5.3×10^{-5}。

2)漂移传感器的检测与辨识

根据式(13-19)计算漂移数据的估计值 $\hat{x}$。

根据式(13-20)计算实际采样值与估计值之差。

求取 SPE 并与 SPE 的控制限 5.3×10^{-5} 相比较，大于控制限的传感器为漂移传感器，

在实际应用中不考虑其输出数值，取消对漂移传感器的数据检测。

3) 检测结果

漂移实验 1，如图 13-7 所示，在第 187 次采样时刻，SPE 值超出控制限；在第 317 次采样时刻，SPE 值超出控制限；而在第 70 次采样时刻，由于传感器输出的变化是由正常输入响应引起的，未超出控制限，故未发生报警。图 13-8 给出了上述两个采样时刻各传感器对 SPE 的贡献量，由图可知，在第 187 次采样时刻，传感器 1 对 SPE 的贡献量最大，即传感器 1 发生了漂移；在第 317 次采样时刻，传感器 3 对 SPE 的贡献量最大，即传感器 3 发生了漂移。该检测结果与标定实验中的实际漂移数据相符。

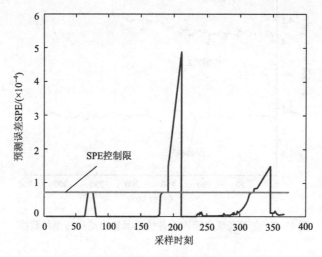

图 13-7　漂移实验 1 传感器漂移报警图(一)

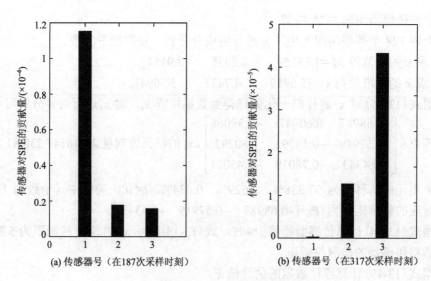

图 13-8　漂移实验 1 传感器漂移报警图(二)

程序清单见配套的教学资源示例 13-2。

13.3　独立成分分析

13.3.1　概述

独立成分分析(Independent Component Analysis, ICA)是 Comon 于 1994 年针对盲信号分离(Blind Signal Separation, BSS)提出的一种开拓性方法，是 PCA 的升级版。基本的 ICA 是指从多个源信号的线性混合信号中分离出源信号的技术。除了已知源信号是统计独立的外，无其他先验知识，ICA 是伴随着盲信源问题而发展起来的，故又称盲分离。

在复杂的背景环境中所接收的信号往往是由不同信源产生的多路信号的混合信号。例如，几个麦克风同时收到多个说话者的语音信号；在声呐阵列及通信信号处理中，由于传感系统耦合使输出的信号相互混叠；多传感器检测的生物信号中，得到的也大多是多个未知源信号的混叠。ICA 方法是基于信源之间相互统计独立的，与传统的滤波方法和累加平均方法相比，ICA 在消除噪声的同时，对其他信号的细节几乎没有破坏，且去噪性能也往往要比传统的滤波方法好很多。与基于特征分析，如奇异值分解(SVD)、主成分分析(PCA)等传统信号分离方法相比，ICA 是基于高阶统计特性的分析方法。在很多应用中，对高阶统计特性的分析更符合实际。

独立成分分析在通信、阵列信号处理、生物医学信号处理、语音信号处理、信号分析及过程控制的信号去噪和特征提取等领域有着广泛的应用，还可以用于数据挖掘。

13.3.2　ICA 基本模型

对于一个盲信号分离问题，假定 n 个传感器测得一组数据 $\boldsymbol{X}^{(i)}=(x_1^{(i)}, x_2^{(i)}, \cdots, x_n^{(i)})$，其中 i 为采样的时间序列，且 $i=1,\cdots,m$，则得到一个 $n\times m$ 维数据矩阵，表示得到了 m 组测量数据，每一组测量数据都是 n 维的。ICA 所要解决的问题为从 m 组采样数据中分辨出源信号。

设 n 个信号源构成列向量 $\boldsymbol{S}=(s_1^{(i)}, s_2^{(i)}, \cdots, s_n^{(i)})^{\mathrm{T}}$，且各信号源间相互独立，共进行了 m 组采样。设一个未知的 $m\times n$ 维混合系数矩阵 $\boldsymbol{A}$，组合叠加信号 $\boldsymbol{S}$：

$$\boldsymbol{X} = \boldsymbol{AS} \tag{13-22}$$

ICA 算法的基本原理是寻找一个 $n\times m$ 的解混矩阵 $\boldsymbol{W}$($\boldsymbol{A}$ 的逆矩阵)，然后对 $\boldsymbol{X}$ 进行线性变换，得到信源向量 $\boldsymbol{S}$：

$$\boldsymbol{S} = \boldsymbol{A}^{-1}\boldsymbol{X} = \boldsymbol{WX} \tag{13-23}$$

ICA 中的 $\boldsymbol{W}$ 和 $\boldsymbol{S}$ 都未知，因此在没有先验知识的情况下，无法同时确定 $\boldsymbol{W}$ 和 $\boldsymbol{S}$。从基本模型可以看出，ICA 具有两个不确定性。

1. 幅值不确定

由于混合矩阵 $\boldsymbol{W}$ 和独立成分 $\boldsymbol{S}$ 都是未知的，如果使 $\boldsymbol{S}$ 乘以某个标量，只需要同时使 $\boldsymbol{W}$ 相应地乘以一个相同的标量，则不影响混合信号 $\boldsymbol{X}$ 的值。因此，在独立成分分析算法中，可以固定 $\boldsymbol{S}$ 的方差。由于 $\boldsymbol{S}$ 是随机变量，最自然的方法就是假设 $\boldsymbol{S}$ 具有单位方差。

2. 顺序不确定

如果将 S 的编号打乱，变成另外一个顺序，那么只需要调换 W 的列向量顺序即可。在某些特殊的应用中，需要确定输出成分的顺序，可以通过某些统计量的大小来规定输出独立成分的顺序，这样的规定使得这个问题转化为一个具有某些约束的问题，即标准的 ICA 问题转化为约束 ICA 问题。

在独立成分分析的绝大多数应用中，这两个不确定性并不是十分重要的，用 ICA 算法所得到的解能够满足相当多的实际应用，所得到的源信号的幅度和排序对于通常所考虑的问题影响不大，所以可以说独立成分分析所求得的解是波形保持解。

对于独立分量分析问题，应做出如下基本条件假设。

①各源信号均为零均值、实随机变量，且相互独立。

②源信号数与传感器数相同，即 $m=n$，此时混合系数矩阵 A 是一个未知的确定方阵，A 满秩，则其逆 A^{-1} 存在。

③各源信号只允许有一个的概率密度函数具有高斯分布，如果具有高斯分布的源超过一个，则各源信号不可分。

13.3.3　独立与不相关

独立与不相关的概念紧密联系，因此可以设想采用估计不相关变量的方法来估计独立成分，即白化(Whitening)和球化(Sphering)，通过主成分分析进行。但在独立成分分析时，白化通常用于预处理。

不相关比独立的程度更弱，若两个随机变量 y_1 和 y_2 不相关，则它们的协方差为零：

$$\text{cov}(y_1, y_2) = E(y_1, y_2) - E(y_1)E(y_2) = 0 \tag{13-24}$$

若随机变量是零均值的，则不相关为零相关，协方差为

$$\text{cov}(y_1, y_2) = E(y_1, y_2) = 0 \tag{13-25}$$

独立的随机变量一定是不相关的。若两个随机变量 y_1 和 y_2 独立，则对于任意函数 h_1 和 h_2，满足：

$$E\left[h_1(y_1), h_2(y_2)\right] = E\left[h_1(y_1)\right]E\left[h_2(y_2)\right] \tag{13-26}$$

因此，独立一定不相关，但不相关不一定独立。

比不相关稍强的概念是白化，白化的随机向量 Y 与其各分量不相关，并且具有单位方差。即随机向量 Y 的协方差矩阵是单位矩阵：

$$E\left(YY^{\mathrm{T}}\right) = 1 \tag{13-27}$$

白化也称为球化，是通过白化矩 V 对测量数据向量 X 进行线性变换，得到白化后的随机向量 Z：

$$Z = VX \tag{13-28}$$

通常采用对协方差矩阵进行特征值分解(EVD)的方法来进行白化，即

$$E\left(\boldsymbol{XX}^{\mathrm{T}}\right) = \boldsymbol{EDE}^{\mathrm{T}} \tag{13-29}$$

式中，$\boldsymbol{E}$ 是协方差矩阵的特征向量所组成的正交矩阵；$\boldsymbol{D}$ 是其特征值组成的对角矩阵。这样，白化可以通过白化矩完成：

$$V = \boldsymbol{ED}^{-\frac{1}{2}}\boldsymbol{E}^{\mathrm{T}} \tag{13-30}$$

13.3.4　最大似然估计

假设每个 s_i 有概率密度 p_s，那么当各源信号相互独立时，在给定时刻，源信号的联合分布为

$$p(\boldsymbol{S}) = \prod_{i=1}^{n} p_s\left(s_i\right) \tag{13-31}$$

因此，每个测量信号 x 的概率为

$$p(\boldsymbol{X}) = p_s\left(\boldsymbol{WX}\right)|\boldsymbol{W}| = |\boldsymbol{W}| \prod_{i=1}^{n} p_s\left(w_i^{\mathrm{T}} x\right) \tag{13-32}$$

若没有先验知识，无法确定 $\boldsymbol{W}$ 与 $\boldsymbol{S}$。为了知道 $p_s(s_i)$，必须为 $\boldsymbol{S}$ 选取合适的概率密度函数。由概率论理论可知，密度函数 $p(\boldsymbol{X})$ 是由累计分布函数 $F(\boldsymbol{X})$ 求导得到的。$F(\boldsymbol{X})$ 需满足两个性质：值域为[0,1]和单调递增。一个比较合适的 $F(\boldsymbol{X})$ 是 sigmoid 函数：

$$g(s) = \frac{1}{1 + \mathrm{e}^{-s}} \tag{13-33}$$

求导可得

$$p_s(s) = g'(s) = \frac{\mathrm{e}^s}{\left(1 + \mathrm{e}^s\right)^2} \tag{13-34}$$

所求得的概率密度函数是一个对称函数，因此 $E[\boldsymbol{S}]=0$，则 $E[\boldsymbol{S}]=E[\boldsymbol{AS}]=0$，即 $\boldsymbol{X}$ 的均值也为 0。根据概率密度函数 $p_s(s)$，可得其样本对数似然估计：

$$\ell(\boldsymbol{W}) = \sum_{i=1}^{m} \left\{ \sum_{j=1}^{n} \lg\left[g'\left(w_j^{\mathrm{T}} x^{(i)}\right) \right] + \lg|\boldsymbol{W}| \right\} \tag{13-35}$$

对 $\boldsymbol{W}$ 进行求导，可得

$$\boldsymbol{W} \overset{\text{def}}{:=} \boldsymbol{W} + \alpha \left(\begin{bmatrix} 1 - 2g\left(w_1^{\mathrm{T}} x^{(i)}\right) \\ 1 - 2g\left(w_2^{\mathrm{T}} x^{(i)}\right) \\ \vdots \\ 1 - 2g\left(w_n^{\mathrm{T}} x^{(i)}\right) \end{bmatrix} x^{(i)\mathrm{T}} + \left(\boldsymbol{W}^{\mathrm{T}}\right)^{-1} \right) \tag{13-36}$$

式中，α 表示梯度上升的速率。进行多次迭代后，可以求出混合矩阵 $\boldsymbol{W}$，通过式(13-23)即可求出源信号 $\boldsymbol{S}$。

13.3.5　FastICA 算法

FastICA 算法是芬兰赫尔辛基工业大学计算机及信息科学实验室 Hyvarien 等提出并发展起来的。FastICA 算法基于非高斯性最大化原理，使用固定点（Fixed-point）迭代理论寻找 WTX 的非高斯性最大值，该算法采用牛顿迭代算法对测量变量 X 的大量采样点进行批处理，每次从观测信号中分离出一个独立分量，是独立分量分析的一种快速算法。

以牛顿法解 ICA 为例进行介绍。为了简单起见，假设信号源的分布是已知的并且相同。令 $G(s) = -\lg[p(s)]$，且 $g(s) = G'(s)$，此时迭代计算的目标函数、梯度及其 Hessian 矩阵如下：

$$\begin{cases} f(V) = E\left[G(V^{\mathrm{T}}X)\right] + \lambda(1 - V^{\mathrm{T}}V) \\ \nabla f(V) = E\left[Xg(V^{\mathrm{T}}X)\right] - \beta V \\ W(V) = E\left[XX^{\mathrm{T}}g'(V^{\mathrm{T}}X)\right] - \beta I \end{cases} \tag{13-37}$$

式中，$\beta = 2\lambda$，表示拉格朗日乘子。进行如下近似处理：

$$E\left[XX^{\mathrm{T}}g'(V^{\mathrm{T}}X)\right] \approx E(XX^{\mathrm{T}})E\left[g'(V^{\mathrm{T}}X)\right] = E\left[g'(V^{\mathrm{T}}X)\right]I \tag{13-38}$$

Hessian 矩阵得到了简化，是一个常数乘以一个单位矩阵。因此，牛顿法迭代的步骤如下：

$$V^* \overset{\mathrm{def}}{=} V - \frac{E\left[Xg(V^{\mathrm{T}}X)\right] - \beta V}{E\left[g'(V^{\mathrm{T}}X)\right] - \beta} \tag{13-39}$$

即

$$V^* \overset{\mathrm{def}}{=} E\left[Xg(V^{\mathrm{T}}X)\right] - E\left[g'(V^{\mathrm{T}}X)\right]V \tag{13-40}$$

在实际应用中，可以通过训练集的蒙特卡罗估计取代期望。执行此更新之后，应该使用式（13-41）将其投射回约束表面，即

$$V_{\mathrm{new}} = \frac{V^*}{\|V^*\|} \tag{13-41}$$

不断进行更新迭代，直至收敛，收敛条件为 $\left|V^{\mathrm{T}}V_{\mathrm{new}}\right| \leqslant 1$。

13.3.6　应用示例

[示例 13-3]　ICA 算法实现三个传感器信号的分离。

采用 ICA 算法对含有 3 个信号源、3 个传感器的传感系统进行处理。模拟 3 个源信号分别为频率为 80Hz 且幅值为 2V 的正弦信号、频率为 50Hz 且幅值为 1V 的三角波信号、随机信号。采样点数为 1024，则混合矩阵是一个 3×1024 的系数矩阵。三个源信号如图 13-9 所示，混合信号如图 13-10 所示。混合信号呈现较强的随机性，已经无法直接

反映源信号的特征。ICA 算法的分析结果如图 13-11 所示。三个解混信号保留了源信号的特征，与源信号基本一致，表明三个传感器源被有效分离。ICA 算法能够有效恢复出源信号。

MATLAB 源程序见配套的教学资源示例 13-3。

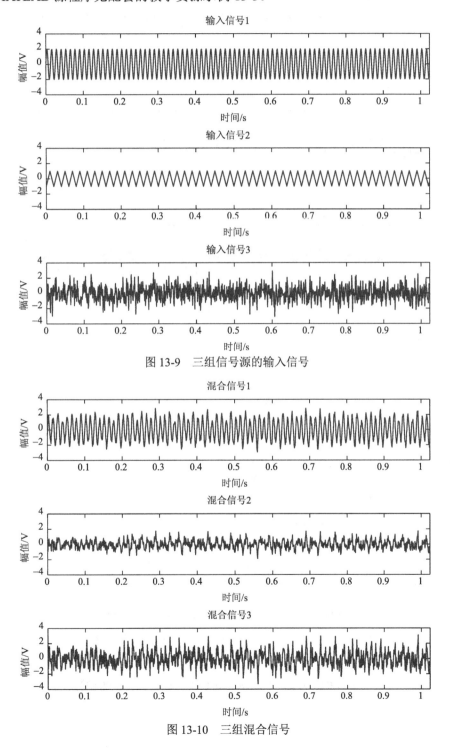

图 13-9　三组信号源的输入信号

图 13-10　三组混合信号

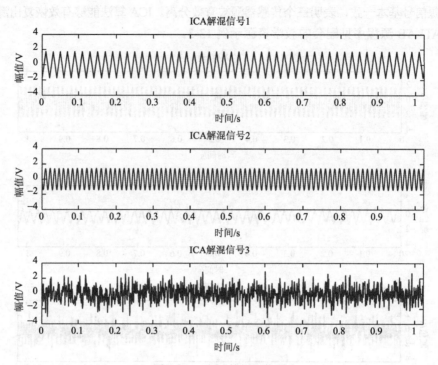

图 13-11　ICA 的解混信号

思 考 题

13-1　主成分分析是什么？具有哪些作用？

13-2　主成分分析的主要思想是什么？

13-3　请举例说明主成分分析在智能传感器系统中的应用。

13-4　什么是独立分量分析，与主成分分析有什么不同？

13-5　独立与不相关有什么区别？

13-6　独立成分分析的不确定性有哪些？

13-7　在应用某一传感器系统测量时，进行了 10 次测量，每次测量 4 个物理量。这 4 个物理量的相关系数矩阵的特征根和标准正交特征向量分别为

$$\lambda_1 = 3.968,\quad U_1' = (0.3462, 0.2673, -0.4390, -0.2861)$$

$$\lambda_2 = 2.749,\quad U_2' = (0.8755, 0.1026, -0.3129, -0.5518)$$

$$\lambda_3 = 1.037,\quad U_3' = (0.3684, -0.7690, 0.6036 - 0.4820)$$

$$\lambda_4 = 0.005,\quad U_4' = (0.0390, -0.1029, -0.6137, -0.9012)$$

(1)写出四个主成分及其各自的贡献量;

(2)根据(1)中的结果,计算这 10 次测量的第一、二主成分得分。

13-8　设三个传感器所测量的变量 (x_1, x_2, x_3) 的样本协方差矩阵为

$$\begin{bmatrix} s^2 & s^2r & 0 \\ s^2r & s^2 & s^2r \\ 0 & s^2r & s^2 \end{bmatrix}, \quad -\frac{1}{\sqrt{2}} < r < \frac{1}{\sqrt{2}}$$

写出各主成分及其各自的贡献量。

第 14 章　模糊智能传感器系统

模糊传感器是采用模糊集合理论将测量的数值结果转换为人类语言符号表示的一种新型智能传感器系统。本章试图应用模糊理论建立虚拟仪器形式的模糊智能传感器系统，也将介绍模糊温度测试仪与模糊温度控制仪的工作原理及设计方法。

14.1　模糊集合理论概述

模糊集合理论对系统的描述和刻画建立在自然语言的基础上，而人类历经几千年的历史发展形成的自然语言是人类最方便最有效的表达方式。模糊集合理论能快速方便地描述与处理问题主要基于以下特点：基于自然语言的描述、可以建立在专家经验的基础上、容许使用不精确的数据、在概念上易于理解、可以对任意复杂的非线性函数建模。

正是上述特点使得模糊逻辑获得广泛应用，如家用电器、智能控制、C^3I、医疗诊断、气象预报甚至经济管理等领域，其中最著名的模糊应用是日本仙台市地铁系统的模糊控制。

14.1.1　模糊集合的定义及其表示方法

模糊通常是指对概念的定义以及语言意义理解上的不确定性。显然，这种模糊性主要体现在主观理解上，这也是人类社会生活和生产过程中经常遇到的，它是定性分析与定量分析、主观分析与客观分析、模糊性与精确性之间的一种人为的折中。模糊数学正是为解决这类问题而发展起来的，而模糊集合理论是其基础。但是不能产生这样一种思想：认为模糊数学是模糊的概念。事实恰恰相反，模糊数学是借助定量的方法研究模糊现象的工具，它是精确的。

1. 模糊集合与经典集合

1965 年，美国加利福尼亚大学伯克利分校的查德教授(Lotfi A. Zadeh)发表了里程碑性的文章《模糊集合》。在这篇文章里，他第一次用"模糊(fuzzy)"这个词表示技术文献中的"不分明性(vague)"，由此开创了模糊数学及其应用的新纪元。模糊集合是一种特别定义的集合，它与普通集合既有联系又有区别。对于普通集合而言，任何一个元素要么属于该集合，要么不属于该集合，非此即彼，界限分明；而对于模糊集合，一个元素可以既属于该集合又不属于该集合，亦此亦彼，界限模糊。

2. 模糊集合的定义

在介绍模糊集合的定义之前，需要明确与其密切相关的论域的概念。简单来说，论域就是指所讨论变量的取值范围，就像函数的自变量的取值范围一样。根据所解决问题的需要，论域既可以为连续的，也可以是离散的由有限个元素构成。

在此基础上，模糊集合的严格数学定义为：设给定论域 X，X 到区间 $[0,1]$ 的任一映射

$$\mu_A : X \rightarrow [0,1], \quad x \rightarrow \mu_A(x) \tag{14-1}$$

都确定 X 的一个模糊子集 A，μ_A 称为模糊子集的隶属函数，$\mu_A(x)$ 称为 x 相对于 A 的隶属度。从定义不难看出，论域 X 的模糊子集 A 由隶属函数 μ_A 来表征，$\mu_A(x)$ 取值范围为闭区间 $[0,1]$，$\mu_A(x)$ 的值反映了 x 对于模糊子集的从属程度，其值接近 1，表示 x 隶属于 A 的程度很高；接近 0，则表示 x 隶属于 A 的程度很低。由此可见，模糊子集 A 完全由隶属函数 μ_A 所描述。在有些著作中，论域上定义的模糊子集有时也称为模糊集合，并且简称模糊集。

根据上述定义，如果以人的年龄的集合 $X=\{x \mid 0 \leqslant x \leqslant 200\}$ 作为论域，即用人的生理年龄 $(x \in X)$ 作为元素构成的一个集合，再将"年老"和"年轻"两个模糊概念分别用模糊集合 O 和 Y 表示，那么对于任一 $x \in X$，都将以不同的程度隶属于这两个模糊集合。令 $\mu_O(x)$、$\mu_Y(x)$ 分别表示这两个模糊集合的隶属函数，其定义见式 (14-2)，对应的隶属函数曲线如图 14-1 所示。

$$\mu_O(x) = \begin{cases} 0, & 0 \leqslant x \leqslant 50 \\ \dfrac{1}{1+\left(\dfrac{5}{x-50}\right)^2}, & 50 < x \leqslant 200 \end{cases}$$

$$\mu_Y(x) = \begin{cases} 1, & 0 \leqslant x \leqslant 25 \\ \dfrac{1}{1+\left(\dfrac{x-25}{5}\right)^2}, & 25 < x \leqslant 200 \end{cases} \tag{14-2}$$

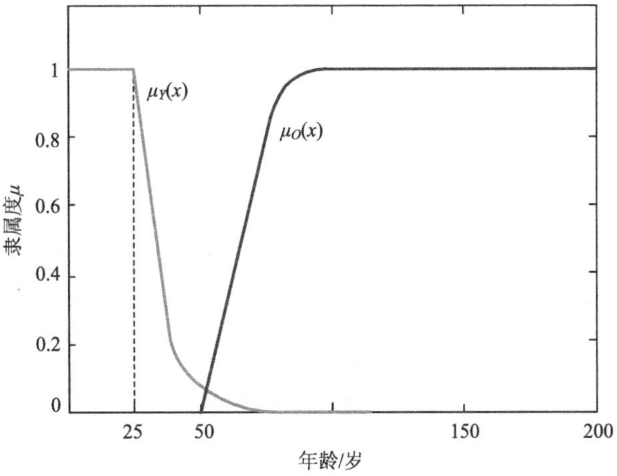

图 14-1 "年轻"和"年老"的隶属函数曲线

从图 14-1 中可以看出，模糊集合 O 和 Y 可完全由其隶属函数刻画。所以对于论域的模糊集合来说，一旦给定它的隶属函数，那么它就完全确定了。不同的隶属函数所确定的模糊集合也不同。从函数的角度而言，隶属函数定义了从论域到单位闭区间[0, 1]的一个映射。

此外，对于同一论域，可以定义多个不同的模糊集合，集合数要根据具体情况而定，不能一概而论。例如，以人类的年龄所构成的论域 X 为例，它不但可以划分为{"年老"，"年轻"}，还可以进一步细分为{"婴儿"，"幼儿"，少年"，"青年"，"中年"，"中老年"，"老年"}等集合。诸如"年老"或"年轻"等，是定义在语言域中的语言变量"年龄"的取值，这些概念在论域 X 上将有确定的模糊集合与其对应。

3. 模糊集合的表示方法

令 A 表示在论域 X 中定义的模糊集合，它的表示有以下三种常用形式。

1）Zadeh 表示法

$$A = \frac{\mu_A(x_1)}{x_1} + \frac{\mu_A(x_2)}{x_2} + \cdots + \frac{\mu_A(x_n)}{x_n} = \sum_{i=1}^{n} \frac{\mu_A(x_i)}{x_i} \tag{14-3}$$

或

$$A = \int \frac{\mu_A(x)}{x}, \quad x \in X \tag{14-4}$$

2）向量表示法

$$A = \left[\mu_A(x_1)\, \mu_A(x_2) \cdots \mu_A(x_n) \right] \tag{14-5}$$

3）序偶表示法

$$A = \left\{ x, \mu_A(x) \mid x \in X \right\} \tag{14-6}$$

说明：式(14-4)中的积分号并不是表示实际的积分运算，只不过为了区别论域为连续形式时的情形(式(14-3))。

14.1.2　隶属函数的确定方法及常用形式

由模糊集合的定义不难看出隶属函数的重要作用，借助于隶属函数可以把人类模糊语言描述定量化，进而在计算机上模仿人类思维、推理和判断活动。对于在论域 X 上确定的模糊集合的隶属函数，其映射方式是多种多样的，没有统一的模式。一般是根据经验或统计进行确定，也可由专家、权威给出。对于同一模糊概念，不同的人因理解或认识上的差异可能建立完全不同的隶属函数。尽管建立的隶属函数可以有不同的形式，但必须反映客观实际。

1. 确定隶属函数的一般原则

(1)若模糊集合反映的是社会的一般意识，是大量的可重复表达的个别意识的平均结果。如年轻人、经济增长快、生产正常等，则此时采用模糊统计法来确定隶属函数是一种切实可行的方法，不足之处是工作量较大。

(2)如果模糊集合反映的是某个时间段内的个别意识、经验和判断，例如，某专家对某个项目的可行性评价，那么，对这类问题可采用 Delphi 法。

(3)模糊集合反映的模糊概念已有相应成熟的指标，若这种指标经过长期实践检验已经成为公认的，对事物是真实的且是对本质的刻画，则可直接采用这种指标，或者通过某种检验方式将这种指标转化为隶属函数。

(4)对于某些模糊概念，虽然直接给出其隶属函数比较困难，但可以比较两个元素相应的隶属度，此时可用相对选择法求得其隶属函数。

(5)若一个模糊概念是由若干个模糊因素复合而成的，则可以先求单个因素的隶属函数，再综合出模糊概念的隶属函数。

大多数情况下，是初步确定粗略的隶属函数，再通过"学习"和实践检验逐步修改和完善，而实际效果正是检验和调整隶属函数的依据。对于模糊统计法、相对选择法、因素加权综合法等具体的隶属函数确定方法，这里就不详细论述了，有兴趣的读者可参考有关资料。

2. 常见的隶属函数举例

在以下各例子中，均设定论域 $X = \{ x \,|\, 0 \leqslant x \leqslant 10 \}$，定义在其上的模糊集合为 A，隶属度为 $\mu_A(x)$。

(1)高斯(Gaussian)型隶属函数，它有两个特征参数 σ 和 c。图 14-2 为 $\sigma=2$，$c=5$ 时的隶属函数曲线：

$$f(x,\sigma,c) = \mathrm{e}^{-\frac{(x-c)^2}{2\sigma^2}} \tag{14-7}$$

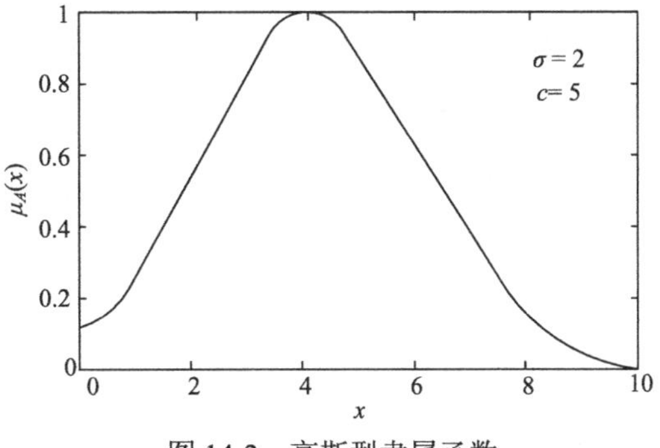

图 14-2　高斯型隶属函数

(2)钟形隶属函数，特征参数为 a、b 和 c，由于隶属函数的形状如钟形，故得其名。当 $x\in[0,10]$，$a=2$，$b=4$，$c=6$ 时，隶属函数曲线如图 14-3 所示。

$$f(x,a,b,c) = \frac{1}{1+\left(\dfrac{x-c}{a}\right)^{2b}} \tag{14-8}$$

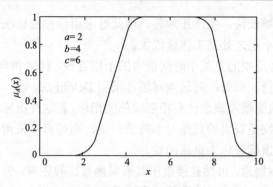

图 14-3　钟形隶属函数

(3) Sigmoid 函数形隶属函数，特征参数为 a 和 c。当 $x \in [0,10]$，$a=2$，$c=4$ 时，对应的隶属函数如图 14-4 所示。

$$f(x,a,c) = \frac{1}{1+e^{-a(x-c)}} \tag{14-9}$$

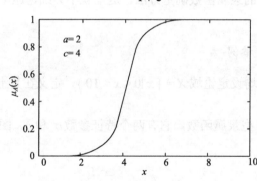

图 14-4　Sigmoid 函数形隶属函数

(4) 差型 Sigmoid 隶属函数，由两个 S 形隶属函数的差构成的隶属函数。该函数具有四个特征参数 a_1、c_1、a_2、c_2。图 14-5 为 $x \in [0,10]$，$a_1=5$，$c_1=2$，$a_2=5$，$c_2=7$ 时的隶属函数。

$$f(x,a_1,c_1,a_2,c_2) = \frac{1}{1+e^{-a_1(x-c_1)}} - \frac{1}{1+e^{-a_2(x-c_2)}} \tag{14-10}$$

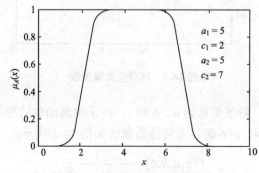

图 14-5　差型 Sigmoid 隶属函数

(5)梯形隶属函数，特征参数为 a、b、c、d。当 $x \in [0,10]$，a=1，b=4，c=6，d=8 时对应的隶属函数如图 14-6 所示。另外，当 $b = c$ 时，梯形隶属函数就演变成了三角形隶属函数：

$$f(x,a,b,c,d) = \begin{cases} 0, & x \leqslant a \\ \dfrac{x-a}{b-a}, & a < x \leqslant b \\ 1, & b < x \leqslant c \\ \dfrac{d-x}{d-c}, & c < x \leqslant d \\ 0, & x > d \end{cases} \tag{14-11}$$

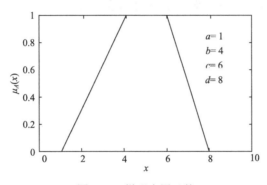

图 14-6　梯形隶属函数

(6)三角形隶属函数，特征参数为 a、b、c。图 14-7 为 $x \in [0,10]$，a=2，b=5，c=8 时的隶属函数：

$$f(x,a,b,c,d) = \begin{cases} 0, & x \leqslant a \\ \dfrac{x-a}{b-a}, & a < x \leqslant b \\ \dfrac{c-x}{c-b}, & b < x \leqslant c \\ 0, & x > c \end{cases} \tag{14-12}$$

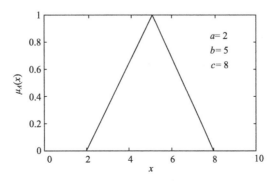

图 14-7　三角形隶属函数

当然，隶属函数并不限于上述几种，选用何种隶属函数要根据实际应用场合而定。

14.1.3　模糊集合的基本运算

1. 模糊集合的相等

若有两个模糊集合 A 和 B，对于所有的 $x \in X$，均有 $\mu_A(x) = \mu_B(x)$，则称模糊集合 A 与 B 相等，记作 $A=B$。

2. 模糊集合的包含关系

若有两个模糊集合 A 和 B，对于所有的 $x \in X$，均有 $\mu_A(x) \leqslant \mu_B(x)$，则称模糊集合 A 包含于 B，记作 $A \subseteq B$。

3. 模糊空集

若对所有 $x \in X$，均有 $\mu_A(x) = 0$，则称 A 为模糊空集，记作 $A = \varnothing$。

4. 模糊集合的并集

若有三个模糊集合 A、B 和 C，对于所有的 $x \in X$，均有

$$\mu_C(x) = \mu_A(x) \vee \mu_B(x) = \max\left[\mu_A(x), \mu_B(x)\right] \tag{14-13}$$

则称 C 为 A 与 B 的并集，记为 $C = A \cup B$。符号 max 表示最大算子，即取两个隶属度中的较大值，常用符号"$\vee$"表示。

5. 模糊集合的交集

若有三个模糊集合 A、B 和 C，对于所有的 $x \in X$，均有

$$\mu_C(x) = \mu_A(x) \wedge \mu_B(x) = \min\left[\mu_A(x), \mu_B(x)\right] \tag{14-14}$$

则称 C 为 A 与 B 的交集，记为 $C = A \cap B$。符号 min 表示最小算子，即取两个隶属度中的较小值，常用符号"$\wedge$"表示。

6. 模糊集合的补集

若有两个模糊集合 A 和 B，对于所有的 $x \in X$，均有

$$\mu_B(x) = 1 - \mu_A(x) \tag{14-15}$$

则称 B 为 A 的补集。

7. 模糊集合的直积

若有两个模糊集合 A 和 B，其论域分别为 X 和 Y，则定义在积空间 $X \times Y$ 上的模糊集

合 $A \times B$ 为 A 和 B 的直积，其隶属函数为

$$\mu_{A \times B} = \min \left[\mu_A(x), \mu_B(x) \right] \tag{14-16}$$

或者

$$\mu_{A \times B}(x, y) = \mu_A(x) \mu_B(y) \tag{14-17}$$

并且两个模糊集合的直积的概念可以很容易地推广到多个集合中去。

14.1.4 模糊关系的定义及合成

模糊关系是普通关系的推广。普通关系描述元素之间的关联性，而模糊关系则描述的是模糊前提与模糊结论之间的模糊倾向性。日常生活中人们经常听到诸如"A 和 B 很相似""X 比 Y 大很多"等描述模糊关系的语句。借助于模糊集合理论，可以定量地描述这些模糊关系。

1. 模糊关系的定义

定义：设 X、Y 是两个非空集合，则直积

$$X \times Y = \left\{ (x, y) \mid x \in X, y \in Y \right\} \tag{14-18}$$

中的一个模糊子集 R 称为 X 到 Y 的模糊关系，并且描述为

$$\mu_R : X \times Y \to [0, 1] \tag{14-19}$$

式中，映射 μ_R 将集合 X 和集合 Y 的直积 $X \times Y$ 与模糊关系 R 联系起来。当论域 X 和 Y 都是有限集时，模糊关系可以用模糊矩阵来表示。设 $X = \{x_1, x_2, \cdots, x_n\}$，$Y = \{y_1, y_2, \cdots, y_n\}$，模糊关系可用如下的 $n \times m$ 矩阵来表示：

$$\mathop{R}\limits_{\sim} = \begin{bmatrix} r_{11} & r_{12} & \cdots & r_{1m} \\ r_{21} & r_{22} & \cdots & r_{2m} \\ \vdots & \vdots & & \vdots \\ r_{n1} & r_{n2} & \cdots & r_{nm} \end{bmatrix} \tag{14-20}$$

矩阵中的元素 r_{ij} 表示 x_i 与 y_j 对于关系 R 的隶属程度。

上述定义的模糊关系又称为二元模糊关系，当论域为 n 个集合的直积 $X_1 \times X_2 \times \cdots \times X_n$ 时，它对应的为 n 元模糊关系。一般情况下，模糊关系都指的是二元模糊关系。

2. 模糊关系的合成

模糊关系的合成定义：设 X、Y、Z 是论域，R 是 X 到 Y 的模糊关系，S 是 Y 到 Z 的模糊关系，则 R 到 S 的合成 T 也是模糊关系，记为 $T = R \circ S$，它具有隶属度：

$$\mu_{R \circ S} = \mathop{\vee}\limits_{y \in Y} \left(\mu_R(x, y) \wedge \mu_S(y, z) \right) \tag{14-21}$$

式中，"$\vee$"和"$\wedge$"分别表示并运算和交运算。这种方式合成也称为最大-最小合成，也是最常用的一种合成方式。

当论域 X、Y、Z 都有限时，模糊关系的合成可用模糊矩阵的合成来表示。设 R、S、T 三个模糊关系对应的模糊矩阵分别为

$$R = \left(r_{ij}\right)_{n \times m}, \quad S = \left(s_{jk}\right)_{m \times l}, \quad T = \left(t_{ik}\right)_{n \times l}$$

则有

$$t_{ik} = \overset{m}{\underset{j=1}{\vee}}\left(r_{ij} \wedge s_{jk}\right) \tag{14-22}$$

对于不能用模糊矩阵表达的模糊关系也可以用上述定义的最大最小运算进行合成运算。

14.1.5 语言变量与模糊推理

1. 语言变量

语言是人们进行思维和信息交流的重要工具。语言分为两种：自然语言和形式语言。日常人们所说的语言属于自然语言，其特点是语义丰富、灵活，同时具有模糊性。形式语言有严格的语法规则和语义，不存在任何的模糊性和歧义，计算机语言就是这样，如 C 语言等。带模糊性的语言称为模糊语言，如长、短、年轻、年老和极老等。

语言变量是自然语言中的词或句，它的取值不是通常的数，而是用模糊语言表示的模糊集合。例如，若把"气温"作为一个模糊语言变量，则它的取值不是具体的温度，而是诸如"冷""凉""适宜""热""很热"等用模糊语言表示的模糊集合。

扎德(Zadeh)将语言变量定义如下：语言变量由一个 5 元体 $(x, T(X), U, G, M)$ 来表征。其中 x 是变量的名称，U 是 x 的论域，$T(x)$ 是语言变量值的集合，每个语言变量值是定义在论域 U 上的一个模糊集合，G 是语法规则，用以产生语言变量 x 的值的名称，M 是语义规则，用以产生模糊集合的隶属函数。

例如，若定义"气温"为语言变量，则 $T(气温)$ 可能为

$$T(气温) = \{冷, \ 凉, \ 暖, \ 热\}$$

上述模糊语言如"冷""凉""暖"等是定义在论域 U 上的一个模糊集合。设论域 $U = [-10, 35]$（单位为℃），则可认为大致低于 5℃ 为"冷"，大于 0℃ 且小于 15℃ 为"凉"等采用这些模糊集合的隶属函数如图 14-8 所示。

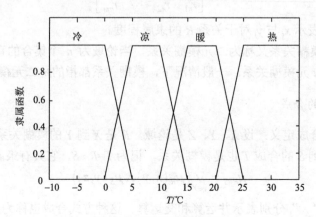

图 14-8　气温的隶属函数

2. 模糊推理

模糊逻辑的诱人之处在于它能够模拟人类大脑的推理机制。通过模糊逻辑能够很方便地将基于人类语言或专家的控制规则转变为模糊规则，从而借助于日益普及的计算机进行自动控制。

1) 模糊规则的基本形式

模糊规则是由大量的 if⋯then⋯语句构成的，它的基本形式如下：

$$\text{if } \tilde{u}_1 \text{ is } \tilde{A}_1 \text{ and } \tilde{u}_2 \text{ is } \tilde{A}_2 \text{ and}\cdots, \text{and } \tilde{u}_n \text{ is } \tilde{A}_n \text{ then } \tilde{y}_1 \text{ is } \tilde{B}_1 \cdots, \text{and } \tilde{y}_n \text{ is } \tilde{B}_n$$

其中，$\tilde{u}_1$、$\tilde{u}_2$、$\cdots$、$\tilde{u}_n$ 表示输入变量；$\tilde{y}_1$、$\tilde{y}_2$、$\cdots$、$\tilde{y}_n$ 表示输出变量；$\tilde{A}_i = \{\tilde{A}_i : j=1,2,\cdots,N_i\}$ 表示与每个输入变量对应的语言变量的语言值；$\tilde{B}_i = \{\tilde{B}_i : s=1,2,\cdots,M_i\}$ 表示与输出变量相对应的语言变量的取值。

模糊规则的 if 部分通常称为规则的前件(Premise)，then 部分则称为后件(Consequent)。模糊推理过程中使用的规则库(Rule Base)就是由大量的这类规则构成的，规则库的大小根据所考虑问题的复杂程度差别很大。一般来说，当问题复杂时，规则库会很大，但是不能想当然地认为规则越多，问题求解的精度会越高。事实上，对输入空间划分过细会引起规则爆炸，此时推理过程将变得极其缓慢、烦琐，也就失去了使用价值。

2) 模糊推理的一般过程

模糊推理是基于模糊规则，采用模糊逻辑由给定的输入到输出的映射过程。它包括如下五个方面的内容。

(1) 输入变量模糊化(Fuzzification)，即把确定的输入转化为由隶属度描述的模糊集。

(2) 在模糊规则的前件中应用模糊算子(与、或、非)。

(3) 根据模糊蕴涵运算，由前提推断结论。

(4) 合成每一个规则的结论部分，得出总的结论。

(5) 反模糊化(Defuzzification)，即把输出的模糊量转化为确定的输出。

其中，在反模糊化中可以使用的常规方法有中心法、二分法等。有关模糊推理的具体过程和原理可参考相关文献。

14.2　模糊传感器系统

模糊传感器的研究从 20 世纪 80 年代末开始，它是模糊集合理论应用中发展较晚的一个领域。对于模糊传感器系统而言，其测量结果的表示是一种基于语言符号化描述的符号测量系统。它是集"数值测量"与"语言符号化表示"二者优势互补的一体化符号测量系统，是基于模糊集合理论实现数值/符号转换的一种智能传感器系统。

14.2.1　测量结果"符号化表示"的概念

传统测量旨在追求被测量与标准量(单位)的比值的数值准确性,以比值的数值与单位二者相结合来表示测量结果。其测量结果的表示是一种数值符号描述,也就是说,传统测量系统的测量结果的表示是一种数值符号描述的符号测量系统。这种测量系统对被测对象给以定量的描述,具有精确性、严密性等诸多优点。传统的测量方法在人类的文明发展进程中发挥了巨大作用,并且今后仍然是绝对不可能被完全取代的。

随着科学技术的飞速发展,人们发现只进行传统的单纯的数值测量,其结果单纯以数值符号化来描述,在很多情况下都是不完备的。例如,由传统测量系统测得齿轮箱加速度为 $28g$ 时,需要进一步明确其所处的状态是"强振""中振""微振"还是"正常",是否必须立即停机检修等。这表明测量结果的单纯数值表示是不完备的,需要在数值描述的基础上进一步给出对象所处状态的语言描述。语言描述是对被测对象进行的定性描述,往往需要进行多点多参数测量,经过具有丰富经验、深厚知识的专家分析、判断和推理之后才能得到最终结果。由于其难度大,以往"数值测量"与"语言符号化表示"是分离进行的。例如,当养鱼池的水温为30℃,变压器中油温为90℃时,它们的温度状态是"高""适中"还是"低"等。

14.2.2　模糊传感器的基本概念和功能

1. 模糊传感器的基本概念

模糊传感器是将"数值测量"与"语言符号表示"二者相结合而构成的一体化符号测量系统,是在传统数值测量基础上进一步给出拟人类语言符号描述的智能传感器系统。其中的核心环节是数值-语言符号转换环节,实现数值-语言符号转换功能的方式有多种,即由数值域到语言域的映射关系有多种形式。模糊传感器系统是基于模糊集合理论进行数值-语言符号转换。根据上述基本概念,模糊测量原理框图如图 14-9 所示。其中,传统测量单元完成传统的数值测量,给出测量结果的数值符号描述;数值符号转换单元是核心单元,它基于模糊集合理论来完成将测量数值结果转换为拟人类语言描述。

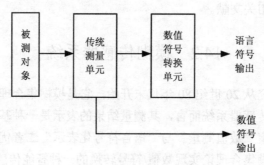

图 14-9　模糊测量原理框图

2. 模糊传感器的基本功能

作为一种新型的智能传感器,模糊传感器不但具备智能传感器的一般特点和功能,同时也具有自己独特的功能。

(1)学习功能。

模糊传感器的学习功能是其最重要的一项功能。例如,模糊血压计,要使其直接反映出血压的"正常"和"不正常",首先要积累大量的反映血压正常的相关知识,其次还要将测量结果用人类所能接受的语言表达出来。从这个意义上讲,模糊血压计必须具备学习功能。

模糊传感器能够实现在专家指导下学习或者无须专家指导的自组织学习,并且能够针对不同的测量任务要求,选择合适的测量方案。从某种意义上来说,可以认为模糊传感器是一个完成特殊任务的小型专家系统。

(2)推理功能。

模糊传感器在接收到外界信息后,可以通过对人类知识的集成而生成的模糊推理规则实现传感器信息的综合处理,对被测量的测量值进行拟人类自然语言的表达等。对于模糊血压计来说,当它测到一个血压值后,首先通过推理,判断该值是否正常,然后用人类理解的语言,即"正常"或"不正常"来表达。为实现这一功能,推理机制和知识库(存放基本模糊推理规则)是必不可少的。

(3)感知功能。

模糊传感器可以与传统传感器一样感知被测量,但是模糊传感器不仅可以输出数量值,而且可以输出易于人类理解和掌握的自然语言符号量,这是模糊传感器的最大特点。

(4)通信功能。

模糊传感器具有自组织能力,不仅可以进行自检测、自校正、自诊断等,而且可以与上级系统进行信息交换。

14.2.3 模糊传感器的结构

1. 基本逻辑结构

基于模糊测量原理,模糊传感器的基本逻辑结构由信号提取、信号处理、数值/符号转换和模糊概念合成四部分组成,如图 14-10 所示。

(1)信号提取模块基于普通敏感探头获取被测物理量的参量值,完成待测量系统的信号检测任务。

(2)信号处理模块的基本处理任务有三方面:其一是对信号进行放大、滤波;其二是基于多传感器多信息融合算法,获得高选择性、高稳定性的测量值;其三是进行模数转换,与计算机之间进行信息传输。

(3)数值/符号转换单元是实现模糊测量的核心,由计算机完成。数值/符号转换单元是模糊传感器实现模糊测量的关键。模糊传感器测量被测量的准确性很大程度上取决于知识库与数据库。知识库包含获得模糊集隶属函数的知识及如何确定元素属于模糊集合

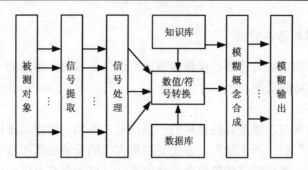

图 14-10　模糊传感器的基本逻辑结构

的隶属度，以及获得模糊蕴涵推理规则两方面内容。通常意义下，规则由在该领域的专家来完成。但是不容忽视的是，专家的研究成果和丰富经验往往不易以严格的规则形式描述。若所描述的模糊蕴涵关系复杂，则需要相当规模的模糊推理规则，实现模糊推理的运算量相当大。

(4)模糊概念合成模块根据知识库和数值/符号转换单元的输出进行模糊推理和合成，得出正确的拟人类语言测量结果。

2. 基本物理结构与软件结构

根据上述模糊传感器的基本逻辑结构，可以设计出如下的一种模糊传感器基本物理结构与软件结构，如图 14-11、图 14-12 所示。

(1)信息提取单元负责将与被测对象有关的测量信息通过数据采集电路输入计算机，其中包括作用在被测对象上的干扰信息。

(2)信息交换单元主要是处理人机交互、录入领域知识以建立规则库，同时通过系统总线提供通信接口，这些是模糊智能传感器系统必须具备的功能。

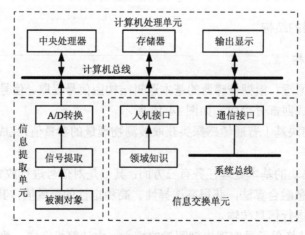

图 14-11　模糊传感器的基本物理结构

(3)测量前,计算机处理单元首先根据从信息交换单元得到的领域知识,经过规则学习模块、隶属函数生成模块和模糊蕴涵规则库等处理过程,生成进行模糊测量所必需的隶属函数和相应的模糊蕴涵规则库。测量时,首先通过信息提取单元得到测量值,然后根据前面建立的模糊蕴涵规则库,经过数值处理模块、数值/符号转换模块和模糊推理模块的处理,得到模糊化的语言符号测量结果。同时为提高传感器的稳定性和选择性,测量时还要进行多个非目标变量(即干扰对象)的同步测量,然后经过融合算法模块、改善稳定性能模块和改善选择性能模块等处理,得到高质量的数值测量结果。根据测量的需要,模糊传感器的测量结果还可以通过信息传输程序模块进行传输,实现信息共享。

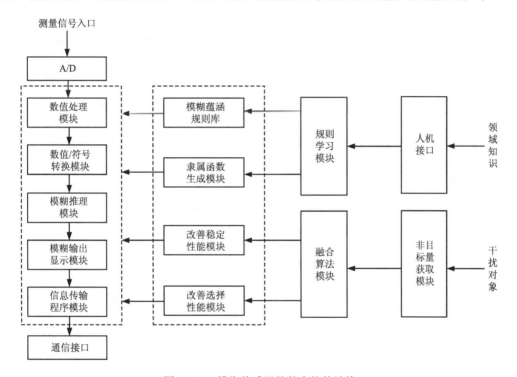

图 14-12　模糊传感器的基本软件结构

同时根据被测量的多少,模糊传感器可以分为一维模糊传感器和多维模糊传感器。一维模糊传感器的结构通常比较简单,仅有一个被测量对象,但是,绝大多数情况下,被测对象不仅所处环境复杂,易受多种干扰,而且有时需要测量的几个被测量相互关联,则需要采用几个传感器同时测量,从而构成多维模糊传感器。显然,一维模糊传感器是多维模糊传感器的特例。多维模糊传感器的测量相对比较复杂,通常要采用基于多传感器的信息融合算法进行数据处理,在这方面已经有不少成熟的理论和方法,而且还在不断地完善之中。

14.2.4　模糊传感器语言描述的产生方法

如前所述,模糊传感器的作用是提供数值测量的语言描述,因此产生语言描述是模糊传感器的重要功能之一。常用方法有两种:一种是运用语言间的语义关系产生概念而后产生相应的语言描述；另一种则是根据特定数值测量值的语言描述，通过插值的方法产生其他测量点的语言描述。

1. 通过语义关系产生概念

模糊传感器可以输出多种语言描述，这些语言描述通过它们语义间的关系相联系。以一个简单的温度测量系统为例，语言描述"热"（hot）和"很热"（very-hot）的语义关系可归因于语言域 Y 上的顺序关系，该关系又同数值域 N 上的大小关系相对应，并表示为

$$\text{hot} \leqslant \text{very-hot}$$

所有概念间的关系由传感器自身管理。首先，要定义一个特殊概念，称为属概念。属概念是指对应于数值域中最具有代表性的测量点或测量范围的语言描述。例如，电冰箱的温度通常保持在–5～15℃，那么可认为0～5℃为最适宜的温度范围，而0～5℃在语言域中用"适中"语言概念来描述。于是可定义"适中"这个语言概念为属概念。

此外产生新概念还需要给出其他语言描述和含义。Benoit 教授定义了稍高、稍低、高、低等模糊算子来产生模糊顺序分度，以此来产生新概念。如定义属概念为"适中"，根据上述模糊算子可产生新概念"热""很热""冷""很冷"，表示为

$$适中\,(mild)\ 属概念\,(Generic\ Concept)$$
$$热\,(hot)=more\text{-}than\,(mild)$$
$$很热\,(very\text{-}hot)=above\,(hot)$$
$$冷\,(cold)=less\text{-}than\,(mild)$$
$$很冷\,(very\text{-}cold)=below\,(cold)$$

这五个概念的隶属函数形式如图 14-13 所示。当然，还可以用其他形式表示各概念的隶属函数，如三角形、柯西形等。使用中如果模糊传感器已将这些隶属函数存储在其数据库中，则只需要修改属概念参数就可以自动修正其形状，使其符合测量要求。

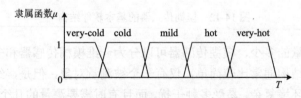

图 14-13　根据语义关系产生概念的隶属函数

以温度测量为例来说明新语言概念的产生过程。设论域 $U=[0, 1]$ 表示温度测量归一化处理后的范围。语言域 $S=\{非常冷，冷，热，非常热\}$，那么，产生新概念的实质在于确定语言域 S 中新生概念相应的隶属函数。

首先，定义属概念为"冷"（用 c_1 表示）和"热"（用 c_2 表示），其相应的隶属函数为

$$\mu_R(c_2, x) = a, \quad x \in U \tag{14-23}$$

则

$$\mu_R(c_1, x) = 1 - a, \quad x \in U \tag{14-24}$$

式 (14-24) 表明，如果论域上的元素 x 隶属于"热 c_2"的程度 (用 $\mu_R(c_2, x)$ 表示) 为 a，那么它隶属于"冷 c_1"的程度 (用 $\mu_R(c_1, x)$ 表示) 必然为 $1-a$。这种关系可用图 14-14 表示。

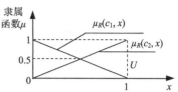

图 14-14　属概念 c_1、c_2 隶属函数曲线

属概念及其隶属函数确定后，就可通过模糊算子产生新的模糊概念。定义"非常"(very) 模糊算子，则 $\mathrm{very}(c_1)$ 表示"非常冷"，而 $\mathrm{very}(c_2)$ 表示"非常热"。因此 $\{\mathrm{very}(c_1), c_1, c_2, \mathrm{very}(c_2)\}$ 构成了论域 U 上基于属概念 c_1 和 c_2 的新的语言域。把 x 隶属于新生概念"$\mathrm{very}(c_1)$"和"$\mathrm{very}(c_2)$"的程度，即隶属函数 $\mu_R(\mathrm{very}(c_1), x)$ 和 $\mu_R(\mathrm{very}(c_2), x)$ 表示为属概念隶属度 $\mu_R(c_1, x)$ 和 $\mu_R(c_2, x)$ 的函数形式，写成下列关系式：

$$\mu_R\big(\mathrm{very}(c_1), x\big) = f\big[\mu_R(c_1, x)\big] \tag{14-25}$$

$$\mu_R\big(\mathrm{very}(c_2), x\big) = f\big[\mu_R(c_2, x)\big] \tag{14-26}$$

这里显然有

$$\text{若 } \mu_R(c_1, x) \geqslant 0.5, \text{ 则 } \mu_R(\mathrm{very}(c_1), x) \leqslant \mu_R(c_1, x) \tag{14-27}$$

$$\text{若 } \mu_R(c_1, x) < 0.5, \text{ 则 } \mu_R(\mathrm{very}(c_1), x) > \mu_R(c_1, x) \tag{14-28}$$

在满足上述条件下，可选择函数形式为

$$f(\xi) = \xi\big\{1 - \sin\big[k\pi(\xi - 0.5)\big]\big\} \tag{14-29}$$

式中，ξ 为属概念隶属函数；k 为修正因子，满足 $0 < k < 1$。

至此，在论域 U 上基于属概念"冷"和"热"生成了两个新概念"非常冷"和"非常热"。显然，新概念如果不符合测量要求，就需要通过适当的训练算法修正隶属函数。

总之，通过语义关系产生新概念的方法可描述为：首先定义属概念及其隶属函数；其次利用存储在模糊传感器中的模糊算子产生新的模糊概念；最后利用属概念隶属函数得出新生概念的隶属函数。如果新概念不符合测量要求，则通过训练算法修正其隶属函数，至满足要求为止。

2. 通过插值法产生新概念

插值法产生新概念的原理如下。数值域中特定的元素称为特征测量量 (Characteristic Measurements)，用 v_i 来表示。对于每个 v_i，其数值域模糊集合表示为 $F(v_i)$，则 v_i 隶属于 $F(v_i)$ 的程度等于 1，即 $\mu_{F(v_i)}(v_i) = 1$；而其他的特征测量量用 $v_j (j \neq i)$ 表示，其数值域模糊集合表示为 $F(v_j)$。显然其隶属于模糊集合的程度为 0，即 $\mu_{F(v_j)}(v_j) = 0$。那么对于任意一点 $v \in [v_i, v_j]$，其隶属于模糊集合 $F(v_i)$ 和 $F(v_j)$ 的隶属度分别为

$$\mu_{F(v_i)}(v) = \frac{d(v_j, v)}{d(v_i, v_j)} \tag{14-30}$$

$$\mu_{F(v_j)}(v) = \frac{d(v_i, v)}{d(v_i, v_j)} \tag{14-31}$$

它们之间关系满足：

$$\mu_{F(v_i)}(v_i) = 1, \quad \mu_{F(v_i)}(v_j) = 0 \tag{14-32}$$

$$\mu_{F(v_j)}(v_i) = 0, \quad \mu_{F(v_j)}(v_j) = 1 \tag{14-33}$$

式中，式(14-30)、式(14-31)中 d 表示两点距离，如图14-15所示。该距离应当满足下述条件：

$$\mu_{F(v_i)}(v) + \mu_{F(v_j)}(v) = 1 \Leftrightarrow d(v_i, v) + d(v_j, v) = d(v_i, v_j) \tag{14-34}$$

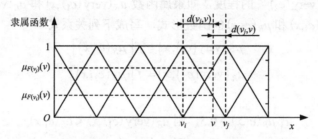

图14-15　插值法产生概念示意图

最简单的距离可表示为

$$d(v_i, v) = |v_i - v| \tag{14-35}$$

如果隶属函数的形状已知，那么可定义更一般的形式：

$$\forall x \in [v_i, v_j], \quad \mu_{F(v_i)}(x) = f\left[d(v_j, v) / d(v_i, v_j)\right]$$

$$\mu_{F(v_j)}(x) = f\left[d(v_{i,v}) / d(v_i, v_j)\right] \tag{14-36}$$

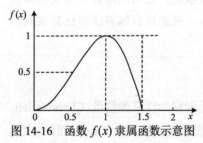

图14-16　函数 $f(x)$ 隶属函数示意图

f 是[0, 1]上的增函数，且满足：

$$f(0) = 0, \quad f(1) = 1, \text{ 且 } f(1-a) = 1 - f(a) \tag{14-37}$$

如果函数 $f(x) = 3x^2 - 2x^3$ 满足上述条件，那么其隶属函数形式如图14-16所示。

另外要提及的是，通过定义特征测量量产生新语言值的这种方法可以应用到多维模糊测量中。

14.2.5　模糊传感器对测量环境的适应性

在温度测量问题中，模糊传感器可将 $T=15℃$ 解释为"冷"，但是按照不同的背景，这个描述可能是不确切的。由于在游泳池中这个温度可能是冷的，但在电冰箱中它又是很热的，因此有必要根据不同的背景知识来修正模糊传感器的输出。

通常，在考虑测量背景知识时，应对数值测量描述进行适应性处理。有两种处理方法比较适用：一种是基于适应函数的处理方法；另一种是基于专家定性学习的方法。

1. 基于适应函数的处理方法

假设定义属概念和产生新概念的数值域 N 为标准数值域（Standard Numerical Range），而实际测量数值域用 N' 表示，那么 N 和 N' 之间的不一致性可用适应函数 h 来修正。从 N 到 N' 的映射，如图 14-17 所示。

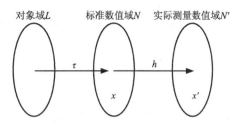

图 14-17　适应函数示意图

对于一个确定的测量对象，其数值测量可描述为

$$L = \tau\big[h(x)\big], \quad x \in \tau^{-1}(L) \tag{14-38}$$

式中，τ 表示对象域 L 到数值域 x 的映射 $L{\to}x$；τ^{-1} 表示数值域 x 到对象域 L 的逆映射 $x{\to}L$。为了实现这种映射，通常要把适应函数（Adaptive Function）h 存放在模糊传感器知识库中。

另外，与属概念对应的特征测量点 M_c 不应随适应函数的变化而变化，表示为 $h(M_c)=M_c$，而且对特征测量点应保持线性，表示为

$$h'(M_c) = k \tag{14-39}$$

式中，$h'(M_c)$ 表示适应函数的导数；k 为常数。

2. 专家指导下的定性学习方法

模糊传感器的学习功能是通过比较专家和模糊传感器对同一被测量定性描述的差异来实现的。设对于同一被测量 x，专家给出的语言描述表示为 $l(x)$，模糊传感器输出的语言描述表示为 $l'(x)$，e 表示 $l(x)$ 和 $l'(x)$ 之间的定性差异，则修正规则如下。

（1）若 e 为正向定性差异，表示为 $l(x)>l'(x)$，则可通过"增加"模糊算子调整该差异。

（2）若没有定性差异，表示为 $l(x)=l'(x)$，则"不变"。

（3）若 e 为负向定性差异，表示为 $l(x)<l'(x)$，则可通过"减小"模糊算子来调整该差异。上述"增加""减小""不变"均为模糊算子。通常，"增加"算子是指将隶属函数曲线向数值量小的方向平移或扩展；"减小"算子是指隶属函数曲线向数值大的方向平移或扩展；而"不变"算子是指隶属函数保持不变。

对于温度 T_o，学习前描述为

$$l(T_o) = \{0.6 / 冷, 0.4 / 适中\}$$

学习后可以得到下列描述：

$$l(T_o) = \{0.4 / 冷, 0.6 / 适中\}$$

"增加"模糊算子的示意如图 14-18 所示。

训练样本可由专家经验知识确定。专家经验知识的获取，即专家信息的输入可由下列步骤

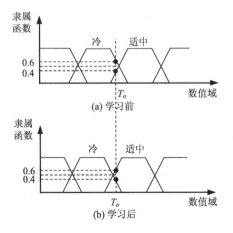

图 14-18　"增加"模糊算子示意图

实现。

(1) 确定测量范围的上下限。

(2) 确定论域 U 上描述被测量数量值的个数。

(3) 确定表征每个被训练概念(包括属概念和新概念)的模糊子集。

(4) 通过采样输入对应被训练概念(包括属概念和新概念)隶属度为 1 的采样值。

(5) 通过相关训练算法产生被训练概念(包括属概念和新概念)对应的隶属度。

14.2.6　模糊传感器隶属函数的训练算法

语言概念产生之后,必须对这些概念的隶属函数进行训练,以符合人类对该概念的描述。为了增强模糊传感器适应不同测量要求的能力,必须对生成概念的隶属函数进行训练。

原则上讲,隶属函数曲线通过训练可以调整到任意形状。然而,有时这并非必要且实现较难。因此可将隶属函数分为连续隶属函数和分段隶属函数两种情况进行训练。

1. 连续隶属函数训练方法

这里以柯西形隶属函数为例进行语言概念训练,训练最终体现在对式(14-29)中修正因子 k 的调整上。

例如,在论域 $U=[0,1]$ 上生成语言概念集合 $S=\{\text{very}(c_1),c_1,c_2,\text{very}(c_2)\}$。每个概念在数值域上所对应的数值范围,如图 14-19 所示。其训练步骤如下。

1) 对 "$\text{very}(c_1)$" 概念的训练

设训练样本 $x\in[x_0,x_1]$。

(1) 由经验曲线或前次训练后生成的曲线计算 $\mu_R(\text{very}(c_1),x)$ 和 $\mu_R(c_1,x)$。

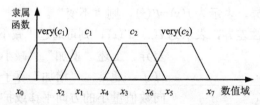

图 14-19　$\text{very}(c_1)$、c_1、c_2、$\text{very}(c_2)$ 在数值域上
对应的数值测量示意图

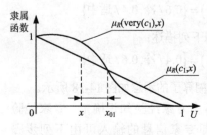

图 14-20　新概念隶属函数

(2) 如果 $\mu_R(\text{very}(c_1),x)\geqslant\mu_R(c_1,x)$,即该语言概念 $\text{very}(c_1)$ 同训练样本的状态是相符的。这时若 $\Delta=x_{01}-x$ 小于一给定阈值 δ,则该语言概念的修正可以结束,否则增加式(14-29)中的修正因子 k,并转到第(1)步,其中,x_{01} 为 $\text{very}(c_1)$ 与 c_1 两概念的隶属函数曲线的交点对应论域上的值,如图 14-20 所示。

(3) 若 $\mu_R(\text{very}(c_1),x)<\mu_R(c_1,x)$,即该语言概念 $\text{very}(c_1)$ 同训练样本的状态是不相符的,则应当减小

式(14-29)中的修正因子 k，并且转到第(1)步。

2)对"c_1"概念的训练

由于概念 c_1 介于概念 very(c_1) 和 c_2 之间，对 c_1 的训练涉及 very(c_1) 和 c_2，因此首先要计算 c_1 的重心 g_1，并以此点为界分左右两端训练概念 c_1。设训练样本 $x \in [x_2, x_3]$。

(1)计算概念 c_1 的重心 g_1：

$$g_1 = \frac{\int \mu_R(c_1, x) x \mathrm{d}x}{\int \mu_R(c_2, x) x \mathrm{d}x} \tag{14-40}$$

(2)如果 $x \leqslant g_1$，则计算 $\mu_R(c_1, x)$、$\mu_R(\text{very}(c_1), x)$。若

$$\mu_R(\text{very}(c_1), x) \leqslant \mu_R(c_1, x) \tag{14-41}$$

则语言概念 c_1 同训练样本 x 的状态是一致的。这时若 Δ 大于一给定阈值 δ，则应当增大式(14-29)中的修正因子 k，转到第(1)步，否则结束训练。若

$$\mu_R(\text{very}(c_1), x) > \mu_R(c_1, x) \tag{14-42}$$

则此时该语言概念 c_1 同训练样本 x 的状态不一致，应当增大式(14-29)中的修正因子 k，转到第(1)步。

(3)如果 $x \geqslant g_1$，计算 $\mu_R(c_1, x)$、$\mu_R(c_2, x)$。若

$$\mu_R(c_1, x) \geqslant \mu_R(c_2, x) \tag{14-43}$$

则此时该语言概念 c_1 同训练样本 x 的状态是相符的，训练结束。若

$$\mu_R(c_1, x) < \mu_R(c_2, x) \tag{14-44}$$

则此时该语言概念 c_1 同训练样本 x 的状态不相符，增大式(14-29)中的修正因子 k，转到第(1)步。

3)对"c_2"和"very(c_2)"概念的训练

概念"c_2"和"very(c_2)"的训练方法同 very(c_1) 和 c_1 的训练方法，此处不再重复。

2. 分段隶属函数训练方法

这里依然以温度测量为例，采用梯形隶属函数。设在论域 U 上，语言域 $S=\{$冷，温，热$\}$，其分段隶属函数如图 14-21 所示。

首先定义概念"温"为属概念，其余概念通过语言关系产生。

1)使 t_i 属于"温"概念的训练

首先利用给定训练样本值 $\{t_i, i=1,2,\cdots,n\}$，按图 14-21 所示的分段隶属函数计算隶属度。

(1)若 $c < t_i < d$，表示由隶属函数所确定的概念"温"与语义概念"温"相符，则不修正。

(2)若 $t_i > d$，且 $\mu_温(t_i) < \mu_热(t_i)$，表明此时隶属函数所确定的概念为"热"，与语义概念"温"不符合，则需要修正隶属函数。

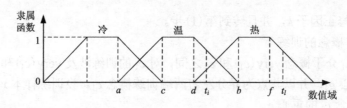

图 14-21　分段隶属函数

① $d^{j}=k(t_{i}-d^{(j-1)})+d^{(j-1)}$，其中 $d^{(j)}$ 为速度修正因子。若 $k=0$，$d^{(j)}=d^{(j-1)}$，则表示不修正；若 $k=1$，则 $d^{(j)}=t_{i}$ 表示修正最大。$d^{(j)}$ 表示端点 d 的第 j 次修正值。

②

$$c^{(j)}=\begin{cases}c^{(j-1)}+\varDelta^{(j)}, & \mu_{温}^{(c^{j-1}+\varDelta^{j})} \\ c^{(j-1)}, & 其他\end{cases} \qquad (14-45)$$

式中，$\varDelta^{(j)}=k'(t_{i}-d^{(j-1)})$，表示修正 d 对 c 产生影响的相关因子；$0<k'<k$ 为偏移修正因子；$c^{(j)}$ 表示点 c 的第 j 次修正值。

③ 若 $t_{i}>d$，且 $\mu_{温}(t_{i})\geqslant\mu_{热}(t_{i})$，则不修正。

④ 若 $t_{i}<c$，且 $\mu_{冷}(t_{i})\geqslant\mu_{温}(t_{i})$，则修正方法同上。

2) 使 t_{i} 属于"热"概念的训练

利用给定的训练样本值{ t_{l},$l=1,2,\cdots,m$ }，按图 14-21 分段隶属函数计算隶属度。

① 若 $t_{l}>b$，则不必修正。

② 若 $t_{l}<b$，且 $\mu_{温}(t_{l})>\mu_{热}(t_{l})$，则

$$b^{(j)}=\begin{cases}2t_{l}-d, & \mu_{热}(t_{l})>0.5 \\ b^{(j-1)}, & 其他\end{cases} \qquad (14-46)$$

③ 若 $t_{l}<b$，且 $\mu_{温}(t_{l})<\mu_{热}(t_{l})$，则不必修正。

④ 若 $b<t_{l}<f$，则不必修正。

利用给定训练样本值对"冷"概念的训练同上，不再赘述。

14.3　应用示例

[示例 14-1]　模糊温度测试仪。

要求：模糊温度测试仪是在传统的温度测量基础上，利用模糊测量原理构造的新型智能传感器系统，用于对培育豆芽菜的温室温度进行测量。豆芽菜生长时的最低温度为 10℃，最适宜温度为 21~27℃，最高温度为 28~30℃，不宜超过 32℃。该测试仪的具体要求如下。

①能对 0~40℃的温室温度自动给出相应的语言描述："温度过低""温度偏低""温度正常""温度偏高""温度过高"。

②能对温室温度变化和当前温度分别进行曲线显示与数字量显示。

解： 在该系统中，采用模糊测量的方法对培育豆芽菜温室的温度进行测量，并对当前温度进行拟人类语言显示。整个温度测试系统的系统框图如图 14-22 所示。

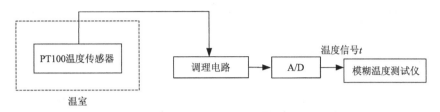

图 14-22　温度测试系统的系统框图

整个系统由温度传感器、调理电路、数据采集卡 A/D、模糊温度测试仪组成。温度传感器将所测温室温度 t 通过调理电路和 A/D 转换送入模糊温度测试仪，模糊温度测试仪根据模糊原理对温室当前温度进行判断，并对温室温度变化曲线和当前温度的数字量进行显示。

1）模糊温度测试仪工作原理

（1）MATLAB 中的梯形隶属函数 trapmf。

格式：$y = \text{trapmf}(x,[a\ b\ c\ d])$。

说明：梯形曲线可由四个参数 a,b,c,d 确定，参见式（14-11）。

或者更紧凑地表示为

$$f(x,a,b,c,d) = \max\left(\min\left(\frac{x-a}{b-a},1,\frac{d-x}{d-c}\right),0\right) \tag{14-47}$$

式中，参数 a 和 d 确定梯形的"脚"，而参数 b 和 c 确定梯形的"肩膀"。

示例：

x=0:0.1:10;

y=trapmf$(x,[1\ 4\ 6\ 8])$;

plot(x,y);

xlabel（'trapmf,p=[1 4 6 8]'）;

（2）隶属函数 $\mu_N(t)$、$\mu_M(t)$、$\mu_H(t)$ 的确定。

培育豆芽菜的温室温度值的集合 $U=\{\ t\ |\ 0℃ \leqslant t \leqslant 40℃\}$ 作为论域，论域中任一元素 t（如为 25℃），将以不同的程度隶属于五个模糊子集：NL（温度过低）、NS（温度偏低）、ZO（温度正常）、PS（温度偏高）、PL（温度过高）。温室温度的模糊集合 $T(t)=\{$ NL、NS、ZO、PS、PL $\}$ 中的五个模糊子集 NL、NS、ZO、PS、PL 分别由隶属函数 $\mu_{NL}(t)$、$\mu_{NS}(t)$、$\mu_{ZO}(t)$、$\mu_{PS}(t)$、$\mu_{PL}(t)$ 确定，隶属函数采用梯形隶属函数。根据专家以及豆芽菜生长的实际温度情况，可以确定上述五个模糊子集对应的隶属函数参数，如表 14-1 所示，其相应的温度 t 的隶属函数如图 14-23 所示。

表 14-1　与 $\mu_{NL}(t)$、$\mu_{NS}(t)$、$\mu_{ZO}(t)$、$\mu_{PS}(t)$、$\mu_{PL}(t)$ 对应的梯形隶属函数参数值

模糊子集	参数值/℃			
	a	b	c	d
NL	0	0	8	10
NS	8	10	20	21
ZO	20	21	27	28
PS	27	28	30	32
PL	30	32	40	40

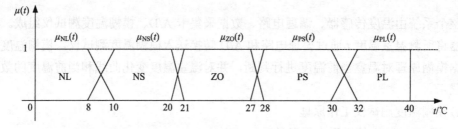

图 14-23　$\mu_{NL}(t)$、$\mu_{NS}(t)$、$\mu_{ZO}(t)$、$\mu_{PS}(t)$ 和 $\mu_{PL}(t)$

(3) 模糊推理的实现与最大隶属度的求取。

这部分的实现过程如图 14-24 所示,图中变量 temp_NegativeLarge、temp_NegativeSmall、temp_Zero、temp_PositiveSmall、temp_PositiveLarge 分别对应于隶属度 $\mu_{NL}(t)$、$\mu_{NS}(t)$、$\mu_{ZO}(t)$、$\mu_{PS}(t)$、$\mu_{PL}(t)$,最大隶属度 index 的取值定义为{0, 1, 2, 3, 4},用于指示相应的拟人类语言输出集合{"温度过低","温度偏低","温度正常","温度偏高","温度过高"}。这样,当由控件键入温度值 t_1 后,首先计算温度 t_1 对于三个模糊集的隶属度 $\{\mu_{NL}(t_1), \mu_{NS}(t_1), \mu_{ZO}(t_1), \mu_{PS}(t_1), \mu_{PL}(t_1)\}$,然后利用模糊集合的基本运算中的并运算(由函数 max() 实现),求取$\{\mu_{NL}(t_1), \mu_{NS}(t_1), \mu_{ZO}(t_1), \mu_{PS}(t_1), \mu_{PL}(t_1)\}$中的最大值,即求取最大隶属度,同时置标志 index。

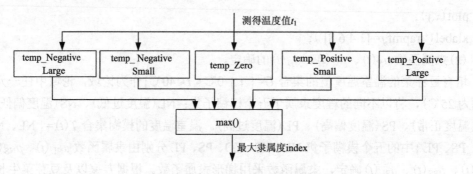

图 14-24　模糊推理的实现与最大隶属度的求取

(4) 语言符号输出。

这是模糊测量的最后步骤,根据上一步得到的最大隶属度 index 的取值{0, 1, 2, 3, 4},

确定输入温度所属的模糊集合，从前述已经定义好的拟人类语言输出集合 {"温度过低"，"温度偏低"，"温度正常"，"温度偏高"，"温度过高"} 中找到对应的语言输出值。

2)模糊温度测试仪的设计步骤

(1)面板设计。

本小节采用 LabVIEW 设计面板。启动 LabVIEW，进入仪器开发环境，创建如图 14-25 所示的面板。

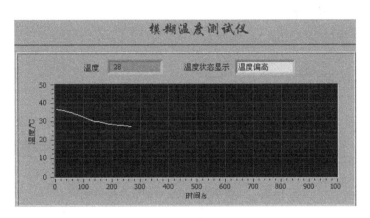

图 14-25　模糊温度测试仪面板

①放置数字显示控件 1。

执行 All Controls>>Numeric>>Numeric Indicator 命令。

该控件为输出显示型控件，用于输出温度传感器所测得的温室当前温度值，标记(Label)为"温度"。

②放置字符串显示控件 2。

执行 All Controls>>String&Table>>String Indicator 命令。

该控件为输出显示型控件，用来输出温室温度的状态，有 5 种可能的输出结果："温度过低""温度偏低""温度正常""温度偏高""温度过高"。标记(Label)为"温度状态显示"。

③放置图形显示控件 3。

执行 All Controls>>Graph>>Waveform Chart 命令。

该控件为输出显示型控件，用来绘制温室的温度变化曲线。

(2)流程图设计。

模糊温度测试仪主要是对温室当前的温度进行测量，得出温室当前的温度值；对测得的温度进行模糊推理判断，得出温室的温度状态，并进行拟人类语言显示。具体程序设计如下。

打开流程图编辑窗口"Diagram"。

①温度采集。

将传感器经调理电路、数据采集卡传输至计算机的电压数据进行刻度转换为温度值，并在前面板上显示温度。

　　a. 用 LabVIEW 软件里面的 AI Acquire Waveform.vi（调用路径：All Functions>>NI Measurements>>Data Acquisition>>Analog Input>>AI Acquire Waveform.vi）获得采样信号，其中设置设备号为 1，通道号（channel）为 0。

　　b. 采集 1000 组电压信号，输出其平均值。

　　c. 进行电压信号和 PT100 铂电阻阻值的转换。

　　d. 利用曲线拟合实现 PT100 铂电阻阻值和温度转换。

　　e. 显示转换后的温度。

整个温度采集的程序如图 14-26 所示。

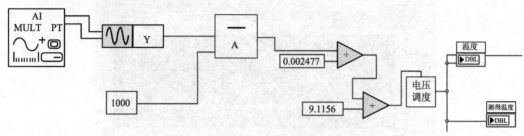

图 14-26　模糊温度测试仪中的温度采集程序

②温度模糊判断。

本模块是对刻度转换后的温度值进行模糊判断，它有五个子 VI，如图 14-27 所示，分别管理 5 个模糊域。当温度值处于其中一个模糊域或处于这个模糊域的隶属度大于其他模糊域时，这个模糊域就生效，就会在前面板上显示这个模糊域相应的文字符号。

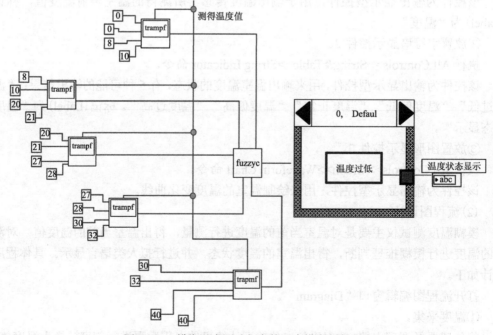

图 14-27　模糊温度测试仪中的温度模糊判断程序

③连线。

完成编辑的流程图如图 14-28 所示。

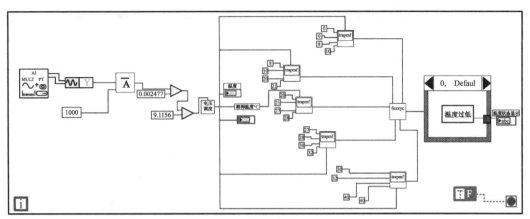

图 14-28　模糊温度测试仪程序图

至此，一个模糊温度测试仪就完成了。它能够对温室当前的温度进行测量，并给出数字式和拟人类语言的测量结果。它的功能虽然较简单，但却体现了模糊测量的原理和方法，代表了测量技术的发展方向。

3)运行检验

保存文件，然后运行，结果如图 14-25 中曲线所示。

[示例 14-2]　模糊温度控制仪。

要求：在示例 14-1 基本功能的基础上，实现对培育豆芽菜的温室温度进行模糊控制。具体要求如下。

①根据温室当前温度的模糊判断结果，包括"温度过低""温度偏低""温度正常""温度偏高""温度过高"等，产生相应的控制信号，驱动相应的温度控制装置，对温室进行升温或降温处理，使其温度处于豆芽菜生长的最适值。

②温度控制装置可以手动控制也可以自动控制，它们的工作状态可以显示。

解：1)模糊控制系统的建立

该系统是在示例 14-1 的基础上增加了温度控制装置，采用模糊控制的方法，最终实现培育豆芽菜的温室温度的模糊监控。该系统的原理框图如图 14-29 所示。

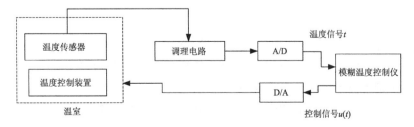

图 14-29　温度模糊控制系统的原理框图

整个系统由温度传感器、调理电路、数据采集卡(包括 A/D 和 D/A)、模糊温度监控仪和温度控制装置组成。模糊温度监控仪根据当前温度判断的结果产生相应的控制信号 $u(t)$，通过 D/A 输出给温度控制装置，温度控制装置对温室进行升温或降温处理，使其温度处于豆芽菜生长的最适值。

2)模糊温度控制仪的设计

(1)面板设计。

启动 LabVIEW 之后，进入仪器设计环境，创建如图 14-30 所示的面板。该面板主要由四部分组成：第一部分用于显示温室当前温度、温度状态以及温室温度的变化曲线，与示例 14-1 相同；第二部分用于完成温室温度的控制，包括控制模式的选择、两种不同控制模式下相应控制参数或控制开关的选择；第三部分用于显示温度控制器的工作状态；第四部分用于计算温度控制系统的相关参数，并且控制此仪器的开或关。

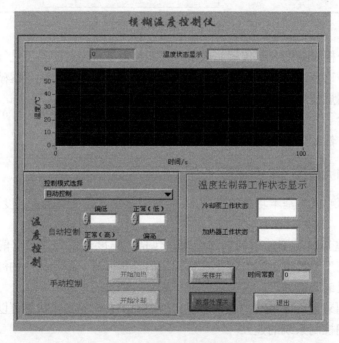

图 14-30　模糊温度控制仪面板

①放置数字显示控件 1、2。

执行 All Controls>>Numeric>>Numeric Indicator 命令 2 次。

这两个控件均为输出显示型控件，用于输出温度传感器所测得的温室当前温度值和系统的时间常数，将其标记(Label)分别改为"温度""时间常数"。

②放置字符串显示控件 3、4、5。

执行 All Controls>>String&Table>>String Indicator 命令 3 次。

这 3 个控件均为输出显示型控件，用来输出温室温度的状态和温度控制器工作状态。将它们的标记(Label)分别改为"温度状态显示""冷却泵工作状态""加热器工作状态"。"温度状态显示"有 5 种可能的输出结果："温度过低""温度偏低""温度正常""温度偏高""温度过高";"冷却泵工作状态"有 2 种输出结果："正在冷却""停止冷却";"加热器工作状态"有 2 种输出结果："正在加热""停止加热"。

③放置图形显示控件 6。

执行 All Controls>>Graph>>Waveform Chart 命令。

该控件为输出显示型控件,用来绘制温室的温度变化曲线。

④放置数字输入控件 7、8、9、10。

执行 All Controls>>Numeric>> Numeric Control 命令 4 次。

这 4 个控件为输入控制型控件。在温室温度自动控制时,用于键入模糊温度域的边界值。它们的标记(Label)分别改为"偏低""正常(低)""正常(高)""偏高"。

⑤放置列表控件 11。

执行 All Controls>>List&Ring>>Menu Ring 命令。

然后对控件增加两个选项(Item),分别是自动控制和手动控制,其标记(Label)为"控制模式选择"。

⑥放置开关控件 12、13、14、15、16。

执行 All Controls>>Boolean>>Labeled Oblong Button 命令 5 次。

这两个控件都为开关型控件,分别用于温室温度自动控制时的手动加热和手动冷却、启动采样、启动数据处理过程和关闭仪器。

(2)流程图设计。

模糊温度控制仪主温度监控仪的主程序流程图如图 14-31 所示,其核心就是模糊控制器的设计。

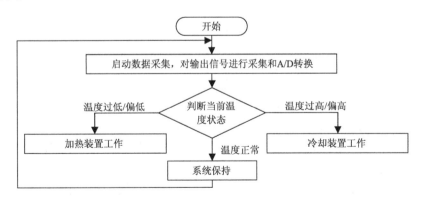

图 14-31　模糊温度控制仪主温度监控仪的主程序流程图

具体设计步骤如下。

①模糊控制器结构的选择。

模糊控制器以当前的温度为输入,以温室温度控制装置的控制信号为输出,所设计模糊控制器为单输入单输出模糊控制器。

②模糊语言变量选择。

选取模糊语言变量值时要考虑到控制规则的灵活与细致性,又要兼顾简单易行的要求。针对温度监控，本章将输入温度 t 的语言值和控制信号 $u(t)$ 的语言值定义为{过低，偏低，正常，偏高，过高}，用{NL，NS，ZO，PS，PL}表示。

③模糊隶属函数确定。

隶属函数有很多种，包括三角形、梯形、矩形等。选择隶属函数时，根据实际情况选择。输入温度的隶属函数选用的是梯形隶属函数，具体过程与示例 14-1 相同。

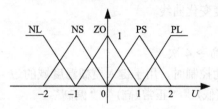

图 14-32　输出控制信号的隶属函数曲线

控制信号 $u(t)$ 的隶属函数由温度控制装置决定，将其论域定为[-2, -1, 0, 1, 2]，输出为负时温度控制装置对温室降温，为正时温度控制装置对温室升温。所选择的隶属函数图 14-32 所示。

MATLAB 中的三角形隶属函数 trimf 格式为 $y=\mathrm{trimf}(x,[a\ b\ c])$，由三个参数 a、b、c 确定，参见式(14-12)或者更紧凑地表示为

$$f(x,a,b,c) = \max\left[\min\left(\frac{x-a}{b-a},\frac{c-x}{c-b}\right),0\right] \tag{14-48}$$

参数 a 和 c 确定三角形的"脚"，而参数 b 确定三角形的"峰"。

示例：

$x=0:0.1:10;$

$y=\mathrm{trimf}(x,[3\ 6\ 8]);$

$\mathrm{plot}(x,y);$

$\mathrm{xlabel}('\mathrm{trimf},P=[3\ 6\ 8]');$

④模糊推理规则确定。

在温度监控仪中，根据输入温度的状态来决定控制信号的输出，从而让温控装置做出相应的动作。具体的规则如下。

温度过低：控制信号输出值为 2，温度控制装置以最大功率让温室升温。

温度偏低：控制信号输出值为 1，温度控制装置以较大功率让温室升温。

温度正常：控制信号输出值为 0，温度控制装置不动作。

温度偏高：控制信号输出值为-1，温度控制装置以较大功率让温室降温。

温度过高：控制信号输出值为 2，温度控制装置以最大功率让温室降温。

根据上面分析的控制规则，以 if…then…的形式形成系统的规则语句。例如，if(T) is (PB) then (U) is (NB)。在 LabVIEW 中采用相应的模块来实现 if…then…结构。

通过这四步，就完成了模糊温度控制仪的主要程序设计了。

3）运行检验

首先保存文件，然后编译运行。例如，当系统处于自动控制状态时，检测到温室当前"温度过低"，加热器正在工作，温室在升温，目前已升温到"温度偏低"状态，对应的运行结果如图 14-33 所示；当控制仪选为手动控制方式时，需要根据当前的温度状态来控制温度控制装置动作，如图 14-34 所示，图中为检测到温室当前"温度过高"，冷却泵正在工作，温室在降温，当前温室温度已降到"温度偏高"状态。

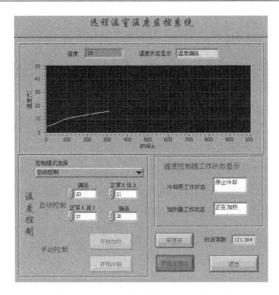

图 14-33　温度控制仪自动加热状态

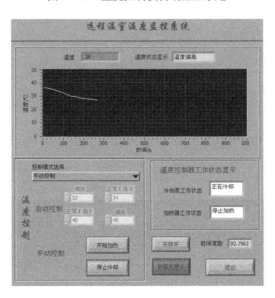

图 14-34　温度控制仪手动冷却状态

思　考　题

14-1　什么是模糊集合？模糊集合与经典集合有什么不同？

14-2　设论域 $X=\{1, 2, 3, 4, 5\}$，A 表示在论域 X 中定义的模糊集合，其隶属度为

$$\mu_A(1) = 0.1, \quad \mu_A(2) = 0.3, \quad \mu_A(3) = 0.8, \quad \mu_A(4) = 1, \quad \mu_A(5) = 0$$

分别用 Zadeh 表示法、向量表示法、序偶表示法表示 A。

14-3　通过模糊温度测试仪测得的论域 $X=\{1, 2, 3, 4, 5, 6, 7, 8, 9, 10\}$，定义[温度过

高]=$A=\dfrac{0.2}{4}+\dfrac{0.4}{5}+\dfrac{0.6}{6}+\dfrac{0.8}{7}+\dfrac{1}{8}+\dfrac{1}{9}+\dfrac{1}{10}$，[温度过低]=$B=\dfrac{1}{1}+\dfrac{0.8}{2}+\dfrac{0.6}{3}+\dfrac{0.4}{4}+\dfrac{0.2}{5}$。

求：$C=$[温度不过高]，$D=$[温度不过低]，$E=$[温度或过高或过低]。

14-4　什么是测量结果的符号化表示？与传统测量相比，有什么不同？

14-5　模糊传感器是什么？具有哪些基本功能？

14-6　模糊传感器的基本逻辑结构由哪几部分构成？各部分的功能是什么？

14-7　试给出模糊传感器的基本物理和软件结构。

14-8　模糊传感器如何产生语言描述？

14-9　在考虑测量背景知识时，如何对数值测量描述进行适应性处理？

14-10　给出温度模糊控制系统的原理框图。

第15章 深度学习与其在智能传感器系统中的应用

深度学习(Deep Learning)是近年来机器学习领域中一个比较热门的研究方向,其主要思想是:通过学习现有样本的内在规律与特征表示,从而使机器获得判断、解释、认知的能力。深度学习是建立于机器学习基本理论之上,并且以神经网络作为其基本研究对象与载体的一类模式分析方法的统称。本章首先介绍关于深度学习的几个重要概念,之后分别介绍三种典型的深度神经网络架构——卷积神经网络、循环神经网络、深度信念网络,最后以人类活动识别任务为例介绍其具体应用。

15.1 深度学习基础

15.1.1 深度神经网络

深度神经网络(Deep Neural Network, DNN),也称为多层感知机,是一类具备有深度层次结构的神经网络。对于一定层数的神经网络,其能否称为"深度"暂无确切的标准。一般而言,具备两个及以上隐层的网络可视为"深度神经网络"。本书第 10 章已经对神经网络做了初步的介绍,并详细论述了 BP 神经网络以及 RBF 神经网络的原理。

深度神经网络区别于传统的浅层神经网络在于两个方面:一方面,当下深度神经网络一般至少具备 5 层以上的隐层节点。通过构建深度网络,能够很好地促进模型的训练,增强模型的复杂度,针对训练集进行更好的拟合;另一方面,深度神经网络更注重于特征的学习。通过多层处理,输入较低层次的特征,逐渐提取并转化为更高层次的特征表示,从而在一定程度上提高分类或预测的准确度。

当下主流的深度神经网络模型包括:基于卷积、池化运算的神经网络,即卷积神经网络(Convolutional Neural Network, CNN);基于树状形式所构建,以递归方法对输入进行处理的递归神经网络(Recursive Neural Network);基于多层神经元所构建的自编码网络(AutoEncoder)。由于篇幅限制,对于后两大类网络,本章仅介绍部分经典模型(循环神经网络、深度信念网络)。

15.1.2 训练过程

深度神经网络的训练主要可以归纳为如下五个部分,在此过程中将与之前第 10 章的具体细节进行比较说明。

1. 进行网络参数初始化

深度神经网络一般采取随机初始化的方式,网络中的偏置项对于训练而言影响不大,一般初始化为 0。

2. 前向传播

深度神经网络的基本数学原理与一般 BP 神经网络类似，不同之处在于各类深度神经网络中，层与层之间往往不是单纯的全连接关系，而是变换为局部连接或上下文依赖等特殊关系。因此在前馈传播时，不同结构的网络会产生差异性的行为。例如，深度卷积神经网络的前馈输出是由前一层特征图局部采样并计算得到的；循环神经网络某一层输出结果综合了前一层特征上一个时间步的输出。这些网络的特点也将在后续予以介绍。

3. 计算代价(损失)

深度神经网络的计算的基本原理与传统 BP 神经网络相同。但是对于卷积神经网络而言，卷积层的输出一般情况下具备多维度信息，因此需要在其后引入全连接层，将输出特征图展开为一维信号作为全连接层的输入，并根据全连接层输出单元的激活值计算代价函数值。

4. 反向传播

深度神经网络中，全连接层结构的反向传播原理也与一般 BP 神经网络相同。差异性体现在特定网络结构处，例如，后一个卷积层的误差首先需要经过反卷积变换，再进行线性变换从而传播至前一层；循环神经网络的梯度损失计算则需要结合当前时序以及下一时序的梯度损失。

5. 网络参数更新

一般情况下，会根据各梯度损失值对参数进行更新。总体来讲，深度神经网络训练的基本流程和原理与一般 BP 神经网络类似，其原理在前叙章节已详细介绍，因此本节不再赘述。

15.1.3　过拟合与欠拟合

过拟合是指学习时模型所包含的参数过多，导致对已知数据预测较好，而位置数据预测较差的现象。欠拟合是指模型的描述能力太弱，导致无法捕捉数据中真实模式和关系的现象。但对于深度神经网络而言，由于其参数数量比一般 BP 神经网络多，甚至会有数量级上的差异，出现过拟合问题的概率更大，解决方案往往也更加复杂且多样。下面主要介绍几种针对该问题的常用解决方法。

对于过拟合，一种最容易想到的解决方案是增加数据集的规模，但是在实际应用中往往并不能够轻易地批量获取到符合标准的数据。数据增强是在原有数据集的基础上，通过各类变换生成等价数据，从而达到训练集扩展的目的。数据增强在计算机视觉领域研究中的应用非常广泛，涉及图像处理与深度学习两类方法。基于图像处理的数据增强技术包括旋转/缩放/翻转变换、尺度变换、对比度变换、图像融合、噪声注入等；此外，基于深度学习的数据增强技术包括特征空间增强、对抗生成、基于神经网络的风格变换等。然而，需要注意的是在自然语言处理领域，由于其样本具有离散化和抽象化的特点，样本的微小变动往往会引起语义的巨大改变，因此很多典型的数据增强算法并不适用。

与数据增强不同，随机失活(Dropout)是从模型的角度出发进行改良。要改善模型的过拟合问题，需要适当地降低模型的复杂度。在训练时，每次随机以一定的概率丢弃隐层的部分节点，这样相当于减少了参数，并在每轮训练时随机生成不同的网络结构，能够在一定程度上增加模型的鲁棒性，提升其泛化性能。不同模型间权重共享，类似于正则化。此外，每次权值的更新不再依赖固定关系的隐层节点，对于各阶段网络神经元的随机子集，网络会倾向于学习出更为鲁棒的特征。

针对模型出现的欠拟合问题，也就是说模型在训练样本和测试样本中的表现往往都很差，模型缺乏泛化能力。从网络的角度考虑，可以通过加深层数、改进网络结构(调整激活函数、增加卷积层参数)、增加训练迭代次数等方法进行优化；从数据角度考虑，可通过数据增强、预处理等方法优化，来提升模型的泛化能力。

15.1.4　基于梯度下降的优化算法

在深度神经网络实际训练过程中，采用传统的基于梯度下降方法收敛过程效率较低，在一段迭代后容易陷入局部极小值。实践中，往往采用改进的优化算法进行计算。在本节将以业界中常用的 Adam(Adaptive Moment Estimation)算法为例进行介绍。

Adam 前身包括 AdaGrad 和 RMSProp 算法，这些算法通过引入动量来代替梯度，依赖动量来进行网络参数更新。Adam 在此基础上整合了它们的优点，同时也做出了一些创新。相较于其他的优化方法，Adam 具备如下的优势：①计算过程高效、内存占用较低；②在一阶动量 m_t 的基础上引入二阶动量 v_t，且其更新步长取决于几类参数：一阶和二阶动量、学习速率 α、指数衰减率 β_1、β_2(分别对应一阶和二阶动量的计算)；③能更好地适应稀疏梯度与噪声样本。

下面给出 Adam 算法(算法 15.1)的过程：初始化参数，未达到指定迭代次数 t，此时网络参数 θ 尚未收敛。进入 while 循环后，首先对 step 进行更新，根据梯度下降法计算 g_t。之后分别进行一阶矩与二阶矩的估计，类似于均值与方差估计，并对它们分别进行修正，减少它们向 0 的偏置。最后更新参数 θ，进行下一轮迭代。$m_t / \sqrt{v_t}$ 是 Adam 更新的依据，该项可解释为对梯度信噪比的估计，m_t 可以看作信号量，而 $\sqrt{v_t}$ 可以看作噪声。当噪声较大时采用较小的步长，反之则采用较大步长。在实际训练中，当目标接近最优点时，往往会伴随着较大的噪声，此时信噪比会接近 0，参数的更新幅度也会减小，从而达到类似退火的效果。

算法 15.1　Adam 伪码描述

1	初始化：m_0、v_0、t、α、θ_0
2	**while** θ_0 not converged **do**:
3	$\quad t \leftarrow t+1$
4	$\quad g_t \leftarrow \nabla_\theta f_t(\theta_{t-1})$　　　　　//计算梯度
5	$\quad m_t \leftarrow \beta_1 m_{t-1} + (1-\beta_1)g_t$　　　//计算一阶动量
6	$\quad v_t \leftarrow \beta_2 v_{t-1} + (1-\beta_2)g_t^2$　　　//计算二阶动量
7	$\quad$//偏置校正

8
$$\hat{m}_t \leftarrow m_t / (1 - \beta_1^t)$$
$$\hat{v}_t \leftarrow v_t / (1 - \beta^t)$$
$$\theta_t \leftarrow \theta_{t-1} - \alpha\hat{m}_t / (\sqrt{\hat{v}_t} + \varepsilon) \qquad //更新权重$$

end while
输出 θ_t

本节介绍了深度学习这一概念，明确了深度学习的主要研究是基于神经网络理论；介绍了深度神经网络区别于传统浅层网络的特点，在训练阶段中可能出现的过拟合等问题，以及针对训练过程的 Adam 优化算法等基本理论。接下来，将分别介绍目前最具代表性的三类深度神经网络模型——卷积神经网络、循环神经网络、深度信念网络。

15.2　卷积神经网络

15.2.1　整体结构

卷积神经网络是一类包含卷积计算，并且具备深度结构的前馈神经网络，也是深度学习中最具备代表性的一类模型。它的灵感来源于生物的视知觉机制，通过模仿这种生物能力来促进监督、无监督学习。卷积神经网络的结构一般可做如下的粗略划分：输入层、隐藏层、输出层。其中，隐层又主要包含卷积层、池化层、全连接层这三类。一个典型的 CNN 模型如图 15-1 所示，其中各个矩形表示前一层处理后输出的特征图，并在上方标注了对应的维度信息。

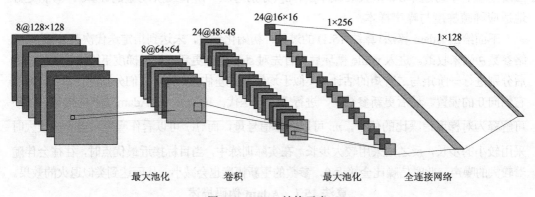

图 15-1　CNN 结构示意

CNN 的输入层可以处理多维度的数据，并针对样本数据进行预处理，如归一化等操作。之后数据流向隐层，其中各卷积层负责提取对应输入不同尺度的特征图，池化层则负责进一步压缩卷积得到特征图的大小，减少参数数量。隐层的后面一般会是全连接层，在全连接层这里，卷积、池化部分所得到的特征图将被展开，失去空间拓扑信息，通过非线性方式组合成向量并进行前馈传播。卷积层之后一般为全连接层，并将逻辑函数、指数归一化(Softmax)等作为激励，其计算结果作为网络的预测输出。

15.2.2　卷积

卷积是一种数学运算。数学意义上的卷积，常用 $(f*g)(n)$ 来表示。其连续和离散的定义式如下。

$$连续：(f*g)(n) = \int f(\tau)g(n-\tau)\mathrm{d}\tau$$

$$离散：(f*g)(n) = \sum f(\tau)g(n-\tau)$$

可以证明，对于任意的实值 n，上述积分是存在的，这样根据 n 的不同取值，就定义了经由 f 与 g 生成第三个函数，它表征了函数 f 与 g 经过翻转和平移后重叠部分的乘积对长度的积分。

卷积在图像处理等领域有着广泛的应用，如图像平滑、去噪、滤波、边缘检测等。此外，语音信号处理中也经常应用到卷积运算。卷积与傅里叶变换联系密切。根据两函数傅里叶变换后的乘积等于其卷积后的傅里叶变换这一重要性质，可以简化许多信号处理方面的问题。

在神经网络中，也使用到了卷积运算，其中 f 称为输入，g 则称为核函数，输出 $(f*g)(n)$ 常常称为特征映射。在深度学习问题中，输入往往是多维数组，而核函数则是根据学习算法优化得到的多维数组的参数（又常称为张量），所以深度神经网络中的卷积运算和信号处理中的卷积运算有所不同，下面就来具体介绍其差异。

对于神经网络的输入，若其为高维度数据，卷积运算一般需要与其维度相匹配。出于简化的目的，利用二维卷积的可交换性，公式变形为

$$(f*g)(i,j) = \sum_m \sum_n f(i-m,j-n)g(m,n) \tag{15-1}$$

式 (15-1) 可以等价地写为

$$(g*f)(i,j) = \sum_m \sum_n f(m,n)g(i-m,j-n) \tag{15-2}$$

卷积运算具备可交换性的一个重要原因是在计算输出时，核相对于输入进行了翻转。尽管这个翻转操作在数学上有着重要的意义，但实际上，在当下很多神经网络框架中，仍使用如下的互相关函数作为卷积运算的一种替代方案：

$$(f*g)(i,j) = \sum_m \sum_n f(i+m,j+n)g(m,n) \tag{15-3}$$

严格意义上讲，这种互相关函数并不能视为卷积运算，但在深度网络中提到卷积计算，则默认采用这种方式，图 15-2 展示了卷积运算的细节。对于卷积神经网络而言，在卷积层计算完毕后，一般紧接着的是池化层。由于池化关注的是局部统计特征（下节将予以说明），因此无论是采用标准的卷积或是互相关函数，其对于输出的贡献是一致的。因此从神经网络框架开发的角度考虑，在前向传播并计算卷积时，采用互相关函数的替代方案能够省去对卷积核参数的翻转，从而简化计算。

总体来讲，互相关运算与数学上的卷积非常类似，唯一的区别在于前者没有对核进行翻转。在许多框架中，将这种运算视为卷积来实现。

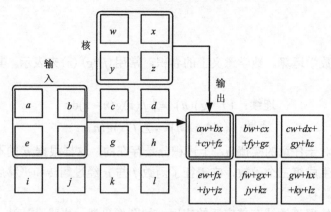

图 15-2　卷积计算示例

15.2.3　池化

池化层，也称为下采样层，它会压缩输入的特征图。一方面，对特征图进行池化能够大幅度减少特征数目，从而减少训练的参数量，简化训练过程的复杂程度；另一方面，池化还要能够保持局部特征不变性。池化用特征图中各个位置相邻输出的统计特征来代替网络在该位置的输出，从而减少了特征的数目，实现了下采样。池化的方法有多种，如平均池化以及最大池化等。

池化操作能够保证原有特征的平移不变性。平移不变性是指当输入发生少量的平移时，经过池化层的输出并未发生太大变化。具备这种性质的原因在于，池化往往仅关注特征点周边局部范围内的统计特征，而不那么关注特征点的精确位置。在很多任务中，池化层的平移不变性都发挥着重要的作用。例如，人脸识别任务在网络训练时并不需要知道人眼睛所处的具体位置，而只需要确定它们在整幅图像的相对位置关系即可。

在很多任务中，池化层能够处理和规范不同大小的输入。例如，在对图像进行分类时，分类层的输入必须是固定的大小。通过动态调整池化区域，便能够统一分类层输入特征图的维度。池化层可能会输出几组统计特征，每组对应输入的部分区域，而与其输入大小无关。这样，分类层便能够接收相同数量的统计特征，而忽略最初的输入大小情况。

在实践中，使用最多的池化方法是最大池化和平均池化。顾名思义，最大池化和平均池化是分别对特征图的局部区域取最大值和平均值。除此以外，还有几种常用类型的池化方法，如 Stochastic Pooling，它在 ICLR2013 上被 Zeiler 提出。其基本思想是：对特征图中的元素按照其概率值大小随机选择。具体方法是对池化区域的元素进行求和，各元素除以总和值作为各自的概率值之后，再根据概率值进行多项式分布采样，从而得到输出。因此元素值大的被选中的概率也大，从而避免类似于最大池化这样永远只取局部的极大值。该方法实现简单，并且在一定程度上具备更强的泛化能力，因此目前在很多网络结构中都采用了这种池化方法。

15.2.4　CNN 中的卷积运算

15.2.2 节中提到过，在包含神经网络的上下文中提及卷积运算时，通常并不是指数学意义上的标准离散卷积运算。神经网络中所使用的卷积，通常是指由多个并行卷积(互相关)所组成的运算。人们希望利用卷积运算在网络的每一层中提取出多种类型的特征。因此，每一层的卷积核数目便对应了该层输出特征图的数目，即每一个特定的卷积核作用于输入，提取得到对应的特征。另外，对于输入而言，往往也不局限于单一实值所构成的网格。例如，以典型的 RGB 图像作为输入，卷积核除了具备高度与宽度的维度信息之外，还需要包含通道信息(与输入图像保持一致)。在某些训练任务中，如果输入数据是一个批次，那么卷积核还需要保留第四个维度，即批处理维度。

在卷积核计算时，有时希望能够降低一些计算的开销，可以通过施加卷积函数的下采样方法来实现，即在输出的每个方向上每隔一定的间隔进行采样，定义下采样卷积函数如下：

$$f\left(K,V,s\right)_{i,j,k} = \sum_{l,m,n}\left[V_{l,(j-1)s+m,(k-1)s+n},K_{i,l,m,n}\right] \tag{15-4}$$

式中，K 与 V 分别表示卷积核与输入；s 称为下采样卷积的步幅(Stride)。在下采样卷积的计算过程中，沿每个方向的步幅可以不同。图 15-2 以一个简要的例子作为卷积过程的阐释。

可以看出，输入特征与卷积核的大小分别为 3×4、2×2，步幅大小为 1，其计算得到 2×3 的输出特征。一般地，对于 $V_m×V_n$ 大小的输入，卷积核尺寸为 $K_m×K_n$，步幅为 $S_m×S_n$，记输出尺寸为 $O_m×O_n$(不进行边界填充)，则存在如下关系：

$$O_m = \frac{V_m - K_m}{S_m} + 1, \quad O_n = \frac{V_n - K_n}{S_n} + 1 \tag{15-5}$$

此外，卷积网络在实现中具备一个重要的性质，即能够隐含地针对输入边界进行零填充(Padding)。零填充是指在卷积计算之前，在输入各个维度的边界处以数值 0 进行填充。该性质非常重要，因为正常情况下随着卷积层数的不断加深，特征图的维度会逐渐减小，其幅度为核的大小减 1。若施加零填充，则允许针对核与输出进行相对独立的控制，例如，可以在保证输出大小不变的前提下改变核的大小。若不采用零填充模式，则会面临一种窘况，即采用多层卷积会导致网络输出各维度的宽度不断减小或被迫采用较小的核，这些会极大地抑制模型的性能。

针对以上问题，在当下很多神经网络框架中，其程序接口都提供了相应的控制选项。例如，TensorFlow 中的 tf.nn.conv2d 接口提供了"Valid"与"Same"模式。前者的意思是，卷积核不会超越输入的边缘位置，并且在任何情况下都不对输入进行填充。后者则是采用足够的零填充来保证输入与输出的大小一致。在"Same"模式下，由于每层输入与输出的大小一致，理论上，网络能够包含任意多的卷积层。采用边界填充后，记填充大小为 pad，则式(15-5)应改为

$$O_m = \frac{V_m - K_m + 2\text{pad}}{S_m} + 1, \quad O_n = \frac{V_n - K_n + 2\text{pad}}{S_n} + 1 \tag{15-6}$$

15.2.5　数据类型

卷积神经网络使用的数据通常包含多个通道，每个通道代表输入数据在不同维度上的观测值。下面根据输入数据维度以及通道数的不同，分别对其进行介绍。

一维数据：一维单通道数据中最典型的是音频波形，卷积轴的属性对应时间，可以将时间离散化并在不同时间点处进行测量；一维多通道数据中最具代表性的是骨架动画，其动画角色的姿势由骨架的关节角度进行描述，因此数据的每个通道对应一个关节角度。

二维数据：二维单通道数据的可以是经过短时傅里叶变换处理的音频数据，其经过变换后即为二维张量，行对应时间轴，列对应频率轴；二维多通道数据的代表性示例是RGB图像数据，三个信道各自表示红、绿、蓝三种像素，卷积核在水平与竖直两个方向上进行计算。

三维数据：三维数据典型的是 CT 图像序列，一般是单通道，具备高度、宽度、序列长度三个维度；而三维多通道数据对应的实例是彩色视频，在每个通道上分别具备高度、宽度、时间三个维度。

15.2.6　网络特征

不同于全连接神经网络，卷积层具备两个重要的特征，即局部连接和权值共享，在有些资料中也称为稀疏连接和参数共享。局部连接是指每个卷积层的节点仅仅与上层中的部分节点相连接，卷积核仅用来学习不同区域局部的特征。

卷积层的另一大特征是权值共享。例如，对于一个 $m×m$ 的卷积核，通过与输入图像不同区域做卷积操作，从而检测该图像对应特征。每一个卷积核仅负责检测一种特征，输入图像中的每个区域都共享卷积核的权值参数。这两大性质能够在很大程度上减少网络所需训练的参数量，从而加速模型的训练过程。图 15-3 通过示例展示了卷积层如何减少训练参数的数量。

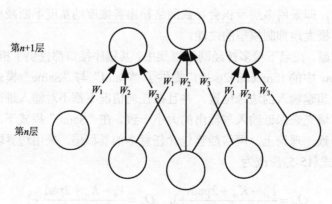

图 15-3　局部连接、权值共享示意

可以看出，对于第 n 层为 5 个节点、第 $n+1$ 层为 3 个节点的全连接网络，此时需要的参数数目（忽略偏置项）为 15 个；而对于卷积层来讲，由于其局部连接与权值共享的特性，仅需要训练 3 个参数。

15.2.4 节中也曾提到，卷积神经网络的一个重要特点是它可以灵活处理可变尺度的输入。对于输入图像分辨率不同的情况，由于其具备各异的高度与宽度，因此无法应用固定大小的参数矩阵进行建模。采用不同尺寸的卷积核与下采样池化相结合的方式，可以针对不同尺寸的输入进行计算，得到相同尺寸的特征输出。此外，需要注意的是，这种处理方式仅针对同种事物不等量地观测所导致的尺寸差异，如不同时间尺度的观测、不同空间尺度上的记录。若输入尺寸可变的原因是其针对不同事物进行了选择性的观测，例如，输入样本特征是完全独立的，则样本集中的部分样本会缺失某类特征，这样再采用相同的卷积进行计算是无效的。这里给出一个通俗的解释，例如，某公司人力在处理入职申请，学历和工作经历是两个非常重要的考核指标（特征），但并不是每位应聘者都具备工作经历，因此，若采用相同的权重对这两个特征进行卷积是没有意义的。

15.2.7　发展历程

在深度学习的历史中，卷积神经网络发挥了重要的作用。它是第一个真正意义上具备良好性能的深度学习模型，同时也是第一个应用并解决实际商业问题的深度神经网络模型。在当下，卷积神经网络仍然是许多领域的研究热点。

在卷积神经网络的发展历程中，一个标志性的事件便是 2012 年 Image Net 图像识别大赛，Hinton 团队的成果 Alexnet 将错误率降低至 15%，从而颠覆了图像识别领域。此后，研究热点逐渐发生从传统图像分析识别到深度学习模型的转移。

随着研究的进展，深度网络模型的层数也在不断地加深。2015 年，何凯明等尝试在卷积网络中引入残差模块，从而大幅度提高了模型深度，使得当时的 CNN 模型一度达到 150 层。近年来，随着各类新兴网络结构的提出，图像识别的错误率也在不断下降，已经全方位赶超人类水平。

此外，卷积神经网络也不仅仅局限于分类问题的求解。在目标检测领域，也具有广泛的应用。自 RCNN 到 Faster-RCNN，随着网络结果的不断优化，卷积神经网络对于目标检测的精度不断提升。当下，基于 Faster-RCNN 所衍生出的变体已经在工业界得到了广泛的运用，能够胜任实际目标识别与检测任务的需求。对于其他一些领域，如强化学习、人机博弈等，卷积神经网络强大的特征学习能力也促使其在具体任务中发挥着不可取代的作用。卷积神经网络是最为成功的一类深度神经网络架构，提供了一种网络特化的方法，能够处理大规模拓扑结构的数据样本，并具备良好的可扩展性。在本章后续两节中，将介绍另外两类特殊的深度神经网络模型。

15.3　循环神经网络

15.3.1　基本介绍

循环神经网络(Recurrent Neural Network, RNN)隶属于递归神经网络,其内部节点以链式连接并在输入样本的时间演进方向上进行递归,是一类特殊的深度神经网络模型。相比于卷积神经网络等专门用于处理网格化数据(如图像、视频等)的网络,循环神经网络则专门用于处理序列化数据(如音频序列、传感器采样序列)。在 15.2 节中曾经介绍,卷积神经网络能够针对不同大小的图像进行动态调整。循环神经网络则针对性地处理输入为可变长度序列类型的数据,将其映射至等长输出序列。

在卷积神经网络模型中,不同部分共享参数权重。参数共享能够使得模型针对不同尺度的输入进行扩展,而获得良好的泛化性能。对于循环神经网络而言,这一特性同样能够得到很好的体现。循环神经网络在序列输入的不同时间节点上共享权重参数,当序列的特定信息在不同位置处出现时,这种性质尤为重要。对于"I study in school"与"In school, I study"类似的输入,希望模型能够通过训练来学习地点信息。传统的全连接神经网络不存在参数共享,而是为每个输入特征匹配独立的参数。针对句中的不同位置,卷积神经网络需要学习其中的具体规则,而循环神经网络则是以共享的权重针对序列各时间步的输入进行训练学习。

一个典型的循环神经网络结构如图 15-4 所示,左侧是简要的模型结构,右侧是其展开后的细节。

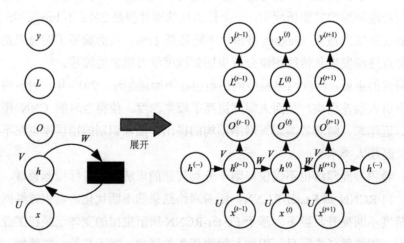

图 15-4　RNN 结构示意

从图 15-4 能够更为直观地理解循环神经网络的计算过程。在每个时刻 t,根据上一时刻的隐层状态 $h^{(t-1)}$ 和共享参数 W,当前输入序列单元 $x^{(t)}$ 前馈传播计算至隐层,经过激活函数后得到 t 时刻的隐层状态 $h^{(t)}$,之后,继续进行前馈直至输出 $O^{(t)}$。结合当前单元的真实类标 $y^{(t)}$,可以计算得到损失 $L^{(t)}$,并基于梯度下降更新 U、W、V 等权重参数。在网络中,U、W、V 是作为输入序列各时间步的共享参数参与运算的,更为确切地说,它们各自是网络权重在不同时序处的具体表示。RNN 简化的前馈计算公式如下：

$$h^{*(t)} = Ux^{(t)} + Wh^{(t-1)} \rightarrow h^{(t)} = \phi\left(h^{*(t)}\right) \tag{15-7}$$

$$O^{*(t)} = Vh^{(t)} \rightarrow O^{(t)} = \varphi\left(O^{*(t)}\right)$$

式中，*表示经过该层的净输入；ϕ、φ则分别表示隐层与输出层的激活函数。从式(15-7)中可以看出，RNN 前馈时，上一个时间步的隐层状态 $h^{(t-1)}$会参与计算，从而影响当前隐层的输出。传统前馈神经网络并不具备这样的特征，因此便不具备针对输入样本时序信息的学习能力。

15.3.2 双向 RNN

15.3.1 节叙述的网络结构都是基于一个前提，即时刻 t 的状态仅能够从过去的输入序列 $x(0)$, $x(1)$, $x(2)$,…, $x(t-1)$ 以及当前输入 $x(t)$ 学习得到。然而，在实际应用中，对于输出序列的预测很可能需要依赖整个输入序列的信息，例如，在文本翻译时，对于输入词向量中某一位置的单词可能需要依赖较多的上下文信息。通俗地来说，当前时刻的输出预测不仅仅需要依赖之前的历史信息，还需要参考后续即将输入网络的内容。

双向循环神经网络(Bidirectional Recurrent Neural Network, BRNN)是为解决这种需求而提出的一种基于典型 RNN 的变体。其应用领域范围非常广泛，包括手写字符识别、语音识别、自然语言处理等。

双向 RNN 的结构如图 15-5 所示，它结合了以序列开始为起点的正向 RNN，以及另一个以序列末尾为起点的反向 RNN。其中，$h(t)$代表正向子 RNN 的隐层状态，$g(t)$代表反向子 RNN 的隐层状态。

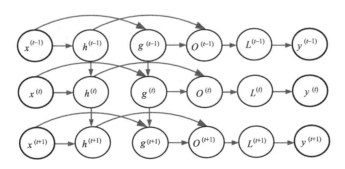

图 15-5 双向 RNN 结构示意

双向 RNN 的前馈流程与 15.3.1 节基本类似，首先需要遍历计算序列(1～t 时刻)，计算各时刻隐层的输出 $h^{(t)}$。之后，双向 RNN 需要进一步反向遍历计算序列(t～1 时刻)，得到各时刻隐藏状态 $g^{(t)}$。结合这两个状态，最终得到各时刻的输出激活值。具体公式如下，其中，U、W、M、N、L 和 V 都是网络权重：

$$
\begin{cases}
h^{*(t)} = Ux^{(t)} + Wh^{(t-1)} \rightarrow h^{(t)} = \phi\left(h^{*(t)}\right) \\
g^{*(t)} = Mx^{(t)} + Ng^{(t+1)} \rightarrow g^{(t)} = \phi\left(g^{*(t)}\right) \\
O^{*(t)} = Vh^{(t)} + Lg^{(t)} \rightarrow O^{(t)} = \varphi\left(O^{*(t)}\right)
\end{cases}
\tag{15-8}
$$

通过 RNN 正向与反向计算，每一时刻的输出综合考虑了当前时刻的上下文信息，因而在处理类似问题时比普通 RNN 更具优势。

15.3.3　编码-解码模型

15.3.1 节介绍过，RNN 可以将输入序列映射为等长的输出序列，而在实际应用中，往往需要将输入序列映射为不等长的输出序列，如机器翻译，输入的语言经过翻译得到的输出并不一定等长。通常，将循环神经网络的输入称为"上下文"。在模型训练中，希望能够得到一种精确的上下文的中间表示状态 C，用来概括输入序列的特征信息。

编码-解码模型是一种非常成功的针对输入-输出不等长序列的 RNN 变体。其中，编码器用来处理输入，得到上下文的中间表示状态 C；解码器则根据固定长度的向量生成输出序列。

编码器与解码器都是基本的循环神经网络(RNN)，只是具体结构或有差异。编码器隐层的最后一个输出状态一般被当作中间表示状态 C 输入到解码器 RNN 中。这种神经网络因致力于处理输入、输出序列问题，又常称为序列-序列模型(Sequence-sequence Model)，其结构示意如图 15-6 所示。

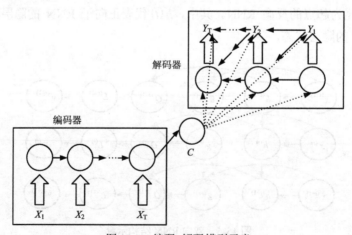

图 15-6　编码-解码模型示意

15.3.4　长短时记忆网络

长短时记忆(Long-Short Term Memory，LSTM)网络也是一种非常经典的循环神经网络，它解决在一般 RNN 中存在的长时依赖问题。长时依赖是指若输入序列较长，则在参数更新过程中，随着链式求导，误差中较小分量会不断缩小至逼近 0，导致梯度值不断减小；反之梯度值迅速增长。记损失函数为 L_t，网络权重为 W_s，则计算梯度的表达式如下：

$$\frac{\partial L_t}{\partial W_s} = \sum_{k=0}^{t} \frac{\partial L_t}{\partial O_t} \frac{\partial O_t}{\partial S_t} \left(\prod_{j=k+1}^{t} \frac{\partial S_j}{\partial S_{j-1}} \right) \frac{\partial S_k}{\partial W_s} \tag{15-9}$$

式中，O_t、S_t分别代表第 t 次的输出层与隐层的激活值。针对括号部分，利用激活函数 tanh 进行化简，得到如下结果：

$$\left(\prod_{j=k+1}^{t} \frac{\partial S_j}{\partial S_{j-1}} \right) = \prod_{j=k+1}^{t} \tanh' W_s \tag{15-10}$$

式中，$\tanh' W_s$ 在实际计算时往往介于 0～1，若 $0<W_s<1$，则随着序列 t 的不断增加(输入序列可能会很长)，式(15-10)会变得越来越小直至趋近 0，此时可能会出现网络梯度消失问题；此外，若 $\tanh' W_s \gg 1$，则该项会逐渐趋向于无穷，从而导致梯度爆炸现象。以上便解释了 RNN 中存在长时依赖问题的原因。

　　LSTM 在 RNN 的基础上进行了改良。首先，它引入了三种基本的门控机制，分别是输入门、输出门及遗忘门，其计算方法如下：

$$\begin{cases} f_t = \sigma \left(W_f h_{t-1} + U_f x_t + b_f \right) \\ i_t = \sigma \left(W_i h_{t-1} + U_i x_t + b_i \right) \\ O_t = \sigma \left(W_O h_{t-1} + U_O x_t + b_O \right) \end{cases} \tag{15-11}$$

$$\begin{cases} c_t^* = \tanh \left(W_c h_{t-1} + U_c x_t + b_c \right) \\ c_t = f_t \otimes c_{t-1} + i_t \otimes c_t^* \\ h_t = O_t \otimes \tanh(c_t) \end{cases} \tag{15-12}$$

式中，f_t、i_t、O_t 分别代表遗忘门、输入门、输出门。每个门控实际上是以 Sigmoid 作为激活函数的单层神经网络，其后进行点积运算。Sigmoid 输出为 0～1 的小数，用于控制信息通过的比例。三种门控分别对当前的输入与上一时刻的状态进行取舍，最终输出当前状态 h_t。W、U 均是 LSTM 单元内各神经网络的权重参数、不同时间步的输入共享对应的权重。长短时记忆网络的基本结构单元如图 15-7 所示。

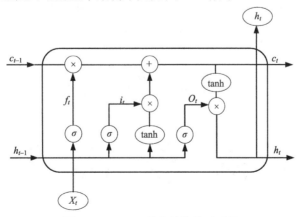

图 15-7　LSTM 基本结构单元示意

　　LSTM 所做的另一个重要的改进是引入了新的状态量 c_t。该状态相对于 h_t 来讲变化缓慢，并在一定程度上反映了模型的长时记忆信息。LSTM 单元的输出 h_t 是输出门结果与 $\tanh(c_t)$ 点乘得到的。因此，h_t 中的内容实际上是 c_t 经过衰减后的值。c_t 所处的通道衰减较少，因此对于时间跨度较长的训练样本，c_t 对于信息的保持能力更强，从而能够在一定程度上解决 RNN 的长时依赖问题。

　　以上便是标准 LSTM 单元的结构信息，实际应用时往往以多个这样的单元堆叠形成整体的训练网络。参考图 15-4 的标准 RNN 模型，LSTM 单元一般用作隐层，每个隐层节点代表一个 LSTM 单元，其实际的数目一般在网络设计阶段确定。

　　在实践中，LSTM 确实比普通 RNN 更易学习长期依赖。此外，LSTM 也可以考虑设计为双向架构，用来学习输入的上下文。一些更为简化的 LSTM 模型变体，如 GRU 网络，也得到了广泛的关注与应用。

15.4　深度信念网络

15.4.1　DBN 简介

　　深度信念网络(Deep Belief Network，DBN)是一种新型神经网络模型。与传统判别式神经网络对应，DBN 基于概率生成模型而构建，建立了观察数据与标签之间的联合概率分布。它既可以用于一般的非监督式学习，也可作为分类器用于监督式学习。深度信念网络是第一批成功应用于深度架构训练的非卷积模型之一。在 DBN 引入之前，学术界主流的观点认为深度模型难以被优化，基于凸优化理论的支持向量机是当时的研究前沿。DBN 的引入证明了深度架构学习模型的成功性。在当下，深度信念网络的实际应用虽然较少，但其对深度学习历史的推进具有重要作用。

15.4.2　受限玻尔兹曼机

　　深度信念网络的基本构成单元是受限玻尔兹曼机(Restricted Boltzmann Machine，RBM)。它是一种可通过输入数据集学习数据分布的随机生成神经网络，根据应用场景的不同，可以采用监督式和非监督式方法进行训练。RBM 具备两层神经元，其中，一类作为显层(可见层)单元，主要用于接收输入数据；另一类是隐层单元，用作特征检测器。RBM 结构单元示意图如图 15-8 所示。

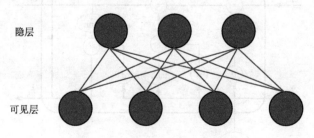

图 15-8　RBM 结构单元示意图

与一般神经网络不同的是，各层神经元采用双向对称的方式进行全连接，即各层神经元之间相互独立，不同层之间存在双向连接。而对于 BP 神经网络而言，信息仅经由神经元单向传递，最终得到输出。在训练过程中，RBM 还可根据这些输出反向重构输入，类似于一种编码与解码的过程。

标准的受限玻尔兹曼机是一种基于能量的模型，该模型将各种变量与能量相联系，通过不断地训练优化能量值。RBM 的能量函数定义如下：

$$E(v,h) = -\sum_i a_i v_i - \sum_j b_j h_j - \sum_i \sum_j h_j w_{i,j} v_i \tag{15-13}$$

式中，各显层单元 v_i 与隐层单元 h_i 的偏置分别为 a_i 与 b_i；权重为 $w_{i,j}$，在一般的玻尔兹曼机中，隐层与显层中的联合概率分布由能量函数给出：

$$P(v,h) = \frac{1}{Z} e^{-E(v,h)} \tag{15-14}$$

针对某个具体训练集 V，受限玻尔兹曼机的训练目标是最大化能量函数概率乘积：

$$\arg \max_w \prod_{v \in V} P(v) \tag{15-15}$$

训练式(15-15)即不断调整参数 W，一般多采用对比分歧(Contrastive Divergence)算法进行优化计算。该理论超出了目前所涉及的范畴，在此暂不做论述。

15.4.3 DBN 的训练过程

DBN 可视为由多个 RBM 经过串联而得到，上一个 RBM 的隐层即为下一个 RBM 的显层，仅有层间的单元存在连接。在训练过程中，上下层 RBM 之间存在依赖关系，在上一层 RBM 充分训练过后才能训练当前层的 RBM，直至最后一层。显层单元能够代表样本特征的初级分布，隐层单元则用于捕捉显层所表现出的高阶数据相关性。一个 DBN 的连接是以自顶向下的方式生成权值的，相比传统信念网络，DBN 更易于连接权值的学习。

图 15-9 展示了一个具备三个隐层的 DBN 模型，该网络一共由三个 RBM 单元堆叠形成，每个 RBM 具备两层结构，下方单元的输出层(显层)作为上方的 RBM 单元的输入层(隐层)。通过依次堆叠，并在末尾添加 BP 全连接层，最终形成了网络整体结构。

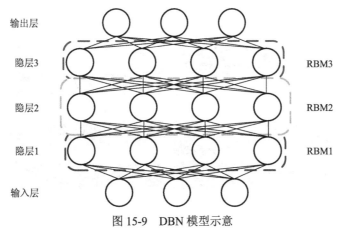

图 15-9 DBN 模型示意

在 DBN 训练时，可以采用无监督、逐层预训练的方法来学习权重。通过隐层的特征提取，可以增强后续层训练输入特征的代表性；通过生成新数据，能在一定程度上解决训练数据量不足的问题。DBN 的训练可以大致划分为如下两步。

(1)分别单独训练每一层 RBM 网络(采用无监督的方式)，确保能够针对不同特征空间，提取到尽量多的特征信息。

(2)BP 神经网络接收 RBM 的输出特征向量作为输入，以有监督的方式训练分类器。

由于每一层 RBM 网络只能确保自身层内的权值达到最优，并未考虑整个 DBN 的特征映射情况。因此，BP 神经网络仍需要将误差自顶向下传递至每一层，以及对各 RBM 进行权重微调。在各 RBM 的训练阶段，净输入由显层向量传递至隐层。此外，输出向量会被网络随机选择，以尝试重构原始的输入。之后，显层单元将继续向前传递，重构隐层的激活单元。显层单元由隐层单元所重建，而新的显层单元会再次映射至隐层，这种方式也称为吉布斯采样。

RBM 模块的逐层预训练可以类比于对深层 BP 神经网络的权重初始化过程。对于一般而言的 DBN 训练，由于是针对整个权值空间进行局部搜索，因此相比单纯 BP 神经网络收敛更快，训练时间一般也较短。此外，也能在一定程度上避免模型因随机初始化权重而导致的收敛至局部最优解的情况。

当前，DBN 主要应用于图像识别、信息检索、自然语言理解、故障预测等领域。在网络结构上，一方面可以通过添加卷积模块进行拓展，从而针对二维结构信息进行学习；另一方面，DBN 并没有明确地处理对观察变量的时间联系性学习，因此基于堆叠时间 RBM 的序列学习也是该领域的一个重点方向。

15.5　应 用 示 例

[案例背景]

在钢轨的建设、运输过程中，在其表面会出现不同程度的伤损，主要伤损类型有轨头磨耗、波形磨耗、夹杂、轨头压溃和局部压陷、轧疤、轮轨接触疲劳裂纹、压陷和掉块、钢轨表面纵向裂纹、钢轨外伤、钢轨锈蚀等，常见的几种钢轨表面缺陷伤损如图 15-10 所示。

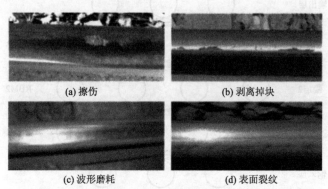

(a) 擦伤　　　　　　　　　　(b) 剥离掉块

(c) 波形磨耗　　　　　　　　(d) 表面裂纹

图 15-10　钢轨表面缺陷类型

钢轨表面的缺陷极大地影响列车运行的实时安全，因此需要及时发现和予以修复。在这些缺陷类型中，钢轨压陷、裂纹、锈蚀、擦伤、剥离掉块、磨耗等具备相应的颜色与纹理特征，可以利用基于视觉的方法进行识别：先对采集到的样本图像进行预处理，包括图像去噪与图像增强，从而保留有效特征，减弱噪声的影响；再将这些数据送入神经网络或其他分类器中进行训练。在实际中，主要有基于机器学习以及基于深度学习的识别算法。下面将针对这两类算法在钢轨表面检测中的应用进行介绍和对比。

以下是一个具体的应用案例，采用 CMOS 相机抓拍高铁钢轨表面，并在相同的相机参数下抓拍得到样本图像。相机的主要参数如表 15-1 所示。

表 15-1　相机参数列表

指标	参数	指标	参数
型号	raL2048-48gm	像素深度	8bit
色彩	黑白	镜头接口	C 或 CS 类型
分辨率	2048	横向精度	0.15mm
行频	48 kHz	测量视场	300mm
像元尺寸	7μm×7μm	采样频率	10kHz
输出接口	千兆网	相机高度	1.5m

[示例 15-1]　基于机器学习的缺陷识别。

针对缺陷分类任务，一类典型的算法是机器学习分类器，根据选取到的特征向量学习到一个由输入到输出的判定函数。常用的机器学习分类器主要包括决策树、支持向量机、神经网络等。此外，也可以根据众多同构或异构的弱分类器，采用集成学习的方法组合成一个强分类器进行识别。

对抓拍得到的样本图像进行预处理。首先利用边缘检测算法，针对钢轨区域进行提取，去除钢轨区域外的背景。由于成像器件与传输信道所引入的噪声信号，还有光照等一些自然因素的影响，所采集到的图像会受到一定程度的污染，因此还需要对钢轨表面进行图像去噪。在本案例中，采用自适应中值滤波算法进行处理，关于该算法的细节，读者可参阅相关资料。

其次，针对预处理后的图像进行分割，从而提取出缺陷区域。常用的图像分割算法包括基于阈值的分割、基于区域生长的分割、基于边缘检测的分割等。考虑到实际缺陷区域在预处理后的图像中占比很小，而其特征相对于背景来说又较为突出，因此引入人体视觉注意力机制，借鉴人眼视觉的机制，对缺陷图像进行显著性检测与区域分割。图 15-11 是钢板初始图和相应的分割图。

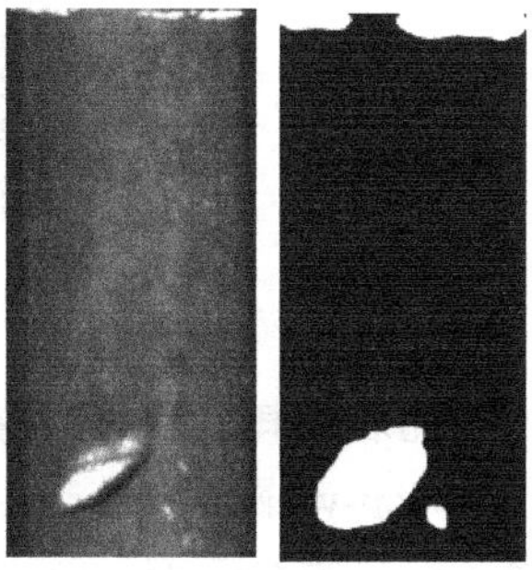

(a) 钢板初始图　　(b) 分割图

图 15-11　分割结果

从图 15-11 中可以看出，分割算法的表现较好，没有过多地引入干扰区域。对于分割后的图像，计算其灰度、纹理特征与几何特征，主要包括矩形度、不变矩等特征参数。最后，基于 SVM 构建二值分类器。以径向基作为 SVM 分类器的核函数，总共应用 170 张分割后的图像，其中各类缺陷图像共计 150 张。经过充分训练后，具备约 84.7%的总体识别率，实验结果如表 15-2 所示。

表 15-2　二分类实验结果

样本类别	正确识别数	错误识别数
含缺陷	126	24
不含缺陷	18	2

从以上分析不难看出，基于机器学习的相关算法，在进行缺陷识别时可以得到良好的分类效果，但是需要预先进行缺陷区域的提取，并计算特征向量。在缺陷提取过程中，往往需要依赖一些传统的图像分割技术，如边缘检测、阈值分割等。在提取中，不可避免地会造成一定的精度或者性能方面的损失。由于缺陷本身种类繁多且分布弥散，因此提取区域和特征向量的精度都可能会对最终的分类结果造成影响。

[示例 15-2]　基于深度学习的缺陷识别。

当下，大多数图像识别算法研究和应用都聚焦于深度学习算法。对于这类应用，主流的网络模型是卷积神经网络。在本案例中，采用基于 Inception-v3 结构的卷积神经网络来进行钢轨表面缺陷识别，主要的任务目标是针对有缺陷与不含缺陷的样本进行划分。在准备阶段，与前述步骤类似，首先进行图像预处理：基于线性插值的边缘检测算法针对轨面区域进行提取，基于自适应中值滤波进行图像去噪。图 15-12 是其效果的展示。

图 15-12　图像预处理结果

此后对其进行适当剪裁，使得网络输入像素大小保持一致。训练模型采用经典的 Inception-v3 网络，以 Relu 作为其非线性映射，最大池化实现图像下采样。Inception-v3 基于经典的 Google Inception Net，共计 47 层结构，其创新在于将二维卷积层转化为两个一维卷积从而减少了网络参数量，并能在一定程度上降低过拟合。

本案例中，卷积层的输出特征大小为 1×1×2048，经由 Softmax 分类得到最终针对各缺陷类别的概率估计；综合考虑模型的精确率与召回率指标，网络的损失由交叉熵与各迭代平均 F-score 的差值计算得到。对 β 值进行调整，观察上述指标的变化情况，根据其结果选择最为合适的方案。

图 15-13 展示了基于深度学习算法的总体流程。

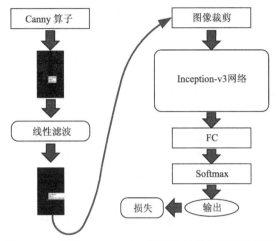

图 15-13　基于 Inception-v3 的钢轨缺陷识别算法流程

表 15-3 列出了模型的测试结果，表示了不同因子 β（权重因子）所对应的精确率（Precision）与召回率（Recall）。

表 15-3　不同 β 的损失在测试集的结果

β	召回率/%	精确率/%
0	50.23	95.33
1	64.28	94.64
2	92.54	92.08
3	92.77	72.57

根据以上信息，综合考量召回率与精确率，选择 $\beta=2$ 作为模型损失函数的参数。在本案例中，采用的训练数据集共计 8096 张钢轨样本图像，包含 5793 张训练图像，其中完整钢轨图像 5327 张，缺陷钢轨图像 466 张；在 2276 张验证图像上进行评价，包括完整钢轨图像 2033 张，缺陷钢轨图像 243 张。最终在测试集上取得了 92.08% 的总体识别率。表 15-4 是 Inception-v3 与 SVM 算法的对比。

表 15-4　两类算法对比

算法名称	精确率/%	召回率/%
SVM	98.43	84.00
Inception-v3	91.19	95.36

从表 15-4 中不难看出，基于 SVM 的分类器虽然精准率较高，但是在召回率明显比 Inception-v3 低，这也意味着有较多的真实含缺陷样本被误判为无缺陷，从而也导致模型的 F_1-score 有所区别（前者为 90.64%，后者为 93.23%）。

就基于图像的钢轨表面缺陷检测这个具体问题而言，深度学习算法针对特征提取和学习的能力更强，因而在这类问题上的性能往往也更佳。另外，基于深度学习的缺陷识别可以直接针对原始输入图像进行训练，自动学习图像缺陷特征，从而实现分类，无需缺陷分割提取和特征向量计算等环节。然而，深度学习算法的局限性在于，需要大量的图像数据来对参数进行学习，并且在很大程度上依赖于硬件平台的算力支持。

以当下深度学习框架 Keras（基于 TensorFlow）为例，介绍深度学习算法 Inception-v3 的使用。程序详见配套的教学资源示例 15-2。

钢轨缺陷识别属于一类典型的分类问题，可以采用深度学习或机器学习等领域的算法构建分类器。基于机器学习的算法需要首先提取缺陷区域，而不同的分割算法的精度与运算性能不一，往往对分类器的分类准确率产生较大影响。基于深度学习的方法无须进行缺陷区域提取，可直接对原始图像进行处理并输入网络中训练，通过对网络结构中参数的训练往往也可以达到更好的识别效果。在样本数据充分且设备算力支持的情况下，深度学习算法或是更好的选择；对于少量图像数据，若其背景与缺陷差异鲜明，应用分割算法能够得到质量较高的缺陷样本，则更加适合采用机器学习算法。

思 考 题

15-1　什么是深度学习？试列举几种典型的深度神经网络架构。

15-2　深度神经网络与传统浅层神经网络的区别是什么？

15-3　深度神经网络的训练流程是什么？

15-4　如何解决过拟合与欠拟合问题？

15-5　CNN 的结构包含哪几部分？

15-6　CNN 和 RNN 各适用于哪类数据？为什么？

15-7　对于 CNN，Valid 与 Same 这两种填充模式有什么区别？

15-8　与 RNN 相比，双向 RNN 有什么优点？

15-9　LSTM 如何解决梯度消失与梯度爆炸问题？

15-10　RBM 与一般神经网络的结构有什么不同？

15-11　试述 DBN 的训练流程。

15-12　试给出深度学习应用于智能传感器系统的具体案例。

第 16 章　强化学习与其在智能传感器系统中的应用

强化学习(Reinforcement Learning, RL)是机器学习中的一种重要类型，是一种让软件智能体在特定环境中能够采取回报最大化行为的试错算法。其在初始状态下采取完全随机的操作，通过不断尝试，从错误中学习，最后找到规律，学会达到目的的方法。其灵感来源于心理学中的行为主义理论，即有机体如何在环境给予的奖励或惩罚的刺激下，逐步形成对刺激的预期，产生能获得最大利益的习惯性行为。让计算机在不断的尝试中更新自己的行为，从而一步步学习如何操控自己的行为得到高分。强化学习采用的是边获得样例边学习的方式，在获得样例之后更新自己的模型，利用当前的模型来指导下一步的行动，下一步的行动获得奖励之后再更新模型，不断迭代重复直到模型收敛。目前流行的强化学习方法包括自适应动态规划(ADP)、时间差分(TD)学习、状态-动作-回报-状态-动作(SARSA)算法、Q 学习、深度强化学习(DQN)等。强化学习在下棋类游戏、机器人控制和工作调度等领域应用广泛，在无线传感器网络的节点调度方面也具有广阔的应用前景。

16.1　强化学习的基本概念

16.1.1　智能体与环境

如果说神经网络是在模拟成人的大脑以解决问题，那么强化学习就是在模拟幼童的大脑，并通过一定的训练使其成长为能够解决问题的成人大脑。这里将"幼童的大脑"称为智能体(Agent)，将训练环境称为环境(Environment)。

智能体能够根据自身的策略做出不同的动作(Action)，这些动作能影响外界环境。同时，智能体也能感知外界环境的状态(State)，收到一定的奖励(Reward)，并且它还具有学习能力，能够根据外界环境的奖励来调整策略。

环境泛指智能体外部的所有事物，受智能体动作的影响而改变其状态，同时会根据智能体的动作予以相应的奖励。

图 16-1 给出了强化学习的一个简单图示，这一图示中包含几个强化学习的基本要素。

(1)动作 a 是对智能体行为的描述，它的形式可以是离散的，也可以是连续的，记其动作空间为 $\mathcal{A}$。

(2)状态 s 是对环境的描述，与动作相同，它也可以是离散的，或是连续的，记其状态空间为 $\mathcal{S}$。

(3)奖励 r 是智能体依照当前策略，根据当前状态做出某个动作 a 之后，环境反馈给智能体的一个奖励，该奖励可为正，也可为负。

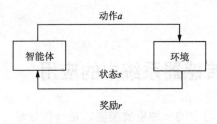

图 16-1　智能体与环境交互

除了图 16-1 中所示的这几个基本要素外，强化学习中还有其他几个基本要素。

(1)策略 $\pi(a|s)$ 是智能体根据环境状态 s 来决定下一步动作 a 的函数，其输入为 s，输出为 a。根据环境的不同，函数可能为时变的，也可能为时不变的。

(2)状态转移概率 $p(s'|s,a)$ 是智能体根据当前环境状态 s 做出一个动作 a 之后，环境在下一个时刻转变为状态 s' 的概率。状态转移概率由智能体和环境所共同决定。

由于强化学习任务中下一个时刻的状态 s_{t+1} 只取决于当前状态 s_t 和当前动作 a_t，因此可以用马尔可夫决策过程(Markov Decision Process, MDP)来描述。马尔可夫过程是指一组随机变量序列 $s_0, s_1, \cdots, s_t \in S$，其具有这样的性质：下一个时刻的状态 s_{t+1} 只取决于当前状态 s_t。这样的性质也称为马尔可夫性质，可以写为

$$p(s_{t+1}\,|\,s_t,\cdots,s_0) = p(s_{t+1}\,|\,s_t) \tag{16-1}$$

式中，$p(s_{t+1}\,|\,s_t)$ 称为状态转移概率，$\displaystyle\sum_{s_{t+1}\in S} p(s_{t+1}\,|\,s_t)=1$。

马尔可夫决策过程即在马尔可夫过程中加入决策因素，引入动作 a，使得下一个时刻的状态 s_{t+1} 不但和当前时刻的状态 s_t 相关，而且和当前的动作 a_t 相关：

$$p(s_{t+1}\,|\,s_t,a_t,\cdots,s_0,a_0) = p(s_{t+1}\,|\,s_t,a_t) \tag{16-2}$$

式中，$p(s_{t+1}\,|\,s_t,a_t)$ 为概率转移函数。

图 16-2 给出了马尔可夫决策过程的模型表示。

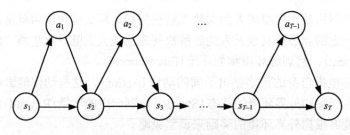

图 16-2　马尔可夫决策过程

对于给定策略 $\pi(a|s)$，马尔可夫决策过程生成某个轨迹(Trajectory) τ：

$$\tau = s_0, a_0, s_1, r_1, a_1, \cdots, s_{T-1}, a_{T-1}, s_T, r_T$$

的概率为

$$p(\tau) = p(s_0, a_0, s_1, a_1, \cdots) = p(s_0)\prod_{t=0}^{T-1}\pi(a_t|s_t)p(s_{t+1}|s_t,a_t) \tag{16-3}$$

由于强化学习任务具有马尔可夫性质，因此当给定各要素的值之后，就能够从开始递推至结束，从而得到一次训练的结果。

16.1.2　目标与奖励

1. 总回报

强化学习的核心概念是奖励，强化学习的目标是最大化长期的奖励，本节就来给出这个长期的奖励的定义。这里要针对不同的任务类型具体给出不同奖励的定义，主要根据整个任务中有无终止状态将任务分为回合制任务和持续性任务。不管哪种类型的任务，执行一次则生成一个轨迹 τ。

对于回合制任务，假设某一回合在第 T 步达到终止状态，则该回合的总回报可以定义为 $t=0$ 时刻之后奖励的总和，称为总回报（Return）：

$$R(\tau) = \sum_{t=0}^{T-1} r_{t+1} \tag{16-4}$$

对于持续性任务，上述定义会出现问题：连续性任务没有终止状态，即 $T = \infty$，其总回报可能会是无穷大的。为了解决这一问题，引入折扣（Discount）这一概念，从而定义总回报为

$$R(\tau) = \sum_{t=0}^{T-1} \gamma^t r_{t+1} \tag{16-5}$$

式中，折扣率 γ 为一常量，$\gamma \in [0,1]$。折扣率决定了近期奖励和远期奖励的权重，当 γ 接近 0 时，策略更在意短期回报；而当 γ 接近 1 时，长期回报变得更重要。

2. 目标函数

强化学习的目标是最大化长期的奖励，即最大化总回报，那么将其目标函数记为 $\mathcal{J}(\theta)$，参数 θ 即为策略。可以使用回报的平均期望来表示期望 $\mathbb{E}$，可得

$$\mathcal{J}(\theta) = \mathbb{E}_{\tau \sim p_\theta(\tau)}\big[R(\tau) \big] = \mathbb{E}_{\tau \sim p_\theta(\tau)}\left(\sum_{t=0}^{T-1} \gamma^t r_{t+1} \right) \tag{16-6}$$

这里认为轨迹 τ 服从其概率分布。

3. 值函数

基于回报的定义，可以进一步定义值函数（Value Function），以更好地评估策略 π 的期望回报。

当初始状态为 s 时，可将整个轨迹 τ 的期望分解为对初始状态的期望和初始状态之后轨迹的期望，从而对目标函数进行分解：

$$\mathbb{E}_{\tau \sim p(\tau)}\big[R(\tau) \big] = \mathbb{E}_{s \sim p(s_0)}\left[\mathbb{E}_{\tau \sim p(\tau)}\left(\sum_{t=0}^{T-1} \gamma^t r_{t+1} \mid \tau_{s_0} = s \right) \right]$$

$$= \mathbb{E}_{s \sim p(s_0)}\big[V^\pi(s) \big] \tag{16-7}$$

式中，$V^\pi(s)$ 称为状态值函数（State Value Function），表示从状态 s 开始，执行策略 π 得

到的期望总回报。

$$V^{\pi}(s) = \mathbb{E}_{\tau \sim p(\tau)} \left(\sum_{t=0}^{T-1} \gamma^t r_{t+1} \mid \tau_{s_0} = s \right) \tag{16-8}$$

式中，τ_{s_0} 表示轨迹τ的起始状态。

为了方便起见，用$\tau_{0:T}$来表示轨迹$s_0, a_0, s_1, \cdots, s_T$，用$\tau_{1:T}$来表示轨迹$s_1, a_1, \cdots, s_T$，因此有$\tau_{0:T} = s_0, a_0, \tau_{1:T}$。

将式(16-8)的期望继续分解，首先分解出第一步的奖励，可以得到

$$V^{\pi}(s) = \mathbb{E}_{\tau_{0:T} \sim p(\tau)} \left(r_1 + \gamma \sum_{t=1}^{T-1} \gamma^{t-1} r_{t+1} \mid \tau_{s_0} = s \right) \tag{16-9}$$

根据概率函数递推至下一状态，可以得到

$$V^{\pi}(s) = \mathbb{E}_{a \sim \pi(a|s)} \mathbb{E}_{s' \sim p(s'|s,a)} \mathbb{E}_{\tau_{1:T} \sim p(\tau)} \left[r(s,a,s') + \gamma \sum_{t=1}^{T-1} \gamma^{t-1} r_{t+1} \mid \tau_{s_1} = s' \right] \tag{16-10}$$

将对轨迹的期望放至中括号内，可得

$$V^{\pi}(s) = \mathbb{E}_{a \sim \pi(a|s)} \mathbb{E}_{s' \sim p(s'|s,a)} \left[r(s,a,s') + \gamma \mathbb{E}_{\tau_{1:T} \sim p(\tau)} \left(\sum_{t=1}^{T-1} \gamma^{t-1} r_{t+1} \mid \tau_{s_1} = s' \right) \right] \tag{16-11}$$

$$= \mathbb{E}_{a \sim \pi(a|s)} \mathbb{E}_{s' \sim p(s'|s,a)} \left[r(s,a,s') + \gamma V^{\pi}(s') \right] \tag{16-12}$$

$$= \mathbb{E}_{a \sim \pi(a|s)} Q^{\pi}(s,a) \tag{16-13}$$

式中，$Q^{\pi}(s,a)$称为状态-动作值函数(State-Action Value Function)，表示初始状态为s并进行动作a，然后执行策略π得到的期望总回报。状态-动作值函数也称为Q函数(Q-Function)。

$$Q^{\pi}(s,a) = \mathbb{E}_{s' \sim p(s'|s,a)} \left[r(s,a,s') + \gamma V^{\pi}(s') \right] \tag{16-14}$$

状态-动作值函数可以看作对策略π的评估，因此就可以根据值函数来优化策略。设在状态s，有一个动作a^*使得$Q^{\pi}(s,a^*) > V^{\pi}(s)$，说明执行动作$a^*$的回报比当前的策略$\pi(a|s)$的回报要高，就可以调整参数使得策略中动作$a^*$的概率$p(a^*|s)$增加。

4. 贝尔曼方程

贝尔曼方程(Bellman Equation)也称为动态规划方程(Dynamic Programming Equation)，由理查德·贝尔曼(Richard Bellman)发现。通过贝尔曼方程能够将动态最优化问题变成一个个嵌套的简单子问题。16.1.2节中得到的式(16-14)就是状态值函数的贝尔曼方程形式，表示当前状态的值函数可以通过下个状态的值函数来进行计算。

如果给定策略$\pi(a|s)$、状态转移概率$p(s'|s,a)$和奖励$r(s,a,s')$，就可以通过迭代的方式来计算$V^{\pi}(s)$。由于存在折扣率，迭代一定步数后，每个状态的值函数就会固定不变。

结合式(16-13)和式(16-14)，可以得出Q函数的贝尔曼方程形式：

$$Q^{\pi}(s,a) = \mathbb{E}_{s' \sim p(s'|s,a)} \left[r(s,a,s') + \gamma \mathbb{E}_{a' \sim \pi(a'|s')} \left[Q^{\pi}(s',a') \right] \right] \tag{16-15}$$

因此与迭代计算 $V^\pi(s)$ 类似，也可以迭代计算 $Q^\pi(s,a)$ 。

16.2　有模型学习

结合马尔可夫决策过程和贝尔曼方程，可以得出结论：若状态转移概率 $p(s'|s,a)$ 和奖励 $r(s,a,s')$ 已知，则可以通过贝尔曼方程迭代计算出它的值函数。在这样模型已知的环境中进行学习的强化学习算法称为"有模型的强化学习"（Model-Based Reinforcement Learning）。

在模型已知时，可以通过动态规划的方法来计算，常用的方法有策略迭代算法和值迭代算法。

16.2.1　策略迭代算法

策略迭代（Policy Iteration）是一种动态规划算法，包含策略评估（Policy Evaluation）和策略优化（Policy Improvement）两部分，其基本思想是初始化策略 π，通过不断重复策略评估和策略优化的过程，得到最佳策略 π^*。策略迭代算法的每次迭代可以分为两步。

第一步：策略评估，对于给定的策略 π，评估策略的动作价值和状态价值。

第二步：策略优化，对于给定的策略 π，在已知其价值函数的情况下，寻找一个更优的策略。

策略迭代算法即综合运用策略评估和策略优化找到最优策略。

1. 策略评估

对一种策略进行评估，最直观的描述就是这一策略能够得到的期望总回报，也就是状态值函数 $V^\pi(s)$ 。因此策略评估的过程就是迭代计算状态值函数的过程。

2. 策略优化

若有两种策略，其中一种策略的状态值函数大于另一种策略的状态值函数，便认为前者要优于后者。

对于给定的策略 π，若可以得出该策略的值函数，则可以依据策略改进定理得出一种改进后的策略。

策略改进定理的内容如下：对于两种确定性的策略 π 和 π'，若

$$V^\pi(s) \leqslant Q^\pi(s, \pi'(s)), \quad s \in \mathcal{S} \tag{16-16}$$

则 $\pi \leqslant \pi'$，即

$$V^\pi(s) \leqslant V^{\pi'}(s), \quad s \in \mathcal{S} \tag{16-17}$$

此结论可以推广到 $V^\pi(s)$ 严格小于 $Q^\pi(s, \pi'(s))$ 的情况，证明过程略。

对于一种确定性策略 π，如果存在 $s \in \mathcal{S}, a \in \mathcal{A}$，使得 $Q^\pi(s, \pi'(s)) > V^\pi(s)$，那么可

以构造一种新的确定策略 π'，它在状态 s 会做动作 a，而在除状态 s 外的状态的动作都和策略 π 一样，可以验证，两种策略满足策略改进定理的条件。这样，就得到了一种比策略 π 更好的策略 π'，将这样的过程和策略评估的过程结合，就可以得到策略迭代算法，该算法的伪码见算法 16.1。

算法 16.1　策略迭代算法

输入：MDP 五元组：$\mathcal{S}$, $\mathcal{A}$, P, r, γ;

1　初始化：$\forall s, \forall a, \pi(a|s) = \dfrac{1}{|\mathcal{A}|}$;

2　**repeat**
　　// 策略评估

3　　**repeat**

4　　　根据贝尔曼方程（式(16-12)），计算 $V^{\pi}(s), \forall s$;

5　　**until**　$\forall s, V^{\pi}(s)$ 收敛;
　　//策略改进

6　　根据式(16-14)，计算 $Q(s,a)$;

7　　$\forall s, \pi(s) = \arg\max\limits_{a} Q(s,a)$;

8　**until** $\forall s, \pi(s)$ 收敛;

　　输出：策略 π

16.2.2　值迭代算法

在策略迭代算法中，每次策略优化后都需要重新进行策略评估，而策略评估也需要迭代计算，使得这一算法耗时比较长。如果可以将策略评估和策略优化两个过程合并，直接迭代计算出最优价值函数，再从最优价值函数中反推出确定性的最优策略。这样的算法显然计算量比策略迭代算法少，称这种算法为值迭代（Value Iteration）算法。

最优策略 π^* 对应的值函数称为最优值函数，其中包括最优状态值函数 $V^*(s)$ 和最优状态–动作值函数 $Q^*(s,a)$，它们之间的关系为

$$V^*(s) = \max_a Q^*(s,a) \tag{16-18}$$

根据贝尔曼方程，可以通过迭代的方式来计算最优状态值函数 $V^*(s)$ 和最优状态–动作值函数 $Q^*(s,a)$：

$$V^*(s) = \max_a \mathbb{E}_{s' \sim p(s'|s,a)} \left[r(s,a,s') + \gamma V^*(s') \right] \tag{16-19}$$

$$Q^*(s,a) = \mathbb{E}_{s' \sim p(s'|s,a)} \left[r(s,a,s') + \gamma \max_{a'} Q^*(s',a') \right] \tag{16-20}$$

式(16-19)和式(16-20)称为贝尔曼最优方程（Bellman Optimality Equation）。

值迭代算法中，先初始化状态价值函数，然后利用贝尔曼最优方程（式(16-19)）来更

新状态价值函数，其过程如下。

算法 16.2　值迭代算法

输入: MDP 五元组: $\mathcal{S}, \mathcal{A}, P, r, \gamma$;

1　初始化: $\forall s \in \mathcal{S}, V(s) = 0$;

2　**repeat**

3　　$\forall s, V(s) \leftarrow \max_a \mathbb{E}_{s' \sim p(s'|s,a)} \big[r(s,a,s') + \gamma V(s') \big]$

4　**until**　$\forall s, V(s)$ 收敛;

5　根据式(16-19)，计算 $Q(s,a)$;

6　　$\forall s, \pi(s) = \arg\max_a Q(s,a)$;

输出: 策略 π

16.3　无模型学习

前面所讨论的方法是在环境模型已知的前提条件下进行求解的，但在实际的应用场景中，一般很难得到环境的转移概率和奖励函数，甚至连环境中一共有多少状态都难以得知。在这样的情形下，便出现了基于采样的强化算法，业界将这种模型未知基于采样的强化学习算法称为无模型的强化学习(Model-Free Reinforcement Learning)。

与有模型的强化学习相同，无模型的强化学习也可以根据基于什么样的函数来更新策略，分为基于值函数的学习方法和基于策略函数的学习方法。

16.3.1　基于值函数的学习方法

1. Q 学习

在值迭代的强化学习算法中，依靠最优状态-动作值函数 $Q^*(s,a)$ 来更新策略，但在模型未知时，由于无法求得最优状态-动作值函数，因此只能直接采用 $Q(s,a)$ 去估计最优状态-动作值函数 $Q^*(s,a)$，这样依靠 Q 函数进行学习的算法，称为 Q 学习(Q-learning)算法。Q 函数的估计方法如下:

$$Q(\mathrm{s},a) \leftarrow Q(s,a) + \alpha \Big[r + \gamma \max_{a'} Q(s',a') - Q(s,a) \Big] \tag{16-21}$$

式中，α 为学习率; r 为即时奖励; γ 为折扣率。

类似于"有模型的强化学习过程"，可以得到 Q 学习的学习过程见算法 16.3。

算法 16.3　Q 学习

输入:状态空间 $\mathcal{S}$,动作空间 $\mathcal{A}$,折扣率 γ,学习率 α;

1　$\forall s, \forall a,$ 随机初始化 $Q(s,a)$; 根据 Q 函数构建策略 π;

2　**repeat**

3　　初始化起始状态 s;

4	**repeat**
5	在状态 s 选择动作 $a = \pi^{\epsilon}(s)$;
6	执行动作 a, 得到即时奖励 r 和新状态 s';
7	$Q(s,a) \leftarrow Q(s,a) + \alpha \left[r + \gamma \max\limits_{a'} Q(s',a') - Q(s,a) \right]$; // 更新 Q 函数
8	$s \leftarrow s'$;
9	**until** s 为终止状态;
10	**until** $\forall s,a, Q(s,a)$ 收敛;
	输出: 策略 $\pi(s) = \arg\max\limits_{a \in |A|} Q(s,a)$

在 Q 学习的过程中, 会得到一个 Q 值表, 它的行代表状态, 列代表动作, 表格中的一个元素即代表一个状态-动作值, 当这个表格中的值收敛时, 便可以得到所有状态下的最佳动作, 也就得到了最优策略。

2. 深度 Q 网络

Q 学习算法在使用中, 会创建一个表来存储状态-动作值函数的值, 在处理小规模问题时, 这无疑是一种非常优秀的算法, 但是当遇到自动驾驶(状态空间近乎无穷)或者围棋对局(状态空间达到 10^{70} 的量级)等状态空间特别大的问题时, 该算法会导致维度灾难的发生以及存储和检索异常困难的局面。

值函数近似(Value Function Approximation)就是为了解决状态空间过大这一问题而提出的方法。这一方法用函数而不是用 Q 值表来表示状态-动作值函数的值, 其定义如下:

$$Q_{\phi}(s,a) \approx Q^{\pi}(s,a) \tag{16-22}$$

式中, s、a 分别是状态 s 和动作 a 的向量表示; 函数 $Q_{\phi}(s,a)$ 通常是一个参数为 ϕ、输出为一个实数的函数, 如神经网络, 输出的实数用来近似状态-动作值函数的值, 称为 Q 网络(Q-network)。

本节要介绍的深度 Q 网络(DQN)学习就是将 Q 学习与深度神经网络结合的方法, 这里的网络可以是任意结构的网络, 其主要目标就是学习一个参数 ϕ 来使得函数 $Q_{\phi}(s,a)$ 可以逼近值函数 $Q^{\pi}(s,a)$。

但训练这个网络, 常常会存在这样两个问题: ①如何确定该网络的损失函数; ②训练样本往往不足且样本之间有很强的相关性。

在 Q 学习中, 更新 Q 表是依靠每步的奖励和当前的 Q 表来迭代的。那么在神经网络中, 可以将这个计算出来的 Q 值作为监督学习的"标签"来设计损失函数, 最简单的方法就是将近似值和真实值的均方误差作为损失函数:

$$\mathcal{J}(\phi) = \left[y - Q_{\phi}(ss,aa) \right]^2 \tag{16-23}$$

式中, y 为计算出的近似值; ss、aa 分别为采样得到的 s 和 a, 再采用随机梯度下降法来迭代求解。

对于训练样本不足且样本之间有很强的相关性的问题，可以使用经验回放（Experience Replay）的方式来解决。经验回放是指将系统探索环境得到的数据先储存起来，再进行随机采样，用得到的样本来更新深度神经网络的参数。经验回放具有以下优点：①数据利用率高，因为一个样本可以被多次使用；②可减少连续样本的相关性。这里一般可以采用简单的均匀随机采样。

深度 Q 网络的学习过程见算法 16.4。

算法 16.4　采用经验回放的深度 Q 网络

输入:状态空间 $\mathcal{S}$,动作空间 $\mathcal{A}$,折扣率 γ,参数更新间隔 C;

1　初始化经验池 $\mathcal{D}$,容量为 N;

2　随机初始化 Q 网络的参数 ϕ;

3　随机初始化 Q 网络的参数 $\hat{\phi}=\phi$;

4　**repeat**

5　　初始化起始状态 s;

6　　**repeat**

7　　　在状态 s,选择动作 $a=\pi^\epsilon$;

8　　　执行动作 a,观测环境, 得到即时奖励 r 和新的状态 s';

9　　　将 s,a,r,s' 放入 $\mathcal{D}$ 中;

10　　　从 $\mathcal{D}$ 中采样 ss,aa,rr,ss';

11　　　$y = \begin{cases} rr, & \text{\#若 } ss' \text{ 为终止状态;} \\ rr + \gamma \max_{a'} Q_\phi(ss',a'), & \text{\#否则;} \end{cases}$

12　　　以 $\left[y - Q_\phi(ss,aa) \right]^2$ 为损失函数来训练 Q 网络;

13　　　$s \leftarrow s'$;

14　　　每隔 C 步,$\hat{\phi} \leftarrow \phi$;

15　　**until** s 为终止状态;

16　**until** $\forall s,a, Q_\phi(s,a)$ 收敛;

输出: Q 网络 $Q_\phi(s,a)$

16.3.2　基于策略函数的学习方法

16.3.1 节中介绍的 Q 学习和 DQN 算法都是基于价值（Value）的方法，也就是通过计算每一个状态动作的价值，然后选择价值最大的动作执行，得出一个最优策略。这是一种间接的做法，那么还有没有更直接的做法呢？如果有这样一个神经网络，输入是状态，输出直接就是动作，而不是 Q 值，那么就可以通过更新优化这一网络来直接得到最优的策略。把这样的网络称为策略网络（Policy Network），并把这样一种在策略空间直接搜索来得到最佳策略的方法称为策略搜索（Policy Search）。策略搜索的本质是一个优化问题，可以分为基于梯度的优化和无梯度的优化。下面介绍一种具有代表性的基于策略函数的学习方法——策略梯度算法。

　　策略梯度(Policy Gradient)算法是一种基于梯度的直接策略优化的强化学习方法,其本质是使用梯度下降的方法来更新网络,从而直接得到最优策略。假设$\pi_\theta(a\mid s)$是一个关于θ的连续可微函数,这个函数就代表策略网络,策略梯度算法就是用梯度下降的方法来优化参数θ,使得目标函数$\mathcal{J}(\theta)$最大。对目标函数求关于策略参数θ的导数:

$$
\begin{aligned}
\nabla\mathcal{J}(\theta) &= \nabla\sum p_\theta(\tau)R(\tau) \\
&= \sum\nabla p_\theta(\tau)R(\tau) \\
&= \sum\frac{\nabla p_\theta(\tau)}{p_\theta(\tau)}R(\tau)p_\theta(\tau)
\end{aligned}
\tag{16-24}
$$

由对数的导数性质有

$$
\frac{\mathrm{d}\ln\left[f(x)\right]}{\mathrm{d}x}=\frac{1}{f(x)}\frac{\mathrm{d}f(x)}{\mathrm{d}x}
\tag{16-25}
$$

代入式(16-24)得

$$
\nabla\mathcal{J}(\theta)=\sum p_\theta(\tau)R(\tau)\nabla\ln p_\theta(\tau)
\tag{16-26}
$$

　　式(16-26)中的$p_\theta(\tau)$可以利用经验平均方法来进行估算。因此,当利用当前策略采样n条轨迹τ后,可以利用这n条轨迹τ的经验平均对策略梯度进行逼近:

$$
\nabla\mathcal{J}(\theta)\approx\frac{1}{N}\sum_{n=1}^{N}R(\tau)\nabla\ln p_\theta(\tau)
\tag{16-27}
$$

　　由式(16-3)得

$$
\begin{aligned}
\nabla\ln p_\theta(\tau) &= \nabla\ln p(s_0)\prod_{t=0}^{T-1}\pi(a_t\mid s_t)p(s_{t+1}\mid s_t,a_t) \\
&= \nabla\left[\ln p(s_0)+\sum_{t=0}^{T-1}\ln\pi(a_t\mid s_t)+\sum_{t=0}^{T-1}\ln p(s_{t+1}\mid s_t,a_t)\right] \\
&= \sum_{t=0}^{T-1}\nabla\ln\pi(a_t\mid s_t)
\end{aligned}
\tag{16-28}
$$

　　可以看出,$\nabla\ln p_\theta(\tau)$与智能体的状态转移概率无关,只与策略函数$\pi(a_t\mid s_t)$相关。因此将式(16-28)代入式(16-27)中,策略梯度可以改写为

$$
\nabla\mathcal{J}(\theta)\approx\frac{1}{N}\sum_{n=1}^{N}R(\tau)\sum_{t=0}^{T-1}\nabla\ln\pi(a_t\mid s_t)
\tag{16-29}
$$

$$
\approx\frac{1}{N}\sum_{n=1}^{N}\sum_{t=0}^{T-1}R(\tau)\nabla\ln\pi(a_t\mid s_t)
\tag{16-30}
$$

可得策略梯度算法流程见算法16.5。

算法16.5　策略梯度算法

　　输入:状态空间$\mathcal{S}$,动作空间$\mathcal{A}$,折扣率γ,学习率α,可微分的策略函数$\pi_\theta(a\mid s)$;

1　　随机初始化参数θ;

2　　**repeat**

3	根据策略 $\pi_\theta(a\,	\,s)$ 生成一条轨迹: $\tau = s_0, a_0, s_1, a_1, \cdots, s_{T-1}, a_{T-1}, s_T$;
4	**for** t=0 **to** T **do**
5	计算 $R(\tau_{t:T})$;
6	$\theta \leftarrow \theta + \alpha\gamma^t R(\tau_{t:T})\nabla\ln\pi(a_t	s_t)$;　// 更新策略函数参数
7	**end**
8	**until** π_θ 收敛;
	输出: 策略 π_θ

16.3.3　演员-评价员算法

从 16.3.2 小节的描述中可以看出, 在策略梯度算法中, 轨迹回报 $R(\tau)$ 充当了一个评价员(Critic)的角色, 评价员对当前策略的轨迹回报进行计算, 即评估演员的好坏。如果将评价员这一概念进行推广, 除了轨迹回报以外, 还能使用其他指标进行评价, 这样的算法就称为演员-评价员算法(Actor-Critic, AC)。在保持策略梯度不变的情况下, 策略梯度可写作:

$$g = \mathbb{E}\left[\sum_{t=0}^{\infty}\Psi_t\nabla_\theta\ln\pi_\theta(a_t\,|\,s_t)\right] \tag{16-31}$$

式中, $\pi_\theta(a_t\,|\,s_t)$ 称为演员; Ψ_t 称为评价员, 代表一个还未确定的函数; θ 为策略参数。此式是一个广义的 AC 框架。

策略梯度算法中, 每次需要根据一种策略采集一条完整的轨迹, 并计算这条轨迹上的回报。这种采样方式所收集到的回报方差较大, 学习效率也较低。可以用当前动作的即时奖励和下一个状态的值函数的和来近似估计总回报, 这样不仅可以提高采样的效率, 而且可以将原本的一回合更新一次策略改进为一步更新一次策略, 极大地提高了收敛至最优策略的速度。也就是说:

$$\Psi_t = R(\tau_{t:T}) \approx r_{t+1} + \gamma V_\phi(s_{t+1}) \tag{16-32}$$

式中, s_{t+1} 是 t+1 时刻的状态; r_{t+1} 是即时奖励。

在演员-评价员算法中, 策略函数 $\pi_\theta(a_t\,|\,s_t)$ 和值函数 $V_\phi(s_t)$ 都是待学习的函数, 需要在训练过程中实时学习并更新。那么

$$R(\tau) \approx \sum_{i=1}^{t}r_i + \gamma V_\phi(s_{t+1}) \tag{16-33}$$

将式(16-33)代入式(16-30)得

$$\nabla\mathcal{J}(\theta) \approx \frac{1}{N}\sum_{n=1}^{N}\sum_{t=0}^{T-1}\left[\sum_{i=1}^{t}r_i + \gamma V_\phi(s_{t+1})\right]\nabla\ln\pi(a_t|s_t) \tag{16-34}$$

这样便能更新 Actor 函数的参数, 而对数函数则可以按照深度 Q 网络中的思路, 采用近似值和真实值的均方误差进行估计, 具体公式如下:

$$\mathcal{J}(\phi) = \left[y - V_\phi(\boldsymbol{ss}, \boldsymbol{aa})\right]^2 \tag{16-35}$$

式中，y 为计算出的近似值；ss、aa 分别为采样得到的 s 和 a。可以采用随机梯度下降法来迭代求解。

最终可得演员-评价员算法流程见算法 16.6。

算法 16.6　演员-评价员算法

输入:状态空间 $\mathcal{S}$,动作空间 $\mathcal{A}$,折扣率 γ,学习率 α 和 β,可微分的策略函数

$\quad\quad\pi_\theta(a|s)$,可微分的状态值函数 $V_\phi(s)$;

1　　随机初始化参数 θ,ϕ

2　　**repeat**

3　　　初始化起始状态 $s;\lambda=1$;

4　　　**repeat**

5　　　　在状态 s,选择动作 $a=\pi_\theta(a|s)$;

6　　　　执行动作 a,得到即时奖励 r 和新状态 s';

7　　　　$\delta \leftarrow r+\gamma V_\phi(s')-V_\phi(s)$;

8　　　　$\phi \leftarrow \phi+\beta\nabla V_\phi(s)$; //更新 Critic 网络参数

9　　　　$\theta \leftarrow \theta+\alpha\lambda\delta\nabla\log\pi(a_t|s_t)$; //更新 Actor 函数参数

10　　　$\lambda \leftarrow \gamma\lambda$;

11　　　$s \leftarrow s'$;

12　　**until** s 为终止状态;

13　**until** π_θ 收敛;

输出: 策略 π_θ

16.4　成　熟　技　术

随着强化学习的发展，人们想用它解决的问题也越来越复杂。目前，有些学者主要对已有的算法加以改进优化；有些学者则针对一些更加泛化的强化学习问题进行研究和描述。下面将对这些方面的突出成果加以介绍。

16.4.1　基于 AC 框架的改进

1. A2C 算法

A2C 算法全称为优势演员-评论员 (Advantage Actor-Critic) 算法，该算法使用优势函数代替 Critic 网络中的原始回报，并将此函数的取值作为衡量选取动作值和所有动作平均值好坏的指标。优势函数的公式如下:

$$A_\pi(s,a)=Q_\pi(s,a)-V_\pi(s) \tag{16-36}$$

式中，状态值函数 $V_\pi(s)$ 为该状态下所有可能动作所对应的动作值函数乘以采取该动作的概率和；动作值函数 $Q_\pi(s,a)$ 为该状态下的动作 a 对应的值函数；优势函数 $A_\pi(s,a)$ 为动作值函数相比于当前状态值函数的优势。

若优势函数大于零，则说明该动作比平均动作好；若优势函数小于零，则说明当前动作不如平均动作好。

2. A3C 算法

A3C 算法全称为异步优势演员-评论员(Asynchronous Advantage Actor-critic)算法。AC 和 A2C 算法训练网络时，都是一步一更新，数据之间的关联性较强，容易影响训练的效果。在 DQN 算法中使用经验回放的方法解决了这一问题，除了经验回放外，还可以使用异步的方法来解决这一问题。异步的方法是指数据并非同时产生，而是数据产生与动作不同步。A3C 算法便是其中表现非常优异的异步强化学习算法。

A3C 算法会创建许多个线程，每个线程中都是一个 A2C 算法，与各自的环境互动后输出行为，将参数更新至共用的目标网络，再从网络中取出参数指导各个线程与环境互动。

16.4.2　基于 DQN 算法的改进

1. Double-DQN

由于 DQN 算法是一种不依赖策略(Off-policy)的方法，即每次学习时不是使用下一次交互的真实动作，而是使用当前认为价值最大的动作来更新目标值函数，但这样就会出现对 Q 值的过高估计的问题。为了解决这一问题，Hasselt 提出了 Double Q Learning 方法，将此方法应用到 DQN 中，就是 Double-DQN，即 DDQN。Double Q Learning 是将动作的选择和动作的评估分别用不同的值函数来实现的。

2. 优先回放缓冲区(Prioritized Replay Buffer)

DQN 的经验回放采用均匀分布，但若所有的数据对于训练并不具有同等重要的意义，则已经使用过的数据重要性便有所下降。因此引进了优先回放的思想，即打破均匀采样，赋予学习效率高的状态以更大的采样权重。

那么应该如何设置不同数据的权重呢？一个理想的标准是学习的效率越高，权重越大。也就是说，当前状态和下一状态的差值越大，便认为此时使用的数据越有效，学习效率越高，这批数据的权重就应该越大。

3. Dueling-DQN

Dueling-DQN 从网络结构上改进了 DQN，将动作值函数分为状态值函数和优势函数，并使用神经网络对这两个函数进行逼近。优势函数的定义和作用在 A2C 算法中已经进行了描述，此处不再赘述。

16.4.3　更加泛化的强化学习

1. 部分可观测马尔可夫决策过程

部分可观测马尔可夫决策过程(Partially Observable Markov Decision Processes,

POMDP)是一个马尔可夫决策过程的泛化,指的是智能体无法得到环境的状态,只能得到部分的观测值。这一概念在现实生活中更具有普适性,因为往往无法得知环境完整的状态,只能通过传感器得到有限的环境信息。

POMDP 可以用一个 7 元组来描述:$(\mathcal{S}, \mathcal{A}, T, R, \Omega, O, \gamma)$,其中,$\mathcal{S}$ 表示状态空间,为隐变量;$\mathcal{A}$ 为动作空间;$T(s' |s, a)$ 为状态转移概率;R 为奖励函数;$\Omega(o|s, a)$ 为观测概率;O 为观测空间;γ 为折扣率。POMDP 通常在计算上难以解决,一般是结合采样方法进行求解。

2. 直接模仿学习

强化学习任务中策略的数量有时会达到一个很大的量级,基于累积奖励来得到合理的决策非常困难,而直接模仿人类专家的“状态动作对”可显著缓解这一问题,称为“直接模仿学习”。直接模仿学习,是将专家的“状态动作对”抽取出来,构造出一个新的一一对应的数据集合,对这一集合应用各种强化学习算法,能够得到一个策略模型,再将这一策略模型作为强化学习的初始策略,可以极大地提高寻找最优策略的速度。

3. 逆强化学习

在很多任务中,设计奖励函数往往相当困难。逆强化学习(Inverse Reinforcement Learning,IRL)与直接模仿学习类似,都是对专家的经验进行学习,不同的是,逆强化学习从专家的经验中反推出奖励函数,并使用这一奖励函数来训练学习策略。

4. 分层强化学习

分层强化学习(Hierarchical Reinforcement Learning,HRL)是指将一个复杂的强化学习问题分解成多个小的、简单的子问题,每个子问题都可以单独用马尔可夫决策过程来建模。这样,可以将智能体的策略分为高层次策略和低层次策略,高层次策略根据当前状态决定如何执行低层次策略。总体上,智能体就可以解决一些非常复杂的任务。

16.5　应用示例

[示例 16-1]　强化学习在定向传感器网络中的应用。

本节的应用示例将给出基于 A3C 算法来解决一个定向传感器网络实现目标覆盖问题的过程,借此说明基于强化学习的传感器策略的设计方法与步骤。

要求:在仿真环境中设计一个定向传感器网络策略,尽可能地连续覆盖最大数量的目标,覆盖问题的示例如图 16-3 所示。

解:构建一个针对目标覆盖问题的分层面向目标的多智能体协调框架(Hierarchical Target-oriented Multi-Agent Coordination, HiT-MAC)。该框架是一个两级层次结构,由一个集中协调器(高级策略)和多个分布式执行器(低级策略)组成,这样可以将复杂任务分解为两个较为简单的任务,从而能更容易完成,如图 16-4 所示。

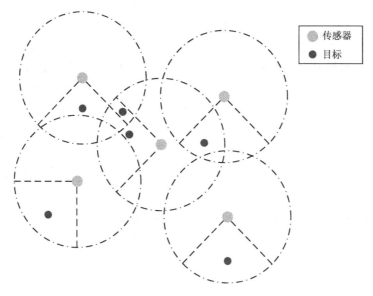

图 16-3　目标覆盖的问题

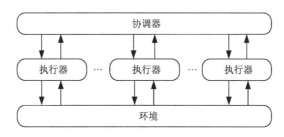

图 16-4　多智能体协调框架(HiT-MAC)

这里,高级策略与低级策略均使用 A3C 算法进行训练。

1)协调器设计

协调器试图学习一个最优策略 $\pi^{H\cdot}(\vec{g}\,|\,\vec{o})$,其中 $\vec{g}$ 描述了传感器应该关注的目标集合,$\vec{o}$ 描述了传感器与目标在环境中的空间关系,H 即当前框架的参数。该策略可以通过为每个执行器 $i \in N$ 分配适当的需要被追踪的目标 $\{M_i\}_{i \in N}$ 来追踪来最大化累积的团队奖励。注意,协调器只是周期性地运行(每 k 步),以等待执行器执行,这样可以节省通信和计算成本。

协调器的团队奖励函数 r_t^H 在有目标被覆盖时(条件 a)就等于目标覆盖率 $\frac{1}{m}\sum_{j=1}^{m}I_{j,t}$,$I_{j,t}$ 代表目标 j 在 t 步时是否被覆盖,覆盖为 1,反之则为 0。值得注意的是,如果没有目标被覆盖(条件 b),将在奖励中给予额外的惩罚。整体团队奖励如下:

$$r_t^H = R(s_t) = \begin{cases} \dfrac{1}{m}\sum_{j=1}^{m}I_{j,t} & (a) \\ -0.1 & (b) \end{cases} \tag{16-37}$$

协调器通过构建深度神经网络来实现，该神经网络由 Actor 和 Critic 两个部分组成。

Actor 通过一个全连接层计算每个任务的概率 $p_{i,j}$，然后根据概率得出 $g_{i,j}$，$g_{i,j}$ 是一个二进制值，若概率大于 0.8，则该值为 1，否则为 0。如果此值为 1，则让传感器 i 跟踪目标 j；如果此值为 0，则传感器 i 不需要跟踪目标 j。最后 Actor 输出目标映射 $\vec{g}$ 给执行器，其中 $g_i = (g_{i,1}, g_{i,2}, \cdots, g_{i,j})$ 表示传感器 i 的目标分配。

Critic 需要训练一个值函数，然后用它来更新 Actor 的策略参数，以提高策略的性能。类似于大多数多智能体协作问题，推导出每个成员对团队成功的个人贡献，称为信用分配。不同的是，本例将任务中的每个传感器-目标对而不是智能体视为团队的一员。

2）执行器设计

在收到协调器分配的目标后，执行器 $\pi_i^L(a_i | o_i, g_i)$ 独立完成目标。执行器 i 的目标是跟踪一组指定的目标 M_i，即最小化它们的平均角度误差。与协调器一样，执行器也是通过构建由 Actor 和 Critic 两个部分组成的深度神经网络来实现的。

Actor 将 g_i 及 o_i 输入策略网络中，输出传感器 i 动作 a_i。

Critic 引入目标-条件奖励 $r_{i,t}^L(s_t, g_t)$ 来评估执行者，根据平均相对角度对制定目标的跟踪质量进行评分，公式如下：

$$r_{i,t}^L = \frac{1}{m_i} \sum_{j \in M_i} r_{i,j,t} - \beta \text{cost}_{i,t} \tag{16-38}$$

其中

$$r_{i,j,t} = \begin{cases} 1 - \dfrac{|\alpha_{ij,t}|}{\alpha_{\max}} & (a) \\ -1 & (b) \end{cases} \tag{16-39}$$

$$\text{cost}_{i,t} = \frac{|\delta_{i,t} - \delta_{i,t-1}|}{z_\delta} \tag{16-40}$$

可以分为两类情况：(a) 目标 j 在传感器 i 的覆盖范围内，即 $\rho_{ij,t} < \rho_{\max} \& |\alpha_{ij,t}| < \alpha_{\max}$；$(b)$ 目标 j 在传感器 i 的覆盖范围之外。$\alpha_{\max}$ 是传感器的最大视角；α_{ij} 是从传感器 i 与目标 j 的相对角度；β 为距离；M_i 是为传感器 i 分配的一组目标；m_i 是目标数；$\text{cost}_{i,t}$ 是功耗，用标准化移动角度 $\dfrac{|\delta_{i,t} - \delta_{i,t-1}|}{z_\delta}$ 来衡量；δ_i 表示传感器 i 的绝对方位；成本权重 β 为 0.01；z_δ 为旋转角度的单位，设为 5°。

3）部分源码

部分源码见配套的教学资源示例 16-1。

4）效果评价

在目标覆盖问题中，常用两个指标来评估不同方法的性能：覆盖率和平均收益。覆盖率是最为主要的评估指标，用于衡量目标被覆盖的百分比。平均收益是衡量功耗效率的辅助指标，它计算每次旋转带来的覆盖率收益，即覆盖率/cost，cost 为所有 $\text{cost}_{i,t}$ 的总和。

将几种常用于目标覆盖问题的算法的效果与本例所使用算法的效果列于表 16-1。

表 16-1　各种目标覆盖问题算法的效果

算法	覆盖率/%	平均收益
MADDPG	45.56 ± 9.45	1.38
SQDDPG	36.67 ±9.04	2.73
COMA	35.37 ±8.41	2.49
ILA	54.18 ±12.32	3.87
HiT-MAC	72.17 ±5.58	1.46

从表 16-1 可以看出，本例设计的 HiT-MAC 算法在主要指标——覆盖率上优于当前的常见的算法。平均收益落后于部分算法，这是因为这些算法采取消极的策略，当目标不在传感器监视范围内时就不主动转动，原地等待目标移动至监视范围内，所以平均收益较高。

思　考　题

16-1　什么是强化学习？基本思想是什么？具有哪些应用？

16-2　典型的强化学习算法有哪些？请举例说明。

16-3　什么是马尔可夫过程？

16-4　马尔可夫决策过程与在马尔可夫过程有什么区别？

16-5　试给出策略迭代算法的流程。

16-6　值迭代算法与策略迭代算法有什么不同？

16-7　无模型学习与有模型学习的区别是什么？

16-8　Q 学习如何进行估计？

16-9　什么是策略梯度算法？请给出其算法流程。

16-10　演员-评价员算法如何提高学习效率？

16-11　强化学习在智能传感器系统中有哪些应用？请举例说明。

第 17 章　无线网络智能传感器系统

无线传感器网络(Wireless Sensor Networks, WSN)是由部署在监测区域内大量的传感器节点以自组织方式构成的无线网络,目的是感知、采集和处理网络覆盖的地理区域中感知对象的信息,并发布给观察者,是当前信息领域的研究热点。本章将通过四个示例介绍远程无线传感器网络建立的过程与方法。

17.1　概　　述

17.1.1　无线传感器网络研究与应用状况

无线传感器网络的研究起步于 20 世纪 90 年代末。从 21 世纪开始,传感器网络引起了学术界、军事界和工业界的极大关注,美国和欧洲相继启动了许多无线传感器网络的研究计划。特别是美国通过国家自然基金委员会、国防部等多种渠道投入巨资支持这项技术的研究。

无线传感器网络不同于传统数据网络,其设计与实现存在如下挑战:低能耗、低成本、通用性、网络拓扑、安全、实时性、以数据为中心等。其研究重点包括网络协议、拓扑结构与拓扑控制、定位技术、数据融合、时间同步、能量管理、网络安全等。

1. 网络协议

随着物联网技术的发展,无线传感器网络对通信质量提出了更高的要求。在实际应用中,无线传感器网络应严格遵守网络协议,以规范无线网络传感器的应用过程,避免出现网络通信杂乱无序的问题。目前,TCP/IP 协议是物联网技术的基本协议,也是保证无线传感器在物联网中可靠通信的关键。在网络技术中,任何数据传输与访问控制都离不开 TCP/IP 协议。无线传感器网络节点具有数量多、片上资源少、位置可能动态时变等特点,因此无线传感器网络与 Internet 的互联技术具有更多难点,具体相关技术与方案将在 17.1.3 节进行介绍。

2. 拓扑结构与拓扑控制

网络拓扑结构是无线传感器网络节点的主要组织形式。无线传感器网络的主要拓扑结构有星状结构、网状结构、树状结构、扁平结构、分层结构、混合结构等。网络拓扑控制是指物联网技术中对网络传输设备的物理布局。物联网中无线传感器网络的所有节点都要按照一定的顺序连接,以保证网络平稳、有序运行,因此有必要对传感器网络的拓扑结构进行控制与优化。无线传感器网络的拓扑结构主要取决于组网模式,同时也要考虑节点连接关系及其时变特性。拓扑结构控制能够消除一些冗余的网络路由,间接增加用户的网络通信信道，提高网络通信效率。随着物联网技术的迅速发展，网络环境中拓扑结构控制的研究越发重要，一个具有较好自控性的拓扑结构能够提高传感器网络的通信效率，降低传感器网络的能量损耗，保证无线传感器网络运行的稳定性和可靠性。

3. 定位技术

定位技术是无线传感器网络应用时明确传感器节点位置信息的技术。在物联网应用中，为了保证传感器应用的规范性与有效性，需要对传感器节点的地理位置信息进行实时监测，以对相关数据的选择与应用提供有效的数据支撑。例如，对于某些监测系统，利用传感器节点所采集的位置信息才能对某些突发情况及时做出反应。通过对传感器节点位置信息数据的传输与分析，能够显著提高路由效率，选择特定的节点以降低能耗。对于包含大量节点的无线传感器网络，利用 GPS 进行定位会极大增加系统的成本与功耗，因此通常采用定位算法对传感器节点进行定位。目前，定位技术常用的算法有两类：一类是基于测距的定位算法，如到达时间(Time of Arrival, TOA)算法、到达角度(Angle of Arrival, AOA)算法、接收信号强度指示(Received Signal Strength Indicator, RSSI)算法等；另一类是非测距定位算法，主要利用网络的连通度进行定位，如质心算法、DV-Hop 算法、APIT 算法、MAP 算法、凸规划法等。

4. 数据融合

数据融合是指根据传感器节点的数据类型、采集时间、位置、重要性等信息，通过聚类将传感器所采集到的数据进行融合和压缩，从而减小数据的冗余度，并进行智能决策。为了保证数据采集的完整性，无线传感器网络通常需要布设大量传感器节点。这些传感器节点存在重复的覆盖范围，所采集的数据含有大量重复、相似、无效、异常的数据，导致数据冗余度过高。这些数据的采集、传输过程会消耗大量节点能量并占用大量存储空间，影响传感器网络的性能。因此，通过数据融合将重复、相似、无效、异常的数据进行滤除，降低数据冗余度，根据应用需求对数据进行融合处理，能够传输更加准确、可靠的数据。数据融合的核心是数据融合算法，目前融合算法主要有两类：一类是经典的随机法，如加权平均法、卡尔曼滤波法、贝叶斯估计法、D-S 证据理论等；另一类是现代的人工智能算法，如聚类分析、模糊逻辑、神经网络、遗传算法等。

5. 时间同步

时间同步是指网络的到达时间一致，是无线传感器网络实现实时数据采集的基本要求，也是提高定位精度的重要手段。传感器网络内不同节点既是相互合作，又是相互独立的不同个体，传感器内部的时钟频率各不相同，导致节点间的通信时间不同步而存在时间差。由于所处环境不同，受噪声影响，不同节点的本地时间与网络时间存在差异。同时，某些无线传感器网络为了降低能耗，部分节点会进入休眠状态，在这些节点被唤醒时，其本地时间与网络时间不一致。在 TOA 定位算法中，时间误差会造成定位误差。因此，无线传感器网络的时间同步技术是提高网络通信性能、减小节点定位误差的关键手段。目前，时间同步的方法主要有通过时间同步协议进行对时、利用滤波技术减小时钟噪声和漂移等。

6. 能量管理

随着物联网技术的普及，无线传感器网络的应用范围更加广泛，传感器节点数量迅速增加。无线传感器网络的传感器节点具有体积小的特点，因此能够分布安装于有限空间、条件恶劣的环境中。体积小的特点决定了其能量十分有限，无线传感器网络中的节点能量耗尽后，节点就无法工作，可能会导致传感器网络无法正常工作。同时，受工作环境条件限制，且节点数量庞大，无法便捷地进行人为充电。因此，如何降低无线传感器网络的功耗是能量管理的关键问题。例如，通过传感器节点休眠、工作管理、结构优化等方法降低功耗。

7. 网络安全

网络安全是无线传感器网络在物联网的应用中的关键问题，尤其在军事、金融等领域中。无线传感器网络类型复杂、数据量大、传输过程频繁，开放性网络容易受到黑客、病毒等入侵，导致数据被监听或篡改，而且无线传感器网络资源有限，直接应用安全通信、广播认证等传统网络安全算法具有一定困难性，因此必须设计强度可控且运算复杂度低的安全算法。目前，无线传感器网络主要采用数据加密、密钥管理、防火墙等技术保障网络安全。

17.1.2　无线传感器网络通信协议

无线通信是利用无线电(Radio)射频(RF)技术通信的方式，无线网络是采用无线通信技术实现的网络，可分两种：近距离无线网络和远距离无线网络。近距离无线网络主要可分为无线局域网(Wireless LAN, WLAN)和无线个域网(Wireless Personal Area Network, WPAN)，其中 WPAN 是在个人操作空间(Personal Operating Space, POS, 以设备为中心半径为 10m 的空间)提供的一种高效、节能的无线通信方法。按照数据传输速率的不同，WPAN 可分为高速个域网(High-Rate WPAN, HR-WPAN)与低速个域网(Low-Rate WPAN, LR-WPAN)。

IEEE 802.15 标准具有短程、低能量、低成本、小型网络及通信设备等特征。根据不同的研究内容，IEEE 802.15 工作组下设不同的任务组。其中，部分早期的任务组已经关闭或休眠，如 IEEE 802.15.1、IEEE 802.15.3、IEEE 802.15.5 等，目前活跃的是 IEEE 802.15.4 和其他几个任务组。除了 WPAN 外，IEEE 802.15 同样是网络的媒体访问控制层(MAC)和物理层(PHY)标准，其重点包括三方面：

中速无线个域网标准 IEEE 802.15.1——蓝牙；

高速无线个域网标准 IEEE 802.15.3——超宽带(UWB)；

低速无线个域网标准 IEEE 802.15.4——ZigBee 等。

低速无线个域网主要为电源能力受限的、吞吐量要求较低的无线应用提供简单的低成本网络连接；主要目标是以简单灵活的协议构建一种安装布置合理、数据传输可靠、设备成本极低、能量消耗较小的短距离无线通信网络。

低速无线个域网符合无线传感器网络关于低能耗、低成本、通用性、网络拓扑、安全、实时性、以数据为中心等要求，因此目前研究、应用的无线传感器网络的物理层及控制层协议多采用 IEEE 802.15.4 标准。目前，ZigBee 协议以其低成本、不同厂商生产的产品可兼容等特点得到广泛地研究与应用。

在 WPAN 相关应用方面，IEEE 802.15 工作组制定了包括可在人体域网（Body Area Networks, BAN）进行操作应用的 IEEE 802.15.6 标准、针对等感知通信（Peer Aware Communication, PAC）的 IEEE 802.15.8 标准等。

IEEE 802.15 工作组还制定了如共存机制标准 IEEE 802.15.2、WPAN 中网状拓扑功能标准 IEEE 802.15.5 等。目前，其正在开发针对物联网（Internet of Things, IoT）的无线网络开放共识标准。

17.1.3　无线传感器网络与 Internet 的互联内容与方案

目前，无线传感器网络与 Internet 互联的主要内容是：利用网关或 IP 节点，屏蔽下层无线传感器网络，向远端的 Internet 用户提供实时的信息服务，并且实现互操作。

解决无线传感器网络与 Internet 互联的方案主要有两种：同构网络和异构网络。同构网络是引入一个或几个无线传感器网络传感器节点作为独立的网关节点成为接口接入互联网，即把与互联网标准 IP 协议的接口置于无线传感器网络外部的网关节点。这样做比较符合无线传感器网络的数据流模式，易于管理，无须对无线传感器网络本身进行大的调整。缺点是会使得网关附近的节点能量消耗过快并可能会造成一定程度的信息冗余。异构网络的特点是：部分能量高的节点被赋予 IP 地址，作为与互联网标准 IP 协议的接口。这些高能力节点可以完成复杂的任务，承担更多的负荷。难点在于无法对节点的"高能力"有一个明确的定义，同时，如何使得 IP 节点之间通过其他普通节点进行通信也是一个技术难题。

综上所述，同构网络较易实现，即在无线传感器网络外部建立一个网关节点。

17.1.4　实现远程监测的无线传感器网络系统的典型结构

采用同构网络实现远程监测的无线传感器网络系统典型结构如图 17-1 所示，由传感器节点、汇聚节点、服务器端的 PC 和客户端的 PC 四大硬件部分组成，各组成环节功能如下。

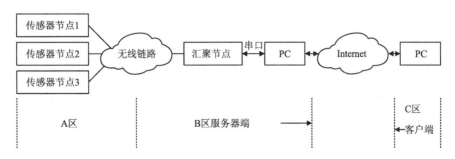

图 17-1　远程监测无线传感器网络系统结构框图

（1）传感器节点，部署在监测区域（A 区），通过自组织方式构成无线网络。传感器节点监测的数据沿着其他节点逐跳进行无线传输，经过多跳后达到汇聚节点（B 区）。

（2）汇聚节点，是一个网络协调器，负责无线网络的组建，再将传感器节点无线传输进来的信息与数据通过 SCI（Serial Communication Interface）串联通信接口传送至服务器端。

（3）服务器端 PC，是一个位于 B 区的管理节点，也是独立的 Internet 网关节点。在 LabVIEW 软件平台上有两个软件：一是设计了一个对传感器无线网络监测管理的软件平台 VI，即设计了一个监测传感器无线网络的虚拟仪器 VI；二是 LabVIEW 又提供了 Web Server 软件模块和远程面板（Remote Panel）技术，可实现传感器无线网络与 Internet 的连接。

（4）用户端 PC，无须进行任何软件设计，在浏览器中就可调用服务器 PC 中无线传感器网络监测虚拟仪器 VI 的前面板，实现远程异地（C 区）对传感器无线网络（A 区）的监测与管理。

本章将按三部分来介绍：传感器节点、汇聚节点以及传感器无线网络与 Internet 的互联。

17.2　IEEE 1451 标准

17.2.1　IEEE 1451 标准概述

信息技术的迅速发展，测控系统中现场设备与传感器的规模增大，使得传统分散型测控系统接线复杂、成本高。为了解决上述问题，20 世纪 80 年代中后期，人们将计算机网络控制技术与许多硬件上的技术相结合，形成了分布式测量和控制系统，并陆续出现了多种不同形式的现场总线，如 PROFIBUS、Foundation Fieldbus（FF）、HART、CAN、Dupline、I^2C 等。不同的现场总线有各自的网络协议，已经在各自领域得到了广泛应用，但相互之间不兼容，短期内无法统一，在某个现场总线中应用的网络传感器必须符合该现场总线的规定，这极大地增加了传感器系统升级、维护的成本。对传感器厂家来说，要求生产出符合所有现场总线规定的传感器是不现实的，这就大大限制了传感器的通用性。对于用户来说，有时所选择的符合测量控制要求的传感器却不支持现有的现场总线，而更换现有的现场总线代价过高，只能选择支持现有总线但不太符合测量控制性能要求的网络传感器，所以影响了系统的性能。因此，现代网络测控系统迫切需要一个完善、权威、统一的协议标准。

为了解决上述问题，1994 年，电气与电子工程师协会（Institute of Electrical and Electronics Engineers，IEEE）与美国国家标准与技术研究院（National Institute of Standards and Technology，NIST）联合发起制定了"智能传感器接口标准（Interface Standard）"，并于 1995 年通过了 IEEE 1451.1 标准和 IEEE 1451.2 标准。

IEEE 1451 是为智能传感器定义的一种开放、通用的系列标准，主要解决智能传感器在仪器仪表、现场总线、控制网络接口等方面的兼容性问题。IEEE 1451 标准的主要目标是实现传感器与网络的互换性和互通性，即定义一个与网络和传感器都无关的通用接口，使传感器能够独立于网络并与现有的仪器仪表、现场总线网络连接，解决不同网络间的兼容性问题。

IEEE 1451 标准提供了传感器与网络间的互换性，避免了由于总线、微处理器等不同所导致的各种连接和维修问题，使相同的传感器只做最小的调整就可以直接应用于多种网络，实现了智能传感器的"即插即用(Plug and Play)"。这个标准的执行，极大地降低了智能传感器的开发和使用成本，也为在相同网络中更换或增减智能传感器提供了方便。

IEEE 1451 标准将传感器划分为两层模块：一层是智能变送器接口模块(Smart Transducer Interface Module，STIM)，另一层是网络容量应用处理器(Network Capable Application Processor，NCAP)，如图 17-2 所示。STIM 主要包括传感器接口、功能模块、控制模块、传感器电子数据表(Transducer Electronic Data Sheet，TEDS)，主要完成现场数据采集、信号处理、数据交换、智能控制等功能。NCAP 主要包括数字接口和网络通信模块，主要用于连接 STIM 模块与不同网络，接收来自 STIM 的数据并发送至不同的网络。

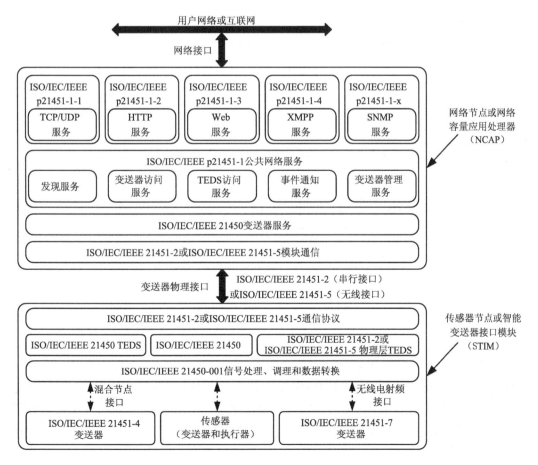

图 17-2　IEEE 1451 标准组及接口

17.2.2　IEEE 1451 标准族

1) IEEE 1451.0 标准

IEEE 1451.0 标准(Common Functions, Communication Protocols, and Transducer Electronic Data Sheet(TEDS) Formats)定义了一组独立于变送器与 NCAP 间物理层的通用功能、命令及 TEDS。其主要内容包括读写变送器、读写 TEDS、向智能变送器发送控制命令、配置信息等。

2) IEEE 1451.1 标准

IEEE 1451.1 标准(Network Capable Application Processor(NCAP) Information Model)定义了一组独立于网络的通用对象模型和接口标准。该标准所定义的对象模型主要包括对智能变送器、应用功能、NCAP 的定义与描述。IEEE 1451.1 标准模型如图 17-3 所示。通过该标准，智能传感器数据利用标定数据进行修正从而产生标准化输出。通过从模型到网络协议的映射实现智能变送器与各网络间的通用性。

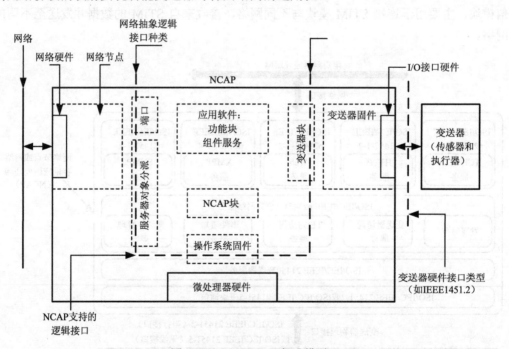

图 17-3　IEEE 1451.1 标准模型

3) IEEE 1451.2 标准

IEEE 1451.2 标准(Transducer to Microprocessor Communication Protocols and Transducer Electronic Data Sheet(TEDS) Formats)定义了 TEDS 及其格式、一个 10 线制的数字接口——变换器独立接口(Transducer Independent Interface，TII)和变送器与微处理器间的通信协议。该标准使智能变送器成为独立个体，实现了变送器的"即插即用"，其接口规范如图 17-4 所示。

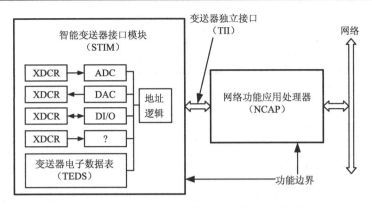

图 17-4　IEEE 1451.2 标准变送器接口规范框图

TII 接口是 IEEE 1451.2 标准所定义的一个 10 线制接口，用于连接 STIM 与 NCAP。表 17-1 给出了 TII 接口的逻辑信号与功能定义。

表 17-1　TII 接口的逻辑信号与功能定义

信号线名称	有效逻辑	驱动来源	功能
DIN	高电平	NCAP	由 NCAP 到 STIM 传输地址和数据
DOUT	高电平	STIM	由 STIM 到 NCAP 传输数据
DCLK	上升沿	NCAP	获取 DIN 和 DOUT 的数据
NIOE	低电平	NCAP	表示正在传送数据，并区分数据传送帧结构
NTRIG	下降沿	STIM	执行触发功能
NACK	下降沿	STIM	功能 1：实现触发响应 功能 2：实现数据传输响应
NINT	下降沿	STIM	STIM 请求 NCAP 服务
NSDET	低电平	STIM	NCAP 检查 STIM 的存在
POWER	N/A	NCAP	额定 5V 电源
COMMON	N/A	NCAP	信号的公共端或接地

4）IEEE 1451.3 标准

IEEE 1451.3 标准（Digital Communication and Transducer Electronic Data Sheet（TEDS）Formats for Distributed Multidrop Systems）利用展布频谱技术，为物理上分散的多个变送器定义了一个数字通信接口，实现了兼容不同频谱设备的局部总线。IEEE 1451.3 标准变送器总线接口模块（Transducer Bus Interface Module，TBIM）的结构如图 17-5 所示，是一种分布式多点结构，通过一个简单的控制逻辑接口即可控制多个 TBIM，实现大量的数据转换。每个 TBIM 中可设置多个不同的变送器。

5）IEEE 1451.4 标准

IEEE 1451.4 标准（Mixed-Mode Communication Protocols and Transducer Electronic Data Sheet（TEDS）Formats）定义了一个混合模式智能变送器接口（MMI）的通信协议，并为模拟智能变送器提供了 TEDS。图 17-6 为 IEEE 1451.4 标准混合模式变送器接口的示

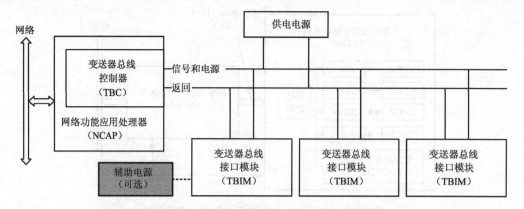

图 17-5　IEEE 1451.3 标准分布式多点变送器接口示意图

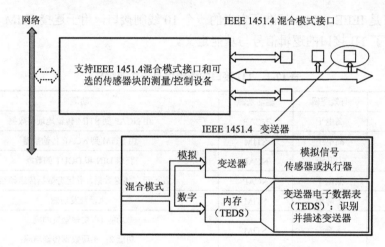

图 17-6　IEEE 1451.4 标准混合模式变送器接口示意图

意图。该标准使 TEDS 与模拟变送器兼容，当模拟变送器接入系统后，TEDS 信息通过一根数字线发送至 NCAP，然后变送器转换为模拟操作模式，信息以模拟的方式传递。该标准使模拟或数字变送器在测量系统中的安装、维护等更加方便。

6）IEEE 1451.5 标准

IEEE 1451.5 标准（Wireless Communication Protocols and Transducer Electronic Data Sheet（TEDS）Formats）定义了无线传感器的通信协议和 TEDS。该标准定义了无线传感器接口模块（WTIM）与 NCAP 间的通信协议，主要包括 IEEE 802.11（Wi-Fi）标准、蓝牙（Bluetooth）标准、ZigBee 标准和 6LoWPAN。一个 NCAP 可以包含多个无线接口模块，与不同无线接口协议的 WTIM 进行通信。

7）IEEE 1451.6 标准

IEEE 1451.6 标准（A High-speed CANopen-based Transducer Network Interface for Intrinsically Safe and Non-intrinsically Safe Application）定义了 TIM 与 NCAP 间通过 CANopen 协议通信的网络接口，提供了由 TEDS 到 CANopen 字典项的映射，并定义了配置参数、过程数据、诊断信息等。目前，该标准处于开发中状态。

8）IEEE 1451.7 标准

IEEE 1451.7 标准（Transducers to Radio Frequency Identification（RFID）Systems Communication Protocols and Transducer Electronic Data Sheet Formats）定义了智能变送器与 RFID 系统间的网络接口与 TEDS。图 17-7 为 IEEE 1451.7 标准 RFID 系统与智能变送器间的接口示意图，该标准极大地扩展了 RFID 系统的应用范围。

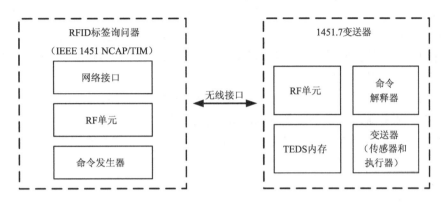

图 17-7　IEEE 1451.7 标准 RFID 系统与智能变送器接口示意图

17.2.3　IEEE 1451 标准的应用与发展

IEEE 1451 标准定义了传感器的软硬件接口标准，有助于解决目前市场上不同现场网络所导致的兼容性问题，使不同传感器厂家、系统集成商、用户能够以更低的成本支持多种网络和传感器的应用，同时，通过简化接口连线，降低了传感器系统的总消耗。

虽然 IEEE 1451 标准已经得到了一定程度的应用和发展，但其体系庞大、内容复杂，导致上手门槛和使用复杂性较高，人们理解起来比较费力，且标准的制定不容易与现有标准相联系，一定程度上限制了其推广。但随着 IEEE 1451 标准体系的进一步完善和相关标准的陆续颁布，基于 IEEE 1451 标准的网络化智能传感器正成为传感器领域的研究热点，其广阔的应用前景和社会、经济效益也得到充分体现。

17.3　无线传感器网络与 Internet 的互联

17.3.1　基于 LabVIEW 虚拟仪器的网络化方法

LabVIEW6.1 以前的版本已经提供了相关的虚拟仪器网络化的功能，如 TCP/IP、Remote Data Acquisition（RDA）、Internet Toolkit、VI Server、Front Panel Web Publishing、DataSocket 等。当然也有其他第三方公司的一些工具包提供了 LabVIEW 网络上的功能，如 AppletVIEW。NI 公司在总结上述功能的基础上，从 LabVIEW6.1 版本开始，提供了全新的 Web Publish tools。使用该工具，用户可以轻松地将自己的虚拟仪器发布到网络上，可以通过一台不同的计算机（无论近端或远程）来操作另一台计算机上的 VI。在服务器端，用户无须特别地配置服务器程序，LabVIEW 已经提供了完整的 Web Server 服务器程序模块(Web 服务器)，LabVIEW 的远程面板(Face Veneer)技术，可将服务器端运行的 VI 面板嵌入 HTML 网页，发布上网。客户端所需的组件只不过是一个 IE 浏览器以及安装 LabVIEW 的运行环境 run-time engine 而已。

利用 LabVIEW 设计网络化的 VI 分为三个步骤。

(1)第一步：制作本地可运行的 LabVIEW 程序 VI。

在传感器无线网络与 Internet 互联的场合，LabVIEW VI 就是在 LabVIEW 环境中设计的名为"远程无线传感器网络监测平台"的虚拟仪器程序，是位于 B 区的传感器无线网络的管理节点。该监测受理程序以 LabVIEW VI 形式存于图 17-1 服务器端 PC 中。

(2)第二步：配置网络服务器。

配置网络服务器是为了使本地计算机成为一台可响应远程用户操作、提供本地 VI 的响应数据的服务器，是一个独立的 Internet 网关节点。

配置网络服务器的内容包括注册 Web Server、定义访问权限、定义可访问的 VI 列表三个部分。

(3)第三步：发布嵌入 VI 前面板的 HTML 网页。

发布嵌入 VI 前面板的 HTML 网页分两步进行：一是设置网页参数；二是生成 HTML 网页。

所有在 LabVIEW 平台上设计的 VI 均可以通过上述三个步骤制作成网络化 VI。网络化 VI 构架如图 17-8 所示。当用户在浏览器下进入 HTML 文件的网址后，便可在浏览器内对 VI 前面板上的按钮等输入控件进行操作，控制服务器端 VI 的运行，观察前面板上输出控件的显示，获得 VI 运行结果。

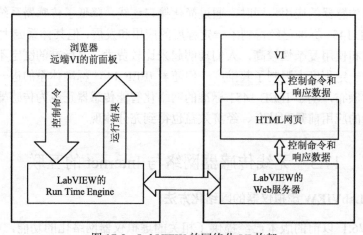

图 17-8　LabVIEW 的网络化 VI 构架

17.3.2　应用示例

[示例 17-1]　设计一个"远程无线传感器网络监测平台"的虚拟仪器程序 VI。

要求：①该 VI 与作为 PC 的下位机经串口进行通信，下达指令或接收数据。下位机为图 17-1 所示无线传感器网络的汇聚节点，即协调器中的微处理器。

②该 VI 对无线网络有操作功能，如"检索网络""发送数据""自动发送"等。

③该 VI 对无线网络节点地址等具有显示功能。

④该 VI 对无网络状态具有显示功能，如网络中的传感器节点是否入网、无线网络是否组建成功等。

⑤该 VI 对接收到的传感器历史数据与当前数据具有显示功能。

解：由五大模块来实现上述要求：串口配置按钮模块、网络操作按钮模块、串口接收数据显示框模块、网络状态指示灯模块、传感器数据显示模块；其前面板与流程图分别如图 17-9 和图 17-10 所示。

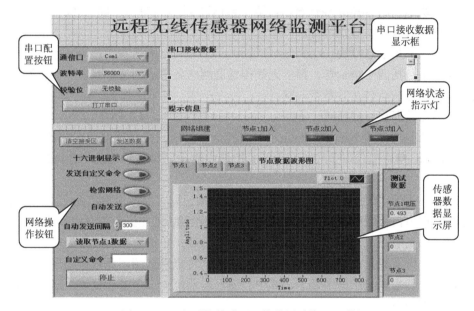

图 17-9　远程无线传感器网络监测系统 VI 面板

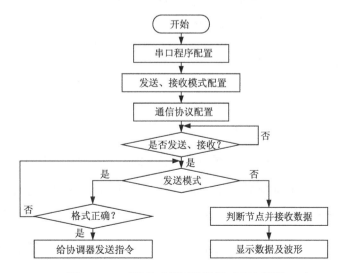

图 17-10　无线传感器网络监测平台流程图

1) 串口配置按钮模块

在此模块中使用 LabVIEW 中的 VISA Configure Serial Port 模块，由面板上三个按钮（通信口、波特率及校验位）实现对 PC 串口的配置。从而服务器端 PC 与下位机，即作为无线网络汇聚节点的协调器之间就可通过 PC 串口进行通信。

2) 网络操作按钮模块

此模块有八个按钮、一个 Ring 控件、一个 Numeric 控件及一个 String 控件，实现对无线传感器网络的操作，如发送数据、自动发送、检索网络、读取节点 n 数据等。

3) 串口接收数据显示框模块

在此模块中使用 String 控件显示监测平台通过 PC 串口接收到的无线传感器网络信息，如网络各节点的长短地址等。

4) 网络状态指示灯模块

此模块中包括四个指示灯，指示无线传感器网络各节点的运行状态，如网络是否组建成功、传感器节点 (1,2,3) 是否入网。

5) 传感器数据显示屏模块

此模块中设置三个 Numeric Indicator 控件分别显示三个传感器节点的传感器数据；将三个 Graph 控件拖入一个 Tab control 控件中实现三种传感器历史数据的重叠选择显示。

在图 17-9 所示前面板上单击相应的串口配置按钮即可完成对串口的配置；无线传感器网络信息在串口接收数据框中显示，若网络出现故障，则在提示信息中显示出错信息；网络组建成功及节点成功加入后会点亮相应的指示灯；单击图中左下角的按钮，可完成相应的指令发送及数据接收操作；接收的节点数据将分别以图形和数据的形式在右下角的图形显示框和数据显示框中显示，其中，图形显示框为三个节点复用，随着读取数据的节点不同而转换。

在图 17-10 流程图的软件设计中，先配置串口模块，再确定发送、接收模式，同时确定和下位机的通信协议。当有发送或接收控制键动作时，程序首先判断是给下位机发送指令，还是接收下位机回传数据。若是发送指令，判断所发送指令是否符合格式要求，不符合则退出发送；若是接收数据，则判断是哪个节点数据，然后在相应节点的显示框中显示波形或数据。上述设计好的本地 VI，可进一步在网上发布，成为网络化 VI 后远方 C 区的使用者调用该本地 VI 的前面板，就像在本地 B 区操作该 VI 前面板一样，能够对传感器无线网络进行操作与管理。

[示例 17-2]　将本地 VI "远程无线传感器网络监测平台" 制作成网络化 VI。

要求：通过客户端浏览器可调用服务器端本地 VI "远程无线传感器网络监测平台" 的前面板，并在该前面板上操作就可实现对无线传感器网络经 Internet 进行远程操作与管理。

解：所有在 LabVIEW 平台上设计的 VI 都是按如下相同的步骤制作成网络化 VI 的。

1) 配置网络服务器

(1) 注册 Web Server：需要定义 Web Server 的根目录路径，HTTP 协议端口、控制

VI 的时间以及 Web Server 的日志文件。打开 LabVIEW，选择"Tools"→"Options"选项，弹出 LabVIEW 的设置对话框，在设置对话框中，选择"Web Server: Configuration"选项，如图 17-11 所示。对 LabVIEW 的服务器进行设置。其中有如下内容。

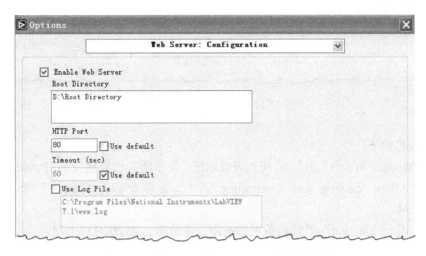

图 17-11　LabVIEW 的 Web Server 设置对话框

① "Root Directory"：用于输入网页和 VI 程序的根目录，供 Web 服务器查找 VI 使用，如本例中应为 D:\Root Directory。

② "HTTP Port"：Web 服务器的 HTTP 协议端口，默认端口为 80，端口数值范围为 1～65535。注意，如果在服务器计算机上，不仅运行 LabVIEW 的 Web 服务器，还运行其他的 Web 服务器，为了避免因 LabVIEW 的 Web 服务器的 HTTP 协议端口与其他的 Web 服务器端口冲突而无法使网络用户在远端正确访问服务器上的 LabVIEW 程序的情况，需要将 Web 服务器的 HTTP 协议端口定义为不同的数值，如 8080 或其他值。若不存在其他 Web 服务器端口，则可采用默认值而不予设置。

③ "Timeout(sec)"：设置网络用户控制服务器上 VI 程序的时间，单位为 s，默认时间为 60s，它是远程网络上的 VI 面板与服务器上的 VI 程序的有效连接时间。每次远程用户打开一个新的网络虚拟仪器 VI 页面时，服务器开始计时，到 60s 后，页面和服务器的联系中断。用户继续操作面板时页面会重新连接服务器。

④ "Use Log File"：使用日志记录。该日志文件记录远端用户访问的情况，便于管理人员进行维护工作。

(2)定义访问权限是定义一个管理操作 Web Server 的用户列表，并且分别对每一个用户做出访问权限设置。访问权限有三种，分别是"具备观看和控制权限"、"只具备观看权限"和"列为拒绝户"。定义访问权限列表的工作可以在 Web Server: Browser Access 中设置。选择"Tools"→"Options"→"Web Server: Browser Access"选项，弹出如图 17-12 所示的面板。

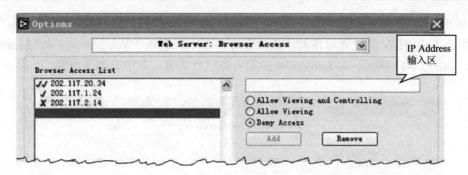

图 17-12　定义访问权限对话框

其中内容如下。

① "Browser Access List"：访问列表显示区。显示所有已经定义的 IP Address 列表。

② "Allow Viewing and Controlling"："具备观看和控制权限"单选框，如 202.117.20.34。

③ "Allow Viewing"："只具备观看权限"单选框，如 202.117.1.24。

④ "Deny Access"："列为拒绝户"单选框，如 202.117.2.14。

管理员在"IP Address 输入区"中输入用户 IP，然后选择控制权限，单击"Add"按钮，即可添加入"Browser Access List"中。

(3) 定义可访问的 VI 列表。

定义可访问的 VI 列表是定义一个可以被远程用户访问的服务器端 VI 列表，以及针对每个 VI 设定控制时间长短，防止被某一个使用者长时间控制，造成其他使用者无法使用。上述功能可以在 Web Server: Visible VIs 中设置，选择"Tools"→"Options"→"Web Server: Visible VIs"选项，弹出如图 17-13 所示对话框。

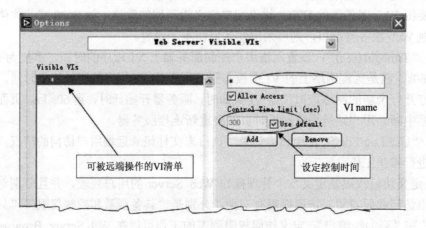

图 17-13　定义可访问的 VI 列表的对话框

其中内容如下。

① "Visible VIs"：可以访问的服务器端的 VI 列表。默认值是"*"，表示服务器端

的所有 VI 均可以被网络用户访问到。

② "Control Time Limit(sec)"：设置访问控制时间，单位 s，默认值 300s。一个网络虚拟仪器被一个网络用户占用时，另一个网络用户试图访问同一个网络虚拟仪器，并向服务器提出申请，此时服务器开始计时，到 300s 后，服务器将控制权交给等待中的另外一个用户。

配置好服务器之后，就需要将本地 VI 发布成网络虚拟仪器。

2) 发布嵌入 VI 前面板的 HTML 网页

发布本地 VI 的主要工作是将本地 VI 生成一个包含该 VI 前面板的 HTML 网页。该任务分为两步：一是设置网页参数；二是生成 HTML 网页。

(1) 设置网页参数。

设置网页参数是配置将要生成的网络虚拟仪器的页面参数以及与本地 VI 进行关联。选择 "Tools" → "web Publish Tool" 选项，弹出网页发布对话框，如图 17-14 所示。其内容如下。

① "Document Title"：输入待发布的 HTML 网页标题，本例为远程无线传感器网络监测平台。

② "Header"：在网页中，位于面板前面的文本，标识前面板开始的位置，故输入"远程无线传感器网络监测平台开始位置"。

③ "Footer"：在网页中，位于面板后面的文本，标识前面板结束的位置，故输入"远程无线传感器网络监测平台结束位置"。

④ "VI Name"：将要发布的 VI 名称，该本地 VI 程序名称是 Remotel.vi，故 "VI Name" 为 Remotel.vi。

(2) 生成 HTML 网页。

用户设置好面板上的参数后，在图 17-14 所示的面板上单击 "Start Web Server" 按钮，使 LabVIEW 的 Web 服务器开始运行。单击 "Save to Disk" 按钮，弹出保存对话框。在该对话框中，用户可以将计算机自动生成的包含有 VI 前面板的 HTML 网页命名并保存在 Web 服务器的根目录中，本例中网页名称为 Remotel.htm，保存在 D:\Root Directory 中。

3) 网络虚拟仪器实际操作测试

网络虚拟仪器实际操作测试是为了检验生成的网络虚拟仪器是否可以正常运行和操作。一般包括两步工作：一是浏览网络虚拟仪器；二是网络虚拟仪器测试。

(1) 浏览网络虚拟仪器。

本例设置 HTTP 协议端口为 8080，服务器计算机的 IP 地址为 202.117.20.33，包含远程 VI 前面板的网页名称为 Remotel.htm，那么用户可以在 IE 浏览器的地址栏中输入 http://202.117.20.33:8080/Remotel.htm，网络虚拟仪器在浏览器中应显示如图 17-9 所示的 VI 面板，表示本地 VI 已成功上网，已成为一个网络虚拟仪器。

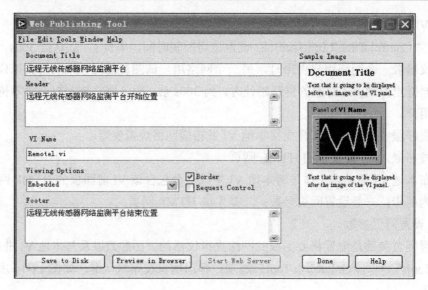

图 17-14 网页发布对话框

（2）网络虚拟仪器测试。

网络虚拟仪器测试可分为三步：申请控制权、操作网络虚拟仪器和释放控制权。

①申请控制权。

申请控制权是建立客户端网络虚拟仪器和服务器端 VI 的连接。单击网页上的 VI 面板区域，在弹出的对话框中选择"Request Control of VI"选项。

如果控制权申请成功，则虚拟仪器面板中部会弹出"Control Granted"对话框，然后用户就可以对虚拟仪器进行操作。

②操作网络虚拟仪器。

操作网络虚拟仪器步骤和操作本地 VI 一样。

③释放控制权。

释放控制权是撤销客户端网络虚拟仪器与服务器端的连接，以便其他的网络用户使用该网络虚拟仪器。单击网页上的 VI 面板区域，在弹出的对话框中选择"Release Control of VI"选项，释放对服务器端 VI 的控制权。

LabVIEW 内定可以连接远程面板的数目为一个。用户可以向 NI 公司订购额外的授权以使更多的用户端可以同时连接到 Web Server 端。

几乎所有的 LabVIEW 程序都可以通过上述网络发布过程制作成网络虚拟仪器，LabVIEW 和网络的结合给虚拟仪器的网络化提供了一条简便快捷的道路，也给无线传感器网络远程监控提供了捷径。

17.4 无线传感器网络

一个无线传感器网络一般由传感器节点、汇聚节点、管理节点与用户端四大硬件部分组成，传感器节点与汇聚节点间是通过无线通信进行联系的。受传感器节点发射能力的限制，在更远距离的测试研究中心想采集远程分布的传感器节点的信息时,再由管理节点与互联网相连,把无线传输的传感器节点信息再进一步通过互联网远传至世界各地所需信息的地方(用户端)。17.3 节已经介绍了经管理节点将无线传感器网络与 Internet 的互联,本节将介绍无线传感器网络的传感器节点、汇聚节点以及它们之间的无线通信等有关问题。

17.4.1　无线传感器网络中的传感器节点

无线传感器网络中的每一个传感器节点都是一个具有无线通信功能的智能传感器系统。因此无线传感器网络中的传感器节点的组成环节,除了通常智能传感器系统具有的环节,如传感器及其调理电路、数据采集及 A/D 转换、微处理器系统之外,还设有射频模块以实现无线通信智能化功能,如图 17-15 所示。

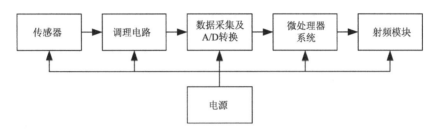

图 17-15　无线网络传感器节点的组成环节框图

1. 传感器及其调理电路

无线传感器网络根据所在地区环境的特点来选择传感器及其调理电路,以适应环境温度变化范围大、尺寸体积等特殊要求;所配接的调理电路将传感器输出的变化量转换成能与 A/D 转换器相适配的 0~2.5V 或 0~5V 电压信号。当处于无电网供电地区时,传感器及其调理电路都应是低功耗的。

2. 数据采集及 A/D 转换器与微处理器系统

传感器节点中的计算机系统是低功耗的单片微处理器系统以适应远离测试中心、偏远地区恶劣环境的工作条件。例如,采用美国 TI 公司生产的 MSP430F149A 超低功耗混合信号处理器,它内部自带采样/保持器和 12 位 A/D 转换器,可对信号进行采集、转换以及对全节点系统进行指令控制和数据处理。

3. 射频模块

该射频模块接收来自协调器的无线指令并将传感器检测到的被测参量数据信息无线发送出去,如 TI 公司的 CC2420 无线收发芯片。

4. 电源

无线传感器网络中对传感器节点的供电是一个极具特殊性的正处于研究热点的技术问题,当节点处于远离电网的偏远地区时,一般采用电池供电或无线射频供电方式。当然，这种方式供电产生的电功率有限，因而节点发射功率有限，无线信号传输的距离也受限制。采用太阳能或风能作为电源可以产生大的电功率，但也需要进行相应的基础设备的建设与投资，因此采用何种方式供电，由无线传感器网络监测目的、地区环境等各项因素而定。目前，传感器现场取能技术发展迅速，读者可参考相关文献。

17.4.2 无线传感器网络中的汇聚节点

图 17-1 中的无线传感器网络汇聚节点是一个网络协调器，操作 PC 中监测管理软件平台的面板控件，在其指令下负责执行无线传感器网络的配置与组建，并将接收到传感器节点无线传输的数据信息再传至 PC。通常，协调器主要由微处理器系统、射频模块、通信接口以及电源四个部分组成，其硬件组成框图如图 17-16 所示。

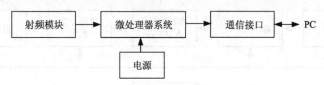

图 17-16　无线网络协调器硬件组成框图

1. 通信接口

协调器中的通信接口负责与 PC 进行通信，一方面，当操作 PC 中无线传感器网络监测平台 VI 前面板上的相应控件时，通信接口负责传递下达的相应指令，如"检索网络""发送数据"等；另一方面，协调器接收到传感器节点无线发送的数据信息时，也将通过通信接口上传到 PC 中。

2. 微处理器系统

协调器中的微处理器是整个无线传感器网络的主控制器，是协调器的核心。

3. 射频模块

该射频模块将接收传感器节点无线发送的数据信息，经通信接口上传至 PC；另外，以无线传输方式下达 PC 对传感器节点的操作指令。

协调器与传感器节点中的微处理器、射频模块以及电源模块都具有许多共同点，可以采用相同的芯片进行设计。

4. 电源

电源模块为各种部分供电，保证其他模块的正常工作。

17.4.3 应用示例

[示例 17-3]　工业监测用无线传感器网络硬件芯片与引脚连接。

要求： ① 该无线传感器网络的结构如图 17-1 所示。

② 该无线传感器网络至少有三个测量温度(0～200℃)分辨力为 0.1℃的传感器节点。

③ 测点分布在高温强噪声工业现场，要求无线信号传输距离达到 20m。

④ 下位机——协调器与上位机——PC 之间采用串口通信方式(SCI)。

因该工业监测用无线传感器网络结构主要由传感器节点、网络协调器(汇聚节点)及 PC 三部分组成，故只讨论传感器节点、网络协调器所涉及的硬件、芯片电路及其引脚连接。

1)传感器及其调理电路

传感器采用工业测温铂电阻 Pt100，它的稳定性好，适宜长期监测，调理电路采用双恒流源仪表放大器电路，如图 17-17 所示。图中 R_T 为测温铂电阻 Pt100；R_0=100Ω 为精密电阻；I=1mA 为恒流源供电电流；U 为调理电路输出电压，且满足关系式：

$$U = K(IR_T - IR_0) \tag{17-1}$$

可求放大倍数 K 为

$$K = \frac{U}{I}(R_T - R_0)^{-1} \tag{17-2}$$

当 U=2.5V，I=1mA，在 0～200℃范围内 R_T=100～175.86Ω，代入式(17-2)得 K=32.96，可取 K=30，这时最大输出电压 U_{max}=2.2758V，小于 2.5V，即小于 A/D 转换器允许输入的最大电压值 2.5V。

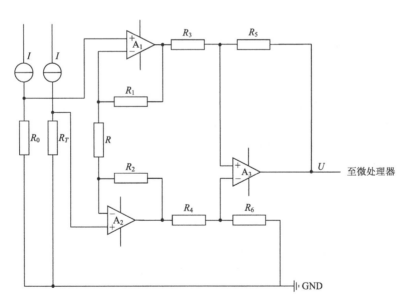

图 17-17　测温铂电阻 Pt100 调理电路图

根据分辨力 0.1℃与测温上限 200℃的要求，A/D 转换器的位数 b 需满足：

$$2^b \geqslant \frac{200}{0.1} = 2000 \tag{17-3}$$

即 $b \geqslant 11$ 均可满足分辨力的要求。本例中，单片机 A/D 转换器是 12 位，故满足要求。

2) 微处理器模块

微处理器模块中的核心选用美国 TI 公司生产的 MSP430F149A 单片机，它是一种 16 位超低功耗的混合信号处理器 (Processor)，在无线传感器网络中作网络协调与传感器节点的主控器。

(1) MSP430F149A 单片机的特点。

①超低功耗。

②强大的处理能力。

③高性能模拟技术及丰富的片上外围模块。

④系统工作稳定。

⑤方便高效的开发环境。

(2) MSP430F149A 单片机的主要性能。

①低电源电压范围：1.8～3.6V。

②超低功耗：2.5μA@4kHz，2.2V；280μA@1kHz，2.2V。

③5 种节电模式：等待方式 1.6μA；RAM 保持的节电方式 0.1μA。

④以等待方式唤醒时间：6μs。

⑤16 位 RISC 结构，125ns 指令周期。

⑥基本时钟模块配置：高速晶体（最高 8MHz）；低速晶体（32768Hz）；时钟搭配使用可降低单片机功耗。

⑦12 位 200Kbit/s 的 A/D 转换器，自带采集/保持器。故满足测温分辨力 0.1℃需要位数 $b \geqslant 11$ 的要求。

⑧内部温度传感器。

⑨具有 3 个捕获/比较寄存器的 16 位定时器 timer_A、Timer_B。

⑩两通道串行通信接口可用于异步或同步（UART/SPI）模式。

⑪6 个 8 位并行口，且 2 个 8 位端口有中断能力。

⑫硬件乘法器。

⑬多达 60kB FLASH 和 2kB RAM。

⑭串行在线系统编程。

⑮保密熔丝的程序代码保护。

(3) 无线传感器网络中 MSP430F149A 单片机的引脚连接。

在传感器节点与网络协调器中，MSP430F149A 的引脚连接分别如图 17-18 和图 17-19 所示。

①图 17-18、图 17-19 引脚连接相同部分。

a. 时钟电路，向单片机提供必需的时钟信号。采用高、低双时钟配置模式可降低功耗。

引脚 XIN、XOUT 是低速时钟电路的接入端，采用 32768Hz 频率的晶振；

引脚 XT2IN、XT2OUT 是高速时钟电路接入端，可采用的晶振频率最高为 8MHz。

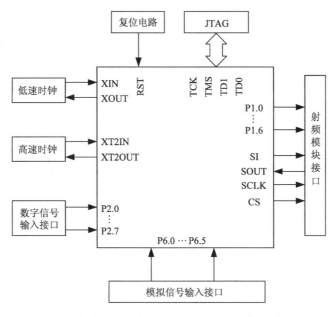

图 17-18　传感器节点中 MSP430F149A 单片机引脚分配图

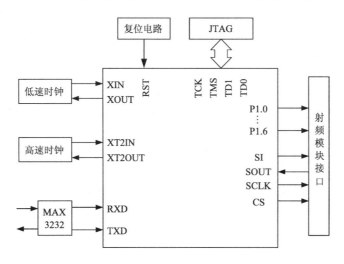

图 17-19　网络协调器中 MSP430F149A 单片机引脚分配图

　　b. 复位电路，采用上电模式向单片机最小系统提供正常稳定工作必需的复位信号。引脚 RST 为复位信号接入端。

　　c. JTAG 是单片机仿真口数据通信接口，有四个引脚：TD0、TD1、TMS 与 TCK。通过这些脚可以将程序烧录在单片机中。

　　d. 与射频模块的连接。

　　引脚 SI、SOUT、SCLK 和 CS 是单片机与射频模块之间进行 SPI 通信用连接脚。

　　引脚 P1.0～P1.6 是单片机对射频模块进行配置、操作，实现无线传输的连接脚。

　　②图 17-18、图 17-19 引脚连接不同部分。

　　a. 图 17-18 传感器点节中引脚 P6.0～P6.5 是 6 路模拟信号输入通道,与传感器的模拟信号输出端相连。其中,有 2 路 4～20mA 标准电流信号输入通道及 4 路 0～2.5V 电压信号输入通道。

　　引脚 P2.0～P2.7 是 8 路数字信号输入通道,与数字式传感器输出端相连。

　　本例用的是图 17-17 所示的传感器及其调理电路,其输出的模拟电压 U 可指定 P6.0～P6.5 中任一个通道输入。

　　b. 图 17-19 网络协调器中引脚 RXD、TXD 分别是单片机串口通信的数据接收端和发送端,是与上位机串口通信的接口用于网络协调器与 PC 之间进行串口通信(SCI),通信接口电路如图 17-20 所示。

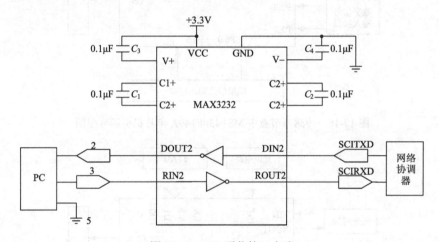

图 17-20　SCI 通信接口电路

　　通信接口电路的任务是进行电平转换,本例采用一片 MAX3232 电平转换电路芯片作为通信接口电路。

　　MAX3232 兼容 5V 与 3.3V 的 CMOS 电平输入,有两个收发器,最高传输速度为 250Kbit/s,满足系统对 SCI 通信的要求。在 PC 向协调器发数据时,其输入的电平通过 MAX3232 转换为 3.3V 电平;在协调器向 PC 发送数据时,其输入的电平通过 MAX3232 转换为 RS232-C 通信标准规定的电平。

　　RS232-C 是美国电子工业协会正式公布的标准,是一种已经应用于各个领域的异步串行通信标准。它的逻辑电平以公共地为对称,其逻辑"0"电平规定为+3～+15V,逻辑"1"电平则为–15～–3V,因而它不仅要使用正负极性的双电源,而且与传统的 TTL 等数字电路的逻辑电平不兼容,连接之间必须使用电平转换。由于 TMS320F2812 的 SCI 的逻辑电平为 3.3V,而计算机的串口电平为–15～+15V,因此必须在通信的时候进行电平转换。

　　3)射频模块

　　(1)射频无线收发芯片简介。

　　本例选用 TI 公司的 CC2520 无线收发芯片作为射频模块的核心。CC2420 是 2003 年底推出的符合 IEEE 802.15.4 标准的无线收发芯片。它基于 SmartRF03 技术,使用 0.18μm

CMOS 工艺生产，具有很高的集成度。

CC2420 是一个半双工的 RF 芯片，它具有完全集成的压控振荡器，只需天线、16MHz 晶振等非常少的外围电路就能在 2.4GHz 频段上工作。CC2420 的选择性和敏感性指数超过了 IEEE 802.15.4 标准的要求，可确保短距离通信的有效性和可靠性。芯片体积小、成本低、功耗小具有硬件加密、安全可靠、组网灵活、抗毁性强等特点，非常适合于工业监控系统。

(2) 射频无线收发芯片 CC2420 的内部功能模块。

CC2420 的内部功能模块如图 17-21 所示。CC2420 从无线接收到射频信号(模拟信号)，首先经过低噪声放大器(Low Noise Amplifier，LNA)，然后在正交下变频到 2MHz 的中频上，形成中频信号的同向分量和正交分量。两路信号经过滤波和放大后，直接通过模数转换器(Analog to Digital Converter, ADC)转换成数字信号。后继的处理，如自动增益控制、最终信道选择、解扩以及字节同步等，都是以数字信号的形式处理的。

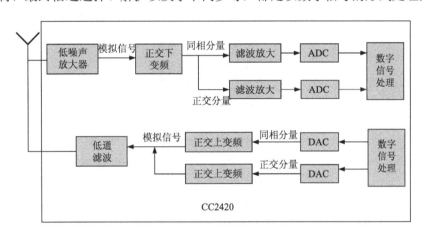

图 17-21　CC2420 无线收发芯片内部功能模块图

CC2420 发送数据时，使用直接正交上变频。基带信号的同相分量和正交分量直接被数模转换器转换为模拟信号，通过低通滤波器后，直接变频到设定的信道上。

(3) 无线收发芯片 CC2420 与微处理器的接口。

CC2420 与微处理器之间的接口包含 11 个引脚，如图 17-22 所示。其中，CC2420 通过一个 SPI 接口与微处理器进行通信，SPI 接口由 CSn、SI、SO 和 SCLK 四个引脚与微处理器的 P1 口相连，实现微处理器对 CC2420 的片选、复位操作并将 CC2420 的状态反馈给微处理器。MSP430F149 单片机内部集成了硬件 SPI 控制器，可以方便地与 CC2420 连接；简单的外围电路和处理器接口使得 CC2420 可方便地运用在各种设备上。

CC2420 与传感器节点中的微处理相连，承担传感器节点向网络协调器无线发送传感器数据和接收来自协调器的无线指令信息的任务。

CC2420 与网络协调器——汇聚节点中的微处理器相连接，承担汇聚节点向传感器节点无线发送指令信息和接收来自传感器节点的无线数据信息的任务。

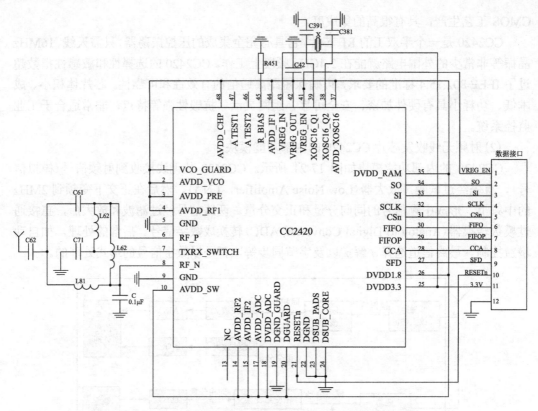

图 17-22　无线收发芯片与微处理器、典型外围电路连接图

（4）CC2420 外围电路。

CC2420 内部使用 1.8V 工作电压，因而功耗很低，适合于电池供电的设备；外部数字 I/O 接口使用 3.3V 电压，这样可以保持和 3.3V 逻辑器件的兼容性。它在片上集成了一个直流稳压器，能够把 3.3V 电压转换成 1.8V 电压。对于只有 3.3V 电源的设备，不需要额外的电压转换电路就能正常工作。图 17-22 为 CC2420 的典型外围电路连接图。

CC2420 需要有 16MHz 的参考时钟用于 250Kbit/s 数据的收发。这个参考时钟可以来自外部时钟源，也可以使用内部晶体振荡器产生。如果使用外部时钟，直接从 XOSC16_Q1 引脚引入，XOSC16_Q2 引脚保持悬空；如果使用内部晶体振荡器，晶体接在 XOSC16_Q1 和 XOSC16_Q2 引脚之间。CC2420 要求时钟源的精准度应该在 $\pm 40 \times 10^{-6}$ 以内。

4）传感器节点的构成

将图 17-17、图 17-18 与图 17-22 相连接，即构成如图 17-15 所示的无线网络传感器节点。本例要求有三个传感器节点。

5）协调器——汇聚节点的构成

将图 17-19 与图 17-22 相连，即构成图 17-16 所示的无线网络协调器——汇聚节点。

[示例 17-4]　工业监测用无线传感器网络的软件设计流程举例。

要求：①针对示例 17-1 中工业监测用无线传感器网络硬件系统进行软件设计；
②概述软件设计内容或设计流程图。

工业监测的无线传感器网络硬件系统(图 17-1)中的无线传感器网络协调器、传感器节点和 PC 三种不同硬件，负责系统中网络组建的不同任务。其中，传感器节点分布于监测区域内，负责数据采集、处理和通信等工作；网络协调器(ZigBee 协调器)负责无线传感器网络的组建并通过 SCI 方式与 PC 进行通信，将各节点采集的数据信息汇总到 PC 上，利用 PC 与 Internet 连接，实现远程监测。因此，系统的软件设计包括网络协调软件设计、传感器节点软件设计、PC(上位机)软件设计三部分。其中，PC 软件设计在 17.1 节中已做介绍，故本示例仅举例说明网络协调器与传感器节点软件设计。网络协调器与传感器节点的软件设计是实现基于 IEEE 802.15.4 网络协议及 ZigBee 协议的无线传感器网络功能的设计过程，由于这两种节点在网络中的功能不同，软件设计在符合 IEEE 802.15.4 及 ZigBee 网络协议的基础上有所不同，但其软件结构均符合 ZigBee 协议栈的软件结构，故先介绍基本软件结构——ZigBee 协议栈的软件结构。

1)ZigBee 协议栈软件结构

ZigBee 协议栈采用分层结构，每一层为上一层提供一系列特殊的服务。本示例中的网络协调器与传感器节点的软件设计均在此结构的基础上编制相应的应用程序以对其功能进行相应配置，并根据系统需要对 ZigBee 协议栈进行相应的裁剪，其软件基本结构如图 17-23 所示。整个协议栈分为四个部分：硬件驱动设计、物理层设计、MAC 层设计、网络层设计。

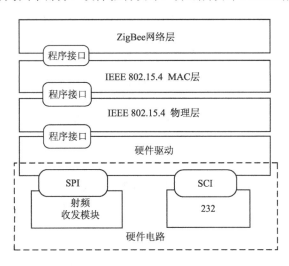

图 17-23　ZigBee 协议栈软件结构

(1)硬件驱动设计。

硬件驱动定义了微处理器及无线传输模块的功能，完成硬件初始化。硬件的操作主要是对微处理器及 CC2420 片内寄存器和 RAM 的读写，硬件驱动软件设计主要包括微处理器的 SPI 口驱动、ADC 驱动、中断驱动、RS232 驱动等。本例中，有关硬件驱动的简单操作均以宏定义的形式实现，以提高程序的效率。

在硬件驱动软件设计中，通过微处理器 SPI 口驱动软件设计实现对 CC2420 的操作。CC2420 是无线收发模块的核心，微处理器通过 SPI 接口访问 CC2420 内部寄存器和 RAM 存储区。在访问过程中，CC2420 是 SPI 接口的从设备，接收来自处理器的时钟信号和片选信号，并在处理器的控制下执行输入、输出操作。SPI 接口接收或发送都与时钟下降沿对齐。

（2）物理层软件设计。

物理层主要通过控制 CC2420 实现数据的收发。IEEE 802.15.4 的物理层主要负责射频信道的管理、信道能量检测及数据收发等功能。IEEE 802.15.4/ZigBee 通信协议为分层协议，层与层之间是通过服务接入点（SAP）相连接的。每一层都可以通过本层与下一层的 SAP 调用下层所提供的服务，同时通过与上层的 SAP 为上层提供相应服务。SAP 是层与层之间的唯一接口，而具体的服务是以通信原语的形式供上层调用的。在调用下层服务时，只需要遵循统一的原语规范，并不需要了解如何处理原语。这样就做到了数据层与层之间的透明传输。

（3）MAC 层。

MAC 层负责实现两个功能：数据的收发和信道评估。信道评估用于判断信道是否空闲。完成信道评估功能的是通信扫描原语。

MAC 层提供共享媒介访问控制功能，它是多跳共享的无线广播信道。这种信道具有空间复用特性，充分利用该特性可以提高信道利用率。因此 MAC 层的设计关系到整个系统的性能。IEEE 802.15.4 MAC 层定义原语操作来实现与物理层和网络层的接口，每一个原语对应一个程序。MAC 层和物理层一样也分为数据操作和管理信息操作。对于数据的收发是通过数据操作原语实现的，管理操作完成系统内部消息的管理。

（4）网络层。

网络层负责完成网络组建和路面管理任务。网络层协议是通信网络协议的核心，它的主要目标是建立并维护一个无线传感器网络，并根据节点地址信息决定是否接收和发送数据包，同时向上层（应用层）提供一个简单易用的软件接口，实现各传感器与观察者之间的通信。本例中组建的是简单的星形 ZigBee 网络，网络中存在网络协调器和网络传感器节点，这两种节点的网络层功能分别着重于协调器对网络的组建及传感器节点申请网络加入两个方面。

①网络的组建。

在网络协调器组网之前要先调用 MAC 层信道扫描子程序（原语）进行信道扫描。处理器根据返回的扫描结果给出信道使用与空闲情况选取信道，然后设置系统信息：PANID 及逻辑地址。此时协调器可以接收入网请求，给新加入的设备分配逻辑地址。协调器组网子程序流程图如图 17-24 所示。

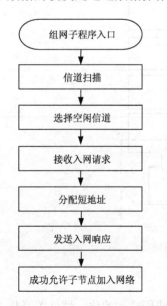

图 17-24　协调器组网子程序流程图

②入网申请。

网络传感器节点上电，执行初始化过程以后便开始搜索其无线覆盖范围之内的网络信息，若存在一个已由网络协调器建立的无线网络，则执行网络加入过程。同时，也存在节点发出入网请求被协调器拒绝的情形，如地址分配满，此时节点会选择其他无线网络发起关联请求，若仍入网失败，则回到休眠状态。网络传感器节点申请入网子程序流程图如图 17-25 所示。

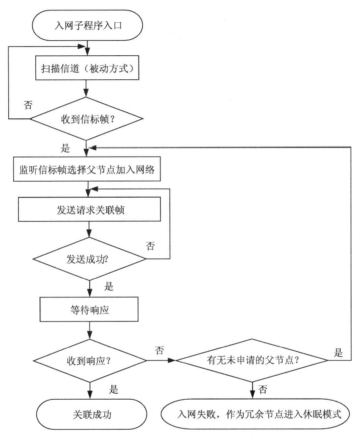

图 17-25　网络传感器节点申请入网子程序流程图

2)网络协调器软件设计

网络协调器在整个无线传感器网络中负责网络的组建并通过 SCI 方式与 PC 进行通信，接收 PC 指令并依照相应指令将各节点采集的数据信息汇总到 PC 上，故协调器软件设计主要包括系统的初始化程序、网络的组建程序及 SCI 通信程序。

(1)网络协调器的主程序流程。

网络协调器上电后，首先进行系统硬件和软件的初始化，初始化结束后，开启全部中断，调用组网程序，组建一个无线 ZigBee 网络，等待节点的加入。判断网络组建成功后，设置网络的工作状态，并进入等待 PC(人机接口)命令的状态。若接收到完整的串口命令(命令格式由程序设定)，首先判断命令类型。若串口命令为 "D"(Debug)，则对网络进行调试,即检索网络的节点个数及其状态;若串口命令为"S"(Send),则调用数据传输子程序向节点传输数据。串口接收数据调用串口中断程序完成,流程如图 17-26 所示。

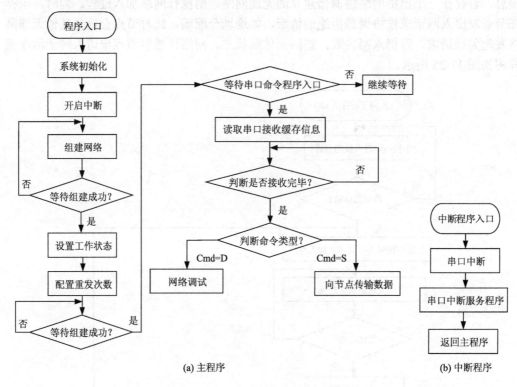

(a) 主程序　　　　　　　　　　　　　　(b) 中断程序

图 17-26　网络协调器主程序流程图

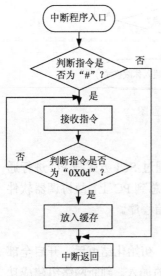

图 17-27　实现 SCI 通信串口
中断服务程序流程图

(2) 系统初始化。

初始化过程包括硬件和软件初始化、微处理器时钟初始化、SCI(串口)通信初始化、SPI 通信初始化、无线传输模块 CC2420 初始化、初始化网络地址、ZigBee 协议栈初始化。

(3) SCI 通信程序。

SCI 通信采用中断方式实现。本例中,串口中断程序的主要作用为判断命令的格式,接收指令并提供给主程序。当串口中断产生时,软件首先判断指令的第一位是否为"#",是则继续接收指令,不是则退出中断服务程序;然后判断指令是否为"0X0d",不是则表示本条指令未结束,继续接收,是则表示本条指令接收完毕,将指令放入接收缓存,退出中断程序。放入串口接收缓存的数据将实时被主程序读取,其流程如图 17-27 所示。SCI 通信(串口通信)是协调器软件设计很重要的一个环节,网络操作命令的接收、网络节点数据的上传、网络工作状态的查询都是通过串口通信实现的。

3) 传感器节点软件设计

传感器节点软件设计主要负责完成数据采集以及通过无线通信模块将采集数据无线传送至协调器，通过协调器传送至上位机。节点遵循睡眠-唤醒-正常工作的工作模式，在睡眠状态下，处理器停止工作，而 SRAM、SPI 端口、定时器以及中断系统继续工作，无线模块处于低电流的接收状态。传感器节点接收到的协调器传输的上位机指令后，根据指令的内容将相应的数据打包并通过无线网络向协调器传输。传感器节点的具体软件流程如图 17-28 所示。其中，AD 中断服务子程序如图 17-28(c) 所示。

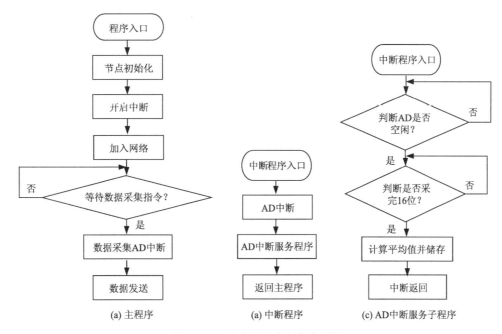

图 17-28　传感器节点程序流程图

传感器节点的初始化与网络协调器初始化流程基本相同，区别在于：节点中无 SCI 通信初始化，增加了 ADC 初始化；另外，节点无须网络地址初始化，节点的地址由网络协调器自动分配。节点上电后，自动搜索网络，加入网络后，即等待协调器发送上位机指令，若接收到上位机所要监测数据的指令，则进入 AD 中断服务程序，最后，将采集到的数据打包发送给协调器，由协调器上传给上位机。

思　考　题

17-1　什么是无线传感器网络？无线传感器网络有哪些特点？

17-2　无线传感器网络技术的研究重点有哪些？

17-3　数据融合的内容和目的是什么？

17-4　如何解决无线传感器网络的节能问题？

17-5　无线传感器网络与 Internet 互联的方案有哪两种？各有什么特点？

17-6　简要说明 IEEE 1451 标准的内容。

17-7　IEEE 1451 标准有哪些特点？

17-8　无线个域网标准 IEEE 802.15 包括哪些内容？

17-9　讨论无线传感器网络有哪些潜在的应用？

17-10　设计一个无线电力设备监测网络，给出基本原理及结构。

参 考 文 献

埃利斯, 2016. 控制系统设计指南[M]. 4 版. 汤晓君, 译. 北京: 机械工业出版社.

常炳国, 晏磊, 毛节泰, 等, 2003. 模糊神经网络观测器在变压器状态监控中的应用[J]. 北京大学学报 (自然科学版), 39(1): 35-39.

陈怀琛, 2008. 数字信号处理教程 MATLAB 释义与实现[M]. 2 版. 北京: 电子工业出版社.

陈如清, 俞金寿, 2007. 基于粒子群最小二乘支持向量机的软测量建模[J]. 系统仿真学报, 19(22): 5307-5310.

陈晓芳, 刘崇伟, 王崇, 等, 2020. TMR 电流传感器复杂电磁环境抗干扰技术研究[J]. 仪表技术与传感器 (1): 13-16.

程银宝, 陈晓怀, 王汉斌, 等, 2016. 基于精度理论的测量不确定度评定与分析[J]. 电子测量与仪器学报, 30(8): 1175-1182.

CALLAWAY E H JR, 2007. 无线传感器网络: 体系结构与协议[M]. 王永斌, 屈晓旭, 译. 北京: 电子工业出版社.

丁晖, 汤晓君, 2015. 现代测试技术与系统设计[M]. 西安: 西安交通大学出版社.

DINIZ P S R, 2004. 自适应滤波算法与实现[M]. 2 版. 刘郁林, 译. 北京: 电子工业出版社.

高光天, 2002. 传感器与信号调理器件应用技术[M]. 北京: 科学出版社.

高立慧, 赵振刚, 张长胜, 等, 2016. 压电式加速度传感器振动信号采集系统[J]. 传感器与微系统, 35(10): 100-102.

高尚, 杨静宇, 2006. 群智能算法及其应用[M]. 北京: 中国水利水电出版社.

宫晓琳, 房建成, 盛蔚, 2009. 一种 GPS 与高精度气压高度表在线互标定方法[J]. 电子与信息学报, 31(4): 818-821.

管雪元, 秦赓, 2020. 三轴地磁传感器温度误差补偿研究[J]. 传感器与微系统, 39(10): 11-13,16.

郭瑞鹏, 梁钊铭, 王海涛, 等, 2017. 基于光谱技术多气体检测系统的设计[J]. 传感技术学报, 30(4): 628-634.

郭士杰, 肖杰, 刘今越, 等, 2018. 电容阵列柔性压力传感器设计与分析[J]. 仪器仪表学报, 39(7): 49-55.

GOODFELLOW I, BENGIO Y, COURVILLE A, 2017. 深度学习[M]. 赵申剑, 黎彧君, 符天凡, 等译. 北京: 人民邮电出版社.

郝惠敏, 汤晓君, 白鹏, 等, 2008. 基于核主成分分析和支持向量回归机的红外光谱多组分混合气体定量分析[J]. 光谱学与光谱分析, 28(6): 1286-1289.

何炎祥, 孙发军, 李清安, 等, 2020. 无线传感器网络中公钥机制研究综述[J]. 计算机学报, 43(3): 381-408.

胡昌华, 张军波, 夏军, 等, 2000. 基于MATLAB的系统分析与设计——小波分析[J]. 西安: 西安电子科技大学出版社.

胡广书, 2003. 数字信号处理——理论、算法与实现[M]. 2 版. 北京: 清华大学出版社.

黄席椿, 高顺泉, 1978. 滤波器综合法设计原理[M]. 北京: 人民邮电出版社.

黄玉兰, 2014. 物联网传感器技术与应用[M]. 北京: 人民邮电出版社.

李世维, 刘君华, 王群书, 2009. 降低多传感器交叉敏感的法方程组方法[J]. 西安交通大学学报, 43(6): 57-61.

刘君华, 1990. 采用压力传感器同时测量动态压力与温度[J]. 微电子学与计算机, 7(2): 8-11.

刘君华, 2010. 智能传感器系统[M]. 2 版. 西安: 西安电子科技大学出版社.

刘君华, 丁胜群, 1982. 硅压阻式压力传感器温度性能的改善[J]. 西安交通大学学报, 16(4): 55-60.

刘君华, 郝惠敏, 林继鹏, 等, 2008. 传感器技术及应用实例[M]. 北京: 电子工业出版社.

刘君华, 张重斌, 朱长纯, 1989. 硅压阻式压力传感器温度系数的在线实时补偿[J]. 传感技术学报, 2(2): 35-40.

刘晓蒙, 张怀锁, 2021. 基于三次多项式的磁弹性传感器非线性误差修正[J]. 自动化仪表, 42(8): 27-29,36.

刘益成, 易碧金, 巩庆钢, 等, 2009. 地震数据采集系统相位特性与测试方法[J]. 石油物探, 48(2): 168-170,174.

刘宗麟, 宋继红, 刘会杰, 等, 2021. 基于光纤干涉原理的转机监测振动传感器设计[J]. 吉林大学学报(理学版), 59(5): 1272-1277.

鲁军, 李侠, 王重马, 等, 2015. 基于小波分析的 MSMA 振动传感器信号处理与故障检测[J]. 电工技术学报, 30(10): 354-360.

吕德刚, 都泽源, 姜彪, 等, 2019. 交流伺服电机霍尔位置传感器关键技术综述[J]. 哈尔滨理工大学学报, 24(6): 64-72.

马少梅, 1997. 现场总线与分散控制系统[J]. 化工自动化及仪表, 24(4): 3-6.

闵永智, 程天栋, 马宏锋, 2017. 基于多特征融合与 AdaBoost 算法的轨面缺陷识别方法[J]. 铁道科学与工程学报, 14(12): 2554-2562.

钱志鸿, 孙大洋, LEUNG V, 2016. 无线网络定位综述[J]. 计算机学报, 39(6): 1237-1256.

钱志鸿, 王义君, 2013. 面向物联网的无线传感器网络综述[J]. 电子与信息学报, 35(1): 215-227.

冉启文, 谭立英, 2002. 小波分析与分数傅里叶变换及应用[M]. 北京: 国防工业出版社.

任楚岚, 曾召侠, 2021. 浅析深度信念网络模型[J]. 网络安全技术与应用(1): 9-11.

任志玲, 张广全, 林冬, 等, 2018. 无线传感器网络应用综述[J]. 传感器与微系统, 37(3): 1-2,10.

邵军, 刘君华, 乔学光, 等, 2007. 利用 BP 神经网络提高光纤光栅压力传感器的选择性[J]. 传感技术学报, 20(7): 1531-1534.

沈艳, 陈亮, 郭兵, 2016. 测试与传感技术[M]. 2 版. 北京: 电子工业出版社.

沈毅, 刘宜平, 刘志言, 2001. 模糊神经网络在多传感器故障检测与诊断中的应用[J]. 中国机械工程, 12(10): 1176-1179.

司锡才, 张雯雯, 李利, 等, 2008. 一种新的自适应消噪方法[J]. 宇航学报, 29(6): 2013-2018.

孙圣和, 2009. 现代传感器发展方向[J]. 电子测量与仪器学报, 23(1): 1-10.

汤晓君, 刘君华, 2005a. 多传感器技术的现状与展望[J]. 仪器仪表学报, 26(12): 1309-1313.

汤晓君, 刘君华, 2005b. 交叉敏感情况下多传感器系统的动态特性研究[J]. 中国科学(E 辑), 35(1): 85-105.

童利标, 徐科军, 梅涛, 2002. IEEE 1451 网络化智能传感器标准的发展及应用探讨[J]. 传感器世界, 8(6): 25-32.

王明赞, 张洪亭, 2014. 传感器与测试技术[M]. 沈阳: 东北大学出版社.

王铭学, 王文海, 田文军, 等, 2008. 数字式超声波气体流量计的信号处理及改进[J]. 传感技术学报, 21(6): 1010-1014.

王伟超, 张军战, 张颖, 等, 2019. 薄膜热电偶的研究进展[J]. 表面技术, 48(10): 139-147.

魏正杰, 张迪, 吴冠豪, 2021. 用于精密位移测量的微型光栅传感器开发[J]. 光子学报, 50(9): 9-19.

翁诗甫, 徐怡庄, 2016. 傅里叶变换红外光谱分析[M]. 3 版. 北京: 化学工业出版社.

吴德会, 2007. 基于最小二乘支持向量机的传感器非线性动态补偿[J]. 仪器仪表学报, 28(6): 1018-1023.

吴俊, 李代生, 2007. IEEE1451 标准及其应用浅析[C]. 四川省电子学会传感技术第十届学术年会, 厦门.

吴启迪, 汪镭, 2005. 智能微粒群算法研究及应用[M]. 南京: 江苏教育出版社.

肖继学, 杨瑜, 王凯, 2010. 交流电压智能传感器中信号处理的相关性分析[J]. 仪表技术与传感器(5): 98-100.

肖智清, 2019. 强化学习: 原理与 Python 实现[M]. 北京: 机械工业出版社.

杨明, 刘君华, 于轮元, 1991. 实现精密测温的脉冲调宽与三步替代法[J]. 电子测量与仪器学报, 5(1): 43-48, 61.

杨运强, 2016. 传感器与测试技术[M]. 北京: 冶金工业出版社.

殷毅, 2018. 智能传感器技术发展综述[J]. 微电子学, 48(4): 504-507, 519.

于海斌, 曾鹏, 梁韡, 2006. 智能无线传感器网络系统[M]. 北京: 科学出版社.

俞阿龙, 李正, 孙红兵, 等, 2017. 传感器原理及其应用[M]. 2 版. 南京: 南京大学出版社.

远坂俊昭, 2006. 测量电子电路设计-滤波器篇: 从滤波器设计到锁相放大器的应用[M]. 彭军, 译. 北京: 科学出版社.

曾建潮, 介婧, 崔志华, 2004. 微粒群算法[M]. 北京: 科学出版社.

詹建徽, 张代远, 2013. 传感器应用、挑战与发展[J]. 计算机技术与发展, 23(8): 118-121.

张勇, 刘君华, 刘月明, 2002. 小波分析在光激光拾硅微谐振传感器微弱信号检测中的应用[J]. 仪器仪表学报, 23(4): 342-346.

赵程, 蒋春燕, 张学伍, 等, 2020. 压电传感器测量原理及其敏感元件材料的研究进展[J]. 机械工程材料, 44(6): 93-98.

赵丹, 肖继学, 刘一, 2014. 智能传感器技术综述[J]. 传感器与微系统, 33(9): 4-7.

赵进创, 王祎, 傅文利, 等, 2016. 基于大尺度传感器的电容测量电路抗干扰方法[J]. 传感器与微系统, 35(8): 24-26, 29.

赵明, 汤晓君, 张徐梁, 等, 2015. 基于 CAV444 的电容式液位传感器设计与优化[J]. 仪表技术与传感器(1): 7-9, 16.

周舒梅, 1990. 动态信号分析和仪器[M]. 北京: 机械工业出版社.

周志华, 2016. 机器学习[M]. 北京: 清华大学出版社.

American National Standards Institute, 1997. IEEE standard for a smart transducer interface for sensors and actuators - transducer to microprocessor communication protocols and transducer electronic data sheet (TEDS) formats: IEEE 1451. 2-1997 [S]. New York: Institute of Electrical and Electronics Engineers.

American National Standards Institute, 1999. IEEE standard for a smart transducer interface for sensors and actuators - network capable application processor information model: IEEE 1451. 1-1999 [S]. New York: Institute of Electrical and Electronics Engineers.

American National Standards Institute, 2003. IEEE standard for a smart transducer interface for sensors and actuators - digital communication and transducer electronic data sheet（TEDS）formats for distributed multidrop systems: IEEE 1451. 3-2003 [S]. New York: Institute of Electrical and Electronics Engineers.

American National Standards Institute, 2004. IEEE standard for a smart transducer interface for sensors and actuators-mixed-mode communication protocols and transducer electronic data sheet（TEDS）formats: IEEE 1451. 4-2004 [S]. New York: Institute of Electrical and Electronics Engineers.

American National Standards Institute, 2007. IEEE standard for a smart transducer interface for sensors and actuator - wireless communication protocols and transducer electronic data sheet（TEDS）formats: IEEE 1451. 5-2007 [S]. New York: Institute of Electrical and Electronics Engineers.

American National Standards Institute, 2010. IEEE standard for smart transducer interface for sensors and actuators-transducers to radio frequency identification（RFID）systems communication protocols and transducer electronic data sheet formats: IEEE 1451. 7-2010[S]. New York: Institute of Electrical and Electronics Engineers.

BOWEN M, SMITH G, 1995. Considerations for the design of smart sensors[J]. Sensors and actuators A: physical, 47（1/2/3）: 516-520.

BRIGNELL J E, WHITE N, 1994. Intelligent sensors systems[M]. Bristol: Institute of physics pub.

CHAU K W, 2006. Particle swarm optimization training algorithm for ANNs in stage prediction of Shing Mun River[J]. Journal of hydrology, 329（3/4）: 363-367.

DING H Y, XIN Z Q, YANG Y Y, et al., 2020. Ultrasensitive, low-voltage operational, and asymmetric ionic sensing hydrogel for multipurpose applications[J]. Advanced functional materials, 30（12）: 2070080.

DING H, LIU J H, SHEN Z R, 2003. Drift reduction of gas sensor by wavelet and principal component analysis[J]. Sensors and actuators B: Chemical, 96（1/2）: 354-363.

GE H F, LIU J H, 2006. Identification of gas mixtures by a distributed support vector machine network and wavelet decomposition from temperature modulated semiconductor gas sensor[J]. Sensors and actuators B: Chemical, 117（2）: 408-414.

HUIJSING J H, 1992. Integrated smart sensors[J]. Sensors and actuators A: physical, 30（1/2）: 167-174.

JIANG Y, HU T S, HUANG C C, et al., 2007. An improved particle swarm optimization algorithm[J]. Applied mathematics and computation, 193（1）: 231-239.

LI C A, SUN L , XU Z Q, et al., 2020. Experimental investigation and error analysis of high precision FBG displacement sensor for structural health monitoring[J]. International journal of structural stability and dynamics, 20（6）: 2040011.

LU W K, ZHU C C, LIU J H, et al., 2003. Implementing wavelet transform with SAW elements[J]. Science in China（Series E）, 46（6）: 627-638.

MAURIS G, BENOIT E, FOULLOY L, 1994. Fuzzy symbolic sensors—from concept to applications[J]. Measurement, 12（4）: 357-384.

MEIJER G C M I, 1994. Concepts and focus point for intelligent sensor systems[J]. Sensors and actuators A: physica, 41（1/2/3）: 183-191.

PAN H, WANG L, LIU B, 2006. Particle swarm optimization for function optimization in noisy environment[J]. Applied mathematics and computation, 181（2）: 908-919.

PARK J K, KIM J T, 2019. Deterministic sensor signal detection technique for static and short-ranged channels using real-valued independent component analysis[J]. IEEE sensors journal, 19（15）:

6214-6225.

RUSSO F, 1996. Fuzzy systems in instrumentation: fuzzy signal processing[J]. IEEE transactions on instrumentation and measurement, 45(2): 683-689.

SINGH S, JAAKKOLA T, LITTMAN M L, et al., 2000. Convergence results for single-step on-policy reinforcement-learning algorithms[J]. Machine learning, 38(3): 287-308.

SOMASUNDARA A A, KANSAL A, JEA D D, et al., 2006. Controllably mobile infrastructure for low energy embedded networks[J]. IEEE transactions on mobile computing, 5(8): 958-973.

SUN R Z, DU H Y, ZHENG Y G, 2020. Discriminative power of independent component analysis applied to an electronic nose[J]. Measurement science and technology, 31(3): 035108-035115.

SUTTON R S, BARTO A G, 2018. Reinforcement learning: an introduction[M]. 2nd ed. Cambridge: MIT Press.

YANG Y, 2011. The application of fuzzy set theory in multi-sensors information fusion[J]. Computer applications and software, 28(11): 122-124.

ZHANG Y, LIU J H, ZHANG Y H, et al., 2002. Cross sensitivity reduction of gas sensors using genetic neural network[J]. Optical engineering, 41(3): 615-625.